专业学位硕士联考应试精点系列

ZhuanYe XueWei ShuoShiLianKao YingShi JingDian XiLie

2023 经济类联考数学精点

总第11版

陈剑 编著

LIANKAO 2023版 SHUXUEJINGDIAN

北京理工大学出版社
BEIJING INSTITUTE OF TECHNOLOGY PRESS

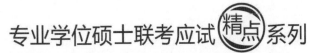

图书在版编目（CIP）数据

数学精点：2023经济类联考／陈剑编著．—北京：北京理工大学出版社，2021.11

ISBN 978－7－5763－0700－9

Ⅰ．①数… Ⅱ．①陈… Ⅲ．①高等数学－硕士生入学考试－自学参考资料 Ⅳ．①O13

中国版本图书馆CIP数据核字（2021）第231787号

出版发行／北京理工大学出版社有限责任公司
社　　址／北京市海淀区中关村南大街5号
邮　　编／100081
电　　话／（010）68914775（总编室）
（010）82562903（教材售后服务热线）
（010）68944723（其他图书服务热线）
网　　址／http：//www.bitpress.com.cn
经　　销／全国各地新华书店
印　　刷／文畅阁印刷有限公司
开　　本／787毫米×1092毫米　1/16
印　　张／21
字　　数／523千字
版　　次／2021年12月第1版　2021年12月第1次印刷
定　　价／62.00元

责任编辑／张晓蕾
文案编辑／张晓蕾
责任校对／周瑞红
责任印制／李志强

前言

经济类专业学位联考是为了招收金融硕士（MF）、应用统计硕士（MAS）、税务硕士（MT）、国际商务硕士（MIB）、保险硕士（MI）及资产评估硕士（MV）等而设置的具有选拔性质的联考科目，科目代码是396. 其中综合能力试卷（总分150分）由三部分组成，数学基础（70分）、逻辑推理（40分）、写作（40分），可见数学在综合能力试卷中最为重要！本书针对经济类联考综合能力的数学部分，依据经济类联考综合能力考试大纲，结合历年考情以及考试的最新资讯编写而成，力求最大限度地帮助考生提高复习效率. 本书的编写具有如下特点：

1 重基础，练思维

相比其他学科，数学更强调基础知识点之间的内在联系及综合性. 因此，经济类联考综合能力数学部分的考题越来越强调基础与理解，这就要求考生不但要掌握每个考点，更要从整体上把握它们之间的联系，知其然还要知其所以然，不能死记硬背. 鉴于此，本书详细阐述每个知识点的来龙去脉，配备精选例题加以讲解，让考生快速理解并掌握知识点.

此外，思维能力的训练也很重要，通过训练才能把所学的内容上升到灵活应用的层面，而这正是大部分考生在复习过程中所欠缺的，忽略思维体系是很多考生无法更进一步提高分数的根本原因. 本书在编写时，尤其针对比较抽象的线性代数，深入浅出，循序渐进，力图提升考生的思维能力.

2 分节学习，各个击破

由于数学内容零散，知识点较多，针对考试大纲对考试范围和能力要求的规定，本书将各章的重要考点划分为多个小节，以便于考生更加清晰地认识考试的具体要求，在复习时做到有的放矢. 考生可以利用碎片化的时间，逐个小节学习突破，这样更易于制定复习计划及便于查漏补缺.

3 注重与普研数学三的区别

由于396经济类联考的数学考纲写得比较简略，而且与数学三相似，加上市面上符合最新考纲的396数学复习资料较少，不少考生按照数学三的内容来复习，这样会带来很大弊端. 396数学命题的难度和范围与数学三有很大区别，而且考试的题型也大相径庭，所以建议考生完全按照396数学考试的内容复习，这样能少走弯路，达到快速提升的目的.

4 精选练习，配套增值视频

本书每章精选习题供考生练习．我们不提倡题海战，但要想学好数学，适量的练习是必不可少的．本书还配备增值学习视频，讲练结合，便于考生透彻理解知识点．

此外，真题是考试复习的方向，对考试有很重要的导向作用，本书附上最新真题，让广大考生能够找到身临其境的感觉，在有限的时间抓住重点、有的放矢、查漏补缺．

在编写本书时，编者参阅了有关书籍，引用了一些例子，恕不一一指明出处，在此一并向有关作者致谢．由于编者水平有限，兼之时间仓促，错误和疏漏之处难免，恳请读者批评指正．欢迎大家通过新浪微博@陈剑数学思维（http://weibo.com/myofficer）、邮箱（myofficer@qq.com）等网络平台获取本书最新信息、互动学习经验、答疑解惑，最大程度利用好本书．

编　者

396 经济类联考应试指导

一、考研时间节点及笔试科目

1 考研时间节点

时间	内容	注意
7 月中旬	新考纲发布	关注新考纲权威解读
9 月 24 日 - 9 月 27 日 9:00 - 22:00	预报名 研招网 yz. chsi. com. cn	只针对应届生 【应届生也可以不报】
10 月 5 日 - 10 月 25 日 9:00 - 22:00	正式报名 研招网 yz. chsi. com. cn	所有考生报名
11 月 6 日 - 11 月 10 日	网上确认	上传照片及相关户籍或工作证明等
12 月 18 日 - 考试	下载打印准考证	打印成彩色或黑白都可以，建议多打印几张
12 月下旬 周六及周日	周六：上午 8:30 ~ 11:30 政治 下午 2:00 ~ 5:00 英语 周日：上午 8:30 ~ 11:30 综合 下午 2:00 ~ 5:00 专业课	凭身份证和准考证参加考试，注意安排好时间，迟到 15 分钟取消考试资格，带齐符合要求的文具
次年 2 月中旬	查成绩	34 所自主划线院校开始划线
次年 3 月上旬	国家线公布	没有自主划线的院校不得低于国家线
次年 3 月 - 4 月	复试录取，网上调剂	注意研招网的调剂通道通知
次年 5 月	录取工作结束	祝大家金榜题名，期待 9 月的研究生学习之旅!

2 笔试科目

笔试科目共四科，依次是政治（满分 100 分）、英语（满分 100 分）、396 综合能力（满分 150 分）、专业课（满分 150 分）. 数学不是单独一张卷子，是与逻辑和写作一起考的，答题方式为闭卷、笔试. 不允许使用计算器. 综合能力试卷结构如下表所示：

科目	数学	逻辑	小作文	大作文	合计
分值	$35\times2=70$	$20\times2=40$	$1\times20=20$	$1\times20=20$	150
题号	1 ~ 35	36 ~ 55	56	57	—
题量	35	20	1（600 字）	1（700 字）	57

（续）

科目	数学	逻辑	小作文	大作文	合计
题型	五选一单选	五选一单选	主观题	主观题	—
考试时间	80 ~ 90 分钟	40 分钟	20 分钟	30 分钟	180 分钟
单题用时	2.5 分钟	2 分钟	2 秒/字	2.5 秒/字	—
时间弹性	大	中	中	中	—
难度	大	中	中	中	—
拉分差距	大	中	中	中	—

二、数学试卷形式结构及大纲内容

396 经济类联考综合能力的数学试题全部为单项选择题（五选一），共 35 题，每题 2 分，满分 70 分. 考纲明确要求不允许使用计算器.

1 试卷结构

科目	选择题数量	占比	答题建议时间	分值
微积分	21	60%	40 ~ 50 分钟	42
线性代数	7	20%	15 ~ 20 分钟	14
概率论	7	20%	15 ~ 20 分钟	14
合计	35	100%	80 ~ 90 分钟	70

微积分仍然是考试重点科目，题目数量较多，线性代数和概率论的考试题型相对固定，利于考生复习. 虽然题型都是选择题，但在 80 分钟左右答完 35 道题，也极具挑战性.

2 考试大纲

学科	考纲	备注
微积分	一元函数微分学，一元函数积分学；多元函数的偏导数、多元函数的极值	考纲上虽未注明“极限与连续”等考点，但极限是考试重点，考试中约有 4 ~ 5 个求极限的题目. 多元函数虽未注明“全微分”，但考试真题有涉及
线性代数	线性方程组；向量的线性相关和线性无关；行列式和矩阵的基本运算	线性代数比较抽象，学习时注意概念之间的联系
概率论	分布和分布函数的概念；常见分布；期望和方差	考纲上虽未注明“随机事件及概率”等考点，但真题会涉及 1 个公式计算题

三、考纲详细解读及分值分布

考试大纲写的比较简略，很多命题内容并未在考纲显示，接下来列表对考纲进行详细解读.

1 微积分部分

章节	考纲解读	题目及分值
第一章　函数、极限、连续	1. 函数的定义、性质及运算 2. 极限的定义、性质及计算 3. 连续的定义、性质 4. 间断点的分类	4 个题目，占 8 分
第二章　一元函数微分学	1. 可导与可微 2. 求导法则 3. 导数的应用	6 个题目，占 12 分
第三章　一元函数积分学	1. 不定积分 2. 定积分 3. 变限积分 4. 广义积分	7 个题目，占 14 分
第四章　多元函数微分学	1. 偏导数、全微分的定义 2. 偏导数的计算 3. 极值的计算	4 个题目，占 8 分

2 线性代数部分

章节	考纲解读	题目及分值
第五章　行列式	1. 行列式的定义 2. 行列式的性质与展开定理 3. 行列式的计算方法	2 个题目，占 4 分
第六章　矩阵	1. 矩阵的定义及运算 2. 逆矩阵 3. 初等变换与初等矩阵	2 个题目，占 4 分
第七章　向量组	1. 线性相关与线性表示 2. 秩	2 个题目，占 4 分
第八章　方程组	1. 解的判定 2. 解的结构	1 个题目，占 2 分

3 概率论部分

章节	考纲解读	题目及分值
第九章　随机事件及概率	1. 随机事件的关系与运算 2. 概率的公理化定义及性质 3. 条件概率与独立性 4. 五大公式	1 个题目，占 2 分
第十章　随机变量及其分布	1. 随机变量的分布函数 2. 离散型随机变量及其分布律 3. 连续型随机变量及其概率密度 4. 常见分布 5. 随机变量函数的分布	4 个题目，占 8 分
第十一章　随机变量的数字特征	1. 随机变量期望的定义、性质及计算公式 2. 随机变量函数期望的计算 3. 随机变量方差的定义、性质及其计算公式 4. 常见分布的期望、方差公式	2 个题目，占 4 分

四、试题特点及能力要求

1 总体难度变化不大，但试题的灵活性和综合性有所上升

经济类联考综合能力数学试题的难度并不高，主要考查考生对基本概念的理解和对基本运算及基本方法的掌握情况. 考生在复习时一定要牢记这一点，不要盲目追求难度，而要踏踏实实打好基础，并进行足量的训练，这样才能拿到理想的分数. 但同时要注意，试题的综合性与灵活性较往年有所上升，对考生的能力提出了更高要求，考生只有综合运用多个基本概念，理解它们之间的相互关系才能顺利求解.

这一趋势在未来考试中仍将延续，试题将会进一步提高对考生综合能力的要求. 当然，任何考试的命题都会有一定的延续性，因此不会出现难度陡增的现象，只会是缓慢地逐年上升. 同时，从长远来看，经济类联考综合能力数学部分试题的难度总体还是会低于普通硕士研究生招生考试数学三的难度.

2 考点重复率较高

从历年考试规律来看，考点重复率很高，很多题型固定，方法相同. 可见，在复习过程中，考生要重视对已考真题的分析与学习.

3 重视考查的广度与考生解题的熟练度

试卷考点分布较广，考试大纲上有提及的考点均有涉及，因此考生要重视复习的全面性. 同时，试卷对考生解题的速度有较高的要求，考生需要在约 80 分钟的时间内完成 35 道选择题，这对大部分考生的解题速度将是一个考验. 这就要求考生在复习的时候一定要全面而细

致，不要存在侥幸心理，扎扎实实掌握每一个知识点，多做练习以求熟能生巧，力求取得高分.

4 注意与数学三的区别和联系

396 经济类联考综合能力数学考试内容虽然与考研数学三有较多的联系，但是从难度、考试范围、考试要求及题型方面还是有较大区别的，所以建议不要按照数学三的思路来复习 396 数学，而应该按照 396 数学的考试内容来复习和练习，这样才能更好地适应考试.

五、复习阶段及规划

复习备考根据自己的实际情况可长可短，通常要半年左右的时间. 基础好、前期准备相对充分的考生可以稍微缩短备考时间，但至少也要 4 个月的全日制复习；基础稍差的考生就要提前备考，从 3 月份开始或者更早；更有甚者，想跨专业考好学校的考生要准备一年时间. 无论你的情况如何，无论备考时间长短，针对 396 数学的特点和内容，复习可以分为五个阶段，即基础、强化、突破、真题和冲刺；各个阶段要达到不同的目标要求，使其知识水平和应试能力逐步上升，最终完成学科复习目标.

✔ 第一阶段：基础阶段——夯实基础（1 ~ 2 个月）

396 数学在很大比例上考的是基本概念、基本理论、基本方法的掌握. 这些基础性的东西需要在第一阶段充分把握. 这一阶段的主要任务是把数学的各个考点、知识点系统性地过一遍. 以教材为准，掌握“三基”为主. 结合考试大纲把考纲中要求的知识点一字不落地复习一遍.

在这一阶段，以《经济类联考数学精点》为主，结合大纲全面系统地复习，教材中每一个大纲要求的知识点、理论和解题方法都不能放过. 教材中的典型例题和课后习题要详细认真地动手做一遍；对于教材中的理论证明和考纲不要求的直接跳过，这样复习更有针对性，效率也更高. 最后通过对教材的整体复习，可以全面掌握“三基”，熟悉考纲，记住必要的概念、公式、定理以及常见的解题方法，为下一阶段的复习做好基础上的铺垫.

在这一阶段还要注意两点. 第一点就是注重培养运算能力. 大纲对运算能力的要求是比较高的，并且考试题目中很多的题目是要通过计算才能解决的. 历年来都有考生不是因为不会做而是因为计算错误丢分，从而导致失败的结局，这是很令人惋惜的. 所以在这一阶段要把教材上的典型例题、计划中规定的课后习题等要一道一道动手去做，每一道题目都不能放过. 要求第一遍不看解答自己独立完成，然后再对照解析分析做题时出现的问题，尤其是算错的题目一定要重新计算一遍，不论多么烦琐直到自己能够计算正确为止. 只有通过这样的练习才能逐步提高自己的运算能力. 第二点就是要多总结，学会时时总结，事事总结，养成总结问题的好习惯. 总结可以让我们知道自己的不足，可以让我们不至于犯相同的错误，可以提高效率，节省时间.

✔ 第二阶段：强化阶段——训练题型（1 ~ 2 个月）

通过基础阶段的复习，考生对大纲要求的基本概念、基本理论和基本方法已经了解并且能够简单串联，熟悉了教材各章节的知识点，知道了考试的重点章节和非重点章节，能够解决相对简单的综合题目.

但是，只有这些对于考研来讲是远远不够的. 考研试题都是综合性强、前后联系紧密，甚至学科之间有交叉的题目，比如把微积分和概率论结合起来出题. 所以，需要通过大量的综合性强的题目来练习，一题多解，一法多用，只有这样才能熟悉各类考试题型，积累各题型的解决方法，才能把所学知识融会贯通、灵活应用，才能更好地应对考试题目. 想要考出好的成绩，这一阶段是至关重要的.

在这个阶段，以《经济类联考数学高分指南》为主，深入研究各种题型和方法，讲练结合，达到快速提升的目的.

✔ 第三阶段：精准练习——突破短板（1 ~ 2 个月）

经过前两个阶段的复习，基础知识和考点都已经熟悉，考试题型、解题思路和解题方法已经掌握，常考题目类型也非常熟悉了，这时候需要通过习题训练来提高做题的熟练度. 一般从七月中旬开始，就要启动习题演练了.

在这个阶段，以《经济类联考数学高分精练 1000 题》为主，先分模块训练，查漏补缺、突破短板、归纳总结方法，然后做套卷练习，训练做题速度和时间控制能力.

✔ 第四阶段：熟悉真题——明确重点（1 个月）

做真题的目的如下：

1）历年的考试题目是出题老师经过缜密思考，结合考试大纲，并在充分考虑各种类型的学生的基础上，同时加以对难度系数、区分度等多个角度的融合之上研究出来的，是任何模拟题所不能比的.

2）历年的考试题目具有相当的稳定性、连续性、可信性，为新一年的考试指明了命题的方向，也为复习备考的考生指明了复习的方向. 按照这个方向去复习才能把握考试的重点，才能不走弯路，才有可能考出理想的成绩. 试想，如果你所复习的内容从来都没有在试题中体现，而试题中常考的你都不会，这样能考好吗?

3）通过我们潜心研究历年试题发现，它不仅为我们指明了复习的方向，更重要的是上面有很多的题型是历年必考的，有很多是经常考的，有几年才考一次的，还有大纲虽然规定了但从来没有涉及过考题的考点，并且，有的题目经过若干年又会重新出现在试卷上，这样就大大提高了我们的复习效率，从而找到了一条考高分的捷径.

综合以上几点，我们必须要认真研究历年真题，而不仅仅是简单地做题了. 由于符合最新考纲的真题很少，大家也可以做做之前的真题，除了题型不同，考点还是一致的，可以将其作为练习的素材.

✔ 第五阶段：考前冲刺——模考训练（1 个月）

做完真题，进入 11 月份，开始进行全真模拟. 每周根据自己的情况，进行 1 ~ 2 次的高质量模拟，完全模仿考场情况，严格按照考试要求进行考试和试卷的批改. 让考生能够了解考试、适应考试，提升心理素质，把握考试特点规律，从而全面提高考生应对考试的能力. 根据模拟的错误和失分点，再查漏补缺，总结知识点和方法.

综上，在做一道题目时，不要满足于会做，更不要只满足于做对答案，而是需要研究题目考查的是什么知识点，它所代表的题型特点，可能犯的概念性、逻辑性错误，以及对这类题型用什么方法应对才是最快捷的，并举一反三. 考生要有时间意识，要有扎扎实实的态度，要在点点滴滴的积累中提高自己，从而分阶段提高，稳步晋级.

六、学习中遇到的误区及方法引导

1 没有计划安排，盲目复习

考研是一个长期的过程. 在这个过程中如何学习，每个阶段学什么、怎么学，具体到每一天学多少内容，这都要有一个详细的计划安排. 不然，就可能复习不完或者仓促完成没有效果. 所以，制定一个详细的、符合自己情况的计划是至关重要的.

可以先自己计算一下从开始复习到考试前一天结束一共有多长时间. 这些时间通常要分成五个时间段：基础阶段、强化阶段、刷题阶段、真题阶段和冲刺阶段. 基础阶段要把各科教材复习一遍，所以要结合自己的实际情况详细到每一天学习多少内容，每个小时学什么课程；强化阶段要找一本好的参考书习题集，每一科目都要至少一本；刷题阶段通过大量练习熟悉各题型的解题方法，提高解题速度；真题阶段就是要做真题，至少做十年的真题；冲刺阶段查漏补缺，保持良好的考试状态. 所以根据各阶段的内容多少，自己就可以安排具体的计划了. 如果有其他事情还要做调整，这样就可以按照计划复习了. 既不会盲目地复习又不至于时间仓促.

2 有复习计划，但是执行计划的力度不够

有些学生自己也能在开始复习之前制订一个计划，但经常是计划制订不够详细，或者自我的管理能力不够，不能严格按照自己的计划进行学习，借口多多，理由多多. 针对这种情况，可以有如下解决方法：第一，就是一定要完善学习计划，在原来的基础上做得更加详细一些，这样看到计划就知道自己该学什么，昨天的任务是否完成，今天又该怎么做，有种紧迫感，就能够按照计划进行复习了. 第二，如果计划比较详细，自我约束的能力欠缺，就需要找人监督. 这样最好找一个学习的同伴，大家都考研，看到别人比自己进步快，也就能够转变态度，按照计划进行了. 同时，要经常自我反省，慢慢就能有自我的管理和约束能力了.

3 不了解考试大纲，只埋头看书复习

研究生入学考试是严格按照考试大纲进行的，其考查的知识点、出题范围等也都是严格按照大纲规定的，所以一定要熟悉大纲. 大纲上面列出的考点和考试要求就是复习的参照，大纲没有列出的考点不要看，列出的考点一定要弄明白，这就是大纲的重要性. 尤其在基础阶段，我们都是要看大纲的，如果所选取的教材列出的内容在大纲上没有，就可以不看；反之，如果在大纲上有的知识点，就要找相关的资料把知识点补充完整. 复习考试之前首先把考试大纲（一般是去年的大纲，新大纲出版得很晚，但内容基本上没有变化）熟悉一下，做到心中有数.

4 不重视基础的复习，只注重难题的练习

很多学生自己复习考试的时候往往不注重基本知识点而一味地去做辅导书的题目，这是非常不可取的. 市面上的辅导书良莠不齐，就算是好的也只是强调题目和方法而没有基础知识和概念等内容. 这些书通常都要求学生有了一定的基础，在掌握了基本概念以后进行解题方法和思路的训练时用来作为参考的. 没有打好基础就去做这些题目，就好比在建造大楼时没有打地基就开始往上盖，结果可想而知.

现在，考研题目注重的就是基础，就是基本概念、定理和定义的应用，考查学生对基础内容的掌握和理解．而如果不去重视基础，就会本末倒置、得不偿失．所以，开始的时候一定要从教材开始，课本中的习题、例题都要弄明白，要知道“磨刀不误砍柴工”，这才是正确的复习之道．

5 不去动笔“做题”，只是一味“看书”

数学需要动脑思考、动笔计算，而不是如同读小说一样去学的．所以，无论是教材上的例题习题还是参考书上的题目都要动笔去做，要养成一边看书一边动笔计算的好习惯．396 数学中基本概念、基本理论和基本方法必须通过大量的题目训练才能够理解和掌握，并且计算能力也是考研试题所要考查的能力之一．一份试卷当中，计算题占了很大的分量，所以，一定要在平时的复习之中加强动手动笔的练习，提高计算能力．另外，做的题目多了，熟能生巧，也能够提高解题速度和正确率，反之只会养成“眼高手低”的不良习惯，一看就会，一做就错．

6 只埋头做题，不归纳总结

学习数学是需要做题的，要有一定量的题目训练．但是数学题目是做不完的，也没有必要无限制地做题，大搞“题海战术”．如何才能做到题目数量和质量之间的平衡呢？这就需要在做题的同时进行归纳总结．纵观历年真题可以发现，考试的题目类型非常固定，并且有些题型反复考、年年考，有些题型偶尔考．所以，在做题的同时能够归纳总结，一方面是对学习的提高，另一方面也减轻了学习的负担，并且在总结的过程中能够领悟到数学的真谛．做完一个单元或一个阶段之后，对做过的题目要总结，对其进行分类，找出不同的题型和解题方法，这样就可以从一个新的高度去把握复习，提高成绩．

7 做错了题，只对答案不总结

题目做错了不要紧，我们就是要在错题中提高．但不能题目做错了，对一下答案就放到一边．如果这样，下次遇到相同的题目还是会错的，并且一直会错下去，因为你根本就没有真正弄明白错在了什么地方，为什么错．

所以针对做错的题目，首先要总结错误的原因，没有思路、知识点理解偏差、计算错误还是粗心大意等．其次针对错误的原因，把题目再做一遍进行改正，并要理出头绪．最后就要认真总结，做到今后不再犯同样的错误．每个错题都这样去总结，建立错题集，对此反复做、重复做，不仅今后遇到同类问题不会出错，而且也会从中有所领悟，从而提高成绩．

8 数学备考想投机取巧、短期突破

这种思想要不得．数学备考需要一个循序渐进的学习过程，前后连贯，左右衔接，不可能“一口吃个胖子”．考生必须要脚踏实地、按部就班地把每一部分的知识学会，从简单到复杂，从单一到综合，这样才有可能学好数学．考研复习，数学至少要用几个月的时间，每天坚持学习 2 ~ 3 小时，这样才能达到考研的要求．走马观花式的学习和短期突破只能是异想天开．

9 只做模拟题，不重视对历年真题的研究

研究历年真题是我们了解考试内容的一个捷径．真题无疑是题目质量最高、知识点覆盖

最全的题目，其他任何模拟题都是不可比拟的. 通过研究真题，可以了解出题人的出题意图、出题思路，题目类型和解题方法，这些都是其他题目所不可替代的. 有了真题，在复习备考的时候才能有的放矢、胸有成竹. 历年真题作为考试复习的指挥棒，可以为我们提供高效快捷的复习方式，达到事半功倍的理想效果.

10 没有定期重复，导致很快遗忘

每两周把学过的知识点和题目温习巩固一下，把错题再重复做一遍，此外要形成知识网络，以题型的方式来总结归纳，以点带面来记忆，这样才不会忘. 为什么要学习研究所谓的"题型"呢？一方面，我们知道，数学是一门灵活性很强的学科，数学中的题目类型千差万别，数量更是浩若海洋. 考生复习备考的时间是有限的，在有限的时间里要想更好地掌握数学这门学科，就要对其进行归类，把不同类型、不同方法、不同特点的题目分类归纳，相同类型的题目只需几个典型题目的练习掌握其一般方法即可，没时间也没有必要更不可能做完所有的数学题目，所以我们要研究数学的题型，从而掌握考研数学的精髓. 另一方面，考研试题也是结合大纲以题型的形式出现的，同时研究历年考题发现，有些类型的题目是每年必出的，由此可见研究题型的重要性——既能减轻学习负担又能快速掌握考试的精髓.

综上，要取得好成绩，一次备考成功，考生务必要做到以下两点：

首先，应端正态度，树立自信. 396 数学考试从知识量和考试难度上讲，的确是比学术型研究生的数学考试要低很多. 很多考生决定考专业硕士后，内心的担子一下子就轻了，觉得如此简单，不在话下，这种想法是很"危险"的. 考生切记不可"轻敌"，无论如何，在这一年的备考时间里，坚持不懈的努力才是成功的关键.

其次，循序渐进，注重基础. 很多考生在复习过程中会时不时地产生迷茫情绪，这样复习到底行不行，能考多少分？事实上，不用迷茫，只要按照规划，循序渐进地复习，就不会有问题. 第一，大纲要求的知识范围复习要全面；第二，出现过的真题要熟练；第三，要学会举一反三，同样的考点，不同的说法，要能够辨别. 掌握了基本知识点，才能"水到渠成"，否则难以融会贯通.

目 录

第三部分 概率论 231

2023经济类联考

数学精点

第一部分 微积分

第一章　函数、极限、连续

【大纲解读】

本部分虽然在考纲上没有直接写出来，但函数是微积分的研究对象，极限是微积分的理论基础，而连续性是可导性与可积性的重要条件，所以本部分仍然要加以复习.

【命题剖析】

本章考 4 ~5 个题目，极限是本章的核心，也是考试的重点内容，所以要掌握常见求解极限的方法. 熟练掌握极限的运算法则、极限存在的两个准则与两个重要极限. 其次，要掌握分段函数连续的判断方法，理解复合函数及分段函数的概念，了解反函数、隐函数及函数的有界性、单调性、周期性和奇偶性的概念.

【知识体系】

- 第一章
  - 函数
    - 基本要素：定义域和对应法则
    - 会求函数的定义域和值域
    - 基本初等函数图像和性质
    - 函数的特性：单调性、有界性、奇偶性、周期性
    - 特殊函数：复合函数、反函数、隐函数、参数方程、分段函数
  - 极限
    - 极限的定义及左右极限
    - 极限的性质
    - 两个重要极限
    - 无穷小与无穷大
      - 无穷小和无穷大的定义
      - 无穷小和无穷大的性质
      - 无穷小的比较：低阶、高阶、同阶、等价
      - 常用等价无穷小
    - 7个未定型极限
    - 极限存在的限定法则
  - 连续
    - 连续的定义
    - 左右连续
    - 间断点的类型
      - 第1类间断点
      - 第2类间断点

【备考建议】

本章是学习的基础，函数是微积分的研究对象，因此在课程的开始，要先对函数部分加以复习，要求对函数的概念、表示方法、性质及基本初等函数的图形有较好的理解与掌握. 极限是微积分的核心，是每年考试的必考点，建议考生复习时着重掌握求解极限的各种方法.

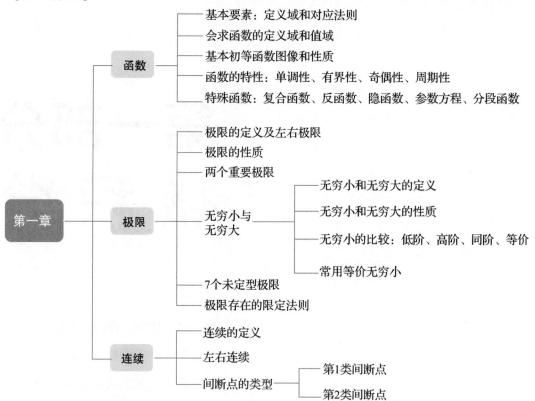

第一节 函 数

一、函数的基本概念

1. 定义

设在某一变化过程中有两个变量 x 和 y，若对非空集合 D 中的每一点 x，都按照某一对应规则 f，有唯一确定的实数 y 与之相对应，则称 y 是 x 的函数，记作

$$y=f(x),\ x\in D.$$

x 称为自变量，y 称为因变量，D 称为函数的定义域，y 的取值范围即集合 $\{y\mid y=f(x), x\in D\}$ 称为函数的值域.

注意 定义域 D(或记 D_f)与对应法则 f 是确定函数的两个要素，因此两个函数相同是指它们的定义域与对应法则都相同.

2. 函数的定义域

由解析式表示的函数，其定义域是指使该函数表达式有意义的自变量取值的全体，这种定义域称为自然定义域. 自然定义域通常不写出，需要我们去求出，因此必须掌握一些常用函数表达式有意义的条件.

1）函数的定义域是自变量 x 的取值范围，它是函数的重要组成部分. 如果两个函数的定义域不同，不论对应法则相同与否，都是不同的函数，如 $y=x^2(x\in\mathbf{R})$ 与 $y=x^2(x>0)$ 是不同的两个函数.

2）对应法则是函数的核心. 一般地，在函数 $y=f(x)$ 中，f 代表对应法则，x 在 f 的作用下可得到 y，因此，f 是使对应得以实现的方法和途径，是联系 x 与 y 的纽带，从而是函数的核心. f 有时可用解析式来表示，有时只能用数表或图像表示.

3）当 $x=a$ 时，函数 $y=f(x)$ 的值 $f(a)$ 叫作 $x=a$ 时的函数值，函数值的全体称为函数的值域. 一般地，函数的定义域与对应法则确定后，函数的值域也就随之确定了.

例 1 函数 $f(x)=\ln\dfrac{x+3}{2}-\dfrac{\sin x}{\sqrt{x^2+x-2}}$ 的定义域为(　　).

(A) $-3<x<-1$ 或 $x>1$　　(B) $-3<x<-2$ 或 $x>2$　　(C) $-3<x<-1$ 或 $x>2$

(D) $-2<x<-1$ 或 $x>1$　　(E) $-3<x<-2$ 或 $x>1$

【解析】$\begin{cases}\dfrac{x+3}{2}>0\\ x^2+x-2>0\end{cases}\Rightarrow -3<x<-2$ 或 $x>1$，选 E.

例 2 设 $f(x)$ 的定义域为 $[-2,3]$，则 $f(x^2-1)$ 的定义域为(　　).

(A) $-1\leqslant x\leqslant 2$　　(B) $-2\leqslant x\leqslant 1$　　(C) $-1\leqslant x\leqslant 1$

(D) $-2\leqslant x\leqslant 2$　　(E) $-2\leqslant x\leqslant 4$

【解析】根据题意可得 $-2\leqslant x^2-1\leqslant 3$，即 $-1\leqslant x^2\leqslant 4$. 解得 $-2\leqslant x\leqslant 2$. 选 D.

例 3 已知$f(x)=x^2$，且$f(\varphi(x))=-x^2+2x+3$，$\varphi(x)\geqslant 0$，则$\varphi(x)$的值域为（　　）.

（A）$[0,3]$　（B）$[1,3]$　（C）$[0,4]$　（D）$[2,3]$　（E）$[0,2]$

【解析】由题得到$f(\varphi(x))=[\varphi(x)]^2=-x^2+2x+3$，

于是$\varphi(x)=\sqrt{-x^2+2x+3}=\sqrt{-(x-1)^2+4}\geqslant 0$，故当$x=1$时，$\varphi(x)$最大为 2.

其值域为$[0,2]$，选 E.

例 4 已知函数$f\left(\frac{1}{x+1}\right)=\frac{1-x}{2+x}$，则$f(x)=$（　　）.

（A）$\frac{2x+1}{x+1}$　（B）$\frac{2x-1}{x+1}$　（C）$\frac{2x-1}{x-1}$　（D）$\frac{2x}{x+1}$　（E）$\frac{2x-1}{x+2}$

【解析】令$t=\frac{1}{x+1}$，则$x=\frac{1}{t}-1$，得到$f(t)=\frac{1-\left(\frac{1}{t}-1\right)}{2+\frac{1}{t}-1}=\frac{2t-1}{t+1}$，故$f(x)=\frac{2x-1}{x+1}$，选 B.

二、基本初等函数

1. 常数函数

$y=C$，定义域为$(-\infty,+\infty)$，图形为平行于x轴的直线. 在y轴上的截距为C.

2. 幂函数

$y=x^{\alpha}$，其定义域随着α的不同而变化. 但不论α取何值，总在$(0,+\infty)$内有定义，且图形过点$(1,1)$. 当$\alpha>0$时，函数图形过原点. 图像及性质见下表.

幂函数的图像及性质

$y=x^{\alpha}$	$\alpha=\frac{m}{n}$，$m, n\in\mathbf{N}^*$，m, n互质			$\alpha=-\frac{m}{n}$，$m, n\in\mathbf{N}^*$，m, n互质		
	m是奇数 n是奇数	m是偶数 n是奇数	m是奇数 n是偶数	m是奇数 n是奇数	m是偶数 n是奇数	m是奇数 n是偶数
代表函数	$y=x$，$y=x^3$， $y=x^{\frac{1}{3}}$	$y=x^2$，$y=x^{\frac{2}{3}}$	$y=x^{\frac{1}{2}}$	$y=x^{-1}$	$y=x^{-2}$	$y=x^{-\frac{1}{2}}$
简图	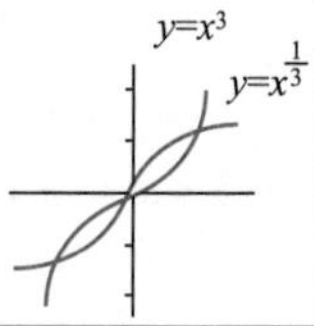	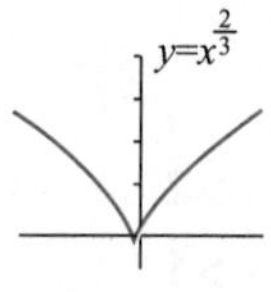	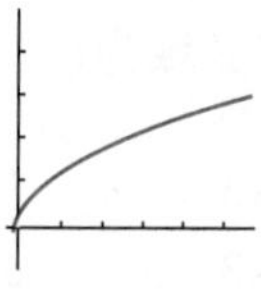	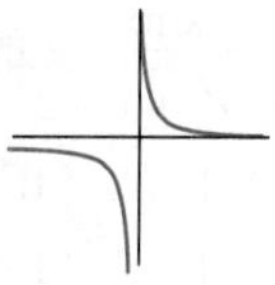	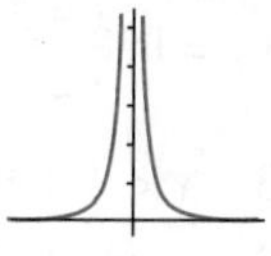	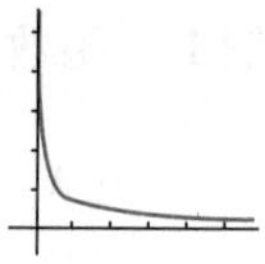
定义域	$\mathbf{R}$	$\mathbf{R}$	$[0,+\infty)$	$(-\infty,0)\cup$ $(0,+\infty)$	$(-\infty,0)\cup$ $(0,+\infty)$	$(0,+\infty)$
奇偶性	奇函数	偶函数	非奇非偶函数	奇函数	偶函数	非奇非偶函数
单调性	在$\mathbf{R}$上单调递增	在$(-\infty,0]$上单调递减，在$[0,+\infty)$上单调递增	在$[0,+\infty)$上单调递增	在$(-\infty,0)$上单调递减，在$(0,+\infty)$上单调递减	在$(-\infty,0)$上单调递增，在$(0,+\infty)$上单调递减	在$(0,+\infty)$上单调递减
值域	$\mathbf{R}$	$[0,+\infty)$	$[0,+\infty)$	$(-\infty,0)\cup$ $(0,+\infty)$	$(0,+\infty)$	$(0,+\infty)$

3. 指数函数

$y=a^x(a>0,\ a\neq 1)$，其定义域为$(-\infty,\ +\infty)$. 当 $0<a<1$ 时，函数严格单调递减. 当 $a>1$ 时，函数严格单调递增. 指数函数的图形恒过点$(0,\ 1)$. 微积分中经常用到以 e 为底的指数函数，即 $y=\mathrm{e}^x$. 指数函数 $y=a^x$ 的性质归纳见下表.

	$a>1$	$0<a<1$
图像	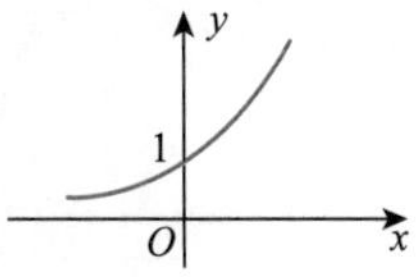	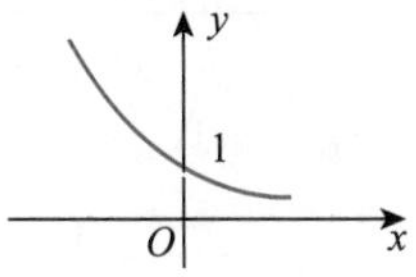
性质	(1) 定义域：$\mathbf{R}$	
	(2) 值域：$(0,\ +\infty)$，图像在 x 轴上方	
	(3) 过点$(0,\ 1)$，即 $x=0$ 时，$y=1$	
	(4) 当 $a>1$ 时，$\begin{cases}若\ x>0,\ 则\ a^x>1\\ 若\ x<0,\ 则\ 0<a^x<1\end{cases}$	当 $0<a<1$ 时，$\begin{cases}若\ x<0,\ 则\ a^x>1\\ 若\ x>0,\ 则\ 0<a^x<1\end{cases}$
	(5) 在 $\mathbf{R}$ 上是增函数	在 $\mathbf{R}$ 上是减函数

4. 对数函数

$y=\log_a x(a>0,\ a\neq 1)$，其定义域为$(0,\ +\infty)$，它与 $y=a^x$ 互为反函数. 微积分中常用到以 e 为底的对数，记作 $y=\ln x$，称为自然对数. 对数函数的图形恒过点$(1,\ 0)$. 对数函数 $y=\log_a x$ 的性质归纳见下表.

	$a>1$	$0<a<1$
图像	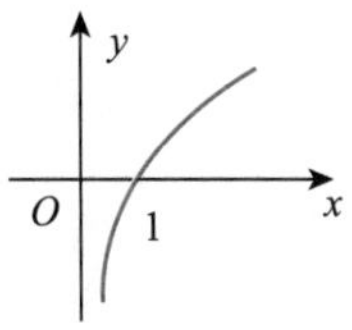	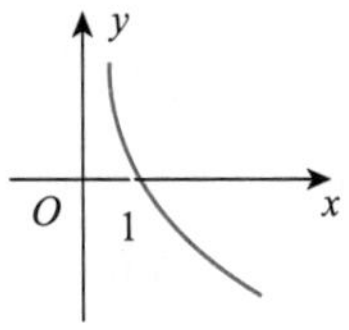
性质	(1) 定义域：$(0,\ +\infty)$，即图像在 y 轴右侧	
	(2) 值域：$\mathbf{R}$	
	(3) 过点$(1,\ 0)$，即 $x=1$ 时，$y=0$	
	(4) 在$(0,\ +\infty)$上是增函数	在$(0,\ +\infty)$上是减函数

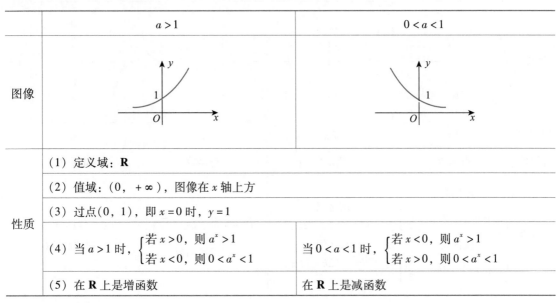

5. 三角函数

常用的三角函数见下表.

	$y=\sin x$	$y=\cos x$	$y=\tan x$	$y=\cot x$
定义域	$\mathbf{R}$	$\mathbf{R}$	$x\neq k\pi+\frac{\pi}{2}(k\in\mathbf{Z})$	$x\neq k\pi(k\in\mathbf{Z})$
值域	$[-1,1]$	$[-1,1]$	$\mathbf{R}$	$\mathbf{R}$
图像	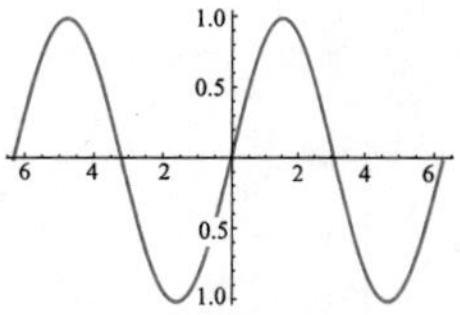	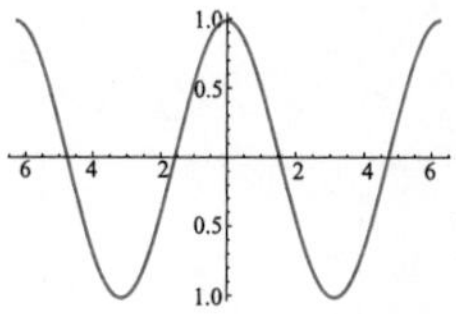	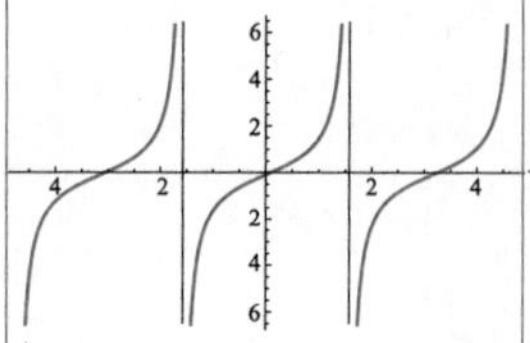	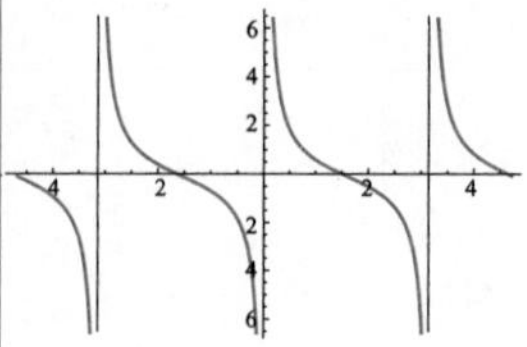
周期性	2π	2π	π	π
奇偶性	奇函数	偶函数	奇函数	奇函数
单调性	增区间：$\left[2k\pi-\frac{\pi}{2},2k\pi+\frac{\pi}{2}\right]$ 减区间：$\left[2k\pi+\frac{\pi}{2},2k\pi+\frac{3\pi}{2}\right]$	增区间：$[(2k-1)\pi,2k\pi]$ 减区间：$[2k\pi,(2k+1)\pi]$	$\left(k\pi-\frac{\pi}{2},k\pi+\frac{\pi}{2}\right)$ 内是增函数	$(k\pi,(k+1)\pi)$ 内是减函数

特殊角的三角函数值见下表.

α	0	$\frac{\pi}{6}$	$\frac{\pi}{4}$	$\frac{\pi}{3}$	$\frac{\pi}{2}$
$\sin\alpha$	0	$\frac{1}{2}$	$\frac{\sqrt{2}}{2}$	$\frac{\sqrt{3}}{2}$	1
$\cos\alpha$	1	$\frac{\sqrt{3}}{2}$	$\frac{\sqrt{2}}{2}$	$\frac{1}{2}$	0
$\tan\alpha$	0	$\frac{\sqrt{3}}{3}$	1	$\sqrt{3}$	不存在
$\cot\alpha$	不存在	$\sqrt{3}$	1	$\frac{\sqrt{3}}{3}$	0

注意 ① 本表可以按如下规律记忆：

α 依次取：0、$\frac{\pi}{6}$、$\frac{\pi}{4}$、$\frac{\pi}{3}$、$\frac{\pi}{2}$时，$\sin\alpha$ 依次取：$\frac{\sqrt{0}}{2}$、$\frac{\sqrt{1}}{2}$、$\frac{\sqrt{2}}{2}$、$\frac{\sqrt{3}}{2}$、$\frac{\sqrt{4}}{2}$

对于 $\cos\alpha$、$\tan\alpha$、$\cot\alpha$ 类似.

② 对于 α 不是锐角的三角函数，可以利用诱导公式来计算相应的特殊三角函数值.

6. 反三角函数

列表比较常用反三角函数：

	$y=\arcsin x$	$y=\arccos x$	$y=\arctan x$	$y=\text{arccot}\, x$
定义域	$[-1,1]$	$[-1,1]$	$\mathbf{R}$	$\mathbf{R}$
值域	$\left[-\frac{\pi}{2},\frac{\pi}{2}\right]$	$[0,\pi]$	$\left(-\frac{\pi}{2},\frac{\pi}{2}\right)$	$(0,\pi)$
图像	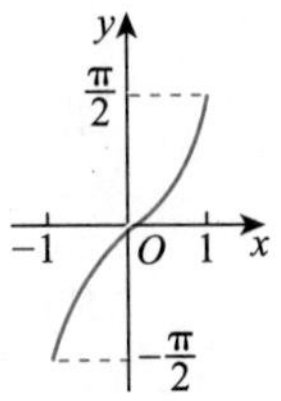	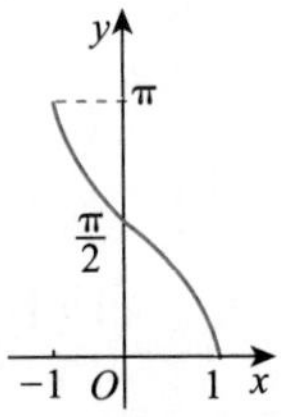	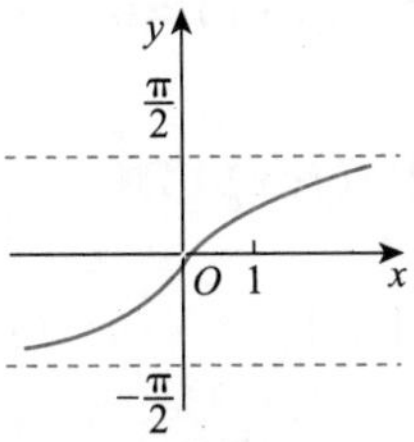	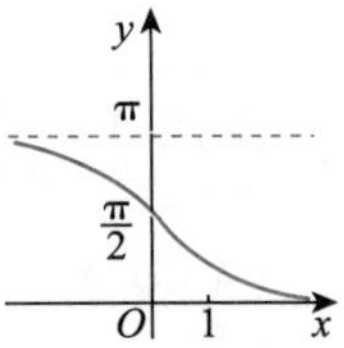
奇偶性	奇函数	非奇非偶函数	奇函数	非奇非偶函数
单调性	在定义域内是增函数	在定义域内是减函数	在定义域内是增函数	在定义域内是减函数

7. 特殊函数

(1) 反函数

设函数 $y=f(x)$ 的定义域为 D，值域为 R，如果对于每一个 $y\in R$，都有唯一确定的 $x\in D$ 与之对应，且满足 $y=f(x)$，则 x 是一个定义在 R 以 y 为自变量的函数，记作

$$x=f^{-1}(y),\ y\in R.$$

并称其为 $y=f(x)$ 的反函数.

习惯上用 x 作自变量，y 作因变量，因此 $y=f(x)$ 的反函数常记为 $y=f^{-1}(x)$，$x\in R$.

评注 函数 $y=f(x)$ 与反函数 $y=f^{-1}(x)$ 的图形关于直线 $y=x$ 对称．两者的定义域与值域互换．严格单调函数必有反函数，且函数与其反函数有相同的单调性．$y=a^x$ 与 $y=\log_a x$ 互为反函数．$y=x^2$，$x\in[0,+\infty)$ 的反函数为 $y=\sqrt{x}$，而 $y=x^2$，$x\in(-\infty,0)$ 的反函数为 $y=-\sqrt{x}$.

例 5 $f(x)=\begin{cases}3-x^3 & x<-2\\ 5-x & -2\leqslant x\leqslant 2\\ 1-(x-2)^2 & x>2\end{cases}$ 的反函数 $f^{-1}(x)$ 的定义域为(　　).

(A) $(-\infty,1)\cup[3,7]\cup(11,+\infty)$　　(B) $(-\infty,1)\cup[3,7]\cup(12,+\infty)$

(C) $(-\infty,1)\cup[3,6]\cup(11,+\infty)$　　(D) $(-\infty,-1)\cup[3,7]\cup(11,+\infty)$

(E) $(-\infty,1)\cup[3,7]\cup(10,+\infty)$

【解析】$y=f(x)$ 的值域就是反函数的定义域，只需求出 $f(x)$ 的值域即可.

当 $x<-2$ 时，$y>3+8=11$；当 $-2\leqslant x\leqslant 2$ 时，$3\leqslant y=5-x\leqslant 7$；当 $x>2$ 时，$y=1-(x-2)^2<1$.

所以 $y=f(x)$ 的反函数的定义域为 $(-\infty,1)\cup[3,7]\cup(11,+\infty)$．选 A.

(2) 复合函数【重点】

已知函数 $y=f(u)$，$u\in D_f$，$y\in R_f$．又 $u=\varphi(x)$，$x\in D_\varphi$，$u\in R_\varphi$，若 $D_f\cap R_\varphi$ 非空，则称函数 $y=f(\varphi(x))$，$x\in\{x\mid\varphi(x)\in D_f\}$ 为函数 $y=f(u)$ 与 $u=\varphi(x)$ 的复合函数．其中 y 称为因变量，x 称为自变量，u 称为中间变量.

例 6 设$f(x)=\begin{cases}0 & x\leqslant 0\\ x & x>0\end{cases}$，$g(x)=\begin{cases}0 & x\leqslant 0\\ -x^2 & x>0\end{cases}$，则$f(g(x))$为（　　）.

(A) 0　　(B) 1　　(C) x　　(D) x^2　　(E) $-x^2$

【解析】由于$g(x)\leqslant 0$，故$f(g(x))=0$，选 A.

例 7 设$f(x)=\dfrac{x}{1-x}$，则$f(f(x))$为（　　）.

(A) 0　　(B) 1　　(C) x　　(D) x^2　　(E) $\dfrac{x}{1-2x}$

【解析】$f(f(x))=\dfrac{f(x)}{1-f(x)}=\dfrac{\dfrac{x}{1-x}}{1-\dfrac{x}{1-x}}=\dfrac{x}{1-2x}$，选 E.

（3）隐函数

若函数的因变量y明显地表示成$y=f(x)$的形式，则称其为显函数. 如$y=x^2$，$y=\ln(3x^2-1)$，$y=\sqrt{x^2-1}$等.

设自变量x与因变量y之间的对应法则用一个方程$F(x, y)=0$表示，如果存在函数$y=f(x)$（不论这个函数是否能表示成显函数），将其代入所设方程，使方程变为恒等式$F(x, f(x))=0$，$x\in D_f$，其中D_f为非空实数集. 则称函数$y=f(x)$是由方程$F(x, y)=0$所确定的一个隐函数.

如方程$\sqrt{x}+\sqrt{y}=1$可以确定一个定义在$[0, 1]$上的隐函数. 此隐函数也可以表示成显函数的形式，即$y=f(x)=(1-\sqrt{x})^2$，$x\in[0, 1]$.

但并不是所有隐函数都可以用x的显函数形式来表示，如$e^{xy}+x+y=0$，因为y无法用初等函数表达，故它不是初等函数. 另外还需注意，并不是任何一个方程都能确定隐函数，如$x^2+y^2+1=0$.

（4）分段函数

有些函数，对于其定义域内的自变量x的不同值，不能用一个统一的解析式表示，而是要用两个或两个以上的式子表示，这类函数称为分段函数.

评 注 分段函数不一定是初等函数. 绝对值函数$y=|x|$很特殊，它既是初等函数，又可以写成分段函数的形式，常常可以构造一些选择题.

例 8 设$f(x)=\begin{cases}\ln\sqrt{x} & x\geqslant 1\\ 2x-1 & x<1\end{cases}$，则下列说法正确的有（　　）个.

（1）当$x<1$时，$f(f(x))=4x-3$；（2）当$1\leqslant x<e^2$时，$f(f(x))=\ln x-1$；

（3）当$x\geqslant e^2$时，$f(f(x))=\dfrac{1}{2}\ln x-1$；（4）当$x\geqslant e^2$时，$f(f(x))=\dfrac{1}{2}\ln(\ln\sqrt{x})$.

(A) 0　　(B) 1　　(C) 2　　(D) 3　　(E) 4

【解析】$f(f(x))=\begin{cases}\ln\sqrt{f(x)} & f(x)\geqslant 1\\ 2f(x)-1 & f(x)<1\end{cases}$，

(1) 当 $f(x)\geqslant 1$ 时，得到 $x\geqslant e^2$，则 $f(f(x))=\frac{1}{2}\ln(\ln\sqrt{x})$；

(2) 当 $f(x)<1$ 时，得到 $1\leqslant x<e^2$ 或 $x<1$. 当 $1\leqslant x<e^2$ 时，$f(f(x))=\ln x-1$；
当 $x<1$ 时，$f(f(x))=4x-3$.

综上得到 $f(f(x))=\begin{cases}4x-3 & x<1\\ \ln x-1 & 1\leqslant x<e^2\\ \frac{1}{2}\ln(\ln\sqrt{x}) & x\geqslant e^2\end{cases}$，故(1)(2)(4)正确，选 D.

三、函数的性质

1. 单调性

设函数 $f(x)$ 在实数集 D 上有定义，对于 D 内任意两点 x_1，x_2，当 $x_1<x_2$ 时，若总有 $f(x_1)\leqslant f(x_2)$ 成立，则称 $f(x)$ 在 D 内单调递增（或单增）；若总有 $f(x_1)<f(x_2)$ 成立，则称 $f(x)$ 在 D 内严格单增，严格单增也是单增. 当 $f(x)$ 在 D 内单调递增时，又称 $f(x)$ 是 D 内的单调递增函数. 类似可以定义单调递减或严格单减.

单调递增或单调递减函数统称为单调函数.

注意 可以用定义证明函数的单调性，对几个常用的基本初等函数，可以根据熟悉的几何图形，找出其单调区间. 对一般的初等函数，我们将利用导数来求其单调区间.

2. 有界性

设函数 $f(x)$ 在集合 D 内有定义，若存在实数 $M>0$，使得对任意 $x\in D$，都有 $|f(x)|\leqslant M$，则称 $f(x)$ 在 D 内有界，或称 $f(x)$ 为 D 内的有界函数.

设函数 $f(x)$ 在集合 D 内有定义，若对任意的实数 $M>0$，总可以找到 $x\in D$，使得 $|f(x)|>M$，则称 $f(x)$ 在 D 内无界，或称 $f(x)$ 为 D 内的无界函数.

注意 有界函数的图形完全落在两条平行于 x 轴的直线之间；函数是否有界与定义域有关，如 $y=\ln x$ 在 $(0,+\infty)$ 上无界，但在 $[1,e]$ 上是有界的；有界函数的界是不唯一的，即若对任意 $x\in D$，都有 $|f(x)|\leqslant M$，则也一定有 $|f(x)|\leqslant M+a\ (M>0,\ a>0)$.

提 示 掌握常见的有界函数：

$$|\sin x|\leqslant 1,\quad |\cos x|\leqslant 1,\quad |\arcsin x|\leqslant\frac{\pi}{2},\quad |\arccos x|\leqslant\pi,\quad |\arctan x|<\frac{\pi}{2}.$$

3. 奇偶性

设函数 $f(x)$ 在一个关于原点对称的集合内有定义，若对任意 $x\in D$，都有 $f(-x)=-f(x)$（或 $f(-x)=f(x)$），则称 $f(x)$ 为 D 内的奇函数（或偶函数）.

奇函数的图形关于原点对称，当 $f(x)$ 为连续的函数时，$f(0)=0$，即 $f(x)$ 的图形过原点. 偶函数的图形关于 y 轴对称.

注意 关于奇偶函数有如下的运算规律：

设 $f_1(x)$，$f_2(x)$ 为奇函数，$g_1(x)$，$g_2(x)$ 为偶函数，则

$f_1(x)\pm f_2(x)$ 为奇函数；$g_1(x)\pm g_2(x)$ 为偶函数；

$f_1(x)\pm g_1(x)$ 为非奇非偶函数（$f_1(x)\neq 0$，$g_1(x)\neq 0$）；

$f_1(x)\cdot g_1(x)$ 为奇函数；$f_1(x)\cdot f_2(x)$，$g_1(x)\cdot g_2(x)$ 均为偶函数.

常数 C 是偶函数，因此，奇函数加非零常数后不再是奇函数了.

利用函数奇偶性可以简化定积分的计算. 对研究函数的单调性、函数作图也有很大帮助.

例 9 下列偶函数有（　　）个.

（1）$f(x)=(\cos x+1)^2$　　（2）$f(x)=\ln(\sqrt{1+x^2}+x)$

（3）$f(x)=x^4-2x^2$　　（4）$f(x)=e^{-\tan x\sin x}$

（A）0　（B）1　（C）2　（D）3　（E）4

【解析】（1）$f(-x)=[\cos(-x)+1]^2=(\cos x+1)^2=f(x)$，故 $f(x)$ 为偶函数.

（2）$f(-x)=\ln(\sqrt{1+(-x)^2}-x)=\ln\dfrac{1}{\sqrt{1+x^2}+x}=-\ln(\sqrt{1+x^2}+x)=-f(x)$，

故 $f(x)$ 为奇函数.

（3）$f(-x)=(-x)^4-2(-x)^2=x^4-2x^2=f(x)$，故 $f(x)$ 为偶函数.

（4）$f(-x)=e^{-\tan(-x)\sin(-x)}=e^{-\tan x\sin x}=f(x)$，故 $f(x)$ 为偶函数. 选 D.

4. 周期性

如果存在非零常数 T，使得对任意 $x\in D$，恒有 $f(x+T)=f(x)$ 成立，则称 $f(x)$ 为周期函数，T 为这个函数的周期. 满足上式的最小正数 T，称为 $f(x)$ 的最小正周期.

例 10 若 $f(x)$ 既关于直线 $x=a$ 对称，又关于直线 $x=b$ 对称，且 $b>a$，则 $f(x)$ 的周期为（　　）.

（A）a　（B）$a+b$　（C）$b-a$　（D）b　（E）$2b-2a$

【解析】$f(x)$ 关于直线 $x=a$ 对称得到 $f(a-x)=f(a+x)$，可以化为 $f(t)=f(2a-t)$；

$f(x)$ 关于直线 $x=b$ 对称得到 $f(b-x)=f(b+x)$，可以化为 $f(t)=f(2b-t)$；

综合以上两式得到 $f(2a-t)=f(2b-t)\Rightarrow f(u)=f(u+2(b-a))$，

故周期为 $2b-2a$，选 E.

第二节　极限

一、数列的极限

1. 数列极限的定义

设数列 $\{a_n\}$，当项数 n 无限增大时，若通项 a_n 无限接近某个常数 A，则称数列 $\{a_n\}$ 收敛于 A，或称 A 为数列 $\{a_n\}$ 的极限，记作 $\lim\limits_{n\to\infty}a_n=A$，否则称数列 $\{a_n\}$ 发散或 $\lim\limits_{n\to\infty}a_n$ 不存在.

2. 数列极限的性质

（1）设 $\lim\limits_{n\to\infty}x_n=a$，$\lim\limits_{n\to\infty}y_n=b$，则

$\lim\limits_{n\to\infty}cx_n=c\lim\limits_{n\to\infty}x_n=ca$（$c$ 为常数），

$\lim\limits_{n\to\infty}(x_n\pm y_n)=\lim\limits_{n\to\infty}x_n\pm\lim\limits_{n\to\infty}y_n=a\pm b$，

$\lim\limits_{n\to\infty}x_n\cdot y_n=\lim\limits_{n\to\infty}x_n\cdot\lim\limits_{n\to\infty}y_n=ab$，

$$\lim_{n\to\infty}\frac{x_n}{y_n}=\frac{\lim\limits_{n\to\infty}x_n}{\lim\limits_{n\to\infty}y_n}=\frac{a}{b}\ (b\neq 0).$$

（2）$\lim\limits_{n\to\infty}x_n=a\Leftrightarrow\lim\limits_{n\to\infty}x_{n+k}=a$（$k$ 为任意正整数），

$\lim\limits_{n\to\infty}x_n=a\Leftrightarrow\lim\limits_{n\to\infty}x_{2n}=\lim\limits_{n\to\infty}x_{2n+1}=a.$

（3）若$\lim\limits_{n\to\infty}x_n=a$，则数列$\{x_n\}$是有界数列.

例 1 极限$\lim\limits_{n\to\infty}\left(\frac{n+1}{n}\right)^{(-1)^n}=($　　$)$.

（A）0　（B）1　（C）2　（D）3　（E）不存在

【解析】n 分为奇数和偶数讨论：

当 n 为奇数时，$\lim\limits_{n\to\infty}\left(\frac{n+1}{n}\right)^{(-1)^n}=\lim\limits_{n\to\infty}\left(\frac{n+1}{n}\right)^{-1}=1$；

当 n 为偶数时，$\lim\limits_{n\to\infty}\left(\frac{n+1}{n}\right)^{(-1)^n}=\lim\limits_{n\to\infty}\left(\frac{n+1}{n}\right)^{1}=1$；故原极限为 1，选 B.

二、函数的极限

1. $x\to\infty$ 时的极限

设函数$f(x)$在$|x|\geqslant a(a>0)$上有定义，当 $x\to\infty$ 时，函数$f(x)$无限接近常数 A，则称$f(x)$当 $x\to\infty$ 时以 A 为极限，记作

$$\lim_{x\to\infty}f(x)=A.$$

当 $x\to+\infty$ 或 $x\to-\infty$ 时的极限：当 x 沿数轴正（或负）方向趋于无穷大，简记 $x\to+\infty$（或 $x\to-\infty$）时，$f(x)$无限接近常数 A，则称$f(x)$当 $x\to+\infty$（或 $x\to-\infty$）时以 A 为极限，记作

$$\lim_{x\to+\infty}f(x)=A\quad\left(\text{或}\lim_{x\to-\infty}f(x)=A\right),$$

$$\lim_{x\to\infty}f(x)=A\Leftrightarrow\lim_{x\to+\infty}f(x)=\lim_{x\to-\infty}f(x)=A.$$

例 2 极限$\lim\limits_{x\to\infty}\frac{\sqrt{x^2+1}}{x}=($　　$)$.

（A）0　（B）1　（C）2　（D）3　（E）不存在

【解析】$\lim\limits_{x\to+\infty}\frac{\sqrt{x^2+1}}{x}=\lim\limits_{x\to+\infty}\sqrt{\left(\frac{1}{x}\right)^2+1}=1$；$\lim\limits_{x\to-\infty}\frac{\sqrt{x^2+1}}{x}=\lim\limits_{x\to-\infty}-\sqrt{\left(\frac{1}{x}\right)^2+1}=-1$，

故极限不存在，选 E.

例 3 极限$\lim\limits_{x\to\infty}\frac{x^{100}}{e^x}=($　　$)$.

（A）0　（B）1　（C）2　（D）3　（E）不存在

【解析】$\lim\limits_{x\to+\infty}\frac{x^{100}}{e^x}=\lim\limits_{x\to+\infty}\frac{100x^{99}}{e^x}=\lim\limits_{x\to+\infty}\frac{100\times 99x^{98}}{e^x}=\cdots=\lim\limits_{x\to+\infty}\frac{100!}{e^x}=0$（洛必达法则），

而$\lim\limits_{x\to-\infty}\frac{x^{100}}{e^x}=\infty$，故极限不存在，选 E.

例 4 极限$\lim\limits_{x\to\infty}\dfrac{e^x-x\arctan x}{e^x+x}=$(　　).

(A) 0　　(B) 1　　(C) 2　　(D) 3　　(E) 不存在

【解析】$\lim\limits_{x\to+\infty}\dfrac{e^x-x\arctan x}{e^x+x}=\lim\limits_{x\to+\infty}\dfrac{1-\dfrac{x\arctan x}{e^x}}{1+\dfrac{x}{e^x}}=1$（最后一步用到了$\lim\limits_{x\to+\infty}\dfrac{x}{e^x}=0$）.

$$\lim_{x\to-\infty}\frac{e^x-x\arctan x}{e^x+x}=\lim_{x\to-\infty}\frac{\dfrac{e^x}{x}-\arctan x}{\dfrac{e^x}{x}+1}=\frac{\pi}{2}.$$

由于$\lim\limits_{x\to+\infty}\dfrac{e^x-x\arctan x}{e^x+x}\neq\lim\limits_{x\to-\infty}\dfrac{e^x-x\arctan x}{e^x+x}$，因此极限不存在，选 E.

2. $x\to x_0$ 时的极限

设函数$f(x)$在x_0附近（可以不包括x_0点）有定义，当x无限接近$x_0(x\neq x_0)$时，函数$f(x)$无限接近常数A，则称当$x\to x_0$时，$f(x)$以A为极限，记作$\lim\limits_{x\to x_0}f(x)=A$.

3. 左、右极限

若当x从x_0的左侧$(x<x_0)$趋于x_0时，$f(x)$无限接近一个常数A，则称A为$x\to x_0$时$f(x)$的左极限，记作$\lim\limits_{x\to x_0^-}f(x)=A$，$f(x_0^-)=A$或$f(x_0-0)=A$.

若当x从x_0的右侧$(x>x_0)$趋于x_0时，$f(x)$无限接近一个常数A，则称A为$x\to x_0$时$f(x)$的右极限，记作$\lim\limits_{x\to x_0^+}f(x)=A$，$f(x_0^+)=A$或$f(x_0+0)=A$.

$$\lim_{x\to x_0}f(x)=A\Leftrightarrow\lim_{x\to x_0^+}f(x)=\lim_{x\to x_0^-}f(x)=A.$$

例 5 极限$\lim\limits_{x\to1}\dfrac{x^2-1}{x-1}e^{\frac{1}{x-1}}=$(　　).

(A) ∞　　(B) 1　　(C) 0　　(D) 2　　(E) 不存在但不为∞

【解析】因为出现e^∞，所以分左右极限讨论

$\lim\limits_{x\to1^-}\dfrac{x^2-1}{x-1}e^{\frac{1}{x-1}}=\lim\limits_{x\to1^-}\dfrac{x+1}{1}e^{\frac{1}{x-1}}=2\times0=0$；$\lim\limits_{x\to1^+}\dfrac{x^2-1}{x-1}e^{\frac{1}{x-1}}=\lim\limits_{x\to1^+}\dfrac{x+1}{1}e^{\frac{1}{x-1}}=+\infty$；

因为左右极限不同，故选 E.

三、函数极限的性质

1. 唯一性

若$\lim\limits_{x\to x_0}f(x)=A$，$\lim\limits_{x\to x_0}f(x)=B$，则$A=B$.

2. 局部有界性

若$\lim\limits_{x\to x_0}f(x)=A$，则在$x_0$的某邻域内（点$x_0$可以除外），$f(x)$是有界的.

3. 局部保号性

若$\lim\limits_{x\to x_0}f(x)=A$，且$A>0$(或$A<0$)，则存在$x_0$的某邻域（点$x_0$可以除外），在该邻域内

有 $f(x)>0$(或 $f(x)<0$).

若 $\lim\limits_{x\to x_0}f(x)=A$，且在 x_0 的某邻域（点 x_0 可以除外）有 $f(x)>0$（或 $f(x)<0$），则必有 $A\geqslant 0$(或 $A\leqslant 0$).

4. 不等式性质

若 $\lim\limits_{x\to x_0}f(x)=A$，$\lim\limits_{x\to x_0}g(x)=B$，且 $A>B$，则存在 x_0 的某邻域（点 x_0 可以除外），使 $f(x)>g(x)$.

若 $\lim\limits_{x\to x_0}f(x)=A$，$\lim\limits_{x\to x_0}g(x)=B$，且在 x_0 的某邻域（点 x_0 可以除外）有 $f(x)<g(x)$ 或 $(f(x)\leqslant g(x))$，则 $A\leqslant B$.

四、重要极限

(1) $\lim\limits_{x\to 0}\dfrac{\sin x}{x}=1$

注意 此极限是当 $x\to 0$ 时的极限，应区分 $\lim\limits_{x\to\infty}\dfrac{\sin x}{x}=0$.

(2) $\lim\limits_{x\to\infty}\left(1+\dfrac{1}{x}\right)^x=\mathrm{e}$（或 $\lim\limits_{x\to 0}(1+x)^{\frac{1}{x}}=\mathrm{e}$）

注意 $\begin{cases}\lim\limits_{x\to\infty}\left(1+\dfrac{1}{x}\right)^x=\mathrm{e}\Rightarrow \text{若}\lim\limits_{x\to x_0}\varphi(x)=\infty,\ \text{则}\lim\limits_{x\to x_0}\left[1+\dfrac{1}{\varphi(x)}\right]^{\varphi(x)}=\mathrm{e}.\\ \lim\limits_{x\to 0}(1+x)^{\frac{1}{x}}=\mathrm{e}\Rightarrow \text{若}\lim\limits_{x\to x_0}\varphi(x)=0,\ \text{则}\lim\limits_{x\to x_0}[1+\varphi(x)]^{\frac{1}{\varphi(x)}}=\mathrm{e}.\end{cases}$

例 6 极限 $\lim\limits_{x\to\infty}\left[\dfrac{x^2}{(x-a)(x+b)}\right]^x=$（　　）.

(A) ∞　　(B) 1　　(C) e^{b-a}　　(D) e　　(E) e^{a-b}

【解析】 $\lim\limits_{x\to\infty}\left[\dfrac{x^2}{(x-a)(x+b)}\right]^x=\lim\limits_{x\to\infty}\left[\dfrac{x}{(x-a)}\cdot\dfrac{x}{(x+b)}\right]^x=\lim\limits_{x\to\infty}\left(\dfrac{x}{x-a}\right)^x\left(\dfrac{x}{x+b}\right)^x$

$=\lim\limits_{x\to\infty}\left(1+\dfrac{a}{x-a}\right)^x\left(1-\dfrac{b}{x+b}\right)^x=\mathrm{e}^{\lim\limits_{x\to\infty}\frac{ax}{x-a}}\mathrm{e}^{\lim\limits_{x\to\infty}\frac{-bx}{x+b}}=\mathrm{e}^a\mathrm{e}^{-b}=\mathrm{e}^{a-b}$，选 E.

五、无穷小量与无穷大量

1. 定义

若 $\lim\limits_{x\to x_0}f(x)=0$，则称 $f(x)$ 是 $x\to x_0$ 时的无穷小量.

同理，若 $\lim\limits_{x\to x_0}g(x)=\infty$，则称 $g(x)$ 是 $x\to x_0$ 时的无穷大量.

2. 无穷小量与无穷大量的关系

无穷小量的倒数是无穷大量；无穷大量的倒数是无穷小量.

3. 无穷小量的运算性质

(1) 有限个无穷小量的代数和仍为无穷小量.

(2) 无穷小量乘有界变量仍为无穷小量.

(3) 有限个无穷小量的乘积仍为无穷小量.

4. 无穷小量阶的比较

设$\lim\limits_{x\to x_0}\alpha(x)=0$，$\lim\limits_{x\to x_0}\beta(x)=0$，

$$\lim_{x\to x_0}\frac{\alpha(x)}{\beta(x)}=\begin{cases}k\neq 0 & \text{称 }\alpha(x)\text{ 与 }\beta(x)\text{ 为同阶无穷小，特别地，当 }k=1\text{ 时，}\\ & \text{称 }\alpha(x)\text{ 与 }\beta(x)\text{ 为等价无穷小，记作 }\alpha(x)\sim\beta(x)\\ 0 & \text{称 }\alpha(x)\text{ 是比 }\beta(x)\text{ 高阶的无穷小}\\ \infty & \text{称 }\alpha(x)\text{ 是比 }\beta(x)\text{ 低阶的无穷小}\end{cases}$$

5. 等价无穷小

常用的等价无穷小：$x\to 0$ 时，有下列等价无穷小公式：$e^x-1\sim x$，$a^x-1\sim x\ln a(a>0)$，$\ln(1+x)\sim x$，$(1+x)^\alpha-1\sim\alpha x(\alpha>0)$，$\sin x\sim x$，$\tan x\sim x$，$1-\cos x\sim\dfrac{x^2}{2}$.

注意 等价无穷小具有传递性，即 $\alpha(x)\sim\beta(x)$，又 $\beta(x)\sim\gamma(x)$，则 $\alpha(x)\sim\gamma(x)$.

应 用 等价无穷小在乘除时可以替换，即 $\alpha(x)\sim\alpha^*(x)$，$\beta(x)\sim\beta^*(x)$，

则 $\lim\limits_{\substack{x\to x_0\\(\text{或}x\to\infty)}}\dfrac{\alpha(x)}{\beta(x)}=\lim\limits_{\substack{x\to x_0\\(\text{或}x\to\infty)}}\dfrac{\alpha^*(x)}{\beta^*(x)}$.

例 7 设 $x\to 0$ 时，$e^{x^2}-(ax^2+bx+c)$ 是比 x^2 高阶的无穷小，则 $a+b+c=$（　　）.

(A) 0　　(B) 1　　(C) 2　　(D) 3　　(E) -3

【解析】首先，必须都是无穷小量，故 $\lim\limits_{x\to 0}[e^{x^2}-(ax^2+bx+c)]=1-c=0\Rightarrow c=1$，

又根据高阶无穷小的定义，得到

$\lim\limits_{x\to 0}\dfrac{e^{x^2}-(ax^2+bx+1)}{x^2}=\lim\limits_{x\to 0}\left[\dfrac{e^{x^2}-1}{x^2}-a-\dfrac{b}{x}\right]=0$，则有 $b=0$，$a=1$，选 C.

例 8 设 $f(x)=2^x+3^x-2$，则当 $x\to 0$ 时，有（　　）.

(A) $f(x)$ 与 x 是等价无穷小　　(B) $f(x)$ 与 x 是同阶但非等价无穷小

(C) $f(x)$ 是比 x 高阶的无穷小　　(D) $f(x)$ 是比 x 低阶的无穷小

(E) 无法确定

【解析】由于 $\lim\limits_{x\to 0}\dfrac{2^x+3^x-2}{x}=\lim\limits_{x\to 0}\left(\dfrac{2^x-1}{x}+\dfrac{3^x-1}{x}\right)=\ln 2+\ln 3=\ln 6$，故选 B.

例 9 设 $\lim\limits_{x\to 0}\dfrac{\sin x}{e^x-a}(\cos x-b)=5$，则 $a+b=$（　　）.

(A) 0　　(B) 1　　(C) 2　　(D) 3　　(E) -3

【解析】由于极限存在且不为零，极限式的分子又趋近于零，可知分母也趋近于零，由此可以确定常数 a，确定常数 a 后，再计算出极限的值，进而确定常数 b.

由于 $\lim\limits_{x\to 0}\sin x=0$，要使极限值不为零，必有 $\lim\limits_{x\to 0}(e^x-a)=0$，则 $a=1$.

当 $a=1$ 时，有 $\lim\limits_{x\to 0}\dfrac{\sin x}{e^x-1}(\cos x-b)=1-b$，可知 $b=-4$. 选 E.

例 10 下列极限正确的有（　　）个.

(1) $\lim\limits_{x\to\infty}x\sin\dfrac{2x}{x^2+1}=2$；　　(2) $\lim\limits_{x\to 0}\dfrac{e^x-\sin x-1}{1-\sqrt{1-x^2}}=-1$；

(3) $\lim\limits_{x\to\infty}\left[x-x^2\ln\left(1+\frac{1}{x}\right)\right]=\frac{1}{2}$； (4) $\lim\limits_{x\to+\infty}(x+e^x)^{\frac{1}{x}}=e$.

(A) 0 (B) 1 (C) 2 (D) 3 (E) 4

【解析】(1) $\lim\limits_{x\to\infty}x\sin\frac{2x}{x^2+1}=\lim\limits_{x\to\infty}x\frac{2x}{x^2+1}=2$（等价无穷小替换）.

(2) 由于 $x\to0$ 时，$1-\sqrt{1-x^2}\sim\frac{1}{2}x^2$（等价无穷小替换）.

则原式$\lim\limits_{x\to0}\frac{e^x-\sin x-1}{\frac{1}{2}x^2}=\lim\limits_{x\to0}\frac{e^x-\cos x}{x}=\lim\limits_{x\to0}\frac{e^x+\sin x}{1}=1$（洛必达法则）.

(3) 令 $t=\frac{1}{x}$，原式 $=\lim\limits_{t\to0}\left[\frac{1}{t}-\frac{1}{t^2}\ln(1+t)\right]$

$$=\lim_{t\to0}\frac{t-\ln(1+t)}{t^2}=\lim_{t\to0}\frac{1-\frac{1}{1+t}}{2t}=\frac{1}{2}\text{（洛必达法则）}.$$

(4) $\lim\limits_{x\to+\infty}(x+e^x)^{\frac{1}{x}}=\lim\limits_{x\to+\infty}e^{\frac{1}{x}\ln(x+e^x)}=\lim\limits_{x\to+\infty}e^{\frac{\frac{1+e^x}{x+e^x}}{1}}=e$（洛必达法则）.

综上(1)、(3)、(4)正确，选 D.

第三节 连续

一、函数连续的概念

1. 两个定义

【定义 1】设函数 $y=f(x)$ 的定义域为 D，$x_0\in D$. 若$\lim\limits_{x\to x_0}f(x)=f(x_0)$，则称 $f(x)$ 在 x_0 点连续；若 $f(x)$ 在 D 中每一点都连续，则称 $f(x)$ 在定义域内连续.

【定义 2】若 $\lim\limits_{\Delta x\to0}[f(x_0+\Delta x)-f(x_0)]=0$，则称 $f(x)$ 在 x_0 点连续.

2. 左连续和右连续

若 $\lim\limits_{x\to x_0^-}f(x)=f(x_0)$，则称 $f(x)$ 在 x_0 点左连续；同理，若 $\lim\limits_{x\to x_0^+}f(x)=f(x_0)$，则称 $f(x)$ 在 x_0 点右连续.

$f(x)$ 在 x_0 点连续$\Leftrightarrow f(x)$ 在 x_0 点既左连续又右连续.

3. 连续函数的运算

连续函数经过有限次四则运算或复合而得到的函数仍然连续，因而初等函数在其定义区间内处处连续.

例 1 若 $f(x)=\begin{cases}\frac{\sin2x+e^{2ax}-1}{x} & x\neq0\\ a & x=0\end{cases}$ 在$(-\infty,+\infty)$上连续，则 $a=$（　　）.

(A) 0 (B) 1 (C) 2 (D) 3 (E) -2

【解析】由于$\lim\limits_{x\to0}\frac{\sin2x+e^{2ax}-1}{x}=2+2a$，又$f(0)=a$，

要使$f(x)$在$(-\infty, +\infty)$上连续，只要$2+2a=a$，即$a=-2$. 选 E.

二、间断点

1. 定义

设函数$f(x)$在x_0的某邻域内有定义，并且函数$f(x)$在点x_0处不连续，则称x_0为函数$f(x)$的间断点.

2. 分类

设x_0为函数$f(x)$的间断点，若$\lim\limits_{x\to x_0^+}f(x)$与$\lim\limits_{x\to x_0^-}f(x)$均存在，则称$x_0$为函数$f(x)$的第一类间断点；若$\lim\limits_{x\to x_0^+}f(x)$与$\lim\limits_{x\to x_0^-}f(x)$至少有一个不存在，则称$x_0$为函数$f(x)$的第二类间断点.

在第一类间断点中，

如果$\lim\limits_{x\to x_0^+}f(x)=\lim\limits_{x\to x_0^-}f(x)$，则称$x_0$为函数$f(x)$的可去间断点；

如果$\lim\limits_{x\to x_0^+}f(x)\neq\lim\limits_{x\to x_0^-}f(x)$，则称$x_0$为函数$f(x)$的跳跃间断点.

在第二类间断点中，

如果$\lim\limits_{x\to x_0^+}f(x)$与$\lim\limits_{x\to x_0^-}f(x)$至少有一个为$\infty$，则称$x_0$为函数$f(x)$的无穷间断点；

如果$\lim\limits_{x\to x_0^+}f(x)$与$\lim\limits_{x\to x_0^-}f(x)$均不为$\infty$，则称$x_0$为函数$f(x)$的振荡间断点.

评注 由定义可知，判断函数间断点的类型关键是计算出左极限$\lim\limits_{x\to x_0^-}f(x)$与右极限$\lim\limits_{x\to x_0^+}f(x)$.

例如：$x=0$是$f(x)=\frac{\sin x}{x}$的可去间断点，是$f(x)=\frac{|x|}{x}$的跳跃间断点，是$f(x)=\frac{1}{x}$的无穷间断点，是$f(x)=\sin\frac{1}{x}$的振荡间断点.

例 2 关于函数$f(x)=\begin{cases}\frac{1}{2\cos x} & x\leqslant0\\ \sin\frac{1}{x^2-1} & x>0\end{cases}$的间断点，下列正确的为(　　).

(A) 有 2 个第 1 类间断点　　(B) 有 1 个跳跃间断点和 1 个可去间断点

(C) 有 2 个第 2 类间断点　　(D) 有 1 个跳跃间断点和 1 个振荡间断点

(E) 有 1 个无穷间断点和 1 个振荡间断点

【解析】第一步：找“可疑点”. 所有可能的间断点包括：

(1) 分段点$x=0$；

(2) 在$x\leqslant0$部分，使得分母$\cos x$为零的点$x=\frac{\pi}{2}-k\pi$，$k=1, 2, 3, \cdots$；

(3) 在$x>0$部分，使得分母x^2-1为零的点$x=1$.

第二步：确定间断点.

(1) 对于 $x=0$，$\lim\limits_{x\to0^+}f(x)=\lim\limits_{x\to0^+}\sin\dfrac{1}{x^2-1}=-\sin1$，

$\lim\limits_{x\to0^-}f(x)=\lim\limits_{x\to0^-}\dfrac{1}{2\cos x}=\dfrac{1}{2}$，由于 $\lim\limits_{x\to0^+}f(x)\neq\lim\limits_{x\to0^-}f(x)$，

可知 $x=0$ 为 $f(x)$ 的跳跃间断点.

(2) 对于 $x=\dfrac{\pi}{2}-k\pi$，$k=1$，2，3，…，由于 $\lim\limits_{x\to\frac{\pi}{2}-k\pi}f(x)=\lim\limits_{x\to\frac{\pi}{2}-k\pi}\dfrac{1}{2\cos x}=\infty$，

可知 $x=\dfrac{\pi}{2}-k\pi$，$k=1$，2，3，…，为 $f(x)$ 的无穷间断点.

(3) 对于 $x=1$，$\lim\limits_{x\to1^+}f(x)=\lim\limits_{x\to1^+}\sin\dfrac{1}{x^2-1}$，由于当 $x\to1^+$ 时，$\dfrac{1}{x^2-1}\to+\infty$，

此时 $\sin\dfrac{1}{x^2-1}$ 的极限不存在，且不为∞；同理可以说明 $\lim\limits_{x\to1^-}f(x)$ 不存在且不为∞.

可知 $x=1$ 为 $f(x)$ 的振荡间断点. 选 D.

例 3 关于函数 $f(x)=\dfrac{\ln|x|}{|x-1|}\sin x$ 的间断点，下列正确的为(　　).

(A) 有 1 个第 1 类间断点　　(B) 有 1 个跳跃间断点和 1 个可去间断点

(C) 有 2 个第 2 类间断点　　(D) 有 1 个跳跃间断点和 1 个振荡间断点

(E) 有 1 个无穷间断点和 1 个振荡间断点

【解析】第一步：找“可疑点”.

所有可能的间断点包括：对数无意义的点 $x=0$ 和分母无意义的点 $x=1$.

第二步：确定间断点.

对于 $x=0$，$\lim\limits_{x\to0}f(x)=\lim\limits_{x\to0}\dfrac{\ln|x|}{|x-1|}\sin x=\lim\limits_{x\to0}\dfrac{\ln|x|}{1}x=\lim\limits_{x\to0}\dfrac{\ln|x|}{\dfrac{1}{x}}=\lim\limits_{x\to0}\dfrac{\dfrac{1}{x}}{-\dfrac{1}{x^2}}=0$，

可知 $x=0$ 为 $f(x)$ 的可去间断点.

对于 $x=1$，$\lim\limits_{x\to1}f(x)=\lim\limits_{x\to1}\dfrac{\ln|x|}{|x-1|}\sin x=\sin1\cdot\lim\limits_{x\to1}\dfrac{\ln x}{|x-1|}=\sin1\cdot\lim\limits_{x\to1}\dfrac{\ln[1+(x-1)]}{|x-1|}$

$=\sin1\cdot\lim\limits_{x\to1}\dfrac{x-1}{|x-1|}=\begin{cases}\sin1 & x\to1^+\\ -\sin1 & x\to1^-\end{cases}$

可知 $x=1$ 为 $f(x)$ 的跳跃间断点. 选 B.

三、闭区间上连续函数的性质

1. 最值定理

设 $f(x)$ 在 $[a,b]$ 上连续，则 $f(x)$ 在 $[a,b]$ 上必有最大值 M 和最小值 m，即存在 x_1，$x_2\in[a,b]$，使 $f(x_1)=M$，$f(x_2)=m$，且 $m\leqslant f(x)\leqslant M$，$x\in[a,b]$.

2. 介值定理

设 $f(x)$ 在 $[a,b]$ 上连续，且 m，M 分别是 $f(x)$ 在 $[a,b]$ 上的最小值与最大值，则对任

意的 $k\in[m,M]$，总存在一点 $c\in[a,b]$，使 $f(c)=k$.

3. 零点定理

设 $f(x)$ 在 $[a,b]$ 连续，且 $f(a)\cdot f(b)<0$，则至少存在一个 $c\in(a,b)$ 使 $f(c)=0$.

注意 零点定理因为常用于方程根的情况判别，故又称为根的存在性定理.

例 4 方程 $kx-\mathrm{e}^{-x}=0$ 在 $(0,1)$ 上至少有一个实数根，则 k 的取值范围为(　　).

(A) $k>\frac{1}{\mathrm{e}}$　(B) $k<\frac{1}{\mathrm{e}}$　(C) $k\geqslant\frac{1}{\mathrm{e}}$　(D) $k\leqslant\frac{1}{\mathrm{e}}$　(E) $k<\mathrm{e}$

【解析】令 $f(x)=kx-\mathrm{e}^{-x}$，根据零点定理得到 $f(0)\cdot f(1)<0$，

$(-1)\cdot\left(k-\frac{1}{\mathrm{e}}\right)<0\Rightarrow k>\frac{1}{\mathrm{e}}$，选 A.

第四节　归纳总结

1. 函数的四种特性

特性	定义	图像特点
奇偶性	设函数 $y=f(x)$ 的定义域 D 关于原点对称，若对任意 $x\in D$ 满足 $f(-x)=f(x)$，则称 $f(x)$ 是 D 上的偶函数；若对任意 $x\in D$ 满足 $f(-x)=-f(x)$，则称 $f(x)$ 是 D 上的奇函数	偶函数的图形关于 y 轴对称；奇函数的图形关于原点对称
单调性	若对任意 $x_1,x_2\in(a,b)$，当 $x_1<x_2$ 时，有 $f(x_1)<f(x_2)$，则称函数 $y=f(x)$ 是区间 (a,b) 上的单调增加函数；当 $x_1<x_2$ 时，有 $f(x_1)>f(x_2)$，则称函数 $y=f(x)$ 是区间 (a,b) 上的单调减少函数，单调增加函数和单调减少函数统称单调函数，若函数 $y=f(x)$ 是区间 (a,b) 上的单调函数，则称区间 (a,b) 为单调区间	单调增加的函数的图像表现为自左至右是单调上升的曲线；单调减少的函数的图像表现为自左至右是单调下降的曲线
有界性	如果存在 $M>0$，使对于任意 $x\in D$ 满足 $\lvert f(x)\rvert\leqslant M$ 则称函数 $y=f(x)$ 是有界的	图像在直线 $y=-M$ 与 $y=M$ 之间
周期性	如果存在常数 T，使对于任意 $x\in D$，$x+T\in D$，有 $f(x+T)=f(x)$ 则称函数 $y=f(x)$ 是周期函数，通常所说的周期函数的周期是指它的最小周期	在每一个周期内的图像是相同的

2. 函数的奇偶性应用总结

奇函数结论	原点两侧：单调性相同，凹凸性相反（产生拐点）
常见奇函数	(1) $y=x^{2n+1}$ $(n\in\mathbf{Z})$　(2) $y=\sin x$ (3) $y=\tan x$　(4) $y=\cot x$ (5) $y=\ln(\sqrt{1+x^2}+x)$

（续）

偶函数结论	y 轴两侧：单调性相反（产生极值点），凹凸性相同
常见偶函数	(1) $y=\|x\|$　　(2) $y=x^{2n}(n\in\mathbf{Z})$ (3) $y=C$（C 为常数）　　(4) $y=\cos x$
组合性质	设 $f_1(x)$，$f_2(x)$ 为奇函数，$g_1(x)$，$g_2(y)$ 为偶函数，则 $f_1(x)\pm f_2(x)$ 为奇函数；$g_1(x)\pm g_2(x)$ 为偶函数； $f_1(x)\pm g_1(x)$ 为非奇非偶函数； $f_1(x)\cdot g_1(x)$ 为奇函数；$f_1(x)\cdot f_2(x)$，$g_1(x)\cdot g_2(x)$ 均为偶函数
复合性质	设 $f(x)$ 为奇函数，$g(x)$ 为偶函数，则 $f(f(x))$ 为奇函数； $f(g(x))$、$g(f(x))$ 和 $g(g(x))$ 为偶函数
求导性质	若导函数存在，求导后奇偶性相反．比如奇函数的导函数为偶函数
积分性质	若原函数存在，则奇函数的原函数为偶函数，但偶函数的原函数不一定为奇函数，因为积分常数 C 是偶函数，因此，奇函数加非零常数后不再是奇函数了．比如 $\int x^2\mathrm{d}x=\frac{1}{3}x^3+C$
积分化简	$\int_{-a}^{a}f(x)\mathrm{d}x=\begin{cases}0 & f(x)\text{ 为奇函数}\\ 2\int_0^a f(x)\mathrm{d}x & f(x)\text{ 为偶函数}\end{cases}$
概率应用	若连续型随机变量密度函数为偶函数时，相关重要结论可参考概率部分

3. 六种基本初等函数

函数	解析表达式
常函数	$y=C$（C 为常数）
幂函数	$y=x^a$（a 为常数）
指数函数	$y=a^x$（$a>0$ 且 $a\neq1$，a 为常数）
对数函数	$y=\log_a x$（$a>0$ 且 $a\neq1$，a 为常数）
三角函数	$y=\sin x$，$y=\cos x$，$y=\tan x$，$y=\cot x$，$y=\sec x$，$y=\csc x$
反三角函数	$y=\arcsin x$，$y=\arccos x$，$y=\arctan x$，$y=\operatorname{arccot} x$，$y=\operatorname{arcsec} x$，$y=\operatorname{arccsc} x$

4. 常用的极限

①$\lim\limits_{n\to\infty}\frac{1}{n}=0$　②$\lim\limits_{x\to\infty}\frac{1}{x}=0$　③$\lim\limits_{n\to\infty}q^n=0$，$|q|<1$　④$\lim\limits_{n\to\infty}q^n=\infty$，$|q|>1$

⑤$\lim\limits_{x\to-\infty}\mathrm{e}^x=0$　⑥$\lim\limits_{x\to+\infty}\mathrm{e}^x=+\infty$　⑦$\lim\limits_{n\to\infty}\sqrt[n]{a}=1(a>0)$　⑧$\lim\limits_{x\to0^+}x^x=1$

⑨$\lim\limits_{x\to+\infty}\arctan x=\frac{\pi}{2}$　⑩$\lim\limits_{x\to-\infty}\arctan x=-\frac{\pi}{2}$

5. 未定型极限

【技巧】都转化为基本未定型：$\frac{0}{0}$型或$\frac{\infty}{\infty}$型，结合洛必达法则分析

类型	特征	思路
加减	$\infty \pm \infty$	化为分式【倒数代换，通分，共轭根号】，转化为$\frac{0}{0}$型或$\frac{\infty}{\infty}$型， $\infty_1 \pm \infty_2 = \frac{1}{1/\infty_1} \pm \frac{1}{1/\infty_2} = \frac{1/\infty_2 \pm 1/\infty_1}{1/(\infty_1 \infty_2)} = \frac{0}{0}$
乘法	$0 \cdot \infty$	$0 \cdot \infty = \frac{0}{1/\infty} = \frac{0}{0}$或$0 \cdot \infty = \frac{\infty}{1/0} = \frac{\infty}{\infty}$
幂指函数型	∞^0，0^0，1^∞	$\lim u(x)^{v(x)} = \lim e^{\ln u(x) v(x)} = \lim e^{v(x)\ln u(x)} = \exp\left[\lim \frac{\ln u(x)}{\frac{1}{v(x)}}\right]$. $\left.\begin{array}{l} 1^\infty = e^{\infty \ln 1} = e^{\infty \cdot 0} \\ 0^0 = e^{0\ln 0} = e^{0\cdot\infty} \\ \infty^0 = e^{0\ln\infty} = e^{0\cdot\infty} \end{array}\right\}$或先取对数将其转化成$0 \cdot \infty$型，再化为$\frac{0}{0}$型或$\frac{\infty}{\infty}$型
重要极限	1^∞	$\lim u^v = \lim[1+(u-1)]^{\frac{1}{u-1}\cdot(u-1)v} = e^{\lim(u-1)v}$

6. 无穷大、无穷小的定义及性质

类型	定义	性质	说明
无穷小量	极限为 0 的变量称为无穷小量	无穷小量的绝对值仍是无穷小量	
		有限个无穷小的和、差、积仍是无穷小量	“有限个”改为“无限个”后此性质不再成立
		无穷小量与有界量的乘积仍是无穷小量	
无穷大量	极限为无穷（包括$+\infty$，$-\infty$）的变量称为无穷大量	若变量不取零值，则变量为无穷大量$\Leftrightarrow$它的倒数为无穷小量	无穷小的性质对无穷大不一定成立

7. 无穷小的比较

前提	定义	记号
设α，β是在同一自变量的同一变化过程中的两个无穷小，且$\lim\frac{\beta}{\alpha}$表示这个变化过程中的极限	若$\lim\frac{\beta}{\alpha}=0$，则称$\beta$是比$\alpha$高阶的无穷小	$\beta = o(\alpha)$
	若$\lim\frac{\beta}{\alpha}=c(c\neq 0)$，则称$\beta$是与$\alpha$同阶的无穷小	
	若$\lim\frac{\beta}{\alpha}=1$，则称$\beta$是与$\alpha$等价的无穷小（*）	$\alpha \sim \beta$

8. 常用的等价无穷小($x \to 0$)

幂函数	$(1+x)^{\alpha}-1 \sim \alpha x(\alpha>0)$，特殊：$\sqrt{1+x}-1 \sim \frac{1}{2}x$
指数	$a^{x}-1 \sim x\ln a$，特殊：$e^{x}-1 \sim x$
对数	$\log_a(1+x) \sim \frac{x}{\ln a}$，特殊：$\ln(1+x) \sim x$
三角函数	$\sin x \sim x$，$\tan x \sim x$，$\arcsin x \sim x$，$\arctan x \sim x$ $1-\cos x \sim \frac{x^2}{2}$
差函数	$x-\ln(1+x) \sim \frac{1}{2}x^2$，$x-\sin x \sim \frac{1}{6}x^3$，$\tan x - x \sim \frac{1}{3}x^3$，$\tan x-\sin x \sim \frac{1}{2}x^3$， $\arcsin x - x \sim \frac{1}{6}x^3$，$x-\arctan x \sim \frac{1}{3}x^3$，$\arcsin x-\arctan x \sim \frac{1}{2}x^3$

9. 连续的定义

<table>
<tr><th>前提</th><th>定义</th><th>充要条件</th></tr>
<tr><td rowspan="2">设函数 $f(x)$ 在点 x_0 的某一邻域内有定义</td><td>若 $\lim\limits_{x\to x_0}f(x)=f(x_0)$，则称 $f(x)$ 在点 x_0 连续(*)</td><td rowspan="2">$f(x)$ 在点 x_0 连续⇔在点 x_0 左连续且右连续，即 $\lim\limits_{x\to x_0^-}f(x)=\lim\limits_{x\to x_0^+}f(x)=f(x_0)$</td></tr>
<tr><td>若在 x_0 点有 $\lim\limits_{\Delta x\to 0}[f(x_0+\Delta x)-f(x_0)]=0$，则称 $f(x)$ 在点 x_0 连续</td></tr>
</table>

10. 间断点分类

<table>
<tr><th>定义</th><th colspan="2">分类</th></tr>
<tr><td rowspan="4">函数 $f(x)$ 在区间中的不连续点 x_0 称为函数的间断点</td><td rowspan="2">若 $f(x_0-0)$，$f(x_0+0)$ 都存在，则称 x_0 为第一类间断点</td><td>若 $f(x_0-0)=f(x_0+0)$，但与 $f(x_0)$ 不相等或 $f(x_0)$ 不存在，则称 x_0 为可去间断点</td></tr>
<tr><td>若 $f(x_0-0)\neq f(x_0+0)$，则称 x_0 为跳跃间断点</td></tr>
<tr><td rowspan="2">若 $f(x_0-0)$，$f(x_0+0)$ 中至少有一个不存在，则称 x_0 为第二类间断点</td><td>若 $f(x_0-0)$，$f(x_0+0)$ 中至少有一个为 ∞，则称 x_0 为无穷间断点</td></tr>
<tr><td>若 $\lim\limits_{x\to x_0^-}f(x)$ 与 $\lim\limits_{x\to x_0^+}f(x)$ 均不为 ∞，则称 x_0 为振荡间断点</td></tr>
</table>

11. 闭区间上连续函数的性质

<table>
<tr><th>定义</th><th>性质</th><th>说明</th></tr>
<tr><td rowspan="4">函数$f(x)$在闭区间$[a, b]$上连续，则函数$f(x)$在开区间(a, b)内每一点处都连续，且在a处右连续，在b处左连续</td><td>1. 最大值最小值存在的定理
$f(x)$在$[a, b]$连续，$\exists \xi, \eta \in [a, b]$，使得
$\max\limits_{x\in[a,b]}\{f(x)\}=f(\xi)$，$\min\limits_{x\in[a,b]}\{f(x)\}=f(\eta)$</td><td rowspan="4">这几条定理中，闭区间上连续的要求是本质的，不可轻易替换</td></tr>
<tr><td>2. 有界性定理
$f(x)$在$[a, b]$连续$\Rightarrow f(x)$在$[a, b]$有界</td></tr>
<tr><td>3. 零点定理（*）
$f(x)$在$[a, b]$连续，且$f(a)f(b)<0$
$\Rightarrow \exists x_0 \in (a, b)$，使$f(x_0)=0$</td></tr>
<tr><td>4. 介值定理
$f(x)$在$[a, b]$连续，$f(a)\neq f(b)$，μ介于$f(a)$，$f(b)$之间
$\Rightarrow \exists x_0 \in (a, b)$，使$f(x_0)=\mu$</td></tr>
</table>

第五节 单元练习

扫码看视频

1. 设$f(x)=x\cdot \tan x\cdot e^{\sin x}$，则$f(x)$是(　　).

(A) 偶函数　(B) 奇函数　(C) 周期函数　(D) 无界函数　(E) 单调函数

2. 设$f(x^3-1)=\ln x$，则$y=f(x)$的定义域为(　　).

(A) $(-1, +\infty)$　(B) $(-2, +\infty)$　(C) $(-\infty, 1)$
(D) $(1, +\infty)$　(E) $(-\infty, -1)$

3. 设$f(x)$的定义域为$[-3, 3]$，则$f(x^2-1)$的定义域为(　　).

(A) $[-1, 2]$　(B) $(-2, 3)$　(C) $[-2, 2]$
(D) $[-2, 3]$　(E) $(-4, -1)$

4. 设$f(x)=\begin{cases}2x & x<0\\ x^2 & x\geqslant 0\end{cases}$，则$f(f(f(x)))=$(　　).

(A) $f(f(f(x)))=\begin{cases}4x & x<0\\ x^8 & x\geqslant 0\end{cases}$　(B) $f(f(f(x)))=\begin{cases}6x & x<0\\ x^4 & x\geqslant 0\end{cases}$

(C) $f(f(f(x)))=\begin{cases}8x & x<0\\ x^6 & x\geqslant 0\end{cases}$　(D) $f(f(f(x)))=\begin{cases}8x & x<0\\ x^8 & x\geqslant 0\end{cases}$

(E) $f(f(f(x)))=\begin{cases}6x & x<0\\ x^6 & x\geqslant 0\end{cases}$

5. 设$f(x)=\begin{cases} e^{x-1} & x>0 \\ x-1 & x\leqslant 0 \end{cases}$，关于$f(f(x))$下列叙述正确的有(　　)个.

(1) $f(f(x))$的定义域为$x\geqslant 0$　　(2) $f(f(x))$的值域为$(-\infty, +\infty)$

(3) $f(f(x))$单调递增　　(4) 当$x>0$时，$f(f(x))=e^{e^{x-1}-1}$

(A) 0　　(B) 1　　(C) 2　　(D) 3　　(E) 4

6. 设$f(x)=\begin{cases} \sqrt{|x|}-1 & -1\leqslant x<0 \\ x^2+1 & 0\leqslant x\leqslant 1 \end{cases}$，关于$f(x)$的反函数$f^{-1}(x)$，下列叙述正确的有(　　)个.

(1) $f^{-1}(x)$的定义域为$-1<x\leqslant 2$　　(2) $f^{-1}(x)$的值域为$[-1, 1]$

(3) $f^{-1}(x)$单调递增　　(4) 当$1\leqslant x\leqslant 2$，$f^{-1}(x)=\sqrt{x-1}$

(A) 0　　(B) 1　　(C) 2　　(D) 3　　(E) 4

7. 下列函数中，奇函数有(　　)个.

(1) $f(x)=\dfrac{e^x+e^{-x}}{e^x-e^{-x}}$　　(2) $f(x)=\sin x\,|\arctan x|$

(3) $f(x)=\dfrac{a^{-x}+a^x}{3+\cos x}$　　(4) $f(x)=\tan x\,\dfrac{a^x-1}{a^x+1}$

(A) 0　　(B) 1　　(C) 2　　(D) 3　　(E) 4

8. 下列函数中，偶函数有(　　)个.

(1) $f(x)=(\tan x+\arcsin x)^2$　　(2) $f(x)=\ln(\sqrt{1+x^2}+x)$

(3) $f(x)=x^4-2\cos x$　　(4) $f(x)=e^{-x^2}\cdot|\cot x|$

(A) 0　　(B) 1　　(C) 2　　(D) 3　　(E) 4

9. 极限$\lim\limits_{x\to 0}\dfrac{x\ln(1+x)}{1-\cos x}=$(　　).

(A) 0　　(B) 1　　(C) 2　　(D) -1　　(E) -2

10. 极限$\lim\limits_{x\to 0}\left(\dfrac{\arctan x}{x}\right)^{\frac{1}{x^2}}=$(　　).

(A) 0　　(B) 1　　(C) $e^{\frac{1}{3}}$　　(D) e^{-3}　　(E) $e^{-\frac{1}{3}}$

11. 极限$\lim\limits_{x\to 0}\dfrac{1}{x^2}\ln\dfrac{\sin x}{x}=$(　　).

(A) 1　　(B) $-\dfrac{1}{6}$　　(C) $\dfrac{1}{2}$　　(D) $\dfrac{1}{6}$　　(E) $-\dfrac{1}{2}$

12. 极限$\lim\limits_{x\to 1}(1-x)\tan\dfrac{\pi x}{2}=$(　　).

(A) $-\dfrac{2}{\pi}$　　(B) $-\dfrac{1}{6}$　　(C) $\dfrac{1}{2}$　　(D) $\dfrac{2}{\pi}$　　(E) $-\dfrac{\pi}{2}$

13. 极限$\lim\limits_{x\to 0}\left(\dfrac{1}{x^2}-\dfrac{1}{x\tan x}\right)=$(　　).

(A) $\dfrac{1}{3}$　　(B) $-\dfrac{1}{6}$　　(C) $\dfrac{1}{2}$　　(D) $\dfrac{1}{6}$　　(E) $-\dfrac{1}{3}$

14. 极限 $\lim\limits_{x\to+\infty}\dfrac{x^{2022}}{e^{x}}=$(　　).

(A) 0　(B) $-\dfrac{1}{6}$　(C) 1　(D) $\dfrac{1}{6}$　(E) ∞

15. 试将 $\alpha=\int_0^x \cos t^2\mathrm{d}t,\beta=\int_0^{x^2}\tan\sqrt{t}\mathrm{d}t,\gamma=\int_0^{\sqrt{x}}\sin t^3\mathrm{d}t$ 排列起来,使得 $x\to0^+$ 时前面是后面的高阶无穷小,则下列顺序正确的是(　　).

(A) α,γ,β　(B) γ,β,α　(C) β,γ,α

(D) β,α,γ　(E) α,β,γ

16. 若 $\lim\limits_{x\to0}\dfrac{ax-\sin x}{\int_b^x\dfrac{\ln(1+t^3)}{t}\mathrm{d}t}=c\neq0$. 则常数 $a+b+c$ 的值为(　　).

(A) 2　(B) 1　(C) $\dfrac{1}{2}$　(D) 3　(E) $\dfrac{3}{2}$

17. 设 $\lim\limits_{x\to0}\dfrac{\sin x}{e^x-a}(\cos x-b)=5$，则 $a-b=$(　　).

(A) 5　(B) 1　(C) -5　(D) 3　(E) 2

18. 设函数 $f(x)=\begin{cases}\dfrac{1-e^{\tan x}}{\arcsin\dfrac{x}{2}} & x>0\\ ae^{2x} & x\leqslant0\end{cases}$ 在 $x=0$ 处连续，则 $a=$(　　).

(A) -1　(B) 1　(C) 2　(D) 3　(E) -2

19. 设 $a>0$，$f(x)=\begin{cases}\dfrac{\cos x}{x+2} & x\geqslant0\\ \dfrac{\sqrt{a}-\sqrt{a-x}}{x} & x<0\end{cases}$ 连续，a 的值为(　　).

(A) 1　(B) -1　(C) -2　(D) -3　(E) 2

20. 设 $f(x)=\begin{cases}\dfrac{\ln(1+2x)}{\sqrt{1+x}-\sqrt{1-x}} & -\dfrac{1}{2}<x<0\\ a & x=0\\ x^2+b & x>0\end{cases}$ 连续，则常数 $a\cdot b=$(　　).

(A) -1　(B) 6　(C) 4　(D) -3　(E) 2

21. 关于函数 $f(x)=\begin{cases}\dfrac{1}{2\cos x} & x\leqslant0\\ \sin\dfrac{1}{x^2-1} & x>0\end{cases}$ 的间断点，下列叙述正确的是(　　).

(A) 有 2 个跳跃间断点　(B) 有 2 个第 1 类间断点

(C) 有 1 个可去间断点　(D) 有 2 个第 2 类间断点

(E) 有 1 个振荡间断点

22. 关于函数$f(x)=\frac{x^2-1}{x^3-1}\cos x$的间断点，下列叙述正确的是(　　).

(A) 有 1 个跳跃间断点　　(B) 有 2 个第 1 类间断点

(C) 有 1 个可去间断点　　(D) 有 1 个第 2 类间断点

(E) 有 1 个无穷间断点

23. 关于函数$f(x)=(1+x)^{\frac{1}{x}}(x>-1)$的间断点，下列叙述正确的是(　　).

(A) 有 1 个跳跃间断点　　(B) 有 2 个第 1 类间断点

(C) 有 1 个可去间断点　　(D) 有 1 个第 2 类间断点

(E) 有 1 个无穷间断点

答案及解析

1. **D**　由$f(-x)=-x\cdot\tan(-x)\cdot e^{\sin(-x)}=x\cdot\tan x\cdot e^{-\sin x}$，因此$f(-x)\neq f(x)$，$f(-x)\neq -f(x)$，故$f(x)$既不是奇函数，也不是偶函数，很显然也不是周期函数，由于$\sin x$不是单调函数，故$f(x)$不是单调函数，由于x可以趋向无穷，$f(x)$也可以出现无穷，故$f(x)$是无界函数，选 D.

2. **A**　令$u=x^3-1$，得$x=\sqrt[3]{u+1}$，$f(x^3-1)=\ln x$，则$f(u)=\ln\sqrt[3]{u+1}=\frac{1}{3}\ln(u+1)$，

故$y=f(x)=\frac{1}{3}\ln(x+1)$，定义域为$(-1,+\infty)$.

3. **C**　根据题意可得$-3\leqslant x^2-1\leqslant 3$，即$-2\leqslant x\leqslant 2$.

4. **D**　按照定义有$f(f(x))=\begin{cases}2f(x) & f(x)<0\\ [f(x)]^2 & f(x)\geqslant 0\end{cases}$,

由$f(x)$的解析式可知$f(x)<0\Leftrightarrow x<0$，$f(x)\geqslant 0\Leftrightarrow x\geqslant 0$，

因此有$f(f(x))=\begin{cases}4x & x<0\\ x^4 & x\geqslant 0\end{cases}$，进一步还有

$$f(f(f(x)))=\begin{cases}4f(x) & f(x)<0\\ [f(x)]^4 & f(x)\geqslant 0\end{cases}=\begin{cases}8x & x<0\\ x^8 & x\geqslant 0\end{cases}.$$

5. **C**　根据定义可得$f(f(x))=\begin{cases}e^{f(x)-1} & f(x)>0\\ f(x)-1 & f(x)\leqslant 0\end{cases}$,

由$f(x)$的解析式可知$f(x)>0\Leftrightarrow x>0$，$f(x)\leqslant 0\Leftrightarrow x\leqslant 0$，

故$f(f(x))=\begin{cases}e^{e^{x-1}-1} & x>0\\ x-2 & x\leqslant 0\end{cases}$，因此可以得到：

(1) $f(f(x))$的定义域为$(-\infty,+\infty)$.

(2) 当$x>0$时，$e^{e^{x-1}-1}>e^{e^{0-1}-1}=e^{e^{-1}-1}$；当$x<0$时，$x-2\leqslant -2$，故值域不为$(-\infty,+\infty)$.

(3) $f(f(x))$每段均为单调递增. 所以(3)和(4)是正确的.

6. **C**　当$-1\leqslant x<0$时，$y=\sqrt{|x|}-1$，y的取值范围为$-1<y\leqslant 0$，

可得$x=-(y+1)^2$，$-1<y\leqslant 0$；

当$0\leqslant x\leqslant 1$时，$y=x^2+1$，y的取值范围为$1\leqslant y\leqslant 2$，

可得$x=\sqrt{y-1}$，$1\leqslant y\leqslant 2$.

因此$f(x)$的反函数为$f^{-1}(x)=\begin{cases}-(x+1)^2 & -1<x\leqslant 0\\ \sqrt{x-1} & 1\leqslant x\leqslant 2\end{cases}$.

综上，(2)和(4)是正确的.

7. **C** (1) $f(-x)=\dfrac{e^{-x}+e^{x}}{e^{-x}-e^{x}}=-\dfrac{e^{-x}+e^{x}}{e^{x}-e^{-x}}=-f(x)$，可知$f(x)$为奇函数.

(2) $f(-x)=-\sin x\left|-\arctan x\right|=-\sin x\left|\arctan x\right|=-f(x)$，可知$f(x)$为奇函数.

(3) $f(-x)=\dfrac{a^{x}+a^{-x}}{3+\cos x}=f(x)$，可知$f(x)$为偶函数.

(4) $f(-x)=-\tan x\dfrac{a^{-x}-1}{a^{-x}+1}=\tan x\dfrac{1-a^{-x}}{1+a^{-x}}=\tan x\dfrac{a^{x}-1}{a^{x}+1}=f(x)$，可知$f(x)$为偶函数.

故(1)和(2)为奇函数.

8. **D** (1) $f(-x)=[\tan(-x)+\arcsin(-x)]^2=(-\tan x-\arcsin x)^2$
$=(\tan x+\arcsin x)^2=f(x)$，故$f(x)$为偶函数.

(2) $f(-x)=\ln(\sqrt{1+(-x)^2}-x)=\ln\dfrac{1}{\sqrt{1+x^2}+x}=-\ln(\sqrt{1+x^2}+x)=-f(x)$，

故$f(x)$为奇函数.

(3) $f(-x)=(-x)^4-2\cos(-x)=x^4-2\cos x=f(x)$，故$f(x)$为偶函数.

(4) $f(-x)=e^{-(-x)^2}\cdot\left|\cot(-x)\right|=e^{-x^2}\cdot\left|\cot x\right|=f(x)$，故$f(x)$为偶函数.

9. **C** $\lim\limits_{x\to 0}\dfrac{x\ln(1+x)}{1-\cos x}=\lim\limits_{x\to 0}\dfrac{x^2}{\frac{1}{2}x^2}=2$.

10. **E** $\lim\limits_{x\to 0}\left(\dfrac{\arctan x}{x}\right)^{\frac{1}{x^2}}=e^{\lim\limits_{x\to 0}\left(\frac{\arctan x}{x}-1\right)\frac{1}{x^2}}=e^{\lim\limits_{x\to 0}\frac{\arctan x-x}{x^3}}=e^{\lim\limits_{x\to 0}\frac{\frac{1}{1+x^2}-1}{3x^2}}=e^{\lim\limits_{x\to 0}-\frac{\frac{x^2}{1+x^2}}{3x^2}}=e^{-\frac{1}{3}}$

11. **B** $\lim\limits_{x\to 0}\dfrac{1}{x^2}\ln\dfrac{\sin x}{x}=\lim\limits_{x\to 0}\dfrac{1}{x^2}\left(\dfrac{\sin x}{x}-1\right)=\lim\limits_{x\to 0}\dfrac{\sin x-x}{x^3}=\lim\limits_{x\to 0}\dfrac{\cos x-1}{3x^2}=\lim\limits_{x\to 0}\dfrac{-\frac{1}{2}x^2}{3x^2}=-\dfrac{1}{6}$

12. **D** $\lim\limits_{x\to 1}(1-x)\tan\dfrac{\pi x}{2}=\lim\limits_{x\to 1}(1-x)\dfrac{\sin\frac{\pi x}{2}}{\cos\frac{\pi x}{2}}=\lim\limits_{x\to 1}(1-x)\dfrac{\sin\frac{\pi x}{2}}{\sin\frac{\pi}{2}(1-x)}$

$=\lim\limits_{x\to 1}(1-x)\dfrac{\sin\frac{\pi x}{2}}{\frac{\pi}{2}(1-x)}=\dfrac{2}{\pi}$（等价无穷小替换$\sin\dfrac{\pi}{2}(1-x)\sim\dfrac{\pi}{2}(1-x)$）

13. **A** $\lim\limits_{x\to 0}\left(\dfrac{1}{x^2}-\dfrac{1}{x\tan x}\right)=\lim\limits_{x\to 0}\dfrac{\tan x-x}{x^2\tan x}=\lim\limits_{x\to 0}\dfrac{\tan x-x}{x^3}=\lim\limits_{x\to 0}\dfrac{\sec^2x-1}{3x^2}=\lim\limits_{x\to 0}\dfrac{\tan^2x}{3x^2}=\dfrac{1}{3}$

14. **A** 分子和分母都趋近于无穷，故用洛必达法则进行计算.

$$\lim_{x\to+\infty}\frac{x^{2022}}{e^x}=\lim_{x\to+\infty}\frac{2022x^{2021}}{e^x}=\cdots=\lim_{x\to+\infty}\frac{2022!}{e^x}=0$$

15. **C** 利用等价无穷小替换和求导将各个无穷小量化成便于比较的形式. 注意函数一致. 当 $x\to0^+$ 时 $\alpha'=\cos x^2\to1$，$\beta'=2x\tan x\sim2x^2$，$\gamma'=\frac{1}{2\sqrt{x}}\sin(\sqrt{x})^3\sim\frac{1}{2}x$

可知，导函数按从高阶到低阶的排列顺序为 β'，γ'，α'，

因此，函数按从高阶到低阶的排列顺序为 β，γ，α.

16. **E** 分析：由于极限存在且不为零，极限式的分子又趋近于零，可知分母也趋近于零，由此可以确定常数 b，确定常数 b 后，注意到此时分母与 x^3 同阶，从而确定常数 a，最后再计算出极限的值，从而得到常数 c 的值.

由于 $\lim\limits_{x\to0}(ax-\sin x)=0$，要使原极限值不为零，必有 $\lim\limits_{x\to0}\int_b^x\frac{\ln(1+t^3)}{t}dt=0$，由于被积函数满足 $\frac{\ln(1+t^3)}{t}>0, t\neq0$，因此要使 $\int_b^0\frac{\ln(1+t^3)}{t}dt=0$，则只有 $b=0$.

再注意到 $\lim\limits_{x\to0}\frac{\int_0^x\frac{\ln(1+t^3)}{t}dt}{x^3}=\lim\limits_{x\to0}\frac{\ln(1+x^3)}{3x^3}=\frac{1}{3}$，也即 $\int_0^x\frac{\ln(1+t^3)}{t}dt$ 与 x^3 同阶. 因此要使原极限存在且不为零，则分子 $ax-\sin x$ 也必须和 x^3 同阶.

而当 $x\to0$ 时，有 $ax-\sin x=ax-x+\frac{1}{6}x^3+o(x^3)$，要使 $ax-\sin x$ 和 x^3 同阶，

则必有 $a=1$.

此时有 $\lim\limits_{x\to0}\frac{ax-\sin x}{\int_b^x\frac{\ln(1+t^3)}{t}dt}=\lim\limits_{x\to0}\frac{x-\sin x}{\int_0^x\frac{\ln(1+t^3)}{t}dt}=\lim\limits_{x\to0}\frac{1-\cos x}{\frac{\ln(1+x^3)}{x}}=\lim\limits_{x\to0}\frac{\frac{x^2}{2}}{x^2}=\frac{1}{2}$，

因此 $c=\frac{1}{2}$. 故 $a+b+c=\frac{3}{2}$.

17. **A** 分析：由于极限存在且不为零，极限式的分子又趋近于零，可知分母也趋近于零，由此可以确定常数 a，确定常数 a 后，再计算出极限的值，进而确定常数 b.

由于 $\lim\limits_{x\to0}\sin x=0$，要使原极限值不为零，必有 $\lim\limits_{x\to0}(e^x-a)=0$，则 $a=1$.

当 $a=1$ 时，有 $\lim\limits_{x\to0}\frac{\sin x}{e^x-1}(\cos x-b)=1-b$，可知 $b=-4$. 故 $a-b=5$.

18. **E** 根据连续的定义：$\lim\limits_{x\to0^+}f(x)=\lim\limits_{x\to0^-}f(x)=f(0)$.

$\lim\limits_{x\to0^+}f(x)=\lim\limits_{x\to0^+}\frac{1-e^{\tan x}}{\arcsin\frac{x}{2}}=-2$，$\lim\limits_{x\to0^-}f(x)=\lim\limits_{x\to0^-}ae^{2x}=a=f(0)$.

由 $\lim\limits_{x\to0^+}f(x)=f(0)=\lim\limits_{x\to0^-}f(x)$，得 $a=-2$.

19. A $\lim\limits_{x\to0^+}f(x)=f(0)=\dfrac{\cos0}{0+2}=\dfrac{1}{2}$，所以$\lim\limits_{x\to0^-}\dfrac{\sqrt{a}-\sqrt{a-x}}{x}=\lim\limits_{x\to0^-}\dfrac{1}{2\sqrt{a-x}}=\dfrac{1}{2\sqrt{a}}=\dfrac{1}{2}$.

所以$\sqrt{a}=1\Rightarrow a=1$.

20. C $\lim\limits_{x\to0^-}f(x)=\lim\limits_{x\to0^-}\dfrac{\ln(1+2x)}{\sqrt{1+x}-\sqrt{1-x}}=\lim\limits_{x\to0^-}\dfrac{2x}{x}=2$，所以$f(0)=a=2$，$\lim\limits_{x\to0^+}f(x)=b=2$，

从而 $a\cdot b=4$.

21. E 第一步：找“可疑点”.

所有可能的间断点包括：

分段点 $x=0$；

在 $x<0$ 部分，使得分母 $\cos x$ 为零的点 $x=\dfrac{\pi}{2}-k\pi$，$k=1,2,3,\cdots$；

在 $x\geqslant0$ 部分，使得分母 x^2-1 为零的点 $x=1$.

第二步：确定间断点.

对于 $x=0$，$\lim\limits_{x\to0^+}f(x)=\lim\limits_{x\to0^+}\sin\dfrac{1}{x^2-1}=-\sin1$，$\lim\limits_{x\to0^-}f(x)=\lim\limits_{x\to0^-}\dfrac{1}{2\cos x}=\dfrac{1}{2}$，

由于$\lim\limits_{x\to0^+}f(x)\neq\lim\limits_{x\to0^-}f(x)$，可知 $x=0$ 为$f(x)$的跳跃间断点.

对于 $x=\dfrac{\pi}{2}-k\pi$，$k=1,2,3,\cdots$，由于 $\lim\limits_{x\to\frac{\pi}{2}-k\pi}f(x)=\lim\limits_{x\to\frac{\pi}{2}-k\pi}\dfrac{1}{2\cos x}=\infty$，

可知 $x=\dfrac{\pi}{2}-k\pi$，$k=1,2,3,\cdots$，为$f(x)$的无穷间断点.

对于 $x=1$，$\lim\limits_{x\to1^+}f(x)=\lim\limits_{x\to1^+}\sin\dfrac{1}{x^2-1}$，由于当 $x\to1^+$ 时，$\dfrac{1}{x^2-1}\to+\infty$，

此时 $\sin\dfrac{1}{x^2-1}$的极限不存在，且不为∞；

同理可以说明$\lim\limits_{x\to1^-}f(x)$不存在且不为$\infty$. 可知 $x=1$ 为$f(x)$的振荡间断点.

22. C 函数$f(x)$唯一可能的间断点是 $x=1$，

又$\lim\limits_{x\to1}f(x)=\lim\limits_{x\to1}\dfrac{x^2-1}{x^3-1}\cos x=\lim\limits_{x\to1}\dfrac{x+1}{x^2+x+1}\cos x=\dfrac{2}{3}\cos1$，

由于$f(x)$在 $x=1$ 处无定义，可知 $x=1$ 是$f(x)$的可去间断点.

23. C $f(x)=(1+x)^{\frac{1}{x}}$在$(-1,+\infty)$上唯一可能的间断点是 $x=0$.

易知$\lim\limits_{x\to0}f(x)=\lim\limits_{x\to0}(1+x)^{\frac{1}{x}}=\mathrm{e}$，可知$f(x)$在 $x=0$ 处的左、右极限相等，

而$f(x)$在 $x=0$ 处无定义，故 $x=0$ 是$f(x)$的可去间断点.

第二章 一元函数微分学

【大纲解读】

本部分是考试的核心，在考试中所占的分值很高．“导数”是微积分的核心，不仅在于它自身具有非常严谨的结构，更重要的是，导数是一种联系宏观和微观的数学思维，用导数的运算去处理函数的性质更具一般性；把运算对象作用于导数上，是今后全面研究微积分的重要方法和基本工具，在物理学、经济学等各个领域都有广泛的应用．

【命题剖析】

本章考 4 ~5 个题目，导数计算是考试的重点，也是必考点，务必熟练掌握求导法则和基本求导公式，以及常见特殊函数的求导（复合函数、隐函数、分段函数、参数方程的函数）．此外，要理解一阶导数和二阶导数的应用．

【知识体系】

- 第二章
  - 导数
    - 定义
      - 极限定义
      - 左右导数
      - 导数的几何意义
    - 导数的计算
      - 某点的导数计算
        - 定义计算
        - 导函数计算
      - 四则运算性质
      - 基本导数公式
      - 特殊函数的导数
        - 复合函数
        - 隐函数
        - 参数方程
        - 分段函数
        - 幂指函数
        - 变限积分
      - 高阶导数（二阶导数）
    - 可导与连续的关系
  - 微分
    - 定义
    - 可导与微分的关系
    - 求微分的方法
    - 微分应用
      - 近似计算
      - Δy，dy，Δx，dx的关系
  - 应用
    - 洛必达法则
    - 一阶导数应用
      - 切线与法线
      - 单调区间
      - 三点：驻点、极值点、最值点
    - 二阶导数应用
      - 凹凸区间
      - 拐点
    - 进阶应用
      - 方程根的讨论
        - 介值定理
        - 零点定理
        - 单调性
        - 极值点
      - 不等式比较
        - 单调性
        - 极值点或最值点
        - 凹凸性

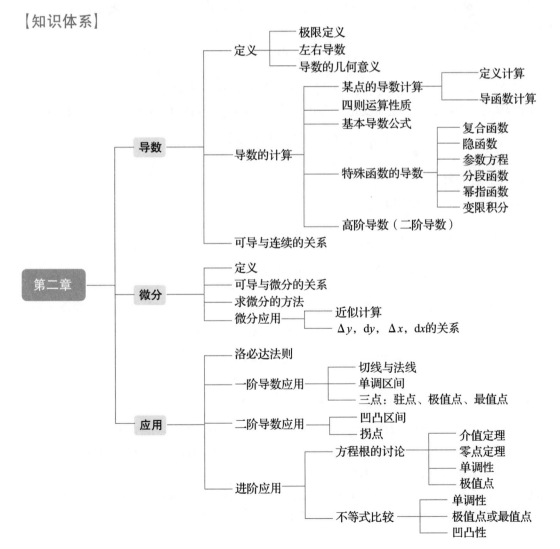

【备考建议】

由于本部分考试分值比重很大，建议多投入时间和精力来复习，熟悉掌握考试题型和解题方法. 本章学习的情况决定微积分的分值，故要反复训练解题思路和方法.

第一节 导数

一、导数的概念

1. 定义

设 $y=f(x)$ 在 x_0 的某邻域内有定义，在该邻域内给自变量一个改变量 Δx，函数值有一相应改变量 $\Delta y=f(x_0+\Delta x)-f(x_0)$（如图 2.1 所示），若极限 $\lim\limits_{\Delta x\to 0}\dfrac{\Delta y}{\Delta x}=\lim\limits_{\Delta x\to 0}\dfrac{f(x_0+\Delta x)-f(x_0)}{\Delta x}$ 存在，则称此极限值为函数 $y=f(x)$ 在 x_0 点的导数，此时称 $y=f(x)$ 在 x_0 点可导，记作

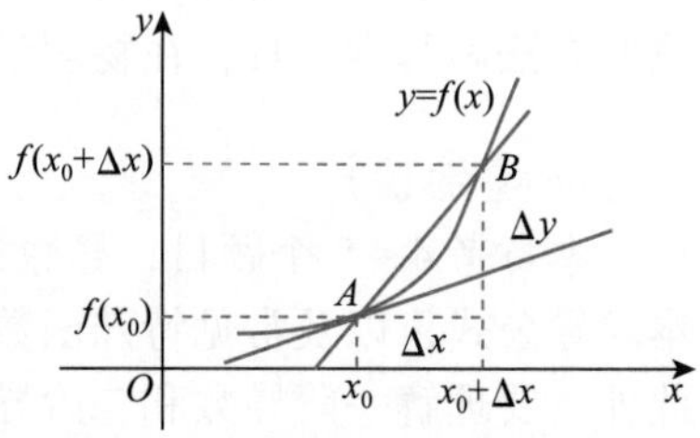

图 2.1

$$f'(x_0)\left(\text{或 } y'\Big|_{x=x_0}，\text{或}\frac{\mathrm{d}y}{\mathrm{d}x}\Big|_{x=x_0}，\text{或}\frac{\mathrm{d}f(x)}{\mathrm{d}x}\Big|_{x=x_0}\right).$$

若函数 $y=f(x)$ 在集合 D 内处处可导（这时称 $f(x)$ 在 D 内可导），则对任意 $x_0\in D$，相应的导数 $f'(x_0)$ 将随 x_0 的变化而变化，因此它是 x 的函数，称其为 $y=f(x)$ 的导函数，记作

$$f'(x)\left(\text{或 } y'，\text{或}\frac{\mathrm{d}y}{\mathrm{d}x}，\text{或}\frac{\mathrm{d}f(x)}{\mathrm{d}x}\right).$$

2. 左、右导数

根据导数的定义和极限的定义有：

左导数：$f'_-(x_0)=\lim\limits_{x\to x_0^-}\dfrac{f(x)-f(x_0)}{x-x_0}=\lim\limits_{\Delta x\to 0^-}\dfrac{f(x_0+\Delta x)-f(x_0)}{\Delta x}$

右导数：$f'_+(x_0)=\lim\limits_{x\to x_0^+}\dfrac{f(x)-f(x_0)}{x-x_0}=\lim\limits_{\Delta x\to 0^+}\dfrac{f(x_0+\Delta x)-f(x_0)}{\Delta x}$

函数 $f(x)$ 在 x_0 点处可导的充要条件是 $f(x)$ 在 x_0 点处的左、右导数都存在且相等，即

$$f'(x_0)\text{存在}\Leftrightarrow f'_-(x_0)\text{与}f'_+(x_0)\text{存在且相等}.$$

若函数 $f(x)$ 在 (a, b) 内可导，且 $f'_+(a)$ 及 $f'_-(b)$ 都存在，则称 $f(x)$ 在 $[a, b]$ 上可导.

例 1 设函数 $f(x)$ 在 $x=0$ 处连续，且 $\lim\limits_{h\to 0}\dfrac{f(h^2)}{h^2}=-1$，则（　　）.

(A) $f(0)=1$ 且 $f'_-(0)$ 不存在　　(B) $f(0)=1$ 且 $f'_-(0)$ 存在

(C) $f(0)=0$ 且 $f'_+(0)$ 存在　　(D) $f(0)=1$ 且 $f'_+(0)$ 存在

(E) $f(0)=0$ 且 $f'_+(0)$ 不存在

【解析】计算函数在 $x=0$ 点的函数值可通过发掘已知条件中的隐含条件得到；判断函数在 $x=0$ 点的左、右导数是否存在，直接按照导数的定义计算左、右导数，观察是否

存在.

由$\lim\limits_{h\to 0}\frac{f(h^2)}{h^2}=-1$可知$\lim\limits_{h\to 0}f(h^2)=0$，又函数$f(x)$在$x=0$处连续，

则$\lim\limits_{h\to 0}f(h^2)=f(0)=0$，那么$\lim\limits_{h\to 0}\frac{f(h^2)}{h^2}=\lim\limits_{h\to 0}\frac{f(h^2)-f(0)}{h^2}=f'_+(0)=-1$，

故选C.

例2 设$f'(x_0)=2$，则$\lim\limits_{\Delta x\to 0}\frac{f(x_0+3\Delta x)-f(x_0-2\Delta x)}{\Delta x}=$(　　).

(A) 10　(B) 6　(C) 4　(D) -4　(E) -10

【解析】原式$=\lim\limits_{\Delta x\to 0}\frac{[f(x_0+3\Delta x)-f(x_0)]-[f(x_0-2\Delta x)-f(x_0)]}{\Delta x}$

$$=3\lim_{\Delta x\to 0}\frac{f(x_0+3\Delta x)-f(x_0)}{3\Delta x}+2\lim_{\Delta x\to 0}\frac{f(x_0-2\Delta x)-f(x_0)}{-2\Delta x}$$

$=3f'(x_0)+2f'(x_0)=5f'(x_0)=10$，选A.

3. 可导与连续的关系

若函数$y=f(x)$在x_0点可导，则$f(x)$在点x_0处一定连续. 反之不成立.

例如，$y=x^{\frac{1}{3}}$，$y=|x|$在$x=0$处连续，但不可导.

例3 设$f(x)=\begin{cases}\frac{1-\cos x}{\sqrt{x}} & x>0\\ x^2g(x) & x\leqslant 0\end{cases}$，其中$g(x)$是有界函数，则$f(x)$在$x=0$处(　　).

(A) 极限不存在　(B) 极限存在，但不连续

(C) 连续，但不可导　(D) 可导　(E) 以上均不对

【解析】此题考查如何判断分段点的连续性与可导性，对于这样的题目按照连续性与可导性的定义直接验证，然后得出判断.

$f_+(0)=\lim\limits_{x\to 0^+}\frac{1-\cos x}{\sqrt{x}}=\lim\limits_{x\to 0^+}\frac{\frac{1}{2}x^2}{\sqrt{x}}=0$，$f_-(0)=\lim\limits_{x\to 0^-}x^2g(x)=0$，且$f(0)=0$，

说明$f(x)$在$x=0$处连续.

再计算左、右导数.

$f'_+(0)=\lim\limits_{x\to 0^+}\frac{1-\cos x}{x\sqrt{x}}=\lim\limits_{x\to 0^+}\frac{\frac{1}{2}x^2}{x\sqrt{x}}=0$，$f'_-(0)=\lim\limits_{x\to 0^-}\frac{x^2g(x)}{x}=\lim\limits_{x\to 0^-}xg(x)=0$，

说明导数存在，所以选D.

二、导数的运算

1. 基本初等函数的导数

① $(C)'=0$　② $(x^\alpha)'=\alpha x^{\alpha-1}$

③ $(a^x)'=a^x\ln a$　④ $(e^x)'=e^x$

⑤ $(\log_a x)'=\dfrac{1}{x\ln a}$
⑥ $(\ln x)'=\dfrac{1}{x}$

⑦ $(\sin x)'=\cos x$
⑧ $(\cos x)'=-\sin x$

⑨ $(\tan x)'=\sec^2 x$
⑩ $(\cot x)'=-\csc^2 x$

⑪ $(\sec x)'=\sec x\cdot\tan x$
⑫ $(\csc x)'=-\csc x\cdot\cot x$

⑬ $(\arcsin x)'=\dfrac{1}{\sqrt{1-x^2}}$
⑭ $(\arccos x)'=-\dfrac{1}{\sqrt{1-x^2}}$

⑮ $(\arctan x)'=\dfrac{1}{1+x^2}$
⑯ $(\operatorname{arccot} x)'=-\dfrac{1}{1+x^2}$

2. 导数的四则运算

① $[C\cdot u(x)]'=C\cdot u'(x)$

② $[u(x)\pm v(x)]'=u'(x)\pm v'(x)$

③ $[u(x)\cdot v(x)]'=u'(x)\cdot v(x)+u(x)\cdot v'(x)$

④ $\left[\dfrac{u(x)}{v(x)}\right]'=\dfrac{u'(x)v(x)-u(x)v'(x)}{v^2(x)}\quad(v(x)\neq 0)$

3. 复合函数的导数

设函数 $u=\varphi(x)$ 在点 x 处可导，而函数 $y=f(u)$ 在相应的点 $u=\varphi(x)$ 处可导，则复合函数 $y=f(\varphi(x))$ 在点 x 处可导，且其导数为

$$\frac{dy}{dx}=f'(\varphi(x))\cdot\varphi'(x)\text{或}\frac{dy}{dx}=\frac{dy}{du}\cdot\frac{du}{dx}.$$

例 4 函数 $y=\ln\dfrac{1+\sqrt{x}}{1-\sqrt{x}}$ 的导函数为（　　）.

(A) $\dfrac{1}{\sqrt{x}(1+x)}$ 　(B) $\dfrac{1}{\sqrt{x}(1-x)}$ 　(C) $\dfrac{1}{\sqrt{x}(1-\sqrt{x})}$

(D) $\dfrac{1}{\sqrt{x}(1+\sqrt{x})}$ 　(E) $\dfrac{1}{x(1-\sqrt{x})}$

【解析】$y'=\dfrac{1-\sqrt{x}}{1+\sqrt{x}}\cdot\dfrac{\dfrac{1}{2\sqrt{x}}\cdot(1-\sqrt{x})+\dfrac{1}{2\sqrt{x}}\cdot(1+\sqrt{x})}{(1-\sqrt{x})^2}=\dfrac{1}{\sqrt{x}(1-x)}$. 选 B.

例 5 设 $y=(x+e^{-\frac{x}{2}})^{\frac{2}{3}}$，则 $y'|_{x=0}=$（　　）.

(A) $\dfrac{1}{2}$ 　(B) $\dfrac{1}{3}$ 　(C) $\dfrac{1}{4}$ 　(D) $\dfrac{1}{6}$ 　(E) $\dfrac{1}{e}$

【解析】$y'=\dfrac{2}{3}(x+e^{-\frac{x}{2}})^{-\frac{1}{3}}\cdot\left(1-\dfrac{1}{2}e^{-\frac{x}{2}}\right)$，$y'|_{x=0}=\dfrac{2}{3}\left(1-\dfrac{1}{2}\right)=\dfrac{1}{3}$. 选 B.

例 6 设 $y=\cos(x^2)\sin^2\dfrac{1}{x}$，则 $y'(1)=$（　　）.

(A) $-2\sin^3 1+\cos 1\cdot\sin 2$ 　(B) $2\sin^3 1-\cos 1\cdot\sin 2$

(C) $-\sin^3 1-2\cos 1\cdot\sin 2$ 　(D) $-\sin^3 1+2\cos 1\cdot\sin 2$

(E) $-2\sin^3 1-\cos 1\cdot\sin 2$

【解析】该函数是由两个复合函数的乘积构成，满足复合函数求导法则.

$$y'=[\cos(x^2)]'\sin^2\frac{1}{x}+\cos(x^2)\left[\sin^2\frac{1}{x}\right]'$$

$$=-\sin(x^2)\cdot 2x\cdot\sin^2\frac{1}{x}+\cos(x^2)\cdot 2\sin\frac{1}{x}\cdot\cos\frac{1}{x}\cdot(-1)\cdot\frac{1}{x^2}$$

$$=-2x\sin(x^2)\cdot\sin^2\frac{1}{x}-\frac{\cos(x^2)\cdot\sin\frac{2}{x}}{x^2}.$$

则 $y'(1)=-2\sin 1\cdot\sin^2 1-\dfrac{\cos 1\cdot\sin 2}{1^2}=-2\sin^3 1-\cos 1\cdot\sin 2$，选 E.

例 7 已知 $f(u)$ 可导，$y=f[\ln(x+\sqrt{1+x^2})]$，若 $f'(0)=2$，则 $y'(0)=(\quad)$.

(A) 2　(B) $\dfrac{1}{3}$　(C) -2　(D) 4　(E) 1

【解析】$y'=f'[\ln(x+\sqrt{1+x^2})]\cdot\dfrac{1}{x+\sqrt{1+x^2}}\left(1+\dfrac{2x}{2\sqrt{1+x^2}}\right)=\dfrac{f'[\ln(x+\sqrt{1+x^2})]}{\sqrt{1+x^2}}$，

故 $y'(0)=\dfrac{f'[\ln(0+\sqrt{1+0^2})]}{\sqrt{1+0^2}}=f'(0)=2$，选 A.

例 8 $y=\ln\dfrac{\sqrt{1+x^2}-1}{\sqrt{1+x^2}+1}$，则 $y'(1)=(\quad)$.

(A) 2　(B) $\sqrt{2}$　(C) $\dfrac{\sqrt{2}}{2}$　(D) 4　(E) 1

【解析】由 $y=\ln(\sqrt{1+x^2}-1)-\ln(\sqrt{1+x^2}+1)$，

$$y'=\frac{1}{\sqrt{1+x^2}-1}\cdot\frac{x}{\sqrt{1+x^2}}-\frac{1}{\sqrt{1+x^2}+1}\cdot\frac{x}{\sqrt{1+x^2}}=\frac{2}{x\sqrt{1+x^2}}$$

故 $y'(1)=\dfrac{2}{\sqrt{1+1}}=\sqrt{2}$，选 B.

4. 参数方程的导数

设函数 $y=y(x)$ 由参数方程 $\begin{cases}x=f(t)\\y=g(t)\end{cases}$ 确定，其中 t 是参数，则

$$\begin{cases}\dfrac{dy}{dx}=\dfrac{\frac{dy}{dt}}{\frac{dx}{dt}}=\dfrac{g'(t)}{f'(t)}\\[2em]\dfrac{d^2y}{dx^2}=\dfrac{d\left(\frac{dy}{dx}\right)}{dx}=\dfrac{\frac{d\left(\frac{dy}{dx}\right)}{dt}}{\frac{dx}{dt}}=\dfrac{g''(t)f'(t)-f''(t)g'(t)}{[f'(t)]^3}\end{cases}$$

例 9 设 $y=y(x)$ 由 $\begin{cases} x=\arctan t \\ 2y-ty^2+\mathrm{e}^t=5 \end{cases}$ 所确定，当 $t=0$ 时，$\frac{\mathrm{d}y}{\mathrm{d}x}$ 的值为（　　）.

（A）2　　（B）$\sqrt{2}$　　（C）$\frac{3}{2}$　　（D）4　　（E）1

【解析】题目考查参数方程所确定的函数的微分法.

$$\frac{\mathrm{d}y}{\mathrm{d}x}=\frac{y'(t)}{x'(t)},\ x'(t)=\frac{1}{1+t^2},$$

$y'(t)$ 可由第二个方程两边对 t 求导得到：$2y'-2tyy'-y^2+\mathrm{e}^t=0$

解得 $y'(t)=\frac{y^2-\mathrm{e}^t}{2(1-ty)}$，由此 $\frac{\mathrm{d}y}{\mathrm{d}x}=\frac{(1+t^2)(y^2-\mathrm{e}^t)}{2(1-ty)}$

当 $t=0$ 时，$x=0$，$y=2$，故 $\frac{\mathrm{d}y}{\mathrm{d}x}=\frac{(1+0^2)(2^2-\mathrm{e}^0)}{2(1-0)}=\frac{3}{2}$，选 C.

例 10 设函数 $y=y(x)$ 由参数方程 $\begin{cases} x=t-\ln(1+t) \\ y=t^3+t^2 \end{cases}$ 所确定，当 $t=2$ 时，$\frac{\mathrm{d}^2y}{\mathrm{d}x^2}=$（　　）.

（A）25　　（B）$\frac{41}{2}$　　（C）27　　（D）26　　（E）$\frac{51}{2}$

【解析】先求一阶导数：$\frac{\mathrm{d}y}{\mathrm{d}x}=\frac{\mathrm{d}y}{\mathrm{d}t}\cdot\frac{\mathrm{d}t}{\mathrm{d}x}=\frac{\frac{\mathrm{d}y}{\mathrm{d}t}}{\frac{\mathrm{d}x}{\mathrm{d}t}}=\frac{3t^2+2t}{1-\frac{1}{1+t}}=3t^2+5t+2$，

再求二阶导数：$\frac{\mathrm{d}^2y}{\mathrm{d}x^2}=\frac{6t+5}{1-\frac{1}{1+t}}=\frac{(t+1)(6t+5)}{t}$

当 $t=2$ 时，$\frac{\mathrm{d}^2y}{\mathrm{d}x^2}=\frac{(2+1)(12+5)}{2}=\frac{51}{2}$，选 E.

例 11 设 $\begin{cases} x=\arctan t \\ y=\ln(1+t^2) \end{cases}$，则 $\frac{\mathrm{d}^2y}{\mathrm{d}x^2}=$（　　）.

（A）$2(1-t^2)$　　（B）$3(1+t^2)$　　（C）$2(1+t^2)$

（D）$3(t+t^2)$　　（E）$2(t+t^2)$

【解析】先求一阶导数：$\frac{\mathrm{d}y}{\mathrm{d}x}=\frac{\frac{\mathrm{d}y}{\mathrm{d}t}}{\frac{\mathrm{d}x}{\mathrm{d}t}}=\frac{\frac{2t}{1+t^2}}{\frac{1}{1+t^2}}=2t$，

再求二阶导数：$\frac{\mathrm{d}^2y}{\mathrm{d}x^2}=\frac{\mathrm{d}\left(\frac{\mathrm{d}y}{\mathrm{d}x}\right)}{\mathrm{d}x}=\frac{\frac{\mathrm{d}\left(\frac{\mathrm{d}y}{\mathrm{d}x}\right)}{\mathrm{d}t}}{\frac{\mathrm{d}x}{\mathrm{d}t}}=\frac{2}{\frac{1}{1+t^2}}=2(1+t^2)$，选 C.

5. 隐函数的导数

设函数 $y=y(x)$ 是由方程 $F(x,\ y)=0$ 确定的可导函数，则方程 $F(x,\ y)=0$ 两边对自变量 x 求导，注意 $y=y(x)$，即将 y 看作中间变量，得到一个关于 y' 的方程，解该方程便可求出 y'.

例 12 设方程 $e^{xy}+y^2=\cos x$ 确定 y 为关于 x 的函数，则$\frac{dy}{dx}=($　　$)$.

(A) $-\frac{ye^{xy}-\sin x}{xe^{xy}+2y}$　(B) $-\frac{ye^{xy}+\sin x}{xe^{xy}-2y}$　(C) $-\frac{ye^{xy}+\sin x}{xe^{xy}+2y}$

(D) $\frac{ye^{xy}+\sin x}{xe^{xy}+2y}$　(E) $\frac{ye^{xy}-\sin x}{xe^{xy}-2y}$

【解析】将方程 $e^{xy}+y^2=\cos x$ 看成关于 x 的恒等式，即 y 看作关于 x 的函数，方程两边对 x 求导，得 $e^{xy}(y+xy')+2yy'=-\sin x\Rightarrow y'=-\frac{ye^{xy}+\sin x}{xe^{xy}+2y}$. 选 C.

例 13 函数 $y=y(x)$ 由方程 $\sin(x^2+y^2)+e^x-xy^2=0$ 所确定，则$\frac{dy}{dx}=($　　$)$.

(A) $\frac{y^2-e^x-2x\cos(x^2+y^2)}{2y\cos(x^2+y^2)-2xy}$　(B) $\frac{y^2-e^x+2x\cos(x^2+y^2)}{2y\cos(x^2+y^2)-2xy}$

(C) $\frac{y^2-e^x-2x\cos(x^2+y^2)}{2y\cos(x^2+y^2)+2xy}$　(D) $\frac{y^2+e^x-2x\cos(x^2+y^2)}{2y\cos(x^2+y^2)+2xy}$

(E) $\frac{y^2+e^x-x\cos(x^2+y^2)}{2y\cos(x^2+y^2)+2xy}$

【解析】这是一个由复合函数和隐函数所确定的函数，
将方程 $\sin(x^2+y^2)+e^x-xy^2=0$ 两边对 x 求导，
得 $\cos(x^2+y^2)\cdot(2x+2yy')+e^x-y^2-2xyy'=0$，
化简得 $y'=\frac{y^2-e^x-2x\cos(x^2+y^2)}{2y\cos(x^2+y^2)-2xy}$，故选 A.

例 14 已知函数 $y=y(x)$ 由方程 $e^y+6xy+x^2-1=0$ 确定，则 $y''(0)=($　　$)$.

(A) -2　(B) 2　(C) -4　(D) 4　(E) 1

【解析】由方程 $e^y+6xy+x^2-1=0$ 可知，当 $x=0$ 时，$y=0$.
方程 $e^y+6xy+x^2-1=0$ 两边对 x 求导得 $e^yy'+6y+6xy'+2x=0$.
在上式中令 $x=0$，得 $y'(0)=0$.
上式两边对 x 求导得 $e^yy''+e^y(y')^2+6y'+6y'+6xy''+2=0$，
令 $x=0$，则 $y''(0)+2=0$，得 $y''(0)=-2$. 选 A.

6. 幂指函数的导数

对于一般形式的幂指函数 $y=f(x)^{g(x)}\ (f(x)>0)$，求导方法有两种：

方法一：先在两边取对数，得 $\ln y=g\cdot\ln f$，

两边对 x 求导，得$\frac{y'}{y}=g'\cdot\ln f+g\cdot\frac{1}{f}\cdot f'$，

于是 $y'=y\left(g'\cdot\ln f+g\cdot\frac{1}{f}\cdot f'\right)=f^g\left(g'\cdot\ln f+g\cdot\frac{1}{f}\cdot f'\right)$.

方法二：一般幂指函数也可以表示为 $y=f(x)^{g(x)}=e^{g(x)\ln f(x)}$，这样便可直接求得

$y'=e^{g\ln f}\left(g'\cdot\ln f+g\cdot\frac{1}{f}\cdot f'\right)=f^g\left(g'\cdot\ln f+g\cdot\frac{1}{f}\cdot f'\right)$.

例 15 设 $y=(1+x^2)^{\sin x}$，则 $y'\left(\dfrac{\pi}{2}\right)=(\quad)$.

(A) 2 (B) π (C) $\dfrac{\pi}{2}$ (D) 4 (E) 1

【解析】**方法一**：两边取对数，得 $\ln y=\sin x\ln(1+x^2)$，两边分别对 x 求导，得

$\dfrac{1}{y}\cdot y'=\cos x\ln(1+x^2)+\dfrac{2x\sin x}{1+x^2}$，所以 $y'=(1+x^2)^{\sin x}\left[\cos x\ln(1+x^2)+\dfrac{2x\sin x}{1+x^2}\right]$

则 $y'\left(\dfrac{\pi}{2}\right)=\left(1+\dfrac{\pi^2}{4}\right)^1\left[0+\dfrac{\pi}{1+\dfrac{\pi^2}{4}}\right]=\pi$，选 B.

方法二：$y=e^{\sin x\ln(1+x^2)}$，用幂指函数公式得

$y'=e^{\sin x\ln(1+x^2)}[\sin x\ln(1+x^2)]'=(1+x^2)^{\sin x}\left[\cos x\ln(1+x^2)+\dfrac{2x\sin x}{1+x^2}\right]$，

则 $y'\left(\dfrac{\pi}{2}\right)=\left(1+\dfrac{\pi^2}{4}\right)^1\left[0+\dfrac{\pi}{1+\dfrac{\pi^2}{4}}\right]=\pi$.

例 16 函数 $y=(1+\sin x)^x$，$y'(\pi)=(\quad)$.

(A) 2 (B) π (C) $\dfrac{\pi}{2}$ (D) $-\dfrac{\pi}{2}$ (E) $-\pi$

【解析】$y=(1+\sin x)^x=e^{x\ln(1+\sin x)}$，

于是 $y'=e^{x\ln(1+\sin x)}[x\ln(1+\sin x)]'=(1+\sin x)^x\cdot\left[\ln(1+\sin x)+x\cdot\dfrac{\cos x}{1+\sin x}\right]$，

则 $y'(\pi)=(1+0)^\pi\cdot\left[\ln(1+0)+\pi\cdot\dfrac{-1}{1+0}\right]=-\pi$. 选 E.

例 17 已知函数 $f(x)=x^x+\sqrt{1+x^2}$，则 $f'(1)=(\quad)$.

(A) 2 (B) $\sqrt{2}$ (C) $\dfrac{\sqrt{2}}{2}$ (D) $1+\dfrac{\sqrt{2}}{2}$ (E) 1

【解析】$f(x)=e^{x\ln x}+\sqrt{1+x^2}$，

故 $f'(x)=e^{x\ln x}(x\ln x)'+\dfrac{1}{2\sqrt{1+x^2}}(1+x^2)'=x^x(1+\ln x)+\dfrac{x}{\sqrt{1+x^2}}$.

则 $f(1)=1+\ln 1+\dfrac{1}{\sqrt{1+1}}=1+\dfrac{\sqrt{2}}{2}$，选 D.

例 18 设 $y=x^{\arctan x}+x^{e^x}$，则 $y'(1)=(\quad)$.

(A) $\dfrac{\pi}{2}-e$ (B) $\dfrac{\pi}{4}+e$ (C) $\dfrac{\pi}{2}+e$ (D) $\dfrac{\pi}{4}+2e$ (E) $\dfrac{\pi}{2}+2e$

【解析】$y=e^{\arctan x\ln x}+e^{e^x\ln x}$

$y'=x^{\arctan x}(\arctan x\ln x)'+x^{e^x}(e^x\ln x)'=x^{\arctan x}\left(\dfrac{\ln x}{1+x^2}+\dfrac{\arctan x}{x}\right)+x^{e^x}\left(e^x\cdot\ln x+\dfrac{e^x}{x}\right)$

则 $y'(1)=1^{\arctan 1}\left(\dfrac{\ln 1}{1+1^2}+\dfrac{\arctan 1}{1}\right)+1^{e^1}\left(e^1\cdot\ln 1+\dfrac{e^1}{1}\right)=\dfrac{\pi}{4}+e$，选 B.

7. 分段函数的导数

求分段函数在分段点处的导数，常用的方法是利用定义求左、右导数.

例 19 设 $f(x)=\begin{cases}\dfrac{\ln(1+x)}{x}+\dfrac{x}{2} & x>0\\ a & x=0\\ \dfrac{\sin bx}{x}+cx & x<0\end{cases}$，在 $x=0$ 处可导，则 $a+b+c$ 的值为(　　).

(A) 2　　(B) $\sqrt{2}$　　(C) $\dfrac{\sqrt{2}}{2}$　　(D) 4　　(E) 1

【解析】$f(x)$ 在 $x=0$ 处可导，故 $f(x)$ 在 $x=0$ 处连续.

而 $\lim\limits_{x\to0^+}f(x)=\lim\limits_{x\to0^+}\dfrac{\ln(1+x)}{x}+\dfrac{x}{2}=1$，$\lim\limits_{x\to0^-}f(x)=\lim\limits_{x\to0^-}\dfrac{\sin bx}{x}+cx=b$，$f(0)=a$.

可知 $a=b=1$.

下面再分别计算左右导数：

$$f'_+(0)=\lim_{x\to0^+}\frac{f(x)-f(0)}{x}=\lim_{x\to0^+}\frac{\dfrac{\ln(1+x)}{x}+\dfrac{x}{2}-1}{x}=\lim_{x\to0^+}\frac{\ln(1+x)+\dfrac{x^2}{2}-x}{x^2}$$

$$=\lim_{x\to0^+}\frac{\dfrac{1}{1+x}+x-1}{2x}=0,$$

$$f'_-(0)=\lim_{x\to0^-}\frac{f(x)-f(0)}{x}=\lim_{x\to0^-}\frac{\dfrac{\sin x}{x}+cx-1}{x}=\lim_{x\to0^-}\frac{\sin x+cx^2-x}{x^2}$$

$$=\lim_{x\to0^-}\frac{\cos x+2cx-1}{2x}=c$$，故有 $c=0$. 故 $a+b+c=2$，选 A.

三、常见的不可导函数

$f(x)=|x|$ 在 $x=0$ 处不可导，$x=0$ 是 $|x|$ 的尖点，尖点处是不可导的.

一般地，题目中若出现 $f(x)$ 在 $x=a$ 处不可导，马上想到令 $f(x)=|x-a|$ 代入排除选项求解.

一般地，$(x-a)^k|x-a|$，只要 $k>0$，那么 $f(x)$ 在 $x=a$ 处都可导.

例 20 关于函数 $f(x)=(x^2-x+a)|x^3-x|$，下列说法正确的是(　　).

(A) 当 $a=-2$ 时，$f(x)$ 有 1 个不可导点

(B) 当 $a=-2$ 时，$f(x)$ 有 2 个不可导点

(C) 当 $a=0$ 时，$f(x)$ 有 2 个不可导点

(D) 当 $a=2$ 时，$f(x)$ 有 2 个不可导点

(E) 当 $a=2$ 时，$f(x)$ 有 1 个不可导点

【解析】若 $a=-2$，$f(x)=(x^2-x-2)|x(x-1)(x+1)|=(x-2)(x+1)|x(x-1)(x+1)|$

说明 $f(x)$ 在 $x=-1$ 处可导，而在 $x=0$，1 处不可导，有 2 个不可导点.

若 $a=0$，$f(x)=(x^2-x)|x(x-1)(x+1)|=x(x-1)|x(x-1)(x+1)|$

说明 $f(x)$ 在 $x=0$，1 处可导，而在 $x=-1$ 处不可导，有 1 个不可导点，
若 $a=2$，$f(x)=(x^2-x+2)\,|x(x-1)(x+1)|$，
说明 $f(x)$ 在 $x=0$，1，-1 处不可导，有 3 个不可导点，故选 B.

第二节 微 分

一、微分的概念

设 $y=f(x)$ 在 x_0 的某邻域内有定义，若在其中给 x_0 一改变量 Δx，相应的函数值的改变量 Δy 可以表示为 $\Delta y=f(x_0+\Delta x)-f(x_0)=A\Delta x+o(\Delta x)$ $(\Delta x\to 0)$，其中 A 与 Δx 无关，则称 $f(x)$ 在 x_0 点可微，且称 $A\Delta x$ 为 $f(x)$ 在 x_0 点的微分，记为

$$\mathrm{d}y\Big|_{x=x_0}=\mathrm{d}f\Big|_{x=x_0}=A\Delta x.$$

$A\Delta x$ 是函数改变量 Δy 的线性主部.

$y=f(x)$ 在点 x_0 处可微的充要条件是 $f(x)$ 在点 x_0 处可导，且 $\mathrm{d}y\Big|_{x=x_0}=f'(x_0)\Delta x$. 当 $f(x)=x$ 时，可得 $\mathrm{d}x=\Delta x$，因此

$$\mathrm{d}y\Big|_{x=x_0}=f'(x_0)\mathrm{d}x,\ \mathrm{d}y=f'(x)\mathrm{d}x.$$

由此可以看出，微分的计算完全可以借助导数的计算来完成.

二、微分的应用——求近似值

例 1 利用微分求 $\sqrt{0.97}$ 的近似值为(　　).

(A) 0.975　　(B) 0.978　　(C) 0.982　　(D) 0.985　　(E) 0.988

【解析】$f(x)-f(x_0)\approx f'(x_0)(x-x_0)\Leftrightarrow f(x)=f(x_0)+f'(x_0)(x-x_0)$，

对于此题令 $f(x)=\sqrt{x}$，则有 $x_0=1$，$\Delta x=-0.03$，

$\sqrt{0.97}\approx\sqrt{1}+(\sqrt{x})'\Big|_{x=1}\times(-0.03)=0.985$，选 D.

三、微分的几何意义

当 x 由 x_0 变到 $x_0+\Delta x$ 时，函数纵坐标的改变量为 Δy，此时过 x_0 点的切线的纵坐标的改变量为 $\mathrm{d}y$. 如图 2.2 所示.

当 $\mathrm{d}y<\Delta y$ 时，切线在曲线下方，曲线为凹弧.

当 $\mathrm{d}y>\Delta y$ 时，切线在曲线上方，曲线为凸弧.

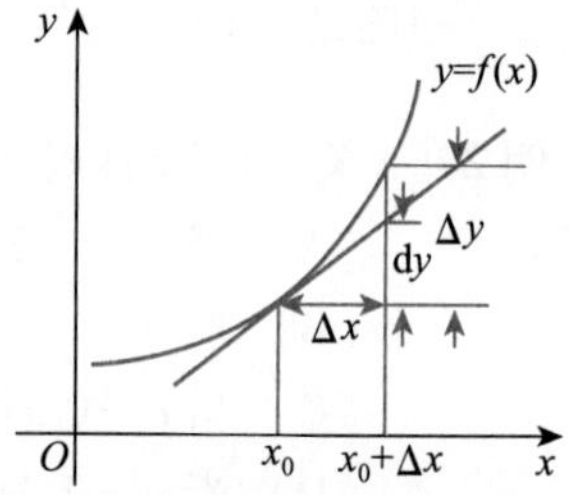

图 2.2

四、微分运算法则

设 $u(x)$，$v(x)$ 可微，则

$\mathrm{d}[Cu(x)]=C\mathrm{d}u(x)$，$\mathrm{d}(C)=0$.

$\mathrm{d}[u(x)\pm v(x)]=\mathrm{d}u(x)\pm \mathrm{d}v(x)$.

$\mathrm{d}[u(x)\cdot v(x)]=u(x)\mathrm{d}v(x)+v(x)\mathrm{d}u(x)$.

$\mathrm{d}\dfrac{u(x)}{v(x)}=\dfrac{v(x)\mathrm{d}u(x)-u(x)\mathrm{d}v(x)}{v^2(x)}\ (v(x)\neq 0)$.

例 2 设 $y=f(\ln x)e^{f(x)}$，其中 f 可微，且 $f(0)=f'(0)=2$，$f(1)=f'(1)=1$，则 $\mathrm{d}y\Big|_{x=1}=$ (　　).

(A) $e\mathrm{d}x$　　(B) $2e\mathrm{d}x$　　(C) $3e\mathrm{d}x$　　(D) $4e\mathrm{d}x$　　(E) $6e\mathrm{d}x$

【解析】$\mathrm{d}y=f(\ln x)\mathrm{d}e^{f(x)}+e^{f(x)}\mathrm{d}f(\ln x)=f'(x)e^{f(x)}f(\ln x)\mathrm{d}x+\dfrac{1}{x}f'(\ln x)e^{f(x)}\mathrm{d}x$

$=e^{f(x)}\left[f'(x)f(\ln x)+\dfrac{1}{x}f'(\ln x)\right]\mathrm{d}x$

故 $\mathrm{d}y\Big|_{x=1}=e^{f(1)}\left[f'(1)f(\ln 1)+\dfrac{1}{1}f'(\ln 1)\right]\mathrm{d}x=e^{f(1)}[f'(1)f(0)+f'(0)]\mathrm{d}x=4e\mathrm{d}x$.

选 D.

例 3 设函数 $y=y(x)$ 由方程 $2^{xy}=x+y$ 所确定，则 $\mathrm{d}y\Big|_{x=0}=$ (　　).

(A) $(\ln 4-3)\mathrm{d}x$　　(B) $(\ln 3+1)\mathrm{d}x$　　(C) $(\ln 2+1)\mathrm{d}x$

(D) $(\ln 3-1)\mathrm{d}x$　　(E) $(\ln 2-1)\mathrm{d}x$

【解析】**方法一：** 对方程 $2^{xy}=x+y$ 两边求微分，有 $2^{xy}\ln 2\cdot(x\mathrm{d}y+y\mathrm{d}x)=\mathrm{d}x+\mathrm{d}y$，由所给方程知，当 $x=0$ 时 $y=1$，将 $x=0$，$y=1$ 代入上式，有 $\ln 2\cdot \mathrm{d}x=\mathrm{d}x+\mathrm{d}y$.

所以，$\mathrm{d}y\Big|_{x=0}=(\ln 2-1)\mathrm{d}x$. 选 E.

方法二： 两边对 x 求导数，视 y 为该方程确定的函数，有 $2^{xy}\ln 2\cdot(xy'+y)=1+y'$，当 $x=0$ 时 $y=1$，以此代入，得 $y'=\ln 2-1$，所以 $\mathrm{d}y\Big|_{x=0}=(\ln 2-1)\mathrm{d}x$.

【评注】求隐函数的微分可以先通过隐函数求导的方法计算出导数，进而得到微分，也可以等式两边直接取微分进行计算.

第三节　导数的应用

一、洛必达法则 $\left(\dfrac{0}{0},\ \dfrac{\infty}{\infty}\right)$

若 $\lim f(x)=0$(或∞)，$\lim g(x)=0$(或∞)，在极限点附近，$f'(x)$，$g'(x)$都存在，且 $g'(x)\neq 0$，$\lim\dfrac{f'(x)}{g'(x)}$存在（或为无穷大），则 $\lim\dfrac{f(x)}{g(x)}=\lim\dfrac{f'(x)}{g'(x)}=A$.

例 1 极限$\lim\limits_{x\to0}\frac{\ln(1+x)-x}{x^2}=$(　　).

(A) 2　　(B) 0　　(C) $\frac{1}{2}$　　(D) $-\frac{1}{2}$　　(E) 1

【解析】$\lim\limits_{x\to0}\frac{\ln(1+x)-x}{x^2}=\lim\limits_{x\to0}\frac{\frac{1}{1+x}-1}{2x}=\lim\limits_{x\to0}\frac{-x}{2x(1+x)}=-\lim\limits_{x\to0}\frac{1}{2(1+x)}=-\frac{1}{2}$，选 D.

【评注】本题不能使用等价无穷小.

二、求曲线的切线方程

求过曲线 $y=f(x)$ 上一点$(x_0, f(x_0))$的切线方程，此时只需求出$f'(x_0)$，

切线方程为 $y-f(x_0)=f'(x_0)(x-x_0)$，法线方程为 $y-f(x_0)=-\frac{1}{f'(x_0)}(x-x_0)$.

【特殊情况】

当$f'(x)=0$，曲线 $y=f(x)$在点(x_0, y_0)处的切线平行于 x 轴，切线方程为 $y=y_0=f(x_0)$.

若$f(x)$在点 x_0 处连续，又当 $x\to x_0$ 时 $f'(x)\to\infty$，此时曲线 $y=f(x)$在点(x_0, y_0)处的切线垂直于 x 轴，切线方程为 $x=x_0$.

例 2 已知函数$f(x)=\frac{ax-6}{x^2+b}$的图像在点 $M(-1, f(-1))$处的切线方程为 $x+2y+5=0$. 则 $a\cdot b$ 的值为(　　).

(A) 4　　(B) 6　　(C) -6　　(D) -4　　(E) 8

【解析】由$f(x)=\frac{ax-6}{x^2+b}$，得$f'(x)=\frac{a(x^2+b)-2x(ax-6)}{(x^2+b)^2}$，

又函数$f(x)$的图像在点 $M(-1, f(-1))$处的切线方程为 $x+2y+5=0$，

故 $-1+2f(-1)+5=0$，即$f(-1)=-2$，$f'(-1)=-\frac{1}{2}$，

解得 $a=2$，$b=3$(因为 $b+1\neq0$，所以 $b=-1$ 舍去)，故选 B.

例 3 曲线方程为 $y=x^3-3x$，过点 $A(0, 16)$做曲线的切线，则切线方程为(　　).

(A) $7x-y+16=0$　　(B) $9x-y+16=0$　　(C) $6x-y+16=0$

(D) $7x+y-16=0$　　(E) $9x+y-16=0$

【解析】曲线方程为 $y=x^3-3x$，点 $A(0, 16)$不在曲线上，

设切点为 $M(x_0, y_0)$，则点 M 的坐标满足 $y_0=x_0^3-3x_0$，

因 $f'(x_0)=3(x_0^2-1)$，故切线方程为 $y-y_0=3(x_0^2-1)(x-x_0)$，

注意到点 $A(0, 16)$在切线上，有 $16-(x_0^3-3x_0)=3(x_0^2-1)(0-x_0)$，

化简得 $x_0^3=-8$，解得 $x_0=-2$，所以切点为 $M(-2, -2)$，

切线方程为 $9x-y+16=0$，选 B.

三、判断函数的增减性，求函数单调区间

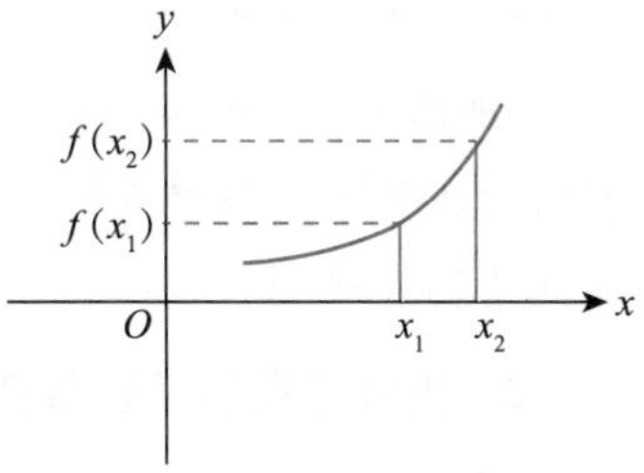

图 2.3

1. 单调性定义

存在 x_1，$x_2 \in D$，当 $x_1 < x_2$ 时，若 $f(x_1) \leqslant f(x_2)$，则 $f(x)$ 单调递增；若 $f(x_1) \geqslant f(x_2)$，则 $f(x)$ 单调递减.

2. 判别方法（用 $f'(x)$ 判断）

设 $f(x)$ 在 $(a,\ b)$ 上可导，则 $f(x)$ 在 $(a,\ b)$ 内单调增加（减少）的充要条件为 $f'(x) \geqslant 0$（$f'(x) \leqslant 0$）.

注意 设 $f(x)$ 在 $(a,\ b)$ 区间内可导，则 $f(x)$ 在 $(a,\ b)$ 内严格单调增加（减少）的充分条件是 $f'(x)>0(f'(x)<0)$.

$f'(x)>0 \longrightarrow$ 严格单调增加

$f'(x)<0 \longrightarrow$ 严格单调减少

3. 求解步骤

求函数的单调区间和极值点，只要找出其一阶导数等于零和一阶导数不存在的点，设这种点一共有 k 个，则这 k 个点把整个区间分成 $k+1$ 个子区间，在每一个子区间内 $f'(x)$ 不变号，由 $f'(x)>0$（或 $f'(x)<0$）判定 $f(x)$ 在该子区间内单调递增（或递减），同时也可以将极大值点和极小值点求出.

例 4 函数 $y=\ln(1+x)-x$ 的单调减区间为（　　）.

(A) $(-\infty,\ 1)$　　(B) $[0,\ +\infty)$

(C) $(-\infty,\ -1]\cup[0,\ +\infty)$　　(D) $(-1,\ 0]$　　(E) $(-2,\ 1)$

【解析】$y'=\frac{1}{1+x}-1=-\frac{x}{1+x}$，令 $y'=-\frac{x}{1+x}\leqslant 0 \Rightarrow (-\infty,\ -1)\cup[0,\ +\infty)$，

但定义域为 $1+x>0 \Rightarrow x>-1$，选 B.

例 5 函数 $y=\left(x-\frac{5}{2}\right)\sqrt[3]{x^2}$，下列说法正确的是（　　）.

(A) 在 $(0,\ +\infty)$ 单调递减　　(B) 在 $(1,\ +\infty)$ 单调递减

(C) 在 $(-1,\ 1)$ 单调递减　　(D) 在 $(-\infty,\ 0)\cup(1,\ +\infty)$ 单调递减

(E) 在 $(0,\ 1)$ 单调递减

【解析】$y=x^{\frac{5}{3}}-\frac{5}{2}x^{\frac{2}{3}} \Rightarrow y'=\frac{5}{3}x^{\frac{2}{3}}-\frac{5}{3}x^{-\frac{1}{3}}=\frac{5}{3}x^{-\frac{1}{3}}(x-1)$，由 $y'=\frac{5}{3}x^{-\frac{1}{3}}(x-1)$ 知，

x	$(-\infty,\ 0)$	0	$(0,\ 1)$	1	$(1,\ +\infty)$
y'	+ 单调递增	0	− 单调递减	0	+ 单调递增

故 $f(x)$ 在 $(-\infty,\ 0)\cup(1,\ +\infty)$ 单调递增，在 $(0,\ 1)$ 单调递减. 选 E.

四、极值的概念与判定

1. 定义

设 $f(x)$ 在 x_0 的某邻域内有定义，对该邻域内任意点 x，都有 $f(x) \leqslant f(x_0)$（或 $f(x) \geqslant$

$f(x_0)$），则称$f(x_0)$为极大值（或极小值），x_0 为极大值点（或极小值点）.

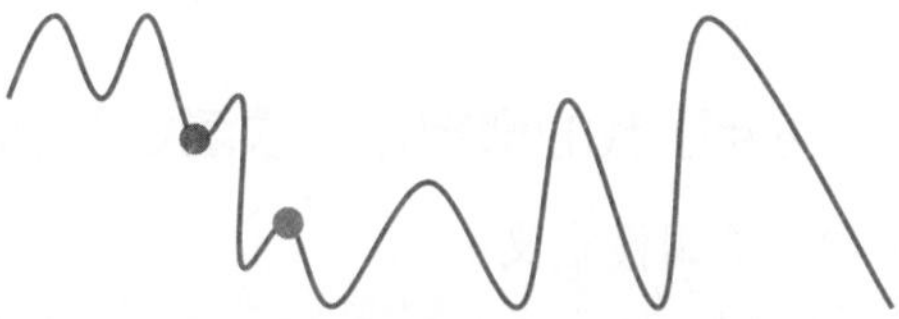

图 2.4

注意 极大值不一定大于极小值，两者没有必然的大小关系. 极值点一定是内点，极值不可能在区间的端点取到.

2. 极值存在的必要条件

若$f(x)$在 x_0 点可导，且 x_0 为极值点，则$f'(x_0)=0$. 因此，极值点只需在$f'(x)=0$的点（驻点）或$f'(x)$不存在的点中去找，也就是说，极值点必定是$f'(x)=0$或$f'(x)$不存在的点，但这种点并不一定都是极值点，故应加以判别.

例 6 已知函数$f(x)=x^3+ax^2+bx+a^2$在 $x=1$ 处有极值为 10，则$f(2)=$（　　）.

（A）11　　（B）18　　（C）11 或 18　　（D）12 或 16　　（E）12 或 18

【解析】$f(x)=x^3+ax^2+bx+a^2 \Rightarrow f'(x)=3x^2+2ax+b$，

由题意得$\begin{cases}f'(1)=0\\f(1)=10\end{cases}$，故$\begin{cases}3+2a+b=0\\1+a+b+a^2=10\end{cases}$，因此$\begin{cases}a=-3\\b=3\end{cases}$或$\begin{cases}a=4\\b=-11\end{cases}$，

综上所述，$f(2)=11$ 或 $f(2)=18$. 选 C.

3. 判定方法（两个充分条件）

（1）第一判别法（用一阶导数判定）

设$f(x)$在 $x=x_0$ 处连续，在 x_0 某去心邻域 $\mathring{U}(x_0, \delta)$内可导.

①若当 $x\in(x_0-\delta, x_0)$时$f'(x)<0$，当 $x\in(x_0, x_0+\delta)$时$f'(x)>0$，则$f(x)$在 $x=x_0$ 处取得极小值；

②若当 $x\in(x_0-\delta, x_0)$时$f'(x)>0$，当 $x\in(x_0, x_0+\delta)$时$f'(x)<0$，则$f(x)$在 $x=x_0$ 处取得极大值；

③若$f'(x)$在$(x_0-\delta, x_0)$和$(x_0, x_0+\delta)$内不变号，则点 x_0 不是极值点.

（2）第二判别法（二阶导数判定）

设$f(x)$在 $x=x_0$ 处二阶可导，且$f'(x_0)=0$，$f''(x_0)\neq 0$.

①若$f''(x_0)<0$，则$f(x)$在 $x=x_0$ 处取得极大值；

②若$f''(x_0)>0$，则$f(x)$在 $x=x_0$ 处取得极小值.

评注 第二判别法只适用于二阶导数存在且不为零的点，因此有局限性. $f''(x_0)=0$ 不能判定，$f(x_0)$有可能为极值，也可能不是极值.

4. 求极值点的步骤

一元函数的极值点只可能在驻点（导数为 0 的点）以及不可导的点取到，故函数的极值点可以按照以下三个步骤来求解：①求出函数的定义域和导数；②求出所有导数为 0 的点和导数不存在的点，并按照这些点将定义域划分为若干个区间；③根据极值第一充分条件或者第二充分条件来判断这些点是否为极值点.

例 7 关于$f(x)=\frac{1}{3}x^3-2x^2-5x+1$的极值点情况，下列叙述正确的是(　　).

(A) 有极小值点，无极大值点　　(B) 有极大值点，无极小值点

(C) 有 2 个极小值点　　(D) 有 2 个极大值点

(E) 有极小值点，也有极大值点

【解析】$f'(x)=x^2-4x-5=(x-5)(x+1)$，令$f'(x)=0$，得$x_1=5$，$x_2=-1$.

第一充分条件：

$$\left.\begin{array}{l}x<5,\ f'(x)<0\\x>5,\ f'(x)>0\end{array}\right\}x_1=5\text{ 为极小值点.}$$

$$\left.\begin{array}{l}x<-1,\ f'(x)>0\\x>-1,\ f'(x)<0\end{array}\right\}x_2=-1\text{ 为极大值点.}$$

第二充分条件：

$f'(x)=x^2-4x-5$，$f''(x)=2x-4$，$f''(5)=6>0$，则$x_1=5$为极小值点；

$f''(-1)=-6>0$，则$x_2=-1$为极大值点. 故选 E.

5. 驻点（稳定点）

1）定义：满足$f'(x)=0$的点，称为驻点.

2）驻点$\overset{\times}{\underset{\times}{\Longleftrightarrow}}$极值点.

例 8 已知函数$f(x)=ax^3+bx^2-3x$在$x=\pm1$处取得极值. 则下列正确的为(　　).

(A) $f(-1)$和$f(1)$都是极大值　　(B) $f(-1)$和$f(1)$都是极小值

(C) $f(-1)$为极大值和$f(1)$为极小值　　(D) $f(-1)$为极小值和$f(1)$为极大值

(E) $x=\pm1$是极值点但不是驻点

【解析】$f(x)=ax^3+bx^2-3x\Rightarrow f'(x)=3ax^2+2bx-3$.

依题意，$f'(1)=f'(-1)=0$，即$\begin{cases}3a+2b-3=0\\3a-2b-3=0\end{cases}$，解得$a=1$，$b=0$.

故$f(x)=x^3-3x\Rightarrow f'(x)=3x^2-3=3(x-1)(x+1)$，

令$f'(x)=0$，得$x=-1$或$x=1$.

若$x\in(-\infty,-1)\cup(1,+\infty)$，则$f'(x)>0$，故$f(x)$在$(-\infty,-1)\cup(1,+\infty)$上是增函数，若$x\in(-1,1)$，则$f'(x)<0$，故$f(x)$在$(-1,1)$上是减函数.

所以$f(-1)=2$是极大值，$f(1)=-2$是极小值. 故选 C.

五、求解最值

1. 函数$f(x)$在闭区间$[a,b]$上确定最值的求解过程

1）求出$[a,b]$内可能的极值点（驻点和不可导点），按顺序排列如下：

$a<x_1<x_2<\cdots<x_n<b$；

2）求出上述$n+2$个点的函数值，$f(a)$，$f(x_1)$，…，$f(x_n)$，$f(b)$；

3）挑最值，最大值$M=\max\limits_{1\leqslant i\leqslant n}\{f(a),f(x_i),f(b)\}$，最小值$m=\min\limits_{1\leqslant i\leqslant n}\{f(a),f(x_i),f(b)\}$.

评 注 极值是函数的局部性质，最值是函数的整体性质. 求最大值与最小值只需找出极值的可疑点（驻点和不可导点），把这些点的函数值与区间的端点函数值比较，找出最大的与最小的即为最大值和最小值，相应的点为最大值点和最小值点.

例 9 $y=\frac{1}{3}x^3-2x^2-5x+1$ 在 $[0,\ 2]$ 上的最大值为（　　）.

（A）$-\frac{17}{3}$　　（B）$\frac{23}{3}$　　（C）1　　（D）$-\frac{43}{3}$　　（E）$\frac{25}{4}$

【解析】$y'=x^2-4x-5=(x-5)(x+1)<0$，y 在 $[0,\ 2]$ 上严格递减. 最大值 $y(0)=1$，选 C.

【评注】若函数 $f(x)$ 在 $[a,b]$ 上单调增加（或减少），则 $f(x)$ 必在区间 $[a,b]$ 的两个端点上达到最大值和最小值.

例 10 函数 $f(x)=(x-1)\sqrt[3]{x^2}$ 在 $\left[-1,\ \frac{1}{2}\right]$ 上的最大值与最小值之差为（　　）.

（A）2　　（B）$\sqrt{2}$　　（C）$\frac{\sqrt{2}}{2}$　　（D）4　　（E）1

【解析】当 $x\neq 0$ 时，$f'(x)=\frac{5x-2}{3\sqrt[3]{x}}$. 由 $f'(x)=0$ 得，$x=\frac{2}{5}$. $x=0$ 为 $f'(x)$ 不存在的点.

由于 $f(-1)=-2$，$f\left(\frac{1}{2}\right)=-\frac{1}{4}\sqrt[3]{2}$，$f(0)=0$，$f\left(\frac{2}{5}\right)=-\frac{3}{5}\sqrt[3]{\frac{4}{25}}$.

所以，函数的最大值是 $f(0)=0$，最小值是 $f(-1)=-2$. 选 A.

【评注】注意导数不存在的点也可能是极值点或最值点.

2. 常见的实际问题中最值的求解过程

1）建立实际问题的函数表达式 $f(x)$；

2）求 $f(x)$ 的驻点，往往是唯一的；

3）根据实际情况判断驻点是极大值点还是极小值点，从而确定最大值或最小值.

评 注 若 $f(x)$ 在一个区间内（开区间、闭区间或无穷区间）只有一个极大值点，而无极小值点，则该极大值点一定是最大值点. 对于极小值点也可得出同样的结论.

例 11 某种型号的汽车在匀速行驶中每小时的耗油量 y（升）关于行驶速度 x（千米/小时）的函数解析式可以表示为 $y=\frac{1}{128000}x^3-\frac{3}{80}x+8\ (0<x\leqslant 120)$，已知甲、乙两地相距 100 千米.

（1）当汽车以 40 千米/小时的速度匀速行驶时，从甲地到乙地要耗油（　　）升.

（A）12.5　　（B）14　　（C）15.5　　（D）16　　（E）17.5

（2）当汽车以（　　）千米/小时的速度匀速行驶时，从甲地到乙地耗油量最少.

（A）65　　（B）70　　（C）75　　（D）80　　（E）85

【解析】（1）当 $x=40$ 时，汽车从甲地到乙地行驶了 $\frac{100}{40}=2.5$ 小时，要耗油

$\left(\frac{1}{128000}\times 40^3-\frac{3}{80}\times 40+8\right)\times 2.5=17.5$（升），选 E.

(2) 当速度为 x 时，汽车从甲地到乙地行驶了 $\frac{100}{x}$ 小时，

设耗油量为 $h(x)$ 升，依题意得

$h(x)=\left(\frac{1}{128000}x^3-\frac{3}{80}x+8\right)\times\frac{100}{x}=\frac{1}{1280}x^2+\frac{800}{x}-\frac{15}{4}(0<x\leqslant 120)$，

因为 $h'(x)=\frac{x}{640}-\frac{800}{x^2}=\frac{x^3-800\times 640}{640x^2}(0<x\leqslant 120)$，令 $h'(x)=0$，得 $x=80$，

当 $x\in(0,80)$ 时，$h'(x)<0$，$h(x)$ 是减函数；当 $x\in(80,120)$ 时，$h'(x)>0$，$h(x)$ 是增函数. 因此当 $x=80$ 时，$h(x)$ 取到极小值 $h(80)=11.25$，

因为 $h(x)$ 在 $(0,120)$ 上只有一个极值，所以它是最小值. 选 D.

例 12 为了在夏季降温和冬季供暖时减少能源损耗，房屋的屋顶和外墙需要建造隔热层. 某幢建筑物要建造可使用 20 年的隔热层，每厘米厚的隔热层建造成本为 6 万元. 该建筑物每年的能源消耗费用 C（单位：万元）与隔热层厚度 x（单位：厘米）满足关系：$C(x)=\frac{k}{3x+5}$ $(0\leqslant x\leqslant 10)$，若不建隔热层，每年能源消耗费用为 8 万元. 设 $f(x)$ 为隔热层建造费用与 20 年的能源消耗费用之和.

(1) k 的值为(　　).

(A) 40　　(B) 36　　(C) 32　　(D) 30　　(E) 28

(2) 隔热层修建（　　）厘米时，总费用 $f(x)$ 达到最小.

(A) 3　　(B) 3.5　　(C) 4　　(D) 4.5　　(E) 5

【解析】(1) 设隔热层厚度为 x 厘米，由题设每年能源消耗费用为 $C(x)=\frac{k}{3x+5}(0\leqslant x\leqslant 10)$，

再由 $C(0)=8$ 得 $k=40$，选 A.

(2) $C(x)=\frac{40}{3x+5}(0\leqslant x\leqslant 10)$，而建造费用为 $C_1(x)=6x$，

最后得隔热层建造费用与 20 年的能源消耗费用之和为

$f(x)=20C(x)+C_1(x)=20\times\frac{40}{3x+5}+6x=\frac{800}{3x+5}+6x(0\leqslant x\leqslant 10)$，

$f'(x)=6-\frac{2400}{(3x+5)^2}$，令 $f'(x)=0$，即 $\frac{2400}{(3x+5)^2}=6$，解得 $x=5$，$x=-\frac{25}{3}$（舍去）.

当 $0<x<5$ 时，$f'(x)<0$，当 $5<x<10$ 时，$f'(x)>0$.

故 $x=5$ 是 $f(x)$ 的最小值点，对应的最小值为 $f(5)=6\times 5+\frac{800}{15+5}=70$，

当隔热层修建 5 厘米厚时，总费用达到最小值 70 万元. 选 E.

六、函数图形的凹凸性

1. 曲线凹凸性的概念

从图中直观上可以观察到：

如果在某区间内的连续且光滑曲线弧总是位于其任一点切线的上方，则称此曲线弧在该区间内是凹的；如果在某区间内的连续且光滑曲线弧总是位于其任一点切线的下方，则称此曲线弧在该区间内是凸的，相应的区间分别称为凹区间与凸区间.

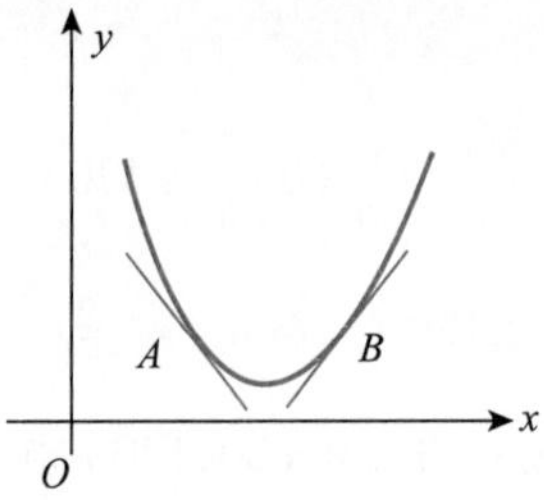

图 2.5

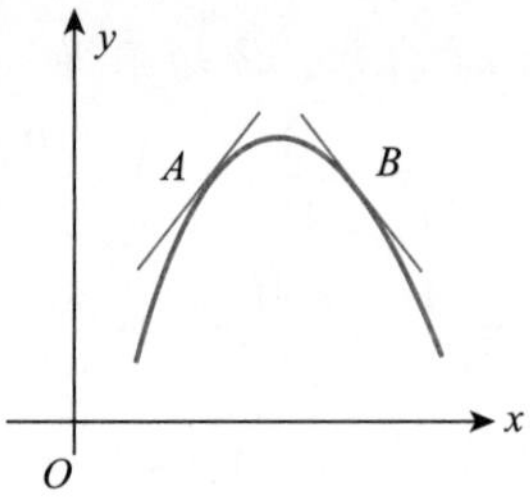

图 2.6

2. 曲线凹凸性的定义

设$f(x)$在区间I上连续，如果对于I上任意的两点x_1，x_2，恒有$f\left(\dfrac{x_1+x_2}{2}\right)<\dfrac{f(x_1)+f(x_2)}{2}$，那么称$f(x)$在$I$上的图形是（向上）凹的（凹弧）；如果恒有$f\left(\dfrac{x_1+x_2}{2}\right)>\dfrac{f(x_1)+f(x_2)}{2}$，称$f(x)$在$I$上的图形是（向上）凸的（凸弧）.

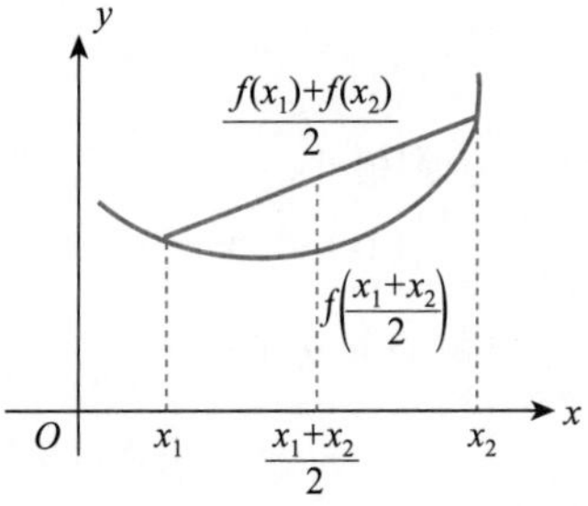

图 2.7

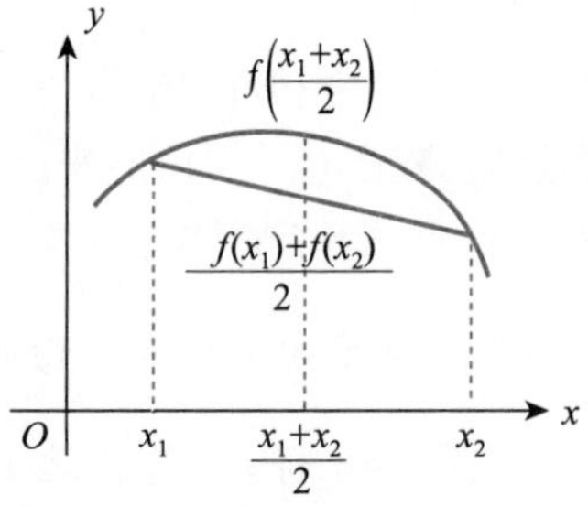

图 2.8

从图中还可以看到：对于凹的曲线弧，其切线的斜率$f'(x)$随着x的增大而增大，即$f'(x)$单调增加；对于凸的曲线弧，其切线的斜率$f'(x)$随着x的增大而减小，即$f'(x)$单调减少. 而函数$f'(x)$的单调性又可用它的导数，即$f(x)$的二阶导数$f''(x)$的符号来判定，故曲线$y=f(x)$的凹凸性与$f''(x)$的符号有关.

3. 凹凸的判定

设函数$y=f(x)$在区间$(a,\ b)$内二阶可导，若在$(a,\ b)$内恒有$f''(x)\geqslant 0$（或$f''(x)\leqslant 0$），则曲线$y=f(x)$在$(a,\ b)$内是凹弧（或凸弧）.

例 13 曲线$y=2x^3+3x^2-12x+14$的凹区间为（　　）.

(A) $\left(-\infty,\ -\dfrac{1}{2}\right]$　(B) $\left(-\infty,\ \dfrac{1}{2}\right]$　(C) $(-\infty,\ 1]$

(D) $\left[-\dfrac{1}{2},\ +\infty\right)$　(E) $\left[\dfrac{1}{2},\ +\infty\right)$

【解析】$y' = 6x^2 + 6x - 12$，$y'' = 12x + 6 = 6(2x+1)$，令 $y'' = 0$，得 $x = -\frac{1}{2}$.

当 $x < -\frac{1}{2}$ 时，$y'' < 0$，曲线在 $\left(-\infty, -\frac{1}{2}\right]$ 内为凸的；

当 $x > -\frac{1}{2}$ 时，$y'' > 0$，曲线在 $\left[-\frac{1}{2}, +\infty\right)$ 内为凹的. 故选 D.

例 14 设函数 $y = y(x)$ 由参数方程 $\begin{cases} x = \frac{1}{3}t^3 + t + \frac{1}{3} \\ y = \frac{1}{3}t^3 - t + \frac{1}{3} \end{cases}$ 确定，则下列叙述正确的有(　　)个.

(1) 极大值为 $y(-1) = 1$　　(2) 极小值为 $y(1) = -\frac{1}{3}$

(3) 凸区间为 $\left(-\infty, \frac{1}{3}\right)$　　(4) 凹区间为 $\left(\frac{1}{3}, +\infty\right)$

(A) 0　(B) 1　(C) 2　(D) 3　(E) 4

【解析】由 $\frac{\mathrm{d}y}{\mathrm{d}x} = \frac{t^2-1}{t^2+1} = 0$，得 $t = \pm 1$，$\frac{\mathrm{d}^2y}{\mathrm{d}x^2} = \frac{4t}{(t^2+1)^3}$，$\left.\frac{\mathrm{d}^2y}{\mathrm{d}x^2}\right|_{t=-1} = -\frac{1}{2} < 0$，$\left.\frac{\mathrm{d}^2y}{\mathrm{d}x^2}\right|_{t=1} = \frac{1}{2} > 0$，极大值为 $y(-1) = 1$ ($t = -1$ 时，$x = -1$)，极小值为 $y\left(\frac{5}{3}\right) = -\frac{1}{3}\left(t = 1 \text{ 时}, x = \frac{5}{3}\right)$；令 $\frac{\mathrm{d}^2y}{\mathrm{d}x^2} = 0$，得 $t = 0$，$x = \frac{1}{3}$；当 $t < 0$ 时，$\frac{\mathrm{d}^2y}{\mathrm{d}x^2} < 0$，得凸区间为 $\left(-\infty, \frac{1}{3}\right)$，当 $t > 0$ 时，$\frac{\mathrm{d}^2y}{\mathrm{d}x^2} > 0$，得凹区间为 $\left(\frac{1}{3}, +\infty\right)$. 故(1)(3)(4)正确，选 D.

例 15 函数 $f(x)$ 具有二阶导数，$g(x) = f(0)(1-x) + f(1)x$，则在区间 $[0, 1]$ 上(　　).

(A) 当 $f'(x) \geqslant 0$ 时，$f(x) \geqslant g(x)$　　(B) 当 $f'(x) \geqslant 0$ 时，$f(x) \leqslant g(x)$

(C) 当 $f''(x) \geqslant 0$ 时，$f(x) \geqslant g(x)$　　(D) 当 $f''(x) \geqslant 0$ 时，$f(x) \leqslant g(x)$

(E) 当 $f''(x) = 0$ 时，$f(x) = g(x)$

【解析】**方法一**（利用凹凸性）：当 $f''(x) \geqslant 0$ 时，$f(x)$ 是凹函数，而 $g(x)$ 是连接 $(0, f(0))$ 与 $(1, f(1))$ 的直线段，如图 2.9，此时 $f(x) \leqslant g(x)$，应选 D.

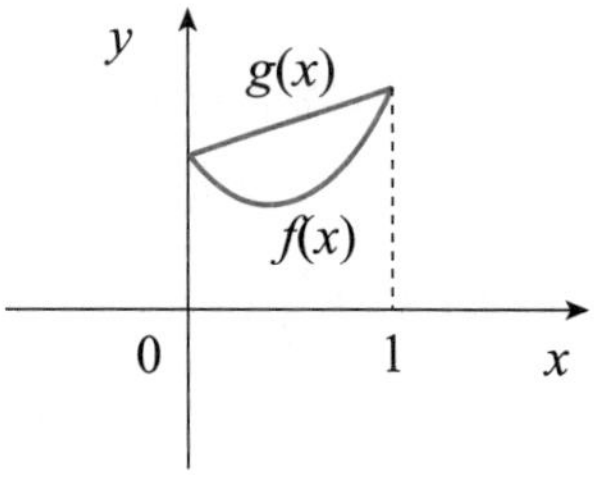

图 2.9

方法二（利用单调性）：令 $h(x) = g(x) - f(x)$，则 $h(0) = h(1) = 0$，由罗尔定理知，$\exists \xi \in (0, 1)$，使 $h'(\xi) = 0$，若 $f''(x) \geqslant 0$，则 $h''(x) \leqslant 0$，$h'(x)$ 单调递减，

当 $x \in (0, \xi)$ 时，$h'(x) \geqslant h'(\xi) = 0$，$h(x)$ 单调递增，$h(x) \geqslant h(0) = 0$，即 $g(x) \geqslant f(x)$.

当 $x \in (\xi, 1)$ 时，$h'(x) \leqslant h'(\xi) = 0$，$h(x)$ 单调递减，$h(x) \geqslant h(1) = 0$，即 $g(x) \geqslant f(x)$.

七、拐点的求法与判定

1. 定义

连续曲线$f(x)$上的凹弧和凸弧的分界点称为这条曲线的拐点.

2. 必要条件

拐点存在的必要条件是$f''(x_0)=0$或$f''(x_0)$不存在（请与极值比较其共性）.

$$\text{拐点} \underset{\times}{\overset{\times}{\rightleftharpoons}} f''(x_0)=0$$

3. 充分条件

（1）拐点存在的第一充分条件

设函数$f(x)$在点x_0的某邻域内连续且二阶可导（$f'(x_0)$或$f''(x_0)$可以不存在），在x_0的左右两边$f''(x)$的符号相反，则点$(x_0, f(x_0))$是曲线$y=f(x)$的拐点.

（2）拐点存在的第二充分条件

设函数$f(x)$在点x_0的某邻域内三阶可导，$f''(x_0)=0$，而$f'''(x_0)\neq 0$，则点（x_0，$f(x_0)$）是曲线$y=f(x)$的拐点.

4. 确定曲线$y=f(x)$的凹凸区间与拐点的步骤

1）确定函数$f(x)$的连续区间；

2）计算二阶导数，求出$f''(x)=0$的根及$f''(x)$不存在的连续点；

3）用上述各点由小到大将定义域分成若干子区间，讨论每个子区间二阶导数的符号，以确定曲线的凹凸并求出拐点.

设$f(x)$在(a, b)内二阶可导，$x_0\in(a, b)$，$f''(x_0)=0$或$f''(x_0)$不存在，若$f''(x)$在x_0点的左右变号，则点$(x_0, f(x_0))$是曲线$y=f(x)$的拐点，否则就不是拐点.

求函数曲线的凹凸区间与拐点，只需求二阶导数等于零或二阶导数不存在的点，然后用上面的方法加以判定.

例 16 曲线$y=(x-5)x^{\frac{2}{3}}$的拐点纵坐标为（　　）.

（A）-1　　（B）-4　　（C）1　　（D）-6　　（E）6

【解析】$y''=\frac{10}{9}(x+1)x^{-\frac{4}{3}}=0$，$x=-1$，$y=-6$，当$x<-1$时，$y''<0$，当$x>-1$时，$y''>0$，故$(-1, -6)$为拐点. $x=0$时，y''不存在，且在$x=0$的左右两边y''的符号相同，故$x=0$不是拐点. 故选 D.

例 17 设函数$f(x)$在$(-\infty, +\infty)$内连续，其导函数的图形如图 2.10 所示，则（　　）.

（A）函数$f(x)$有 2 个极值点，曲线$y=f(x)$有 2 个拐点

（B）函数$f(x)$有 2 个极值点，曲线$y=f(x)$有 3 个拐点

（C）函数$f(x)$有 3 个极值点，曲线$y=f(x)$有 1 个拐点

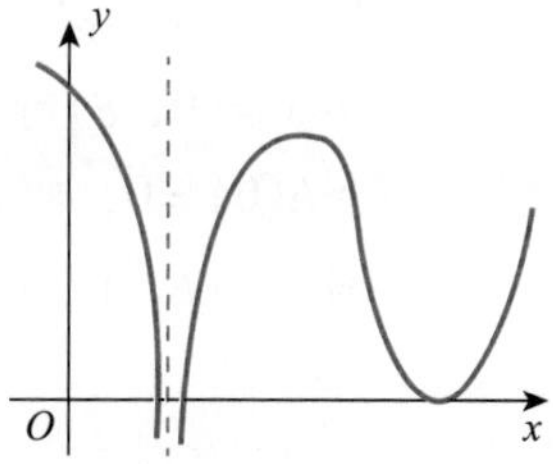

图 2.10

（D）函数 $f(x)$ 有 3 个极值点，曲线 $y=f(x)$ 有 2 个拐点

（E）函数 $f(x)$ 有 1 个极值点，曲线 $y=f(x)$ 有 3 个拐点

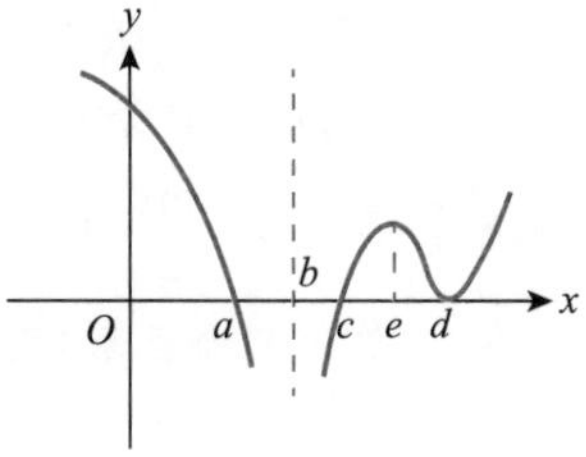

图 2.11

【解析】从图 2.11 中可以看出，$f(x)$ 在点 a 和 c 左右两边的导数符号不一样，因此它们是极值点；$f(x)$ 在点 b，e，d 左右两边导数的单调性不一样，因此它们是拐点，故共有 2 个极值点、3 个拐点，应选 B.

八、曲线的渐近线

1. 水平渐近线

若 $\lim\limits_{x\to\infty}f(x)=C\left(\lim\limits_{x\to-\infty}f(x)=C\text{ 或 }\lim\limits_{x\to+\infty}f(x)=C\right)$，则称 $y=C$ 为曲线 $y=f(x)$ 的水平渐近线.

例如 $\lim\limits_{x\to\infty}\dfrac{1}{x}=0$，则 $y=0$ 是曲线 $y=\dfrac{1}{x}$ 的水平渐近线.

2. 竖直渐近线

若 $\lim\limits_{x\to x_0}f(x)=\infty\left(\lim\limits_{x\to x_0^-}f(x)=\infty\text{ 或 }\lim\limits_{x\to x_0^+}f(x)=\infty\right)$，即函数在某点的极限值无穷大，则称 $x=x_0$ 是曲线 $y=f(x)$ 的垂直渐近线.

例 18 关于曲线 $y=\dfrac{x^2}{x^2-x-2}$ 的渐近线，下列说法正确的是(　　).

（A）有 1 条水平渐近线，2 条竖直渐近线

（B）有 2 条水平渐近线，1 条竖直渐近线

（C）有 1 条水平渐近线，1 条竖直渐近线

（D）有 2 条水平渐近线，2 条竖直渐近线

（E）有 0 条水平渐近线，2 条竖直渐近线

【解析】首先判断函数有无水平渐近线.

因为 $\lim\limits_{x\to\infty}\dfrac{x^2}{x^2-x-2}=1$，故曲线有水平渐近线 $y=1$.

其次判断曲线有无竖直渐近线.

因为 $y=\dfrac{x^2}{x^2-x-2}=\dfrac{x^2}{(x-2)(x+1)}$，有间断点 $x=-1$ 和 $x=2$.

因为 $\lim\limits_{x\to-1}\dfrac{x^2}{x^2-x-2}=\infty$，故 $x=-1$ 是曲线的竖直渐近线.

因为 $\lim\limits_{x\to2}\dfrac{x^2}{x^2-x-2}=\infty$，故 $x=2$ 是曲线的竖直渐近线. 故选 A.

例 19 关于曲线 $y=\dfrac{\ln x}{x}$ 的渐近线，下列说法正确的是(　　).

（A）有 1 条水平渐近线，0 条竖直渐近线

（B）有 0 条水平渐近线，1 条竖直渐近线

（C）有 1 条水平渐近线，1 条竖直渐近线

（D）有 1 条水平渐近线，2 条竖直渐近线
（E）有 0 条水平渐近线，2 条竖直渐近线

【解析】函数 $y=\frac{\ln x}{x}$ 的定义域为 $(0,+\infty)$.

首先判断函数有无水平渐近线.

因为 $\lim\limits_{x\to+\infty}\frac{\ln x}{x}=\lim\limits_{x\to+\infty}\frac{\frac{1}{x}}{1}=\lim\limits_{x\to+\infty}\frac{1}{x}=0$，故曲线有水平渐近线 $y=0$.

其次判断函数有无竖直渐近线.

因为 $\lim\limits_{x\to0^+}\frac{\ln x}{x}=\lim\limits_{x\to0^+}\frac{1}{x}\ln x=-\infty$，故曲线有竖直渐近线 $x=0$. 选 C.

九、函数的零点或根

根据零点定理及函数的单调性或极值情况分析方程的根或零点的个数.

例 20 设常数 $k>0$，方程 $\ln x-\frac{x}{\mathrm{e}}+k=0$，在 $(0,+\infty)$ 内有（　　）个正根.

（A）0　　（B）1　　（C）2　　（D）3　　（E）无数

【解析】第一步，令 $f(x)=\ln x-\frac{x}{\mathrm{e}}+k(x>0)$.

第二步，$f'(x)=\frac{1}{x}-\frac{1}{\mathrm{e}}$，令 $f'(x)=0$，驻点 $x=\mathrm{e}$.

$f''(x)=\frac{-1}{x^2}<0$，$f''(\mathrm{e})=\frac{-1}{\mathrm{e}^2}<0$，故 $x=\mathrm{e}$ 为极大值点.

由单峰原理可知 $x=\mathrm{e}$ 是最大值点，最大值 $f(e)=1-1+k>0$，

且 $\lim\limits_{x\to0^+}f(x)=-\infty$，$\lim\limits_{x\to+\infty}f(x)=-\infty$，故 $y=f(x)$ 与 x 轴有且仅有两个交点，

即 $f(x)=0$ 在 $(0,+\infty)$ 有且仅有两个实根. 选 C.

第四节　归纳总结

1. 导数定义

名称	定义	记号
$f(x)$ 在 x_0 点可导	设 $f(x)$ 在 (a,b) 有定义，$x_0\in(a,b)$，$x_0+\Delta x\in(a,b)$，若 $\lim\limits_{\Delta x\to0}\frac{\Delta y}{\Delta x}=\lim\limits_{\Delta x\to0}\frac{f(x_0+\Delta x)-f(x_0)}{\Delta x}$ 存在，则称 $f(x)$ 在点 x_0 处可导，且称此极限值为 $f(x)$ 在点 x_0 的导数（若上述极限值不存在，则称 $f(x)$ 在点 x_0 不可导）	$f'(x_0)=\lim\limits_{\Delta x\to0}\frac{f(x_0+\Delta x)-f(x_0)}{\Delta x}$ 或 $f'(x_0)=\lim\limits_{x\to x_0}\frac{f(x)-f(x_0)}{x-x_0}$

（续）

名称	定义	记号
$f(x)$在开区间$(a,\ b)$可导	若$f(x)$在$(a,\ b)$内每一点都可导	$f'(x)=\lim\limits_{\Delta x\to 0}\dfrac{f(x+\Delta x)-f(x)}{\Delta x}$， $x\in(a,\ b)$
$f(x)$在x_0点的左、右导数	若$\lim\limits_{\Delta x\to 0^-}\dfrac{f(x_0+\Delta x)-f(x_0)}{\Delta x}\left(或\lim\limits_{x\to x_0^-}\dfrac{f(x)-f(x_0)}{x-x_0}\right)$存在，则称$f(x)$在$x_0$点的左导数存在. 若$\lim\limits_{\Delta x\to 0^+}\dfrac{f(x_0+\Delta x)-f(x_0)}{\Delta x}\left(或\lim\limits_{x\to x_0^+}\dfrac{f(x)-f(x_0)}{x-x_0}\right)$存在，则称$f(x)$在$x_0$点的右导数存在	$f'_-(x_0)=\lim\limits_{\Delta x\to 0^-}\dfrac{f(x_0+\Delta x)-f(x_0)}{\Delta x}$ $=\lim\limits_{x\to x_0^-}\dfrac{f(x)-f(x_0)}{x-x_0}$ $f'_+(x_0)=\lim\limits_{\Delta x\to 0^+}\dfrac{f(x_0+\Delta x)-f(x_0)}{\Delta x}$ $=\lim\limits_{x\to x_0^+}\dfrac{f(x)-f(x_0)}{x-x_0}$
$f(x)$在闭区间$[a,\ b]$上可导	若$f(x)$在$(a,\ b)$内可导，且在$x=a$处右导数存在，在$x=b$处左导数存在，则称$f(x)$在$[a,\ b]$上可导	$f(x)\in D[a,\ b]$

2. 导数的几何意义及几何应用

几何意义	图例	切线方程	法线方程
$f'(x_0)$表示曲线$y=f(x)$上点$(x_0,\ y_0)$处的切线斜率， $f'(x_0)=\tan\alpha$	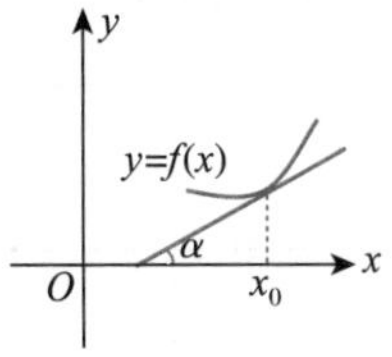 	曲线$y=f(x)$上过点$(x_0,\ y_0)$处的切线方程为： $y-f(x_0)=f'(x_0)(x-x_0)$ （注：当$f'(x_0)=0$时，切线方程为$y=f(x_0)$；当$f'(x_0)=\infty$时，切线方程为$x=x_0$	曲线$y=f(x)$上过点$(x_0,\ y_0)$处的法线方程为： $y-f(x_0)=-\dfrac{1}{f'(x_0)}(x-x_0)$ （注：其中$f'(x_0)\neq 0$）

3. 微分的定义及几何意义

定义	几何意义	图例
若$y=f(x)$在点x处的函数增量可写成$\Delta y=A(x)(\Delta x)+o(\Delta x)$的形式，则称$y=f(x)$在点$x$处可微，且记$dy=A(x)dx$	dy在几何上表示曲线$y=f(x)$在点$(x,\ f(x))$处切线纵坐标的改变量	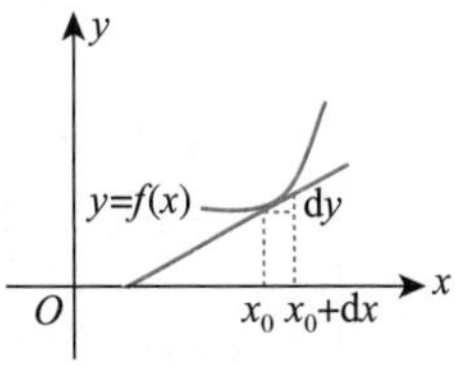

4. 求导方法和求微分方法

<table>
<tr><th>方法</th><th colspan="2">公式或定理</th></tr>
<tr><td>用定义</td><td colspan="2">$f'(x_0)=\lim\limits_{\Delta x\to 0}\dfrac{f(x_0+\Delta x)-f(x)}{\Delta x}$或$f'(x_0)=\lim\limits_{x\to x_0}\dfrac{f(x)-f(x_0)}{x-x_0}$，$\mathrm{d}f(x)\Big|_{x=x_0}=f'(x_0)\mathrm{d}x$
$f'(x)=\lim\limits_{\Delta x\to 0}\dfrac{f(x+\Delta x)-f(x)}{\Delta x}$或$f'(x)=\lim\limits_{h\to 0}\dfrac{f(x+h)-f(x)}{h}$，$\mathrm{d}f(x)=f'(x)\mathrm{d}x$</td></tr>
<tr><td rowspan="2">四则运算</td><td>求导</td><td>求微分</td></tr>
<tr><td>设$u=u(x)$，$v=v(x)$在点x可导，则：
①$[\alpha u\pm\beta v]'=\alpha u'\pm\beta v'(\alpha,\beta\in\mathbf{R})$
②$[u\cdot v]'=u'v+uv'$
（①②可推广至有限个函数情形）
③$\left(\dfrac{u}{v}\right)'=\dfrac{u'v-uv'}{v^2}$（其中$v\neq 0$）</td><td>①$\mathrm{d}(\alpha u\pm\beta v)=\alpha\mathrm{d}u\pm\beta\mathrm{d}v$
②$\mathrm{d}(uv)=v\mathrm{d}u+u\mathrm{d}v$
③$\mathrm{d}\left(\dfrac{u}{v}\right)=\dfrac{v\mathrm{d}u-u\mathrm{d}v}{v^2}$（其中$v\neq 0$）</td></tr>
<tr><td>复合函数(*)</td><td>设$f'(u_0)$，$\varphi'(x_0)$都存在，$u_0=\varphi(x_0)$，则复合函数$y=f(\varphi(x))$在点x_0可导，且$\dfrac{\mathrm{d}y}{\mathrm{d}x}\Big|_{x=x_0}=f'(u_0)\varphi'(x_0)$</td><td>微分形式不变性：若$y=f(u)$，$u=\varphi(x)$均可微，则$\mathrm{d}y=f'(u)\mathrm{d}u$</td></tr>
<tr><td>反函数</td><td colspan="2">若$x=\varphi(y)$在区间I_y内单调可导，且$\varphi'(y)\neq 0$，则它的反函数$y=f(x)$在对应区间I_x内单调可导，且$f'(x)=\dfrac{1}{\varphi'(y)}$</td></tr>
<tr><td>对数求导法</td><td colspan="2">对某些函数（如幂指函数或连乘式）求导时，可先两边同时取对数，化为隐函数再求导</td></tr>
</table>

5. 洛必达法则及其应用

类型	条件	结论
$\dfrac{0}{0}$型	①$f(x)$，$g(x)$在点x_0的某去心邻域内可导且$g'(x)\neq 0$ ②$\lim\limits_{x\to x_0}f(x)=\lim\limits_{x\to x_0}g(x)=0$ ③$\lim\limits_{x\to x_0}\dfrac{f'(x)}{g'(x)}$存在或为∞（注：极限过程可换成$x\to x_0^-$或$x\to x_0^+$或$x\to-\infty$或$x\to+\infty$，只需将条件作相应的改动即可）	$\lim\limits_{x\to x_0}\dfrac{f(x)}{g(x)}=\lim\limits_{x\to x_0}\dfrac{f'(x)}{g'(x)}$
$\dfrac{\infty}{\infty}$型	①$f(x)$，$g(x)$在点x_0的某去心邻域内可导且$g'(x)\neq 0$ ②$\lim\limits_{x\to x_0}f(x)=\lim\limits_{x\to x_0}g(x)=\infty$ ③$\lim\limits_{x\to x_0}\dfrac{f'(x)}{g'(x)}$存在或为∞ （注：同上）	$\lim\limits_{x\to x_0}\dfrac{f(x)}{g(x)}=\lim\limits_{x\to x_0}\dfrac{f'(x)}{g'(x)}$

其他未定式	转化为应用洛必达法则求解的过程
$0\cdot\infty$	$0\cdot\infty=\dfrac{0}{1/\infty}=\dfrac{0}{0}$或$0\cdot\infty=\dfrac{\infty}{1/0}=\dfrac{\infty}{\infty}$
$\infty_1-\infty_2$	$\infty_1-\infty_2=\dfrac{1}{1/\infty_1}-\dfrac{1}{1/\infty_2}=\dfrac{1/\infty_2-1/\infty_1}{1/(\infty_1\infty_2)}=\dfrac{0}{0}$
1^∞ 0^0 ∞^0	$\left.\begin{array}{l}1^\infty=e^{\infty\ln 1}=e^{\infty\cdot 0}\\0^0=e^{0\ln 0}=e^{0\cdot\infty}\\\infty^0=e^{0\ln\infty}=e^{0\cdot\infty}\end{array}\right\}$或先取对数将其转化成$0\cdot\infty$型，再化为$\dfrac{0}{0}$型或$\dfrac{\infty}{\infty}$型

6. 函数渐近线的总结

定义	设点$P(x, y)$为函数$y=f(x)$对应曲线上的动点，若当点P无限远离原点时，P到直线l的距离趋于0，则称直线l为此函数（或曲线）的一条渐近线
类型	1）水平渐近线：若$\lim\limits_{x\to\infty}f(x)=b$存在，或$\lim\limits_{x\to+\infty}f(x)=b$与$\lim\limits_{x\to-\infty}f(x)=b$二者之一存在，则称直线$y=b$为函数$y=f(x)$的水平渐近线. 2）铅直（或垂直）渐近线：若$\lim\limits_{x\to a}f(x)=\infty$，或$f(a-0)=\infty$与$f(a+0)=\infty$二者之一成立，则称直线$x=a$为函数$y=f(x)$的铅直（垂直）渐近线. 3）斜渐近线【了解】：若$\lim\limits_{x\to\infty}\dfrac{f(x)}{x}=k(k\neq 0$或$\infty)$、$\lim\limits_{x\to\infty}[f(x)-kx]=b$，或$\lim\limits_{x\to+\infty}\dfrac{f(x)}{x}=k$与$\lim\limits_{x\to+\infty}[f(x)-kx]=b$、$\lim\limits_{x\to-\infty}\dfrac{f(x)}{x}=k$与$\lim\limits_{x\to-\infty}[f(x)-kx]=b$二者之一成立，则称$y=kx+b$为函数$y=f(x)$的斜渐近线
注意	1）渐近线可能是双侧的，也可能是单侧的. 若上面极限只是在单个方向上存在（$+\infty$或$-\infty$，左极限或右极限），则渐近线是单侧的，否则是双侧的. 2）有水平渐近线时，无斜渐近线.【因为斜率为0】 3）求铅直渐近线时，首先要找出函数的间断点，然后判断$\lim\limits_{x\to a}f(x)=\infty$或$f(a-0)=\infty$、$f(a+0)=\infty$是否成立，若有一个成立，则$x=a$为函数$y=f(x)$的铅直（垂直）渐近线

7. 函数的单调性、极值、凹凸性及拐点的判定方法

名称	性质及判定方法
函数单调性	若在(a, b)内$f'(x)\geqslant 0$（或$f'(x)\leqslant 0$）且使$f'(x)=0$的点（驻点）在(a, b)的任何有限子区间内只有有限个，则$f(x)$在(a, b)内单调增加（减少）
函数凹凸性	若$\forall x\in I, f''(x)>0$，则$f(x)$在I内是凹弧；若$\forall x\in I, f''(x)<0$，则$f(x)$在I内是凸弧

（续）

名称	性质及判定方法
函数极值	①必要条件：若可导函数$f(x)$在$x=x_0$取得极值，则必有$f'(x_0)=0$ ②第一充分条件：设$f(x)$在x_0的去心邻域$\mathring{U}(x_0,\delta)$内可导且$f'(x_0)=0$或$f'(x_0)$不存在，则有若$f'(x)$在x_0点左右两侧由正变负（由负变正），则$f(x_0)$为$f(x)$的极大值（极小值） ③第二充分条件：设$f(x)$在点x_0处二阶可导，且$f'(x_0)=0$，$f''(x_0)\neq 0$，则有$f''(x_0)<0(f''(x_0)>0)$时，$f(x_0)$为$f(x)$的极大值（极小值）
拐点	①必要性：拐点存在的必要条件是$f''(x_0)=0$或$f''(x_0)$不存在 ②判定方法：设$f(x)$在x_0的去心邻域$\mathring{U}(x_0,\delta)$内二阶可导，且$f''(x_0)=0$或$f''(x_0)$不存在，若$f''(x)$在x_0点左右两侧异号，则$(x_0,f(x_0))$为曲线$y=f(x)$的拐点

8. 函数可导的条件（“⇔”表示充分必要条件）

$f(x)$在x_0点可导$\Leftrightarrow\lim\limits_{\Delta x\to 0}\dfrac{f(x_0+\Delta x)-f(x_0)}{\Delta x}$存在

$\Leftrightarrow\lim\limits_{x\to x_0}\dfrac{f(x)-f(x_0)}{x-x_0}$存在

$\Leftrightarrow f'_-(x_0)=f'_+(x_0)$（即左右导数都存在且相等）

$\Leftrightarrow f(x)$在x_0点可微且$\mathrm{d}y=f'(x_0)\mathrm{d}x$

扫码看视频

第五节 单元练习

1. 设函数$f(x)$在点$x=x_0$处可导，则$f'(x_0)=($　　$)$.

(A) $\lim\limits_{\Delta x\to 0}\dfrac{f(x_0)-f(x_0+\Delta x)}{\Delta x}$　　(B) $\lim\limits_{\Delta x\to 0}\dfrac{f(x_0-\Delta x)-f(x_0)}{\Delta x}$

(C) $\lim\limits_{\Delta x\to 0}\dfrac{f(x_0+2\Delta x)-f(x_0)}{\Delta x}$　　(D) $\lim\limits_{\Delta x\to 0}\dfrac{f(x_0+2\Delta x)-f(x_0+\Delta x)}{\Delta x}$

(E) $\lim\limits_{\Delta x\to 0}\dfrac{f(x_0+2\Delta x)+f(x_0)}{\Delta x}$

2. 设函数$f(x)$在点x_0处可导，且$\lim\limits_{x\to 0}\dfrac{f(x_0+2x)-f(x_0-x)}{2x}=2$，则$f'(x_0)=($　　$)$.

(A) $\dfrac{4}{3}$　　(B) $\dfrac{3}{2}$　　(C) $-\dfrac{4}{3}$　　(D) $-\dfrac{3}{2}$　　(E) 2

3. 设$f(x)$在点$x=a$处可导，则$\lim\limits_{x\to 0}\dfrac{f(a+x)-f(a-x)}{x}=($　　$)$.

(A) $f'(a)$　　(B) $2f'(a)$　　(C) 0　　(D) $f'(2a)$　　(E) 1

4. $\lim\limits_{h\to0}\dfrac{f(x_0-h)-f(x_0)}{3h}=$(　　).

(A) $-\dfrac{1}{2}f'(x_0)$　　(B) $\dfrac{1}{3}f'(x_0)$　　(C) 0

(D) $\dfrac{1}{2}f'(x_0)$　　(E) $-\dfrac{1}{3}f'(x_0)$

5. 设$\lim\limits_{\Delta x\to0}\dfrac{f(x_0+k\Delta x)-f(x_0)}{\Delta x}=\dfrac{1}{2}f'(x_0)$，则 $k=$(　　).

(A) 2　　(B) $\dfrac{1}{4}$　　(C) $\dfrac{1}{2}$　　(D) -2　　(E) $-\dfrac{1}{2}$

6. 设$f(x)=\begin{cases}e^x & x\leqslant0\\ x^2+a & x>0\end{cases}$,$F(x)=\int_{-1}^{x}f(t)\,dt$,则 $F(x)$ 在 $x=0$ 处(　　).

(A) 极限存在但不连续　　(B) 连续但不可导

(C) 可导　　(D) 是否可导与 a 的取值有关

(E) 导数等于$f(0)$

7. 设$f(x)=\begin{cases}x^2e^x & x<0\\ 0 & x=0\\ \sin^2x\sin\dfrac{1}{x} & x>0\end{cases}$，则$f'(0)=$(　　).

(A) 2　　(B) -2　　(C) 1　　(D) -1　　(E) 0

8. $f(x)=\begin{cases}-x & x<0\\ \ln(1+x) & x\geqslant0\end{cases}$，在 $x=0$ 处$f(x)$(　　).

(A) 极限不存在　　(B) 极限存在但不连续

(C) 左导数≠右导数　　(D) 可导

(E) 无法确定

9. 设函数$f(x)$可导，且$f(0)=0$，$f'(\ln x)=\begin{cases}1 & 0<x\leqslant1\\ \sqrt{x} & x>1\end{cases}$，关于$f(x)$下列说法正确的有(　　)个.

(1) $f(e)=e$　　(2) $f(-e)=-e$　　(3) $f(2)=2(e-1)$　　(4) $f(-2)=-2$

(A) 0　　(B) 1　　(C) 2　　(D) 3　　(E) 4

10. 设$f(x)=\arcsin\sqrt{1-x^2}$，则$f'(0)=$(　　).

(A) ∞　　(B) 1　　(C) $\dfrac{1}{2}$

(D) 不存在但不为∞　　(E) -1

11. 设$\sqrt{x^2+y^2}=e^{\arctan\frac{y}{x}}$，则 $y'=$(　　).

(A) $\dfrac{x+y}{x-y}$　　(B) $\dfrac{x-y}{x+y}$　　(C) $\dfrac{2x+y}{2x-y}$　　(D) $\dfrac{x+2y}{x-2y}$　　(E) $\dfrac{2x-y}{2x+y}$

12. 关于函数 $y=(x-1)^2(x-2)^2$ 的极值，下列说法正确的是(　　).

(A) 有 1 个极小值点，1 个极大值点　　(B) 有 1 个极小值点，2 个极大值点

(C) 有 2 个极小值点，1 个极大值点　　(D) 有 2 个极小值点，2 个极大值点
(E) 有 2 个极小值点，0 个极大值点

13. 关于函数 $y=\frac{2x}{x^2+1}-2$ 的极值，下列说法正确的是(　　).

(A) 有 1 个极小值点，1 个极大值点　　(B) 有 1 个极小值点，2 个极大值点
(C) 有 2 个极小值点，1 个极大值点　　(D) 有 2 个极小值点，2 个极大值点
(E) 有 2 个极小值点，0 个极大值点

14. 设 $f(x)=(ax^2+x-1)e^{-x}$(a 为常数且 $a<0$)，若 $f(x)$ 有极小值，则 a 的取值范围为(　　).

(A) $\left(-\infty, -\frac{1}{2}\right)\cup\left(-\frac{1}{2}, 0\right)$　　(B) $\left[-\frac{1}{2}, 0\right)$　　(C) $(-2, 0)$
(D) $\left(-\infty, -\frac{1}{2}\right)$　　(E) $\left(-\infty, -\frac{1}{2}\right]$

15. 函数 $f(x)=\frac{1}{x}+\frac{1}{1-x}$ 在 $(0, 1)$ 内的最小值为(　　).

(A) $\frac{1}{2}$　　(B) 1　　(C) 2　　(D) $\frac{1}{4}$　　(E) 4

16. 函数 $y=ax^3-6ax^2+b$，$x\in[-1, 2]$，若 $y_{max}=3$，$y_{min}=-29$，则 $a+b=$(　　).
(A) 5 或 31　　(B) 5 或 −31　　(C) −5 或 31
(D) −5 或 −31　　(E) 不确定

17. 已知 a 为实数，函数 $f(x)=(x^2-4)(x-a)$.
(1) 若 $f'(-1)=0$，则 $f(x)$ 在 $[-2, 2]$ 上的最大值和最小值之积为(　　).
(A) $-\frac{25}{2}$　　(B) $-\frac{25}{3}$　　(C) $-\frac{25}{6}$　　(D) $-\frac{28}{3}$　　(E) $-\frac{28}{5}$
(2) 若 $f(x)$ 在 $(-\infty, -2]$ 和 $[2, +\infty)$ 上都是增函数，则 a 的取值范围为(　　).
(A) $(-\infty, 2)$　　(B) $\left[-\frac{1}{2}, 2\right]$　　(C) $(-2, +\infty)$
(D) $[-2, 2]$　　(E) $\left[-\frac{1}{2}, \frac{1}{2}\right]$

18. 设函数 $f(x)=2x^3-3(a+1)x^2+6ax+8$，其中 $a\in\mathbf{R}$.
(1) 若 $f(x)$ 在 $x=3$ 处取得极值，则常数 a 的值为(　　).
(A) 2　　(B) 3　　(C) 4　　(D) −5　　(E) −3
(2) 若 $f(x)$ 在 $(-\infty, 0)$ 上为增函数，则 a 的取值范围为(　　).
(A) $[1, +\infty)$　　(B) $[0, +\infty)$　　(C) $(-2, +\infty)$
(D) $\left(-\infty, -\frac{1}{2}\right)$　　(E) $(-\infty, 0]$

19. 抛物线 $y=\frac{1}{2}x^2$ 上的点与点 $A(6, 0)$ 距离最近为(　　).

(A) $4\sqrt{3}$　　(B) $3\sqrt{2}$　　(C) $2\sqrt{7}$　　(D) $2\sqrt{6}$　　(E) $2\sqrt{5}$

20. 设底边为等边三角形的直棱柱的体积为 V，其表面积最小时的底面边长为(　　).
(A) $\sqrt[3]{4V}$　　(B) $2\sqrt[3]{2V}$　　(C) $3\sqrt[3]{2V}$　　(D) $\sqrt[3]{5V}$　　(E) $\sqrt[3]{6V}$

21. 曲线 $y=\frac{x^2+x}{x^2-1}$ 的渐近线的条数为(　　).

(A) 0　　(B) 1　　(C) 2　　(D) 3　　(E) 4

22. 关于方程 $xe^{-x}=a(a>0)$ 的实根，下列说法正确的有(　　)个.

(1) $a>\frac{1}{e}$ 时，方程无实根　　(2) $a=\frac{1}{e}$ 时，方程有唯一的根

(3) $a<\frac{1}{e}$ 时，方程有两个根　　(4) $a<e$ 时，方程有两个根

(A) 0　　(B) 1　　(C) 2　　(D) 3　　(E) 4

23. 在半径为 R 的半球内作一个圆柱体，则圆柱体体积最大时的底面半径为(　　).

(A) $\frac{\sqrt{4}R}{3}$　　(B) $\frac{\sqrt{6}R}{3}$　　(C) $\frac{\sqrt{10}R}{3}$　　(D) $\frac{2\sqrt{6}R}{3}$　　(E) $\frac{2\sqrt{2}R}{3}$

24. 某客轮每小时消耗燃料的费用与速度的三次方成正比，若该客轮从甲城到乙城沿江逆流而上，设水流速度为 2 千米/小时，则客轮最经济的速度为(　　)千米/小时.

(A) 4.5　　(B) 4　　(C) 3.5　　(D) 3　　(E) 2.5

25. 曲线 $y=(x-1)\sqrt[3]{x^2}$ 的凸区间为(　　).

(A) $\left(-\infty,-\frac{1}{5}\right)$　　(B) $\left(-\infty,\frac{1}{5}\right)$

(C) $\left(-\frac{1}{5},0\right)$　　(D) $(0,+\infty)$　　(E) $(-\infty,0)$

26. 函数 $f(x)=(x-2)\sqrt[3]{x^2}$ 有(　　)个拐点.

(A) 0　　(B) 1　　(C) 2　　(D) 3　　(E) 不确定

27. 函数 $f(x)=\frac{1}{1+x^2}$ 有(　　)个拐点.

(A) 0　　(B) 1　　(C) 2　　(D) 3　　(E) 不确定

28. 函数 $f(x)=xe^{-x^2}$ 有(　　)个拐点.

(A) 0　　(B) 1　　(C) 2　　(D) 3　　(E) 4

答案及解析

1. **D**　根据导数定义可知

(A) $\lim\limits_{\Delta x\to 0}\frac{f(x_0)-f(x_0+\Delta x)}{\Delta x}=-f'(x_0)$　　(B) $\lim\limits_{\Delta x\to 0}\frac{f(x_0-\Delta x)-f(x_0)}{\Delta x}=-f'(x_0)$

(C) $\lim\limits_{\Delta x\to 0}\frac{f(x_0+2\Delta x)-f(x_0)}{\Delta x}=2f'(x_0)$　　(D) $\lim\limits_{\Delta x\to 0}\frac{f(x_0+2\Delta x)-f(x_0+\Delta x)}{\Delta x}=f'(x_0)$

2. **A**　因为 $2=\lim\limits_{x\to 0}\frac{f(x_0+2x)-f(x_0)+f(x_0)-f(x_0-x)}{2x}$

$$=\lim_{x\to 0}\frac{f(x_0+2x)-f(x_0)}{2x}+\frac{1}{2}\lim_{x\to 0}\frac{f(x_0-x)-f(x_0)}{-x}=\frac{3}{2}f'(x_0),$$

故 $f'(x_0)=\frac{4}{3}$.

【评注】函数 $f(x)$ 在 x_0 点处可导，利用导数的定义式 $\lim\limits_{\Delta x\to 0}\frac{f(x_0+\Delta x)-f(x_0)}{\Delta x}$ 可以计算与该形式类似的极限式，这里用到的是该极限的推广形式：$\lim\limits_{\square\to 0}\frac{f(x_0+\square)-f(x_0)}{\square}$，计算时一般需要将极限式变形，凑出该式，再进行计算.

3. B $\lim\limits_{x\to 0}\frac{f(a+x)-f(a-x)}{x}=\lim\limits_{x\to 0}\frac{f(a+x)-f(a)+f(a)-f(a-x)}{x}$

$$=\lim\limits_{x\to 0}\frac{f(a+x)-f(a)}{x}+\lim\limits_{x\to 0}\frac{f(a-x)-f(a)}{-x}=2f'(a)$$

4. E $\lim\limits_{h\to 0}\frac{f(x_0-h)-f(x_0)}{3h}=-\frac{1}{3}\lim\limits_{h\to 0}\frac{f(x_0-h)-f(x_0)}{-h}=-\frac{f'(x_0)}{3}$.

5. C $k\cdot\lim\limits_{\Delta x\to 0}\frac{f(x_0+k\Delta x)-f(x_0)}{k\Delta x}=\frac{1}{2}f'(x_0)$，所以 $kf'(x_0)=\frac{1}{2}f'(x_0)$，所以 $k=\frac{1}{2}$.

6. D 当 $x\leqslant 0$ 时，$F(x)=\int_{-1}^{x}f(t)\mathrm{d}t=\mathrm{e}^{x}-\mathrm{e}^{-1}$，当 $x>0$ 时，$F(x)=\int_{-1}^{x}f(t)\mathrm{d}t=1-\mathrm{e}^{-1}+\frac{x^3}{3}+ax$，故 $\lim\limits_{x\to 0^-}F(x)=1-\mathrm{e}^{-1}$，$\lim\limits_{x\to 0^+}F(x)=1-\mathrm{e}^{-1}$，$F(0)=1-\mathrm{e}^{-1}$，

再由 $\lim\limits_{x\to 0^-}\frac{F(x)-F(0)}{x-0}=1$，$\lim\limits_{x\to 0^+}\frac{F(x)-F(0)}{x-0}=a$.

可知，当 $a=1$ 时，$F(x)$ 在 $x=0$ 处可导；当 $a\neq 1$ 时，$F(x)$ 在 $x=0$ 处不可导. 也即 $F(x)$ 在 $x=0$ 处是否可导与 a 的取值有关，故选 D.

7. E 左导数 $f'_-(0)=\lim\limits_{x\to 0^-}\frac{f(x)-f(0)}{x}=\lim\limits_{x\to 0^-}\frac{x^2\mathrm{e}^x-0}{x}=\lim\limits_{x\to 0^-}x\mathrm{e}^x=0$.

右导数 $f'_+(0)=\lim\limits_{x\to 0^+}\frac{f(x)-f(0)}{x}=\lim\limits_{x\to 0^+}\frac{\sin^2x\sin\frac{1}{x}}{x}=\lim\limits_{x\to 0^+}\frac{x^2\sin\frac{1}{x}}{x}=\lim\limits_{x\to 0^+}x\sin\frac{1}{x}$，

注意到最后一个极限式是“无穷小×有界量”的形式，故 $\lim\limits_{x\to 0^+}x\sin\frac{1}{x}=0$，也即 $f'_+(0)=0$.

左右导数存在且相等，因此 $f(x)$ 在 $x=0$ 处可导，且 $f'(0)=0$.

8. C 左导数：$f'_-(0)=\lim\limits_{x\to 0^-}\frac{-x-0}{x}=-1$，右导数：$f'_+(0)=\lim\limits_{x\to 0^+}\frac{\ln(x+1)-0}{x}=1$.

9. D 第一步，换元化简.

设 $\ln x=u\Rightarrow x=\mathrm{e}^u$，$\mathrm{d}x=\mathrm{e}^u\mathrm{d}u$，则 $f'(u)=\begin{cases}1 & 0<\mathrm{e}^u\leqslant 1\\ \mathrm{e}^{\frac{u}{2}} & \mathrm{e}^u>1\end{cases}$，即 $f'(u)=\begin{cases}1 & u\leqslant 0\\ \mathrm{e}^{\frac{u}{2}} & u>0\end{cases}$.

第二步，分段函数求积分.

因为 $f(0)=0$，可以使用定积分 $f(x)=\int_0^x f'(u)\mathrm{d}u$，即

$$f(x)=\begin{cases}\int_0^x 1\mathrm{d}u & x\leqslant 0\\ \int_0^x \mathrm{e}^{\frac{u}{2}}\mathrm{d}u & x>1\end{cases}=\begin{cases}x & x\leqslant 0\\ 2(\mathrm{e}^{\frac{x}{2}}-1) & x>1\end{cases}$$，故(2)(3)(4)正确，选 D.

10. **D** $f(x)=\arcsin\sqrt{1-x^2}\Rightarrow f'(x)=\frac{1}{\sqrt{1-(1-x^2)}}\cdot\frac{-2x}{2\sqrt{1-x^2}}=\frac{-x}{|x|\sqrt{1-x^2}}$,

注意上式在 $x\neq0$ 时才成立，当 $x=0$ 时，上式分母为零，导函数不能用上式表示. 利用定义求函数在 $x=0$ 处的导数是否存在：

$$f'_-(0)=\lim_{x\to0^-}\frac{f(x)-f(0)}{x-0}=\lim_{x\to0^-}\frac{\arcsin\sqrt{1-x^2}-\frac{\pi}{2}}{x}=\lim_{x\to0^-}\frac{\frac{1}{|x|}\cdot\frac{-2x}{2\sqrt{1-x^2}}}{1}=1$$

$$f'_+(0)=\lim_{x\to0^+}\frac{f(x)-f(0)}{x-0}=\lim_{x\to0^+}\frac{\arcsin\sqrt{1-x^2}-\frac{\pi}{2}}{x}=\lim_{x\to0^+}\frac{\frac{1}{|x|}\cdot\frac{-2x}{2\sqrt{1-x^2}}}{1}=-1$$

左导数与右导数存在但不相等，故函数在 $x=0$ 处的导数不存在. 选 D.

11. **A** 两边取对数，得 $\frac{1}{2}\ln(x^2+y^2)=\arctan\frac{y}{x}$，两边同时对 x 求导，

得 $\frac{2x+2yy'}{2(x^2+y^2)}=\frac{1}{1+\left(\frac{y}{x}\right)^2}\cdot\frac{y'x-y}{x^2}$，化简可得 $x+yy'=xy'-y$，故 $y'=\frac{x+y}{x-y}$.

12. **C** 由 $f(x)=(x-1)^2(x-2)^2$，得 $f'(x)=2(x-1)(x-2)(2x-3)$

令 $f'(x)=0$，得驻点 $x_1=1$，$x_2=\frac{3}{2}$，$x_3=2$

x	$(-\infty,1)$	1	$\left(1,\frac{3}{2}\right)$	$\frac{3}{2}$	$\left(\frac{3}{2},2\right)$	2	$(2,+\infty)$
$f'(x)$	$-$	0	$+$	0	$-$	0	$+$
$f(x)$	↘	极小值	↗	极大值	↘	极小值	↗

故 $f(1)=0$ 是函数的极小值；$f\left(\frac{3}{2}\right)=\frac{1}{16}$ 是函数的极大值；$f(2)=0$ 是函数的极小值. 选 C.

13. **A** 由 $f(x)=\frac{2x}{x^2+1}-2$，得 $f'(x)=\frac{2(1+x^2)-2x\cdot2x}{(1+x^2)^2}$，

令 $f'(x)=0$，得驻点 $x_1=-1$，$x_2=1$

x	$(-\infty,-1)$	-1	$(-1,1)$	1	$(1,+\infty)$
$f'(x)$	$-$	0	$+$	0	$-$
$f(x)$	↘	极小值	↗	极大值	↘

故 $f(-1)=-3$ 是函数的极小值，$f(1)=-1$ 是函数的极大值.

14. **A** $f'(x)=(2ax+1)\cdot e^{-x}+(ax^2+x-1)\cdot e^{-x}\cdot(-1)=-e^{-x}\cdot(ax+1)(x-2)$

令 $f'(x)=0\Rightarrow x=-\frac{1}{a}$ 或 2，分类讨论如下：

(1) 当 $-\frac{1}{a}>2$ 即 $-\frac{1}{2}<a<0$ 时，列表

x	$(-\infty, 2)$	2	$\left(2, -\frac{1}{a}\right)$	$-\frac{1}{a}$	$\left(-\frac{1}{a}, +\infty\right)$
$f'(x)$	+	0	−	0	+
$f(x)$	↗	极大值	↘	极小值	↗

故 $x=-\frac{1}{a}$ 时，$f(x)$ 取极小值.

(2) 当 $-\frac{1}{a}=2$ 即 $a=-\frac{1}{2}$ 时，$f'(x)=\frac{1}{2}\cdot e^{-x}\cdot(x-2)^2\geqslant 0$ 无极值.

(3) 当 $-\frac{1}{a}<2$ 即 $a<-\frac{1}{2}$ 时，列表

x	$\left(-\infty, -\frac{1}{a}\right)$	$-\frac{1}{a}$	$\left(-\frac{1}{a}, 2\right)$	2	$(2, +\infty)$
$f'(x)$	+	0	−	0	+
$f(x)$	↗	极大值	↘	极小值	↗

故 $x=2$ 时，$f(x)$ 取极小值.

综上所述，当 $-\frac{1}{2}<a<0$ 时，$x=-\frac{1}{a}$ 时，$f(x)$ 取极小值；

当 $a<-\frac{1}{2}$ 时，$x=2$ 时，$f(x)$ 取极小值.

15. **E** $f'(x)=-\frac{1}{x^2}+\frac{1}{(1-x)^2}=\frac{2x-1}{x^2(1-x)^2}$

在 $(0,1)$ 上，令 $f'(x)=0$ 得 $x=\frac{1}{2}$.

当 $0<x<\frac{1}{2}$ 时，$f'(x)<0$，当 $\frac{1}{2}<x<1$ 时，$f'(x)>0$.

故函数 $f(x)$ 在 $x=\frac{1}{2}$ 点处取得最小值 $f\left(\frac{1}{2}\right)=4$.

16. **B** 分类讨论，若 $a>0$，$f'(x)=3ax(x-4)$

$$\begin{cases} y_{\max}=f(0)=b=3 \\ y_{\min}=f(2)=-16a+b=-29 \end{cases} \Rightarrow \begin{cases} a=2 \\ b=3 \end{cases}.$$

若 $a<0$，$f'(x)=3ax(x-4)$

$$\begin{cases} y_{\max}=f(2)=-16a+b=3 \\ y_{\min}=f(0)=b=-29 \end{cases} \Rightarrow \begin{cases} a=-2 \\ b=-29 \end{cases}.$$ 故 $a+b=5$ 或 -31.

17. (1) **B** (2) **D**

因为 $f(x)=(x^2-4)(x-a)=x^3-ax^2-4x+4a$，

所以 $f'(x)=3x^2-2ax-4$.

(1) 由 $f'(-1)=0$，得 $a=\frac{1}{2}$，此时有 $f(x)=(x^2-4)\left(x-\frac{1}{2}\right)$，

所以 $f'(x)=3x^2-x-4$，由 $f'(x)=0$，得 $x=\frac{4}{3}$ 或 $x=-1$.

又因为$f\left(\frac{4}{3}\right)=-\frac{50}{27}$，$f(-1)=\frac{9}{2}$，$f(-2)=0$，$f(2)=0$，

所以$f(x)$在$[-2, 2]$上的最大值为$\frac{9}{2}$，最小值为$-\frac{50}{27}$，选 B.

（2）由$f'(x)=3x^2-2ax-4$的图像为开口向上且过点$(0, -4)$的抛物线，

由条件得$f'(-2)\geqslant 0$，$f'(2)\geqslant 0$，即$\begin{cases}4a+8\geqslant 0\\8-4a\geqslant 0\end{cases}$，解得$-2\leqslant a\leqslant 2$，

所以a的取值范围为$[-2, 2]$，选 D.

18. （1）**B** （2）**B**

（1）$f'(x)=6x^2-6(a+1)x+6a=6(x-a)(x-1)$，
由$f(x)$在$x=3$取得极值，得$f'(3)=6(3-a)(3-1)=0$，解得$a=3$，
经检验知$a=3$时，$x=3$为$f(x)$为极值点. 选 B.
（2）令$f'(x)=6(x-a)(x-1)=0$，得$x_1=a$，$x_2=1$，
当$a<1$时，若$x\in(-\infty, a)\cup(1, +\infty)$，则$f'(x)>0$，$f(x)$在$(-\infty, a)$和$(1, +\infty)$上为增函数，故当$0\leqslant a<1$时，$f(x)$在$(-\infty, 0)$上为增函数.
当$a\geqslant 1$时，若$x\in(-\infty, 1)\cup(a, +\infty)$，则$f(x)>0$，$f(x)$在$(-\infty, 1)$和$(a, +\infty)$上为增函数，从而当$a\geqslant 1$时，$f(x)$在$(-\infty, 0]$上也为增函数.
综上所述，当$a\in[0, +\infty]$时，$f(x)$在$(-\infty, 0)$上为增函数. 选 B.

19. **E** 设$M(x, y)$为抛物线$y=\frac{1}{2}x^2$上一点，

则$|MA|=\sqrt{(x-6)^2+y^2}=\sqrt{(x-6)^2+\frac{1}{4}x^4}$，

由$|MA|$与$|MA|^2$同时取到极值，令$f(x)=|MA|^2=(x-6)^2+\frac{1}{4}x^4$，

由$f'(x)=(x-2)(x^2+2x+6)=0$，得$x=2$是唯一的驻点，
当$x\to-\infty$或$x\to+\infty$时，$|MA|\to+\infty$，故$f(x)\to+\infty$，

$x=2$是$f(x)$的最小值点，此时$x=2$，$y=\frac{1}{2}\times 2^2=2$，

即抛物线$y=\frac{1}{2}x^2$上与点$A(6, 0)$距离最近的点是$(2, 2)$，最近距离为$2\sqrt{5}$.

20. **A** 设底面边长为x，体积$V=\frac{\sqrt{3}}{4}x^2\cdot h$，则高为$h=\frac{4V}{\sqrt{3}x^2}$，

故$S_{表}=3\times\frac{4V}{\sqrt{3}x^2}\times x+2\times\frac{\sqrt{3}}{4}x^2=\frac{4\sqrt{3}V}{x}+\frac{\sqrt{3}}{2}x^2$，

$S'=-\frac{4\sqrt{3}V}{x^2}+\sqrt{3}x$，令$S'=0$，得$x=\sqrt[3]{4V}$，选 A.

21. **C** 因为$x=1$、-1为函数的间断点，且$\lim\limits_{x\to 1}\frac{x^2+x}{x^2-1}=\infty$，故$x=1$为竖直渐近线，

而$\lim\limits_{x\to -1}\frac{x^2+x}{x^2-1}=\frac{1}{2}$，故$x=-1$不是渐近线，又因为$\lim\limits_{x\to\infty}\frac{x^2+x}{x^2-1}=1$，
故$y=1$为水平渐近线.

22. **D** 令 $F(x)=x\mathrm{e}^{-x}-a$，则 $F'(x)=(1-x)\mathrm{e}^{-x}$，由 $F'(x)=0$，得 $x=1$，

当 $x\in(-\infty,1)$，$F'(x)>0$，$F(x)$单调增加.

当 $x\in(1,+\infty)$，$F'(x)<0$，$F(x)$单调减少.

所以 $x=1$ 是 $F(x)$在$(-\infty,+\infty)$的极大值点，且极大值 $F(1)=\mathrm{e}^{-1}-a$.

因为 $x=1$ 是 $F(x)$在$(-\infty,+\infty)$的唯一驻点，则极大值 $F(1)=\mathrm{e}^{-1}-a$ 是最大值.

若 $F(1)=\mathrm{e}^{-1}-a<0$ 时，$F(x)$没有零点，即方程无根.

若 $F(1)=\mathrm{e}^{-1}-a=0$ 时，$F(x)$有唯一零点，即方程有唯一的根.

若 $F(1)=\mathrm{e}^{-1}-a>0$ 时，

$\lim\limits_{x\to-\infty}F(x)=-\infty$，$F(x)$在$(-\infty,1)$有唯一零点；

$\lim\limits_{x\to+\infty}F(x)=-a<0$，$F(x)$在$(1,+\infty)$有唯一零点，这时方程在$(-\infty,+\infty)$有两个根. 故(1)(2)(3)是正确的，选 D.

23. **B** 依题意，设圆柱体体积为 V，高为 h，底面半径为 r.

因为 $V=\pi r^2h$，$r^2=R^2-h^2$，

则 $V=\pi(R^2-h^2)h=\pi R^2h-\pi h^3$，

求驻点：$V'(h)=\pi R^2-3\pi h^2$，令 $V'(h)=0$，$R^2=3h^2$，驻点 $h=\dfrac{\sqrt{3}}{3}R$.

求最值点：$V''(h)=-6\pi h$，$h=\dfrac{\sqrt{3}}{3}R$，$V''\left(\dfrac{R}{\sqrt{3}}\right)<0$，故 $h=\dfrac{\sqrt{3}}{3}R$ 为最大值点，此时 $r=\sqrt{R^2-\dfrac{1}{3}R^2}=\dfrac{\sqrt{6}}{3}R$，故当 $h=\dfrac{\sqrt{3}}{3}R$，$r=\dfrac{\sqrt{6}}{3}R$ 时，所得圆柱体体积最大.

24. **D** 第一步，列出函数关系式：设从甲城沿江到乙城的路程为 s，消耗总费用为 y.

依题意：$y=kv^3\cdot t$，$t=\dfrac{s}{v-2}$，其中 t 是甲城到乙城所需要的时间，故 $y=ks\dfrac{v^3}{v-2}$.

第二步，求驻点：$y'=ks\cdot\dfrac{3v^2(v-2)-v^3}{(v-2)^2}=\dfrac{v^2(2v-6)ks}{(v-2)^2}$，令 $y'=0$，驻点 $v=3$.

第三步，求最值：由实际问题的意义可知，最小值存在，且驻点唯一.

当 $v=3$ 时，客轮消耗燃料总费用最省.

25. **A** 函数 $y=(x-1)\sqrt[3]{x^2}$在定义域$(-\infty,+\infty)$内连续.

$y'=\dfrac{5}{3}x^{\frac{2}{3}}-\dfrac{2}{3}x^{-\frac{1}{3}}$，$y''=\dfrac{10}{9}x^{-\frac{1}{3}}+\dfrac{2}{9}x^{-\frac{4}{3}}=\dfrac{10}{9}x^{-\frac{4}{3}}\left(x+\dfrac{1}{5}\right)$

当 $x=0$ 时，y'，y''都不存在；当 $x=-\dfrac{1}{5}$时，$y''=0$.

故可列表如下：

x	$\left(-\infty,-\frac{1}{5}\right)$	$-\frac{1}{5}$	$\left(-\frac{1}{5},0\right)$	0	$(0,+\infty)$
y'	−	0	+	不存在	+
y''	凸	拐点	凹	非拐点	凹

26. **B** $f'(x)=\frac{5}{3}x^{\frac{2}{3}}-\frac{4}{3}x^{-\frac{1}{3}}$，$f''(x)=\frac{10}{9}x^{-\frac{1}{3}}+\frac{4}{9}x^{-\frac{4}{3}}=\frac{2(5x+2)}{9x\sqrt[3]{x}}$.

令 $f''(x)$ 得 $x=-\frac{2}{5}$；而 $x=0$ 为 $f''(x)$ 不存在的点．用 $x=-\frac{2}{5}$，$x=0$ 将定义域 $(-\infty,+\infty)$ 分成三个区间（见下表）.

x	$\left(-\infty,-\frac{2}{5}\right)$	$-\frac{2}{5}$	$\left(-\frac{2}{5},0\right)$	0	$(0,+\infty)$
$f''(x)$	$-$	0	$+$	不存在	$+$
$f(x)$	凸	拐点	凹	不是拐点	凹

由表可知，曲线 $f(x)$ 的凸区间是 $\left(-\infty,-\frac{2}{5}\right)$，凹区间是 $\left(-\frac{2}{5},0\right)\cup(0,+\infty)$；点 $\left(-\frac{2}{5},-\frac{12}{5}\sqrt[3]{\frac{4}{25}}\right)$ 是拐点.

27. **C** 函数 $f(x)$ 的定义域为 $(-\infty,+\infty)$，对函数求导得

$f'(x)=-\frac{2x}{(1+x^2)^2}$，$f''(x)=\frac{-2(1+x^2)^2+2x\cdot 2\cdot(1+x^2)\cdot 2x}{(1+x^2)^4}=\frac{2(3x^2-1)}{(1+x^2)^3}$；

由 $f''(x)=0$ 得，$x=-\frac{1}{\sqrt{3}}$，$x=\frac{1}{\sqrt{3}}$. 用这两点把定义域分成三个区间（见下表）.

x	$\left(-\infty,-\frac{1}{\sqrt{3}}\right)$	$-\frac{1}{\sqrt{3}}$	$\left(-\frac{1}{\sqrt{3}},\frac{1}{\sqrt{3}}\right)$	$\frac{1}{\sqrt{3}}$	$\left(\frac{1}{\sqrt{3}},+\infty\right)$
$f''(x)$	$+$	0	$-$	0	$+$
$f(x)$	凹	拐点	凸	拐点	凹

由下表可知，曲线 $f(x)$ 的凸区间是 $\left(-\frac{1}{\sqrt{3}},\frac{1}{\sqrt{3}}\right)$，凹区间是 $\left(-\infty,-\frac{1}{\sqrt{3}}\right)$ 和 $\left(\frac{1}{\sqrt{3}},\infty\right)$，点 $\left(-\frac{1}{\sqrt{3}},\frac{3}{4}\right)$ 和点 $\left(\frac{1}{\sqrt{3}},\frac{3}{4}\right)$ 是拐点.

28. **D** $f(x)$ 的定义域为 $(-\infty,+\infty)$，$f'(x)=e^{-x^2}(1-2x^2)$，$f''(x)=2x(2x^2-3)e^{-x^2}$.

令 $f''(x)=0$，解得 $x_1=-\sqrt{\frac{3}{2}}$，$x_2=0$，$x_3=\sqrt{\frac{3}{2}}$.

在区间 $\left(-\infty,-\sqrt{\frac{3}{2}}\right)$，$\left(-\sqrt{\frac{3}{2}},0\right)$，$\left(0,\sqrt{\frac{3}{2}}\right)$，$\left(\sqrt{\frac{3}{2}},+\infty\right)$ 内 $f''(x)$ 的符号依次为 $-$，$+$，$-$，$+$，所以拐点为 $\left(-\sqrt{\frac{3}{2}},-\sqrt{\frac{3}{2}}e^{-\frac{3}{2}}\right)$，$(0,0)$，$\left(\sqrt{\frac{3}{2}},\sqrt{\frac{3}{2}}e^{-\frac{3}{2}}\right)$.

【评注】若注意到本题中的 $f(x)$ 是奇函数，可使解答更为简捷.

第三章 一元函数积分学

【大纲解读】

不定积分和定积分的概念，牛顿—莱布尼茨公式，不定积分和定积分的计算，定积分的几何应用. 理解原函数、不定积分的概念；掌握不定积分、定积分的性质. 掌握不定积分、定积分的换元积分法和分部积分法，理解变限积分函数，会求它的导数.

【命题剖析】

本章约考 7 个题目，占 14 分. 考题主要分布：不定积分的计算考 2 ~ 3 个题目，定积分的计算考 2 ~ 3 个题目，变限积分考 1 ~ 2 个题目，定积分的应用（求平面图形的面积和旋转体的体积）考 1 个题目.

【知识体系】

- 第三章
  - 不定积分
    - 基本概念：原函数和不定积分
    - 不定积分的性质
    - 积分公式
    - 积分方法
      - 直接积分法
      - 换元积分法
        - 第一换元法（凑微分法）
        - 第二换元法（变量代换法）
      - 分部积分法
  - 定积分
    - 基本概念及几何意义
    - 可积函数
      - 闭区间上连续函数
      - 闭区间上有有限个第一类间断点
    - 定积分的基本性质
    - 计算方法
      - 几何意义法
      - 牛顿—莱布尼茨公式
      - 换元积分法、分部积分法
      - 函数的奇偶性及周期性
    - 变限积分
    - 定积分的应用
      - 平面图形的面积
      - 旋转体的体积
  - 广义积分
    - 定义
      - 无穷的广义积分
      - 无界函数的广义积分
    - 收敛判别法
    - 计算方法

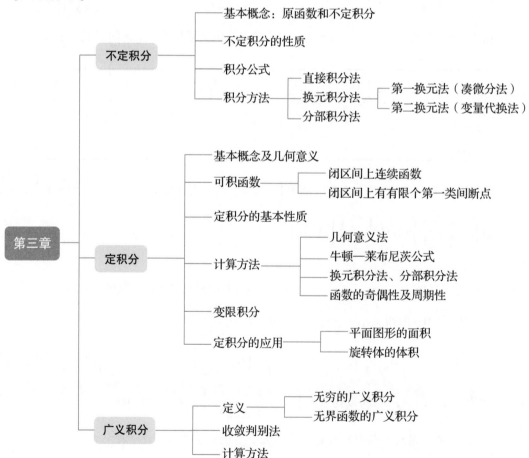

【备考建议】

不定积分是一元函数积分学的重要组成部分，是计算定积分的基础. 要理解原函数与不定积分的概念，牢记不定积分的基本公式以及不定积分的性质，能灵活运用换元积分法和分部积分法求函数的不定积分. 本章考试的重点是积分的计算，特别是要会求分段函数与复合函数的不定积分；利用原函数与不定积分的关系解题，是本章的难点，也是重点.

第一节　不定积分

一、不定积分概念

1. 原函数的定义

若对区间 I 上的每一点 x，都有 $F'(x)=f(x)$ 或 $\mathrm{d}F(x)=f(x)\mathrm{d}x$，则称 $F(x)$ 是函数 $f(x)$ 在该区间上的一个原函数.

2. 原函数的特性

若函数 $f(x)$ 有一个原函数 $F(x)$，则它就有无穷多个原函数，且这无穷多个原函数可表示为 $F(x)+C$ 的形式，其中 C 是任意常数.

3. 不定积分的定义

函数 $f(x)$ 的原函数的全体称为 $f(x)$ 的不定积分，记作 $\int f(x)\mathrm{d}x$. 若 $F(x)$ 是 $f(x)$ 的一个原函数，则

$$\int f(x)\mathrm{d}x = F(x)+C \quad (C\text{ 是任意常数})$$

4. 原函数的存在性

在区间 I 上连续的函数在该区间上存在原函数；且原函数在该区间上也必连续.

如果 $F(x)$ 是 $f(x)$ 的一个原函数，那么曲线 $y=F(x)$ 称为被积函数 $f(x)$ 的一条积分曲线，由于不定积分 $\int f(x)\mathrm{d}x = F(x)+C$，那么在几何上，不定积分 $\int f(x)\mathrm{d}x$ 表示的是积分曲线 $y=F(x)$ 沿着 y 轴由 $-\infty$ 到 $+\infty$ 平行移动的**积分曲线族**，这个曲线族中的所有曲线可表示成 $y=F(x)+C$，它们在同一横坐标 x 处的切线彼此平行；因为它们的斜率都等于 $f(x)$.

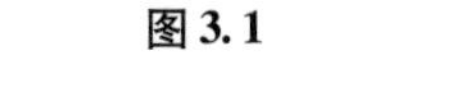

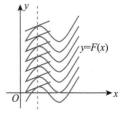

图 3.1

二、不定积分的性质

1）积分运算与导数（微分）运算互为逆运算.

$$\frac{\mathrm{d}}{\mathrm{d}x}\left(\int f(x)\mathrm{d}x\right)=f(x) \text{ 或 } \mathrm{d}\left(\int f(x)\mathrm{d}x\right)=f(x)\mathrm{d}x,$$

$$\int F'(x)\mathrm{d}x = F(x) + C \text{ 或} \int \mathrm{d}F(x) = F(x) + C.$$

2) $\int kf(x)\mathrm{d}x = k\int f(x)\mathrm{d}x$ （常数 $k \neq 0$）.

3) $\int [f(x) \pm g(x)]\mathrm{d}x = \int f(x)\mathrm{d}x \pm \int g(x)\mathrm{d}x.$

例 1 在下列等式中，正确的有（　　）个.

(1) $\int f'(x)\mathrm{d}x = f(x)$　　(2) $\int \mathrm{d}f(x) = f(x)$

(3) $\frac{\mathrm{d}}{\mathrm{d}x}\int f(x)\mathrm{d}x = f(x)$　　(4) $\mathrm{d}\int f(x)\mathrm{d}x = f(x)$

(A) 0　　(B) 1　　(C) 2　　(D) 3　　(E) 4

【解析】由于(1)和(2)左侧为不定积分，所以右侧均应有积分常数 C，但它们没有，故错误；由于选项(4)左侧为微分，所以右侧应有 $\mathrm{d}x$，故错误. 只有(3)正确，选 B.

三、基本积分公式

(1) $\int k\mathrm{d}x = kx + C$　(k 是常数)

(2) $\int x^{\alpha}\mathrm{d}x = \frac{x^{\alpha+1}}{\alpha+1} + C$，$(\alpha \neq -1)$，尤其 $\int \frac{1}{\sqrt{x}}\mathrm{d}x = 2\sqrt{x} + C$，$\int \frac{1}{x^2}\mathrm{d}x = -\frac{1}{x} + C.$

(3) $\int \frac{1}{x}\mathrm{d}x = \ln|x| + C$

(4) $\int a^x\mathrm{d}x = \frac{a^x}{\ln a} + C$，$(a > 0$，且 $a \neq 1)$

(5) $\int \mathrm{e}^x\mathrm{d}x = \mathrm{e}^x + C$

(6) $\int \cos x\mathrm{d}x = \sin x + C$

(7) $\int \sin x\mathrm{d}x = -\cos x + C$

(8) $\int \frac{1}{\cos^2 x}\mathrm{d}x = \tan x + C$

(9) $\int \frac{1}{\sin^2 x}\mathrm{d}x = -\cot x + C$

(10) $\int \sec x\tan x\mathrm{d}x = \sec x + C$

(11) $\int \csc x\cot x\mathrm{d}x = -\csc x + C$

(12) $\int \frac{\mathrm{d}x}{1+x^2} = \arctan x + C$

(13) $\int \frac{\mathrm{d}x}{\sqrt{1-x^2}} = \arcsin x + C$

(14) $\int \frac{1}{a^2+x^2}\mathrm{d}x = \frac{1}{a}\arctan\frac{x}{a} + C$

(15) $\int \frac{1}{x^2 - a^2}dx = \frac{1}{2a}\ln\left|\frac{x-a}{x+a}\right| + C$

(16) $\int \frac{1}{\sqrt{a^2 - x^2}}dx = \arcsin\frac{x}{a} + C$

(17) $\int \frac{1}{\sqrt{a^2 + x^2}}dx = \ln(x + \sqrt{a^2 + x^2}) + C$

(18) $\int \frac{dx}{\sqrt{x^2 - a^2}} = \ln|x + \sqrt{x^2 - a^2}| + C$

(19) $\int \tan x dx = -\ln|\cos x| + C$

(20) $\int \cot x dx = \ln|\sin x| + C$

(21) $\int \sec x dx = \ln|\sec x + \tan x| + C$

(22) $\int \csc x dx = \ln|\csc x - \cot x| + C$

四、求不定积分的基本方法和重要公式

1. 直接积分法

所谓直接积分法就是用基本积分公式和不定积分的运算性质，或先将被积函数通过代数或三角恒等变形，再用基本积分公式和不定积分的运算性质可求出不定积分的结果.

例 2 根据基本积分公式和不定积分的性质计算下列不定积分:

(1) $\int \frac{dx}{x^2\sqrt{x}} = ($　　$)$.

(A) $-\frac{2}{3}x^{-\frac{3}{2}} + C$　　(B) $-\frac{4}{3}x^{-\frac{3}{2}} + C$　　(C) $-\frac{4}{3}x^{-\frac{3}{4}} + C$

(D) $-\frac{3}{2}x^{-\frac{3}{2}} + C$　　(E) $-\frac{3}{2}x^{-\frac{2}{3}} + C$

(2) $\int e^x\left(1 - \frac{e^{-x}}{\sqrt{x}}\right)dx = ($　　$)$.

(A) $e^x + 2x^{\frac{1}{2}} + C$　　(B) $e^x + x^{\frac{1}{2}} + C$　　(C) $e^x - x^{\frac{1}{2}} + C$

(D) $e^x - 2x^{\frac{1}{2}} + C$　　(E) $2e^x - x^{\frac{1}{2}} + C$

(3) $\int \tan^2 x dx = ($　　$)$.

(A) $\tan x + x + C$　　(B) $\tan x - x + C$　　(C) $\sec x - x + C$

(D) $\sec x + x + C$　　(E) $\tan x - \frac{1}{2}x + C$

【解析】(1) $\int \frac{dx}{x^2\sqrt{x}} = \int x^{-\frac{5}{2}}dx = \frac{1}{-\frac{3}{2}}x^{-\frac{3}{2}} + C = -\frac{2}{3}x^{-\frac{3}{2}} + C$,选 A.

(2) $\int e^x\left(1 - \frac{e^{-x}}{\sqrt{x}}\right)dx = \int\left(e^x - \frac{1}{\sqrt{x}}\right)dx = \int e^x dx - \int x^{-\frac{1}{2}}dx = e^x - 2x^{\frac{1}{2}} + C$,选 D.

(3) $\int \tan^2 x\mathrm{d}x = \int(\sec^2 x - 1)\mathrm{d}x = \int \sec^2 x\mathrm{d}x - \int \mathrm{d}x = \tan x - x + C$,选 B.

例 3 $\int \frac{1+x^2+x}{x(1+x^2)}\mathrm{d}x =$ (　　).

(A) $\ln|x| - \arctan x + C$　(B) $\ln|x| + \arcsin x + C$　(C) $\ln|x| + \arctan x + C$

(D) $\ln|x| - \arcsin x + C$　(E) $-\ln|x| + \arctan x + C$

【解析】$\int \frac{1+x^2+x}{x(1+x^2)}\mathrm{d}x = \int\left[\frac{1+x^2}{x(1+x^2)} + \frac{x}{x(1+x^2)}\right]\mathrm{d}x$

$$= \int\left(\frac{1}{x} + \frac{1}{1+x^2}\right)\mathrm{d}x = \ln|x| + \arctan x + C,\text{选 C.}$$

例 4 下列四个计算结果正确的有(　　)个.

(1) $\int \frac{1}{\sqrt{a^2-x^2}}\mathrm{d}x = \frac{1}{a}\arcsin\frac{x}{a} + C$　(2) $\int \frac{1}{a^2+x^2}\mathrm{d}x = \arctan\frac{x}{a} + C$

(3) $\int \frac{1}{\sqrt{a^2+x^2}}\mathrm{d}x = \ln(x+\sqrt{a^2+x^2}) + C$　(4) $\int \frac{1}{a^2-x^2}\mathrm{d}x = \frac{1}{2a}\ln\left|\frac{x+a}{x-a}\right| + C$

(A) 0　(B) 1　(C) 2　(D) 3　(E) 4

【解析】(1) $\int \frac{1}{\sqrt{a^2-x^2}}\mathrm{d}x = \arcsin\frac{x}{a} + C$, 错误.

(2) $\int \frac{1}{a^2+x^2}\mathrm{d}x = \frac{1}{a}\int \frac{1}{1+\left(\frac{x}{a}\right)^2}\mathrm{d}\left(\frac{x}{a}\right) = \frac{1}{a}\arctan\frac{x}{a} + C$, 错误.

(3) $\int \frac{1}{\sqrt{a^2+x^2}}\mathrm{d}x = \ln(x+\sqrt{a^2+x^2}) + C$, 正确.

(4) $\int \frac{1}{a^2-x^2}\mathrm{d}x = -\int \frac{1}{x^2-a^2}\mathrm{d}x = -\frac{1}{2a}\ln\left|\frac{x-a}{x+a}\right| + C = \frac{1}{2a}\ln\left|\frac{x+a}{x-a}\right| + C$,正确,故选 C.

2. 第一换元积分法

若 $\int f(u)\mathrm{d}u = F(u) + C$, 则

$$\int f(\varphi(x))\varphi'(x)\mathrm{d}x = \int f(\varphi(x))\mathrm{d}\varphi(x) = \int f(u)\mathrm{d}u = F(u) + C = F(\varphi(x)) + C$$

说 明 1) 运算较熟练后, 可不设中间变量 $u=\varphi(x)$, 上式可写作

$$\int f(\varphi(x))\mathrm{d}\varphi(x) = F(\varphi(x)) + C.$$

2) 第一换元积分法的实质正是复合函数求导公式的逆用. 它相当于将基本积分公式中的积分变量 x 用 x 的可微函数 $\varphi(x)$ 替换后公式仍然成立.

用第一换元积分法的思路: 不定积分 $\int f(x)\mathrm{d}x$ 可用第一换元积分法, 并用变量替换 $u=\varphi(x)$, 其关键是被积函数 $g(x)$ 可视为两个因子的乘积

$$g(x) = f(\varphi(x))\varphi'(x)$$

且一个因子 $f(\varphi(x))$ 是 $\varphi(x)$ 的函数 (是积分变量 x 的复合函数), 另一个因子 $\varphi'(x)$ 是

$\varphi(x)$的导数（可以相差常数因子）.

有些不定积分，初看起来，被积函数不具有上述第一换元积分法所要求的特征，在熟记基本积分公式的前提下，注意观察被积函数的特点，将其略加恒等变形：代数或三角变形，便可用第一换元积分法.

评 注 常用的公式如下：

(1) $\int f(ax^n+b)x^{n-1}\mathrm{d}x=\frac{1}{na}\int f(ax^n+b)\mathrm{d}(ax^n+b)$

(2) $\int f(\mathrm{e}^x)\mathrm{e}^x\mathrm{d}x=\int f(\mathrm{e}^x)\mathrm{d}(\mathrm{e}^x)$

(3) $\int f(\ln x)\frac{1}{x}\mathrm{d}x=\int f(\ln x)\mathrm{d}(\ln x)$

(4) $\int f(\sqrt{x})\frac{1}{\sqrt{x}}\mathrm{d}x=2\int f(\sqrt{x})\mathrm{d}(\sqrt{x})$

(5) $\int f(\sin x)\cos x\mathrm{d}x=\int f(\sin x)\mathrm{d}(\sin x)$

(6) $\int f(\tan x)\sec^2 x\mathrm{d}x=\int f(\tan x)\mathrm{d}(\tan x)$

(7) $\int f(\arctan x)\frac{1}{1+x^2}\mathrm{d}x=\int f(\arctan x)\mathrm{d}(\arctan x)$

(8) $\int f(\arcsin x)\frac{1}{\sqrt{1-x^2}}\mathrm{d}x=\int f(\arcsin x)\mathrm{d}(\arcsin x)$

例 5 计算下列不定积分：

(1) $\int\frac{1}{x^2}\mathrm{e}^{\frac{1}{x}}\mathrm{d}x=$（　　）.

(A) $\mathrm{e}^{\frac{1}{x}}+C$　(B) $-\mathrm{e}^{\frac{1}{x}}+C$　(C) $-\mathrm{e}^{-\frac{1}{x}}+C$

(D) $\mathrm{e}^{-\frac{1}{x}}+C$　(E) $-\frac{1}{x}\mathrm{e}^{\frac{1}{x}}+C$

(2) $\int\sqrt{\frac{1+\arcsin x}{1-x^2}}\mathrm{d}x=$（　　）.

(A) $(1+\arcsin x)^{\frac{3}{2}}+C$　(B) $\frac{1}{2}(1+\arcsin x)^{\frac{3}{2}}+C$　(C) $\frac{3}{2}(1+\arcsin x)^{\frac{2}{3}}+C$

(D) $\frac{2}{3}(1+\arcsin x)^{\frac{3}{2}}+C$　(E) $\frac{3}{2}(1+\arcsin x)^{\frac{3}{2}}+C$

(3) $\int\frac{\cos 2x}{2+\sin x\cos x}\mathrm{d}x=$（　　）.

(A) $\ln(2-\sin x\cos x)+C$　(B) $2\ln(2+\sin x\cos x)+C$　(C) $\frac{1}{2}\ln(2+\sin x\cos x)+C$

(D) $\frac{1}{2}\ln(2-\sin x\cos x)+C$　(E) $\ln(2+\sin x\cos x)+C$

【解析】(1) 设$\frac{1}{x}=t$，两边取微分得$-\frac{1}{x^2}\mathrm{d}x=\mathrm{d}t$，

$\int \frac{1}{x^2}e^{\frac{1}{x}}dx = -\int e^t dt = -e^t + C = -e^{\frac{1}{x}} + C$，选 B.

（2）设 $1+\arcsin x = t$，两边取微分得 $\frac{1}{\sqrt{1-x^2}}dx = dt$，

$\int \sqrt{\frac{1+\arcsin x}{1-x^2}}dx = \int \sqrt{t}\frac{1}{\sqrt{1-x^2}}dx = \int \sqrt{t}dt = \frac{2}{3}t^{\frac{3}{2}} + C = \frac{2}{3}(1+\arcsin x)^{\frac{3}{2}} + C$，选 D.

（3）做变量替换令 $t = 2+\sin x\cos x$，两边取微分得 $dt = \cos 2x dx$，

$$\int \frac{\cos 2x}{2+\sin x\cos x}dx = \int \frac{\cos 2x}{t}dx = \int \frac{dt}{t} = \ln|t| + C = \ln|2+\sin x\cos x| + C$$

$$= \ln(2+\sin x\cos x) + C，故选 E.$$

例 6 计算不定积分 $\int \frac{1}{x(x^7+2)}dx = (\quad)$.

（A）$\frac{1}{2}\ln|x| + \frac{1}{14}\ln|x^7+2| + C$

（B）$\frac{1}{2}\ln|x| - \frac{1}{7}\ln|x^7+2| + C$

（C）$\frac{1}{2}\ln|x| + \frac{1}{7}\ln|x^7+2| + C$

（D）$\frac{1}{2}\ln|x| - \frac{1}{14}\ln|x^7+2| + C$

（E）$\frac{1}{4}\ln|x| - \frac{1}{14}\ln|x^7+2| + C$

【解析】$\int \frac{1}{x(x^7+2)}dx = \int \frac{x^6}{x^7(x^7+2)}dx$，设 $x^7 = t$，则

$$\int \frac{x^6}{x^7(x^7+2)}dx = \frac{1}{7}\int \frac{dt}{t(t+2)} = \frac{1}{14}\int\left(\frac{1}{t} - \frac{1}{t+2}\right)dt$$

$$= \frac{1}{14}\ln|x^7| - \frac{1}{14}\ln|x^7+2| + C = \frac{1}{2}\ln|x| - \frac{1}{14}\ln|x^7+2| + C，选 D.$$

例 7 计算不定积分 $\int \cos^4 x dx = (\quad)$.

（A）$\frac{\sin 4x}{32} + \frac{1}{4}\sin 2x + \frac{3}{8}x + C$

（B）$\frac{\sin 4x}{32} - \frac{1}{4}\sin 2x + \frac{3}{8}x + C$

（C）$\frac{\sin 4x}{16} + \frac{1}{4}\sin 2x + \frac{3}{8}x + C$

（D）$\frac{\sin 4x}{16} - \frac{1}{4}\sin 2x + \frac{3}{8}x + C$

（E）$\frac{\sin 4x}{32} + \frac{1}{2}\sin 2x + \frac{3}{8}x + C$

【解析】$\int \cos^4 x dx = \int \left(\frac{\cos 2x + 1}{2}\right)^2 dx$

$$= \frac{1}{4}\int(\cos^2 2x + 2\cos 2x + 1)dx = \frac{1}{4}\int\left(\frac{1+\cos 4x}{2} + 2\cos 2x + 1\right)dx$$

$$= \frac{1}{8}\int(\cos 4x + 4\cos 2x + 3)dx = \frac{\sin 4x}{32} + \frac{1}{4}\sin 2x + \frac{3}{8}x + C，选 A.$$

3. 第二换元积分法

【换元过程】$\int f(x)dx \xrightarrow[\text{令 } x = \varphi(t)]{\text{变量替换}} \int f(\varphi(t))\varphi'(t)dt = F(t) + C$

$$\xlongequal[t=\varphi^{-1}(x)]{\text{变量还原}} F(\varphi^{-1}(x))+C.$$

说 明 第二换元积分法与第一换元积分法实际上正是一个公式从两个不同的方向运用

$$\int f(\varphi(x))\varphi'(x)\,\mathrm{d}x \underset{\substack{\text{令 } u=\varphi(x)\\ \text{第二换元法}}}{\overset{\substack{\text{第一换元法}\\ \text{令 } \varphi(x)=u}}{\rightleftarrows}} \int f(u)\,\mathrm{d}u.$$

用第二换元积分法的思路：若所给的积分 $\int f(x)\,\mathrm{d}x$ 不易积出时，将原积分变量 x 用新变量 t 的某一函数 $\varphi(t)$ 来替换，化成以 t 为积分变量的不定积分 $\int f(\varphi(t))\varphi'(t)\,\mathrm{d}t$，若该积分易于积出，便达到目的.

评 注 第二换元法常用情形：

1） $\sqrt{a^2-x^2}$：$x=a\sin t$.

2） $\sqrt{a^2+x^2}$：$x=a\tan t$.

3） $\sqrt{x^2-a^2}$：$x=a\sec t$.

4） 被积函数形如 $f\left(\sqrt{\dfrac{ax+b}{cx+d}}\right)$，可令 $\dfrac{ax+b}{cx+d}=t^2$.

5） 被积函数形如 $f(\sqrt[k_1]{ax+b},\ \sqrt[k_2]{ax+b},\cdots,\ \sqrt[k_n]{ax+b})$，出现多个根号时，可令 $ax+b=t^N$，$N=[k_1,\ k_2,\cdots,\ k_n]$（最小公倍数）.

6） 当被积函数是幂指函数的代数式时，可以采用指数代换 $a^x=t$，$x=\dfrac{1}{\ln a}\ln t$.

7） 如果被积函数为幂函数的分式，当分母的次数相对于分子较高时，可以考虑用倒代换 $x=\dfrac{1}{t}$.

例 8 计算下列不定积分：

(1) $\int\sqrt{a^2-x^2}\,\mathrm{d}x=$（　　）.

(A) $\dfrac{x}{2}\sqrt{a^2-x^2}+\dfrac{a^2}{2}\arcsin\dfrac{x}{a}+C$　　(B) $\dfrac{x}{2}\sqrt{a^2-x^2}+\dfrac{a}{2}\arcsin\dfrac{x}{a}+C$

(C) $\dfrac{x}{2}\sqrt{a^2-x^2}-\dfrac{a^2}{2}\arcsin\dfrac{x}{a}+C$　　(D) $\dfrac{x}{2}\sqrt{a^2-x^2}-\dfrac{a}{2}\arcsin\dfrac{x}{a}+C$

(E) $\dfrac{x}{2a}\sqrt{a^2-x^2}+\dfrac{a^2}{2}\arcsin\dfrac{x}{a}+C$

(2) $\int\dfrac{1}{\mathrm{e}^x(1+\mathrm{e}^{2x})}\mathrm{d}x=$（　　）.

(A) $\dfrac{1}{\mathrm{e}^x}-\arctan\mathrm{e}^x+C$　　(B) $-\dfrac{1}{\mathrm{e}^x}+\arctan\mathrm{e}^x+C$

(C) $\dfrac{1}{\mathrm{e}^x}+\arctan\mathrm{e}^x+C$　　(D) $-\dfrac{1}{\mathrm{e}^x}-\arctan\mathrm{e}^x+C$

(E) $-\frac{1}{e^x}-\arctan e^{-x}+C$

【解析】(1) 设 $x=a\sin t$，则

$$\int\sqrt{a^2-x^2}\mathrm{d}x=\int(\sqrt{a^2-a^2\sin^2 t})a\cos t\mathrm{d}t=a^2\int\cos^2 t\mathrm{d}t=a^2\int\frac{\cos 2t+1}{2}\mathrm{d}t$$

$$=\frac{a^2}{4}\sin 2t+\frac{a^2}{2}t+C=\frac{x}{2}\sqrt{a^2-x^2}+\frac{a^2}{2}\arcsin\frac{x}{a}+C\text{，故选 A.}$$

(2) 设 $e^x=t$，$\int\frac{1}{e^x(1+e^{2x})}\mathrm{d}x=\int\frac{e^x}{e^{2x}(1+e^{2x})}\mathrm{d}x=\int\frac{\mathrm{d}(e^x)}{e^{2x}(1+e^{2x})}=\int\frac{\mathrm{d}t}{t^2(1+t^2)}$

$$=\int\left(\frac{1}{t^2}-\frac{1}{1+t^2}\right)\mathrm{d}t=-\frac{1}{t}-\arctan t+C$$

$$=-\frac{1}{e^x}-\arctan e^x+C\text{，故选 D.}$$

4. 分部积分法

分部积分公式：$\int u(x)v'(x)\mathrm{d}x=u(x)v(x)-\int v(x)u'(x)\mathrm{d}x$ 或

$$\int u(x)\mathrm{d}v(x)=u(x)v(x)-\int v(x)\mathrm{d}u(x)$$

说明 分部积分法是两个函数乘积求导数公式的逆用. 用分部积分法的思路：

1) 公式的意义：欲求 $\int uv'\mathrm{d}x$，转化为先求 $\int vu'\mathrm{d}x$.

2) 关于选取 u 和 v'：用分部积分法的关键是，当被积函数看作是两个函数乘积时，选取哪一个因子为 $u=u(x)$，哪一个因子为 $v'=v'(x)$. 一般来说，选取 u 和 v' 应遵循如下原则：

①选取作 v' 的函数，应易于计算它的原函数；

②所选取的 u 和 v'，要使积分 $\int vu'\mathrm{d}x$ 较积分 $\int uv'\mathrm{d}x$ 易于计算；

③有的不定积分需要连续两次（或多于两次）运用分部积分法，第一次选作 v'（或 u）的函数，第二次不能选由 v'（或 u）所得到的 v（或 u'）. 否则，经第二次运用，被积函数又将复原.

3) 分部积分法所适用的情况：由于分部积分法公式是微分法中两个函数乘积的求导数公式的逆用，因此，被积函数是两个函数乘积时，往往用分部积分法易见效.

评注 分部积分常用情形：

1) 当被积函数形如 $P_n(x)\arctan x$，$P_n(x)\arcsin x$，$P_n(x)\arccos x$，$P_n(x)\ln x$ 时，取 $v'(x)=P_n(x)$，$u(x)=\arctan x$（或 $\arcsin x$，$\arccos x$，$\ln x$）（对数反三角高于幂）.

2) 当被积函数形如 $P_n(x)e^{ks}$，$P_n(x)\sin ax$，$P_n(x)\cos ax$ 时，取 $u(x)=P_n(x)$，$v'(x)=e^{kx}$（或 $\sin ax$，$\cos ax$）（幂高于指数与三角）.

3) 当被积函数形如 $e^{kx}\sin ax$，$e^{kx}\cos ax$ 时，$u(x)$ 和 $v'(x)$ 可以随意选取，一般通过两次分部积分再解方程.（指数三角等地位）.

总体原则：对数、反三角 > 幂 > 指数 = 三角（速记口诀："对反幂指角"）

例 9 计算下列不定积分：

(1) $\int xe^x dx$　　(2) $\int \ln x dx$　　(3) $\int \arctan x dx$

(4) $\int \sin xe^x dx$　　(5) $\int \frac{\arctan x}{x^2(1+x^2)}dx$　　(6) $\int \frac{x\arctan x}{\sqrt{1+x^2}}dx$

【解析】(1) $\int xe^x dx = \int x d(e^x) = xe^x - \int e^x dx = xe^x - e^x + C$

(2) $\int \ln x dx = x\ln x - \int x d(\ln x) = x\ln x - \int 1 dx = x\ln x - x + C$

(3) $\int \arctan x dx = x\arctan x - \int x d(\arctan x) = x\arctan x - \int \frac{x}{1+x^2}dx = x\arctan x -$
$\frac{1}{2}\int \frac{1}{1+x^2}d(x^2) = x\arctan x - \frac{1}{2}\ln(1+x^2) + C$

(4) $\int \sin xe^x dx = \int \sin x d(e^x) = \sin xe^x - \int e^x d(\sin x) = \sin xe^x - \int e^x \cos x dx$

$$= \sin xe^x - \int \cos x d(e^x) = \sin xe^x - \left[\cos xe^x - \int e^x d(\cos x)\right]$$

$$= \sin xe^x - \cos xe^x - \int \sin xe^x dx$$

于是得到 $\int \sin xe^x dx = \sin xe^x - \cos xe^x - \int \sin xe^x dx$，

解得 $\int \sin xe^x dx = \frac{1}{2}(\sin xe^x - \cos xe^x) + C$.（口诀："指角对等解方程"）

(5) $\int \frac{\arctan x}{x^2(1+x^2)}dx = \int \frac{\arctan x}{x^2}dx - \int \frac{\arctan x}{1+x^2}dx$

$$= -\int \arctan x d\left(\frac{1}{x}\right) - \frac{1}{2}\arctan^2 x$$

$$= -\frac{\arctan x}{x} + \int \frac{dx}{x(1+x^2)} - \frac{1}{2}\arctan^2 x$$

$$= -\frac{\arctan x}{x} + \int \left(\frac{1}{x} - \frac{x}{1+x^2}\right)dx - \frac{1}{2}\arctan^2 x$$

$$= -\frac{\arctan x}{x} + \ln|x| - \frac{1}{2}\ln(1+x^2) - \frac{1}{2}\arctan^2 x + C$$

(6) $\int \frac{x\arctan x}{\sqrt{1+x^2}}dx = \int \arctan x d\sqrt{1+x^2}$

$$= \sqrt{1+x^2}\arctan x - \int \frac{\sqrt{1+x^2}}{1+x^2}dx$$

$$= \sqrt{1+x^2}\arctan x - \int \frac{1}{\sqrt{1+x^2}}dx$$

$$= \sqrt{1+x^2}\arctan x - \ln(x + \sqrt{1+x^2}) + C$$

第二节　定积分

一、定积分的定义

设在区间$[a, b]$上给定函数$f(x)$，将$[a, b]$任意分成n个子区间，分点为$a=x_1<x_2<\cdots x_i<x_{i+1}<\cdots<x_{n+1}=b$，记$\Delta x_i=x_{i+1}-x_i$，任意取$\xi_i\in[x_i, x_{i+1}]$，若极限$\lim\limits_{\lambda\to0}\sum\limits_{i=1}^{n}f(\xi_i)\Delta x_i$存在$(\lambda=\max\limits_{1\leqslant i\leqslant n}\Delta x_i)$，则称此极限值为$f(x)$在$[a, b]$上的定积分，记作$\int_a^b f(x)\mathrm{d}x=\lim\limits_{\lambda\to0}\sum\limits_{i=1}^{n}f(\xi_i)\Delta x$，此时称$f(x)$在$[a, b]$上可积,其中$\int$为积分号,$a$, b分别称为积分下限和积分上限,$f(x)$称为被积函数,x称为积分变量.

$$\int_a^b f(x)\mathrm{d}x=\lim_{\lambda\to0}\sum_{i=1}^{n}f(\xi_i)\Delta x_i,\lambda=\max_{1\leqslant i\leqslant n}\Delta x_i$$

$\int_a^b f(x)\mathrm{d}x$的说明：

1）$f(x)\geqslant0$, $f(x)$在$[a, b]$上与x轴所围面积$S=\int_a^b f(x)\mathrm{d}x$.

2）$f(x)\leqslant0$, $f(x)$在$[a, b]$上与x轴所围面积$S=-\int_a^b f(x)\mathrm{d}x$.

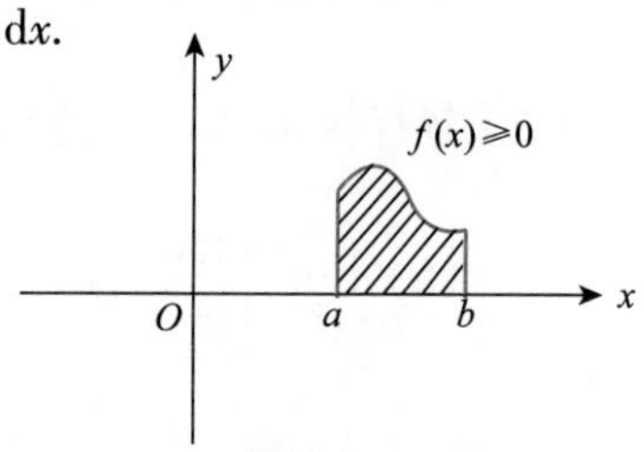

图 3.2

由定积分的定义，可推出以下结论：

1）定积分只与被积函数和积分区间有关.

2）定积分的值与积分变量无关，即$\int_a^b f(x)\mathrm{d}x=\int_a^b f(t)\mathrm{d}t$.

3）$\int_a^b f(x)\mathrm{d}x=-\int_b^a f(x)\mathrm{d}x$, 特别地，$\int_a^a f(x)\mathrm{d}x=0$.

二、定积分的几何意义

设$f(x)$在$[a, b]$上连续，$\int_a^b f(x)\mathrm{d}x$在几何上表示介于x轴、曲线$y=f(x)$及直线$x=a$，$x=b$之间各部分面积的代数和，在x轴上方取正号，在x轴下方取负号.

利用定积分的几何意义，可以计算平面图形的面积，也是考纲中要求的定义应用内容.

三、定积分的性质

1. 运算性质

设$f(x)$，$g(x)$在区间$[a, b]$上可积：

1）$\int_a^b kf(x)\mathrm{d}x=k\int_a^b f(x)\mathrm{d}x$, k为常数.

2）$\int_a^b[f(x)\pm g(x)]\mathrm{d}x=\int_a^b f(x)\mathrm{d}x\pm\int_a^b g(x)\mathrm{d}x$.

2. 对积分区间的可加性

对任意三个数 a，b，c，总有 $\int_a^b f(x)\mathrm{d}x = \int_a^c f(x)\mathrm{d}x + \int_c^b f(x)\mathrm{d}x$.

3. 比较性质

设 $f(x) \leqslant g(x)$，$x \in [a, b]$，则 $\int_a^b f(x)\mathrm{d}x \leqslant \int_a^b g(x)\mathrm{d}x$.

1）若 $f(x) \geqslant 0$，$x \in [a, b]$，则 $\int_a^b f(x)\mathrm{d}x \geqslant 0$.

2）$\left|\int_a^b f(x)\mathrm{d}x\right| \leqslant \int_a^b |f(x)|\mathrm{d}x$.

例 1 积分 $I = \int_b^a x^2\mathrm{d}x$，$J = \int_b^a \sqrt{x}\mathrm{d}x$，则下列叙述正确的有（　　）个.

（1）当 $b > a > 1$ 时，$I > J$　　（2）当 $a > b > 1$ 时，$I > J$

（3）当 $0 < b < a < 1$ 时，$I > J$　　（4）当 $0 < a < b < 1$ 时，$I > J$

（A）0　（B）1　（C）2　（D）3　（E）4

【解析】先画出两个被积函数的图像，如图 3.3.

可以看出，当 $b > a > 1$ 时，$I < J < 0$；当 $a > b > 1$ 时，$I > J > 0$.

当 $0 < b < a < 1$ 时，$0 < I < J$；当 $0 < a < b < 1$ 时，$0 > I > J$，故(2)和(4)正确，选 C.

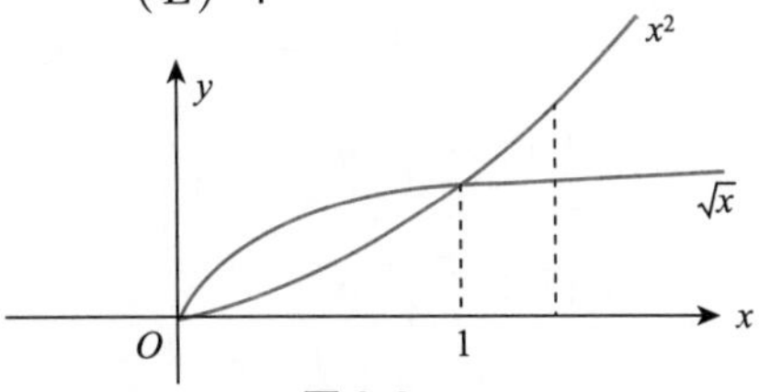

图 3.3

例 2 设在 $[a, b]$ 上 $f(x) < 0$，且在 (a, b) 内 $f'(x) > 0$，$f''(x) < 0$，记 $I_1 = (b-a)f(b)$，$I_2 = \frac{f(a)+f(b)}{2}\cdot(b-a)$，$I_3 = \int_a^b f(x)\mathrm{d}x$，则有（　　）.

（A）$I_1 < I_3 < I_2$　（B）$I_1 < I_2 < I_3$　（C）$I_2 < I_3 < I_1$　（D）$I_3 < I_1 < I_2$　（E）$I_3 < I_2 < I_1$

【解析】由 $f(x) < 0$，得图像在 x 轴下方，由 $f'(x) > 0$，得 $f(x)$ 在 $[a, b]$ 严格单调递增，由 $f''(x) < 0$，得 $f(x)$ 在 $[a, b]$ 上是凸的，如图 3.4.

根据面积和正负情况，可得：$I_2 < I_3 < I_1$，选 C.

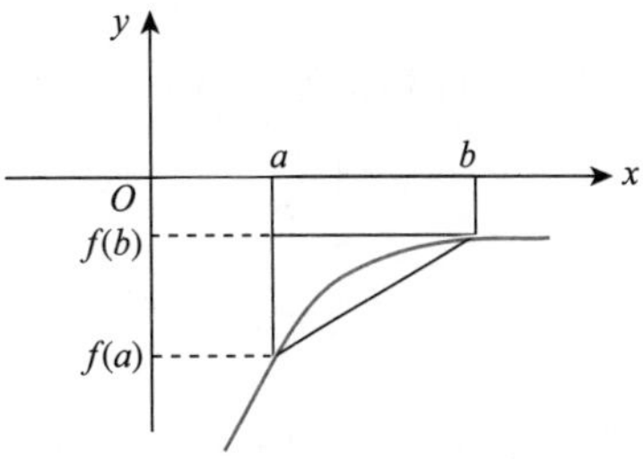

图 3.4

4. 积分中值定理

设 $f(x)$ 在 $[a, b]$ 上连续，则在 $[a, b]$ 上至少存在一点 c，使得 $\int_a^b f(x)\mathrm{d}x = f(c)(b-a)$，称 $\frac{1}{b-a}\int_a^b f(x)\mathrm{d}x$ 为函数 $f(x)$ 在 $[a, b]$ 上的积分平均值.

5. 估值定理

$f(x)$ 在 $[a, b]$ 上连续，最大值为 M，最小值为 m，则 $m(b-a) \leqslant \int_a^b f(x)\mathrm{d}x \leqslant M(b-a)$.

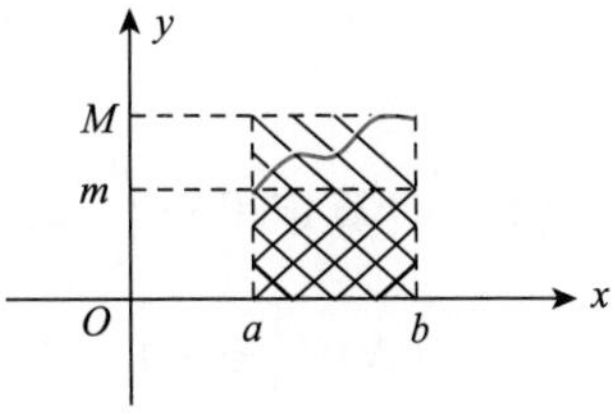

图 3.5

例 3 根据估值定理,估计$\int_1^4 \frac{1}{1+\sqrt{x}}dx$在(　　)范围内.

(A) $\left[\frac{1}{2}, \frac{3}{2}\right]$　　(B) $\left[\frac{1}{2}, 1\right]$　　(C) $\left[\frac{2}{3}, \frac{3}{2}\right]$

(D) $\left[1, \frac{3}{2}\right]$　　(E) $\left[\frac{1}{2}, \frac{2}{3}\right]$

【解析】根据$m(b-a) \leqslant \int_a^b f(x)dx \leqslant M(b-a)$,由$f(x)=\frac{1}{1+\sqrt{x}}$在$[1, 4]$上单调递减,最大值$f(1)=\frac{1}{2}$,最小值$f(4)=\frac{1}{3}$,$1 \leqslant \int_1^4 \frac{1}{1+\sqrt{x}}dx \leqslant \frac{3}{2}$,选 D.

四、定积分的计算方法

1. 根据定积分的几何意义,结合定积分的性质,计算定积分

例 4 $f(x) = \begin{cases} \sqrt{a^2-x^2} & -a \leqslant x \leqslant 0 \\ x-a & 0 \leqslant x \leqslant a \end{cases}$,则$\int_{-a}^{a} f(x)dx = (\quad)$.

(A) $\frac{\pi-1}{2}a^2$　　(B) $\frac{\pi+1}{4}a^2$　　(C) $\frac{\pi-1}{4}a^2$

(D) $\frac{\pi+2}{4}a^2$　　(E) $\frac{\pi-2}{4}a^2$

【解析】$\int_{-a}^{a} f(x)dx = \int_{-a}^{0} f(x)dx + \int_0^a f(x)dx = \int_{-a}^{0}\sqrt{a^2-x^2}dx + \int_0^a (x-a)dx$

画出两个被积函数的图像,如图 3.6.

$\int_{-a}^{a} f(x)dx = \frac{1}{4}\pi a^2 + \left(-\frac{a^2}{2}\right) = \frac{\pi-2}{4}a^2$,选 E.

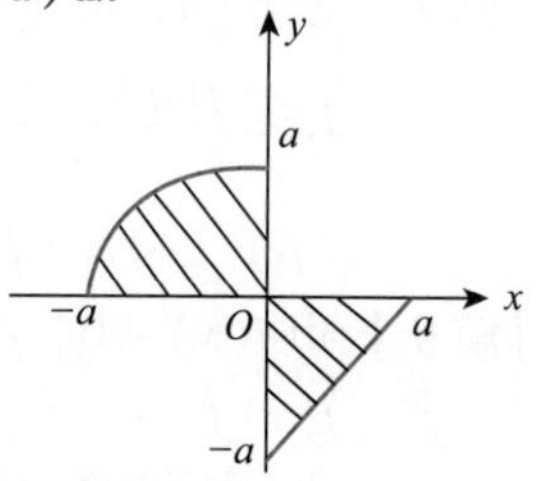

图 3.6

例 5 计算积分$\int_{-1}^{1}(1+\sqrt{1-x^2})dx = (\quad)$.

(A) $\frac{1}{4}\pi+4$　　(B) $\frac{1}{2}\pi+2$　　(C) $\frac{1}{4}\pi+2$

(D) $\frac{1}{4}\pi+1$　　(E) $\frac{1}{2}\pi+1$

【解析】令$y=1+\sqrt{1-x^2}$,$(y-1)^2+x^2=1$,画出被积函数的图像,如图 3.7.

$\int_{-1}^{1}(1+\sqrt{1-x^2})dx = \frac{1}{2}\pi+2$,选 B.

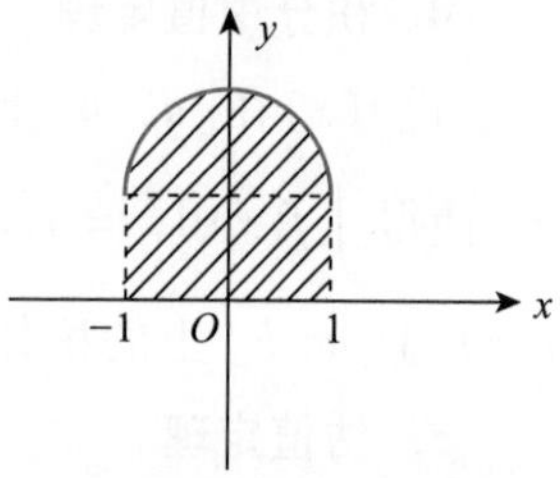

图 3.7

例 6 计算定积分$\int_0^1 \sqrt{2x-x^2}dx + \int_0^{2\pi}\sin x dx = (\quad)$.

(A) $\frac{1}{4}\pi+4$　　(B) $\frac{1}{2}\pi+2$　　(C) $\frac{1}{4}\pi+2$

(D) $\frac{1}{4}\pi$　　(E) $\frac{1}{2}\pi+1$

【解析】函数 $y=\sqrt{2x-x^2}$ 的图像是一个上半圆，该函数在区间[0，1]上的图像是一个四分之一圆周．由定积分的几何意义可知，定积分的值 $\int_0^1 \sqrt{2x-x^2}\mathrm{d}x=\frac{\pi}{4}$．

$\int_0^{2\pi}\sin x\mathrm{d}x=0$（注：横轴上、下两部分的面积相等，积分的符号相反）．故选 D.

2. 先求出原函数，再计算定积分

（1）第一换元法（凑微分法）

例 7 $\int_1^{e^2}\frac{\mathrm{d}x}{x\sqrt{1+\ln x}}=$（　　）.

(A) $2(\sqrt{3}-1)$　　(B) $2(\sqrt{3}+1)$　　(C) $3(\sqrt{3}+1)$

(D) $3(\sqrt{3}-1)$　　(E) $\frac{1}{2}(\sqrt{3}-1)$

【解析】$\int_1^{e^2}\frac{\mathrm{d}x}{x\sqrt{1+\ln x}}=\int_1^{e^2}\frac{\mathrm{d}\ln x}{\sqrt{1+\ln x}}=\int_1^{e^2}\frac{\mathrm{d}(\ln x+1)}{\sqrt{1+\ln x}}=2\sqrt{1+\ln x}\Big|_1^{e^2}=2(\sqrt{3}-1)$．故选 A.

（2）第二换元法

设 $f(x)\in C[a,b]$，$x=\varphi(t)$，$\mathrm{d}x=\varphi'(t)$，$\varphi(a)=\alpha$，$\varphi(b)=\beta$，

则 $\int_a^b f(x)\mathrm{d}x \xlongequal{x=\varphi(t)} \int_\alpha^\beta f(\varphi(t))\cdot\varphi'(t)\mathrm{d}t=\int_\alpha^\beta g(t)\mathrm{d}t=G(t)\Big|_\alpha^\beta=G(\beta)-G(\alpha)$.

注：第二换元法引入新变量 t.

例 8 计算积分 $\int_0^1 x\sqrt{1-x}\mathrm{d}x=$（　　）.

(A) $\frac{2}{5}$　　(B) $\frac{4}{5}$　　(C) $\frac{2}{15}$　　(D) $\frac{8}{15}$　　(E) $\frac{4}{15}$

【解析】$\int_0^1 x\sqrt{1-x}\mathrm{d}x \xlongequal[x=1-t^2]{t=\sqrt{1-x}} \int_1^0(1-t^2)\cdot t\cdot(-2t)\mathrm{d}t=2\int_1^0(t^4-t^2)\mathrm{d}t=\left(\frac{2}{5}t^5-\frac{2}{3}t^3\right)\Big|_1^0=$

$\frac{2}{3}-\frac{2}{5}=\frac{4}{15}$，选 E.

由此题大家可以看出用第一换元法与第二换元法的区别.

注意 定积分的换元法与不定积分换元法的区别有两点：（1）求定积分时，只要设了新变量，积分限应换新变量的积分限；（2）不定积分换元后还要换回来原来的变量符号.

3. 分部积分法

$$\int_a^b u(x)v'(x)\mathrm{d}x=u(x)v(x)\Big|_a^b-\int_a^b v(x)u'(x)\mathrm{d}x$$

例 9 计算积分 $\int_{\frac{1}{e}}^{e} \ln x \mathrm{d}x = (\quad)$.

(A) $\frac{1}{2e}$ (B) $\frac{2}{e}$ (C) $\frac{3}{e}$ (D) $\frac{4}{e}$ (E) $\frac{1}{e}$

【解析】 $\int_{\frac{1}{e}}^{e} \ln x \mathrm{d}x = (x\ln x - x)\Big|_{\frac{1}{e}}^{e} = e - e - \frac{1}{e}\ln\frac{1}{e} + \frac{1}{e} = \frac{2}{e}$,选 B.

4. 特殊函数积分的计算

(1) 奇偶函数的积分

$$\int_{-a}^{a} f(x)\mathrm{d}x = \begin{cases} 0 & f(x) \text{ 为奇函数} \\ 2\int_{0}^{a} f(x)\mathrm{d}x & f(x) \text{ 为偶函数} \end{cases}$$

例 10 $\int_{0}^{2\pi} \sin^5 x \mathrm{d}x = (\quad)$.

(A) 0 (B) 1 (C) 2 (D) $\frac{1}{4}$ (E) $\frac{1}{2}$

【解析】设 $t = x - \pi$,则 $x = 0 \Rightarrow t = -\pi$;$x = 2\pi \Rightarrow t = \pi$,$\mathrm{d}x = \mathrm{d}t$,

从而 $\int_{0}^{2\pi} \sin^5 x \mathrm{d}x = \int_{-\pi}^{\pi} \sin^5(t+\pi)\mathrm{d}t = -\int_{-\pi}^{\pi} \sin^5 t \mathrm{d}t$,

又 $y = \sin^5 x$ 在定义域上为奇函数,故 $\int_{-\pi}^{\pi} \sin^5 t \mathrm{d}t = 0 \Rightarrow \int_{0}^{2\pi} \sin^5 x \mathrm{d}x = 0$,选 A.

(2) 周期函数的积分

若 $f(x)$ 的最小正周期为 T,则有

$$\int_{a}^{a+T} f(x)\mathrm{d}x = \int_{0}^{T} f(x)\mathrm{d}x = \int_{-\frac{T}{2}}^{\frac{T}{2}} f(x)\mathrm{d}x,$$

$$\int_{a}^{a+kT} f(x)\mathrm{d}x = k\int_{0}^{T} f(x)\mathrm{d}x = k\int_{-\frac{T}{2}}^{\frac{T}{2}} f(x)\mathrm{d}x \ (k \text{ 为正整数}).$$

例 11 $\int_{-2\pi}^{4\pi} |\sin^5 x| \mathrm{d}x = (\quad)$.

(A) $\frac{32}{5}$ (B) $\frac{34}{5}$ (C) $\frac{32}{3}$ (D) $\frac{34}{3}$ (E) $\frac{22}{3}$

【解析】由于 $|\sin x|$ 的周期为 π,故

$$\int_{-2\pi}^{4\pi} |\sin^5 x| \mathrm{d}x = 6\int_{0}^{\pi} |\sin^5 x| \mathrm{d}x = 6\int_{-\frac{\pi}{2}}^{\frac{\pi}{2}} |\sin^5 x| \mathrm{d}x = 12\int_{0}^{\frac{\pi}{2}} \sin^5 x \mathrm{d}x = 12 \times \frac{4}{5} \times \frac{2}{3}$$

$= \frac{32}{5}$. 所以选 A.

5. 积分的恒等变形

方法:①作变量代换.②用分部积分.

例 12 设$f(x)$连续,若$\int_0^a f(x)\mathrm{d}x = \int_0^a f(a-x)\mathrm{d}x$,则$a$的取值范围为(　　).

(A) $a>0$　　(B) $a\geqslant 0$　　(C) $a<0$

(D) $a\leqslant 0$　　(E) $(-\infty, +\infty)$

【解析】令$x=a-t$或$t=a-x$.

$$\int_0^a f(x)\mathrm{d}x \xlongequal{x=a-t} \int_a^0 f(a-t)(-\mathrm{d}t) = \int_0^a f(a-t)\mathrm{d}t = \int_0^a f(a-x)\mathrm{d}x$$

因此对于任意实数a,均成立,故选E.

例 13 若$\int_0^1 xf(\sqrt{1+x^2})\mathrm{d}x = \int_a^b xf(x)\mathrm{d}x$,则(　　).

(A) $a=1, b=\sqrt{2}$　　(B) $a=\sqrt{2}, b=1$　　(C) $a=0, b=\sqrt{2}$

(D) $a=0, b=1$　　(E) $a=1, b=0$

【解析】$\int_0^1 xf(\sqrt{1+x^2})\mathrm{d}x \xlongequal[1+x^2=t^2]{\sqrt{1+x^2}=t} \int_1^{\sqrt{2}} f(t)\cdot t\mathrm{d}t = \int_1^{\sqrt{2}} xf(x)\mathrm{d}x$,得到$a=1, b=\sqrt{2}$,选A.

6. 牛顿—莱布尼茨公式

若函数$f(x)$在区间$[a, b]$上连续,$F(x)$是$f(x)$在$[a, b]$上的一个原函数,则$\int_a^b f(x)\mathrm{d}x = F(x)\Big|_a^b = F(b)-F(a)$.

注意 上述公式也称为微积分基本定理,是计算定积分的基本公式.

例 14 下列积分结果正确的有(　　)个.

(1) $\int_{\frac{\pi}{3}}^{\pi} \sin\left(x+\frac{\pi}{3}\right)\mathrm{d}x = \frac{1}{2}$　　(2) $\int_{-2}^{1} \frac{\mathrm{d}x}{(11+5x)^2} = \frac{5}{16}$

(3) $\int_0^1 t\mathrm{e}^{-\frac{t^2}{2}}\mathrm{d}t = 1-\mathrm{e}^{\frac{1}{2}}$　　(4) $\int_0^{\pi} \sqrt{1+\cos 2x}\mathrm{d}x = 2\sqrt{2}$

(A) 0　　(B) 1　　(C) 2　　(D) 3　　(E) 4

【解析】(1) $\int_{\frac{\pi}{3}}^{\pi} \sin\left(x+\frac{\pi}{3}\right)\mathrm{d}x = -\cos\left(x+\frac{\pi}{3}\right)\Big|_{\frac{\pi}{3}}^{\pi} = \frac{1}{2}-\frac{1}{2} = 0$.

(2) $\int_{-2}^{1} \frac{\mathrm{d}x}{(11+5x)^2} = \frac{1}{5}\int_{-2}^{1} \frac{\mathrm{d}(11+5x)}{(11+5x)^2} = -\frac{\frac{1}{5}}{11+5x}\Big|_{-2}^{1} = \frac{1}{5}\left[-\frac{1}{16}-(-1)\right] = \frac{15}{16}\times\frac{1}{5} = \frac{3}{16}$.

(3) $\int_0^1 t\mathrm{e}^{-\frac{t^2}{2}}\mathrm{d}t = -\int_0^1 \mathrm{e}^{-\frac{t^2}{2}}\mathrm{d}\left(-\frac{t^2}{2}\right) = -\mathrm{e}^{-\frac{t^2}{2}}\Big|_0^1 = -\mathrm{e}^{-\frac{1}{2}}-(-1) = 1-\mathrm{e}^{-\frac{1}{2}}$.

(4) $\int_0^{\pi} \sqrt{1+\cos 2x}\mathrm{d}x = \int_0^{\pi} \sqrt{2\cos^2 x} = \int_0^{\pi} \sqrt{2}\,|\cos x|\,\mathrm{d}x = \int_0^{\frac{\pi}{2}} \sqrt{2}\cos x\mathrm{d}x - \int_{\frac{\pi}{2}}^{\pi} \sqrt{2}\cos x\mathrm{d}x$

$= \sqrt{2}\sin x\Big|_0^{\frac{\pi}{2}} - \sqrt{2}\sin x\Big|_{\frac{\pi}{2}}^{\pi} = 2\sqrt{2}$,故只有(4)正确,选B.

例 15 计算下列定积分：

(1) $\int_0^1 x(1-x^4)^{\frac{3}{2}}\mathrm{d}x=$ (   ).

(A) 0 (B) $\frac{3\pi}{32}$ (C) $\frac{5\pi}{32}$ (D) $\frac{7\pi}{32}$ (E) $\frac{3}{32}$

(2) $\int_0^1 \frac{\ln(1+x)}{(2-x)^2}\mathrm{d}x=$ (   ).

(A) $\frac{1}{8}\ln2$ (B) $\frac{1}{6}\ln2$ (C) $\frac{1}{4}\ln2$ (D) $\frac{1}{3}\ln2$ (E) $\frac{1}{2}\ln2$

(3) $\int_0^{2a} \frac{\sqrt{x^2-a^2}}{x^4}\mathrm{d}x=$ (   ).

(A) $\frac{\sqrt{3}}{8a^2}$ (B) $\frac{\sqrt{3}}{6a^2}$ (C) $\frac{\sqrt{3}}{4a^2}$ (D) $\frac{\sqrt{3}}{3a^2}$ (E) $\frac{\sqrt{3}}{2a^2}$

(4) $\int_0^1 \frac{\mathrm{d}x}{(1+x^2)^{\frac{3}{2}}}=$ (   ).

(A) $\frac{\sqrt{3}}{4}$ (B) $\frac{\sqrt{3}}{2}$ (C) $\frac{\sqrt{2}}{4}$ (D) $\frac{\sqrt{2}}{3}$ (E) $\frac{\sqrt{2}}{2}$

【解析】 (1) $\int_0^1 x(1-x^4)^{\frac{3}{2}}\mathrm{d}x=\frac{1}{2}\int_0^1(1-x^4)^{\frac{3}{2}}\mathrm{d}x^2$

先令 $u=x^2$，得 $\frac{1}{2}\int_0^1(1-x^4)^{\frac{3}{2}}\mathrm{d}x^2=\frac{1}{2}\int_0^1(1-u^2)^{\frac{3}{2}}\mathrm{d}u$

再令 $u=\sin t$，得 $\frac{1}{2}\int_0^1(1-u^2)^{\frac{3}{2}}\mathrm{d}u=\frac{1}{2}\int_0^{\frac{\pi}{2}}\cos^4 t\mathrm{d}t$

可知：原式 $=\frac{1}{8}\int_0^{\frac{\pi}{2}}(\cos2t+1)^2\mathrm{d}t=\frac{1}{8}\int_0^{\frac{\pi}{2}}(\cos^2 2t+2\cos2t+1)\mathrm{d}t$

$=\frac{1}{16}\int_0^{\frac{\pi}{2}}(\cos4t+4\cos2t+3)\mathrm{d}t=\frac{3\pi}{32}$，选 B.

(2) $\int_0^1 \frac{\ln(1+x)}{(2-x)^2}\mathrm{d}x=\int_0^1\ln(1+x)\mathrm{d}\left(\frac{1}{2-x}\right)$

$=\frac{\ln(1+x)}{2-x}\Big|_0^1+\int_0^1\frac{\mathrm{d}x}{(x+1)(x-2)}=\ln2+\frac{1}{3}\ln\left|\frac{x-2}{x+1}\right|\Big|_0^1=\frac{1}{3}\ln2$，选 D.

(3) 令 $x=a\sec t$，得 $\int_a^{2a}\frac{\sqrt{x^2-a^2}}{x^4}\mathrm{d}x=\int_0^{\frac{\pi}{3}}\frac{a\tan t}{a^4\sec^4 t}a\sec t\tan t\mathrm{d}t$

$=\frac{1}{a^2}\int_0^{\frac{\pi}{3}}\sin^2 t\cos t\mathrm{d}t=\frac{1}{3a^2}\sin^3 t\Big|_0^{\frac{\pi}{3}}=\frac{\sqrt{3}}{8a^2}$，选 A.

(4) 令 $x=\tan t$，得 $\int_0^1\frac{\mathrm{d}x}{(1+x^2)^{\frac{3}{2}}}=\int_0^{\frac{\pi}{4}}\frac{\sec^2 t\mathrm{d}t}{\sec^3 t}=\int_0^{\frac{\pi}{4}}\cos t\mathrm{d}t=\sin t\Big|_0^{\frac{\pi}{4}}=\frac{\sqrt{2}}{2}$. 故选 E.

第三节　变限积分

1. 变限积分

若函数 $f(x)$ 在区间 $[a,\ b]$ 上连续，则函数 $\Phi(x)=\int_a^x f(t)\mathrm{d}t(x\in[a,b])$ 是 $f(x)$ 在 $[a,\ b]$ 上的一个原函数，即 $\Phi'(x)=\frac{\mathrm{d}}{\mathrm{d}x}\left(\int_a^x f(t)\mathrm{d}t\right)=f(x)$.

2. 变限积分求导总公式

若 $\Phi(x)=\int_{\alpha(x)}^{\beta(x)}\varphi(t)\mathrm{d}t$，则 $\Phi'(x)=\varphi(\beta(x))\beta'(x)-\varphi(\alpha(x))\alpha'(x)$.

例 1　$\int_0^{\cos3x} f(t)\mathrm{d}t$ 的导函数在 $x=\pi$ 的导数值为（　　）.

(A) 0　　(B) 1　　(C) π　　(D) 2　　(E) -1

【解析】导函数为 $f(\cos3x)\cdot(\cos3x)'=f(\cos3x)\cdot(-\sin3x)\cdot3=-3\sin3xf(\cos3x)$.

当 $x=\pi$ 时，$\sin3\pi=0$，故导数值为 0. 选 A.

例 2　$\int_{x^2}^1 x\cos t^2\mathrm{d}t$ 的导函数在 $x=-1$ 处的导数值为（　　）.

(A) 0　　(B) 1　　(C) -1　　(D) $2\cos1$　　(E) $-2\cos1$

【解析】$\left(\int_{x^2}^1 x\cos t^2\mathrm{d}t\right)'=\left(x\int_{x^2}^1\cos t^2\mathrm{d}t\right)'=\int_{x^2}^1\cos t^2\mathrm{d}t-2x^2\cos x^4$

当 $x=-1$ 时，导数值为 $\int_{1^2}^1\cos t^2\mathrm{d}t-2\cdot1^2\cos(1^4)=-2\cos1$. 选 E.

例 3　$\int_0^x\sin(x-t)^2\mathrm{d}t$ 的导函数在 $x=\frac{\sqrt{2\pi}}{2}$ 处的导数值为（　　）.

(A)0　　(B)1　　(C) -1　　(D)$2\cos1$　　(E) $-2\cos1$

【解析】令 $u=x-t$，则 $\mathrm{d}t=-\mathrm{d}u$，所以有

$$\frac{\mathrm{d}}{\mathrm{d}x}\int_0^x\sin(x-t)^2\mathrm{d}t=\frac{\mathrm{d}}{\mathrm{d}x}\int_x^0(-\sin u^2)\mathrm{d}u=\frac{\mathrm{d}}{\mathrm{d}x}\int_0^x\sin u^2\mathrm{d}u=\sin x^2.$$

当 $x=\frac{\sqrt{2\pi}}{2}$ 时，导数值为 $\sin\frac{\pi}{2}=1$，选 B.

【评注】被积函数含有变量 x 时的求导方法：

1）如果积分形如 $\int_a^x f(x)g(t)\mathrm{d}t$，则把 $f(x)$ 提出，写成 $f(x)\int_a^x g(t)\mathrm{d}t$ 再求导.

2）如果 x 无法提出，则考虑是否可以对积分式进行拆分，例如对 $\int_a^x(x-t)g(t)\mathrm{d}t$，则可

以将积分式分为 $x\int_a^x g(t)\,dt - \int_a^x tg(t)\,dt$ 之后再求导.

3）如果 x 无法提出，积分式也不易拆分时，一般考虑变量代换，如对 $\int_0^x g(x-t)\,dt$，可以令 $x-t=u$，将原积分化为 $\int_0^x g(u)\,du$ 之后再求导.

例 4 设 $f(x)=\int_{\cos x}^{\sin x}\sin(\pi t^2)\,dt$，则 $f'(x)$ 在 $x=\frac{\pi}{2}$ 处的值为（　　）.

（A）0　（B）1　（C）-1　（D）$2\cos 1$　（E）$-2\cos 1$

【解析】$f'(x)=\sin[\pi(\sin x)^2]\cdot(\sin x)'-\sin[\pi(\cos x)^2](\cos x)'$

$=\sin(\pi\sin^2 x)\cdot\cos x+\sin(\pi\cos^2 x)\cdot\sin x.$

当 $x=\frac{\pi}{2}$ 时，$f'\left(\frac{\pi}{2}\right)=0$，选 A.

例 5 设 $f(x)=\int_0^{-x}t\ln(1+t^2)\,dt$，关于 $f(x)$ 叙述正确的为（　　）.

（A）有 1 个极值点，有 1 个拐点　（B）有 1 个极值点，有 0 个拐点

（C）有 0 个极值点，有 1 个拐点　（D）有 2 个极值点，有 0 个拐点

（E）有 0 个极值点，有 0 个拐点

【解析】$f'(x)=-x\ln(1+x^2)\cdot(-1)=x\ln(1+x^2)$，

当 $x>0$ 时，$f'(x)>0$，则 $f(x)$ 单调递增，

当 $x\leqslant 0$ 时，$f'(x)\leqslant 0$，则 $f(x)$ 单调递减，故 $x=0$ 为极小值点.

$f''(x)=\ln(1+x^2)+x\cdot\frac{2x}{1+x^2}=\ln(1+x^2)+\frac{2x^2}{1+x^2}$，

$f(x)$ 在 $(-\infty,+\infty)$ 内为凹的，故无拐点，选 B.

例 6 $F(x)=\int_0^x\frac{\sqrt{x}-\sqrt{t}}{1+t}\,dt$，则 $\lim\limits_{x\to 0}\frac{F'(x)}{\sqrt{x}}=$（　　）.

（A）0　（B）1　（C）-1　（D）2　（E）$\frac{1}{2}$

【解析】$F(x)=\int_0^x\frac{\sqrt{x}}{1+t}\,dt-\int_0^x\frac{\sqrt{t}}{1+t}\,dt=\sqrt{x}\int_0^x\frac{dt}{1+t}-\int_0^x\frac{\sqrt{t}}{1+t}\,dt$，

则 $F'(x)=\frac{1}{2\sqrt{x}}\cdot\int_0^x\frac{1}{1+t}\,dt+\sqrt{x}\cdot\frac{1}{1+x}-\frac{\sqrt{x}}{1+x}=\frac{1}{2\sqrt{x}}\int_0^x\frac{dt}{1+t}$，

故 $\lim\limits_{x\to 0}\frac{F'(x)}{\sqrt{x}}=\lim\limits_{x\to 0}\frac{\int_0^x\frac{dt}{1+t}}{2x}=\lim\limits_{x\to 0}\frac{\frac{1}{1+x}}{2}=\frac{1}{2}$，选 E.

第四节 广义积分

一、无穷积分

1. 基本定义

定义 1 设函数 $f(x)$ 在无穷区间 $[a, +\infty)$ 上有定义，且对任意 $b(b>a)$，$f(x)$ 在 $[a, b]$ 上都可积，若极限 $\lim\limits_{b\to+\infty}\int_a^b f(x)\mathrm{d}x$ 存在，则称此极限为 $f(x)$ 在 $[a, +\infty)$ 上的无穷积分，记作 $\int_a^{+\infty} f(x)\mathrm{d}x$. 这时也称无穷积分 $\int_a^{+\infty} f(x)\mathrm{d}x$ 是收敛的. 否则若上述极限不存在，则称无穷积分 $\int_a^{+\infty} f(x)\mathrm{d}x$ 是发散的.

定义 2 设函数 $f(x)$ 定义在 $(-\infty, b]$ 上，且对任意 $a(a<b)$，$f(x)$ 在 $[a, b]$ 上都可积，若极限 $\lim\limits_{a\to-\infty}\int_a^b f(x)\mathrm{d}x$ 存在，则称此极限为 $f(x)$ 在 $(-\infty, b]$ 上的无穷积分，记作 $\int_{-\infty}^b f(x)\mathrm{d}x$，这时也称无穷积分 $\int_{-\infty}^b f(x)\mathrm{d}x$ 是收敛的，否则称无穷积分 $\int_{-\infty}^b f(x)\mathrm{d}x$ 是发散的.

定义 3 设函数 $f(x)$ 定义在 $(-\infty, +\infty)$ 上，且对任意的 $a, b(a<b)$，$f(x)$ 在 $[a, b]$ 上都可积，则 $f(x)$ 在 $(-\infty, +\infty)$ 上的无穷积分 $\left(\text{记作}\int_{-\infty}^{+\infty} f(x)\mathrm{d}x\right)$ 定义为 $\int_{-\infty}^{c} f(x)\mathrm{d}x + \int_c^{+\infty} f(x)\mathrm{d}x$，即 $\int_{-\infty}^{+\infty} f(x)\mathrm{d}x = \int_{-\infty}^{c} f(x)\mathrm{d}x + \int_c^{+\infty} f(x)\mathrm{d}x$. 其中 c 是任一实数，当无穷积分 $\int_{-\infty}^{c} f(x)\mathrm{d}x$ 与 $\int_c^{+\infty} f(x)\mathrm{d}x$ 同时收敛时，我们称 $\int_{-\infty}^{+\infty} f(x)\mathrm{d}x$ 是收敛的，若其中有一个发散，则称 $\int_{-\infty}^{+\infty} f(x)\mathrm{d}x$ 是发散的.

2. 无穷积分的基本性质

1) 若无穷积分 $\int_a^{+\infty} f(x)\mathrm{d}x$ 收敛，则对任一实数 k，无穷积分 $\int_a^{+\infty} kf(x)\mathrm{d}x$ 收敛，且 $\int_a^{+\infty} kf(x)\mathrm{d}x = k\int_a^{+\infty} f(x)\mathrm{d}x$.

2) 若无穷积分 $\int_a^{+\infty} f(x)\mathrm{d}x$ 与 $\int_a^{+\infty} g(x)\mathrm{d}x$ 收敛，则无穷积分 $\int_a^{+\infty}[f(x)\pm g(x)]\mathrm{d}x$ 也收敛，且 $\int_a^{+\infty}[f(x)\pm g(x)]\mathrm{d}x = \int_a^{+\infty} f(x)\mathrm{d}x \pm \int_a^{+\infty} g(x)\mathrm{d}x$.

例 1 计算积分 $\int_1^{+\infty}\frac{\mathrm{d}x}{x(x^2+1)} = ($　　$)$.

(A) $\ln 2$　　(B) $2\ln 2$　　(C) $\frac{1}{2}\ln 2$　　(D) ∞　　(E) $3\ln 2$

【解析】先求原函数：$\int\frac{\mathrm{d}x}{x(x^2+1)} = \int\frac{x\mathrm{d}x}{x^2(x^2+1)} = \frac{1}{2}\int\left(\frac{1}{x^2}-\frac{1}{x^2+1}\right)\mathrm{d}x^2$

$$= \frac{1}{2}[\ln x^2 - \ln(x^2+1)] + C = \ln x - \ln\sqrt{x^2+1} + C = \ln\frac{x}{\sqrt{x^2+1}} + C$$

$$\Rightarrow \int_1^{+\infty} \frac{dx}{x(x^2+1)} = \ln\frac{x}{\sqrt{x^2+1}}\bigg|_1^{+\infty} = 0 - \ln\frac{1}{\sqrt{2}} = \frac{1}{2}\ln 2$$，故应选 C.

注：此为错误解法：$\int_1^{+\infty}\frac{dx}{x(x^2+1)} = \int_1^{+\infty}\left(\frac{1}{x} - \frac{x}{x^2+1}\right)dx$

$$= \int_1^{+\infty}\frac{1}{x}dx - \int_1^{+\infty}\frac{x}{x^2+1}dx = \ln x\bigg|_1^{+\infty} - \frac{1}{2}\ln(x^2+1)\bigg|_1^{+\infty} = ?$$

例 2 $\int_0^{+\infty}\frac{x}{(1+x)^3}dx = (\quad)$.

(A) 1 (B) $\frac{1}{2}$ (C) $\frac{1}{3}$ (D) 2 (E) ∞

【解析】$\int_0^{+\infty}\frac{x}{(1+x)^3}dx = \int_0^{+\infty}\frac{1+x-1}{(1+x)^3}dx = \int_0^{+\infty}\left[\frac{1}{(1+x)^2} - \frac{1}{(1+x)^3}\right]dx$

$$= \int_0^{+\infty}\frac{1}{(1+x)^2}dx - \int_0^{+\infty}\frac{1}{(1+x)^3}dx = -\frac{1}{1+x}\bigg|_0^{+\infty} + \frac{1}{2}\times\frac{1}{(1+x)^2}\bigg|_0^{+\infty}$$

$= 0 - (-1) - \frac{1}{2} = \frac{1}{2}$，故应选 B.

【另解】原式 $= \left[-\frac{1}{1+x} + \frac{1}{2(1+x)^2}\right]\bigg|_0^{+\infty} = \frac{1}{2}$.

例 3 计算积分 $\int_0^{-\infty}\frac{dx}{\sqrt{1+e^{-x}}} = (\quad)$.

(A) $\ln\frac{\sqrt{2}-1}{\sqrt{2}+1}$ (B) $\ln\frac{\sqrt{2}+1}{\sqrt{2}-1}$ (C) $2\ln(1+\sqrt{2})$

(D) $\ln(1+\sqrt{2})$ (E) $\ln(2+\sqrt{2})$

【解析】令 $\sqrt{1+e^{-x}} = t$，$1+e^{-x} = t^2$，$e^{-x} = t^2 - 1$，$-x = \ln(t^2-1)$，

$$\int_0^{-\infty}\frac{dx}{\sqrt{1+e^{-x}}} = \int_{\sqrt{2}}^{+\infty}\frac{1}{t}\cdot\frac{-2t}{t^2-1}dt = 2\int_{\sqrt{2}}^{+\infty}\frac{dt}{1-t^2} = 2\cdot\frac{1}{2}\ln\left|\frac{1+t}{1-t}\right|\bigg|_{\sqrt{2}}^{+\infty}$$

$= 0 - \ln\left|\frac{1+\sqrt{2}}{1-\sqrt{2}}\right| = -\ln\frac{\sqrt{2}+1}{\sqrt{2}-1} = \ln\frac{\sqrt{2}-1}{\sqrt{2}+1}$，故应选 A.

例 4 $p>0$，计算积分 $\int_0^{+\infty} xe^{-px}dx = (\quad)$.

(A) p (B) $\frac{1}{p}$ (C) $\frac{1}{p^2}$ (D) ∞ (E) $2p$

【解析】$\int_0^{+\infty} xe^{-px}dx = -\frac{1}{p}\int_0^{+\infty} x\,de^{-px} = -\frac{1}{p}\left[xe^{-px}\bigg|_0^{+\infty} - \int_0^{+\infty} e^{-px}dx\right] = \frac{1}{p}\int_0^{+\infty} e^{-px}dx$

$= \frac{1}{p}\left(-\frac{1}{p}e^{-px}\right)\bigg|_0^{+\infty} = \frac{1}{p}\left[0 - \left(-\frac{1}{p}\right)\right] = \frac{1}{p^2}$，故应选 C.

例 5 若 $\lim\limits_{x\to\infty}\left(\frac{1+x}{x}\right)^{ax}=\int_{-\infty}^{a}te^{t}\mathrm{d}t$，则 $a=$（　　）.

(A) 1　　(B) 2　　(C) 3　　(D) 4　　(E) 0

【解析】$\lim\limits_{x\to\infty}\left(\frac{1+x}{x}\right)^{ax}=\lim\limits_{x\to\infty}\left[\left(1+\frac{1}{x}\right)^{x}\right]^{a}=e^{a}$，

$\int_{-\infty}^{a}te^{t}\mathrm{d}t=\int_{-\infty}^{a}t\mathrm{d}e^{t}=te^{t}\Big|_{-\infty}^{a}-\int_{-\infty}^{a}e^{t}\mathrm{d}t=ae^{a}-0-e^{t}\Big|_{-\infty}^{a}=ae^{a}-e^{a}$，

故 $e^{a}=ae^{a}-e^{a}\Rightarrow a=2$，故应选 B.

二、瑕积分

定义 1 $f(x)$ 定义在区间 $(a,b]$ 上，在点 a 的任一右邻域内无界，但在任何闭区间 $[u,b]\subset(a,b]$ 上有界且可积. 如果存在极限 $\lim\limits_{u\to a^{+}}\int_{u}^{b}f(x)\mathrm{d}x=J$，则称此极限为**无界函数** $f(x)$ 在 $(a,b]$ 上的**反常积分**，记作 $J=\int_{a}^{b}f(x)\mathrm{d}x$，并称反常积分 $\int_{a}^{b}f(x)\mathrm{d}x$ **收敛**. 如果极限 $\lim\limits_{u\to a^{+}}\int_{u}^{b}f(x)\mathrm{d}x=J$ 不存在，这时称反常积分 $\int_{a}^{b}f(x)\mathrm{d}x$ **发散**.

在定义中，被积函数 $f(x)$ 在点 a 近旁是无界的，这时点 a 称为 $f(x)$ 的瑕点，而无界函数反常积分 $\int_{a}^{b}f(x)\mathrm{d}x$ 又称为**瑕积分**.

定义 2 类似地，可定义瑕点为 b 时的瑕积分：$\int_{a}^{b}f(x)\mathrm{d}x=\lim\limits_{u\to b^{-}}\int_{a}^{u}f(x)\mathrm{d}x$. 其中 $f(x)$ 在 $[a,b)$ 有定义，在点 b 的任一左邻域内无界，但在任何 $[a,u]\subset[a,b)$ 上可积.

定义 3 若 $f(x)$ 的瑕点 $c\in[a,b]$，则定义瑕积分 $\int_{a}^{b}f(x)\mathrm{d}x=\int_{a}^{c}f(x)\mathrm{d}x+\int_{c}^{b}f(x)\mathrm{d}x=\lim\limits_{u\to c^{-}}\int_{a}^{u}f(x)\mathrm{d}x+\lim\limits_{v\to c^{+}}\int_{v}^{b}f(x)\mathrm{d}x$. 其中 $f(x)$ 在 $[a,c)\cup(c,b]$ 上有定义，在点 c 的任一邻域内无界，但在任何 $[a,u]\subset[a,c)$ 和 $[v,b]\subset(c,b]$ 上都可积. 当且仅当右边两个瑕积分都收敛时，左边的瑕积分才是收敛的.

定义 4 若 a、b 两点都是 $f(x)$ 的瑕点，而 $f(x)$ 在任何 $[u,v]\subset(a,b)$ 上可积，这时定义瑕积分 $\int_{a}^{b}f(x)\mathrm{d}x=\int_{a}^{c}f(x)\mathrm{d}x+\int_{c}^{b}f(x)\mathrm{d}x=\lim\limits_{u\to a^{+}}\int_{u}^{c}f(x)\mathrm{d}x+\lim\limits_{v\to b^{-}}\int_{c}^{v}f(x)\mathrm{d}x$，其中 c 为 (a,b) 内任一实数. 当且仅当右边两个瑕积分都收敛时，左边的瑕积分才是收敛的.

例 6 瑕积分 $\int_{0}^{1}\frac{\mathrm{d}x}{\sqrt{1-x^{2}}}$ 的数值为（　　）.

(A) 0　　(B) 1　　(C) -1　　(D) 2　　(E) $\frac{\pi}{2}$

【解析】被积函数 $f(x)=\frac{1}{\sqrt{1-x^{2}}}$ 在 $[0,1)$ 上连续，从而在任何 $[0,u]\subset[0,1)$ 上可积，$x=1$ 为其瑕点. 求得 $\int_{0}^{1}\frac{\mathrm{d}x}{\sqrt{1-x^{2}}}=\lim\limits_{u\to1^{-}}\int_{0}^{u}\frac{\mathrm{d}x}{\sqrt{1-x^{2}}}=\lim\limits_{u\to1^{-}}\arcsin u=\frac{\pi}{2}$. 选 E.

例 7 瑕积分 $\int_1^2 \frac{\mathrm{d}x}{x\ln x}$ 的数值为(　　).

(A) 0　　(B) 1　　(C) -1　　(D) 2　　(E) 发散

【解析】 $x=1$ 是瑕点，有 $\int_1^2 \frac{\mathrm{d}x}{x\ln x} = \lim\limits_{\eta\to 0^+}\int_{1+\eta}^2 \frac{\mathrm{d}x}{x\ln x} = \lim\limits_{\eta\to 0^+}\ln(\ln x)\Big|_{1+\eta}^2 = +\infty$，发散，选 E.

例 8 瑕积分 $\int_{-1}^8 \frac{\mathrm{d}x}{\sqrt[3]{x}}$ 的数值为(　　).

(A) $\frac{9}{2}$　　(B) $\frac{7}{2}$　　(C) $\frac{5}{2}$　　(D) $\frac{3}{2}$　　(E) 发散

【解析】 $x=0$ 是瑕点，有 $\int_{-1}^8 \frac{\mathrm{d}x}{\sqrt[3]{x}} = \int_{-1}^0 \frac{\mathrm{d}x}{\sqrt[3]{x}} + \int_0^8 \frac{\mathrm{d}x}{\sqrt[3]{x}}$,

$$\int_{-1}^0 \frac{\mathrm{d}x}{\sqrt[3]{x}} = \lim_{\eta\to 0^+}\int_{-1}^{0-\eta} \frac{\mathrm{d}x}{\sqrt[3]{x}} = \lim_{\eta\to 0^+}\frac{3}{2}(\eta^{\frac{2}{3}}-1) = -\frac{3}{2},$$

$$\int_0^8 \frac{\mathrm{d}x}{\sqrt[3]{x}} = \lim_{\eta\to 0^+}\int_{\eta}^{8} \frac{\mathrm{d}x}{\sqrt[3]{x}} = \lim_{\eta\to 0^+}\frac{3}{2}(4-\eta^{\frac{2}{3}}) = 6,$$

故 $\int_{-1}^8 \frac{\mathrm{d}x}{\sqrt[3]{x}} = \int_{-1}^0 \frac{\mathrm{d}x}{\sqrt[3]{x}} + \int_0^8 \frac{\mathrm{d}x}{\sqrt[3]{x}} = -\frac{3}{2}+6 = \frac{9}{2}$，选 A.

第五节　积分应用

一、求图形面积

1. *X* 型

设平面图形由上下两条曲线 $y=f_{上}(x)$ 与 $y=f_{下}(x)$ 及左右两条直线 $x=a$ 与 $x=b$ 所围成，则面积元素为 $[f_{上}(x)-f_{下}(x)]\mathrm{d}x$，于是平面图形的面积为

$$S=\int_a^b [f_{上}(x)-f_{下}(x)]\mathrm{d}x.$$

2. *Y* 型

设平面图形由左右两条曲线 $x=\varphi_{左}(y)$ 与 $x=\varphi_{右}(y)$ 及上下两条直线 $y=d$ 与 $y=c$ 所围成，则面积元素为 $[\varphi_{右}(y)-\varphi_{左}(y)]\mathrm{d}y$，于是平面图形的面积为

$$S=\int_c^d [\varphi_{右}(y)-\varphi_{左}(y)]\mathrm{d}y.$$

3. 解题步骤

1）据已知条件画出草图；

2）选择积分变量并确定积分限：直接判定或解方程组确定曲线的交点；

3）用相应的公式计算面积.

说明 选择积分变量时，一般情况下计算面积以图形不分块或少分块为好.

例 1 由 $y=2\sqrt{x-1}$ 与过原点的这条曲线的切线及 x 轴所围面积为(　　).

(A) $\frac{1}{3}$　　(B) $\frac{2}{3}$　　(C) 1　　(D) $\frac{4}{3}$　　(E) $\frac{1}{2}$

【解析】先画图，如图 3.8.

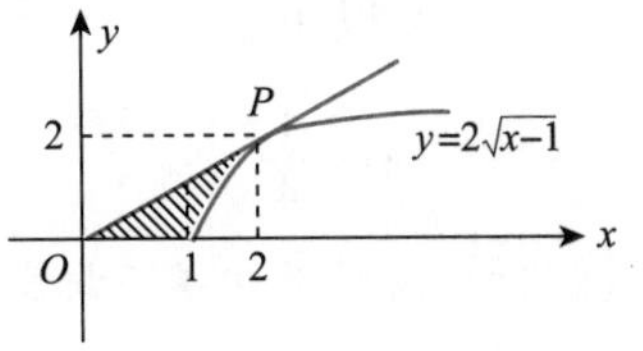

图 3.8

方法一：设切点 $P(x_0, y_0)$　$y'=2\cdot\frac{1}{2\sqrt{x_0-1}}$,

切线方程为 $y=\frac{1}{\sqrt{x_0-1}}x$

由相切可得 $\frac{1}{\sqrt{x_0-1}}x_0=2\sqrt{x_0-1}$，解得 $x_0=2$，$y_0=2$，故

切线方程为 $y=x$.

$S=\int_0^2\left(\frac{y^2}{4}+1-y\right)dy=\left(\frac{y^3}{12}+y-\frac{y^2}{2}\right)\Big|_0^2=\frac{8}{12}+2-2=\frac{2}{3}.$

方法二：$S=\frac{1}{2}\times2\times2-\int_1^2 2\sqrt{x-1}dx=2-2\int_1^2\sqrt{x-1}d(x-1)$

$=2-2\times\frac{2}{3}\times(x-1)^{\frac{3}{2}}\Big|_1^2=\frac{2}{3}$，选 B.

例 2 曲线 $y=\ln x$ 与该曲线在$(e, 1)$点处的法线及 $y=0$ 所围图形的面积为(　　).

(A) $\frac{1}{e}+1$　　(B) $\frac{1}{2e}+1$　　(C) $\frac{1}{e}+2$　　(D) $\frac{1}{2e}+2$　　(E) $2e$

【解析】先画图，如图 3.9. 再求导 $y'=\frac{1}{x}$，$y'\Big|_{(e,1)}=\frac{1}{x}\Big|_{(e,1)}=\frac{1}{e}$，过点$(e, 1)$的法线方程为 $y=-e(x-e)+1=-ex+e^2+1$，面积

$S=\int_0^1\left(-\frac{1}{e}y+\frac{1}{e}+e-e^y\right)dy=\left[-\frac{1}{e}\cdot\frac{y^2}{2}+\left(\frac{1}{e}+e\right)y-e^y\right]\Big|_0^1$

$=-\frac{1}{2e}+\frac{1}{e}+e-e+1=\frac{1}{2e}+1$，选 B.

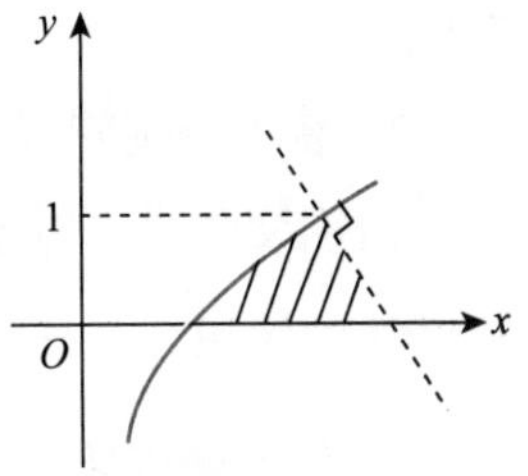

图 3.9

例 3 曲线 $y^2=x$ 与 $y=x^2$ 所围图形面积为(　　).

(A) 1　　(B) $\frac{1}{2}$　　(C) $\frac{1}{3}$　　(D) 2　　(E) 3

【解析】先画图，如图 3.10.

$\begin{cases}y^2=x\\y=x^2\end{cases}\Rightarrow$ 交点坐标为$(0, 0)$，$(1, 1)$，

$S=\int_0^1(\sqrt{x}-x^2)\,dx=\left(\frac{2}{3}x^{\frac{3}{2}}-\frac{1}{3}x^3\right)\Big|_0^1=\frac{1}{3}$

或 $S=\int_0^1(\sqrt{y}-y^2)\,dx=\frac{1}{3}$,

故选 C.

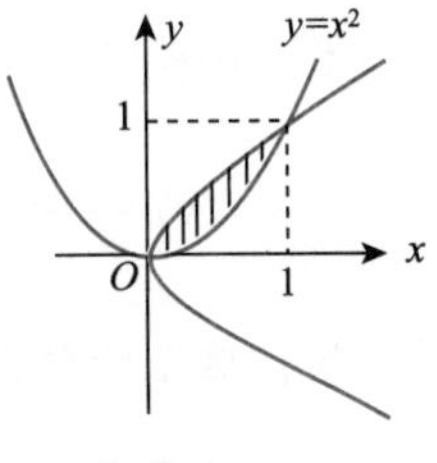

图 3.10

例 4 曲线 $y=\ln x$ 在区间$(2,6)$内有一条切线，使得该切线与直线 $x=2$，$x=6$ 和曲线 $y=\ln x$ 所围成平面图形的面积最小时（如图 3.11），该切线的斜率为(　　).

(A) 1　　(B) $\frac{1}{2}$　　(C) $\frac{1}{3}$

(D) $\frac{1}{4}$　　(E) 3

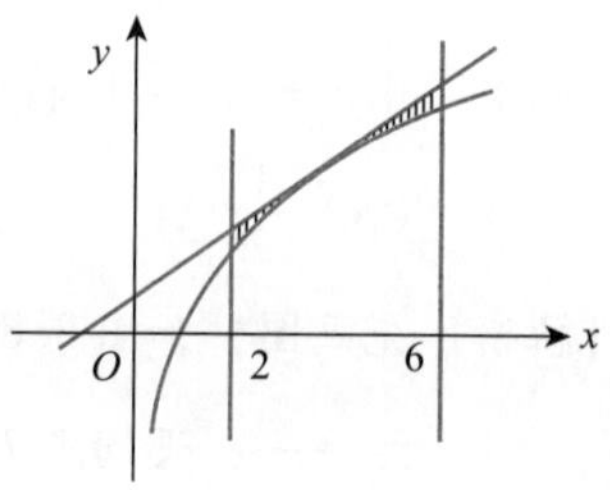

图 3.11

【解析】设所求切线与曲线 $y=\ln x$ 相切于点$(c,\ \ln c)$，则切线方程为 $y-\ln c=\frac{1}{c}(x-c)$. 又切线与直线 $x=2$，$x=6$ 和曲线 $y=\ln x$ 所围成的平面图形的面积为

$$A=\int_2^6\left[\frac{1}{c}(x-c)+\ln c-\ln x\right]\mathrm{d}x=4\left(\frac{4}{c}-1\right)+4\ln c+4-6\ln 6+2\ln 2.$$

由于$\frac{\mathrm{d}A}{\mathrm{d}c}=-\frac{16}{c^2}+\frac{4}{c}=-\frac{4}{c^2}(4-c)$，令$\frac{\mathrm{d}A}{\mathrm{d}c}=0$，解得驻点 $c=4$. 当 $c<4$ 时，$\frac{\mathrm{d}A}{\mathrm{d}c}<0$，而当 $c>4$ 时，$\frac{\mathrm{d}A}{\mathrm{d}c}>0$. 故当 $c=4$ 时，A 取得极小值. 由于驻点唯一，故当 $c=4$ 时，A 取得最小值. 此时切线方程为 $y=\frac{1}{4}x-1+\ln 4$. 选 D.

二、求旋转体的体积

旋转体就是由一个平面图形绕这平面内一条直线旋转一周而成的立体，这条直线叫作旋转轴.

1. 绕 x 轴旋转

由连续曲线 $y=f(x)$、直线 $x=a$、$x=b$ 及 x 轴所围成的曲边梯形绕 x 轴旋转一周，所得旋转体的体积为 $V=\int_a^b\pi[f(x)]^2\mathrm{d}x$.

2. 绕 y 轴旋转

由连续曲线 $x=\varphi(y)$、直线 $y=c$、$y=d$ 及 y 轴所围成的曲边梯形绕 y 轴旋转一周，所得旋转体的体积为 $V=\int_c^d\pi[\varphi(y)]^2\mathrm{d}y$.

例 5 由椭圆$\frac{x^2}{a^2}+\frac{y^2}{b^2}=1$ 所成的图形绕 x 轴旋转而成的旋转体（旋转椭球体）的体积为(　　).

(A) $\frac{4}{3}\pi^2ab$　　(B) $\frac{2}{3}\pi a^2b$　　(C) $\frac{4}{3}\pi a^2b$　　(D) $\frac{4}{3}\pi ab^2$　　(E) $\frac{2}{3}\pi ab^2$

【解析】这个旋转椭球体也可以看作是由半个椭圆 $y=\frac{b}{a}\sqrt{a^2-x^2}$及 x 轴围成的图形绕 x 轴旋转而成的立体. 体积元素为 $\mathrm{d}V=\pi y^2\mathrm{d}x$，于是所求旋转椭球体的体积为

$$V=\int_{-a}^a\pi\frac{b^2}{a^2}(a^2-x^2)\mathrm{d}x=\pi\frac{b^2}{a^2}\left(a^2x-\frac{1}{3}x^3\right)\Big|_{-a}^{a}=\frac{4}{3}\pi ab^2,\text{选 D.}$$

例 6 过坐标原点作曲线 $y=\ln x$ 的切线，该切线与曲线 $y=\ln x$ 及 x 轴围成平面图形 D. 则 D 绕直线 y 轴旋转一周所得旋转体的体积为(　　).

(A) $\left(\frac{1}{3}e^2-\frac{1}{4}\right)\pi$　　(B) $\left(\frac{1}{6}e^2+\frac{1}{2}\right)\pi$

(C) $\left(\frac{1}{3}e^2-\frac{1}{2}\right)\pi$　　(D) $\left(\frac{1}{6}e^2-\frac{1}{2}\right)\pi$

(E) $\left(\frac{1}{6}e^2-\frac{1}{3}\right)\pi$

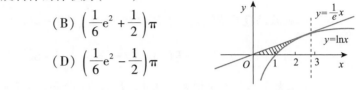

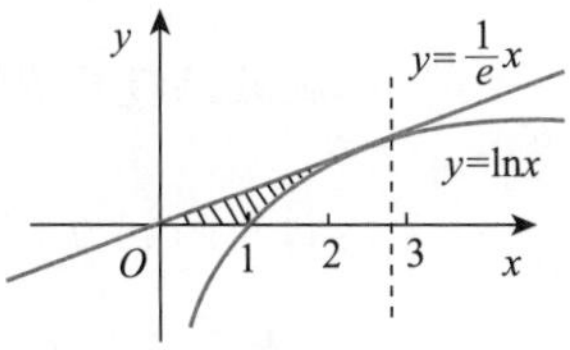

图 3.12

【解析】设切点横坐标为 x_0，则曲线 $y=\ln x$ 在点$(x_0,\ \ln x_0)$处的切线方程是

$y=\ln x_0+\frac{1}{x_0}(x-x_0)$. 由该切线过原点知 $\ln x_0-1=0$，从而 $x_0=e$，

所以该切线的方程是 $y=\frac{1}{e}x$. 利用减法求旋转体的体积：

$V=\int_0^1\pi[(e^y)^2-(ey)^2]dy=\left(\frac{1}{6}e^2-\frac{1}{2}\right)\pi$，故选 D.

三、定积分的简单经济应用

已知边际成本求总成本，已知边际收益求总收益，以及已知某经济变量的变化率求该变量等问题是定积分用于经济方面最常见的典型问题.

1）若已知生产某种产品的固定成本为 C_0，边际成本 $MR=C'(x)$，其中 x 是该产品的产量，则生产该产品的总成本函数是

$$C(x)=C_0+\int_0^x C'(t)dt$$

2）若已知销售某种商品的边际收益 $MR=R'(x)$，其中 x 是商品的销售量，则销售该商品的总收益函数是

$$R(x)=\int_0^x R'(t)dt$$

3）若已知某产品的总产量 Q 的变化率是时间 t 的连续函数 $f(t)$，即 $Q'(t)=f(t)$，则从时间 $t=t_0$ 到时间 $t=t_1$ 期间该产品的总产量 Q 的增加值为 $\Delta Q=\int_{t_0}^{t_1}f(t)dt$.

如果已知 $t=t_0$ 时的总产量为 Q_0，则总产量函数为 $Q(t)=Q_0+\int_{t_0}^{t}f(t)dt$.

例 7 设生产某产品的固定成本为 50，产量为 x 单位时的边际成本函数 $C'(x)=x^2-14x+111$，边际收益函数为 $R'(x)=100-2x$，则下列说法正确的有(　　)个.

(1) 总成本函数为$\frac{1}{3}x^3-7x^2+111x+50$；　(2) 总收益函数为 $-x^2+100x$；

(3) 总利润函数为 $-\frac{1}{3}x^3+6x^2-11x+50$；(4) x 越大，总收益越大.

(A) 0　　(B) 1　　(C) 2　　(D) 3　　(E) 4

【解析】总成本函数为

$$C(x)=50+\int_0^x C'(t)\mathrm{d}t=50+\int_0^x(t^2-14t+111)\mathrm{d}t=\frac{1}{3}x^3-7x^2+111x+50.$$

总收益函数为 $R(x)=\int_0^x R'(t)\mathrm{d}t=\int_0^x(100-2t)\mathrm{d}t=100x-x^2$.

总利润函数为 $L(x)=R(x)-C(x)=-\frac{1}{3}x^3+6x^2-11x-50$.

x 越大，总收益先增大再减小. 故只有(1)和(2)正确，选 C.

例 8 设某产品总产量 Q 的变化率为 $f(t)=200+5t-\frac{1}{2}t^2$.

(1) 在 $2\leqslant t\leqslant 6$ 这段时间中该产品总产量的增加值为(　　).

(A) $845\frac{1}{2}$　(B) $845\frac{1}{3}$　(C) $815\frac{1}{2}$　(D) $815\frac{1}{3}$　(E) $825\frac{1}{2}$

(2) 总产量函数 $Q(t)=$(　　).

(A) $-\frac{1}{2}t^3+\frac{5}{2}t^2+200t$　(B) $-\frac{1}{2}t^3+\frac{5}{2}t^2-200t$

(C) $-\frac{1}{6}t^3+\frac{5}{2}t^2+200t$　(D) $-\frac{1}{2}t^3+\frac{5}{4}t^2+200t$

(E) $-\frac{1}{6}t^3+\frac{5}{4}t^2+200t$

【解析】(1) $\Delta Q=\int_2^6 f(t)\mathrm{d}t=\int_2^6\left(200+5t-\frac{1}{2}t^2\right)\mathrm{d}t=\left(200t+\frac{5}{2}t^2-\frac{1}{6}t^3\right)\Big|_2^6=845\frac{1}{3}$，选 B.

(2) $Q(t)=\int_0^t f(t)\mathrm{d}t=\int_0^t\left(200+5t-\frac{1}{2}t^2\right)\mathrm{d}t=200t+\frac{5}{2}t^2-\frac{1}{6}t^3$，选 C.

第六节　归纳总结

1. 不定积分的定义和基本性质

定义	基本性质
设 $F(x)$ 是 $f(x)$ 在区间 I 内的一个原函数(即 $F'(x)=f(x),x\in I$)，则 $\int f(x)\mathrm{d}x=F(x)+C$	1. $\frac{\mathrm{d}}{\mathrm{d}x}\left(\int f(x)\mathrm{d}x\right)=f(x)$　2. $\int F'(x)\mathrm{d}x=F(x)+C$ 3. $\mathrm{d}\left(\int f(x)\mathrm{d}x\right)=f(x)\mathrm{d}x$　4. $\int \mathrm{d}F(x)=F(x)+C$ 5. 设 $u(x)$ 和 $v(x)$ 均可积，则 $\int[\alpha u(x)\pm\beta v(x)]\mathrm{d}x=\alpha\int u(x)\mathrm{d}x\pm\beta\int v(x)\mathrm{d}x$($\alpha,\beta$ 为常数)

2. 积分方法

方法名称	内容
直接积分法	被积函数直接或经过适当变换可利用性质或公式求得积分结果

（续）

方法名称		内容
换元法	凑微分法（第一类换元法）	设$f(x)$在区间I上连续，$u=\varphi(x)$有连续的导函数且其值域包含于I，则有$\int f(\varphi(x))\varphi'(x)\mathrm{d}x=\int f(\varphi(x))\mathrm{d}\varphi(x)\xlongequal{u=\varphi(x)}\int f(u)\mathrm{d}u$
	变量代换法（第二类换元法）	设$f(x)$在区间I上连续，$x=\varphi(t)$在I的对应区间I_t单调并有连续导函数，且$\varphi'(t)\neq0$，则有$\int f(x)\mathrm{d}x\xlongequal{x=\varphi(t)}\int f(\varphi(t))\varphi'(t)\mathrm{d}t$
分部积分法		设$u(x)$，$v(x)$可导，则$\int u\mathrm{d}v=uv-\int v\mathrm{d}u$. 选择$u$和$\mathrm{d}v$时可按对数函数、幂函数、指数函数的顺序把排在前面的那类函数选做u，而把排在后面的那类函数选做v'

3. 常用凑微分公式

方法	积分类型	换元公式
第一换元积分法	1. $\int f(ax+b)\mathrm{d}x=\frac{1}{a}\int f(ax+b)\mathrm{d}(ax+b)\quad(a\neq0)$	$u=ax+b$
	2. $\int f(x^{\mu})x^{\mu-1}\mathrm{d}x=\frac{1}{\mu}\int f(x^{\mu})\mathrm{d}(x^{\mu})\quad(\mu\neq0)$	$u=x^{\mu}$
	3. $\int f(\ln x)\cdot\frac{1}{x}\mathrm{d}x=\int f(\ln x)\mathrm{d}(\ln x)$	$u=\ln x$
	4. $\int f(\mathrm{e}^x)\cdot\mathrm{e}^x\mathrm{d}x=\int f(\mathrm{e}^x)\mathrm{d}\mathrm{e}^x$	$u=\mathrm{e}^x$
	5. $\int f(a^x)\cdot a^x\mathrm{d}x=\frac{1}{\ln a}\int f(a^x)\mathrm{d}a^x$	$u=a^x$
	6. $\int f(\sin x)\cdot\cos x\mathrm{d}x=\int f(\sin x)\mathrm{d}\sin x$	$u=\sin x$
	7. $\int f(\cos x)\cdot\sin x\mathrm{d}x=-\int f(\cos x)\mathrm{d}\cos x$	$u=\cos x$
	8. $\int f(\tan x)\sec^2x\mathrm{d}x=\int f(\tan x)\mathrm{d}\tan x$	$u=\tan x$
	9. $\int f(\cot x)\csc^2x\mathrm{d}x=-\int f(\cot x)\mathrm{d}\cot x$	$u=\cot x$
	10. $\int f(\arctan x)\frac{1}{1+x^2}\mathrm{d}x=\int f(\arctan x)\mathrm{d}(\arctan x)$	$u=\arctan x$
	11. $\int f(\arcsin x)\frac{1}{\sqrt{1-x^2}}\mathrm{d}x=\int f(\arcsin x)\mathrm{d}(\arcsin x)$	$u=\arcsin x$

4. 定积分的基本性质（假设各定积分均存在）

性质序号	内容
1	$\int_a^a f(x)\mathrm{d}x=0,\int_a^b f(x)\mathrm{d}x=-\int_b^a f(x)\mathrm{d}x$
2	$\int_a^b[\alpha f(x)\pm\beta g(x)]\mathrm{d}x=\alpha\int_a^b f(x)\mathrm{d}x\pm\beta\int_a^b g(x)\mathrm{d}x$
3	$\int_a^b f(x)\mathrm{d}x=\int_a^c f(x)\mathrm{d}x+\int_c^b f(x)\mathrm{d}x$（定积分的区间可加性）

（续）

性质序号	内容
4	若对任意 $x \in [a,b]$ 有 $f(x) \geqslant 0$，则 $\int_a^b f(x)\mathrm{d}x \geqslant 0$，其中 $a < b$ 推论 1：若当 $f(x) \leqslant g(x)$，$x \in [a,b]$，则 $\int_a^b f(x)\mathrm{d}x \leqslant \int_a^b g(x)\mathrm{d}x$，$a < b$ 推论 2：$\left\|\int_a^b f(x)\mathrm{d}x\right\| \leqslant \int_a^b \|f(x)\|\mathrm{d}x$，$a < b$ 推论 3：若 $m \leqslant f(x) \leqslant M$，$x \in [a,b]$，则 $m(b-a) \leqslant \int_a^b f(x)\mathrm{d}x \leqslant M(b-a)$，$a < b$
5	（积分中值定理）设 $f(x)$ 在 $[a,b]$ 连续，则至少存在一点 $\xi \in [a,b]$，使 $\int_a^b f(x)\mathrm{d}x = f(\xi)(b-a)$，$a \leqslant \xi \leqslant b$

5. 变限积分及其性质

定义	性质
若函数 $f(x)$ 在区间 $[a, b]$ 上连续，则函数 $\Phi(x) = \int_a^x f(t)\mathrm{d}t (x \in [a,b])$ 是 $f(x)$ 在 $[a, b]$ 上的一个原函数，即 $\Phi'(x) = \frac{\mathrm{d}}{\mathrm{d}x}\left(\int_a^x f(t)\mathrm{d}t\right) = f(x)$.	1. 设 $f(x)$ 在 $[a,b]$ 上可积，则对 $\forall x \in [a,b]$，$\Phi(x) = \int_a^x f(t)\mathrm{d}t$ 是 x 的连续函数
	2. 设 $f(x)$ 在 $[a,b]$ 上连续，则 $\Phi(x) = \int_a^x f(t)\mathrm{d}t$ 在 $[a,b]$ 上可导，且 $\Phi'(x) = \frac{\mathrm{d}}{\mathrm{d}x}\int_a^x f(t)\mathrm{d}t = f(x)$
	3. 设 $f(x)$ 在 $[a,b]$ 上连续，$\varphi(x)$ 在 $[a,b]$ 上可导，则 $\Phi'(x) = \frac{\mathrm{d}}{\mathrm{d}x}\int_a^{\varphi(x)} f(t)\mathrm{d}t = f(\varphi(x))\varphi'(x)$
	4. 设 $f(x)$ 在区间 I 连续，$\varphi(x)$，$\Psi(x)$ 在 $[a,b]$ 上可导，且 $\varphi(x)$ 和 $\Psi(x)$ 的值域包含于 I，则 $\Phi'(x) = \frac{\mathrm{d}}{\mathrm{d}x}\int_{\varphi(x)}^{\Psi(x)} f(t)\mathrm{d}t = f(\Psi(x))\Psi'(x) - f(\varphi(x))\varphi'(x)$

6. 定积分方法

方法	内容
定义	$\int_a^b f(x)\mathrm{d}x = \lim\limits_{\lambda \to 0}\sum\limits_{i=1}^{n} f(\xi_i)\Delta x_i$，$\lambda = \max\limits_{1 \leqslant i \leqslant n}\Delta x_i$
牛顿—莱布尼茨公式	设 $f(x)$ 在 $[a,b]$ 上连续，$F'(x) = f(x)$，$x \in [a,b]$，则 $\int_a^b f(x)\mathrm{d}x = F(b) - F(a)$
换元法	设 $f(x)$ 在 $[a,b]$ 上连续，$x = \varphi(t)$ 满足：①$\varphi(\alpha) = a$，$\varphi(\beta) = b$，且当 t 从 $\alpha \to \beta$ 时，对应的 x 从 $a \to b$；②$\varphi'(t)$ 在 $[\alpha,\beta]$ 连续（或在 $[\beta,\alpha]$ 连续），则 $\int_a^b f(x)\mathrm{d}x = \int_\alpha^\beta f(\varphi(t))\varphi'(t)\mathrm{d}t$
分部积分法	设 $u(x)$，$v(x)$ 在 $[a,b]$ 上有连续的导函数，则 $\int_a^b u\mathrm{d}v = (uv)\big\|_a^b - \int_a^b v\mathrm{d}u$

（续）

方法	内容
利用周期性或奇偶性	1. $\int_{-a}^{a} f(x)\mathrm{d}x = \begin{cases} 2\int_{0}^{a} f(x)\mathrm{d}x & f(x)\text{为}[-a,a]\text{上连续偶函数} \\ 0 & f(x)\text{为}[-a,a]\text{上连续奇函数} \end{cases}$
	2. 若 $f(x)$ 是以 T 为周期的连续函数，则对任意实数 a 有 $\int_{a}^{a+T} f(x)\mathrm{d}x = \int_{0}^{T} f(x)\mathrm{d}x = \int_{-\frac{T}{2}}^{\frac{T}{2}} f(x)\mathrm{d}x$

7. 广义积分

名称和记号		敛散定义	计算方法
无穷限的反常积分	$\int_{a}^{+\infty} f(x)\mathrm{d}x$	设 $f(x) \in C[a,+\infty)$，若 $\lim\limits_{b\to+\infty}\int_{a}^{b} f(x)\mathrm{d}x$ 存在，则称反常积分 $\int_{a}^{+\infty} f(x)\mathrm{d}x$ 收敛，并称该极限值为 $\int_{a}^{+\infty} f(x)\mathrm{d}x$ 的值；否则称 $\int_{a}^{+\infty} f(x)\mathrm{d}x$ 发散	$\int_{a}^{+\infty} f(x)\mathrm{d}x = \lim\limits_{b\to+\infty}\int_{a}^{b} f(x)\mathrm{d}x$（先求定积分 $\int_{a}^{b} f(x)\mathrm{d}x$，再令 $b\to+\infty$ 求极限）
	$\int_{-\infty}^{b} f(x)\mathrm{d}x$	设 $f(x) \in C(-\infty,b]$，若 $\lim\limits_{a\to-\infty}\int_{a}^{b} f(x)\mathrm{d}x$ 存在，则称反常积分 $\int_{-\infty}^{b} f(x)\mathrm{d}x$ 收敛，并称该极限值为 $\int_{-\infty}^{b} f(x)\mathrm{d}x$ 的值；否则称 $\int_{-\infty}^{b} f(x)\mathrm{d}x$ 发散	$\int_{-\infty}^{b} f(x)\mathrm{d}x = \lim\limits_{a\to-\infty}\int_{a}^{b} f(x)\mathrm{d}x$（先求定积分 $\int_{a}^{b} f(x)\mathrm{d}x$，再令 $a\to-\infty$ 求极限）
	$\int_{-\infty}^{+\infty} f(x)\mathrm{d}x$	若 $\int_{0}^{+\infty} f(x)\mathrm{d}x$ 和 $\int_{-\infty}^{0} f(x)\mathrm{d}x$ 均收敛，则称 $\int_{-\infty}^{+\infty} f(x)\mathrm{d}x$ 收敛，否则 $\int_{-\infty}^{+\infty} f(x)\mathrm{d}x$ 发散	$\int_{-\infty}^{+\infty} f(x)\mathrm{d}x = \int_{-\infty}^{0} f(x)\mathrm{d}x + \int_{0}^{+\infty} f(x)\mathrm{d}x = \lim\limits_{a\to-\infty}\int_{a}^{0} f(x)\mathrm{d}x + \lim\limits_{b\to+\infty}\int_{0}^{b} f(x)\mathrm{d}x$
瑕积分	$\int_{a}^{b} f(x)\mathrm{d}x$，$a$ 为瑕点，即 $\lim\limits_{x\to a^+} f(x) = \infty$（注：$b$ 为瑕点或 $c(a<c<b)$ 为瑕点的情况可类似论述）	设 $f(x) \in C(a,b]$ 且在点 a 的右邻域内无界，若 $\lim\limits_{\varepsilon\to0^+}\int_{a+\varepsilon}^{b} f(x)\mathrm{d}x$ 存在，则称反常积分 $\int_{a}^{b} f(x)\mathrm{d}x$ 收敛，否则 $\int_{a}^{b} f(x)\mathrm{d}x$ 发散	$\int_{a}^{b} f(x)\mathrm{d}x = \lim\limits_{\varepsilon\to0^+}\int_{a+\varepsilon}^{b} f(x)\mathrm{d}x$，先求定积分 $\int_{a+\varepsilon}^{b} f(x)\mathrm{d}x$，再令 $\varepsilon\to0^+$ 求极限（注：$x=a$ 为 $f(x)$ 的第二类无穷间断点）

8. 常用公式结论

圆	(1) $\int_{-a}^{0}\sqrt{a^2-x^2}\mathrm{d}x=\int_{0}^{a}\sqrt{a^2-x^2}\mathrm{d}x=\frac{\pi}{4}a^2$ (2) $\int_{0}^{a}\sqrt{2ax-x^2}\mathrm{d}x=\frac{\pi}{4}a^2$
三角函数	(1) $\int_{0}^{2\pi}\sin x\mathrm{d}x=\int_{0}^{2\pi}\cos x\mathrm{d}x=0$（一个周期的积分为 0） (2) $\int_{0}^{\pi}\sin x\mathrm{d}x=\int_{-\frac{\pi}{2}}^{\frac{\pi}{2}}\cos x\mathrm{d}x=2$ (3) $\int_{0}^{\frac{\pi}{2}}\sin^n x\mathrm{d}x=\int_{0}^{\frac{\pi}{2}}\cos^n x\mathrm{d}x=\begin{cases}\frac{n-1}{n}\cdot\frac{n-3}{n-2}\cdot\cdots\cdot\frac{3}{4}\cdot\frac{1}{2}\cdot\frac{\pi}{2}, & n\text{ 为偶数}\\ \frac{n-1}{n}\cdot\frac{n-3}{n-2}\cdot\cdots\cdot\frac{4}{5}\cdot\frac{2}{3}, & n\text{ 为奇数}\end{cases}$
分部积分	$\int x\mathrm{e}^x\mathrm{d}x=x\mathrm{e}^x-\mathrm{e}^x+C$，$\int\ln x\mathrm{d}x=x\ln x-x+C$
广义积分	$\int_{0}^{+\infty}x^n\mathrm{e}^{-x}\mathrm{d}x=n!$，$\int_{0}^{+\infty}\mathrm{e}^{-x^2}\mathrm{d}x=\frac{\sqrt{\pi}}{2}$（概率部分常用）

9. 不定积分、定积分、变限积分、广义积分的区别及联系

设 $f(x)$ 在 $[a,b]$ 连续，$F'(x)=f(x)$，则 $\int_a^b f(x)\mathrm{d}x=F(x)\Big|_a^b=F(b)-F(a)$.

$\int f(x)\mathrm{d}x$，$\int_a^x f(t)\mathrm{d}t$，$\int_a^b f(x)\mathrm{d}x$ 的联系与区别：

1）$\int f(x)\mathrm{d}x$ 表示 $f(x)$ 的全体原函数，它是一族函数，且任两个原函数相差一个常数.

2）$\int_a^x f(t)\mathrm{d}t$ 表示 $f(t)$ 的一个原函数，有 $\int f(x)\mathrm{d}x=\int_a^x f(t)\mathrm{d}t+C$.

3）$\int_a^b f(x)\mathrm{d}x$ 表示一个数值，其值为 $f(x)$ 的任一个原函数 $F(x)$ 从 a 到 b 的增量 $F(b)-F(a)$，并且其值由上下限和 $f(x)$ 决定，与用何符号表示无关，即 $\int_a^b f(x)\mathrm{d}x=F(x)\Big|_a^b=F(b)-F(a)$.

4）广义积分可以看成特殊的定积分，先按定积分进行计算，再求解极限即可.

第七节　单元练习

扫码看视频

1. 计算不定积分 $\int\frac{\cos 2x}{2+\sin x\cos x}\mathrm{d}x=$（　　）.

(A) $\ln|1+\sin x\cos x|+C$　　(B) $\ln|2+\sin 2x|+C$

(C) $\ln|2-\sin x\cos x|+C$　　(D) $\ln|2+\cos 2x|+C$

(E) $\ln|2+\sin x\cos x|+C$

2. 计算不定积分 $\int e^{e^x\sin x}(\sin x+\cos x)e^x dx=($　　$)$.

(A) $e^{e^x\cos x}+C$　(B) $e^{e^x\sin x}+C$　(C) $e^{-e^x\sin x}+C$

(D) $e^{-e^x\cos x}+C$　(E) $e^{e^{-x}\sin x}+C$

3. 计算不定积分 $\int \frac{\cos x-\sin x}{(\cos x+\sin x)^2}dx=($　　$)$.

(A) $-\frac{1}{\cos x+\sin x}+C$　(B) $\frac{1}{\cos x+\sin x}+C$

(C) $\frac{1}{\cos x-\sin x}+C$　(D) $-\frac{1}{\cos x-\sin x}+C$

(E) $\frac{\sin x}{\cos x-\sin x}+C$

4. 计算不定积分 $\int \frac{dx}{\sin x\cos^3 x}=($　　$)$.

(A) $\frac{1}{2}\tan^2 x-\ln|\tan x|+C$　(B) $\tan^2 x+\ln|\tan x|+C$

(C) $\frac{1}{2}\tan^2 x+\ln|\tan x|+C$　(D) $\tan^2 x+\frac{1}{2}\ln|\tan x|+C$

(E) $\tan^2 x-\frac{1}{2}\ln|\tan x|+C$

5. 计算不定积分 $\int \frac{dx}{e^x(1+e^{2x})}=($　　$)$.

(A) $-e^{-x}+\arctan e^x+C$　(B) $-e^{-x}-\arctan e^x+C$

(C) $e^{-x}-\arctan e^x+C$　(D) $-e^{-x}-\arctan e^{-x}+C$

(E) $e^{-x}-\arctan e^{-x}+C$

6. 计算不定积分 $\int \frac{dx}{\sqrt{1+e^x}}=($　　$)$.

(A) $\ln\left|\frac{\sqrt{1-e^x}-1}{\sqrt{1-e^x}+1}\right|+C$　(B) $\ln\left|\frac{\sqrt{1+e^x}+1}{\sqrt{1+e^x}-1}\right|+C$

(C) $\ln\left|\frac{\sqrt{1+e^x}-1}{\sqrt{1+e^x}+1}\right|+C$　(D) $\ln\left|\frac{\sqrt{1-e^x}+1}{\sqrt{1-e^x}-1}\right|+C$

(E) $\ln\left|\frac{\sqrt{1-e^x}-1}{\sqrt{1+e^x}+1}\right|+C$

7. 计算不定积分 $\int \sin(\ln x)dx=($　　$)$.

(A) $\frac{x\sin(\ln x)-\cos(\ln x)}{2}+C$　(B) $\frac{x\sin(\ln x)+\cos(\ln x)}{2}+C$

(C) $-\frac{x\sin(\ln x)-x\cos(\ln x)}{2}+C$　(D) $\frac{x\sin(\ln x)+x\cos(\ln x)}{2}+C$

(E) $\frac{x\sin(\ln x)-x\cos(\ln x)}{2}+C$

8. 计算不定积分 $\int x\arctan x\mathrm{d}x=$ (　　).

(A) $\frac{(x^2+1)\arctan x-x}{2}+C$

(B) $\frac{(x^2-1)\arctan x-x}{2}+C$

(C) $\frac{(x^2+1)\arctan x+x}{2}+C$

(D) $\frac{(x^2-1)\arctan x+x}{2}+C$

(E) $\frac{(x+1)\arctan x-x}{2}+C$

9. 计算不定积分 $\int\frac{\mathrm{d}x}{x^2+5x+6}=$ (　　).

(A) $\ln\left|\frac{x-2}{x+3}\right|+C$

(B) $\ln\left|\frac{x+2}{x-3}\right|+C$

(C) $\ln\left|\frac{x-2}{x-3}\right|+C$

(D) $\ln\left|\frac{x+2}{x+3}\right|+C$

(E) $\ln\left|\frac{x+3}{x+2}\right|+C$

10. 计算不定积分 $\int\frac{x+5}{x^2-6x+13}\mathrm{d}x=$ (　　).

(A) $\ln(x^2-6x+13)+2\arctan\frac{x-3}{2}+C$

(B) $\frac{1}{2}\ln(x^2-6x+13)+4\arctan\frac{x-3}{2}+C$

(C) $\frac{1}{2}\ln(x^2-6x+13)+\arctan\frac{x-3}{2}+C$

(D) $\frac{1}{2}\ln(x^2-6x+13)+2\arctan\frac{x-3}{2}+C$

(E) $\ln(x^2-6x+13)+4\arctan\frac{x-3}{2}+C$

11. 计算不定积分 $\int\frac{\ln\sin x}{\sin^2x}\mathrm{d}x=$ (　　).

(A) $-\cot x\cdot\ln\sin x+\cot x-x+C$

(B) $-\cot x\cdot\ln\sin x-\cot x+x+C$

(C) $\cot x\cdot\ln\sin x-\cot x-x+C$

(D) $\cot x\cdot\ln\sin x+\cot x-x+C$

(E) $-\cot x\cdot\ln\sin x-\cot x-x+C$

12. 计算不定积分 $\int\frac{x^2}{1+x^2}\arctan x\mathrm{d}x=$ (　　).

(A) $x\arctan x-\frac{1}{2}\ln(1+x^2)-\frac{1}{2}(\arctan x)^2+C$

(B) $x\arctan x+\ln(1+x^2)-\frac{1}{2}(\arctan x)^2+C$

(C) $x\arctan x-\ln(1+x^2)+\frac{1}{2}(\arctan x)^2+C$

(D) $-x\arctan x+\ln(1+x^2)-\frac{1}{2}(\arctan x)^2+C$

(E) $x\arctan x-\frac{1}{2}\ln(1+x^2)-(\arctan x)^2+C$

13. 计算不定积分 $\int e^{\sqrt{2x-1}}dx$ = (　　).

(A) $(\sqrt{2x-1}+1)e^{\sqrt{2x-1}}+C$　(B) $\left(\sqrt{2x-1}-\frac{1}{2}\right)e^{\sqrt{2x-1}}+C$

(C) $\left(\sqrt{2x-1}+\frac{1}{2}\right)e^{\sqrt{2x-1}}+C$　(D) $(\sqrt{2x-1}-1)e^{\sqrt{2x-1}}+C$

(E) $\left(\frac{1}{2}\sqrt{2x-1}-1\right)e^{\sqrt{2x-1}}+C$

14. 计算不定积分 $\int \frac{\arcsin\sqrt{x}}{\sqrt{x}}dx$ = (　　).

(A) $2(\sqrt{x}\arcsin\sqrt{x}+\sqrt{1-x})+C$　(B) $2(\sqrt{x}\arcsin\sqrt{x}-\sqrt{1-x})+C$

(C) $2(\sqrt{x}\arcsin\sqrt{x}+\sqrt{1+x})+C$　(D) $2(\sqrt{x}\arcsin\sqrt{x}-\sqrt{1+x})+C$

(E) $\frac{1}{2}(\sqrt{x}\arcsin\sqrt{x}+\sqrt{1-x})+C$

15. 设 $f(x)=\begin{cases}x^2 & x\leqslant 0\\ 0 & x>0\end{cases}$, 则 $\int f(x)dx$ = (　　).

(A) $\int f(x)dx=\begin{cases}\frac{1}{3}x^3 & x\leqslant 0\\ C & x>0\end{cases}$　(B) $\int f(x)dx=\begin{cases}\frac{1}{3}x^3+C_1 & x\leqslant 0\\ C_2 & x>0\end{cases}$

(C) $\int f(x)dx=\begin{cases}\frac{1}{3}x^3+C & x\leqslant 0\\ C & x>0\end{cases}$　(D) $\int f(x)dx=\begin{cases}\frac{1}{3}x^3+C & x>0\\ C & x\leqslant 0\end{cases}$

(E) $\int f(x)dx=\begin{cases}\frac{1}{3}x^3 & x\leqslant 0\\ 0 & x>0\end{cases}$

16. 设 $f(x)=\max\{1,x^2,x^3\}$, 则 $\int f(x)dx$ = (　　).

(A) $\int f(x)dx=\begin{cases}\frac{1}{4}x^4+C_1 & x\geqslant 1\\ \frac{1}{3}x^3+C_2 & x\leqslant -1\\ x+C_3 & |x|<1\end{cases}$　(B) $\int f(x)dx=\begin{cases}\frac{1}{4}x^4 & x\geqslant 1\\ \frac{1}{3}x^3 & x\leqslant -1\\ x & |x|<1\end{cases}$

(C) $\int f(x)dx=\begin{cases}\frac{1}{4}x^4+C & x\geqslant 1\\ \frac{1}{3}x^3+C & x\leqslant -1\\ x+C & |x|<1\end{cases}$　(D) $\int f(x)dx=\begin{cases}\frac{1}{3}x^3-\frac{2}{3} & x\leqslant -1\\ x & -1<x<1\\ \frac{1}{4}x^4+\frac{3}{4} & x\geqslant 1\end{cases}$

(E) $\int f(x)dx=\begin{cases}\frac{1}{3}x^3-\frac{2}{3}+C & x\leqslant -1\\ x+C & -1<x<1\\ \frac{1}{4}x^4+\frac{3}{4}+C & x\geqslant 1\end{cases}$

17. 设$f(x)$的一个原函数$F(x)=\frac{\sin x}{x}$，则$\int xf'(x)\mathrm{d}x=$（　　）.

(A) $\cos x+\frac{2\sin x}{x}+C$　(B) $\cos x-\frac{2\sin x}{x}+C$　(C) $\cos x+\frac{\sin x}{2x}+C$

(D) $\cos x-\frac{\sin x}{2x}+C$　(E) $\cos x-\frac{\sin x}{x}+C$

18. 设$I=\int_0^{\frac{\pi}{4}}\ln\sin x\mathrm{d}x$，$J=\int_0^{\frac{\pi}{4}}\ln\cos x\mathrm{d}x$，则$I$和$J$的大小关系是（　　）.

(A) $I<J<0$　(B) $I<0<J$　(C) $0<I<J$　(D) $J<I<0$　(E) $0<J<I$

19. 设$I=\int_0^{\frac{\pi}{4}}\ln\sin x\mathrm{d}x$，$J=\int_0^{\frac{\pi}{4}}\ln\cot x\mathrm{d}x$，$K=\int_0^{\frac{\pi}{4}}\ln\cos x\mathrm{d}x$，则$I$、$J$、$K$的大小关系是（　　）.

(A) $I<J<K$　(B) $I<K<J$　(C) $J<I<K$

(D) $K<J<I$　(E) $J<K<I$

20. 设$f(x)=\mathrm{e}^x+x^3\int_0^1 f(x)\mathrm{d}x$，则$\int_0^1 f(x)\mathrm{d}x=$（　　）.

(A) 0　(B) $\frac{4}{3}(\mathrm{e}-1)$　(C) $\frac{4}{3}$　(D) e　(E) 1

21. 设$f(x)=\frac{1}{1+x^2}+x^3\int_0^1 f(x)\mathrm{d}x$，则$\int_0^1 f(x)\mathrm{d}x=$（　　）.

(A) 0　(B) 2π　(C) 1　(D) $2\pi^2$　(E) $\frac{\pi}{3}$

22. 定积分$\int_0^{\frac{\pi}{4}}\frac{x}{1+\cos 2x}\mathrm{d}x=$（　　）.

(A) $\frac{\pi}{8}-\frac{1}{4}\ln 2$　(B) $\frac{\pi}{8}+\frac{1}{4}\ln 2$　(C) $\frac{\pi}{8}-\frac{1}{2}\ln 2$

(D) $\frac{\pi}{4}-\frac{1}{2}\ln 2$　(E) $\frac{\pi}{4}+\frac{1}{2}\ln 2$

23. 定积分$\int_0^1 x\arctan x\mathrm{d}x=$（　　）.

(A) $\frac{\pi}{8}-\frac{1}{4}$　(B) $\frac{\pi}{8}+\frac{1}{4}$　(C) $\frac{\pi}{4}-\frac{1}{2}$

(D) $\frac{\pi}{4}+\frac{1}{2}$　(E) $\frac{\pi}{2}-\frac{1}{4}$

24. 设$f(x)=\begin{cases}x\mathrm{e}^{x^2} & -\frac{1}{2}\leqslant x\leqslant\frac{1}{2}\\ -1 & x\geqslant\frac{1}{2}\end{cases}$，则$\int_{\frac{1}{2}}^2 f(x-1)\mathrm{d}x=$（　　）.

(A) $-\frac{1}{4}$　(B) $\frac{1}{4}$　(C) $-\frac{1}{2}$　(D) $\frac{1}{2}$　(E) 1

25. 设$f(t) = \int_0^1 t|t-x|dx$,则$\int_{-1}^2 f(t)dt = ($　　$)$.

(A) $\frac{4}{3}$　(B) $\frac{7}{4}$　(C) $-\frac{7}{6}$　(D) $\frac{7}{6}$　(E) 1

26. $\int_{-\pi}^{\pi} x^2\sin^3 x dx = ($　　$)$.

(A) 0　(B) 2π　(C) 1　(D) $2\pi^2$　(E) 4π

27. $\int_{-1}^{1} x^2\ln(x+\sqrt{x^2+1})dx = ($　　$)$.

(A) 0　(B) -2　(C) 1　(D) $2\pi^2$　(E) 2

28. $\int_{-\pi}^{\pi} x\cos x dx = ($　　$)$.

(A) 0　(B) 1　(C) 2　(D) 4　(E) -1

29. $\int_{-\frac{\pi}{2}}^{\frac{\pi}{2}} \frac{(1+x^3)\cos x}{1+\sin^2 x}dx = ($　　$)$.

(A) 0　(B) 2π　(C) $\frac{\pi}{2}$　(D) $2\pi^2$　(E) 4π

30. 计算$\int_{-\pi}^{\pi}(x^2+\sin^3 x)dx = ($　　$)$.

(A) 0　(B) π　(C) 1　(D) $2\pi^2$　(E) $\frac{2\pi^3}{3}$

31. 设$f(x)$在$[-a, a]$(a为常数且$a>0$)上连续，则$\int_{-a}^{a} f(x)dx = ($　　$)$.

(A) $\int_0^a [f(x)+f(-x)]dx$　(B) $\int_0^a [f(x)-f(-x)]dx$

(C) $2\int_0^a [f(x)+f(-x)]dx$　(D) $\frac{1}{2}\int_0^a [f(x)+f(-x)]dx$

(E) $2\int_0^a [f(x)-f(-x)]dx$

32. 计算$\int_{-\frac{\pi}{4}}^{\frac{\pi}{4}} \frac{\cos x}{1+e^{-x}}dx = ($　　$)$.

(A) 0　(B) $\frac{\sqrt{2}}{2}$　(C) 1　(D) $\sqrt{2}$　(E) π

33. 设$f(x)$ 在$[-a,a]$(a为常数且$a>0$) 上连续,则$\int_{-a}^{a} x[f(x)+f(-x)-x]dx = ($　　$)$.

(A) $\frac{2}{3}a^3$　(B) $-\frac{4}{3}a^3$　(C) $-\frac{2}{3}a^3$　(D) $-\frac{1}{3}a^3$　(E) $\frac{4}{3}a^3$

34. 若$f(x)$ 在$[-a,a]$ 上连续,计算$\int_{-a}^{a} x^2[f(x)-f(-x)]dx = ($　　$)$.

(A) 0 (B) $2a$ (C) 1 (D) a (E) $-2a$

35. 计算 $\int_{-\frac{\pi}{2}}^{\frac{\pi}{2}}(x^3+4)\cos^4 x\mathrm{d}x=(\quad)$.

(A) 0 (B) 2π (C) 1 (D) $2\pi^2$ (E) $\frac{3}{2}\pi$

36. 计算 $\int_{-1}^{1}x^{2021}\ln(1+\mathrm{e}^x)\mathrm{d}x=(\quad)$.

(A) 0 (B) $\frac{1}{2021}$ (C) 1 (D) $\frac{1}{2022}$ (E) $\frac{1}{2023}$

37. 计算 $\int_2^4\frac{f(x+3)}{f(x+3)+f(9-x)}\mathrm{d}x=(\quad)$.

(A) 0 (B) -1 (C) 1 (D) 2 (E) 无法确定

38. 计算 $\int_0^{\frac{\pi}{2}}\frac{f(\sin x)}{f(\sin x)+f(\cos x)}\mathrm{d}x=(\quad)$.

(A) $\frac{\pi}{2}$ (B) $\frac{\pi}{4}$ (C) $\frac{\pi}{3}$ (D) $\frac{2\pi}{3}$ (E) $\frac{\pi}{2}$

39. 计算 $\int_0^{\frac{\pi}{2}}\frac{\sin^{2n}x-\cos^{2n}x}{4-\sin x-\cos x}\mathrm{d}x=(\quad)$,其中 n 为正整数.

(A) 0 (B) 2π (C) 1 (D) $2\pi^2$ (E) -1

40. $f(x)=\int_0^{\arctan x}\mathrm{e}^{-t^2}\mathrm{d}t$ 在点(0,0)处的切线方程为(　　).

(A) $y=x$ (B) $y=-x$ (C) $y=2x$ (D) $y=-2x$ (E) $y=\frac{1}{2}x$

41. 由 $y=\frac{1}{x}$ 与直线 $y=x$ 和 $x=2$ 围成的图形的面积为(　　).

(A) $3-\ln 2$ (B) $2-\ln 2$ (C) $\frac{1}{2}+\ln 2$ (D) $\frac{3}{2}-\ln 2$ (E) $\frac{3}{2}+\ln 2$

答案及解析

1. **E** $\int\frac{\cos 2x}{2+\sin x\cos x}\mathrm{d}x=\int\frac{\mathrm{d}(2+\sin x\cos x)}{2+\sin x\cos x}=\ln|2+\sin x\cos x|+C.$

2. **B** $\int\mathrm{e}^{\mathrm{e}^x\sin x}(\sin x+\cos x)\mathrm{e}^x\mathrm{d}x=\int\mathrm{e}^{\mathrm{e}^x\sin x}(\sin x+\cos x)\mathrm{d}\mathrm{e}^x=\int\mathrm{e}^{\mathrm{e}^x\sin x}\mathrm{d}(\mathrm{e}^x\sin x)=\mathrm{e}^{\mathrm{e}^x\sin x}+C.$

3. **A** $\int\frac{\cos x-\sin x}{(\cos x+\sin x)^2}\mathrm{d}x=\int\frac{\mathrm{d}(\cos x+\sin x)}{(\cos x+\sin x)^2}=\frac{-1}{\cos x+\sin x}+C.$

4. **C** 先作恒等变形，凑微分得

原式 $= \int \frac{dx}{\tan x\cos^4 x} = \int \frac{1+\tan^2 x}{\tan x} d\tan x = \frac{1}{2}\tan^2 x + \ln|\tan x| + C.$

5. B 令 $x = \ln t$, $\int \frac{dx}{e^x(1+e^{2x})} = \int \frac{dt}{t^2(1+t^2)} = \int\left(\frac{1}{t^2} - \frac{1}{1+t^2}\right)dt = -\frac{1}{t} - \arctan t + C = -e^{-x}$ $- \arctan e^x + C.$

6. C $\int \frac{dx}{\sqrt{1+e^x}} \xlongequal{x=\ln t} \int \frac{dt}{t\sqrt{1+t}} \xlongequal{\sqrt{1+t}=u} \int \frac{2du}{u^2-1} = \int\left(\frac{1}{u-1} - \frac{1}{u+1}\right)du = \ln\left|\frac{u-1}{u+1}\right| +$ $C = \ln\left|\frac{\sqrt{1+e^x}-1}{\sqrt{1+e^x}+1}\right| + C$

7. E $\int\sin(\ln x)dx = x\sin(\ln x) - \int\cos(\ln x)dx = x\sin(\ln x) - x\cos(\ln x) - \int\sin(\ln x)dx$

解方程 $\int\sin(\ln x)dx = x\sin(\ln x) - x\cos(\ln x) - \int\sin(\ln x)dx$,得

$\int\sin(\ln x)dx = \frac{x\sin(\ln x) - x\cos(\ln x)}{2} + C.$

8. A $\int x\arctan x dx = \int\arctan x d\left(\frac{x^2}{2}\right) = \frac{x^2}{2}\arctan x - \frac{1}{2}\int\left(1 - \frac{1}{1+x^2}\right)dx = \frac{x^2}{2}\arctan x - \frac{x}{2} +$ $\frac{1}{2}\arctan x + C$

9. D $\int \frac{dx}{x^2+5x+6} = \int \frac{dx}{x+2} - \int \frac{dx}{x+3} = \ln\left|\frac{x+2}{x+3}\right| + C$

10. B 本题考查典型的有理函数的不定积分，首先凑微分，然后将分母配方.

$$\int \frac{x+5}{x^2-6x+13}dx = \frac{1}{2}\int \frac{d(x^2-6x+13)}{x^2-6x+13} + 8\int \frac{d(x-3)}{(x-3)^2+2^2}$$

$$= \frac{1}{2}\ln(x^2-6x+13) + 4\arctan\frac{x-3}{2} + C$$

11. E $\int \frac{\ln\sin x}{\sin^2 x}dx = -\int\ln\sin x d\cot x = -\cot x \cdot \ln\sin x + \int\cot^2 x dx$

$$= -\cot x \cdot \ln\sin x + \int(\csc^2 x - 1)dx = -\cot x \cdot \ln\sin x - \cot x - x + C$$

【评注】当积分式中出现对数函数或反三角函数时，一般考虑利用分部积分法进行计算.

12. A 原式 $= \int\left(1 - \frac{1}{1+x^2}\right)\arctan x dx = \int\arctan x dx - \int\arctan x d(\arctan x)$

$= x\arctan x - \int \frac{x}{1+x^2}dx - \frac{1}{2}(\arctan x)^2 = x\arctan x - \frac{1}{2}\ln(1+x^2) - \frac{1}{2}(\arctan x)^2 + C$

13. D $\int e^{\sqrt{2x-1}}dx \xlongequal{u=\sqrt{2x-1}} \int e^u d\left(\frac{u^2+1}{2}\right) = \frac{1}{2}\int e^u du^2 = \int e^u \cdot u du = ue^u - \int e^u du = ue^u - e^u +$

$C=(\sqrt{2x-1}-1)e^{\sqrt{2x-1}}+C.$

14. **A** 作变量代换，令 $\arcsin\sqrt{x}=t$，有 $\sqrt{x}=\sin t$，$x=\sin^2 t$，$dx=2\sin t\cos t dt$.

于是 $\int \frac{\arcsin\sqrt{x}}{\sqrt{x}}dx=\int\frac{t}{\sin t}\cdot 2\sin t\cos t dt=\int 2t\cos t dt=\int 2t d\sin t=2\left(t\sin t-\int \sin t dt\right)=$

$2(t\sin t+\cos t)+C=2(\sqrt{x}\arcsin\sqrt{x}+\sqrt{1-x})+C$

15. **C** 第一步，分段求积分.

当 $x\leqslant 0$ 时，$\int f(x)dx=\int x^2 dx=\frac{1}{3}x^3+C_1$；当 $x>0$ 时，$\int f(x)dx=\int 0dx=C_2$.

第二步，常数关联化.

被积函数在分段点处连续，存在包含分段点的原函数，从而分段点处的不定积分相等. 故 $0+C_1=C_2\Rightarrow C_1=C_2=C$.

综上所述，$\int f(x)dx=\begin{cases}\frac{1}{3}x^3+C & x\leqslant 0\\ C & x>0\end{cases}$.

16. **E** 第一步，分段求积分.

$$f(x)=\max\{1,x^2,x^3\}=\begin{cases}x^3 & x\geqslant 1\\ x^2 & x\leqslant -1\\ 1 & |x|<1\end{cases}\Rightarrow\int f(x)dx=\begin{cases}\frac{1}{4}x^4+C_1 & x\geqslant 1\\ \frac{1}{3}x^3+C_2 & x\leqslant -1\\ x+C_3 & |x|<1\end{cases}.$$

第二步，常数关联化.

被积函数在分段点都连续，故不定积分也连续，分段点处的左右极限存在且相等.

故 $\begin{cases}\frac{1}{4}+C_1=1+C_3\\ -1+C_3=-\frac{1}{3}+C_2\end{cases}\Rightarrow\begin{cases}C_1=\frac{3}{4}+C\\ C_2=-\frac{2}{3}+C\\ C_3=C\end{cases}$

综上所述，$\int f(x)dx=\begin{cases}\frac{1}{3}x^3-\frac{2}{3}+C & x\leqslant -1\\ x+C & -1<x<1\\ \frac{1}{4}x^4+\frac{3}{4}+C & x\geqslant 1\end{cases}$

17. **B** $f(x)$ 可通过对 $\frac{\sin x}{x}$ 求导得到，$f'(x)$ 也可以求得，但计算很麻烦. 注意被积函数的特点，如果用分部积分法，则可以避免复杂的计算.

首先得到 $f(x)=\left(\frac{\sin x}{x}\right)'=\frac{x\cos-\sin x}{x^2}$.

则有 $\int xf'(x)\mathrm{d}x = \int x\mathrm{d}(f(x)) = x \cdot \frac{x\cos x - \sin x}{x^2} - \int f(x)\mathrm{d}x$

$$= \frac{x\cos x - \sin x}{x} - \frac{\sin x}{x} + C = \cos x - \frac{2\sin x}{x} + C.$$

18. **A** 当 $0 < x < \frac{\pi}{4}$ 时，$0 < \sin x < \cos x < 1$，得到 $\ln\sin x < \ln\cos x < 0$，

故 $I < J < 0$.

19. **B** 因为 $0 < x < \frac{\pi}{4}$ 时，$0 < \sin x < \cos x < 1 < \cot x$，故 $\ln\cot x > 0$，$\ln\sin x < 0$，$\ln\cos x < 0$. 又因为 $\ln x$ 是单调递增的函数，所以 $\ln\sin x < \ln\cos x$. 故正确答案为 B.

20. **B** 令 $\int_0^1 f(x)\mathrm{d}x = A$，则 $f(x) = \mathrm{e}^x + x^3A$，$A = \int_0^1 f(x)\mathrm{d}x = \mathrm{e} - 1 + \frac{1}{4}A$，

所以 $\int_0^1 f(x)\mathrm{d}x = \frac{4}{3}(\mathrm{e}-1)$，选 B.

21. **E** 令 $\int_0^1 f(x)\mathrm{d}x = A$，则 $f(x) = \frac{1}{1+x^2} + Ax^3$，两边从 0 到 1 作定积分，得 $\int_0^1 \frac{\mathrm{d}x}{1+x^2} + A\int_0^1 x^3\mathrm{d}x$

$= \arctan x \Big|_0^1 + \frac{A}{4}x^4 \Big|_0^1 = \frac{\pi}{4} + \frac{A}{4} \Rightarrow A = \frac{\pi}{3}$.

【评注】要注意定积分看作一个常数.

22. **A** 原式 $= \int_0^{\frac{\pi}{4}} \frac{x}{2\cos^2 x}\mathrm{d}x = \frac{1}{2}\int_0^{\frac{\pi}{4}} x\mathrm{d}(\tan x) = \frac{1}{2}\left(x\tan x \Big|_0^{\frac{\pi}{4}} - \int_0^{\frac{\pi}{4}} \tan x\mathrm{d}x\right)$

$= \frac{1}{2}\left(\frac{\pi}{4} + \ln\cos x \Big|_0^{\frac{\pi}{4}}\right) = \frac{\pi}{8} - \frac{1}{4}\ln 2$.

23. **C** 原式 $= \int_0^1 \frac{1}{2}\arctan x\mathrm{d}x^2 = \frac{1}{2}x^2\arctan x \Big|_0^1 - \frac{1}{2}\int_0^1 \frac{x^2 - 1 + 1}{1+x^2}\mathrm{d}x$

$= \frac{\pi}{8} - \frac{1}{2}\int_0^1 1\mathrm{d}x + \frac{1}{2}\arctan x \Big|_0^1 = \frac{\pi}{8} - \frac{1}{2} + \frac{\pi}{8} = -\frac{1}{2} + \frac{\pi}{4}$.

24. **C** 解法一：做积分变换，令 $x - 1 = t$，则 $\int_{\frac{1}{2}}^2 f(x-1)\mathrm{d}x = \int_{-\frac{1}{2}}^1 f(t)\mathrm{d}t = \int_{-\frac{1}{2}}^{\frac{1}{2}} f(t)\mathrm{d}t +$ $\int_{\frac{1}{2}}^1 f(t)\mathrm{d}t = \int_{-\frac{1}{2}}^{\frac{1}{2}} x\mathrm{e}^{x^2}\mathrm{d}x + \int_{\frac{1}{2}}^1 (-1)\mathrm{d}x = \frac{1}{2}\int_{-\frac{1}{2}}^{\frac{1}{2}} \mathrm{e}^{x^2}\mathrm{d}x^2 - \left(1 - \frac{1}{2}\right) = \frac{1}{2}\mathrm{e}^{x^2}\Big|_{-\frac{1}{2}}^{\frac{1}{2}} = 0 - \frac{1}{2} =$ $-\frac{1}{2}$.（也可直接推出 $\int_{-\frac{1}{2}}^{\frac{1}{2}} x\mathrm{e}^{x^2}\mathrm{d}x = 0$，因为 $\int_{-\frac{1}{2}}^{\frac{1}{2}} x\mathrm{e}^{x^2}\mathrm{d}x$ 的积分区间对称，被积函数是关于 x 的奇函数，则积分值为零）

解法二：先写出 $f(x-1)$ 的表达式

$$f(x-1) = \begin{cases} (x-1)\mathrm{e}^{(x-1)^2} & -\frac{1}{2} \leqslant x - 1 < \frac{1}{2} \\ -1 & x - 1 \geqslant \frac{1}{2} \end{cases}$$

即$f(x-1)=\begin{cases}(x-1)e^{(x-1)^2} & \frac{1}{2}\leqslant x<\frac{3}{2}\\ -1 & x\geqslant\frac{3}{2}\end{cases}$

所以$\int_{\frac{1}{2}}^{2}f(x-1)dx=\int_{\frac{1}{2}}^{\frac{3}{2}}(x-1)e^{(x-1)^2}dx+\int_{\frac{3}{2}}^{2}(-1)dx=\frac{1}{2}\int_{\frac{1}{2}}^{\frac{3}{2}}e^{(x-1)^2}d(x-1)^2-\left(2-\frac{3}{2}\right)=\frac{1}{2}e^{(x-1)^2}\Big|_{\frac{1}{2}}^{\frac{3}{2}}-\frac{1}{2}=\frac{1}{2}\left(e^{\frac{1}{4}}-e^{\frac{1}{4}}\right)-\frac{1}{2}=-\frac{1}{2}$.

【评注】计算分段函数的积分的方法：利用定积分关于积分区间的可加性，根据函数分段的情况将总的积分区间分成若干个小区间，依次计算积分之后再求和.

25. **D** 先计算$f(t)$的解析式，计算时分$t\leqslant0$，$0<t<1$，$t\geqslant1$三种情况讨论，再按照分段函数的计算方法计算积分.

当$t\leqslant0$时，$\int_0^1 t|t-x|dx=\int_0^1 t(x-t)dx=\frac{t}{2}-t^2$；

当$0<t<1$时，$\int_0^1 t|t-x|dx=\int_0^t t(t-x)dx+\int_t^1 t(x-t)dx=\frac{t}{2}-t^2+t^3$；

当$t\geqslant1$时，$\int_0^1 t(t-x)dx=\int_0^1 t(t-x)dx=t^2-\frac{t}{2}$.

则$\int_{-1}^{2}f(t)dt=\int_{-1}^{0}\left(\frac{t}{2}-t^2\right)dt+\int_0^1\left(\frac{t}{2}-t^2+t^3\right)dt+\int_1^2\left(t^2-\frac{t}{2}\right)dt=\frac{7}{6}$.

26. **A** 奇函数在对称区间上的定积分为0$\Rightarrow\int_{-\pi}^{\pi}x^2\sin^3x dx=0$.

27. **A** 奇函数在对称区间上定积分为0$\Rightarrow\int_{-1}^{1}x^2\ln(x+\sqrt{x^2+1})dx=0$.

28. **A** 奇函数在对称区间上定积分为0$\Rightarrow\int_{-\pi}^{\pi}x\cos x dx=0$.

29. **C** $\int_{-\frac{\pi}{2}}^{\frac{\pi}{2}}\frac{(1+x^3)\cos x}{1+\sin^2x}dx=\int_{-\frac{\pi}{2}}^{\frac{\pi}{2}}\frac{\cos x}{1+\sin^2x}dx+\int_{-\frac{\pi}{2}}^{\frac{\pi}{2}}\frac{x^3\cos x}{1+\sin^2x}dx=\int_{-\frac{\pi}{2}}^{\frac{\pi}{2}}\frac{1}{1+\sin^2x}d(\sin x)\xlongequal{u=\sin x}\int_{-1}^{1}\frac{1}{1+u^2}du=\arctan u\Big|_{-1}^{1}=2\times\frac{\pi}{4}=\frac{\pi}{2}$.

30. **E** $\int_{-\pi}^{\pi}(x^2+\sin^3x)dx=\int_{-\pi}^{\pi}x^2dx+\int_{-\pi}^{\pi}\sin^3x dx=2\int_0^{\pi}x^2dx+0=\frac{2\pi^3}{3}$.

31. **A** 因为$\int_{-a}^{a}f(x)dx=\int_0^a f(x)dx+\int_{-a}^{0}f(x)dx$，

而$\int_{-a}^{0}f(x)dx\xlongequal{x=-t}\int_a^0 f(-t)d(-t)=\int_0^a f(-t)dt=\int_0^a f(-x)dx$，

故$\int_{-a}^{a}f(x)dx=\int_0^a f(x)dx+\int_{-a}^{0}f(x)dx=\int_0^a f(x)dx+\int_0^a f(-x)dx$，

即有$\int_{-a}^{a} f(x)\mathrm{d}x = \int_{0}^{a}[f(x)+f(-x)]\mathrm{d}x$.

32. B $\int_{-\frac{\pi}{4}}^{\frac{\pi}{4}} \frac{\cos x}{1+e^{-x}}\mathrm{d}x = \int_{0}^{\frac{\pi}{4}}\left[\frac{\cos x}{1+e^{-x}}+\frac{\cos(-x)}{1+e^{x}}\right]\mathrm{d}x = \int_{0}^{\frac{\pi}{4}}\cos x\left(\frac{e^{x}}{1+e^{x}}+\frac{1}{1+e^{x}}\right)\mathrm{d}x$

$= \int_{0}^{\frac{\pi}{4}}\cos x\mathrm{d}x = \sin x\Big|_{0}^{\frac{\pi}{4}} = \frac{\sqrt{2}}{2}$

33. C 因为$f(x)+f(-x)$为偶函数,则$x[f(x)+f(-x)]$为奇函数,

$\int_{-a}^{a} x[f(x)+f(-x)-x]\mathrm{d}x = \int_{-a}^{a}(-x^{2})\mathrm{d}x = -\frac{2}{3}a^{3}$.

34. A 奇函数在对称区间上的定积分为0$\Rightarrow \int_{-a}^{a} x^{2}[f(x)-f(-x)]\mathrm{d}x = 0$.

35. E $\int_{-\frac{\pi}{2}}^{\frac{\pi}{2}}(x^{3}+4)\cos^{4}x\mathrm{d}x = \int_{-\frac{\pi}{2}}^{\frac{\pi}{2}}x^{3}\cos^{4}x\mathrm{d}x + \int_{-\frac{\pi}{2}}^{\frac{\pi}{2}}4\cos^{4}x\mathrm{d}x = 8\int_{0}^{\frac{\pi}{2}}\cos^{4}x\mathrm{d}x$

$= 8\times\frac{3}{4}\times\frac{1}{2}\times\frac{\pi}{2} = \frac{3\pi}{2}$.

【评注】$\int_{0}^{\frac{\pi}{2}}\sin^{n}x\mathrm{d}x = \int_{0}^{\frac{\pi}{2}}\cos^{n}x\mathrm{d}x = \begin{cases}\frac{n-1}{n}\cdot\frac{n-3}{n-2}\cdot\frac{n-5}{n-4}\cdot\cdots\cdot\frac{1}{2}\cdot\frac{\pi}{2}(n\text{为偶数})\\ \frac{n-1}{n}\cdot\frac{n-3}{n-2}\cdot\frac{n-5}{n-4}\cdot\cdots\cdot\frac{2}{3}\cdot 1(n\text{为奇数})\end{cases}$

36. E 设$f(x) = x^{2021}\ln(1+e^{x})$,直接应用计算公式$A = \frac{1}{2}\int_{-a}^{a} g(x)\mathrm{d}x$.

$g(x) = f(x)+f(-x) = x^{2021}\ln(1+e^{x}) - x^{2021}\ln(1+e^{-x}) = x^{2021}\ln\frac{1+e^{x}}{1+e^{-x}} = x^{2021}\ln e^{x} = x^{2022}$,

因此$A = \frac{1}{2}\int_{-1}^{1} g(x)\mathrm{d}x = \frac{1}{2}\int_{-1}^{1}x^{2022}\mathrm{d}x = \frac{1}{2023}$.

37. C 设$A = \int_{2}^{4}\frac{f(x+3)}{f(x+3)+f(9-x)}\mathrm{d}x$,思路是进行补代换,整体处理.

令$x+3 = 9-u$,$A = \int_{4}^{2}\frac{f(9-u)}{f(u+3)+f(9-u)}\mathrm{d}(-u) = \int_{2}^{4}\frac{f(9-x)}{f(x+3)+f(9-x)}\mathrm{d}x$

$2A = \int_{2}^{4}\frac{f(x+3)}{f(x+3)+f(9-x)}\mathrm{d}x + \int_{2}^{4}\frac{f(9-x)}{f(x+3)+f(9-x)}\mathrm{d}x = \int_{2}^{4}\frac{f(x+3)+f(9-x)}{f(x+3)+f(9-x)}\mathrm{d}x$

$= 2$,故$A = 1$.

38. B 设$A = \int_{0}^{\frac{\pi}{2}}\frac{f(\sin x)}{f(\sin x)+f(\cos x)}\mathrm{d}x$,令$t = \frac{\pi}{2}-x$,则

$A = \int_{\frac{\pi}{2}}^{0}\frac{f(\cos t)}{f(\sin t)+f(\cos t)}(-\mathrm{d}t) = \int_{0}^{\frac{\pi}{2}}\frac{f(\cos x)}{f(\sin x)+f(\cos x)}\mathrm{d}x$,

$2A = \int_{0}^{\frac{\pi}{2}}\frac{f(\sin x)}{f(\sin x)+f(\cos x)}\mathrm{d}x + \int_{0}^{\frac{\pi}{2}}\frac{f(\cos x)}{f(\sin x)+f(\cos x)}\mathrm{d}x = \int_{0}^{\frac{\pi}{2}}\mathrm{d}x = \frac{\pi}{2} \Rightarrow A = \frac{\pi}{4}$.

39. **A** 设 $A=\int_0^{\frac{\pi}{2}}\frac{\sin^{2n}x-\cos^{2n}x}{4-\sin x-\cos x}dt$,思路是进行补代换,整体处理.

令 $u=\frac{\pi}{2}-x$,$A=\int_{\frac{\pi}{2}}^{0}\frac{\cos^{2n}u-\sin^{2n}u}{4-\sin u-\cos u}d(-u)=\int_0^{\frac{\pi}{2}}\frac{\cos^{2n}u-\sin^{2n}u}{4-\sin u-\cos u}du$,

$A=\int_0^{\frac{\pi}{2}}\frac{\sin^{2n}x-\cos^{2n}x}{4-\sin x-\cos x}dx=\int_0^{\frac{\pi}{2}}\frac{\cos^{2n}x-\sin^{2n}x}{4-\sin x-\cos x}dx=-A\Rightarrow A=0$.

【评注】本题分子、分母并非是互补结构，但是 $\sin x$，$\cos x$ 构成局部互补结构.

40. **A** 由已知条件可知 $f(0)=0$, $f'(0)=\left.\frac{e^{-(\arctan x)^2}}{1+x^2}\right|_{x=0}=1$,

故所求切线方程为 $y=x$.

41. **D** $y=\frac{1}{x}$ 与 $y=x$ 的交点坐标为 $(1,1)$.

故阴影部分面积为 $S=\int_1^2\left(x-\frac{1}{x}\right)dx=\left.\left(\frac{1}{2}x^2-\ln x\right)\right|_1^2=\frac{3}{2}-\ln 2$.

第四章 多元函数微分学

【大纲解读】

理解多元函数的概念、二元函数的几何意义、二元函数的极限、连续性、偏导数、全微分的概念，以及有界闭区域上连续函数的性质．掌握多元复合函数求一阶偏导数的方法，会求多元隐函数的偏导数，会求全微分．

【命题剖析】

二元函数及其极限、连续概念，几何意义、偏导数、偏增量、全增量、全微分．二元函数极限与连续性、偏导存在性、可微性的讨论．

【知识体系】

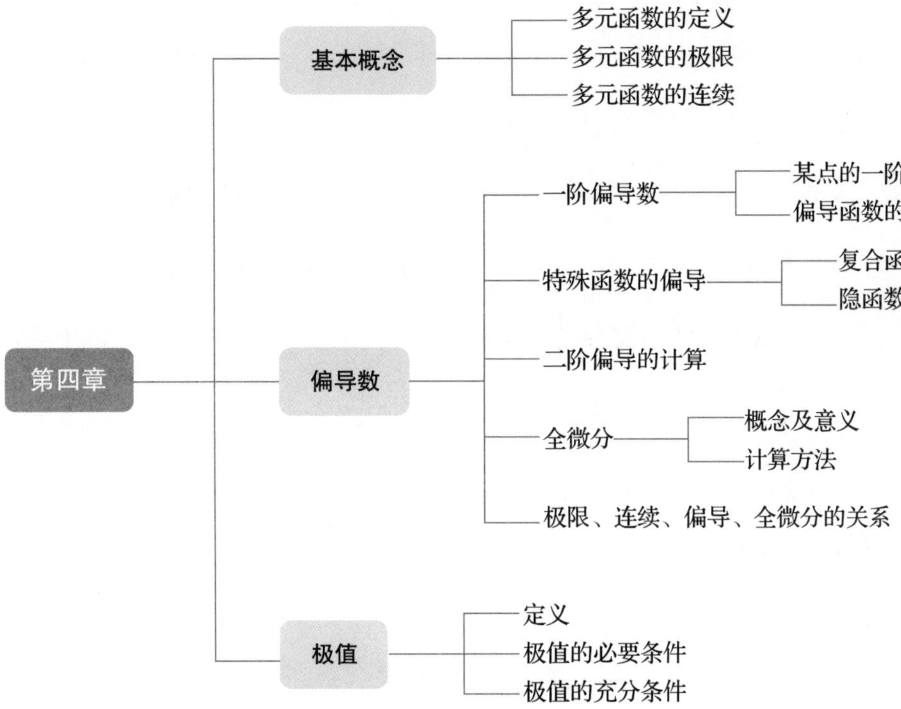

【备考建议】

利用定义灵活转化为一元函数计算极限；运用链式法则、隐函数求导法则、一阶微分不变性求复合函数、隐含数的一阶偏导数．

第一节　多元函数

一、多元函数的概念

1. 二元函数的定义

设 D 是平面上的一个非空点集，如果对每个点 $P(x, y)\in D$，按照某一对应规则 f，变量 z 都有一个值与之对应，则称 z 是变量 x，y 的二元函数，记 $z=f(x, y)$，D 称为定义域.

二元函数 $z=f(x, y)$ 的图形为空间一个曲面，它在 xy 平面上的投影区域就是定义域 D. 例如 $z=\sqrt{1-x^2-y^2}$，D：$x^2+y^2\leqslant 1$.

2. 三元函数与 n 元函数

$u=f(x, y, z)$，$(x, y, z)\in\Omega$（空间一个点集）称为三元函数.

$u=f(x_1, x_2, \cdots, x_n)$，称为 n 元函数.

例 1 设 $f(x+y, x-y)=x^2y+y^2$，则 $f(x, 2x)=($　　$)$.

(A) $\frac{x^2}{8}(2+9x)$　(B) $\frac{x^2}{4}(2-9x)$　(C) $\frac{x^2}{8}(2-9x)$

(D) $\frac{x^2}{4}(2+9x)$　(E) $\frac{x^2}{8}(2-7x)$

【解析】第一步，换元. 设 $x+y=u$，$x-y=v$，解出 $x=\frac{1}{2}(u+v)$，$y=\frac{1}{2}(u-v)$.

第二步，代入所给函数化简 $f(u, v)=\frac{1}{8}(u+v)^2(u-v)+\frac{1}{4}(u-v)^2$.

故 $f(x, y)=\frac{1}{8}(x+y)^2(x-y)+\frac{1}{4}(x-y)^2$.

则 $f(x, 2x)=\frac{1}{8}(x+2x)^2(x-2x)+\frac{1}{4}(x-2x)^2=\frac{x^2}{8}(2-9x)$，选 C.

例 2 设 $u(x, y)=y^2F(2x-y)$，且 $u(x, 2)=x^3$，则 $u(x, y)=($　　$)$.

(A) $\frac{y^2}{32}(2x+y+2)^3$　(B) $\frac{y^2}{32}(2x-y-2)^3$　(C) $\frac{y^2}{16}(2x-y+2)^3$

(D) $\frac{y^2}{16}(2x+y-2)^3$　(E) $\frac{y^2}{32}(2x-y+2)^3$

【解析】$u(x, 2)=4F(2x-2)=x^3$，设 $t=2x-2$，$x=\frac{t+2}{2}$，

则有 $4F(t)=\left(\frac{t+2}{2}\right)^3$，$F(t)=\frac{(t+2)^3}{32}$，

所以 $F(2x-y)=\frac{1}{32}(2x-y+2)^3$，$u(x, y)=\frac{y^2}{32}(2x-y+2)^3$，选 E.

二、二元函数的极限

设 $f(x, y)$ 在点 (x_0, y_0) 的邻域内有定义，如果存在常数 A，对任意给定的 $\varepsilon>0$，总存在

$\delta>0$，只要 $\sqrt{(x-x_0)^2+(y-y_0)^2}<\delta$，就有 $|f(x,y)-A|<\varepsilon$，

则记 $\lim\limits_{\substack{x\to x_0\\y\to y_0}} f(x,y)=A$ 或 $\lim\limits_{(x,y)\to(x_0,y_0)} f(x,y)=A$.

称常数 A 为函数 $f(x,y)$ 当 (x,y) 趋于 (x_0,y_0) 时的极限，否则，称极限不存在.

注意 这里 (x,y) 趋于 (x_0,y_0) 是在平面范围内，可以按任何方式沿任意曲线趋于 (x_0,y_0)，所以二元函数的极限比一元函数的极限复杂；但考试大纲只要求考生知道基本概念，简单讨论极限存在性和计算极限值，不像一元函数求极限要求掌握各种方法和技巧.

例 3 设 $f(x,y)=\dfrac{y}{1+xy}-\dfrac{1-y\sin\dfrac{\pi x}{y}}{\arctan x}$，$x>0$，$y>0$. 若 $g(x)=\lim\limits_{y\to\infty}f(x,y)$，则 $\lim\limits_{x\to0^+}g(x)=$ (　　).

(A) π　　(B) $\dfrac{1}{2}$　　(C) $\dfrac{1}{2}\pi$　　(D) $\dfrac{1}{2}+\pi$　　(E) $\pi-\dfrac{1}{2}$

【解析】$g(x)=\lim\limits_{y\to\infty}f(x,y)=\dfrac{1}{x}-\dfrac{1-\pi x}{\arctan x}$，

则 $\lim\limits_{x\to0^+}g(x)=\lim\limits_{x\to0^+}\dfrac{\arctan x-x+\pi x^2}{x\arctan x}=\lim\limits_{x\to0^+}\dfrac{\arctan x-x+\pi x^2}{x^2}$

$=\lim\limits_{x\to0^+}\dfrac{\dfrac{1}{1+x^2}-1+2\pi x}{2x}=\lim\limits_{x\to0^+}\dfrac{2\pi-x+2\pi x^2}{2(1+x^2)}=\pi$. 选 A.

例 4 计算下列二元极限.

(1) $\lim\limits_{(x,y)\to(0,0)}\dfrac{xy}{\sqrt{xy+1}-1}=$ (　　).

(A) 1　　(B) $\dfrac{1}{2}$　　(C) -2　　(D) 2　　(E) $-\dfrac{1}{2}$

(2) $\lim\limits_{(x,y)\to(3,0)}\dfrac{\sin(xy)}{y}=$ (　　).

(A) 1　　(B) -2　　(C) 2　　(D) -3　　(E) 3

(3) $\lim\limits_{(x,y)\to(0,0)}\dfrac{1-\cos(x^2+y^2)}{\ln(1+x^2+y^2)e^{x^2}}=$ (　　).

(A) 0　　(B) $\dfrac{1}{2}$　　(C) -1　　(D) 2　　(E) $-\dfrac{1}{2}$

【解析】(1) $\lim\limits_{(x,y)\to(0,0)}\dfrac{xy}{\sqrt{xy+1}-1}=\lim\limits_{(x,y)\to(0,0)}\dfrac{xy(\sqrt{xy+1}+1)}{(\sqrt{xy+1}-1)(\sqrt{xy+1}+1)}$

$=\lim\limits_{(x,y)\to(0,0)}\dfrac{xy(\sqrt{xy+1}+1)}{xy}=\lim\limits_{(x,y)\to(0,0)}(\sqrt{xy+1}+1)=2$. 选 D.

(2) $\lim\limits_{(x,y)\to(3,0)}\dfrac{\sin(xy)}{y}=\lim\limits_{(x,y)\to(3,0)}\dfrac{\sin(xy)}{xy}\cdot x=1\times3=3$. 选 E.

(3) $\lim\limits_{(x,y)\to(0,0)}\dfrac{1-\cos(x^2+y^2)}{\ln(1+x^2+y^2)e^{x^2}}=\lim\limits_{(x,y)\to(0,0)}\dfrac{1-\cos(x^2+y^2)}{\ln(1+x^2+y^2)}\cdot\lim\limits_{(x,y)\to(0,0)}\dfrac{1}{e^{x^2}}$.

令 $x^2+y^2=t$，则原式 $=\lim\limits_{t\to 0}\dfrac{1-\cos t}{\ln(1+t)}\times 1=\lim\limits_{t\to 0}\dfrac{\sin t}{\dfrac{1}{1+t}}=\lim\limits_{t\to 0}(1+t)\sin t=0$. 选 A.

【评注】注意一元函数求极限的洛必达法则在多元函数不再适用，但等价无穷小可以使用.

三、二元函数的连续性

设函数 $f(x, y)$ 在开区域（或闭区域）D 内有定义，$P_0(x_0, y_0)$ 是 D 的内点或边界点且 $P_0\in D$，如果 $\lim\limits_{\substack{x\to x_0\\ y\to y_0}}f(x, y)=f(x_0, y_0)$，则称函数 $f(x, y)$ 在点 $P_0(x_0, y_0)$ 连续.

如果 $f(x, y)$ 在区域 D 上每一点都连续，则称 $f(x, y)$ 在区域 D 上连续.

例 5 设 $f(x, y)=\begin{cases}\dfrac{ye^{\frac{1}{x^2}}}{y^2e^{\frac{2}{x^2}}+1} & x\neq 0,\ y \text{ 任意}\\ 0 & x=0,\ y \text{ 任意}\end{cases}$，下列叙述正确的有（　　）个.

(1) $\lim\limits_{\substack{x\to 0\\ y\to 0}}f(x, y)=0$　　(2) $\lim\limits_{x\to 0}\lim\limits_{y\to 0}f(x, y)=0$

(3) $\lim\limits_{y\to 0}\lim\limits_{x\to 0}f(x, y)=0$　　(4) $f(x, y)$ 在 $(0, 0)$ 处连续.

(A) 0　(B) 1　(C) 2　(D) 3　(E) 4

【解析】若 (x, y) 沿 x 轴趋于 $(0, 0)$，则 $\lim\limits_{\substack{x\to 0\\ y\to 0}}\dfrac{ye^{\frac{1}{x^2}}}{y^2e^{\frac{2}{x^2}}+1}=\lim\limits_{\substack{x\to 0\\ y=0}}\dfrac{0}{1}=0$.

若 (x, y) 沿 $y=e^{-\frac{1}{x^2}}$ 轴趋于 $(0, 0)$，则 $\lim\limits_{\substack{x\to 0\\ y\to 0}}\dfrac{ye^{\frac{1}{x^2}}}{y^2e^{\frac{2}{x^2}}+1}=\lim\limits_{\substack{x\to 0\\ y=e^{-\frac{1}{x^2}}}}\dfrac{1}{1+1}=\dfrac{1}{2}$

若 (x, y) 沿不同曲线趋于 (x_0, y_0) 时，极限值不同，则二重极限不存在.

故 $\lim\limits_{\substack{x\to 0\\ y\to 0}}f(x, y)$ 不存在，从而函数 $f(x, y)$ 在 $(0, 0)$ 处不连续.

$\lim\limits_{x\to 0}\lim\limits_{y\to 0}\dfrac{ye^{\frac{1}{x^2}}}{y^2e^{\frac{2}{x^2}}+1}=\lim\limits_{x\to 0}0=0$；$\lim\limits_{y\to 0}\lim\limits_{x\to 0}\dfrac{ye^{\frac{1}{x^2}}}{y^2e^{\frac{2}{x^2}}+1}=\lim\limits_{y\to 0}\lim\limits_{x\to 0}\dfrac{ye^{-\frac{1}{x^2}}}{y^2+e^{-\frac{2}{x^2}}}=\lim\limits_{y\to 0}0=0$，

故只有 (2) 和 (3) 叙述正确，选 C.

【评注】一般而言，三个极限 $\lim\limits_{\substack{x\to x_0\\ y\to y_0}}f(x, y)$，$\lim\limits_{x\to x_0}\lim\limits_{y\to y_0}f(x, y)$，$\lim\limits_{y\to y_0}\lim\limits_{x\to x_0}f(x, y)$ 不一定相等.

第二节　偏导数及全微分

一、偏导数

1. 某点偏导数定义

设函数 $z=f(x, y)$ 在点 (x_0, y_0) 的某一邻域内有定义，当 y 固定在 y_0 而 x 在 x_0 处有增量

Δx 时，相应的函数有增量 $f(x_0+\Delta x, y_0)-f(x_0, y_0)$，如果

$$\lim_{x\to x_0}\frac{f(x, y_0)-f(x_0, y_0)}{x-x_0}=\lim_{\Delta x\to 0}\frac{f(x_0+\Delta x, y_0)-f(x_0, y_0)}{\Delta x}$$存在，则称此极限为函数 $z=f(x, y)$ 在点 (x_0, y_0) 处对 x 的偏导数，记作 $\left.\frac{\partial z}{\partial x}\right|_{\substack{x=x_0\\y=y_0}}$，$\left.\frac{\partial f}{\partial x}\right|_{\substack{x=x_0\\y=y_0}}$，$\left.z'_x\right|_{\substack{x=x_0\\y=y_0}}$ 或 $f'_x(x_0, y_0)$.

同理，类似的函数 $z=f(x, y)$ 在点 (x_0, y_0) 处对 y 的偏导数定义为

$$\lim_{y\to y_0}\frac{f(x_0, y)-f(x_0, y_0)}{y-y_0}=\lim_{\Delta y\to 0}\frac{f(x_0, y_0+\Delta y)-f(x_0, y_0)}{\Delta y}$$，记作 $\left.\frac{\partial z}{\partial y}\right|_{\substack{x=x_0\\y=y_0}}$，$\left.\frac{\partial f}{\partial y}\right|_{\substack{x=x_0\\y=y_0}}$，$\left.z'_y\right|_{\substack{x=x_0\\y=y_0}}$ 或 $f'_y(x_0, y_0)$.

例 1 设 $f(x, y)=\begin{cases}(x^2+y)\sin\dfrac{1}{\sqrt{x^2+y^2}} & x^2+y^2\neq 0\\ 0 & x^2+y^2=0\end{cases}$，则下列叙述正确的有（　　）个.

(1) $f(x, y)$ 在 $(0, 0)$ 处极限不存在　　(2) $f(x, y)$ 在 $(0, 0)$ 处不连续

(3) $f'_x(0, 0)$ 为 0　　(4) $f'_y(0, 0)$ 不存在

(A) 0　　(B) 1　　(C) 2　　(D) 3　　(E) 4

【解析】先分析极限：

$$\lim_{\substack{x\to 0\\y\to 0}}f(x, y)=\lim_{\substack{x\to 0\\y\to 0}}(x^2+y)\sin\frac{1}{\sqrt{x^2+y^2}}=0=f(0, 0)$$（因为 $\sin\dfrac{1}{\sqrt{x^2+y^2}}$ 为有界量）.

故 $f(x, y)$ 在 $(0, 0)$ 处极限存在，且连续.

再用偏导定义求解：

$$f'_x(0, 0)=\lim_{\Delta x\to 0}\frac{f(0+\Delta x, 0)-f(0, 0)}{\Delta x}=\lim_{\Delta x\to 0}\frac{(\Delta x)^2\sin\frac{1}{|\Delta x|}}{\Delta x}=0.$$

$$f'_y(0, 0)=\lim_{\Delta y\to 0}\frac{f(0, 0+\Delta y)-f(0, 0)}{\Delta y}=\lim_{\Delta y\to 0}\frac{\Delta y\sin\frac{1}{|\Delta y|}}{\Delta y}=\lim_{\Delta y\to 0}\sin\frac{1}{|\Delta y|}$$不存在.

故(3)(4)是正确的，选 C.

2. 偏导函数

如果二元函数 $z=f(x, y)$ 在区域 D 上每一点都有偏导数，一般地说，它们仍是 x，y 的函数，称为 $f(x, y)$ 的偏导函数，简称偏导数，记为 $\frac{\partial z}{\partial x}$，$\frac{\partial f}{\partial x}$，$f'_x(x, y)$，$\frac{\partial z}{\partial y}$，$\frac{\partial f}{\partial y}$，$f'_y(x, y)$.

例 2 若 $z=\dfrac{x^2+y^2}{xy}$，则 $x\dfrac{\partial z}{\partial x}+y\dfrac{\partial z}{\partial y}=$（　　）.

(A) 0　　(B) $\dfrac{y}{x}$　　(C) $\dfrac{x}{y}$　　(D) $\dfrac{y}{x}-\dfrac{x}{y}$　　(E) $\dfrac{y}{x}+\dfrac{x}{y}$

【解析】$z=\dfrac{x^2+y^2}{xy}=\dfrac{x}{y}+\dfrac{y}{x}$，得到 $\dfrac{\partial z}{\partial x}=\dfrac{1}{y}-\dfrac{y}{x^2}$，$\dfrac{\partial z}{\partial y}=\dfrac{1}{x}-\dfrac{x}{y^2}$，

故 $x\dfrac{\partial z}{\partial x}+y\dfrac{\partial z}{\partial y}=\dfrac{x}{y}-\dfrac{y}{x}+\dfrac{y}{x}-\dfrac{x}{y}=0$，选 A.

例 3 若 $z=\sin(xy)+\cos^2(xy)$，则 $x\dfrac{\partial z}{\partial x}-y\dfrac{\partial z}{\partial y}=(\quad)$.

(A) 0 (B) $\cos(xy)$ (C) $\sin(xy)$ (D) $y\cos(xy)$ (E) $x\sin(xy)$

【解析】$\dfrac{\partial z}{\partial x}=\cos(xy)y+2\cos(xy)[-\sin(xy)]y=y[\cos(xy)-\sin(2xy)]$,

$\dfrac{\partial z}{\partial y}=\cos(xy)x+2\cos(xy)[-\sin(xy)]x=x[\cos(xy)-\sin(2xy)]$,

故 $x\dfrac{\partial z}{\partial x}-y\dfrac{\partial z}{\partial y}=0$，选 A.

例 4 $z=(1+xy)^y$，则$\left.\dfrac{\partial z}{\partial y}\right|_{(1,1)}=(\quad)$.

(A) 2ln2 (B) 1+ln2 (C) 1+2ln2 (D) 1−2ln2 (E) 2+ln2

【解析】方法一：$\dfrac{\partial z}{\partial y}=\left(e^{\ln(1+xy)^y}\right)'_y=\left(e^{y\ln(1+xy)}\right)'_y=e^{y\ln(1+xy)}\left[\ln(1+xy)+y\cdot\dfrac{x}{1+xy}\right]$

$=(1+xy)^y\left[\ln(1+xy)+\dfrac{xy}{1+xy}\right]$

方法二：在方程两边同时取自然对数得 $\ln z=y\ln(1+xy)$,

方程两边同时对自变量 y 求偏导数，注意 z 为 x，y 的函数.

$\dfrac{1}{z}\cdot\dfrac{\partial z}{\partial y}=\ln(1+xy)+y\cdot\dfrac{x}{1+xy}$，$\dfrac{\partial z}{\partial y}=(1+xy)^y\left[\ln(1+xy)+\dfrac{xy}{1+xy}\right]$

故$\left.\dfrac{\partial z}{\partial y}\right|_{(1,1)}=(1+1)^1\left[\ln(1+1)+\dfrac{1}{1+1}\right]=1+2\ln2$，故选 C.

【评注】本题也可以先把 $x=1$ 代入函数表达式，再对 y 求偏导，最后把 $y=1$ 代入即可.

例 5 $z=\ln\tan\dfrac{x}{y}$在点$\left(\dfrac{\pi}{2},2\right)$处，$\dfrac{\partial z}{\partial x}+\dfrac{\partial z}{\partial y}=(\quad)$.

(A) $1+\dfrac{\pi}{8}$ (B) $1-\dfrac{\pi}{8}$ (C) $1-\dfrac{\pi}{4}$ (D) $2-\dfrac{\pi}{8}$ (E) $2+\dfrac{\pi}{8}$

【解析】$\dfrac{\partial z}{\partial x}=\dfrac{1}{\tan\dfrac{x}{y}}\cdot\sec^2\dfrac{x}{y}\cdot\dfrac{1}{y}=\dfrac{1}{y}\csc\dfrac{x}{y}\sec\dfrac{x}{y}=\dfrac{2}{y}\csc\dfrac{2x}{y}$;

$\dfrac{\partial z}{\partial y}=\dfrac{1}{\tan\dfrac{x}{y}}\cdot\sec^2\dfrac{x}{y}\cdot\left(-\dfrac{x}{y^2}\right)=-\dfrac{x}{y^2}\csc\dfrac{x}{y}\sec\dfrac{x}{y}=-\dfrac{2x}{y^2}\csc\dfrac{2x}{y}$,

在点$\left(\dfrac{\pi}{2},2\right)$处，$\dfrac{\partial z}{\partial x}+\dfrac{\partial z}{\partial y}=\dfrac{2}{2}\csc\dfrac{\pi}{2}-\dfrac{\pi}{2^2}\csc\dfrac{\pi}{2}=1-\dfrac{\pi}{4}$，选 C.

例 6 $u=\left(\dfrac{x}{y}\right)^z$在(1，1，1)点处，$\dfrac{\partial u}{\partial x}+\dfrac{\partial u}{\partial y}=(\quad)$.

(A) $\dfrac{\partial u}{\partial z}-2$ (B) $1+\dfrac{\partial u}{\partial z}$ (C) $1+2\dfrac{\partial u}{\partial z}$ (D) $1-\dfrac{\partial u}{\partial z}$ (E) $2\dfrac{\partial u}{\partial z}$

【解析】$\dfrac{\partial u}{\partial x}=z\left(\dfrac{x}{y}\right)^{z-1}\cdot\left(\dfrac{x}{y}\right)'_x=z\left(\dfrac{x}{y}\right)^{z-1}\cdot\dfrac{1}{y}=\dfrac{z}{y}\left(\dfrac{x}{y}\right)^{z-1}$;

$$\frac{\partial u}{\partial y}=z\left(\frac{x}{y}\right)^{z-1}\cdot\left(\frac{x}{y}\right)_y'=z\left(\frac{x}{y}\right)^{z-1}\cdot\left(-\frac{x}{y^2}\right)=-\frac{z}{y}\left(\frac{x}{y}\right)^z;\ \frac{\partial u}{\partial z}=\left(\frac{x}{y}\right)^z\cdot\ln\frac{x}{y}.$$

则在(1，1，1)点，有$\frac{\partial u}{\partial x}+\frac{\partial u}{\partial y}=1-1=0$，而$\frac{\partial u}{\partial z}=\left(\frac{1}{1}\right)^1\cdot\ln\frac{1}{1}=0$，故选 E.

例 7 设$f(x, y)=x+(y-1)\arcsin\sqrt{\frac{x}{y}}$，则$f_x'(x, 1)=($　　$)$.

(A) 1　　(B) $1+\sqrt{2}$　　(C) $\sqrt{2}$　　(D) $2\sqrt{2}$　　(E) $\frac{1}{2}\sqrt{2}$

【解析】方法一：$f(x, 1)=x+(1-1)\arcsin\sqrt{x}=x$，$f_x'(x, 1)=1$，选 A.

方法二：$f_x'(x, y)=1+(y-1)\frac{1}{\sqrt{1-\left(\sqrt{\frac{x}{y}}\right)^2}}\cdot\frac{1}{2\sqrt{\frac{x}{y}}}\cdot\frac{1}{y}$，$f_x'(x, 1)=1$.

3. 抽象复合函数求导法则

1）模型 1. $z=f(u, v)$，$u=u(x, y)$，$v=v(x, y)$

$$\frac{\partial z}{\partial x}=\frac{\partial z}{\partial u}\cdot\frac{\partial u}{\partial x}+\frac{\partial z}{\partial v}\cdot\frac{\partial v}{\partial x};\ \frac{\partial z}{\partial y}=\frac{\partial z}{\partial u}\cdot\frac{\partial u}{\partial y}+\frac{\partial z}{\partial v}\cdot\frac{\partial v}{\partial y}$$

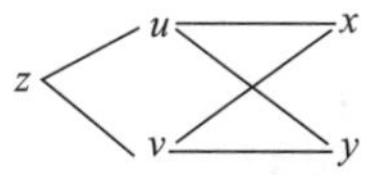

2）模型 2. $u=f(x, y, z)$，$z=z(x, y)$

$$\begin{cases}\frac{\partial u}{\partial x}=f_x'+f_z'\cdot\frac{\partial z}{\partial x}\\ \frac{\partial u}{\partial y}=f_y'+f_z'\cdot\frac{\partial z}{\partial y}\end{cases}$$

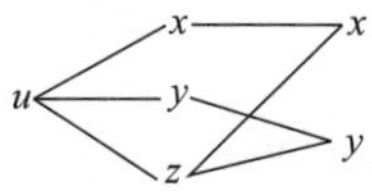

3）模型 3. $u=f(x, y, z)$，$y=y(x)$，$z=z(x)$

$$\frac{\mathrm{d}u}{\mathrm{d}x}=f_x'+f_y'\cdot y'(x)+f_z'\cdot z'(x)$$

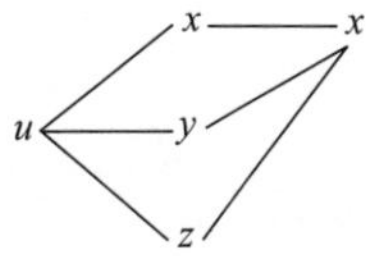

4）模型 4. $w=f(u, v)$，$u=u(x, y, z)$，$v=v(x, y, z)$

$$\begin{cases}\frac{\partial w}{\partial x}=f_u'\cdot\frac{\partial u}{\partial x}+f_v'\cdot\frac{\partial v}{\partial x}\\ \frac{\partial w}{\partial y}=f_u'\cdot\frac{\partial u}{\partial y}+f_v'\cdot\frac{\partial v}{\partial y}\\ \frac{\partial w}{\partial z}=f_u'\cdot\frac{\partial u}{\partial z}+f_v'\cdot\frac{\partial v}{\partial z}\end{cases}$$

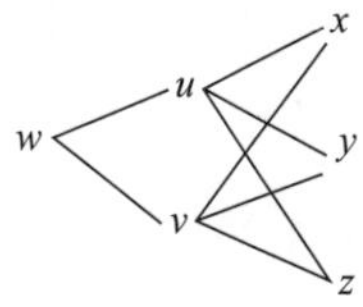

还有其他模型可以类似处理.

例 8 设$z=\frac{y^2}{3x}+\varphi(xy)$，其中$\varphi(u)$可导，则$x^2\frac{\partial z}{\partial x}-xy\frac{\partial z}{\partial y}=($　　$)$.

(A) 0　　(B) $-y^2$　　(C) x^2　　(D) xy^2　　(E) x^2y

【解析】$\frac{\partial z}{\partial x}=-\frac{y^2}{3x^2}+\varphi'(xy)y$，　$\frac{\partial z}{\partial y}=\frac{2}{3}\cdot\frac{y}{x}+\varphi'(xy)x$，

故$x^2\frac{\partial z}{\partial x}-xy\frac{\partial z}{\partial y}=-y^2$，选 B.

【评注】本题中对抽象函数$\varphi(xy)$应用了一元复合函数求导法则.

例 9 设 $z=\mathrm{e}^{-x}-f(x-2y)$，且当 $y=0$ 时，$z=x^2$，则$\dfrac{\partial z}{\partial x}=($ $)$.

(A) $2(x-2y)-\mathrm{e}^{-x}+\mathrm{e}^{2y-x}$ (B) $x-2y-\mathrm{e}^{-x}+\mathrm{e}^{2y-x}$

(C) $2(x-2y)+\mathrm{e}^{-x}+\mathrm{e}^{2y-x}$ (D) $x-2y-\mathrm{e}^{-x}-\mathrm{e}^{2y-x}$

(E) $x-2y+\mathrm{e}^{-x}+\mathrm{e}^{2y-x}$

【解析】由题设：$y=0$ 时，$z=x^2$，有 $x^2=\mathrm{e}^{-x}-f(x)\Rightarrow f(x)=\mathrm{e}^{-x}-x^2$.

于是 $z=\mathrm{e}^{-x}-f(x-2y)=\mathrm{e}^{-x}-[\mathrm{e}^{-(x-2y)}-(x-2y)^2]=\mathrm{e}^{-x}-\mathrm{e}^{2y-x}+(x-2y)^2$

从而$\dfrac{\partial z}{\partial x}=-\mathrm{e}^{-x}-\mathrm{e}^{2y-x}\cdot(-1)+2(x-2y)\cdot 1=2(x-2y)-\mathrm{e}^{-x}+\mathrm{e}^{2y-x}$，故应选 A.

例 10 若 $f(x+y,\ x-y)=x^2-y^2$，则 $xf'_x(x,\ y)-yf'_y(x,\ y)=($ $)$.

(A) 0 (B) 1 (C) x (D) xy (E) $x+y$

【解析】$f(x+y,\ x-y)=x^2-y^2=(x+y)(x-y)$，令 $u=x+y$，$v=x-y$，

故 $f(u,\ v)=uv$，即 $f(x,\ y)=xy$，$f'_x(x,\ y)=y$，$f'_y(x,\ y)=x$.

则 $xf'_x(x,\ y)-yf'_y(x,\ y)=xy-xy=0$，选 A.

例 11 设 $z=f(u)$，其中函数 f 可导，$u=\ln(x^2+y^2)$，则 $y\dfrac{\partial z}{\partial x}-x\dfrac{\partial z}{\partial y}=($ $)$.

(A) 0 (B) 1 (C) $y-x$ (D) $x-y$ (E) $x+y$

【解析】$z=f(u)=f[\ln(x^2+y^2)]$，$\dfrac{\partial z}{\partial x}=f'(u)\cdot\dfrac{2x}{x^2+y^2}$，$\dfrac{\partial z}{\partial y}=f'(u)\cdot\dfrac{2y}{x^2+y^2}$

$\Rightarrow y\dfrac{\partial z}{\partial x}-x\dfrac{\partial z}{\partial y}=0$，选 A.

4. 隐函数的求导公式

1) 设函数 $F(x,\ y)$ 在点 $P(x_0,\ y_0)$ 的某一邻域内具有连续的偏导数，且 $F(x_0,\ y_0)=0$，$F'_y(x_0,\ y_0)\neq 0$，则方程 $F(x,\ y)$ 在点 $P(x_0,\ y_0)$ 的某一邻域内恒能唯一确定一个单值连续且具有连续导数的函数 $y=f(x)$，它满足条件 $y_0=f(x_0)$，并有$\dfrac{\mathrm{d}y}{\mathrm{d}x}=-\dfrac{F'_x}{F'_y}$.

2) 设函数 $F(x,\ y,\ z)$ 在点 $P(x_0,\ y_0,\ z_0)$ 的某一邻域内有连续的偏导数，且 $F(x_0,\ y_0,\ z_0)=0$，$F'_z(x_0,\ y_0,\ z_0)\neq 0$，则方程 $F(x,\ y,\ z)=0$ 在点 $P(x_0,\ y_0,\ z_0)$ 的某一邻域内恒能唯一确定一个单值连续且具有连续偏导数的函数 $z=f(x,\ y)$，它满足条件 $z_0=f(x_0,\ y_0)$，并有$\dfrac{\partial z}{\partial x}=-\dfrac{F'_x}{F'_z}$，$\dfrac{\partial z}{\partial y}=-\dfrac{F'_y}{F'_z}$.

例 12 设函数 $z=z(x,\ y)$ 由方程 $F\left(\dfrac{y}{x},\ \dfrac{z}{x}\right)=0$ 确定，F 为可微函数，且 $F'_z\neq 0$. 则 $x\dfrac{\partial z}{\partial x}+y\dfrac{\partial z}{\partial y}=$ $($ $)$.

(A) 0 (B) z (C) $y-x$ (D) $x-y$ (E) $x+y$

【解析】$\dfrac{\partial z}{\partial x}=-\dfrac{F'_x}{F'_z}=-\dfrac{F'_1\left(-\dfrac{y}{x^2}\right)+F'_2\left(-\dfrac{z}{x^2}\right)}{F'_2\cdot\dfrac{1}{x}}=\dfrac{F'_1\cdot\dfrac{y}{x}+F'_2\cdot\dfrac{z}{x}}{F'_2}$

$\frac{\partial z}{\partial y}=-\frac{F_y'}{F_z'}=-\frac{F_1'\cdot\frac{1}{x}}{F_2'\cdot\frac{1}{x}}=-\frac{F_1'}{F_2'}$，故 $x\frac{\partial z}{\partial x}+y\frac{\partial z}{\partial y}=\frac{yF_1'+zF_2'}{F_2'}-\frac{yF_1'}{F_2'}=\frac{zF_2'}{F_2'}=z$. 选 B.

5. 高阶偏导数【掌握二阶即可】

$z=f(x,y)$ 的二阶偏导数为 $\frac{\partial}{\partial x}\left(\frac{\partial z}{\partial x}\right)=\frac{\partial^2 z}{\partial x^2}=f''_{xx}(x,y)$，$\frac{\partial}{\partial y}\left(\frac{\partial z}{\partial y}\right)=\frac{\partial^2 z}{\partial y^2}=f''_{yy}(x,y)$，$\frac{\partial}{\partial y}\left(\frac{\partial z}{\partial x}\right)=\frac{\partial^2 z}{\partial x\partial y}=f''_{xy}(x,y)$，$\frac{\partial}{\partial x}\left(\frac{\partial z}{\partial y}\right)=\frac{\partial^2 z}{\partial y\partial x}=f''_{yx}(x,y)$.

例 13 $z=x^2ye^y$，则 $x^2\frac{\partial^2 z}{\partial x^2}+\frac{\partial^2 z}{\partial y^2}-x\frac{\partial^2 z}{\partial x\partial y}=($　　$)$.

（A）xye^y　（B）xy^2e^y　（C）x^2ye^y　（D）$2xye^y$　（E）$2x^2ye^y$

【解析】$\frac{\partial z}{\partial x}=2xye^y$；$\frac{\partial z}{\partial y}=x^2e^y+x^2ye^y$.

$\frac{\partial^2 z}{\partial x^2}=(2xye^y)'_x=2ye^y$；$\frac{\partial^2 z}{\partial x\partial y}=(2xye^y)'_y=2xe^y+2xye^y=2x(1+y)e^y$，

$\frac{\partial^2 z}{\partial y^2}=(x^2e^y+x^2ye^y)'_y=x^2e^y+x^2e^y+x^2ye^y=x^2(2+y)e^y$，

故 $x^2\frac{\partial^2 z}{\partial x^2}+\frac{\partial^2 z}{\partial y^2}-x\frac{\partial^2 z}{\partial x\partial y}=2x^2ye^y+x^2(2+y)e^y-2x^2(1+y)e^y=x^2ye^y$，选 C.

例 14 $z=\arctan\frac{y}{x}$ 在 $(1,1)$ 点处，$2020\frac{\partial^2 z}{\partial x^2}+2022\frac{\partial^2 z}{\partial y^2}-2024\frac{\partial^2 z}{\partial x\partial y}=($　　$)$.

（A）0　（B）1　（C）-1　（D）2　（E）-2

【解析】$\frac{\partial z}{\partial x}=\frac{1}{1+\left(\frac{y}{x}\right)^2}\cdot\left(-\frac{y}{x^2}\right)=\frac{-y}{x^2+y^2}$；$\frac{\partial z}{\partial y}=\frac{1}{1+\left(\frac{y}{x}\right)^2}\cdot\frac{1}{x}=\frac{x}{x^2+y^2}$.

$\frac{\partial^2 z}{\partial x^2}=\frac{\partial}{\partial x}\left(\frac{-y}{x^2+y^2}\right)=\frac{2xy}{(x^2+y^2)^2}$；

$\frac{\partial^2 z}{\partial x\partial y}=\frac{\partial}{\partial y}\left(\frac{-y}{x^2+y^2}\right)=\frac{-(x^2+y^2)+y\cdot 2y}{(x^2+y^2)^2}=\frac{y^2-x^2}{(x^2+y^2)^2}$；

$\frac{\partial^2 z}{\partial y^2}=\frac{\partial}{\partial y}\left(\frac{x}{x^2+y^2}\right)=\frac{-2xy}{(x^2+y^2)^2}$，

在 $(1,1)$ 点，则 $2020\frac{\partial^2 z}{\partial x^2}+2022\frac{\partial^2 z}{\partial y^2}-2024\frac{\partial^2 z}{\partial x\partial y}=2020\times\frac{1}{2}-2022\times\frac{1}{2}-0=-1$，选 C.

例 15 $z=y^x$ 在 $(1,1)$ 点处，$2020\frac{\partial^2 z}{\partial x^2}+2022\frac{\partial^2 z}{\partial y^2}-2024\frac{\partial^2 z}{\partial x\partial y}=($　　$)$.

（A）0　（B）2022　（C）-2022　（D）2024　（E）-2024

【解析】$\frac{\partial z}{\partial x}=y^x\ln y$；$\frac{\partial z}{\partial y}=xy^{x-1}$.

$\frac{\partial^2 z}{\partial x^2}=\frac{\partial}{\partial x}(y^x\ln y)=y^x(\ln y)^2$；$\frac{\partial^2 z}{\partial y^2}=\frac{\partial}{\partial y}(xy^{x-1})=x(x-1)y^{x-2}$，

$$\frac{\partial^2 z}{\partial x\partial y}=\frac{\partial}{\partial y}(y^x\ln y)=xy^{x-1}\ln y+y^x\frac{1}{y}=y^{x-1}(x\ln y+1),$$

则在(1，1)点，$2020\frac{\partial^2 z}{\partial x^2}+2022\frac{\partial^2 z}{\partial y^2}-2024\frac{\partial^2 z}{\partial x\partial y}=0+0-2024=-2024$，选 E.

例 16 设$f(x,y,z)=xy^2+yz^2+zx^2$，则$f''_{xx}(0,0,1)+f''_{xz}(1,0,2)+f''_{yz}(0,-1,0)=$(　　).

(A) 0　(B) 2　(C) -2　(D) 4　(E) -4

【解析】$f'_x=y^2+2zx$，$f''_{xx}=2z$，$f''_{xz}=2x$，又$f'_y=2xy+z^2$，$f''_{yz}=2z$，

所以$f''_{xx}(0,0,1)=2$，$f''_{xz}(1,0,2)=2$，$f''_{yz}(0,-1,0)=0$，选 D.

例 17 设$z=yf(u)+xg(v)$，$u=\frac{x}{y}$，$v=\frac{y}{x}$，其中f，g具有二阶连续导数，则$x\frac{\partial^2 z}{\partial x^2}+y\frac{\partial^2 z}{\partial x\partial y}$ $=$(　　).

(A) 0　(B) 1　(C) $y-x$　(D) $x-y$　(E) $x+y$

【解析】$u=\frac{x}{y}$，$v=\frac{y}{x}$，$z=yf\left(\frac{x}{y}\right)+xg\left(\frac{y}{x}\right)$

$$\frac{\partial z}{\partial x}=yf'\left(\frac{x}{y}\right)\cdot\frac{1}{y}+g\left(\frac{y}{x}\right)+xg'\left(\frac{y}{x}\right)\cdot\left(-\frac{y}{x^2}\right)=f'\left(\frac{x}{y}\right)+g\left(\frac{y}{x}\right)-\frac{y}{x}g'\left(\frac{y}{x}\right)$$

$$\frac{\partial^2 z}{\partial x^2}=\frac{1}{y}f''\left(\frac{x}{y}\right)-\frac{y}{x^2}g'\left(\frac{y}{x}\right)+\frac{y}{x^2}g'\left(\frac{y}{x}\right)-\frac{y}{x}\cdot g''\left(\frac{y}{x}\right)\cdot\left(-\frac{y}{x^2}\right)=\frac{1}{y}f''\left(\frac{x}{y}\right)+\frac{y^2}{x^3}g''\left(\frac{y}{x}\right)$$

$$\frac{\partial^2 z}{\partial x\partial y}=f''\left(\frac{x}{y}\right)\cdot\left(-\frac{x}{y^2}\right)+g'\left(\frac{y}{x}\right)\cdot\frac{1}{x}-\frac{1}{x}\cdot g'\left(\frac{y}{x}\right)-\frac{y}{x}g''\left(\frac{y}{x}\right)\cdot\frac{1}{x}=-\frac{x}{y^2}f''\left(\frac{x}{y}\right)-\frac{y}{x^2}g''\left(\frac{y}{x}\right)$$

得到$x\frac{\partial^2 z}{\partial x^2}+y\frac{\partial^2 z}{\partial x\partial y}=\frac{x}{y}f''\left(\frac{x}{y}\right)+\frac{y^2}{x^2}g''\left(\frac{y}{x}\right)-\frac{x}{y}f''\left(\frac{x}{y}\right)-\frac{y^2}{x^2}g''\left(\frac{y}{x}\right)=0$，选 A.

例 18 设$z=\frac{1}{x}f(xy)+y\varphi(x+y)$，$f$，$\varphi$具有三阶连续导数，则$\frac{\partial^2 z}{\partial y\partial x}=$(　　).

(A) $yf''+\varphi'+y\varphi''$　(B) $yf''+x\varphi''$　(C) $yf''+\varphi'$

(D) $yf''+\varphi'+\varphi''$　(E) $yf''-\varphi'$

【解析】$\frac{\partial z}{\partial y}=\frac{1}{x}f'(xy)\cdot x+\varphi(x+y)+y\varphi'(x+y)\cdot 1$

$$\frac{\partial^2 z}{\partial y\partial x}=f''(xy)\cdot y+\varphi'(x+y)\cdot 1+y\varphi''(x+y)\cdot 1=yf''+\varphi'+y\varphi''$$

故应选 A.

二、全微分

1. 定义

如果函数$z=f(x,y)$在点(x,y)的全增量$\Delta z=f(x+\Delta x,y+\Delta y)-f(x,y)$可以表示为$\Delta z=A\Delta x+B\Delta y+o(\rho)$，其中$A$，$B$不依赖于$\Delta x$，$\Delta y$而仅与$x$，$y$有关，$\rho=$

$\sqrt{(\Delta x)^2+(\Delta y)^2}$，则称函数 $z=f(x, y)$ 在点 (x, y) 可微分，$A\Delta x+B\Delta y$ 称为函数 $z=f(x, y)$ 在点 (x, y) 的全微分，记为 $\mathrm{d}z$，即 $\mathrm{d}z=A\Delta x+B\Delta y$.

函数若在某区域 D 内各点处都可微分，则称该函数在 D 内可微分.

2. 可微的必要条件

如果函数 $z=f(x, y)$ 在点 (x, y) 可微分，则该函数在点 (x, y) 的偏导数 $\frac{\partial z}{\partial x}$、$\frac{\partial z}{\partial y}$ 必存在，且函数 $z=f(x, y)$ 在点 (x, y) 的全微分为 $\mathrm{d}z=\frac{\partial z}{\partial x}\Delta x+\frac{\partial z}{\partial y}\Delta y$.

3. 可微的充分条件

如果函数 $z=f(x, y)$ 的偏导数 $\frac{\partial z}{\partial x}$、$\frac{\partial z}{\partial y}$ 在点 (x, y) 连续，则该函数在点 (x, y) 可微分.

定义 $\Delta x=\mathrm{d}x$，$\Delta y=\mathrm{d}y$，记全微分为 $\mathrm{d}z=\frac{\partial z}{\partial x}\mathrm{d}x+\frac{\partial z}{\partial y}\mathrm{d}y$.

4. 概念关系

（1）一元函数

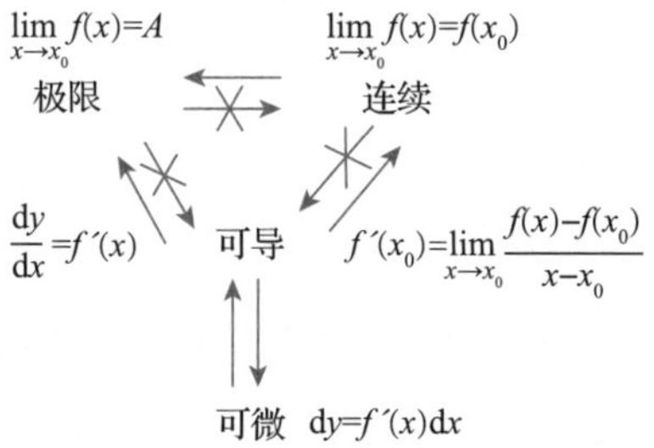

（2）二元函数

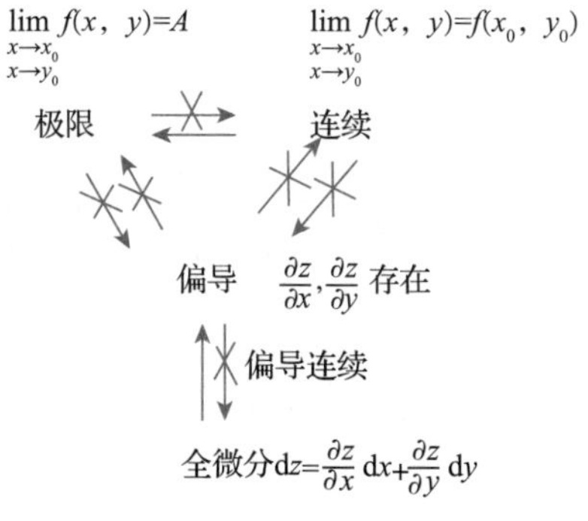

例 19 函数 $f(x, y)=\mathrm{e}^{xy}+\ln(x+y^2)$ 的全微分为（　　）.

（A）$\mathrm{d}z=\left(y\mathrm{e}^{xy}-\frac{1}{x+y^2}\right)\mathrm{d}x+\left(x\mathrm{e}^{xy}+\frac{2y}{x+y^2}\right)\mathrm{d}y$

（B）$\mathrm{d}z=\left(y\mathrm{e}^{xy}+\frac{1}{x+y^2}\right)\mathrm{d}x+\left(x\mathrm{e}^{xy}-\frac{2y}{x+y^2}\right)\mathrm{d}y$

（C）$\mathrm{d}z=\left(y\mathrm{e}^{xy}-\frac{1}{x+y^2}\right)\mathrm{d}x+\left(x\mathrm{e}^{xy}-\frac{2y}{x+y^2}\right)\mathrm{d}y$

(D) $dz=\left(ye^{xy}+\frac{1}{x+y^2}\right)dx+\left(xe^{xy}+\frac{2y}{x+y^2}\right)dy$

(E) $dz=\left(xe^{xy}+\frac{1}{x+y^2}\right)dx+\left(ye^{xy}+\frac{2y}{x+y^2}\right)dy$

【解析】$\frac{\partial f}{\partial x}(x,y)=ye^{xy}+\frac{1}{x+y^2}$，$\frac{\partial f}{\partial y}(x,y)=xe^{xy}+\frac{2y}{x+y^2}$

$dz=\left(ye^{xy}+\frac{1}{x+y^2}\right)dx+\left(xe^{xy}+\frac{2y}{x+y^2}\right)dy$，故选 D.

例 20 设函数 $f(x,y)=\arctan(x+y)\ln x$，则函数在 $(1,0)$ 处的全微分为(　　).

(A) $\frac{\pi}{4}dx+dy$　　(B) $\frac{\pi}{4}dx-dy$　　(C) $\frac{\pi}{4}dy$

(D) $\frac{\pi}{4}dx$　　(E) $dx+\frac{\pi}{4}dy$

【解析】$\frac{\partial f(x,y)}{\partial x}=\frac{\partial[\arctan(x+y)]}{\partial x}\ln x+\arctan(x+y)\frac{\partial \ln x}{\partial x}=\frac{\ln x}{1+(x+y)^2}+\frac{\arctan(x+y)}{x}$，

$\frac{\partial f(x,y)}{\partial y}=\frac{\partial[\arctan(x+y)]}{\partial y}\ln x=\frac{\ln x}{1+(x+y)^2}$，

在 $(1,0)$ 处的全微分为

$dz=\left[\frac{\arctan(1+0)}{1}+\frac{\ln 1}{1+(1+0)^2}\right]dx+\left[\frac{\ln 1}{1+(1+0)^2}\right]dy=\frac{\pi}{4}dx$，选 D.

例 21 设函数 $z=\ln[\sin e^{xy}+\cos(x+y)]$，则函数在 $(1,-1)$ 处的全微分为(　　).

(A) $\frac{\cos e^{-1}\cdot e^{-1}}{\sin e^{-1}+1}(-dx+dy)$　　(B) $\frac{\cos e^{-1}\cdot e^{-1}}{\sin e^{-1}+1}(dx+dy)$

(C) $\frac{\cos e^{-1}\cdot e^{-1}}{\sin e^{-1}+1}(dx-dy)$　　(D) $\frac{\cos e^{-1}\cdot e^{-1}}{\sin e^{-1}-1}(-dx+dy)$

(E) $\frac{\sin e^{-1}\cdot e^{-1}}{\cos e^{-1}+1}(-dx+dy)$

【解析】$\frac{\partial z}{\partial x}=\frac{\cos e^{xy}\cdot e^{xy}y-\sin(x+y)}{\sin e^{xy}+\cos(x+y)}$，$\frac{\partial z}{\partial y}=\frac{\cos e^{xy}\cdot e^{xy}x-\sin(x+y)}{\sin e^{xy}+\cos(x+y)}$

则在 $(1,-1)$ 处的全微分为

$$dz=\frac{\cos e^{-1}\cdot e^{-1}\cdot(-1)-\sin(1-1)}{\sin e^{-1}+\cos(1-1)}dx+\frac{\cos e^{-1}\cdot e^{-1}\cdot 1-\sin(1-1)}{\sin e^{-1}+\cos(1-1)}dy$$

$$=\frac{\cos e^{-1}\cdot e^{-1}}{\sin e^{-1}+1}(-dx+dy)$$，故选 A.

例 22 设 $z=z(x,y)$ 由方程 $z^3-\sin x\cos y+e^z=x^2y^2$ 确定，则 $dz=$(　　).

(A) $dz=\frac{2xy^2-\cos x\cos y}{3z^2+e^z}dx+\frac{2x^2y-\sin x\sin y}{3z^2+e^z}dy$

(B) $dz=\frac{2xy^2+\cos x\cos y}{3z^2+e^z}dx+\frac{2x^2y-\sin x\sin y}{3z^2+e^z}dy$

(C) $dz=\frac{2xy^2+\cos x\cos y}{3z^2+e^z}dx+\frac{2x^2y+\sin x\sin y}{3z^2+e^z}dy$

（D） $dz=\frac{2xy^2-\cos x\cos y}{3z^2+e^z}dx+\frac{2x^2y+\sin x\sin y}{3z^2+e^z}dy$

（E） $dz=\frac{2xy^2+\cos x\cos y}{3z^2-e^z}dx+\frac{2x^2y-\sin x\sin y}{3z^2-e^z}dy$

【解析】等式 $z^3-\sin x\cos y+e^z=x^2y^2$ 两边同时对 x 求导得

$3z^2\frac{\partial z}{\partial x}-\cos x\cos y+e^z\frac{\partial z}{\partial x}=2xy^2$，解得 $\frac{\partial z}{\partial x}=\frac{2xy^2+\cos x\cos y}{3z^2+e^z}$.

再等式 $z^3-\sin x\cos y+e^z=x^2y^2$ 两边同时对 y 求导得

$3z^2\frac{\partial z}{\partial y}+\sin x\sin y+e^z\frac{\partial z}{\partial y}=2x^2y$，解得 $\frac{\partial z}{\partial y}=\frac{2x^2y-\sin x\sin y}{3z^2+e^z}$

可知 $dz=\frac{2xy^2+\cos x\cos y}{3z^2+e^z}dx+\frac{2x^2y-\sin x\sin y}{3z^2+e^z}dy$. 选 B.

例 23 设函数 $u=f(x,y,z)$ 有连续偏导数，且 $z=z(x,y)$ 由方程 $xe^x-ye^y=ze^z$ 所确定，则 $du=($　　$)$.

（A） $du=\left(\frac{\partial f}{\partial x}-\frac{\partial f}{\partial z}\cdot\frac{xe^x+e^x}{ze^z+e^z}\right)dx+\left(\frac{\partial f}{\partial y}-\frac{\partial f}{\partial z}\cdot\frac{ye^y+e^y}{ze^z+e^z}\right)dy$

（B） $du=\left(\frac{\partial f}{\partial x}+\frac{\partial f}{\partial z}\cdot\frac{xe^x+e^x}{ze^z+e^z}\right)dx+\left(\frac{\partial f}{\partial y}-\frac{\partial f}{\partial z}\cdot\frac{ye^y+e^y}{ze^z+e^z}\right)dy$

（C） $du=\left(\frac{\partial f}{\partial x}+\frac{\partial f}{\partial z}\cdot\frac{xe^x+e^x}{ze^z+e^z}\right)dx+\left(\frac{\partial f}{\partial y}+\frac{\partial f}{\partial z}\cdot\frac{ye^y+e^y}{ze^z+e^z}\right)dy$

（D） $du=\left(\frac{\partial f}{\partial x}-\frac{\partial f}{\partial z}\cdot\frac{xe^x+e^x}{ze^z+e^z}\right)dx+\left(\frac{\partial f}{\partial y}+\frac{\partial f}{\partial z}\cdot\frac{ye^y+e^y}{ze^z+e^z}\right)dy$

（E） $du=\left(\frac{\partial f}{\partial x}+\frac{\partial f}{\partial z}\cdot\frac{xe^x-e^x}{ze^z+e^z}\right)dx+\left(\frac{\partial f}{\partial y}-\frac{\partial f}{\partial z}\cdot\frac{ye^y-e^y}{ze^z+e^z}\right)dy$

【解析】根据函数关系 $u=f(x,y,z)$，$z=z(x,y)$ 的结构，结合复合函数求导法则知：

$du=\frac{\partial u}{\partial x}dx+\frac{\partial u}{\partial y}dy$，$\frac{\partial u}{\partial x}=\frac{\partial f}{\partial x}+\frac{\partial f}{\partial z}\cdot\frac{\partial z}{\partial x}$，$\frac{\partial z}{\partial x}$ 可以通过隐函数求导求得；$\frac{\partial u}{\partial y}$ 类似.

第一步，求 $\frac{\partial u}{\partial x}=\frac{\partial f}{\partial x}+\frac{\partial f}{\partial z}\cdot\frac{\partial z}{\partial x}$：

等式 $xe^x-ye^y=ze^z$ 两边同时对 x 求导可得 $xe^x+e^x=(ze^z+e^z)\frac{\partial z}{\partial x}$，

可知 $\frac{\partial z}{\partial x}=\frac{xe^x+e^x}{ze^z+e^z}$，故 $\frac{\partial u}{\partial x}=\frac{\partial f}{\partial x}+\frac{\partial f}{\partial z}\cdot\frac{xe^x+e^x}{ze^z+e^z}$.

第二步，求 $\frac{\partial u}{\partial y}=\frac{\partial f}{\partial y}+\frac{\partial f}{\partial z}\cdot\frac{\partial z}{\partial y}$：

等式 $xe^x-ye^y=ze^z$ 两边同时对 y 求导可得 $-ye^y-e^y=(ze^z+e^z)\frac{\partial z}{\partial y}$，

可知 $\frac{\partial z}{\partial y}=-\frac{ye^y+e^y}{ze^z+e^z}$，故 $\frac{\partial u}{\partial y}=\frac{\partial f}{\partial y}-\frac{\partial f}{\partial z}\cdot\frac{ye^y+e^y}{ze^z+e^z}$.

第三步，求全微分 $du=\frac{\partial u}{\partial x}dx+\frac{\partial u}{\partial y}dy$：

$du=\left(\frac{\partial f}{\partial x}+\frac{\partial f}{\partial z}\cdot\frac{xe^x+e^x}{ze^z+e^z}\right)dx+\left(\frac{\partial f}{\partial y}-\frac{\partial f}{\partial z}\cdot\frac{ye^y+e^y}{ze^z+e^z}\right)dy$. 故选 B.

例 24 已知函数 $z=f(x,y)$ 的全微分 $dz=2xdx-2ydy$，且 $f(1,1)=2$，则 $f(3,2)=($　　$)$.

(A) 7　　(B) 6　　(C) 5　　(D) 4　　(E) 3

【解析】由 $dz=2xdx-2ydy$ 可知 $z=f(x,y)=x^2-y^2+C$，

再由 $f(1,1)=2$，得 $C=2$，故 $z=f(x,y)=x^2-y^2+2$，

故 $f(3,2)=7$，选 A.

第三节　多元函数极值与最值

一、极值的定义

设函数 $z=f(x,y)$ 的定义域为 D，$P_0(x_0,y_0)$ 为 D 的内点，若存在 P_0 的某个邻域 $U(P_0)\subset D$，使得对于该邻域内异于 P_0 的任何点 (x,y)，都有 $f(x,y)<f(x_0,y_0)$ $(f(x,y)>f(x_0,y_0))$，则称函数 $f(x,y)$ 在点 (x_0,y_0) 有极大（小）值 $f(x_0,y_0)$，点 (x_0,y_0) 称为函数 $f(x,y)$ 的极大（小）值点.

极大值、极小值统称为极值. 使函数取得极值的点称为极值点.

评注　可以理解为：局部的最值点为极值点，其意义同一元函数的极值点.

二、极值的必要条件

设函数 $z=f(x,y)$ 在点 (x_0,y_0) 具有偏导数，且在点 (x_0,y_0) 处有极值，则它在该点的偏导数必然为零：$f'_x(x_0,y_0)=0$，$f'_y(x_0,y_0)=0$.

例 1 设可微函数 $f(x,y)$ 在点 (x_0,y_0) 取得极小值，则下列结论正确的是(　　).

(A) $f(x_0,y)$ 在 $y=y_0$ 处导数大于 0　　(B) $f(x_0,y)$ 在 $y=y_0$ 处导数等于 0

(C) $f(x_0,y)$ 在 $y=y_0$ 处导数小于 0　　(D) $f(x_0,y)$ 在 $y=y_0$ 处导数不存在

(E) 以上均不正确.

【解析】根据极值的必要条件得到 $f'_x(x_0,y_0)=0$，$f'_y(x_0,y_0)=0$.

令 $z=f(x_0,y)$，看作关于 y 的一元函数，则 $\left.\dfrac{dz}{dy}\right|_{y=y_0}=f'_y(x_0,y_0)=0$，故选 B.

三、驻点的定义

$\begin{cases}f'_x(x_0,y_0)=0\\ f'_y(x_0,y_0)=0\end{cases}$，称 (x_0,y_0) 为 $f(x,y)$ 的驻点.

但驻点不一定必为极值点. 例如：$z=f(x,y)=xy$，$f'_x(0,0)=0$，$f'_y(0,0)=0$，但 $(0,0)$ 不是 $f(x,y)=xy$ 的极值点.

例 2 函数 $f(x,y)=(x^2+y^2)^2-2(x^2-y^2)$ 的驻点个数为(　　).

(A) 0　　(B) 1　　(C) 2　　(D) 3　　(E) 4

【解析】解方程组$\begin{cases} f'_x = 2(x^2+y^2)\cdot 2x - 4x = 4x(x^2+y^2-1) = 0 & ① \\ f'_y = 2(x^2+y^2)\cdot 2y + 4y = 4y(x^2+y^2+1) = 0 & ② \end{cases}$

由②得 $y=0$，代入①得 $x=0$ 或 $x=\pm 1$，故有驻点 $(-1,0)$,$(0,0)$,$(1,0)$,选 D.

四、极值的充分条件

设$f'_x(x_0, y_0)=0$，$f'_y(x_0, y_0)=0$，令$A=f''_{xx}(x_0, y_0)$，$B=f''_{xy}(x_0, y_0)$，$C=f''_{yy}(x_0, y_0)$

$AC-B^2\begin{cases} >0 & \text{则}(x_0, y_0)\text{为极值点，且} A<0 \text{时为极大值点，} A>0 \text{时为极小值点} \\ <0 & \text{则}(x_0, y_0)\text{不是极值点} \\ =0 & \text{则无法确定} \end{cases}$

具有二阶连续偏导数的函数 $z=f(x, y)$ 的极值的求法：

第一步：解方程组$f'_x(x, y)=0$，$f'_y(x, y)=0$，求得一切实数解，即可求得一切驻点.

第二步：对于每一个驻点(x_0, y_0)，求出二阶偏导数 A、B 和 C 的值.

第三步：定出 $AC-B^2$ 的符号，按极值充分条件的结论判定$f(x_0, y_0)$是否是极值，是极大值还是极小值.

例 3 $z=2x^2+y^2-xy+7y+a$ 的极小值为 -6，则 $a=($　　$)$.

(A) 8　　(B) 6　　(C) 5　　(D) 4　　(E) 3

【解析】由$\begin{cases} z'_x = 4x-y=0 \\ z'_y = 2y-x+7=0 \end{cases}$，得驻点$(-1, -4)$.

$A=z''_{xx}(-1, -4)=4>0$，$B=z''_{xy}(-1, -4)=-1$，$C=z''_{yy}(-1, -4)=2$.

$AC-B^2=4\times 2-(-1)^2=7>0$，当 $x=-1$，$y=-4$ 时，z 取极小值，$z(-1, -4)=-6\Rightarrow a=8$，故应选 A.

例 4 关于函数$f(x, y)=x^3-y^3-3xy$ 的极值点，下列叙述正确的是(　　).

(A) $(0, 0)$是极大值点，$(-1, 1)$是极小值点

(B) $(0, 0)$是极小值点，$(-1, 1)$是极小值点

(C) $(0, 0)$是极大值点，$(-1, 1)$是极大值点

(D) $(0, 0)$是极小值点，$(-1, 1)$是极大值点

(E) $(0, 0)$不是极值点，$(-1, 1)$是极大值点

【解析】解方程组$\begin{cases} f'_x = 3x^2-3y=0 & ① \\ f'_y = -3y^2-3x=0 & ② \end{cases}$

由①得 $y=x^2$，代入②得 $x(x^3+1)=0$，故 $x=0$ 或 $x=-1$，故有两驻点$(0, 0)$，$(-1, 1)$. 又 $f''_{xx}=6x$，$f''_{xy}=-3$，$f''_{yy}=-6y$，

驻点$(0, 0)$处，$A=0$，$B=-3$，$C=0$，$AC-B^2=-9<0$，故$(0, 0)$不是极值点；

驻点$(-1, 1)$处，$A=-6$，$B=-3$，$C=-6$，$AC-B^2=27>0$，又 $A=-6<0$，所以函数在点$(-1, 1)$处取得极大值 1. 故选 E.

例 5 关于函数 $y=e^{2x}(x+y^2+2y)$，下列说法正确的是(　　).

(A) 有 1 个驻点，且有 1 个极大值点　　(B) 有 2 个驻点，且有 1 个极大值点

(C) 有 1 个驻点，且有 1 个极小值点　　(D) 有 2 个驻点，且有 1 个极小值点

(E) 有 1 个驻点，无极值点

【解析】解方程组 $\begin{cases} f'_x = 2e^{2x}(x+y^2+2y)+e^{2x} = e^{2x}(2x+2y^2+4y+1)=0 & ① \\ f'_y = e^{2x}(2y+2)=0 & ② \end{cases}$

由②得 $y=-1$，代入①得 $2x+2-4+1=0$，$x=\frac{1}{2}$，故驻点为 $\left(\frac{1}{2}, -1\right)$.

又 $f''_{xx}=2e^{2x}(2x+2y^2+4y+2)$，$f''_{xy}=e^{2x}(4y+4)$，$f''_{yy}=2e^{2x}$，

故 $A=2e$，$B=0$，$C=2e$，$AC-B^2=4e^2>0$，又 $A=2e>0$，

所以函数在点 $\left(\frac{1}{2}, -1\right)$ 处取得极小值 $-\frac{1}{2}e$，选 C.

例 6 设函数 $f(x, y)=\sin x+\cos y+\cos(x-y)$，则 $x\in\left[0, \frac{\pi}{2}\right]$，$y\in\left[0, \frac{\pi}{2}\right]$ 的极大值为(　　).

(A) $\frac{3}{2}\sqrt{3}$　(B) $\frac{1}{2}\sqrt{3}$　(C) $\frac{3}{4}\sqrt{3}$　(D) $\frac{3}{2}\sqrt{2}$　(E) $\frac{3}{4}\sqrt{2}$

【解析】解方程组 $\begin{cases} f'_x = \cos x-\sin(x-y)=0 & ① \\ f'_y = -\sin y+\sin(x-y)=0 & ② \end{cases}$

①+②并代入①得 $\cos x=\sin y=\sin(x-y)$，$x\in\left[0, \frac{\pi}{2}\right]$，$y\in\left[0, \frac{\pi}{2}\right]$，

得驻点 $\left(\frac{\pi}{3}, \frac{\pi}{6}\right)$.

$f''_{xx}=-\sin x-\cos(x-y)$，$f''_{xy}=\sin(x-y)$，$f''_{yy}=-\cos y-\cos(x-y)$，对驻点 $\left(\frac{\pi}{3}, \frac{\pi}{6}\right)$，

$A=-\sqrt{3}$，$B=\frac{1}{2}$，$C=-\sqrt{3}$，$AC-B^2=\frac{11}{4}>0$，且 $A=-\sqrt{3}<0$，所以函数在 $\left(\frac{\pi}{3}, \frac{\pi}{6}\right)$ 处取得极大值 $\frac{3}{2}\sqrt{3}$，选 A.

例 7 关于函数 $z=x^4+y^4-x^2-2xy-y^2$，下列叙述正确的是(　　).

(A) 有 3 个驻点，且有 3 个极值点　　(B) 有 3 个驻点，且有 1 个极大值点

(C) 有 2 个驻点，且有 1 个极小值点　　(D) 有 3 个驻点，且有 2 个极小值点

(E) 有 2 个驻点，且有 2 个极值点

【解析】$\frac{\partial z}{\partial x}=4x^3-2x-2y$，$\frac{\partial z}{\partial y}=4y^3-2x-2y$，

要求 $\frac{\partial z}{\partial x}=\frac{\partial z}{\partial y}=0$，得 $x+y=2x^3=2y^3$，故知 $x=y$，由此解得三个驻点

$\begin{cases} x=0 \\ y=0 \end{cases}$，$\begin{cases} x=1 \\ y=1 \end{cases}$，$\begin{cases} x=-1 \\ y=-1 \end{cases}$，又 $\frac{\partial^2 z}{\partial x^2}=12x^2-2$，$\frac{\partial^2 z}{\partial x\partial y}=-2$，$\frac{\partial^2 z}{\partial y^2}=12y^2-2$，

在点 $(1, 1)$ 处：$A=\left.\frac{\partial^2 z}{\partial x^2}\right|_{(1,1)}=10$，$B=\left.\frac{\partial^2 z}{\partial x\partial y}\right|_{(1,1)}=-2$，$C=\left.\frac{\partial^2 z}{\partial y^2}\right|_{(1,1)}=10$.

$AC-B^2=96>0$，又 $A=10>0$，故 $(1, 1)$ 是极小值点，极小值 $z\big|_{(1,1)}=-2$.

在点$(-1,-1)$处：$A=\left.\frac{\partial^2 z}{\partial x^2}\right|_{(-1,-1)}=10$，$B=\left.\frac{\partial^2 z}{\partial x\partial y}\right|_{(-1,-1)}=-2$，$C=\left.\frac{\partial^2 z}{\partial y^2}\right|_{(-1,-1)}=10$.

$AC-B^2=96>0$，$A=10>0$，$(-1,\ -1)$也是极小值点，极小值$\left.z\right|_{(-1,-1)}=-2$.

在点$(0,\ 0)$处：$A=\left.\frac{\partial^2 z}{\partial x^2}\right|_{(0,0)}=-2$，$B=\left.\frac{\partial^2 z}{\partial x\partial y}\right|_{(0,0)}=-2$，$C=\left.\frac{\partial^2 z}{\partial y^2}\right|_{(0,0)}=-2$.

$AC-B^2=0$不能判定．这时取$x=\varepsilon$，$y=-\varepsilon$（其中ε为充分小的正数）则$z=2\varepsilon^4>0$，而取$x=y=\varepsilon$时$z=2\varepsilon^4-4\varepsilon^2<0$，由此可见$(0,\ 0)$不是极值点．故选D.

五、二元函数的最值

求二元连续函数在有界平面区域D上的最值的一般方法：

将函数在D内的所有驻点处的函数值及在D的边界上的最大值和最小值相互比较，其中最大者即为最大值，最小者即为最小值.

在通常遇到的实际问题中，如果根据问题的性质，知道函数$f(x,\ y)$的最大值（最小值）一定在D的内部取得，而函数在D内只有一个驻点，那么可以肯定该驻点处的函数值就是函数$f(x,\ y)$在D上的最大值（最小值）.

例8 某厂家生产的一种产品同时在两个市场上销售，售价分别为p_1和p_2，销售量分别为q_1和q_2，需求函数为$q_1=24-0.2p_1$，$q_2=10-0.05p_2$．总成本函数为$C=35+40(q_1+q_2)$，则当$(p_1,\ p_2)=($　　$)$时，其获得的总利润最大.

(A) (120, 80)　　(B) (80, 120)　　(C) (40, 60)

(D) (60, 40)　　(E) (60, 120)

【解析】总利润
$$\begin{aligned}L&=p_1\cdot q_1+p_2\cdot q_2-C\\&=p_1\cdot(24-0.2p_1)+p_2\cdot(10-0.05p_2)-35-40(34-0.2p_1-0.05p_2)\\&=-0.2p_1^2-0.05p_2^2+32p_1+12p_2-35-40\times34.\end{aligned}$$

令$\begin{cases}\dfrac{\partial L}{\partial p_1}=-0.4p_1+32=0\\ \dfrac{\partial L}{\partial p_2}=-0.1p_2+12=0\end{cases}\Rightarrow p_1=80,\ p_2=120.$

$A=\frac{\partial^2 L}{\partial p_1^2}=-0.4<0$，$B=\frac{\partial^2 L}{\partial p_1\partial p_2}=0$，$C=\frac{\partial^2 L}{\partial p_2^2}=-0.1$.

$\Rightarrow AC-B^2>0$，又$A<0$，故当$(p_1,\ p_2)=(80,\ 120)$时，L取极大值，也即最大值，故选B.

例9 某公司可通过电台及报纸两种方式做销售某种商品的广告，根据统计资料，销售收入R（万元）与电台广告费用x_1（万元）及报纸广告费用x_2（万元）之间的关系有如下经验公式：$R=15+14x_1+32x_2-8x_1x_2-2x_1^2-10x_2^2$．则最优的广告策略$(x_1,\ x_2)$为(　　).

(A) (0.75, 1.25)　　(B) (1.25, 0.75)　　(C) (0, 1.5)

(D) (0.5, 0)　　(E) (0.5, 1.25)

【解析】利润函数为$L=R-C=R-(x_1+x_2)=15+13x_1+31x_2-8x_1x_2-2x_1^2-10x_2^2$.

$\begin{cases}L'_{x_1}=13-8x_2-4x_1=0\\ L'_{x_2}=31-8x_1-20x_2=0\end{cases}\Rightarrow x_1=0.75,\ x_2=1.25$，故应选A.

例 10 将周长为 $2p$ 的矩形绕它的一边旋转构成一个圆柱体，则所得圆柱体的体积最大值为(　　).

(A) $\frac{4}{27}\pi p^3$　(B) $\frac{7}{27}\pi p^3$　(C) $\frac{4}{9}\pi p^3$　(D) $\frac{2}{9}\pi p^3$　(E) $\frac{8}{27}\pi p^3$

【解析】设矩形的长为 x，则宽为 $p-x$，将矩形绕它的一边旋转构成一个圆柱体，则圆柱体的底面半径为 x，高为 $p-x$，从而体积为 $V=\pi x^2(p-x)$，$x>0$.

$V'_x=\pi(2px-3x^2)$，令 $V'_x=\pi(2px-3x^2)=0$，得唯一驻点 $x=\frac{2}{3}p$.

又 $V''_{xx}\Big|_{x=\frac{2}{3}p}=\pi(2p-6x)\Big|_{x=\frac{2}{3}p}=-2p\pi<0$.

故 $x=\frac{2}{3}p$ 为极大值点，由问题的实际意义可知，此为最大值点. 即当长为 $\frac{2}{3}p$，宽为 $\frac{1}{3}p$ 时圆柱体取得最大体积 $\frac{4}{27}\pi p^3$. 选 A.

例 11 某工厂生产两种产品 A 与 B，出售单价分别为 10 元与 9 元，生产 x 单位的产品 A 与生产 y 单位的产品 B 的总费用是 $[400+2x+3y+0.01(3x^2+xy+3y^2)]$ 元，则取得最大利润时，两种产品的产量各为(　　).

(A) 100 件产品 A，80 件产品 B　(B) 120 件产品 A，90 件产品 B

(C) 110 件产品 A，90 件产品 B　(D) 120 件产品 A，80 件产品 B

(E) 100 件产品 A，90 件产品 B

【解析】利润函数 $L(x,y)=10x+9y-[400+2x+3y+0.01(3x^2+xy+3y^2)]$

$=8x+6y-400-0.01(3x^2+xy+3y^2)$

$\begin{cases}L'_x=8-0.06x-0.01y=0 & ①\\ L'_y=6-0.01x-0.06y=0 & ②\end{cases}$，②×6－①得：$y=80$，$x=120$.

又 $L''_{xx}=-0.06$，$L''_{xy}=-0.01$，$L''_{yy}=-0.06$，$AC-B^2=0.0036-0.0001>0$，

$A=-0.06<0$，故 $x=120$，$y=80$ 为极大值点，由问题的实际意义知，也为最大值点. 即当生产 120 件产品 A，80 件产品 B 时所得利润最大. 故选 D.

第四节　归纳总结

一、多元函数概念归纳

区域	邻域	$\mathbf{R}^n$ 空间中点 P_0 的 δ 邻域为 $U(P_0)=\{P\mid \lvert P_0P\rvert<\delta\}$ 平面上点 $P_0(x_0,y_0)$ 的 δ 邻域为 $U(P_0)=\{(x,y)\mid\sqrt{(x-x_0)^2+(y-y_0)^2}<\delta\}$	
	点集	开集	所有点都是内点的点集
		闭集	开集连同边界构成的点集
		连通集	任意两点都可用一条完全在点集中的折线连接的点集
		区域	连通的点集. 开区域、闭区域；有界区域、无界区域

（续）

<table>
<tr><td rowspan="3">多元函数</td><td>定义</td><td>D 为平面上的非空点集，如果对 D 中任一点 (x, y)，按某种法则 f，都有唯一确定的实数 z 与之对应，则称 f 为 D 上的二元函数，记 $z=f(x, y)$，$(x, y) \in D$，D 为定义域
几何意义：$z=f(x, y)$ 为空间曲面，D 为曲面在 xOy 面上的投影
类似可定义三元及以上函数</td></tr>
<tr><td>二重极限</td><td>若存在常数 A，$\forall \varepsilon>0$，$\exists \delta>0$，当 $\sqrt{(x-x_0)^2+(y-y_0)^2}<\delta$ 时，恒有 $\lvert f(x, y)-A \rvert<\varepsilon$，则称 $\lim\limits_{\substack{x \to x_0 \\ y \to y_0}} f(x, y)=A$
【注意】其中 $(x, y) \to (x_0, y_0)$ 为任意方式. 从而若 (x, y) 以不同方式趋于 (x_0, y_0) 时，$f(x, y)$ 无限靠近不同的常数，则二重极限不存在</td></tr>
<tr><td>多元函数连续</td><td>若 $\lim\limits_{\substack{x \to x_0 \\ y \to y_0}} f(x, y)=f(x_0, y_0)$，则函数 $z=f(x, y)$ 在 (x_0, y_0) 处连续
初等函数在其定义区域内连续
闭区域上连续函数必有最大、最小值，有界，且满足介值定理</td></tr>
</table>

二、多元函数偏导归纳

<table>
<tr><td></td><td></td><td>定义</td><td>性质</td></tr>
<tr><td rowspan="3">偏导数</td><td rowspan="2">一阶偏导数</td><td rowspan="2">$\left.\frac{\partial z}{\partial x}\right|_{\substack{x=x_0 \\ y=y_0}}=\lim\limits_{\Delta x \to 0}\frac{f(x_0+\Delta x, y_0)-f(x_0, y_0)}{\Delta x}$
也记为
$z_x(x_0, y_0)$，$f_x(x_0, y_0)$，$\frac{\partial f(x_0, y_0)}{\partial x}$，$f'_x(x_0, y_0)$
同理可定义
$\left.\frac{\partial z}{\partial y}\right|_{\substack{x=x_0 \\ y=y_0}}=\lim\limits_{\Delta y \to 0}\frac{f(x_0, y_0+\Delta y)-f(x_0, y_0)}{\Delta y}$
也记为
$z_y(x_0, y_0)$，$f_y(x_0, y_0)$，$\frac{\partial f(x_0, y_0)}{\partial y}$，$f'_y(x_0, y_0)$</td><td>某点偏导数求解的三个方法：
（1）按定义求
（2）转化为一元函数求（先代入一个数字）
（3）求出偏导函数，再将坐标代入</td></tr>
<tr><td>偏导函数的求法：
（1）多元函数对某自变量求偏导时，只需将其余自变量看为常数，按一元函数求导法则计算导数
（2）多元分段函数在分段点处的偏导数要用偏导数定义来求</td></tr>
<tr><td>高阶偏导数</td><td>若函数 $z=f(x, y)$ 的偏导数 $f_x(x, y)$，$f_y(x, y)$ 在区域 D 内偏导数也存在，称它们为二阶偏导数. 二阶及二阶以上的偏导数称为高阶偏导数</td><td>如果 $z=f(x, y)$ 的二阶混合偏导数 $\frac{\partial^2 z}{\partial x \partial y}$，$\frac{\partial^2 z}{\partial y \partial x}$ 在区域 D 内连续，则在 D 内这两个偏导数相等</td></tr>
</table>

三、特殊函数的偏导数

<table>
<tr><th></th><th>类型</th><th>求导法则</th></tr>
<tr><td rowspan="3">复合函数微分法</td><td>复合函数的中间变量均为一元函数的情形</td><td>如果函数 $u=u(t)$ 及 $v=v(t)$ 在点 t 处可导，函数 $z=f(u,v)$ 在对应点 (u,v) 处具有连续偏导数，则复合函数 $z=f(u(t),v(t))$ 在对应点 t 处可导，且 $\frac{\mathrm{d}z}{\mathrm{d}t}=\frac{\partial z}{\partial u}\frac{\mathrm{d}u}{\mathrm{d}t}+\frac{\partial z}{\partial v}\frac{\mathrm{d}v}{\mathrm{d}t}$</td></tr>
<tr><td>复合函数中间变量为多元函数情形</td><td>如果函数 $u=u(x,y)$ 及 $v=v(x,y)$ 在点 (x,y) 处可导，函数 $z=f(u,v)$ 在对应点 (u,v) 处具有连续偏导数，则复合函数 $z=f(u(x,y),v(x,y))$ 在对应点 (x,y) 处可导，且 $\frac{\partial z}{\partial x}=\frac{\partial z}{\partial u}\frac{\partial u}{\partial x}+\frac{\partial z}{\partial v}\frac{\partial v}{\partial x}$，$\frac{\partial z}{\partial y}=\frac{\partial z}{\partial u}\frac{\partial u}{\partial y}+\frac{\partial z}{\partial v}\frac{\partial v}{\partial y}$</td></tr>
<tr><td>复合函数中间变量既有一元函数又有多元函数的情形</td><td>如果函数 $u=u(x,y)$ 在点 (x,y) 处可导，函数 $v=v(y)$ 在 y 点可导，函数 $z=f(u,v)$ 在对应点 (u,v) 处具有连续偏导数，则复合函数 $z=f(u(x,y),v(y))$ 在对应点 (x,y) 处可导，且 $\frac{\partial z}{\partial x}=\frac{\partial z}{\partial u}\frac{\partial u}{\partial x}$，$\frac{\partial z}{\partial y}=\frac{\partial z}{\partial u}\frac{\partial u}{\partial y}+\frac{\partial z}{\partial v}\frac{\mathrm{d}v}{\mathrm{d}y}$
注：若 $z=f(x,y,u)$，$u=u(x,y)$，则 $z=f(x,y,u(x,y))$，
$$\frac{\partial z}{\partial x}=\frac{\partial f}{\partial x}+\frac{\partial f}{\partial u}\frac{\partial u}{\partial x};\ \frac{\partial z}{\partial y}=\frac{\partial f}{\partial y}+\frac{\partial f}{\partial u}\frac{\partial u}{\partial y}$$
其中 $\frac{\partial f}{\partial x}$ 为 f 对中间变量 x 的偏导数，此时应将 $z=f(x,y,u)$ 中变量 y，u 看作常数；而 $\frac{\partial z}{\partial x}$ 为 $z=f(x,y,u(x,y))$ 对自变量 x 的偏导数，此时将自变量 y 看作常数.
$\frac{\partial f}{\partial y}$ 与 $\frac{\partial z}{\partial y}$ 的区别同上</td></tr>
<tr><td>隐函数微分</td><td>一个方程的情形</td><td>若二元方程 $F(x,y)=0$ 确定一元隐函数 $y=f(x)$，则 $\frac{\mathrm{d}y}{\mathrm{d}x}=-\frac{F'_x}{F'_y}$.
若三元方程 $F(x,y,z)=0$ 确定二元隐函数 $z=f(x,y)$，则
$$\frac{\partial z}{\partial x}=-\frac{F'_x}{F'_z},\ \frac{\partial z}{\partial y}=-\frac{F'_y}{F'_z}$$</td></tr>
</table>

四、全微分及其应用

<table>
<tr><td rowspan="2">全微分及其应用</td><td>定义</td><td>如果函数 $z=f(x,y)$ 在点 (x,y) 的全增量 $\Delta z=f(x+\Delta x,y+\Delta y)-f(x,y)$ 可表示为 $\Delta z=A\Delta x+B\Delta y+o(\rho)$，其中 A，B 与 Δx，Δy 无关，$\rho=\sqrt{(\Delta x)^2+(\Delta y)^2}$，则称函数在点 (x,y) 可微，全微分 $\mathrm{d}z=A\Delta x+B\Delta y$.</td></tr>
<tr><td>性质</td><td>（1）若函数 $z=f(x,y)$ 在 (x,y) 可微，则 $z=f(x,y)$ 在 (x,y) 连续
（2）若函数 $z=f(x,y)$ 在 (x,y) 可微，则 $\lim\limits_{\rho\to 0}\frac{\Delta z-\mathrm{d}z}{\rho}=0$；从而若 $\lim\limits_{\rho\to 0}\frac{\Delta z-\mathrm{d}z}{\rho}\neq 0$，则函数 $z=f(x,y)$ 在 (x,y) 不可微
（3）若函数 $z=f(x,y)$ 在 (x,y) 可微，则 $z=f(x,y)$ 在 (x,y) 偏导数存在，且 $\mathrm{d}z=\frac{\partial z}{\partial x}\mathrm{d}x+\frac{\partial z}{\partial y}\mathrm{d}y$
（4）若函数 $z=f(x,y)$ 在 (x,y) 的某邻域存在偏导数且 $\frac{\partial z}{\partial x}$ 和 $\frac{\partial z}{\partial y}$ 在 (x,y) 连续，则函数在 (x,y) 可微，且 $\mathrm{d}z=\frac{\partial z}{\partial x}\mathrm{d}x+\frac{\partial z}{\partial y}\mathrm{d}y$</td></tr>
</table>

（续）

全微分及其应用	全微分应用	若函数 $z=f(x, y)$ 在 (x, y) 的某邻域内的偏导数 f'_x，f'_y 在 (x, y) 连续，且 $\lvert\Delta x\rvert$ 和 $\lvert\Delta y\rvert$ 都比较小时，有全增量近似公式 $\Delta z\approx \mathrm{d}z=f'_x(x, y)\Delta x+f'_y(x, y)\Delta y$，函数值近似公式 $f(x+\Delta x, y+\Delta y)\approx f(x, y)+f'_x(x, y)\Delta x+f'_y(x, y)\Delta y$

五、多元函数极值归纳

	定义	性质
多元函数极值	函数 $z=f(x, y)$ 在点 (x_0, y_0) 某邻域内有定义，对邻域内任一异于 (x_0, y_0) 的点 (x, y)，如果 $f(x, y)<f(x_0, y_0)$ $(f(x, y)>f(x_0, y_0))$，则称函数在点 (x_0, y_0) 取得极大（小）值，(x_0, y_0) 为极值点	（1）（必要条件）函数 $z=f(x, y)$ 在点 (x_0, y_0) 处具有连续偏导数，且在点 (x_0, y_0) 有极值，则必有 $f'_x(x_0, y_0)=0$，$f'_y(x_0, y_0)=0$.（可推广至多元函数） （2）（充分条件）函数 $z=f(x, y)$ 在点 (x_0, y_0) 处具有二阶连续偏导数，且 $f'_x(x_0, y_0)=0$，$f'_y(x_0, y_0)=0$， 令 $f''_{xx}(x_0, y_0)=A$，$f''_{xy}(x_0, y_0)=B$，$f''_{yy}(x_0, y_0)=C$，则 （1）当 $AC-B^2>0$ 时，函数在 (x_0, y_0) 处有极值，且 $A>0$ 时有极小值，$A<0$ 时有极大值 （2）当 $AC-B^2<0$ 时，函数在 (x_0, y_0) 处没有极值 （3）当 $AC-B^2=0$ 时，不确定是否有极值

第五节　单元练习

扫码看视频

1. 设 $f(x, y)=\dfrac{2xy}{x^2+y^2}$，则 $f\left(1, \dfrac{y}{x}\right)=($　　$)$.

（A）$\dfrac{xy}{x^2+y^2}$　（B）$\dfrac{2xy}{x^2+y^2}$　（C）$\dfrac{2xy}{x^2+2y^2}$　（D）$\dfrac{2xy}{2x^2+y^2}$　（E）$\dfrac{xy}{x^2+2y^2}$

2. 已知函数 $f(u, v, w)=u^w+w^{u+v}$，则 $f(x+y, x-y, xy)=($　　$)$.

（A）$(x+y)^{xy}+(xy)^x$　（B）$(x+y)^{xy}-(xy)^{2x}$

（C）$(x+y)^{xy}+(2xy)^x$　（D）$(x+y)^{2xy}+(xy)^{2x}$

（E）$(x+y)^{xy}+(xy)^{2x}$

3. 设 $z=x+y+f(x-y)$，且当 $y=0$ 时，$z=x^2$，则 $f(x)=($　　$)$.

（A）x^2-x　（B）x^2+x　（C）x^2-2x

（D）x^2+2x　（E）$2x^2-x$

4. 下列极限正确的有(　　)个.

（1）$\lim\limits_{\substack{x\to 0\\ y\to 0}}\dfrac{x^2+y^2}{\sqrt{x^2+y^2+1}-1}=2$　（2）$\lim\limits_{\substack{x\to 0\\ y\to 0}}\dfrac{x+y}{x-y}=1$

（3）$\lim\limits_{\substack{x\to 0\\ y\to 0}}\frac{\ln(1+xy)}{x+\tan y}$不存在　　（4）$\lim\limits_{\substack{x\to 0\\ y\to 0}}(x^2+y^2)^{(x^2-y^2)}=1$

（A）0　（B）1　（C）2　（D）3　（E）4

5. 极限$\lim\limits_{\substack{x\to 1\\ y\to 0}}\frac{\ln(x+e^y)}{\sqrt{x^2+y^2}}=$（　　）.

（A）$\frac{1}{2}\ln 3$　（B）$\ln 3$　（C）$2\ln 2$　（D）$\frac{1}{2}\ln 2$　（E）$\ln 2$

6. 极限$\lim\limits_{\substack{x\to 0\\ y\to 0}}\frac{2-\sqrt{xy+4}}{xy}=$（　　）.

（A）$-\frac{1}{4}$　（B）$\frac{1}{2}$　（C）$\frac{1}{4}$　（D）$-\frac{1}{2}$　（E）1

7. 极限$\lim\limits_{\substack{x\to +\infty\\ y\to +\infty}}(x^2+y^2)e^{-(x+y)}=$（　　）.

（A）0　（B）1　（C）-1　（D）e　（E）$\frac{1}{e}$

8. 极限$\lim\limits_{\substack{x\to 0\\ y\to 0}}\frac{\sqrt{x^2+y^2}-\sin\sqrt{x^2+y^2}}{\sqrt{(x^2+y^2)^3}}=$（　　）.

（A）$-\frac{1}{4}$　（B）$\frac{1}{2}$　（C）$\frac{1}{6}$　（D）$-\frac{1}{2}$　（E）$-\frac{1}{6}$

9. 极限$\lim\limits_{\substack{x\to 0\\ y\to 0}}\frac{1-\cos(x^2+y^2)}{(x^2+y^2)e^{x^2y^2}}=$（　　）.

（A）0　（B）1　（C）2　（D）$\frac{1}{2}$　（E）4

10. 设$f(x, y, z)=e^x yz^2$，其中$z=z(x, y)$是由$x+y+z+xyz=0$确定的隐函数，则$f'_x(1, 1, -1)=$（　　）.

（A）0　（B）1　（C）-1　（D）$-e$　（E）e

11. 设$z=f(x^2-y^2, e^{xy})$，其中f具有连续的二阶偏导，则$y\frac{\partial z}{\partial x}+x\frac{\partial z}{\partial y}=$（　　）.

（A）$xye^{xy}f'_2$　（B）$2xye^{xy}f'_1$　（C）$(x^2+y^2)e^{xy}f'_2$

（D）$xye^{xy}f'_1$　（E）$2xye^{2xy}f'_2$

12. 设$u=e^{-x}\sin\frac{x}{y}$，则$\frac{\partial u}{\partial x}$在点$\left(2, \frac{1}{\pi}\right)$处的值为（　　）.

（A）$\frac{\pi}{e}$　（B）$\frac{\pi}{e^2}$　（C）$\frac{\pi}{2e^2}$　（D）$\frac{\pi}{2e}$　（E）$\frac{\pi^2}{e}$

13. 设$f(u, v)$是二元可微函数，$z=f\left(\frac{y}{x}, \frac{x}{y}\right)$，则$x\frac{\partial z}{\partial x}-y\frac{\partial z}{\partial y}=$（　　）.

（A）$2\left(f'_1\frac{y}{x}-f'_2\frac{x}{y}\right)$　（B）$-2\left(f'_1\frac{y}{x}+f'_2\frac{x}{y}\right)$

（C）$-3\left(f'_1\frac{y}{x}-f'_2\frac{x}{y}\right)$　（D）$-3\left(f'_1\frac{y}{x}+f'_2\frac{x}{y}\right)$

(E) $-2\left(f_1'\frac{y}{x}-f_2'\frac{x}{y}\right)$

14. 设函数$f(u, v)$具有二阶连续偏导数，$z=f(x, xy)$，则 $x\frac{\partial z}{\partial x}-y\frac{\partial z}{\partial y}=(\quad)$.

(A) xf_2' (B) yf_1' (C) yf_2' (D) xf_1' (E) xyf_1'

15. 设 $u=f(x, xy, xyz)$，则 $x\frac{\partial u}{\partial x}-y\frac{\partial u}{\partial y}+z\frac{\partial u}{\partial z}=(\quad)$.

(A) $xf_1'-xyzf_3'$ (B) $xf_1'+xyzf_3'$ (C) $xf_2'+xyzf_3'$
(D) $xf_1'+yzf_3'$ (E) $xf_1'+zf_3'$

16. 已知函数 $u=u(x, y)$由 $u+e^u=xy$ 确定，则$\frac{\partial^2 u}{\partial x\partial y}=(\quad)$.

(A) $\frac{1}{1+e^u}+\frac{xye^u}{(1+e^u)^3}$ (B) $\frac{1}{1+e^u}-\frac{2xye^u}{(1+e^u)^3}$

(C) $\frac{2}{1+e^u}-\frac{xye^u}{(1+e^u)^3}$ (D) $\frac{1}{1+e^u}-\frac{xye^u}{(1+e^u)^2}$

(E) $\frac{1}{1+e^u}-\frac{xye^u}{(1+e^u)^3}$

17. 已知 $z=f(u, v)$，$u=x+y$，$v=xy$，且$f(u, v)$的二阶偏导数都连续，则$\frac{\partial^2 z}{\partial x\partial y}=(\quad)$.

(A) $\frac{\partial^2 f}{\partial u^2}+(x+y)\frac{\partial^2 f}{\partial u\partial v}+xy\frac{\partial^2 f}{\partial v^2}+\frac{\partial f}{\partial v}$ (B) $\frac{\partial^2 f}{\partial u^2}+(x+y)\frac{\partial^2 f}{\partial u\partial v}-xy\frac{\partial^2 f}{\partial v^2}+\frac{\partial f}{\partial v}$

(C) $\frac{\partial^2 f}{\partial u^2}+(x+y)\frac{\partial^2 f}{\partial u\partial v}+xy\frac{\partial^2 f}{\partial v^2}-\frac{\partial f}{\partial v}$ (D) $\frac{\partial^2 f}{\partial u^2}-(x+y)\frac{\partial^2 f}{\partial u\partial v}+xy\frac{\partial^2 f}{\partial v^2}+\frac{\partial f}{\partial v}$

(E) $\frac{\partial^2 f}{\partial u^2}-(x+y)\frac{\partial^2 f}{\partial u\partial v}+xy\frac{\partial^2 f}{\partial v^2}-\frac{\partial f}{\partial v}$

18. $z=e^{\arctan\frac{y}{x}}$，则$\left.\frac{\partial^2 z}{\partial x\partial y}\right|_{(1,1)}=(\quad)$.

(A) $-\frac{\pi}{4}e^{\frac{\pi}{4}}$ (B) $\frac{1}{4}e^{-\frac{\pi}{4}}$ (C) $-\frac{1}{4}e^{\frac{\pi}{4}}$ (D) $-\frac{1}{4}e^{-\frac{\pi}{4}}$ (E) $\frac{1}{4}e^{\frac{\pi}{4}}$

19. 设 $z=z(x, y)$是由方程 $x^2+y^2-z=\varphi(x+y+z)$所确定的函数，其中 φ 具有二阶导数且 $\varphi'\neq-1$，则 $dz=(\quad)$.

(A) $dz=\frac{2x+\varphi'(x+y+z)}{1+\varphi'(x+y+z)}dx+\frac{2y-\varphi'(x+y+z)}{1+\varphi'(x+y+z)}dy.$

(B) $dz=\frac{2x-\varphi'(x+y+z)}{1+\varphi'(x+y+z)}dx+\frac{2y-\varphi'(x+y+z)}{1+\varphi'(x+y+z)}dy.$

(C) $dz=\frac{2x-\varphi'(x+y+z)}{1+\varphi'(x+y+z)}dx+\frac{2y+\varphi'(x+y+z)}{1+\varphi'(x+y+z)}dy.$

(D) $dz=\frac{2x-\varphi'(x+y+z)}{1-\varphi'(x+y+z)}dx+\frac{2y-\varphi'(x+y+z)}{1-\varphi'(x+y+z)}dy.$

(E) $dz=\frac{2x+\varphi'(x+y+z)}{1-\varphi'(x+y+z)}dx+\frac{2y+\varphi'(x+y+z)}{1-\varphi'(x+y+z)}dy.$

20. 设函数 $z=\arctan\dfrac{x+y}{x-y}$，则 $\mathrm{d}z=$（　　）.

（A）$-\dfrac{y\mathrm{d}x+x\mathrm{d}y}{x^2+y^2}$　　（B）$\dfrac{y\mathrm{d}x+x\mathrm{d}y}{x^2+y^2}$　　（C）$-\dfrac{y\mathrm{d}x-x\mathrm{d}y}{x^2+y^2}$

（D）$\dfrac{y\mathrm{d}x-x\mathrm{d}y}{x^2+y^2}$　　（E）$-\dfrac{x\mathrm{d}x+y\mathrm{d}y}{x^2+y^2}$

21. 设 $z=f(x,y)$ 由方程 $z^3-\sin x\cos y+\mathrm{e}^z=x^2y^2$，则 $\mathrm{d}z=$（　　）.

（A）$\mathrm{d}z=\dfrac{2xy^2-\cos x\cos y}{3z^2+\mathrm{e}^z}\mathrm{d}x+\dfrac{2x^2y-\sin x\sin y}{3z^2+\mathrm{e}^z}\mathrm{d}y$

（B）$\mathrm{d}z=\dfrac{2xy^2+\cos x\cos y}{3z^2+\mathrm{e}^z}\mathrm{d}x+\dfrac{2x^2y+\sin x\sin y}{3z^2+\mathrm{e}^z}\mathrm{d}y$

（C）$\mathrm{d}z=\dfrac{2xy^2+\cos x\cos y}{3z^2-\mathrm{e}^z}\mathrm{d}x+\dfrac{2x^2y-\sin x\sin y}{3z^2-\mathrm{e}^z}\mathrm{d}y$

（D）$\mathrm{d}z=\dfrac{2xy^2+\cos x\cos y}{3z^2+\mathrm{e}^z}\mathrm{d}x+\dfrac{2x^2y-\sin x\sin y}{3z^2+\mathrm{e}^z}\mathrm{d}y$

（E）$\mathrm{d}z=\dfrac{2xy^2-\cos x\cos y}{3z^2-\mathrm{e}^z}\mathrm{d}x+\dfrac{2x^2y-\sin x\sin y}{3z^2-\mathrm{e}^z}\mathrm{d}y$

22. $f(x+y,\ y+z,\ z+x)=0$，则 $\mathrm{d}z=$（　　）.

（A）$-\dfrac{(f_1'+f_3')\mathrm{d}x+(f_1'+f_2')\mathrm{d}y}{f_2'+f_3'}$　　（B）$\dfrac{(f_1'+f_3')\mathrm{d}x+(f_1'+f_2')\mathrm{d}y}{f_2'+f_3'}$

（C）$-\dfrac{(f_1'+f_3')\mathrm{d}x-(f_1'+f_2')\mathrm{d}y}{f_2'+f_3'}$　　（D）$\dfrac{(f_1'+f_3')\mathrm{d}x-(f_1'+f_2')\mathrm{d}y}{f_2'+f_3'}$

（E）$-\dfrac{(f_1'+f_3')\mathrm{d}x+(f_1'+f_2')\mathrm{d}y}{f_2'-f_3'}$

23. 设函数 $z=f(xz,\ zy)$，则 $\mathrm{d}z=$（　　）.

（A）$\dfrac{zf_1'\mathrm{d}x-zf_2'\mathrm{d}y}{1+xf_1'-yf_2'}$　　（B）$\dfrac{zf_1'\mathrm{d}x-zf_2'\mathrm{d}y}{1-xf_1'+yf_2'}$　　（C）$\dfrac{zf_1'\mathrm{d}x+zf_2'\mathrm{d}y}{1-xf_1'-yf_2'}$

（D）$\dfrac{zf_1'\mathrm{d}x-zf_2'\mathrm{d}y}{1+xf_1'+yf_2'}$　　（E）$\dfrac{zf_1'\mathrm{d}x+zf_2'\mathrm{d}y}{1-xf_1'+yf_2'}$

24. 关于函数 $f(x,y)=x^2y+y^3-y$，下列叙述正确的为（　　）.

（A）有 3 个驻点，2 个极值点　　（B）有 4 个驻点，3 个极值点

（C）有 4 个驻点，1 个极值点　　（D）有 3 个驻点，3 个极值点

（E）有 1 个极小值点，1 个极大值点

25. 函数 $z=x^2-xy+y^2+9x-6y+20$ 的极小值为（　　）.

（A）1　　（B）-1　　（C）2　　（D）-2　　（E）-3

26. 函数 $z=4(x-y)-x^2-y^2$ 的极大值为（　　）.

（A）2　　（B）4　　（C）6　　（D）8　　（E）12

27. 某厂家生产的一种产品同时在两个市场销售，售价分别为 p_1 和 p_2；销售量分别为 q_1 和 q_2；需求函数分别为 $q_1=24-0.2p_1$，$q_2=10-0.5p_2$；总成本函数为 $C=35+40(q_1+q_2)$，则厂家能够获得的最大总利润是（　　）.

（A）325　　（B）330　　（C）335　　（D）340　　（E）345

答案及解析

1. **B** $f\left(1, \dfrac{y}{x}\right)=\dfrac{2\cdot\dfrac{y}{x}}{1^2+\left(\dfrac{y}{x}\right)^2}=\dfrac{2xy}{x^2+y^2}$.

2. **E** $f(x+y, x-y, xy)=(x+y)^{xy}+(xy)^{2x}$.

3. **A** 将 $y=0$ 代入原式得 $x^2=x+0+f(x-0)$，故 $f(x)=x^2-x$.

4. **D** （1）设 $u=x^2+y^2$，则原式 $=\lim\limits_{u\to 0^+}\dfrac{u}{\sqrt{u+1}-1}=2$.

（2）考虑点 (x, y) 沿直线 $y=kx(k\neq 1)$ 趋近于点 $(0, 0)$，则有 $\lim\limits_{\substack{x\to 0\\y\to 0}}\dfrac{x+y}{x-y}\overset{y=kx}{\underset{k\neq 1}{=\!=}}\dfrac{1+k}{1-k}$，它将随着 k 值的不同而改变，故极限不存在.

（3）原式 $=\lim\limits_{\substack{x\to 0\\y\to 0}}\dfrac{xy}{x+\tan y}\overset{y=\arctan(kx^2-x)}{\underset{k\neq 0}{=\!=\!=\!=}}\lim\limits_{x\to 0}\dfrac{x^2(kx-1)}{kx^2}=-\dfrac{1}{k}$，故极限不存在.

（4）因为 $0\leqslant|(x^2-y^2)\ln(x^2+y^2)|\leqslant(x^2+y^2)|\ln(x^2+y^2)|$，

而 $\lim\limits_{\substack{x\to 0\\y\to 0}}(x^2+y^2)|\ln(x^2+y^2)|\overset{t=x^2+y^2}{=\!=\!=}\lim\limits_{t\to 0^+}t\ln t=0$，所以原式 $=e^0=1$.

故(1)(3)(4)正确，选 D.

5. **E** (1, 0)为函数定义域内的点，故极限值等于函数值. $\lim\limits_{\substack{x\to 1\\y\to 0}}\dfrac{\ln(x+e^y)}{\sqrt{x^2+y^2}}=\dfrac{\ln 2}{1}=\ln 2$.

6. **A** 应用有理化方法去根号.

原式 $=\lim\limits_{\substack{x\to 0\\y\to 0}}\dfrac{-xy}{xy(2+\sqrt{xy+4})}=\lim\limits_{\substack{x\to 0\\y\to 0}}\dfrac{-1}{2+\sqrt{xy+4}}=-\dfrac{1}{4}$.

7. **A** 原式 $=\lim\limits_{\substack{x\to+\infty\\y\to+\infty}}\dfrac{(x+y)^2-2xy}{e^{x+y}}=\lim\limits_{\substack{x\to+\infty\\y\to+\infty}}\left[\dfrac{(x+y)^2}{e^{x+y}}-\dfrac{2x}{e^x}\cdot\dfrac{y}{e^y}\right]$，

根据 $\lim\limits_{\substack{x\to+\infty\\y\to+\infty}}\dfrac{2x}{e^x}=0$，$\lim\limits_{\substack{x\to+\infty\\y\to+\infty}}\dfrac{y}{e^y}=0$，$\lim\limits_{\substack{x\to+\infty\\y\to+\infty}}\dfrac{(x+y)^2}{e^{x+y}}\overset{u=x+y}{=\!=\!=}\lim\limits_{u\to+\infty}\dfrac{u^2}{e^u}=\lim\limits_{u\to+\infty}\dfrac{2u}{e^u}=\lim\limits_{u\to+\infty}\dfrac{2}{e^u}=0$，

则 $\lim\limits_{\substack{x\to\infty\\y\to\infty}}(x^2+y^2)e^{-(x+y)}=0$.

8. **C** 先作变量替换，然后对未定型 $\dfrac{0}{0}$ 应用洛必达法则及等价无穷小量替换.

令 $\sqrt{x^2+y^2}=u$，则 $(x, y)\to(0, 0)$ 时，$u\to 0^+$，

原式 $=\lim\limits_{u\to 0^+}\dfrac{u-\sin u}{u^3}=\lim\limits_{u\to 0^+}\dfrac{1-\cos u}{3u^2}=\lim\limits_{u\to 0^+}\dfrac{\frac{1}{2}u^2}{3u^2}=\dfrac{1}{6}$.

9. A $\lim\limits_{\substack{x\to0\\y\to0}}\frac{1-\cos(x^2+y^2)}{(x^2+y^2)e^{x^2y^2}}=\lim\limits_{\substack{x\to0\\y\to0}}\frac{1-\cos(x^2+y^2)}{x^2+y^2}\lim\limits_{\substack{x\to0\\y\to0}}e^{-x^2y^2}=\lim\limits_{\substack{x\to0\\y\to0}}\frac{1-\cos(x^2+y^2)}{x^2+y^2}$

$\xlongequal{x^2+y^2=u}\lim\limits_{u\to0^+}\frac{1-\cos u}{u}=\lim\limits_{u\to0^+}\frac{\frac{1}{2}u^2}{u}=0$

10. E 函数 $f(x,y,z)=e^xyz^2$ 两边对 x 求偏导，得 $\frac{\partial f}{\partial x}=e^xyz^2+2e^xyz\frac{\partial z}{\partial x}$，隐函数 $x+y+z+xyz=0$ 两边对 x 求偏导得 $1+\frac{\partial z}{\partial x}+yz+xy\frac{\partial z}{\partial x}=0$，

解得 $\frac{\partial z}{\partial x}=-\frac{1+yz}{1+xy}$，以点 $(1,1,-1)$ 代入，得 $\frac{\partial z}{\partial x}=0$. 所以 $\frac{\partial f}{\partial x}(0,1,-1)=e$.

11. C 利用复合函数求偏导和混合偏导的方法直接计算.

令 $u=x^2-y^2$，$v=e^{xy}$，则 $z=f(x^2-y^2,e^{xy})=f(u,v)$，

所以 $\frac{\partial u}{\partial x}=2x$，$\frac{\partial u}{\partial y}=-2y$，$\frac{\partial v}{\partial x}=ye^{xy}$，$\frac{\partial v}{\partial y}=xe^{xy}$，

所以 $\frac{\partial z}{\partial x}=\frac{\partial f}{\partial u}\cdot\frac{\partial u}{\partial x}+\frac{\partial f}{\partial v}\cdot\frac{\partial v}{\partial x}=2xf_1'+ye^{xy}f_2'$，$\frac{\partial z}{\partial y}=\frac{\partial f}{\partial u}\cdot\frac{\partial u}{\partial y}+\frac{\partial f}{\partial v}\cdot\frac{\partial v}{\partial y}=-2yf_1'+xe^{xy}f_2'$.

故 $y\frac{\partial z}{\partial x}+x\frac{\partial z}{\partial y}=(x^2+y^2)e^{xy}f_2'$.

12. B $\frac{\partial u}{\partial x}=-e^{-x}\sin\frac{x}{y}+\frac{e^{-x}}{y}\cos\frac{x}{y}$，所以 $\frac{\partial u}{\partial x}\left(2,\frac{1}{\pi}\right)=\frac{\pi}{e^2}$.

13. E 利用求导公式可得 $\frac{\partial z}{\partial x}=-\frac{y}{x^2}f_1'+\frac{1}{y}f_2'$，$\frac{\partial z}{\partial y}=\frac{1}{x}f_1'-\frac{x}{y^2}f_2'$.

因此 $x\frac{\partial z}{\partial x}-y\frac{\partial z}{\partial y}=-2\left(f_1'\frac{y}{x}-f_2'\frac{x}{y}\right)$.

14. D $\frac{\partial z}{\partial x}=f_1'+f_2'y$，$\frac{\partial z}{\partial y}=xf_2'$，得 $x\frac{\partial z}{\partial x}-y\frac{\partial z}{\partial y}=xf_1'$.

15. B $\frac{\partial u}{\partial x}=f_1'+f_2'y+f_3'yz=f_1'+yf_2'+yzf_3'$，

$\frac{\partial u}{\partial y}=f_2'x+f_3'xz=xf_2'+xzf_3'$，$\frac{\partial u}{\partial z}=f_3'xy=xyf_3'$，

$x\frac{\partial u}{\partial x}-y\frac{\partial u}{\partial y}+z\frac{\partial u}{\partial z}=xf_1'+xyzf_3'$

16. E $\frac{\partial u}{\partial x}=\frac{y}{1+e^u}$，$\frac{\partial u}{\partial y}=\frac{x}{1+e^u}$

$$\frac{\partial^2u}{\partial x\partial y}=\frac{\partial}{\partial y}\left(\frac{y}{1+e^u}\right)=\frac{1+e^u-ye^u\cdot\frac{\partial u}{\partial y}}{(1+e^u)^2}=\frac{(1+e^u)^2-xye^u}{(1+e^u)^3}=\frac{1}{1+e^u}-\frac{xye^u}{(1+e^u)^3}$$

17. A $\frac{\partial z}{\partial x}=\frac{\partial f}{\partial u}+y\frac{\partial f}{\partial v}$

$$\frac{\partial^2z}{\partial x\partial y}=\frac{\partial^2f}{\partial u^2}+x\frac{\partial^2f}{\partial u\partial v}+\frac{\partial f}{\partial v}+y\left(\frac{\partial^2f}{\partial u\partial v}+x\frac{\partial^2f}{\partial v^2}\right)=\frac{\partial^2f}{\partial u^2}+(x+y)\frac{\partial^2f}{\partial u\partial v}+xy\frac{\partial^2f}{\partial v^2}+\frac{\partial f}{\partial v}$$

18. **C** $\frac{\partial z}{\partial x}=e^{\arctan\frac{y}{x}}\frac{\partial}{\partial x}\left(\arctan\frac{y}{x}\right)=e^{\arctan\frac{y}{x}}\frac{-\frac{y}{x^2}}{1+\left(\frac{y}{x}\right)^2}=e^{\arctan\frac{y}{x}}\frac{-y}{x^2+y^2}$,

$$\frac{\partial^2 z}{\partial x\partial y}=\frac{\partial}{\partial y}\left(e^{\arctan\frac{y}{x}}\frac{-y}{x^2+y^2}\right)=\frac{\partial}{\partial y}(e^{\arctan\frac{y}{x}})\ \frac{-y}{x^2+y^2}+e^{\arctan\frac{y}{x}}\frac{\partial}{\partial y}\left(\frac{-y}{x^2+y^2}\right)$$

$$=e^{\arctan\frac{y}{x}}\frac{\frac{1}{x}}{1+\left(\frac{y}{x}\right)^2}\cdot\frac{-y}{x^2+y^2}+e^{\arctan\frac{y}{x}}\frac{-(x^2+y^2)+2y\cdot y}{(x^2+y^2)^2}=e^{\arctan\frac{y}{x}}\frac{y^2-x^2-xy}{(x^2+y^2)^2}$$

故 $\left.\frac{\partial^2 z}{\partial x\partial y}\right|_{(1,1)}=e^{\arctan\frac{1}{1}}\frac{1^2-1^2-1}{(1^2+1^2)^2}=-\frac{1}{4}e^{\frac{\pi}{4}}$

19. **B** 等式两边同时对 x 求偏导数可得

$2x-\frac{\partial z}{\partial x}=\left(1+\frac{\partial z}{\partial x}\right)\varphi'(x+y+z)$，解得 $\frac{\partial z}{\partial x}=\frac{2x-\varphi'(x+y+z)}{1+\varphi'(x+y+z)}$.

类似地，$\frac{\partial z}{\partial y}=\frac{2y-\varphi'(x+y+z)}{1+\varphi'(x+y+z)}$.

因此 $dz=\frac{2x-\varphi'(x+y+z)}{1+\varphi'(x+y+z)}dx+\frac{2y-\varphi'(x+y+z)}{1+\varphi'(x+y+z)}dy$.

20. **C** $\frac{\partial z}{\partial x}=\frac{1}{1+\left(\frac{x+y}{x-y}\right)^2}\cdot\frac{-2y}{(x-y)^2}=\frac{-y}{x^2+y^2}$.

$\frac{\partial z}{\partial y}=\frac{1}{1+\left(\frac{x+y}{x-y}\right)^2}\cdot\frac{2x}{(x-y)^2}=\frac{x}{x^2+y^2}$，故 $dz=\frac{\partial z}{\partial x}dx+\frac{\partial z}{\partial y}dy=-\frac{ydx-xdy}{x^2+y^2}$

21. **D** 等式 $z^3-\sin x\cos y+e^z=x^2y^2$ 两边同时对 x 求导得

$3z^2\frac{\partial z}{\partial x}-\cos x\cos y+e^z\frac{\partial z}{\partial x}=2xy^2$，解得 $\frac{\partial z}{\partial x}=\frac{2xy^2+\cos x\cos y}{3z^2+e^z}$

再等式 $z^3-\sin x\cos y+e^z=x^2y^2$ 两边同时对 y 求导得

$3z^2\frac{\partial z}{\partial y}+\sin x\sin y+e^z\frac{\partial z}{\partial y}=2x^2y$，解得 $\frac{\partial z}{\partial y}=\frac{2x^2y-\sin x\sin y}{3z^2+e^z}$

可知 $dz=\frac{2xy^2+\cos x\cos y}{3z^2+e^z}dx+\frac{2x^2y-\sin x\sin y}{3z^2+e^z}dy$

22. **A** $f_1'+f_2'\frac{\partial z}{\partial x}+f_3'\left(1+\frac{\partial z}{\partial x}\right)=0$，则 $\frac{\partial z}{\partial x}=-\frac{f_1'+f_3'}{f_2'+f_3'}$,

$f_1'+f_3'\frac{\partial z}{\partial y}+f_2'\left(1+\frac{\partial z}{\partial y}\right)=0$，则 $\frac{\partial z}{\partial y}=-\frac{f_1'+f_2'}{f_2'+f_3'}$,

因此 $dz=\frac{\partial z}{\partial x}dx+\frac{\partial z}{\partial y}dy=-\frac{(f_1'+f_3')dx+(f_1'+f_2')dy}{f_2'+f_3'}$.

23. **C** $\frac{\partial z}{\partial x}=f_1'\left(z+x\frac{\partial z}{\partial x}\right)+f_2'\frac{\partial z}{\partial x}y$，则 $\frac{\partial z}{\partial x}=\frac{zf_1'}{1-xf_1'-yf_2'}$

$\frac{\partial z}{\partial y}=f_1'x\frac{\partial z}{\partial y}+f_2'\left(y\frac{\partial z}{\partial y}+z\right)$，则$\frac{\partial z}{\partial y}=\frac{zf_2'}{1-xf_1'-yf_2'}$，因此 $\mathrm{d}z=\frac{\partial z}{\partial x}\mathrm{d}x+\frac{\partial z}{\partial y}\mathrm{d}y=\frac{zf_1'\mathrm{d}x+zf_2'\mathrm{d}y}{1-xf_1'-yf_2'}$.

24. **E** $\frac{\partial f}{\partial x}=2xy$，$\frac{\partial f}{\partial y}=x^2+3y^2-1$，令$\frac{\partial f}{\partial x}=\frac{\partial f}{\partial y}=0$，

驻点为 $p_1\left(0,\ \frac{\sqrt{3}}{3}\right)$，$p_2\left(0,\ -\frac{\sqrt{3}}{3}\right)$，$p_3(1,\ 0)$，$p_4(-1,\ 0)$.

$A=\frac{\partial^2 f}{\partial x^2}=2y$，$B=\frac{\partial^2 f}{\partial x\partial y}=\frac{\partial^2 f}{\partial y\partial x}=2x$，$C=\frac{\partial^2 f}{\partial y^2}=6y$.

由极值存在的充分条件知：

$p_1\left(0,\ \frac{\sqrt{3}}{3}\right)$为极小值点，$p_2\left(0,\ -\frac{\sqrt{3}}{3}\right)$为极大值点，$p_3(1,\ 0)$和 $p_4(-1,\ 0)$不是极值点

25. **B** 由$\begin{cases}z_x'=2x-y+9=0\\z_y'=-x+2y-6=0\end{cases}\Rightarrow$驻点$\begin{cases}x=-4\\y=1\end{cases}$.

$z_{xx}''=2$，$z_{xy}''=-1$，$z_{yy}''=2$，$D(x,\ y)=z_{xy}''\cdot z_{xy}''-(z_{xy}'')^2=3$，

因为 $D(-4,\ 1)=3>0$，且 $z_{xx}''(-4,\ 1)=2>0$，

所以函数在点$(-4,\ 1)$处取得极小值，极小值为 $z(-4,\ 1)=-1$.

26. **D** 由 $z_x'=4-2x=0$，$z_y'=-4-2y=0$，得驻点$(2,\ -2)$.

$z_{xx}'=-2$，$z_{xy}'=0$，$z_{yy}'=-2$，

$D(x,\ y)=z_{xx}''\cdot z_{yy}'-(z_{xy}')^2=4>0$，因为 $z_{xx}'(2,\ -2)=-2<0$，

所以函数在点$(2,\ -2)$处取得极大值，极大值为 $z(2,\ -2)=8$.

27. **C** 利润函数 $L=(p_1q_1+p_2q_2)-[35+40(q_1+q_2)]$，

将 $q_1=24-0.2p_1$，$q_2=10-0.5p_2$ 代入，得 $L=32p_1-0.2p_1^2+30p_2-0.5p_2^2-1395$，

令$\begin{cases}L_{p_1}'=32-0.4p_1=0\\L_{p_2}'=-p_2+30=0\end{cases}$，得$\begin{cases}p_1=80\\p_2=30\end{cases}$.

由问题的实际意义可知，当 $p_1=80$，$p_2=30$ 时，厂家获得的总利润最大，最大利润 $L\big|_{p_1=80,p_2=30}=335$.

第二部分
线性代数

第五章 行列式

【大纲解读】

了解行列式的概念，掌握行列式的性质，会利用行列式性质及行列式按行（列）展开定理计算行列式.

【备考要点】

本章一般考 1 个题目，就考试来说，行列式的核心考点是掌握计算行列式的方法，计算行列式的主要方法是降阶法，用按行、按列展开公式将行列式降阶. 但在展开之前往往先用行列式的性质对行列式进行恒等变形，化简之后再展开.

【知识体系】

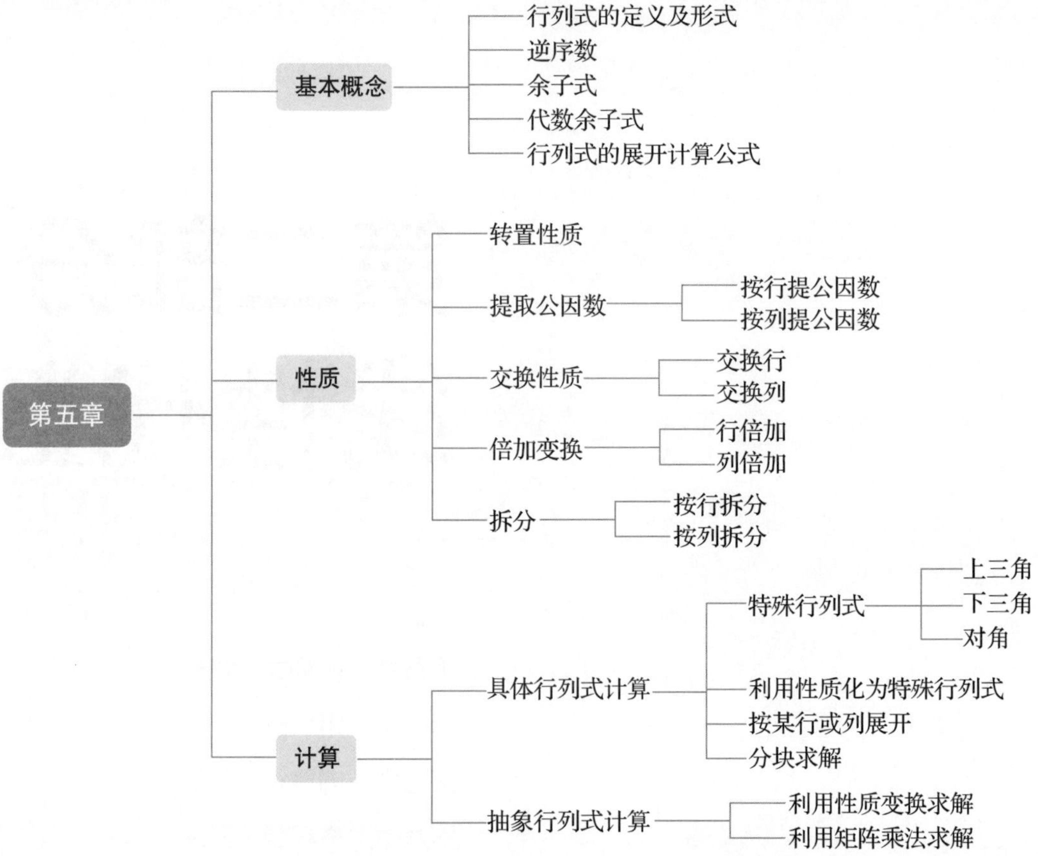

【备考建议】

行列式是线性代数的重要工具，是整个学科的基础. 掌握行列式是学习线性代数至关重要的第一站. 因此要学习行列式的概念和性质、行列式按行（列）展开定理以及行列式的计算．本章概念和定义较多，所以在学习本章时，要理解相关的概念，掌握行列式的化简方法，尤其三阶行列式是考试的重点．

第一节　行列式的基本概念

一、形式和定义

1．形式

用 n^2 个数排列成的一个 n 行 n 列的方阵，两边界以竖线，就构成一个 n 阶行列式：

$$D_n=\begin{vmatrix} a_{11} & a_{12} & \cdots & a_{1n} \\ a_{21} & a_{22} & \cdots & a_{2n} \\ \vdots & \vdots & & \vdots \\ a_{n1} & a_{n2} & \cdots & a_{nn} \end{vmatrix}$$

评 注　1）D_n 是一确定的值，可以是正数，也可以是负数，还可以是 0（注意与绝对值形式上的区别、与矩阵的区别）．当两个行列式的值相等时，就可以在它们之间写等号！（不必形式一样，甚至阶数可不同．）

如：$\begin{vmatrix} 1 & 2 \\ 0 & -1 \end{vmatrix}=\begin{vmatrix} 1 & 0 & 0 \\ 0 & -1 & 0 \\ 4 & 1 & 1 \end{vmatrix}=-1.$

2）行列式一定是方阵的形式，也就是说行数与列数相等；其中某一项（某一元素）为 a_{ij}，i 为行标，j 为列标．

3）若一个行列式是 n 行 n 列的，则此行列式的阶数是 n（可以说是 n 阶的）．

4）行列式的主对角线、副对角线

主对角线：$\begin{vmatrix} a_{11} & & & \\ & a_{22} & & \\ & & \ddots & \\ & & & a_{nn} \end{vmatrix}$；副对角线：$\begin{vmatrix} & & & a_{1n} \\ & & a_{2,n-1} & \\ & \iddots & & \\ a_{n1} & & & \end{vmatrix}$．

2．定义（完全展开式）

1）一阶行列式定义为 $|a_{11}|=a_{11}$．

2）二阶行列式定义为 $\begin{vmatrix} a_{11} & a_{12} \\ a_{21} & a_{22} \end{vmatrix}=a_{11}a_{22}-a_{12}a_{21}$．

例 1　已知 $D=\begin{vmatrix} \lambda^2 & \lambda \\ 3 & 1 \end{vmatrix}$，当 λ 为（　　）时，$D=0$．

（A）0 或 3　（B）0 或 2　（C）1 或 3　（D）0 或 1　（E）2 或 3

【解析】$D=\lambda^2-3\lambda=\lambda(\lambda-3)=0$，解得 $\lambda=0$ 或 $\lambda=3$，选 A．

例 2 计算下列二阶行列式.

(1) $\begin{vmatrix} a^2 & ab \\ ab & b^2 \end{vmatrix} = (\quad)$.

(A) $a-b$　(B) 1　(C) ab　(D) $a+b$　(E) 0

(2) $\begin{vmatrix} \cos\alpha & -\sin\alpha \\ \sin\alpha & \cos\alpha \end{vmatrix} = (\quad)$.

(A) -1　(B) 1　(C) -2　(D) 2　(E) 0

【解析】(1) $\begin{vmatrix} a^2 & ab \\ ab & b^2 \end{vmatrix} = a^2b^2 - a^2b^2 = 0$，选 E.

(2) $\begin{vmatrix} \cos\alpha & -\sin\alpha \\ \sin\alpha & \cos\alpha \end{vmatrix} = \cos^2\alpha + \sin^2\alpha = 1$，选 B.

3）三阶行列式定义为

$$\begin{vmatrix} a_{11} & a_{12} & a_{13} \\ a_{21} & a_{22} & a_{23} \\ a_{31} & a_{32} & a_{33} \end{vmatrix} = a_{11}a_{22}a_{33} + a_{12}a_{23}a_{31} + a_{13}a_{21}a_{32} - a_{13}a_{22}a_{31} - a_{11}a_{23}a_{32} - a_{12}a_{21}a_{33}$$

可按照如下对角线法则记忆：

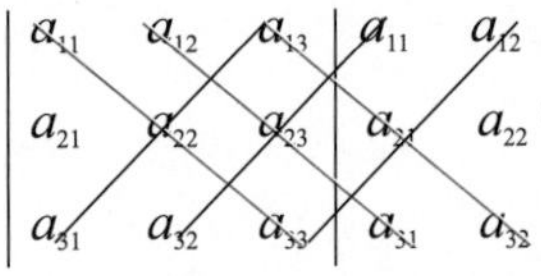

= (3 条 \ 线上元素的乘积之和) − (3 条/线上元素的乘积之和)

例 3 用对角线法则计算下列三阶行列式.

(1) $\begin{vmatrix} 2 & 0 & 1 \\ 1 & -4 & -1 \\ -1 & 8 & 3 \end{vmatrix} = (\quad)$.

(A) -2　(B) 2　(C) -4　(D) 4　(E) 0

(2) $\begin{vmatrix} a & b & c \\ b & c & a \\ c & a & b \end{vmatrix} = (\quad)$.

(A) $3abc + a^3 - b^3 - c^3$　(B) $3abc - a^3 - b^3 - c^3$

(C) $3abc - a^3 - b^3 + c^3$　(D) $a^3 + b^3 + c^3 - 3abc$

(E) $abc - a^3 - b^3 - c^3$

【解析】(1) $\begin{vmatrix} 2 & 0 & 1 \\ 1 & -4 & -1 \\ -1 & 8 & 3 \end{vmatrix} = 2\times(-4)\times3 + 0\times(-1)\times(-1) + 1\times1\times8 - 0\times1\times3 -$

$2\times(-1)\times8 - 1\times(-4)\times(-1) = -24 + 8 + 16 - 4 = -4$，选 C.

(2) $\begin{vmatrix} a & b & c \\ b & c & a \\ c & a & b \end{vmatrix} = acb + bac + cba - c^3 - a^3 - b^3 = 3abc - a^3 - b^3 - c^3$，选 B.

4）n 阶行列式的定义：

由 n^2 个元素 a_{ij}组成 n 阶行列式 $D=\begin{vmatrix} a_{11} & a_{12} & \cdots & a_{1n} \\ a_{21} & a_{22} & \cdots & a_{2n} \\ \vdots & \vdots & & \vdots \\ a_{n1} & a_{n2} & \cdots & a_{nn} \end{vmatrix}$是一个数值，其计算结果称为该行列式的值，是由这 n^2 个元素 a_{ij}中所有可能取自不同行、不同列的 n 个元素的乘积（这样的乘积有 n！项）的代数和，即 $D=\sum\limits_{j_1j_2\cdots j_n}(-1)^{\tau(j_1j_2\cdots j_n)}a_{1j_1}a_{2j_2}\cdots a_{nj_n}$. 其中 $j_1j_2\cdots j_n$ 是1，2，…，n 这 n 个数的一个全排列，称为一个 n 级排列，共有 n！个 n 级排列. 一个 n 级排列决定一项.

每项前的“+”号或“-”号，由 $j_1j_2\cdots j_n$ 决定，记 $\tau(j_1j_2\cdots j_n)$ 为 $j_1j_2\cdots j_n$ 的逆序数，则 $a_{1j_1}a_{2j_2}\cdots a_{nj_n}$的符号为$(-1)^{\tau(j_1j_2\cdots j_n)}$.

至此我们可以写出 n 阶行列式的值：

$$\begin{vmatrix} a_{11} & a_{12} & \cdots & a_{1n} \\ a_{21} & a_{22} & \cdots & a_{2n} \\ \vdots & \vdots & & \vdots \\ a_{n1} & a_{n2} & \cdots & a_{nm} \end{vmatrix}=\sum_{j_1j_2\cdots j_n}(-1)^{\tau(j_1j_2\cdots j_n)}a_{1j_1}a_{2j_2}\cdots a_{nj_n}.$$

这里 $\sum\limits_{j_1j_2\cdots j_n}$ 表示对所有 n 元排列求和，称此式为 n 阶行列式的完全展开式.

二、基本概念

1. 逆序与逆序数

在一个 n 级排列中，如果一个较大数排在一个较小数前面，就称这两个数构成一个逆序. 一个排列中存在的逆序的总个数称为这个排列的逆序数.

排列 $j_1j_2\cdots j_n$ 的逆序数记为 $\tau(j_1j_2\cdots j_n)$.

计算一个排列的逆序数主要有两种方法：按排列的次序分别计算出每个数的后面比它小的数的个数，而后再求和；或者计算出每个数的前面比它大的数的个数，再求和.

例 4 确定 5 级排列 42531 的逆序数为(　　).

(A) 3　　(B) 4　　(C) 5　　(D) 6　　(E) 7

【解析】在排列 42531 中，

4 排在首位，前面没有比它大的数，故不构成逆序；

2 排在第二位，前面有一个数比它大，故构成一个逆序；

5 排在第三位，前面没有比它大的数，故不构成逆序；

3 排在第四位，前面有 2 个数比它大，故构成 2 个逆序；

1 排在第五位，前面有 4 个数比它大，故构成 4 个逆序.

于是排列 42531 的逆序数为 $\tau(42531)=0+1+0+2+4=7$. 选 E.

2. 利用逆序数求行列式展开的某项

先根据行列式展开的每项是取自不同行、不同列的 n 个元素的乘积，确定所对应的项，然后根据逆序数计算正负号.

例 5 四阶行列式含有因子 $a_{11}a_{23}$ 的项有(　　)项.

(A) 2　(B) 3　(C) 4　(D) 5　(E) 6

【解析】根据行列式的定义，含有因子 $a_{11}a_{23}$ 的项有两项，$a_{11}a_{23}a_{32}a_{44}$ 和 $a_{11}a_{23}a_{34}a_{42}$，其列指标的逆序数分别为 $\tau(1324)=1$ 和 $\tau(1342)=2$，故包含 $a_{11}a_{23}$ 的项是 $-a_{11}a_{23}a_{32}a_{44}$ 和 $a_{11}a_{23}a_{34}a_{42}$，选 A.

例 6 用行列式定义计算 $f(x)=\begin{vmatrix} 2x & 3x & 1 & 2 \\ 1 & x & 1 & -1 \\ 3 & 2 & -x & 1 \\ 1 & 1 & 1 & x \end{vmatrix}$ 中 x^3 的系数为(　　).

(A) 2　(B) 3　(C) -3　(D) -2　(E) 1

【解析】由行列式定义可知：含有 x^3 的项只能是 $a_{12}a_{21}a_{33}a_{44}$ 的元素乘积，而逆序数 $\tau(2134)=0+1+0+0=1$，故 x^3 的系数为 3，选 B.

3. 余子式与代数余子式

当 D_n 划去第 i 行第 j 列后按原来的顺序分布形成一新的行列式 M_{ij}，M_{ij} 称为 D_n 中 a_{ij} 的余子式，即

$$M_{ij}=\begin{vmatrix} a_{11} & a_{12} & \cdots & a_{1j} & \cdots & a_{1n} \\ \vdots & \vdots & \vdots & \vdots & \vdots & \vdots \\ a_{i1} & a_{i2} & \cdots & a_{ij} & \cdots & a_{in} \\ \vdots & \vdots & \vdots & \vdots & \vdots & \vdots \\ a_{n1} & a_{n2} & \cdots & a_{nj} & \cdots & a_{nn} \end{vmatrix}=\begin{vmatrix} a_{11} & \cdots & a_{1,j-1} & a_{1,j+1} & \cdots & a_{1n} \\ \vdots & & \vdots & \vdots & & \vdots \\ a_{i-1,1} & \cdots & a_{i-1,j-1} & a_{i-1,j+1} & \cdots & a_{i-1,n} \\ a_{i+1,1} & \cdots & a_{i+1,j-1} & a_{i+1,j+1} & \cdots & a_{i+1,n} \\ \vdots & & \vdots & \vdots & & \vdots \\ a_{n1} & \cdots & a_{n,j-1} & a_{n,j+1} & \cdots & a_{nn} \end{vmatrix}$$

而 $A_{ij}=(-1)^{i+j}M_{ij}$ 称为 a_{ij} 的代数余子式.

例如四阶行列式 $\begin{vmatrix} a_{11} & a_{12} & a_{13} & a_{14} \\ a_{21} & a_{22} & a_{23} & a_{24} \\ a_{31} & a_{32} & a_{33} & a_{34} \\ a_{41} & a_{42} & a_{43} & a_{44} \end{vmatrix}$ 中元素 a_{23} 的余子式和代数余子式分别为

$$M_{23}=\begin{vmatrix} a_{11} & a_{12} & a_{14} \\ a_{31} & a_{32} & a_{34} \\ a_{41} & a_{42} & a_{44} \end{vmatrix};\ A_{23}=(-1)^{2+3}M_{23}=-M_{23}.$$

例 7 设行列式 $\begin{vmatrix} 1 & 2 & 3 \\ -1 & x & 0 \\ 5 & x & 1 \end{vmatrix}$，已知元素 -1 的余子式 $M_{21}=8$，则代数余子式 $A_{23}=$(　　).

(A) 6　(B) 8　(C) -8　(D) -12　(E) 12

【解析】某个元素的余子式即去掉元素所在行和列剩下的元素位置不变所得的低一阶的行列式，代数余子式是给余子式冠以符号，符号由元素的下标和的奇偶决定.

元素 -1 的余子式 $M_{21}=\begin{vmatrix} 2 & 3 \\ x & 1 \end{vmatrix}=2-3x=8$，得到 $x=-2$.

故代数余子式 $A_{23}=(-1)^{2+3}\begin{vmatrix}1&2\\5&x\end{vmatrix}=10-x=12$，故选 E.

例 8 已知 4 阶行列式 $D_4=\begin{vmatrix}1&2&3&4\\3&3&4&4\\1&5&6&7\\1&1&2&2\end{vmatrix}$，则 $A_{41}-A_{42}=(\quad)$.

(A) 6 (B) 8 (C) −6 (D) −12 (E) 12

【解析】$A_{41}-A_{42}=(-1)^{4+1}\begin{vmatrix}2&3&4\\3&4&4\\5&6&7\end{vmatrix}-(-1)^{4+2}\begin{vmatrix}1&3&4\\3&4&4\\1&6&7\end{vmatrix}=3-9=-6$. 选 C.

第二节 行列式的性质

一、转置性质

把行列式转置，值不变，即 $|\boldsymbol{A}^{\mathrm{T}}|=|\boldsymbol{A}|$.

评 注 $\boldsymbol{A}^{\mathrm{T}}$ 是 $\boldsymbol{A}$ 的转置，若 $|\boldsymbol{A}|=\begin{vmatrix}a_{11}&a_{12}&\cdots&a_{1n}\\a_{21}&a_{22}&\cdots&a_{2n}\\\vdots&\vdots&&\vdots\\a_{n1}&a_{n2}&\cdots&a_{nn}\end{vmatrix}$，则 $|\boldsymbol{A}^{\mathrm{T}}|=\begin{vmatrix}a_{11}&a_{21}&\cdots&a_{n1}\\a_{12}&a_{22}&\cdots&a_{n2}\\\vdots&\vdots&&\vdots\\a_{1n}&a_{2n}&\cdots&a_{nn}\end{vmatrix}$，转置还有其他的记号 $\boldsymbol{A}'=\boldsymbol{A}^{\mathrm{T}}$.

二、某一行（列）的公因子可提出

三阶：$\begin{vmatrix}a_{11}&a_{12}&a_{13}\\ka_{21}&ka_{22}&ka_{23}\\a_{31}&a_{32}&a_{33}\end{vmatrix}=k\begin{vmatrix}a_{11}&a_{12}&a_{13}\\a_{21}&a_{22}&a_{23}\\a_{31}&a_{32}&a_{33}\end{vmatrix}$，$\begin{vmatrix}a_{11}&ka_{12}&a_{13}\\a_{21}&ka_{22}&a_{23}\\a_{31}&ka_{32}&a_{33}\end{vmatrix}=k\begin{vmatrix}a_{11}&a_{12}&a_{13}\\a_{21}&a_{22}&a_{23}\\a_{31}&a_{32}&a_{33}\end{vmatrix}$

n 阶：$\begin{vmatrix}a_{11}&a_{12}&\cdots&a_{1n}\\\vdots&\vdots&&\vdots\\ka_{i1}&ka_{i2}&\cdots&ka_{in}\\\vdots&\vdots&&\vdots\\a_{n1}&a_{n2}&\cdots&a_{nn}\end{vmatrix}=k\begin{vmatrix}a_{11}&a_{12}&\cdots&a_{1n}\\\vdots&\vdots&&\vdots\\a_{i1}&a_{i2}&\cdots&a_{in}\\\vdots&\vdots&&\vdots\\a_{n1}&a_{n2}&\cdots&a_{nn}\end{vmatrix}$，

$$\begin{vmatrix}a_{11}&\cdots&ka_{1i}&\cdots&a_{1n}\\a_{21}&\cdots&ka_{2i}&\cdots&a_{2n}\\\vdots&&\vdots&&\vdots\\a_{n1}&\cdots&ka_{ni}&\cdots&a_{nn}\end{vmatrix}=k\begin{vmatrix}a_{11}&\cdots&a_{1i}&\cdots&a_{1n}\\a_{21}&\cdots&a_{2i}&\cdots&a_{2n}\\\vdots&&\vdots&&\vdots\\a_{n1}&\cdots&a_{ni}&\cdots&a_{nn}\end{vmatrix}$$

三、拆分性质

行列式中如果某行（列）的每个元素都是两个数的和，则这个行列式等于两个行列式的和.

$$\begin{vmatrix} a_{11} & a_{12} & \cdots & a_{1n} \\ \vdots & \vdots & & \vdots \\ b_1+c_1 & b_2+c_2 & \cdots & b_n+c_n \\ \vdots & \vdots & & \vdots \\ a_{n1} & a_{n2} & \cdots & a_{nn} \end{vmatrix} = \begin{vmatrix} a_{11} & a_{12} & \cdots & a_{1n} \\ \vdots & \vdots & & \vdots \\ b_1 & b_2 & \cdots & b_n \\ \vdots & \vdots & & \vdots \\ a_{n1} & a_{n2} & \cdots & a_{nn} \end{vmatrix} + \begin{vmatrix} a_{11} & a_{12} & \cdots & a_{1n} \\ \vdots & \vdots & & \vdots \\ c_1 & c_2 & \cdots & c_n \\ \vdots & \vdots & & \vdots \\ a_{n1} & a_{n2} & \cdots & a_{nn} \end{vmatrix}$$

注意 按某一行（列）分解即将该行（列）分解，其他行（列）不变.

四、交换性质

把两个行（列）向量交换，行列式的值变号.

$$\begin{vmatrix} a_{11} & a_{12} & \cdots & a_{1n} \\ \vdots & \vdots & & \vdots \\ a_{i1} & a_{i2} & \cdots & a_{in} \\ \vdots & \vdots & & \vdots \\ a_{j1} & a_{j2} & \cdots & a_{jn} \\ \vdots & \vdots & & \vdots \\ a_{n1} & a_{n2} & \cdots & a_{nn} \end{vmatrix} = -\begin{vmatrix} a_{11} & a_{12} & \cdots & a_{1n} \\ \vdots & \vdots & & \vdots \\ a_{j1} & a_{j2} & \cdots & a_{jn} \\ \vdots & \vdots & & \vdots \\ a_{i1} & a_{i2} & \cdots & a_{in} \\ \vdots & \vdots & & \vdots \\ a_{n1} & a_{n2} & \cdots & a_{nn} \end{vmatrix}$$

评 注 互换奇数次，行列式变号；互换偶数次，行列式符号不变.

五、比例性质

如果一个行（列）向量是另一个行（列）向量的倍数，则行列式的值为0.

扩展 如果有两行相同，则行列式的值为0. 如果有两行互为相反数，则行列式的值为0.

六、行或列为0

行列式里某一行（列）全为0，则行列式的值为0.

七、倍加性质

行列式中某行元素的 k 倍加到另一行对应元素上去，则行列式的值不变.

$$\begin{vmatrix} a_{11} & a_{12} & \cdots & a_{1n} \\ \vdots & \vdots & & \vdots \\ a_{i1} & a_{i2} & \cdots & a_{in} \\ \vdots & \vdots & & \vdots \\ a_{n1} & a_{n2} & \cdots & a_{nn} \end{vmatrix} = \begin{vmatrix} a_{11} & a_{12} & \cdots & a_{1n} \\ \vdots & \vdots & & \vdots \\ a_{i1}+ka_{j1} & a_{i2}+ka_{j2} & \cdots & a_{in}+ka_{jn} \\ \vdots & \vdots & & \vdots \\ a_{n1} & a_{n2} & \cdots & a_{nn} \end{vmatrix} \quad (i \neq j)$$

八、展开性质

1）行列式的值等于它任意一行（或列）所有的元素与其代数余子式的乘积之和.

$$D_n = \sum_{j=1}^{n} a_{ij}A_{ij} = a_{i1}A_{i1} + a_{i2}A_{i2} + \cdots + a_{in}A_{in}(i = 1,2,\cdots,n)$$

$$D_n = \sum_{i=1}^{n} a_{ij}A_{ij} = a_{1j}A_{1j} + a_{2j}A_{2j} + \cdots + a_{nj}A_{nj}(j = 1,2,\cdots,n)$$

2）行列式中某一行（或列）的所有元素与另一行（或列）对应元素的代数余子式的乘积之和为0.

$$a_{i1}A_{k1} + a_{i2}A_{k2} + \cdots + a_{in}A_{kn} = 0, i \neq k$$
$$a_{1j}A_{1k} + a_{2j}A_{2k} + \cdots + a_{nj}A_{nk} = 0, j \neq k$$

评注 1）行：$a_{i1}A_{j1} + a_{i2}A_{j2} + \cdots + a_{in}A_{jn} = \begin{cases} 0 & i \neq j \\ D_n & i = j \end{cases}$

2）列：$a_{1i}A_{1j} + a_{2i}A_{2j} + \cdots + a_{ni}A_{nj} = \begin{cases} 0 & i \neq j \\ D_n & i = j \end{cases}$

例 1 已知4阶行列式中第2行元素依次是 -4，0，1，3，第4行元素的代数余子式依次为 -2，5，1，x，则 $x=($　　$)$.

（A）0　　（B）-3　　（C）3　　（D）2　　（E）1

【解析】行列式的某行（列）元素与另一行（列）元素的代数余子式之积的和为零.

第二行元素与第四行元素的代数余子式之积即 $(-4)\times(-2)+0\times5+1\times1+3\cdot x=0$，解得 $x=-3$. 故选 B.

例 2 已知 $2n$ 阶行列式 D 的某一行元素及其余子式都等于 a，则 $D=($　　$)$.

（A）0　　（B）$-a^2$　　（C）a^2　　（D）$2na^2$　　（E）na^2

【解析】行列式的值为某行（列）元素与其对应元素的代数余子式之积的和.

行列式按某行展开即 $D=a\cdot(-1)^{i+1}\cdot a+a\cdot(-1)^{i+2}\cdot a+\cdots+a\cdot(-1)^{i+2n}\cdot a$

$2n$ 阶行列式每行有 $2n$ 个元素，不妨设某行为奇数行，于是有

$D=a^2-a^2+\cdots+a^2-a^2=0$，故选 A.

例 3 设四阶行列式 $D=\begin{vmatrix} 1 & 2 & 3 & 4 \\ 2 & 3 & 4 & 1 \\ 3 & 4 & 1 & 2 \\ 4 & 1 & 2 & 3 \end{vmatrix}$，$A_{ij}$ 表示元素 a_{ij} 的代数余子式，则 $A_{14}+2A_{24}+3A_{34}+4A_{44}=($　　$)$.

（A）6　　（B）8　　（C）-6　　（D）0　　（E）-8

【解析】计算代数余子式的代数和时一定先观察行列式的特点和代数余子式的系数之间是否有对应关系再应用按行按列展开定理的推论计算.

解法一：$A_{14}+2A_{24}+3A_{34}+4A_{44}$ 可看成 D 中第一列各元素与第四列元素对应的代数余子式乘积之和，故其值为0.

解法二：利用代数余子式与该元素自身取值无关，将第四列元素换成代数余子式的系

数，利用按行按列展开定理得 $A_{14}+2A_{24}+3A_{34}+4A_{44}=\begin{vmatrix}1&2&3&1\\2&3&4&2\\3&4&1&3\\4&1&2&4\end{vmatrix}=0$. 选 D.

【评注】该题也可以先计算各个代数余子式，但是费时费力还容易出错，所以最好是用上述方法.

例 4 设四阶行列式 $D=|a_{ij}|=\begin{vmatrix}1&2&3&4\\4&3&2&1\\1&0&-1&2\\5&1&-1&6\end{vmatrix}$，$A_{ij}$ 为 D 中元素 $a_{ij}(i,\ j=1,\ 2,\ 3,\ 4)$ 的代数余子式，则 $4A_{41}+3A_{42}+2A_{43}-A_{44}=$（　　）.

(A) 6　　(B) 0　　(C) -6　　(D) -2　　(E) 2

【解析】计算代数余子式的代数和时一定先观察行列式的特点和代数余子式的系数之间是否有对应关系再应用按行按列展开定理的推论计算. 利用代数余子式与该元素自身取值无关，将第四行元素换成代数余子式的系数，利用按行按列展开定理得

$$4A_{41}+3A_{42}+2A_{43}-A_{44}=4A_{41}+3A_{42}+2A_{43}+A_{44}-2A_{44}=0-2A_{44}$$

而 $A_{44}=(-1)^{4+4}\begin{vmatrix}1&2&3\\4&3&2\\1&0&-1\end{vmatrix}=\begin{vmatrix}1&2&4\\4&3&6\\1&0&0\end{vmatrix}=\begin{vmatrix}2&4\\3&6\end{vmatrix}=0$，故 $4A_{41}+3A_{42}+2A_{43}-A_{44}=0$. 选 B.

【评注】计算 A_{44} 也可以直接用对角线法则. 该题也可以先计算各个代数余子式，但是费时费力还容易出错，所以一般不采用.

第三节　行列式的计算方法

一、具体行列式的计算方法

1. 低阶行列式对角线法则

1）二阶行列式：$\begin{vmatrix}a&b\\c&d\end{vmatrix}=ad-bc$.

2）三阶行列式：$\begin{vmatrix}a_1&a_2&a_3\\b_1&b_2&b_3\\c_1&c_2&c_3\end{vmatrix}=a_1b_2c_3+a_2b_3c_1+a_3b_1c_2-a_3b_2c_1-a_2b_1c_3-a_1b_3c_2$.

例 1 $\begin{vmatrix}a&1&0\\1&a&0\\4&1&1\end{vmatrix}>0$ 的充分必要条件是（　　）.

(A) $|a|>1$　　(B) $|a|>2$　　(C) $a>1$　　(D) $|a|<1$　　(E) $a<1$

【解析】由对角线法则，$\begin{vmatrix} a & 1 & 0 \\ 1 & a & 0 \\ 4 & 1 & 1 \end{vmatrix} = a^2-1$，$a^2-1>0$ 当且仅当 $|a|>1$，

因此可得 $\begin{vmatrix} a & 1 & 0 \\ 1 & a & 0 \\ 4 & 1 & 1 \end{vmatrix} >0$ 的充分必要条件是 $|a|>1$. 选 A.

例 2 计算行列式 $\begin{vmatrix} x & y & x+y \\ y & x+y & x \\ x+y & x & y \end{vmatrix} =$ (　　).

(A) $-(x^3+y^3)$　　(B) $-2(x^3-y^3)$　　(C) $-3(x^3+y^3)$

(D) $-3(x^3-y^3)$　　(E) $-2(x^3+y^3)$

【解析】$\begin{vmatrix} x & y & x+y \\ y & x+y & x \\ x+y & x & y \end{vmatrix} = x(x+y)y+yx(x+y)+(x+y)yx-y^3-(x+y)^3-x^3$

$=3xy(x+y)-y^3-3x^2y-3xy^2-x^3-y^3-x^3=-2(x^3+y^3)$.故选 E.

【评注】本题采用的是对角线法则求解，也可以采用行列式性质化简.

例 3 若 $D=\begin{vmatrix} 5-\lambda & 2 & 2 \\ 2 & 6-\lambda & 0 \\ 2 & 0 & 4-\lambda \end{vmatrix} =0$，则 λ 有可能取(　　).

(A) 1　　(B) 2　　(C) 3　　(D) 4　　(E) 6

【解析】$D=\begin{vmatrix} 5-\lambda & 2 & 2 \\ 2 & 6-\lambda & 0 \\ 2 & 0 & 4-\lambda \end{vmatrix} =(5-\lambda)(6-\lambda)(4-\lambda)-4(4-\lambda)-4(6-\lambda)$

$=(5-\lambda)(2-\lambda)(8-\lambda)$，由 $D=0$ 得 $\lambda=2$ 或 $\lambda=5$ 或 $\lambda=8$. 故选 B.

2. 展开降阶法（代数余子式法）

对于三阶或以上的行列式，用展开式求行列式的值一般来说工作量很大（因为要计算很多代数余子式）. 取定一行（列），先用倍加变换把这行（列）的元素消到只有一个或很少几个不为0，再对这行（列）展开.

例 4 计算行列式 $\begin{vmatrix} 3 & 2 & 1 \\ 1 & 2 & 1 \\ 301 & 199 & 102 \end{vmatrix} =$ (　　).

(A) 6　　(B) 10　　(C) -6　　(D) -12　　(E) 12

【解析】$\begin{vmatrix} 3 & 2 & 1 \\ 1 & 2 & 1 \\ 301 & 199 & 102 \end{vmatrix} = \begin{vmatrix} 3 & 2 & 1 \\ 1 & 2 & 1 \\ 1 & -1 & 2 \end{vmatrix} = \begin{vmatrix} 3 & 5 & -5 \\ 1 & 3 & -1 \\ 1 & 0 & 0 \end{vmatrix} =1\times(-1)^{3+1}\times \begin{vmatrix} 5 & -5 \\ 3 & -1 \end{vmatrix}$

$=-5+15=10$，选 B.

例 5 计算 $\begin{vmatrix} 4 & 1 & 2 & 4 \\ 1 & 2 & 0 & 2 \\ 10 & 5 & 2 & 0 \\ 0 & 1 & 1 & 7 \end{vmatrix}=(\quad)$.

(A) 0　(B) 8　(C) -6　(D) -12　(E) 12

【解析】$\begin{vmatrix} 4 & 1 & 2 & 4 \\ 1 & 2 & 0 & 2 \\ 10 & 5 & 2 & 0 \\ 0 & 1 & 1 & 7 \end{vmatrix} \xlongequal[c_4-7c_3]{c_2-c_3} \begin{vmatrix} 4 & -1 & 2 & -10 \\ 1 & 2 & 0 & 2 \\ 10 & 3 & 2 & -14 \\ 0 & 0 & 1 & 0 \end{vmatrix}=(-1)^{4+3}\times\begin{vmatrix} 4 & -1 & -10 \\ 1 & 2 & 2 \\ 10 & 3 & -14 \end{vmatrix}$

$=\begin{vmatrix} 4 & -1 & 10 \\ 1 & 2 & -2 \\ 10 & 3 & 14 \end{vmatrix} \xlongequal[c_1+\frac{1}{2}c_3]{c_2+c_3} \begin{vmatrix} 9 & 9 & 10 \\ 0 & 0 & -2 \\ 17 & 17 & 14 \end{vmatrix}=0$，故选 A.

例 6 若实数 x，y 满足方程 $\begin{vmatrix} 2+x & 2 & 2 & 2 \\ 2 & 2-x & 2 & 2 \\ 2 & 2 & 2+y & 2 \\ 2 & 2 & 2 & 2-y \end{vmatrix}=0$，则 $2025^{xy}+xy^{2025}=(\quad)$.

(A) 6　(B) -1　(C) -6　(D) 1　(E) 2025

【解析】第一步，利用行列式的知识求出 x，y 满足的关系：

$$\begin{vmatrix} 2+x & 2 & 2 & 2 \\ 2 & 2-x & 2 & 2 \\ 2 & 2 & 2+y & 2 \\ 2 & 2 & 2 & 2-y \end{vmatrix}=\begin{vmatrix} 2+x & 2 & 2 & 2 \\ -x & -x & 0 & 0 \\ -x & 0 & y & 0 \\ -x & 0 & 0 & -y \end{vmatrix}=\begin{vmatrix} x & 2 & 2 & 2 \\ 0 & -x & 0 & 0 \\ -x & 0 & y & 0 \\ -x & 0 & 0 & -y \end{vmatrix}$$

$$=-x\begin{vmatrix} x & 2 & 2 \\ -x & y & 0 \\ -x & 0 & -y \end{vmatrix}=-x\begin{vmatrix} 0 & 2+y & 2 \\ -x & y & 0 \\ 0 & -y & -y \end{vmatrix}=-x^2\begin{vmatrix} 2+y & 2 \\ -y & -y \end{vmatrix}=x^2y^2$$

从而 $xy=0$.

第二步，求值：$2025^{xy}+xy^{2025}=1$. 选 D.

3. 公式法

利用性质简化计算，转化为有规律的特殊行列式，再套如下公式.

(1) 对角、上（下）三角行列式

$$\begin{vmatrix} a_{11} & 0 & \cdots & 0 \\ 0 & a_{22} & \cdots & 0 \\ \vdots & \vdots & & \vdots \\ 0 & 0 & \cdots & a_{nn} \end{vmatrix}=\begin{vmatrix} a_{11} & a_{12} & \cdots & a_{1n} \\ 0 & a_{22} & \cdots & a_{2n} \\ \vdots & \vdots & & \vdots \\ 0 & 0 & \cdots & a_{nn} \end{vmatrix}=\begin{vmatrix} a_{11} & 0 & \cdots & 0 \\ a_{21} & a_{22} & \cdots & 0 \\ \vdots & \vdots & & \vdots \\ a_{n1} & a_{n2} & \cdots & a_{nn} \end{vmatrix}=a_{11}a_{22}\cdots a_{nn}$$

$$\begin{vmatrix} 0 & \cdots & 0 & a_{1n} \\ 0 & \cdots & a_{2,n-1} & 0 \\ \vdots & & \vdots & \vdots \\ a_{n1} & \cdots & 0 & 0 \end{vmatrix}=\begin{vmatrix} a_{11} & \cdots & a_{1,n-1} & a_{1n} \\ a_{21} & \cdots & a_{2,n-1} & 0 \\ \vdots & & \vdots & \vdots \\ a_{n1} & \cdots & 0 & 0 \end{vmatrix}=\begin{vmatrix} 0 & \cdots & 0 & a_{1n} \\ 0 & \cdots & a_{2,n-1} & a_{2n} \\ \vdots & & \vdots & \vdots \\ a_{n1} & \cdots & a_{n,n-1} & a_{nn} \end{vmatrix}$$

$$=(-1)^{\frac{n(n-1)}{2}}a_{1n}a_{2,n-1}\cdots a_{n1}$$

例 7 计算行列式 $D=\begin{vmatrix} a & b & c & d \\ a & a+b & a+b+c & a+b+c+d \\ a & 2a+b & 3a+2b+c & 4a+3b+2c+d \\ a & 3a+b & 6a+3b+c & 10a+6b+3c+d \end{vmatrix}=$（ ）.

（A）$abcd$　　（B）a^2bc　　（C）a^3b　　（D）a^4　　（E）ab^2c

【解析】从第 4 行开始，后行减前行，得

$$D=\begin{vmatrix} a & b & c & d \\ 0 & a & a+b & a+b+c \\ 0 & a & 2a+b & 3a+2b+c \\ 0 & a & 3a+b & 6a+3b+c \end{vmatrix}=\begin{vmatrix} a & b & c & d \\ 0 & a & a+b & a+b+c \\ 0 & 0 & a & 2a+b \\ 0 & 0 & a & 3a+b \end{vmatrix}$$

$$=\begin{vmatrix} a & b & c & d \\ 0 & a & a+b & a+b+c \\ 0 & 0 & a & 2a+b \\ 0 & 0 & 0 & a \end{vmatrix}=a^4\text{，故选 D.}$$

例 8 计算 n 阶行列式 $D=\begin{vmatrix} a & b & b & \cdots & b \\ b & a & b & \cdots & b \\ b & b & a & \cdots & b \\ \vdots & \vdots & \vdots & & \vdots \\ b & b & b & \cdots & a \end{vmatrix}=$（ ）.

（A）$[a-(n-1)b]\cdot(a-b)^{n-1}$　　（B）$[a+(n-1)b]\cdot(a-b)^{n-2}$

（C）$[a+(n-1)b]\cdot(a-b)^{n-1}$　　（D）$[a+(n-1)b]\cdot(a-b)^{n}$

（E）$(a+nb)\cdot(a-b)^{n-1}$

【解析】注意到行列式的各行（列）对应元素相加之和相等这一特点，把第 2 列至第 n 列的元素加到第 1 列对应元素上去，得

$$D=\begin{vmatrix} a+(n-1)b & b & \cdots & b \\ a+(n-1)b & a & \cdots & b \\ \vdots & \vdots & & \vdots \\ a+(n-1)b & b & \cdots & a \end{vmatrix}=[a+(n-1)b]\cdot\begin{vmatrix} 1 & b & \cdots & b \\ 1 & a & \cdots & b \\ \vdots & \vdots & & \vdots \\ 1 & b & \cdots & a \end{vmatrix}$$

$$=[a+(n-1)b]\cdot\begin{vmatrix} 1 & b & \cdots & b \\ 0 & a-b & \cdots & 0 \\ \vdots & \vdots & & \vdots \\ 0 & 0 & \cdots & a-b \end{vmatrix}=[a+(n-1)b]\cdot(a-b)^{n-1}\text{，故选 C.}$$

（2）分块求解法

$$\begin{vmatrix} \boldsymbol{A} & \boldsymbol{O} \\ \boldsymbol{O} & \boldsymbol{B} \end{vmatrix}=\begin{vmatrix} \boldsymbol{A} & \boldsymbol{C} \\ \boldsymbol{O} & \boldsymbol{B} \end{vmatrix}=\begin{vmatrix} \boldsymbol{A} & \boldsymbol{O} \\ \boldsymbol{C} & \boldsymbol{B} \end{vmatrix}=|\boldsymbol{A}|\,|\boldsymbol{B}|,\quad \begin{vmatrix} \boldsymbol{O} & \boldsymbol{B} \\ \boldsymbol{A} & \boldsymbol{O} \end{vmatrix}=\begin{vmatrix} \boldsymbol{C} & \boldsymbol{B} \\ \boldsymbol{A} & \boldsymbol{O} \end{vmatrix}=\begin{vmatrix} \boldsymbol{O} & \boldsymbol{B} \\ \boldsymbol{A} & \boldsymbol{C} \end{vmatrix}=(-1)^{mn}|\boldsymbol{A}|\,|\boldsymbol{B}|.$$

其中 $\boldsymbol{A}$，$\boldsymbol{B}$ 分别为 m 阶，n 阶方阵. 此展开定理又称为拉普拉斯展开定理.

例 9 $D=\begin{vmatrix} a_1 & 0 & 0 & b_1 \\ 0 & a_2 & b_2 & 0 \\ 0 & b_3 & a_3 & 0 \\ b_4 & 0 & 0 & a_4 \end{vmatrix}=(\quad)$.

(A) $a_1a_2a_3a_4-b_1b_2b_3b_4$　　(B) $(a_1a_4-b_1b_4)(a_2a_3-b_2b_3)$

(C) $(a_1a_4-b_2b_3)(a_2a_3-b_1b_4)$　　(D) $(a_1a_4-b_2b_4)(a_2a_3-b_1b_3)$

(E) $(a_1a_3-b_1b_4)(a_2a_4-b_2b_3)$

【解析】方法一（性质法＋拉普拉斯公式）

$$D\xlongequal[\text{对换}]{\text{逐列}}\begin{vmatrix} a_1 & b_1 & 0 & 0 \\ 0 & 0 & a_2 & b_2 \\ 0 & 0 & b_3 & a_3 \\ b_4 & a_4 & 0 & 0 \end{vmatrix}\xlongequal[\text{对换}]{\text{逐行}}\begin{vmatrix} a_1 & b_1 & 0 & 0 \\ b_4 & a_4 & 0 & 0 \\ 0 & 0 & a_2 & b_2 \\ 0 & 0 & b_3 & a_3 \end{vmatrix}\xlongequal[\text{拉斯}]{\text{拉普}}\begin{vmatrix} a_1 & b_1 \\ b_4 & a_4 \end{vmatrix}\cdot\begin{vmatrix} a_2 & b_2 \\ b_3 & a_3 \end{vmatrix}$$

$=(a_1a_4-b_1b_4)(a_2a_3-b_2b_3)$

方法二（降阶法）按第一行展开可得：

$$D=a_1\begin{vmatrix} a_2 & b_2 & 0 \\ b_3 & a_3 & 0 \\ 0 & 0 & a_4 \end{vmatrix}+b_1(-1)^{1+4}\begin{vmatrix} 0 & a_2 & b_2 \\ 0 & b_3 & a_3 \\ b_4 & 0 & 0 \end{vmatrix},$$

再各按最后一行展开可得：

$$D=(a_1a_4-b_1b_4)\begin{vmatrix} a_2 & b_2 \\ b_3 & a_3 \end{vmatrix}=(a_1a_4-b_1b_4)(a_2a_3-b_2b_3)，\text{选 B.}$$

【评注】不能简单地应用“对角线法则”得出错误结论：$D=a_1a_2a_3a_4-b_1b_2b_3b_4$.

4. 范德蒙行列式（了解）

$$\begin{vmatrix} 1 & 1 & 1 & \cdots & 1 \\ a_1 & a_2 & a_3 & \cdots & a_n \\ a_1^2 & a_2^2 & a_3^2 & \cdots & a_n^2 \\ \vdots & \vdots & \vdots & & \vdots \\ a_1^{n-1} & a_2^{n-1} & a_3^{n-1} & \cdots & a_n^{n-1} \end{vmatrix}=\prod_{1\leqslant i<j\leqslant n}(a_j-a_i)$$

例 10 计算行列式 $\begin{vmatrix} 1 & 1 & 1 \\ a & b & c \\ a^2 & b^2 & c^2 \end{vmatrix}=(\quad)$.

(A) $(a-b)(b-c)(a-c)$　　(B) $(a+b)(b-c)(c-a)$

(C) $(a-b)(b+c)(c-a)$　　(D) $(a-b)(c-b)(c-a)$

(E) $(a-b)(b-c)(c-a)$

【解析】根据范德蒙行列式，$\begin{vmatrix} 1 & 1 & 1 \\ a & b & c \\ a^2 & b^2 & c^2 \end{vmatrix}=(b-a)(c-b)(c-a)$，故选 E.

例 11 计算行列式 $D=\begin{vmatrix}1&1&1&1\\2&4&6&8\\2^2&4^2&6^2&8^2\\2^3&4^3&6^3&8^3\end{vmatrix}=(\quad)$.

(A) 768　(B) 512　(C) 452　(D) 392　(E) 384

【解析】根据范德蒙行列式，

$$D=\begin{vmatrix}1&1&1&1\\2&4&6&8\\2^2&4^2&6^2&8^2\\2^3&4^3&6^3&8^3\end{vmatrix}=(4-2)(6-4)(6-2)(8-6)(8-4)(8-2)=768$$，故选 A.

二、抽象行列式的计算（需要矩阵知识）

1. 性质化简法

抽象行列式计算的核心问题是性质的灵活应用，最常用的是拆分和倍加变换.

2. 矩阵乘法

设 $\boldsymbol{A}$，$\boldsymbol{B}$ 为 n 阶方阵，且 k 为一实数，则有

$|k\boldsymbol{A}|=k^n|\boldsymbol{A}|$，$|\boldsymbol{AB}|=|\boldsymbol{A}||\boldsymbol{B}|=|\boldsymbol{B}||\boldsymbol{A}|$.

评注 一般地，$|\boldsymbol{A}+\boldsymbol{B}|\neq|\boldsymbol{A}|+|\boldsymbol{B}|$，$\boldsymbol{AB}\neq\boldsymbol{BA}$.

例 12 3 阶方阵的行列式 $|\boldsymbol{A}|=3$，把 $\boldsymbol{A}$ 按列分块为 $\boldsymbol{A}=(\boldsymbol{\alpha}_1,\boldsymbol{\alpha}_2,\boldsymbol{\alpha}_3)$，其中 $\boldsymbol{\alpha}_i(i=1,2,3)$ 为 $\boldsymbol{A}$ 的第 i 列，则 $|\boldsymbol{\alpha}_3-2\boldsymbol{\alpha}_1,3\boldsymbol{\alpha}_2,\boldsymbol{\alpha}_1|=(\quad)$.

(A) 3　(B) −6　(C) 6　(D) −9　(E) 9

【解析】方法一：根据行列式的性质，按第 1 列展开：

$|\boldsymbol{\alpha}_3-2\boldsymbol{\alpha}_1,3\boldsymbol{\alpha}_2,\boldsymbol{\alpha}_1|=|\boldsymbol{\alpha}_3,3\boldsymbol{\alpha}_2,\boldsymbol{\alpha}_1|+|-2\boldsymbol{\alpha}_1,3\boldsymbol{\alpha}_2,\boldsymbol{\alpha}_1|$，

对于 $|-2\boldsymbol{\alpha}_1,3\boldsymbol{\alpha}_2,\boldsymbol{\alpha}_1|$ 它的第一列和最后一列成比例，故为零.

而 $|\boldsymbol{\alpha}_3,3\boldsymbol{\alpha}_2,\boldsymbol{\alpha}_1|=-3|\boldsymbol{\alpha}_1,\boldsymbol{\alpha}_2,\boldsymbol{\alpha}_3|$，

故 $|\boldsymbol{\alpha}_3-2\boldsymbol{\alpha}_1,3\boldsymbol{\alpha}_2,\boldsymbol{\alpha}_1|=-3|\boldsymbol{\alpha}_1,\boldsymbol{\alpha}_2,\boldsymbol{\alpha}_3|=-3\times3=-9$.

方法二：根据矩阵乘法：

$$(\boldsymbol{\alpha}_3-2\boldsymbol{\alpha}_1,3\boldsymbol{\alpha}_2,\boldsymbol{\alpha}_1)=(\boldsymbol{\alpha}_1,\boldsymbol{\alpha}_2,\boldsymbol{\alpha}_3)\begin{pmatrix}-2&0&1\\0&3&0\\1&0&0\end{pmatrix}$$

故 $|\boldsymbol{\alpha}_3-2\boldsymbol{\alpha}_1,3\boldsymbol{\alpha}_2,\boldsymbol{\alpha}_1|=|\boldsymbol{\alpha}_1,\boldsymbol{\alpha}_2,\boldsymbol{\alpha}_3|\cdot\begin{vmatrix}-2&0&1\\0&3&0\\1&0&0\end{vmatrix}=-9$，选 D.

例 13 设 4 阶矩阵 $\boldsymbol{A}=(\boldsymbol{\alpha},\boldsymbol{\gamma}_1,\boldsymbol{\gamma}_2,\boldsymbol{\gamma}_3)$，$\boldsymbol{B}=(\boldsymbol{\beta},\boldsymbol{\gamma}_1,2\boldsymbol{\gamma}_2,\boldsymbol{\gamma}_3)$，且 $|\boldsymbol{A}|=4$，$|\boldsymbol{B}|=2$，则 $|\boldsymbol{A}+\boldsymbol{B}|=(\quad)$.

(A) 80　(B) 60　(C) 40　(D) 32　(E) 6

【解析】 $|\boldsymbol{A}+\boldsymbol{B}| = |(\boldsymbol{\alpha}, \boldsymbol{\gamma}_1, \boldsymbol{\gamma}_2, \boldsymbol{\gamma}_3)+(\boldsymbol{\beta}, \boldsymbol{\gamma}_1, 2\boldsymbol{\gamma}_2, \boldsymbol{\gamma}_3)| = |\boldsymbol{\alpha}+\boldsymbol{\beta}, 2\boldsymbol{\gamma}_1, 3\boldsymbol{\gamma}_2, 2\boldsymbol{\gamma}_3|$ $=12|\boldsymbol{\alpha}+\boldsymbol{\beta}, \boldsymbol{\gamma}_1, \boldsymbol{\gamma}_2, \boldsymbol{\gamma}_3| = 12|\boldsymbol{\alpha}, \boldsymbol{\gamma}_1, \boldsymbol{\gamma}_2, \boldsymbol{\gamma}_3| + 6|\boldsymbol{\beta}, \boldsymbol{\gamma}_1, 2\boldsymbol{\gamma}_2, \boldsymbol{\gamma}_3| = 12|\boldsymbol{A}| + 6|\boldsymbol{B}| = 60$. 选 B.

例 14 如果 $\begin{vmatrix} a & 3 & 1 \\ b & 0 & 1 \\ c & 2 & 1 \end{vmatrix} = 1$，则 $\begin{vmatrix} a-3 & b-3 & c-3 \\ 5 & 2 & 4 \\ 1 & 1 & 1 \end{vmatrix} = ($　　$)$.

(A) 1　　(B) 2　　(C) -1　　(D) -2　　(E) 0

【解析】利用行列式与其转置相等和倍加不变性可得结果.

$$\begin{vmatrix} a & 3 & 1 \\ b & 0 & 1 \\ c & 2 & 1 \end{vmatrix} \xlongequal{|A|=|A^{\mathrm{T}}|} \begin{vmatrix} a & b & c \\ 3 & 0 & 2 \\ 1 & 1 & 1 \end{vmatrix} \xlongequal[r_2+2r_3]{r_1-3r_3} \begin{vmatrix} a-3 & b-3 & c-3 \\ 5 & 2 & 4 \\ 1 & 1 & 1 \end{vmatrix} = 1.$$ 选 A.

例 15 如果 $\begin{vmatrix} a_{11} & a_{12} & a_{13} \\ a_{21} & a_{22} & a_{23} \\ a_{31} & a_{32} & a_{33} \end{vmatrix} = 2$，则 $\begin{vmatrix} 2a_{11} & 2a_{12} & 2a_{12}-2a_{13} \\ 2a_{21} & 2a_{22} & 2a_{22}-2a_{23} \\ 2a_{31} & 2a_{32} & 2a_{32}-2a_{33} \end{vmatrix} = ($　　$)$.

(A) 14　　(B) 12　　(C) -12　　(D) -16　　(E) -14

【解析】利用行列式的拆项及成比例为 0 的性质，再提取公因子，即得结果.

$$\begin{vmatrix} 2a_{11} & 2a_{12} & 2a_{12}-2a_{13} \\ 2a_{21} & 2a_{22} & 2a_{22}-2a_{23} \\ 2a_{31} & 2a_{32} & 2a_{32}-2a_{33} \end{vmatrix} = |2\boldsymbol{\alpha}_1, 2\boldsymbol{\alpha}_2, 2\boldsymbol{\alpha}_2-2\boldsymbol{\alpha}_3| = 2^3|\boldsymbol{\alpha}_1, \boldsymbol{\alpha}_2, \boldsymbol{\alpha}_2-\boldsymbol{\alpha}_3|$$

$=8(|\boldsymbol{\alpha}_1, \boldsymbol{\alpha}_2, \boldsymbol{\alpha}_2| + |\boldsymbol{\alpha}_1, \boldsymbol{\alpha}_2, -\boldsymbol{\alpha}_3|) = 8(0-|A|) = -16$，故选 D.

第四节　归纳总结

1. 重要概念

概念	定义	应用
逆序数	如果一对数的前后位置与大小顺序相反，即前面的数大于后面的数，那么就称它们构成一个逆序. 一个排列中存在的逆序的总个数称为这个排列的逆序数.	决定行列式某项的符号
余子式	划去第 i 行第 j 列后按原来的顺序分布形成一新的行列式 M_{ij}	求代数余子式
代数余子式	$A_{ij}=(-1)^{i+j}M_{ij}$	行列式的展开式，伴随矩阵

2. 行列式的性质

性质	结论
转置性质	把行列式转置，值不变，即 $\lvert \boldsymbol{A}^{\mathrm{T}} \rvert = \lvert \boldsymbol{A} \rvert$
提公因子	某一行（列）的公因子可提出
拆分性质	行列式中如果某行（列）的每个元素都是两个数的和，则这个行列式等于两个行列式的和
交换性质	把两个行（列）向量交换，行列式的值变号
比例性质	如果一个行（列）向量是另一个行（列）向量的倍数，则行列式的值为0
倍加性质	行列式中某行元素的 k 倍加到另一行对应元素上去，则行列式的值不变
展开性质	行列式的值等于它任意一行（或列）所有的元素与其代数余子式的乘积之和

3. 行列式为零的常见情况

1）如果一个行（列）向量是另一个行（列）向量的倍数，则行列式的值为0.

2）如果有两行相同，则行列式的值为0.

3）如果有两行互为相反数，则行列式的值为0.

4）行列式里某一行（列）全为0，则行列式的值为0.

5）各行或各列元素之和为0，则行列式的值为0.

4. 常用公式

1）二阶行列式：$\begin{vmatrix} a & b \\ c & d \end{vmatrix} = ad - bc$.

2）三阶行列式：$\begin{vmatrix} a_1 & a_2 & a_3 \\ b_1 & b_2 & b_3 \\ c_1 & c_2 & c_3 \end{vmatrix} = a_1b_2c_3 + a_2b_3c_1 + a_3b_1c_2 - a_3b_2c_1 - a_2b_1c_3 - a_1b_3c_2$.

3）上（下）三角形行列式：

$$\begin{vmatrix} a_{11} & 0 & \cdots & 0 \\ 0 & a_{22} & \cdots & 0 \\ \vdots & \vdots & & \vdots \\ 0 & 0 & \cdots & a_{nn} \end{vmatrix} = \begin{vmatrix} a_{11} & a_{12} & \cdots & a_{1n} \\ 0 & a_{22} & \cdots & a_{2n} \\ \vdots & \vdots & & \vdots \\ 0 & 0 & \cdots & a_{nn} \end{vmatrix} = \begin{vmatrix} a_{11} & 0 & \cdots & 0 \\ a_{21} & a_{22} & \cdots & 0 \\ \vdots & \vdots & & \vdots \\ a_{n1} & a_{n2} & \cdots & a_{nn} \end{vmatrix} = a_{11}a_{22}\cdots a_{nn}$$

$$\begin{vmatrix} 0 & \cdots & 0 & a_{1n} \\ 0 & \cdots & a_{2,n-1} & 0 \\ \vdots & & \vdots & \vdots \\ a_{n1} & \cdots & 0 & 0 \end{vmatrix} = \begin{vmatrix} a_{11} & \cdots & a_{1,n-1} & a_{1n} \\ a_{21} & \cdots & a_{2,n-1} & 0 \\ \vdots & & \vdots & \vdots \\ a_{n1} & \cdots & 0 & 0 \end{vmatrix} = \begin{vmatrix} 0 & \cdots & 0 & a_{1n} \\ 0 & \cdots & a_{2,n-1} & a_{2n} \\ \vdots & & \vdots & \vdots \\ a_{n1} & \cdots & a_{n,n-1} & a_{nn} \end{vmatrix} = (-1)^{\frac{n(n-1)}{2}} a_{1n}a_{2,n-1}\cdots a_{n1}$$

4）分块求解法：

$$\begin{vmatrix} \boldsymbol{A} & \boldsymbol{O} \\ \boldsymbol{O} & \boldsymbol{B} \end{vmatrix} = \begin{vmatrix} \boldsymbol{A} & \boldsymbol{C} \\ \boldsymbol{O} & \boldsymbol{B} \end{vmatrix} = \begin{vmatrix} \boldsymbol{A} & \boldsymbol{O} \\ \boldsymbol{C} & \boldsymbol{B} \end{vmatrix} = \lvert \boldsymbol{A} \rvert \lvert \boldsymbol{B} \rvert, \quad \begin{vmatrix} \boldsymbol{O} & \boldsymbol{B} \\ \boldsymbol{A} & \boldsymbol{O} \end{vmatrix} = \begin{vmatrix} \boldsymbol{C} & \boldsymbol{B} \\ \boldsymbol{A} & \boldsymbol{O} \end{vmatrix} = \begin{vmatrix} \boldsymbol{O} & \boldsymbol{B} \\ \boldsymbol{A} & \boldsymbol{C} \end{vmatrix} = (-1)^{mn} \lvert \boldsymbol{A} \rvert \lvert \boldsymbol{B} \rvert.$$

其中 $\boldsymbol{A}$，$\boldsymbol{B}$ 分别为 m 阶，n 阶方阵.

5）范德蒙行列式（了解）：

$$\begin{vmatrix} 1 & 1 & 1 & \cdots & 1 \\ a_1 & a_2 & a_3 & \cdots & a_n \\ a_1^2 & a_2^2 & a_3^2 & \cdots & a_n^2 \\ \vdots & \vdots & \vdots & & \vdots \\ a_1^{n-1} & a_2^{n-1} & a_3^{n-1} & \cdots & a_n^{n-1} \end{vmatrix} = \prod_{1 \leqslant i < j \leqslant n} (a_j - a_i)$$

扫码看视频

第五节　单元练习

1. 下面 4 个 5 级排列中，逆序数为 5 的排列有(　　)个.

（1）21345　（2）31245　（3）54123　（4）51243

（A）0　（B）1　（C）2　（D）3　（E）4

2. 排列 21736854 的逆序数是(　　).

（A）10　（B）9　（C）8　（D）7　（E）6

3. 五阶行列式的展开式中含 $a_{11}a_{22}$ 的项共有(　　)项.

（A）2　（B）4　（C）6　（D）8　（E）24

4. n 阶行列式 $D_n = \begin{vmatrix} 0 & \cdots & 0 & -1 \\ 0 & \cdots & -1 & 0 \\ \vdots & & \vdots & \vdots \\ -1 & \cdots & 0 & 0 \end{vmatrix}$，当 $n=$(　　)时，$D_n<0$.

（A）3　（B）4　（C）5　（D）7　（E）8

5. 设多项式 $f(x) = \begin{vmatrix} x & 2 & 3 & 4 \\ x & x & x & 3 \\ 1 & 0 & 2 & x \\ x & 1 & 3 & x \end{vmatrix}$，则多项式的次数为(　　).

（A）0　（B）1　（C）2　（D）3　（E）4

6. 四阶行列式包含 $a_{22}a_{43}$ 且带正号的项是(　　).

（A）$a_{11}a_{22}a_{34}a_{43}$　（B）$a_{13}a_{22}a_{34}a_{43}$　（C）$a_{13}a_{22}a_{31}a_{43}$

（D）$a_{12}a_{22}a_{31}a_{43}$　（E）$a_{14}a_{22}a_{31}a_{43}$

7. 一个 n 阶行列式 D 中零元素个数比 n^2-n 还多，则 $D=$(　　).

（A）0　（B）1　（C）n　（D）$-n$　（E）无法确定

8. 已知四阶行列式 $D = \begin{vmatrix} 1 & 2 & 1 & 1 \\ 2 & 3 & 2^2 & 2^3 \\ 3 & 4 & 3^2 & 3^3 \\ 4 & 1 & 4^2 & 4^3 \end{vmatrix}$，则 $A_{12}+A_{22}+A_{32}+A_{42}=$(　　).

（A）4　（B）-8　（C）8　（D）-12　（E）12

9. 行列式$D_4=\begin{vmatrix}5x&1&2&3\\x&x&1&2\\1&2&x&3\\x&1&2&2x\end{vmatrix}$的展开式中

(1) 包含 x^3 的项系数为(　　).

(A) 4　(B) −8　(C) −5　(D) 5　(E) 12

(2) 包含 x^4 的项系数为(　　).

(A) 4　(B) −8　(C) 8　(D) −10　(E) 10

10. 设 x，y 为实数且$\begin{vmatrix}x&y&0\\-y&x&0\\0&x&1\end{vmatrix}=0$，则(　　).

(A) $x=0$，$y=1$　(B) $x=-1$，$y=1$　(C) $x=1$，$y=-1$

(D) $x=0$，$y=0$　(E) $x=1$，$y=1$

11. 设有行列式$\begin{vmatrix}x&2&3\\-1&x&0\\0&x&1\end{vmatrix}=0$，则 x 有可能取的值为(　　).

(A) 0　(B) 2　(C) 3　(D) −2　(E) −3

12. 计算三阶行列式$\begin{vmatrix}1&0&5\\1&4&3\\2&4&7\end{vmatrix}=$(　　).

(A) 1　(B) 2　(C) 3　(D) −2　(E) −4

13. 已知三阶行列式中第一列的元素依次为 1，2，1，其对应的余子式依次为 3，2，−1，则该行列式的值为(　　).

(A) 6　(B) 8　(C) −6　(D) −2　(E) 0

14. 计算三阶行列式$\begin{vmatrix}1&0&-3\\2&0&-1\\-3&4&2\end{vmatrix}=$(　　).

(A) 6　(B) 8　(C) −6　(D) −2　(E) −20

15. 如果 n 阶行列式 $D=0$，就可知行列式中(　　).

(A) 所有元素都是零　(B) 至少有一列（行）元素都为零

(C) 有两列（行）元素相同或成比例　(D) 转置行列式 $D^{T}=0$

(E) 某行的元素之和为 0

16. 已知二阶行列式$\begin{vmatrix}a_1&a_2\\b_1&b_2\end{vmatrix}=2$，$\begin{vmatrix}b_1&b_2\\c_1&c_2\end{vmatrix}=3$，则$\begin{vmatrix}b_1&b_2\\a_1+c_1&a_2+c_2\end{vmatrix}$的值是(　　).

(A) −1　(B) 1　(C) 5　(D) −5　(E) 2

17. 已知行列式 $\begin{vmatrix} x & y & z \\ 4 & 0 & 3 \\ 1 & 1 & 1 \end{vmatrix}=1$，则 $\begin{vmatrix} 2x & 2y & 2z \\ \frac{4}{3} & 0 & 1 \\ 1 & 1 & 1 \end{vmatrix}$ 的值是(　　).

(A) $\frac{2}{3}$　(B) 1　(C) 2　(D) $\frac{8}{3}$　(E) -1

18. 若 $D=\begin{vmatrix} a_{11} & a_{12} & a_{13} \\ a_{21} & a_{22} & a_{23} \\ a_{31} & a_{32} & a_{33} \end{vmatrix}=3$，则 $D_1=\begin{vmatrix} 2a_{11} & a_{13} & a_{11}-2a_{12} \\ 2a_{21} & a_{23} & a_{21}-2a_{22} \\ 2a_{31} & a_{33} & a_{31}-2a_{32} \end{vmatrix}=$(　　).

(A) 2　(B) -12　(C) 6　(D) -6　(E) 12

19. 计算行列式 $D=\begin{vmatrix} b+c & c+a & a+b \\ a & b & c \\ a^2 & b^2 & c^2 \end{vmatrix}=$(　　).

(A) $(a+b-c)(c-b)(c-a)(b-a)$

(B) $(a+b+c)(c-b)(c-a)(b-a)$

(C) $(a-b+c)(c-b)(c-a)(b-a)$

(D) $(a+b+c)(c-b)(c-a)(a-b)$

(E) $(a-b-c)(c-b)(c-a)(b-a)$

20. 计算行列式 $D=\begin{vmatrix} 1 & 2 & 3 & 4 \\ 2 & 3 & 4 & 1 \\ 3 & 4 & 1 & 2 \\ 4 & 1 & 2 & 3 \end{vmatrix}=$(　　).

(A) 120　(B) 160　(C) -160　(D) -220　(E) -120

21. $\boldsymbol{\alpha}_j$ 为四阶行列式 D 的第 j 列($j=1，2，3，4$)，且 $D=-5$，则下列行列式中，等于 -10 的是(　　).

(A) $|2\boldsymbol{\alpha}_1, 2\boldsymbol{\alpha}_2, 2\boldsymbol{\alpha}_3, 2\boldsymbol{\alpha}_4|$

(B) $|\boldsymbol{\alpha}_1+\boldsymbol{\alpha}_2, \boldsymbol{\alpha}_2+\boldsymbol{\alpha}_3, \boldsymbol{\alpha}_3+\boldsymbol{\alpha}_4, \boldsymbol{\alpha}_4+\boldsymbol{\alpha}_1|$

(C) $|\boldsymbol{\alpha}_1, \boldsymbol{\alpha}_1+\boldsymbol{\alpha}_2, \boldsymbol{\alpha}_1+\boldsymbol{\alpha}_2+\boldsymbol{\alpha}_3, \boldsymbol{\alpha}_1+\boldsymbol{\alpha}_2+\boldsymbol{\alpha}_3+\boldsymbol{\alpha}_4|$

(D) $|\boldsymbol{\alpha}_1+\boldsymbol{\alpha}_2, \boldsymbol{\alpha}_2+\boldsymbol{\alpha}_3, \boldsymbol{\alpha}_3+\boldsymbol{\alpha}_4, \boldsymbol{\alpha}_4-\boldsymbol{\alpha}_1|$

(E) $|-2\boldsymbol{\alpha}_1, -2\boldsymbol{\alpha}_2, -2\boldsymbol{\alpha}_3, -2\boldsymbol{\alpha}_4|$

答案及解析

1. **B**　计算一个排列的逆序数主要有两种方法：按排列的次序分别计算出每个数的后面比它小的数的个数，而后再求和；或者计算每个数的前面比它大的数的个数，再求和.
排列 21345 的逆序数为 $0+1+0+0+0=1$；排列 31245 的逆序数为 $0+1+1+0+0=2$；
排列 54123 的逆序数为 $0+1+2+2+2=7$；排列 51243 的逆序数为 $0+1+1+1+2=5$.

2. **A**　排列 21736854 的逆序数为 $0+1+0+1+1+0+3+4=10$，故答案选 A.

3. **C** n 阶行列式的通项为位于不同行不同列的 n 个元素的乘积，即 $a_{1j_1}a_{2j_2}\cdots a_{nj_n}$.
固定行标为自然排列，列标从 3 到 n 进行全排列，有$(n-2)!$种排法，故含 $a_{11}a_{22}$ 的项共有$(5-2)!=6$ 项，选 C.

4. **C** n 阶行列式的通项 $a_{1j_1}a_{2j_2}\cdots a_{nj_n}$ 的符号由列标的逆序数的奇偶决定，奇数为负号，偶数为正号.
解法一：排列 321 的逆序数为 3，故 $D_3=(-1)^3\cdot(-1)^3=1$，
排列 4321 的逆序数为 6，故 $D_4=(-1)^6\cdot(-1)^4=1$，
排列 54321 的逆序数为 10，故 $D_5=(-1)^{10}\cdot(-1)^5=-1$，
排列 7654321 的逆序数为 21，故 $D_7=(-1)^{21}\cdot(-1)^7=1$，
排列 87654321 的逆序数为 28，故 $D_8=(-1)^{28}\cdot(-1)^8=1$，故选 C.

解法二：$D_n=\begin{vmatrix} & & & -1\\ & & -1 & \\ & \iddots & & \\ -1 & & & \end{vmatrix}=(-1)^{\frac{n(n-1)}{2}}\cdot(-1)^n=(-1)^{\frac{n(n+1)}{2}}$

n	3	4	5	7	8
$\frac{n(n+1)}{2}$	6	10	15	28	36

，当 $n=5$ 时，$D_n=-1<0$，故选 C.

5. **D** 利用行列式展开定理对行列式降阶，最后求出行列式的值（多项式）.
解法一：

$$f(x)=\begin{vmatrix} x&2&3&4\\ x&x&x&3\\ 1&0&2&x\\ x&1&3&x\end{vmatrix}\xlongequal{r_1\leftrightarrow r_3}-\begin{vmatrix} 1&0&2&x\\ x&x&x&3\\ x&2&3&4\\ x&1&3&x\end{vmatrix}\xlongequal[\substack{r_3-xr_1\\ r_4-xr_1}]{r_2-xr_1}-\begin{vmatrix} 1&0&2&x\\ 0&x&-x&3-x^2\\ 0&2&3-2x&4-x^2\\ 0&1&3-2x&x-x^2\end{vmatrix}$$

$$\xlongequal{\text{按第一列展开}}-\begin{vmatrix} x&-x&3-x^2\\ 2&3-2x&4-x^2\\ 1&3-2x&x-x^2\end{vmatrix}\xlongequal{r_1\leftrightarrow r_3}\begin{vmatrix} 1&3-2x&x-x^2\\ 2&3-2x&4-x^2\\ x&-x&3-x^2\end{vmatrix}\xlongequal[r_3-xr_1]{r_2-2r_1}$$

$$\begin{vmatrix} 1&3-2x&x-x^2\\ 0&2x-3&x^2-2x+4\\ 0&-x(4-2x)&x^3-2x^2+3\end{vmatrix}\xlongequal{\text{按第一列展开}}\begin{vmatrix} 2x-3&x^2-2x+4\\ -x(4-2x)&x^3-2x^2+3\end{vmatrix}=x^3-10x^2+22x-9$$

所以多项式的次数为 3. 故选 D.
解法二：

$$f(x)=\begin{vmatrix} x&2&3&4\\ x&x&x&3\\ 1&0&2&x\\ x&1&3&x\end{vmatrix}\xlongequal[c_4-xc_1]{c_3-2c_1}\begin{vmatrix} x&2&3-2x&4-x^2\\ x&x&-x&3-x^2\\ 1&0&0&0\\ x&1&3-2x&x-x^2\end{vmatrix}\xlongequal{\text{按第三行展开}}1\cdot(-1)^{3+1}\cdot$$

$$\begin{vmatrix} 2&3-2x&4-x^2\\ x&-x&3-x^2\\ 1&3-2x&x-x^2\end{vmatrix}\xlongequal{r_3-r_1}\begin{vmatrix} 2&3-2x&4-x^2\\ x&-x&3-x^2\\ -1&0&x-4\end{vmatrix}\xlongequal{c_3+(x-4)c_1}\begin{vmatrix} 2&3-2x&-x^2+2x-4\\ x&-x&-4x+3\\ -1&0&0\end{vmatrix}$$

$$\xlongequal{\text{按第三行展开}}(-1)\cdot(-1)^{3+1}\cdot\begin{vmatrix}3-2x & -x^2+2x-4\\ -x & -4x+3\end{vmatrix}=x^3-10x^2+22x-9.$$

所以多项式的次数为 3. 选 D.

6. **E** n 阶行列式的通项 $a_{1j_1}a_{2j_2}\cdots a_{nj_n}$ 的符号由列标的逆序数的奇偶决定，奇数为负号，偶数为正号. 四阶行列式包含 $a_{22}a_{43}$ 的项有 $a_{11}a_{22}a_{34}a_{43}$ 和 $a_{14}a_{22}a_{31}a_{43}$，排列 1243 的逆序数为 1，排列 4213 的逆序数为 4，故带正号的项为 $a_{14}a_{22}a_{31}a_{43}$.

7. **A** 一个 n 阶行列式 D 中零元素比 n^2-n 还多，那么非零元素比 $n^2-(n^2-n)=n$ 还少，而行列式的通项为不同行不同列的 n 个元素的乘积，通项必然会有零元素，故通项为 0，行列式的值为 0.

8. **D** 由展开定理逆用和范德蒙行列式可得：

$$A_{12}+A_{22}+A_{32}+A_{42}=\begin{vmatrix}1&1&1&1\\2&1&2^2&2^3\\3&1&3^2&3^3\\4&1&4^2&4^3\end{vmatrix}\xlongequal{c_1\leftrightarrow c_2}-\begin{vmatrix}1&1&1&1\\1&2&2^2&2^3\\1&3&3^2&3^3\\1&4&4^2&4^3\end{vmatrix}$$

$=-(2-1)(3-1)(4-1)(3-2)(4-2)(4-3)=-12$，选 D.

9. (1) **C**，(2) **E**

设 $D_4=\sum\limits_{i_1i_2i_3i_4}(-1)^{\tau(i_1i_2i_3i_4)}a_{i_11}a_{i_22}a_{i_33}a_{i_44}$，其中 i_1,i_2,i_3,i_4 分别为不同列中对应元素的行下标.

(1) 则 D_4 展开式中含 x^3 项有

$(-1)^{\tau(2134)}\cdot x\cdot 1\cdot x\cdot 2x+(-1)^{\tau(4231)}\cdot x\cdot x\cdot x\cdot 3=-2x^3+(-3x^3)=-5x^3$，选 C.

(2) D_4 展开式中含 x^4 项有 $(-1)^{\tau(1234)}\cdot 5x\cdot x\cdot x\cdot 2x=10x^4$，选 E.

10. **D** 利用对角线法则计算行列式

$$\begin{vmatrix}x&y&0\\-y&x&0\\0&x&1\end{vmatrix}=x^2+y^2=0\Rightarrow x=y=0，\text{故答案选 D.}$$

11. **B** 利用对角线法则计算行列式

$$\begin{vmatrix}x&2&3\\-1&x&0\\0&x&1\end{vmatrix}=x^2-3x+2=(x-1)(x-2)=0，\text{解得 } x=1 \text{ 或 } 2. \text{故选 B.}$$

12. **E** 利用对角线法则计算行列式

$$\begin{vmatrix}1&0&5\\1&4&3\\2&4&7\end{vmatrix}=28+0+20-40-0-12=-4.$$

13. **D** 行列式的值为某行（列）元素与其对应元素的代数余子式之积的和.
行列式按第一列展开即 $D_3=1\times3-2\times2-1\times1=-2$.

14. **E** 利用对角线法则或者用行列式展开定理.

解法一：$\begin{vmatrix} 1 & 0 & -3 \\ 2 & 0 & -1 \\ -3 & 4 & 2 \end{vmatrix} = -24+4=-20.$

解法二：$\begin{vmatrix} 1 & 0 & -3 \\ 2 & 0 & -1 \\ -3 & 4 & 2 \end{vmatrix} = 4\times(-1)^{3+2}\begin{vmatrix} 1 & -3 \\ 2 & -1 \end{vmatrix} = 4\times(-5)=-20.$

15. **D** 行列式与其转置的值相同.

若有选项 A，B，C，E 成立，必能得到 $D=0$，反之未必，如

$D_3=\begin{vmatrix} 1 & 0 & 2 \\ 1 & 2 & 4 \\ 1 & 5 & 7 \end{vmatrix}=0$，A，B，C，E 均不成立.

16. **B** 利用行列式的拆项性质，若行列式有某行（列）是两数之和可拆为两个行列式.

$\begin{vmatrix} b_1 & b_2 \\ a_1+c_1 & a_2+c_2 \end{vmatrix} = \begin{vmatrix} b_1 & b_2 \\ a_1 & a_2 \end{vmatrix} + \begin{vmatrix} b_1 & b_2 \\ c_1 & c_2 \end{vmatrix} = -\begin{vmatrix} a_1 & a_2 \\ b_1 & b_2 \end{vmatrix} + \begin{vmatrix} b_1 & b_2 \\ c_1 & c_2 \end{vmatrix} = -2+3=1$，故选 B.

17. **A** 观察已知行列式与所计算的行列式的特点，由第 1 行提出公因子 2，第 2 行提出公因子$\frac{1}{3}$之后，即得已知行列式.

$\begin{vmatrix} 2x & 2y & 2z \\ \frac{4}{3} & 0 & 1 \\ 1 & 1 & 1 \end{vmatrix} = 2\times\frac{1}{3}\begin{vmatrix} x & y & z \\ 4 & 0 & 3 \\ 1 & 1 & 1 \end{vmatrix} = \frac{2}{3}$，故答案选 A.

18. **E** 利用行列式的拆项及成比例为 0 的性质，再提取公因子，即得结果.

$$D_1 = \begin{vmatrix} 2a_{11} & a_{13} & a_{11}-2a_{12} \\ 2a_{21} & a_{23} & a_{21}-2a_{22} \\ 2a_{31} & a_{33} & a_{31}-2a_{32} \end{vmatrix} = \begin{vmatrix} 2a_{11} & a_{13} & a_{11} \\ 2a_{21} & a_{23} & a_{21} \\ 2a_{31} & a_{33} & a_{31} \end{vmatrix} + \begin{vmatrix} 2a_{11} & a_{13} & -2a_{12} \\ 2a_{21} & a_{23} & -2a_{22} \\ 2a_{31} & a_{33} & -2a_{32} \end{vmatrix}$$

$$= \begin{vmatrix} 2a_{11} & a_{13} & a_{11} \\ 2a_{21} & a_{23} & a_{21} \\ 2a_{31} & a_{33} & a_{31} \end{vmatrix} + 2\times(-2)\begin{vmatrix} a_{11} & a_{13} & a_{12} \\ a_{21} & a_{23} & a_{22} \\ a_{31} & a_{33} & a_{32} \end{vmatrix} = 0+4\begin{vmatrix} a_{11} & a_{12} & a_{13} \\ a_{21} & a_{22} & a_{23} \\ a_{31} & a_{32} & a_{33} \end{vmatrix} = 4\times3=12.$$

19. **B** 根据行列式的特点，把第 2 行各元素加到第 1 行的对应元素上，从第 1 行提出公因子，化为范德蒙行列式.

$$D = \begin{vmatrix} b+c & c+a & a+b \\ a & b & c \\ a^2 & b^2 & c^2 \end{vmatrix} = \begin{vmatrix} a+b+c & c+a+b & a+b+c \\ a & b & c \\ a^2 & b^2 & c^2 \end{vmatrix} = (a+b+c)\begin{vmatrix} 1 & 1 & 1 \\ a & b & c \\ a^2 & b^2 & c^2 \end{vmatrix}$$

$$=(a+b+c)(c-b)(c-a)(b-a).$$

20. **B** 这是属于各行（列）相加相等的类型，通用办法是先把各行（列）都加到第一行

（列）上，提取公因子再结合性质利用降阶法求解.

$$D=\begin{vmatrix}10&2&3&4\\10&3&4&1\\10&4&1&2\\10&1&2&3\end{vmatrix}=10\times\begin{vmatrix}1&2&3&4\\1&3&4&1\\1&4&1&2\\1&1&2&3\end{vmatrix}=10\times\begin{vmatrix}1&2&3&4\\0&1&1&-3\\0&1&-3&1\\0&-3&1&1\end{vmatrix}$$

$$=10\times\begin{vmatrix}1&1&-3\\1&-3&1\\-3&1&1\end{vmatrix}=160.$$

21. **D** 利用行列式的性质，结合方阵对应的行列式的性质来得出计算结果.

由 $D=|\boldsymbol{\alpha}_1,\boldsymbol{\alpha}_2,\boldsymbol{\alpha}_3,\boldsymbol{\alpha}_4|=-5$ 得，

（A）$D_1=|2\boldsymbol{\alpha}_1,2\boldsymbol{\alpha}_2,2\boldsymbol{\alpha}_3,2\boldsymbol{\alpha}_4|=2^4|\boldsymbol{\alpha}_1,\boldsymbol{\alpha}_2,\boldsymbol{\alpha}_3,\boldsymbol{\alpha}_4|=2^4D=-80$

（B）$D_2=|\boldsymbol{\alpha}_1+\boldsymbol{\alpha}_2,\boldsymbol{\alpha}_2+\boldsymbol{\alpha}_3,\boldsymbol{\alpha}_3+\boldsymbol{\alpha}_4,\boldsymbol{\alpha}_4+\boldsymbol{\alpha}_1|\xlongequal{c_1-c_2+c_3-c_4}$
$|\boldsymbol{0},\boldsymbol{\alpha}_2+\boldsymbol{\alpha}_3,\boldsymbol{\alpha}_3+\boldsymbol{\alpha}_4,\boldsymbol{\alpha}_4+\boldsymbol{\alpha}_1|=0$

（C）$D_3=|\boldsymbol{\alpha}_1,\boldsymbol{\alpha}_1+\boldsymbol{\alpha}_2,\boldsymbol{\alpha}_1+\boldsymbol{\alpha}_2+\boldsymbol{\alpha}_3,\boldsymbol{\alpha}_1+\boldsymbol{\alpha}_2+\boldsymbol{\alpha}_3+\boldsymbol{\alpha}_4|\xlongequal{c_4-c_3}$
$|\boldsymbol{\alpha}_1,\boldsymbol{\alpha}_1+\boldsymbol{\alpha}_2,\boldsymbol{\alpha}_1+\boldsymbol{\alpha}_2+\boldsymbol{\alpha}_3,\boldsymbol{\alpha}_4|\xlongequal{c_3-c_2}|\boldsymbol{\alpha}_1,\boldsymbol{\alpha}_1+\boldsymbol{\alpha}_2,\boldsymbol{\alpha}_3,\boldsymbol{\alpha}_4|$
$\xlongequal{c_2-c_1}|\boldsymbol{\alpha}_1,\boldsymbol{\alpha}_2,\boldsymbol{\alpha}_3,\boldsymbol{\alpha}_4|=D=-5$

（D）$D_4=|\boldsymbol{\alpha}_1+\boldsymbol{\alpha}_2,\boldsymbol{\alpha}_2+\boldsymbol{\alpha}_3,\boldsymbol{\alpha}_3+\boldsymbol{\alpha}_4,\boldsymbol{\alpha}_4-\boldsymbol{\alpha}_1|$
$\xlongequal{\text{拆分}}|\boldsymbol{\alpha}_1,\boldsymbol{\alpha}_2+\boldsymbol{\alpha}_3,\boldsymbol{\alpha}_3+\boldsymbol{\alpha}_4,\boldsymbol{\alpha}_4-\boldsymbol{\alpha}_1|+|\boldsymbol{\alpha}_2,\boldsymbol{\alpha}_2+\boldsymbol{\alpha}_3,\boldsymbol{\alpha}_3+\boldsymbol{\alpha}_4,\boldsymbol{\alpha}_4-\boldsymbol{\alpha}_1|=A_1+B_1$

（E）$D_5=|-2\boldsymbol{\alpha}_1,-2\boldsymbol{\alpha}_2,-2\boldsymbol{\alpha}_3,-2\boldsymbol{\alpha}_4|=(-2)^4|\boldsymbol{\alpha}_1,\boldsymbol{\alpha}_2,\boldsymbol{\alpha}_3,\boldsymbol{\alpha}_4|=-80$

$$A_1\xlongequal[\substack{c_3-c_4\\c_2-c_4}]{c_4+c_1}|\boldsymbol{\alpha}_1,\boldsymbol{\alpha}_2,\boldsymbol{\alpha}_3,\boldsymbol{\alpha}_4|=D$$

$$B_1\xlongequal[\substack{c_3-c_2\\c_4-c_3}]{c_2-c_1}|\boldsymbol{\alpha}_2,\boldsymbol{\alpha}_3,\boldsymbol{\alpha}_4,-\boldsymbol{\alpha}_1|=(-1)^{3+1}\cdot|\boldsymbol{\alpha}_1,\boldsymbol{\alpha}_2,\boldsymbol{\alpha}_3,\boldsymbol{\alpha}_4|=D$$

即得 $D_4=A_1+B_1=D+D=2D=-10$，故答案选 D.

第六章 矩 阵

【大纲解读】

矩阵的概念，矩阵的运算，逆矩阵，伴随矩阵，矩阵的初等变换.

【命题剖析】

本章一般考 2 个题目，矩阵考试的重点是：矩阵的乘法运算，逆矩阵，伴随矩阵，初等矩阵．掌握矩阵的概念和矩阵的各种运算，特别是矩阵的乘法、矩阵的转置、逆矩阵、方阵的行列式等.

【知识体系】

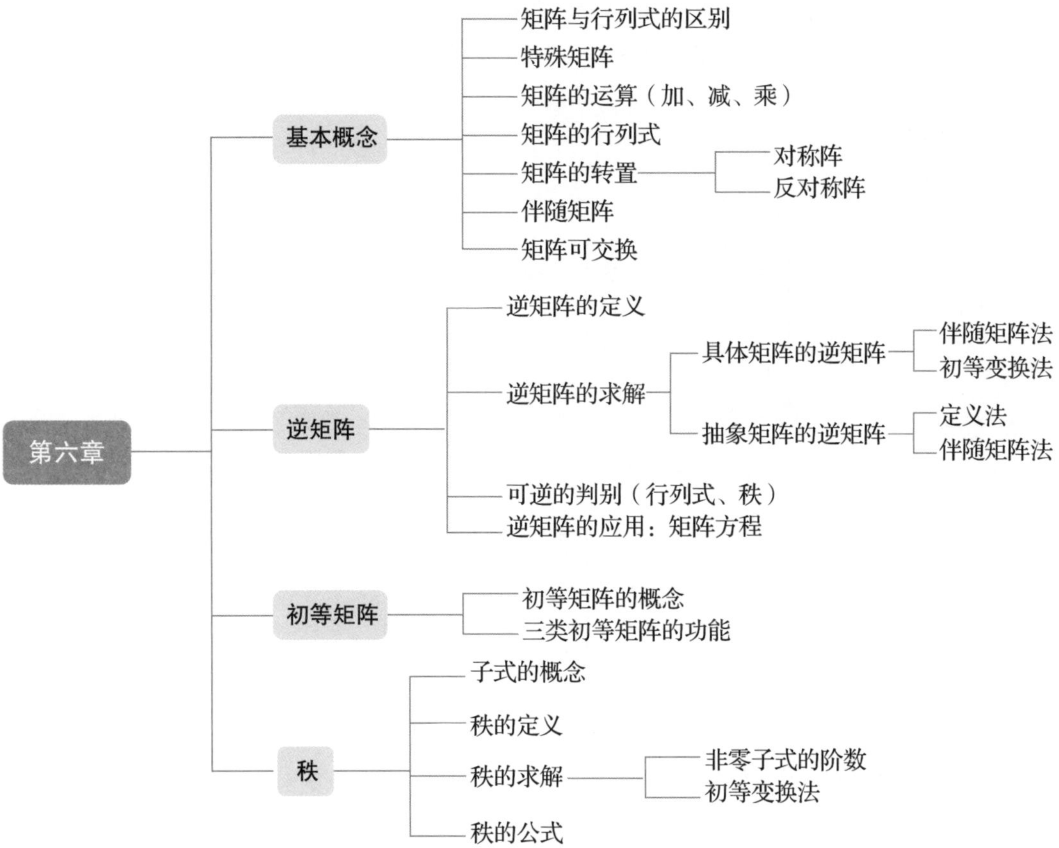

【备考建议】

矩阵是线性代数的核心内容，是后续课程的基础．矩阵的内容比较多，需要掌握矩阵的运算、初等变换及性质，掌握逆矩阵及伴随矩阵的计算与性质以及矩阵秩的概念和计算．矩阵的初等变换是研究矩阵各种性质和应用矩阵解决各种问题的重要方法，因此必须掌握矩阵的初等变换，会用初等变换解决有关问题.

第一节　矩阵的概念

一、矩阵的定义

由 $m\times n$ 个数 $a_{ij}(i=1,2,\cdots,m;\ j=1,2,\cdots,n)$ 排成 m 行 n 列的矩形数据表

$$\boldsymbol{A}=\begin{pmatrix} a_{11} & \cdots & a_{1n} \\ \vdots & & \vdots \\ a_{m1} & \cdots & a_{mn} \end{pmatrix}$$

称为 $m\times n$ 矩阵，记作 $\boldsymbol{A}=(a_{ij})_{m\times n}$，简记为 $\boldsymbol{A}_{m\times n}$，数 a_{ij} 称为矩阵 $\boldsymbol{A}$ 中第 i 行第 j 列的元素.

说明　1）当 $m=n$ 时，称 $\boldsymbol{A}$ 为 n 阶方阵.

2）当 $m=1$ 时，矩阵 $\boldsymbol{A}$ 退化为 $1\times n$ 的 n 维行向量.

3）当 $n=1$ 时，矩阵 $\boldsymbol{A}$ 退化为 $m\times 1$ 的 m 维列向量.

二、特殊矩阵

1. 单位矩阵

n 阶单位矩阵，$\boldsymbol{I}_n=\begin{pmatrix} 1 & 0 & \cdots & 0 \\ 0 & 1 & \cdots & 0 \\ \vdots & \vdots & & \vdots \\ 0 & 0 & \cdots & 1 \end{pmatrix}$，记为 $\boldsymbol{I}_n$ 或 $\boldsymbol{E}_n$.

2. 数量阵

若常数 k 乘以单位阵，称为数量阵.

$$如\ k\boldsymbol{I}_n=\begin{pmatrix} k & 0 & \cdots & 0 \\ 0 & k & \cdots & 0 \\ \vdots & \vdots & & \vdots \\ 0 & 0 & \cdots & k \end{pmatrix}.$$

3. 对角阵

除主对角线元素之外，其余元素均为 0.

$$\begin{pmatrix} a_{11} & 0 & \cdots & 0 \\ 0 & a_{22} & \cdots & 0 \\ \vdots & \vdots & & \vdots \\ 0 & 0 & \cdots & a_{nn} \end{pmatrix}$$

4. 上三角阵

主对角线下方的元素均为 0.

$$\begin{pmatrix} a_{11} & a_{12} & \cdots & a_{1n} \\ 0 & a_{22} & \cdots & a_{2n} \\ \vdots & \vdots & & \vdots \\ 0 & 0 & \cdots & a_{nn} \end{pmatrix}$$

5. 下三角阵

主对角线上方的元素均为0.

$$\begin{pmatrix} a_{11} & 0 & \cdots & 0 \\ a_{21} & a_{22} & \cdots & 0 \\ \vdots & \vdots & & \vdots \\ a_{n1} & a_{n2} & \cdots & a_{nn} \end{pmatrix}$$

三、两个矩阵相等

若两个矩阵$\boldsymbol{A}_{m\times n}$、$\boldsymbol{B}_{m\times n}$有关系$a_{ij}=b_{ij}(i=1, 2, \cdots, m; j=1, 2, \cdots, n)$，则$\boldsymbol{A}=\boldsymbol{B}$.

评注　注意区别两个矩阵相等与两个行列式相等的条件.

第二节　矩阵的运算

一、矩阵加减

1. 矩阵加减法的定义

若$\boldsymbol{A}_{m\times n}=\begin{pmatrix} a_{11} & \cdots & a_{1n} \\ \vdots & & \vdots \\ a_{m1} & \cdots & a_{mn} \end{pmatrix}$，$\boldsymbol{B}_{m\times n}=\begin{pmatrix} b_{11} & \cdots & b_{1n} \\ \vdots & & \vdots \\ b_{m1} & \cdots & b_{mn} \end{pmatrix}$，则有

$$\boldsymbol{A}\pm\boldsymbol{B}=\begin{pmatrix} a_{11}\pm b_{11} & \cdots & a_{1n}\pm b_{1n} \\ \vdots & & \vdots \\ a_{m1}\pm b_{m1} & \cdots & a_{mn}\pm b_{mn} \end{pmatrix}$$

2. 性质

1）交换律：$\boldsymbol{A}_{m\times n}+\boldsymbol{B}_{m\times n}=\boldsymbol{B}_{m\times n}+\boldsymbol{A}_{m\times n}$.

2）结合律：$(\boldsymbol{A}_{m\times n}+\boldsymbol{B}_{m\times n})+\boldsymbol{C}_{m\times n}=\boldsymbol{A}_{m\times n}+(\boldsymbol{B}_{m\times n}+\boldsymbol{C}_{m\times n})$.

二、矩阵的数量乘法

1. 定义

若$\boldsymbol{A}=\begin{pmatrix} a_{11} & \cdots & a_{1n} \\ \vdots & & \vdots \\ a_{m1} & \cdots & a_{mn} \end{pmatrix}$，$k$为一常数，则$k\boldsymbol{A}=k\begin{pmatrix} a_{11} & \cdots & a_{1n} \\ \vdots & & \vdots \\ a_{m1} & \cdots & a_{mn} \end{pmatrix}=\begin{pmatrix} ka_{11} & \cdots & ka_{1n} \\ \vdots & & \vdots \\ ka_{m1} & \cdots & ka_{mn} \end{pmatrix}$，称为

矩阵的数量乘法.

2. 运算律

① $1 \cdot \boldsymbol{A}=\boldsymbol{A}$；$0 \cdot \boldsymbol{A}=\boldsymbol{O}$.

② $k(l\boldsymbol{A})=(kl)\boldsymbol{A}$.

③ $k(\boldsymbol{A}+\boldsymbol{B})=k\boldsymbol{A}+k\boldsymbol{B}$.

例 1 设 $\boldsymbol{A}=\begin{pmatrix}1&2&1\\2&1&2\end{pmatrix}$，$\boldsymbol{B}=\begin{pmatrix}4&3&2\\-2&1&-2\end{pmatrix}$，

(1) 计算 $3\boldsymbol{A}-\boldsymbol{B}$，$2\boldsymbol{A}+3\boldsymbol{B}$；

(2) 若 $\boldsymbol{X}$ 满足 $\boldsymbol{A}+\boldsymbol{X}=\boldsymbol{B}$，求 $\boldsymbol{X}$；

(3) 若 $\boldsymbol{Y}$ 满足 $(2\boldsymbol{A}-\boldsymbol{Y})+2(\boldsymbol{B}-\boldsymbol{Y})=\boldsymbol{O}$，求 $\boldsymbol{Y}$.

【解析】(1) $3\boldsymbol{A}-\boldsymbol{B}=\begin{pmatrix}3&6&3\\6&3&6\end{pmatrix}-\begin{pmatrix}4&3&2\\-2&1&-2\end{pmatrix}=\begin{pmatrix}-1&3&1\\8&2&8\end{pmatrix}$.

$2\boldsymbol{A}+3\boldsymbol{B}=\begin{pmatrix}2&4&2\\4&2&4\end{pmatrix}+\begin{pmatrix}12&9&6\\-6&3&-6\end{pmatrix}=\begin{pmatrix}14&13&8\\-2&5&-2\end{pmatrix}$.

(2) 因 $\boldsymbol{A}+\boldsymbol{X}=\boldsymbol{B}$，则 $\boldsymbol{X}=\boldsymbol{B}-\boldsymbol{A}$，即

$\boldsymbol{X}=\begin{pmatrix}4&3&2\\-2&1&-2\end{pmatrix}-\begin{pmatrix}1&2&1\\2&1&2\end{pmatrix}=\begin{pmatrix}3&1&1\\-4&0&-4\end{pmatrix}$.

(3) 因为 $(2\boldsymbol{A}-\boldsymbol{Y})+2(\boldsymbol{B}-\boldsymbol{Y})=\boldsymbol{O}$，所以 $3\boldsymbol{Y}=2\boldsymbol{A}+2\boldsymbol{B}$，即

$$\boldsymbol{Y}=\frac{2}{3}(\boldsymbol{A}+\boldsymbol{B})=\frac{2}{3}\left[\begin{pmatrix}4&3&2\\-2&1&-2\end{pmatrix}+\begin{pmatrix}1&2&1\\2&1&2\end{pmatrix}\right]=\frac{2}{3}\begin{pmatrix}5&5&3\\0&2&0\end{pmatrix}=\begin{pmatrix}\frac{10}{3}&\frac{10}{3}&2\\0&\frac{4}{3}&0\end{pmatrix}.$$

三、矩阵的乘法（重点）

1. 定义

当矩阵 $\boldsymbol{A}$ 的列数和 $\boldsymbol{B}$ 的行数相等时，则 $\boldsymbol{A}$ 和 $\boldsymbol{B}$ 可以相乘，乘积记作 $\boldsymbol{AB}$. $\boldsymbol{AB}$ 的行数和 $\boldsymbol{A}$ 相等，列数和 $\boldsymbol{B}$ 相等. $\boldsymbol{AB}$ 的 (i,j) 位元素等于 $\boldsymbol{A}$ 的第 i 个行向量和 $\boldsymbol{B}$ 的第 j 个列向量（维数相同）对应分量乘积之和.

若 $\boldsymbol{A}_{m\times s}=\begin{pmatrix}a_{11}&\cdots&a_{1s}\\\vdots&&\vdots\\a_{m1}&\cdots&a_{ms}\end{pmatrix}$,$\boldsymbol{B}_{s\times n}=\begin{pmatrix}b_{11}&\cdots&b_{1n}\\\vdots&&\vdots\\b_{s1}&\cdots&b_{sn}\end{pmatrix}$,则 $\boldsymbol{C}=(c_{ij})_{m\times n}$（其中 $c_{ij}=\sum\limits_{k=1}^{s}a_{ik}b_{kj}$）称为矩阵 $\boldsymbol{A}$ 与 $\boldsymbol{B}$ 的乘积,记为 $\boldsymbol{C}=\boldsymbol{AB}$.

2. 运算律

① $\boldsymbol{O}\cdot\boldsymbol{A}=\boldsymbol{A}\cdot\boldsymbol{O}=\boldsymbol{O}$.

② $\boldsymbol{A}(\boldsymbol{BC})=(\boldsymbol{AB})\boldsymbol{C}$.

③ $k(\boldsymbol{AB})=(k\boldsymbol{A})\boldsymbol{B}=\boldsymbol{A}(k\boldsymbol{B})$.

④ $\boldsymbol{A}(\boldsymbol{B}+\boldsymbol{C})=\boldsymbol{AB}+\boldsymbol{AC}$，$(\boldsymbol{B}+\boldsymbol{C})\boldsymbol{A}=\boldsymbol{BA}+\boldsymbol{CA}$.

例 2 计算下列矩阵的乘积.

(1) $\begin{pmatrix}1\\-1\\2\\3\end{pmatrix}(3\quad 2\quad -1\quad 0)$；　(2) $\begin{pmatrix}5&0&0\\0&3&1\\0&2&1\end{pmatrix}\begin{pmatrix}1\\-2\\3\end{pmatrix}$；

(3) $(1\quad 2\quad 3\quad 4)\begin{pmatrix}3\\2\\1\\0\end{pmatrix}$；　(4) $(x_1\quad x_2\quad x_3)\begin{pmatrix}a_{11}&a_{12}&a_{13}\\a_{21}&a_{22}&a_{23}\\a_{31}&a_{32}&a_{33}\end{pmatrix}\begin{pmatrix}x_1\\x_2\\x_3\end{pmatrix}$；

(5) $\begin{pmatrix}a_{11}&a_{12}&a_{13}\\a_{21}&a_{22}&a_{23}\\a_{31}&a_{32}&a_{33}\end{pmatrix}\begin{pmatrix}1&0&0\\0&1&1\\0&0&1\end{pmatrix}$；　(6) $\begin{pmatrix}1&2&1&0\\0&1&0&1\\0&0&2&1\\0&0&0&3\end{pmatrix}\begin{pmatrix}1&0&3&1\\0&1&2&-1\\0&0&-2&3\\0&0&0&-3\end{pmatrix}$.

【解析】(1) $\begin{pmatrix}3&2&-1&0\\-3&-2&1&0\\6&4&-2&0\\9&6&-3&0\end{pmatrix}$；　(2) $\begin{pmatrix}5\\-3\\-1\end{pmatrix}$；　(3) (10)；

(4) $a_{11}x_1^2+a_{22}x_2^2+a_{33}x_3^2+(a_{12}+a_{21})x_1x_2+(a_{13}+a_{31})x_1x_3+(a_{23}+a_{32})x_2x_3$

$$=\sum_{i=1}^{3}\sum_{j=1}^{3}a_{ij}x_ix_j$$

(5) $\begin{pmatrix}a_{11}&a_{12}&a_{12}+a_{13}\\a_{21}&a_{22}&a_{22}+a_{23}\\a_{31}&a_{32}&a_{32}+a_{33}\end{pmatrix}$；　(6) $\begin{pmatrix}1&2&5&2\\0&1&2&-4\\0&0&-4&3\\0&0&0&-9\end{pmatrix}$.

3. 矩阵的 k 次幂

设 $\boldsymbol{A}$ 为 n 阶矩阵，则 k 个 $\boldsymbol{A}$ 连乘称为 $\boldsymbol{A}$ 的 k 次幂，记为 $\boldsymbol{A}^k$，并且有 $\boldsymbol{A}^l\boldsymbol{A}^k=\boldsymbol{A}^{l+k}$，$(\boldsymbol{A}^k)^l=\boldsymbol{A}^{kl}$.

例 3 计算 $\begin{pmatrix}0&1&0\\0&0&1\\0&0&0\end{pmatrix}^3=$(　　).

(A) $\begin{pmatrix}0&1&0\\0&0&1\\0&0&0\end{pmatrix}$　(B) $\begin{pmatrix}0&0&1\\0&0&0\\0&0&0\end{pmatrix}$　(C) $\begin{pmatrix}0&0&0\\0&0&0\\0&0&0\end{pmatrix}$

(D) $\begin{pmatrix}0&0&1\\0&0&1\\0&0&0\end{pmatrix}$　(E) $\begin{pmatrix}0&1&1\\0&0&0\\0&0&0\end{pmatrix}$

【解析】$\begin{pmatrix}0&1&0\\0&0&1\\0&0&0\end{pmatrix}^3=\begin{pmatrix}0&1&0\\0&0&1\\0&0&0\end{pmatrix}\begin{pmatrix}0&1&0\\0&0&1\\0&0&0\end{pmatrix}\begin{pmatrix}0&1&0\\0&0&1\\0&0&0\end{pmatrix}=\begin{pmatrix}0&0&1\\0&0&0\\0&0&0\end{pmatrix}\begin{pmatrix}0&1&0\\0&0&1\\0&0&0\end{pmatrix}$

$$=\begin{pmatrix}0&0&0\\0&0&0\\0&0&0\end{pmatrix}=\boldsymbol{O}_{3\times3}$$，选 C.

例 4 计算$\begin{pmatrix}\cos\theta&\sin\theta\\-\sin\theta&\cos\theta\end{pmatrix}^2=$(　　).

(A) $\begin{pmatrix}\cos2\theta&\sin2\theta\\\sin2\theta&\cos2\theta\end{pmatrix}$　(B) $\begin{pmatrix}\cos2\theta&\sin2\theta\\-\sin2\theta&\cos2\theta\end{pmatrix}$　(C) $\begin{pmatrix}\cos2\theta&-\sin2\theta\\\sin2\theta&\cos2\theta\end{pmatrix}$

(D) $\begin{pmatrix}\cos2\theta&-\sin2\theta\\-\sin2\theta&\cos2\theta\end{pmatrix}$　(E) $\begin{pmatrix}\cos2\theta&\sin2\theta\\-\sin2\theta&-\cos2\theta\end{pmatrix}$

【解析】$\begin{pmatrix}\cos\theta&\sin\theta\\-\sin\theta&\cos\theta\end{pmatrix}^2=\begin{pmatrix}\cos\theta&\sin\theta\\-\sin\theta&\cos\theta\end{pmatrix}\begin{pmatrix}\cos\theta&\sin\theta\\-\sin\theta&\cos\theta\end{pmatrix}=\begin{pmatrix}\cos2\theta&2\sin\theta\cos\theta\\-2\sin\theta\cos\theta&\cos2\theta\end{pmatrix}$

$=\begin{pmatrix}\cos2\theta&\sin2\theta\\-\sin2\theta&\cos2\theta\end{pmatrix}$，选 B.

例 5 计算$\begin{pmatrix}1&0\\\lambda&1\end{pmatrix}^4=$(　　).

(A) $\begin{pmatrix}1&0\\\lambda&1\end{pmatrix}$　(B) $\begin{pmatrix}1&0\\2\lambda&1\end{pmatrix}$　(C) $\begin{pmatrix}1&0\\3\lambda&1\end{pmatrix}$

(D) $\begin{pmatrix}1&0\\4\lambda&1\end{pmatrix}$　(E) $\begin{pmatrix}1&0\\6\lambda&1\end{pmatrix}$

【解析】$\begin{pmatrix}1&0\\\lambda&1\end{pmatrix}^2=\begin{pmatrix}1&0\\\lambda&1\end{pmatrix}\begin{pmatrix}1&0\\\lambda&1\end{pmatrix}=\begin{pmatrix}1&0\\2\lambda&1\end{pmatrix}$；

$\begin{pmatrix}1&0\\\lambda&1\end{pmatrix}^4=\begin{pmatrix}1&0\\\lambda&1\end{pmatrix}^2\begin{pmatrix}1&0\\\lambda&1\end{pmatrix}^2=\begin{pmatrix}1&0\\2\lambda&1\end{pmatrix}\begin{pmatrix}1&0\\2\lambda&1\end{pmatrix}=\begin{pmatrix}1&0\\4\lambda&1\end{pmatrix}$，选 D.

4. 矩阵乘法中不一定成立的公式

① $(\boldsymbol{A}\pm\boldsymbol{B})^2=\boldsymbol{A}^2\pm\boldsymbol{AB}\pm\boldsymbol{BA}+\boldsymbol{B}^2\neq\boldsymbol{A}^2\pm2\boldsymbol{AB}+\boldsymbol{B}^2$

② $(\boldsymbol{A}+\boldsymbol{B})(\boldsymbol{A}-\boldsymbol{B})=\boldsymbol{A}^2-\boldsymbol{AB}+\boldsymbol{BA}-\boldsymbol{B}^2\neq\boldsymbol{A}^2-\boldsymbol{B}^2$

③ $(\boldsymbol{AB})^k\neq\boldsymbol{A}^k\boldsymbol{B}^k$

说明 以上公式成立的条件是 $\boldsymbol{A}$ 与 $\boldsymbol{B}$ 可交换，即 $\boldsymbol{AB}=\boldsymbol{BA}$.

例 6 下列命题叙述错误的有(　　)个.

(1) 若 $\boldsymbol{A}^2=\boldsymbol{O}$，则 $\boldsymbol{A}=\boldsymbol{O}$；　(2) 若 $\boldsymbol{A}^2=\boldsymbol{A}$，则 $\boldsymbol{A}=\boldsymbol{O}$ 或 $\boldsymbol{A}=\boldsymbol{E}$；

(3) 若 $\boldsymbol{AX}=\boldsymbol{AY}$，$\boldsymbol{A}\neq\boldsymbol{O}$，则 $\boldsymbol{X}=\boldsymbol{Y}$；　(4) 若 $\boldsymbol{AB}=\boldsymbol{O}$，则 $\boldsymbol{A}=\boldsymbol{O}$ 或 $\boldsymbol{B}=\boldsymbol{O}$.

(A) 0　(B) 1　(C) 2　(D) 3　(E) 4

【解析】(1) 以三阶矩阵为例，取 $\boldsymbol{A}=\begin{pmatrix}0&0&1\\0&0&0\\0&0&0\end{pmatrix}$，$\boldsymbol{A}^2=\boldsymbol{O}$，但 $\boldsymbol{A}\neq\boldsymbol{O}$.

（2）令 $\boldsymbol{A}=\begin{pmatrix}1&-1&0\\0&0&0\\0&0&1\end{pmatrix}$，则 $\boldsymbol{A}^2=\boldsymbol{A}$，但 $\boldsymbol{A}\neq\boldsymbol{O}$ 且 $\boldsymbol{A}\neq\boldsymbol{E}$.

（3）令 $\boldsymbol{A}=\begin{pmatrix}1&1&0\\0&1&1\\-1&0&1\end{pmatrix}\neq\boldsymbol{O}$，$\boldsymbol{Y}=\begin{pmatrix}2\\1\\1\end{pmatrix}$，$\boldsymbol{X}=\begin{pmatrix}1\\2\\0\end{pmatrix}$，则 $\boldsymbol{AX}=\boldsymbol{AY}$，但 $\boldsymbol{X}\neq\boldsymbol{Y}$.

（4）以三阶矩阵为例，取 $\boldsymbol{A}=\boldsymbol{B}=\begin{pmatrix}0&0&1\\0&0&0\\0&0&0\end{pmatrix}$，$\boldsymbol{AB}=\boldsymbol{O}$，但 $\boldsymbol{A}\neq\boldsymbol{O}$ 且 $\boldsymbol{B}\neq\boldsymbol{O}$.

故以上四个均错误，选 E.

例 7　下列矩阵与 $\boldsymbol{A}=\begin{pmatrix}1&1\\0&1\end{pmatrix}$ 可交换的为（　　）.

（A）$\begin{pmatrix}1&a\\0&2\end{pmatrix}$　　（B）$\begin{pmatrix}1&a\\1&0\end{pmatrix}$　　（C）$\begin{pmatrix}1&0\\a&-1\end{pmatrix}$

（D）$\begin{pmatrix}1&0\\0&2\end{pmatrix}$　　（E）$\begin{pmatrix}2&a\\0&2\end{pmatrix}$

【解析】设与 $\boldsymbol{A}$ 可交换的方阵为 $\begin{pmatrix}a&b\\c&d\end{pmatrix}$，则由 $\begin{pmatrix}1&1\\0&1\end{pmatrix}\begin{pmatrix}a&b\\c&d\end{pmatrix}=\begin{pmatrix}a&b\\c&d\end{pmatrix}\begin{pmatrix}1&1\\0&1\end{pmatrix}$，

得 $\begin{pmatrix}a+c&b+d\\c&d\end{pmatrix}=\begin{pmatrix}a&a+b\\c&c+d\end{pmatrix}$. 由对应元素相等得 $c=0$，$d=a$，即与 $\boldsymbol{A}$ 可交换的方阵

为一切形如 $\begin{pmatrix}a&b\\0&a\end{pmatrix}$ 的方阵，其中 a，b 为任意数. 故选 E..

注意 矩阵的乘法在规则上与数的乘法有不同：

① 矩阵乘法有条件.

② 矩阵乘法无交换律.

③ 矩阵乘法无消去律，即一般地

由 $\boldsymbol{AB}=\boldsymbol{O}$ 推不出 $\boldsymbol{A}=\boldsymbol{O}$ 或 $\boldsymbol{B}=\boldsymbol{O}$.

由 $\boldsymbol{AB}=\boldsymbol{AC}$ 和 $\boldsymbol{A}\neq\boldsymbol{O}$ 推不出 $\boldsymbol{B}=\boldsymbol{C}$.（无左消去律）

由 $\boldsymbol{BA}=\boldsymbol{CA}$ 和 $\boldsymbol{A}\neq\boldsymbol{O}$ 推不出 $\boldsymbol{B}=\boldsymbol{C}$.（无右消去律）

请注意不要犯一种常见的错误：<u>把数的乘法的性质简单地搬用到矩阵乘法中来</u>.

四、转置

1. 定义

若 $\boldsymbol{A}=\begin{pmatrix}a_{11}&a_{12}&\cdots&a_{1n}\\a_{21}&a_{22}&\cdots&a_{2n}\\\vdots&\vdots&&\vdots\\a_{n1}&a_{n2}&\cdots&a_{nn}\end{pmatrix}$，则 $\boldsymbol{A}^{\mathrm{T}}=\begin{pmatrix}a_{11}&a_{21}&\cdots&a_{n1}\\a_{12}&a_{22}&\cdots&a_{n2}\\\vdots&\vdots&&\vdots\\a_{1n}&a_{2n}&\cdots&a_{nn}\end{pmatrix}$，转置还有其他的记号 $\boldsymbol{A}'=\boldsymbol{A}^{\mathrm{T}}$.

2. 计算公式

$(\boldsymbol{A}\pm\boldsymbol{B})^{\mathrm{T}}=\boldsymbol{A}^{\mathrm{T}}\pm\boldsymbol{B}^{\mathrm{T}}$；$(k\boldsymbol{A})^{\mathrm{T}}=k(\boldsymbol{A}^{\mathrm{T}})$；$(\boldsymbol{AB})^{\mathrm{T}}=\boldsymbol{B}^{\mathrm{T}}\boldsymbol{A}^{\mathrm{T}}$.

3. 对称阵与反对称阵

1）对称阵：若 $\boldsymbol{A}^{\mathrm{T}}=\boldsymbol{A}$，则称 $\boldsymbol{A}$ 为对称阵.

特征：对角线两侧的元素关于对角线对称，即 $a_{ij}=a_{ji}$.

2）反对称阵：若 $\boldsymbol{A}^{\mathrm{T}}=-\boldsymbol{A}$，则称 $\boldsymbol{A}$ 为反对称阵.

特征：对角线的元素为零，对角线两侧的元素关于对角线互为相反数，即 $a_{ii}=0$，$a_{ij}=-a_{ji}$.

五、方阵的行列式

1）$|\boldsymbol{A}^{\mathrm{T}}|=|\boldsymbol{A}|$.

2）$|\boldsymbol{AB}|=|\boldsymbol{A}|\cdot|\boldsymbol{B}|$（$\boldsymbol{A}$、$\boldsymbol{B}$ 为方阵）.【可推广到多个矩阵】

3）$|k\boldsymbol{A}|=k^n|\boldsymbol{A}|$.

注意 $|\boldsymbol{A}\pm\boldsymbol{B}|\neq|\boldsymbol{A}|\pm|\boldsymbol{B}|$

六、初等变换

1. 初等行变换

1）互换两行的位置；2）某行乘以非零常数；3）某行的 k 倍加到另外一行.

2. 初等列变换

1）互换两列的位置；2）某列乘以非零常数；3）某列的 k 倍加到另外一列.

3. 初等矩阵

单位矩阵 $\boldsymbol{E}$ 经过一次初等变换所得到的矩阵称为初等矩阵. 初等矩阵共三种：

1）将单位矩阵 $\boldsymbol{E}$ 的 i，j 两行（列）互换得到的初等矩阵记为 $\boldsymbol{E}_{ij}$；

2）将单位矩阵 $\boldsymbol{E}$ 的第 i 行（列）乘非零常数 k 得到的初等矩阵记为 $\boldsymbol{E}_i(k)$；

3）将单位矩阵 $\boldsymbol{E}$ 的第 i 行（列）乘 k 加到第 j 行（或第 j 列乘 k 加到第 i 列）得到的矩阵记为 $\boldsymbol{E}_{ij}(k)$.

如对三阶单位矩阵做以上三种初等变换：

交换 $\boldsymbol{E}$ 的第 1，2 两行，可得 $\boldsymbol{E}_{12}=\begin{pmatrix}0&1&0\\1&0&0\\0&0&1\end{pmatrix}$；

将 $\boldsymbol{E}$ 的第 2 行乘以 2，可得 $\boldsymbol{E}_2(2)=\begin{pmatrix}1&0&0\\0&2&0\\0&0&1\end{pmatrix}$；

将 $\boldsymbol{E}$ 的第 1 行乘以 5 加到第 2 行，可得 $\boldsymbol{E}_{12}(5)=\begin{pmatrix}1&0&0\\5&1&0\\0&0&1\end{pmatrix}$.

4. 初等矩阵的性质

$\boldsymbol{E}_{ij}^{\mathrm{T}}=\boldsymbol{E}_{ij}$，$\boldsymbol{E}_{i}^{\mathrm{T}}(k)=\boldsymbol{E}_{i}(k)$，$\boldsymbol{E}_{ij}^{\mathrm{T}}(k)=\boldsymbol{E}_{ji}(k)$.

$\boldsymbol{E}_{ij}^{-1}=\boldsymbol{E}_{ij}$，$\boldsymbol{E}_{i}^{-1}(k)=\boldsymbol{E}_{i}\left(\dfrac{1}{k}\right)$，$\boldsymbol{E}_{ij}^{-1}(k)=\boldsymbol{E}_{ij}(-k)$.

$\boldsymbol{E}_{ij}^{*}=|\boldsymbol{E}_{ij}|\boldsymbol{E}_{ij}^{-1}=-\boldsymbol{E}_{ij}$，$\boldsymbol{E}_{i}^{*}(k)=|\boldsymbol{E}_{i}(k)|\boldsymbol{E}_{i}^{-1}(k)=k\boldsymbol{E}_{i}\left(\dfrac{1}{k}\right)$.

$\boldsymbol{E}_{ij}^{*}(k)=|\boldsymbol{E}_{ij}(k)|\boldsymbol{E}_{ij}^{-1}(k)=\boldsymbol{E}_{ij}(-k)$.

5. 初等矩阵的功能

进行初等行变换相当于左乘同类型的初等矩阵，

进行初等列变换相当于右乘同类型的初等矩阵，

简记为“左行右列”.

例 8　设 $\boldsymbol{A}$ 为三阶矩阵，将 $\boldsymbol{A}$ 的第二列加到第一列得到矩阵 $\boldsymbol{B}$，再交换 $\boldsymbol{B}$ 的第二行与第三行得到单位矩阵，记 $\boldsymbol{P}_1=\begin{pmatrix}1&0&0\\1&1&0\\0&0&1\end{pmatrix}$，$\boldsymbol{P}_2=\begin{pmatrix}1&0&0\\0&0&1\\0&1&0\end{pmatrix}$，则 $\boldsymbol{A}=($　　$)$.

（A）$\boldsymbol{P}_1\boldsymbol{P}_2$　　（B）$\boldsymbol{P}_1^{-1}\boldsymbol{P}_2$　　（C）$\boldsymbol{P}_2\boldsymbol{P}_1$　　（D）$\boldsymbol{P}_2\boldsymbol{P}_1^{-1}$　　（E）$\boldsymbol{P}_2^{-1}\boldsymbol{P}_1$

【解析】由初等变换及初等矩阵的性质可知（“左行右列”），$\boldsymbol{P}_2\boldsymbol{A}\boldsymbol{P}_1=\boldsymbol{E}$，故 $\boldsymbol{A}=\boldsymbol{P}_2^{-1}\boldsymbol{P}_1^{-1}=\boldsymbol{P}_2\boldsymbol{P}_1^{-1}$，故应选 D.

例 9　设 $\boldsymbol{A}$ 为 n 阶可逆矩阵$(n\geqslant 2)$，交换 $\boldsymbol{A}$ 的第 1 行与第 2 行得到矩阵 $\boldsymbol{B}$，则(　　).

（A）交换 $\boldsymbol{A}^*$ 的第一列与第二列得到 $\boldsymbol{B}^*$

（B）交换 $\boldsymbol{A}^*$ 的第一行与第二行得到 $\boldsymbol{B}^*$

（C）交换 $\boldsymbol{A}^*$ 的第一列与第二列得到 $-\boldsymbol{B}^*$

（D）交换 $\boldsymbol{A}^*$ 的第一行与第二行得到 $-\boldsymbol{B}^*$

（E）以上均不正确

【解析】由题意可知，$\boldsymbol{B}=\boldsymbol{E}_{12}\boldsymbol{A}$，两边同时取伴随得 $\boldsymbol{B}^*=(\boldsymbol{E}_{12}\boldsymbol{A})^*=\boldsymbol{A}^*(\boldsymbol{E}_{12})^*=-\boldsymbol{A}^*\boldsymbol{E}_{12}$，故可知交换 $\boldsymbol{A}^*$ 的第一列与第二列得到 $-\boldsymbol{B}^*$，选 C.

例 10　设 $\boldsymbol{A}$ 为三阶矩阵，将 $\boldsymbol{A}$ 的第 2 行加到第 1 行得 $\boldsymbol{B}$，再将 $\boldsymbol{B}$ 的第 1 列的 -1 倍加到第 2 列得 $\boldsymbol{C}$，记 $\boldsymbol{P}=\begin{pmatrix}1&1&0\\0&1&0\\0&0&1\end{pmatrix}$，则(　　).

(A) $C=P^{-1}AP$　　(B) $C=PAP^{-1}$　　(C) $C=P^{T}AP$

(D) $C=PAP^{T}$　　(E) $C=P^{-1}AP^{T}$

【解析】由初等变换及初等矩阵的性质"左行右列"，结合题目已知可知

$$B=\begin{pmatrix}1&1&0\\0&1&0\\0&0&1\end{pmatrix}A,\ C=B\begin{pmatrix}1&-1&0\\0&1&0\\0&0&1\end{pmatrix},$$

故 $C=\begin{pmatrix}1&1&0\\0&1&0\\0&0&1\end{pmatrix}A\begin{pmatrix}1&-1&0\\0&1&0\\0&0&1\end{pmatrix}=PAP^{-1}$，故选 B.

例 11 设 A，P 均为三阶矩阵，P^{T} 为 P 的转置矩阵，且 $P^{T}AP=\begin{pmatrix}1&0&0\\0&1&0\\0&0&2\end{pmatrix}$. 若 $P=(\alpha_1,\alpha_2,\alpha_3)$，$Q=(\alpha_1+\alpha_2,\alpha_2,\alpha_3)$，则 $Q^{T}AQ$ 为(　　).

(A) $\begin{pmatrix}2&1&0\\1&1&0\\0&0&2\end{pmatrix}$　　(B) $\begin{pmatrix}1&1&0\\1&2&0\\0&0&2\end{pmatrix}$　　(C) $\begin{pmatrix}2&0&0\\0&1&0\\0&0&2\end{pmatrix}$

(D) $\begin{pmatrix}1&0&0\\0&2&0\\0&0&2\end{pmatrix}$　　(E) $\begin{pmatrix}1&0&0\\0&2&0\\0&0&3\end{pmatrix}$

【解析】根据题目可知

$$Q=(\alpha_1+\alpha_2,\alpha_2,\alpha_3)=(\alpha_1,\alpha_2,\alpha_3)\begin{pmatrix}1&0&0\\1&1&0\\0&0&1\end{pmatrix}=P\begin{pmatrix}1&0&0\\1&1&0\\0&0&1\end{pmatrix},$$

故 $Q^{T}AQ=\left(P\begin{pmatrix}1&0&0\\1&1&0\\0&0&1\end{pmatrix}\right)^{T}AP\begin{pmatrix}1&0&0\\1&1&0\\0&0&1\end{pmatrix}=\begin{pmatrix}1&0&0\\1&1&0\\0&0&1\end{pmatrix}^{T}P^{T}AP\begin{pmatrix}1&0&0\\1&1&0\\0&0&1\end{pmatrix}=$

$\begin{pmatrix}1&1&0\\0&1&0\\0&0&1\end{pmatrix}\begin{pmatrix}1&0&0\\0&1&0\\0&0&2\end{pmatrix}\begin{pmatrix}1&0&0\\1&1&0\\0&0&1\end{pmatrix}=\begin{pmatrix}2&1&0\\1&1&0\\0&0&2\end{pmatrix}$，故选 A.

6. 初等变换的应用

1）求解矩阵的秩；

2）判断是否可逆，求逆矩阵；

3）求解向量组的秩；

4）判断向量组的线性关系和线性表示；

5）求解方程组.

第三节 逆矩阵

一、可逆矩阵的概念

若 $\boldsymbol{A}$ 是一个 n 阶矩阵($n\times n$)，如果存在一个 n 阶矩阵 $\boldsymbol{B}$，使得 $\boldsymbol{AB}=\boldsymbol{BA}=\boldsymbol{I}$，则称 $\boldsymbol{A}$ 为可逆矩阵，$\boldsymbol{B}$ 为 $\boldsymbol{A}$ 的逆矩阵，记为 $\boldsymbol{B}=\boldsymbol{A}^{-1}$.

二、方阵可逆的充要条件

1. 伴随矩阵 $\boldsymbol{A}^*$

$$\boldsymbol{A}^*=\begin{pmatrix} A_{11} & A_{21} & \cdots & A_{n1} \\ A_{12} & A_{22} & \cdots & A_{n2} \\ \vdots & \vdots & & \vdots \\ A_{1n} & A_{2n} & \cdots & A_{nn} \end{pmatrix}$$

例 1 已知 $\boldsymbol{A}=\begin{pmatrix} a & b \\ c & d \end{pmatrix}$，则矩阵 $\boldsymbol{A}$ 的伴随矩阵为(　　).

(A) $\begin{pmatrix} d & b \\ c & a \end{pmatrix}$　(B) $\begin{pmatrix} d & b \\ -c & a \end{pmatrix}$　(C) $\begin{pmatrix} d & -b \\ -c & a \end{pmatrix}$

(D) $\begin{pmatrix} d & -b \\ c & a \end{pmatrix}$　(E) $\begin{pmatrix} d & -b \\ c & a \end{pmatrix}$

【解析】按定义，先求出代数余子式，再写出伴随矩阵.

$$|\boldsymbol{A}|=\begin{vmatrix} a & b \\ c & d \end{vmatrix}\Rightarrow\begin{cases} A_{11}=(-1)^{1+1}d=d,\ A_{12}=(-1)^{1+2}c=-c \\ A_{21}=(-1)^{2+1}b=-b,\ A_{22}=(-1)^{2+2}a=a \end{cases}$$

故 $\boldsymbol{A}^*=(\boldsymbol{A}_{ij})^{\mathrm{T}}=\begin{pmatrix} d & -c \\ -b & a \end{pmatrix}^{\mathrm{T}}=\begin{pmatrix} d & -b \\ -c & a \end{pmatrix}$，选 C.

由上可知二阶矩阵的伴随矩阵可以通过“主对换，副变号”来计算.

2. 重要公式

$$\boldsymbol{AA}^*=\boldsymbol{A}^*\boldsymbol{A}=|\boldsymbol{A}|\boldsymbol{E}$$

3. 充要条件

显然，只要 $|\boldsymbol{A}|\neq 0$，则有 $\boldsymbol{A}\dfrac{\boldsymbol{A}^*}{|\boldsymbol{A}|}=\boldsymbol{E}$，故 $\boldsymbol{A}^{-1}=\dfrac{\boldsymbol{A}^*}{|\boldsymbol{A}|}$，即 $\boldsymbol{A}$ 可逆，所以有：$\boldsymbol{A}$ 可逆$\Leftrightarrow$ $|\boldsymbol{A}|\neq 0$.

三、可逆矩阵的性质

1）若 $\boldsymbol{A}$ 可逆，则 $\boldsymbol{A}^{-1}$是唯一的.

2）若 $\boldsymbol{A}$ 可逆，则 $\boldsymbol{A}^{-1}$可逆，且$(\boldsymbol{A}^{-1})^{-1}=\boldsymbol{A}$；

$\boldsymbol{A}^{\mathrm{T}}$ 可逆，且$(\boldsymbol{A}^{\mathrm{T}})^{-1}=(\boldsymbol{A}^{-1})^{\mathrm{T}}$；

$k\boldsymbol{A}(k\neq 0)$可逆，且$(k\boldsymbol{A})^{-1}=k^{-1}\boldsymbol{A}^{-1}=\dfrac{1}{k}\boldsymbol{A}^{-1}$.

3）若 $\boldsymbol{A}$、$\boldsymbol{B}$ 为同阶可逆矩阵，则有 $(\boldsymbol{AB})^{-1}=\boldsymbol{B}^{-1}\boldsymbol{A}^{-1}$.（对照 $(\boldsymbol{AB})^{\mathrm{T}}=\boldsymbol{B}^{\mathrm{T}}\boldsymbol{A}^{\mathrm{T}}$）

4）若 $\boldsymbol{A}$ 可逆，则 $\boldsymbol{A}^*=|\boldsymbol{A}|\boldsymbol{A}^{-1}$，$|\boldsymbol{A}\boldsymbol{A}^{-1}|=|\boldsymbol{A}||\boldsymbol{A}^{-1}|=1$，$|\boldsymbol{A}^{-1}|=\dfrac{1}{|\boldsymbol{A}|}$，$|\boldsymbol{A}^*_{n\times n}|=|\boldsymbol{A}|^{n-1}$.

5）若 $\boldsymbol{A}$ 可逆，且 $\boldsymbol{AX}=\boldsymbol{B}$，$\boldsymbol{YA}=\boldsymbol{C}$，则有 $\boldsymbol{X}=\boldsymbol{A}^{-1}\boldsymbol{B}$，$\boldsymbol{Y}=\boldsymbol{C}\boldsymbol{A}^{-1}$.（注意左乘、右乘）

例 2 设矩阵 $\boldsymbol{A}=\begin{pmatrix}2&1\\-1&2\end{pmatrix}$，$\boldsymbol{E}$ 为二阶单位矩阵，矩阵 $\boldsymbol{B}$ 满足 $\boldsymbol{BA}=\boldsymbol{B}+2\boldsymbol{E}$，则 $|\boldsymbol{B}|=$（　　）.

（A）1　（B）2　（C）-1　（D）-2　（E）4

【解析】因为 $\boldsymbol{A}=\begin{pmatrix}2&1\\-1&2\end{pmatrix}$，且 $\boldsymbol{BA}=\boldsymbol{B}+2\boldsymbol{E}$，则 $\boldsymbol{BA}-\boldsymbol{B}=2\boldsymbol{E}$，

$\boldsymbol{B}(\boldsymbol{A}-\boldsymbol{E})=2\boldsymbol{E}\Rightarrow\boldsymbol{B}=2(\boldsymbol{A}-\boldsymbol{E})^{-1}$，

又 $\boldsymbol{A}-\boldsymbol{E}=\begin{pmatrix}1&1\\-1&1\end{pmatrix}$，所以 $(\boldsymbol{A}-\boldsymbol{E})^{-1}=\dfrac{1}{2}\cdot\begin{pmatrix}1&-1\\1&1\end{pmatrix}$，

$\boldsymbol{B}=\begin{pmatrix}1&-1\\1&1\end{pmatrix}$，$|\boldsymbol{B}|=2$，选 B.

例 3 若三阶方阵 $\boldsymbol{A}$ 的伴随矩阵为 $\boldsymbol{A}^*$，且 $|\boldsymbol{A}|=\dfrac{1}{2}$，则 $|(3\boldsymbol{A})^{-1}-2\boldsymbol{A}^*|=$（　　）.

（A）$-\dfrac{16}{27}$　（B）$\dfrac{16}{27}$　（C）$-\dfrac{8}{27}$　（D）$\dfrac{8}{27}$　（E）$-\dfrac{14}{27}$

【解析】$|\boldsymbol{A}|=\dfrac{1}{2}$，由 $\boldsymbol{A}^*\boldsymbol{A}=|\boldsymbol{A}|\cdot\boldsymbol{E}$，所以 $\boldsymbol{A}^*=|\boldsymbol{A}|\boldsymbol{A}^{-1}$，

所以 $(3\boldsymbol{A})^{-1}-2\boldsymbol{A}^*=\dfrac{1}{3}\boldsymbol{A}^{-1}-2|\boldsymbol{A}|\boldsymbol{A}^{-1}=\left(\dfrac{1}{3}-1\right)\boldsymbol{A}^{-1}=-\dfrac{2}{3}\boldsymbol{A}^{-1}$，

则 $|(3\boldsymbol{A})^{-1}-2\boldsymbol{A}^*|=\left|-\dfrac{2}{3}\boldsymbol{A}^{-1}\right|=\left(-\dfrac{2}{3}\right)^3\cdot|\boldsymbol{A}^{-1}|=-\dfrac{16}{27}$，选 A.

四、可逆矩阵的求法

1. 抽象矩阵的逆矩阵

采用定义法求解.

例 4 设 n 阶矩阵 $\boldsymbol{A}$ 满足 $\boldsymbol{A}^2+2\boldsymbol{A}-3\boldsymbol{E}=\boldsymbol{O}$，则 $\boldsymbol{A}+4\boldsymbol{E}$ 的逆矩阵为（　　）.

（A）$\dfrac{\boldsymbol{A}-2\boldsymbol{E}}{5}$　（B）$\dfrac{2\boldsymbol{E}-\boldsymbol{A}}{5}$　（C）$\dfrac{\boldsymbol{A}-3\boldsymbol{E}}{5}$

（D）$\dfrac{\boldsymbol{A}+2\boldsymbol{E}}{5}$　（E）$-\dfrac{\boldsymbol{A}+2\boldsymbol{E}}{5}$

【解析】定义法，由 $\boldsymbol{A}^2+2\boldsymbol{A}-3\boldsymbol{E}=\boldsymbol{O}$，$(\boldsymbol{A}+4\boldsymbol{E})(\boldsymbol{A}-2\boldsymbol{E})=\boldsymbol{A}^2+2\boldsymbol{A}-8\boldsymbol{E}=-5\boldsymbol{E}$，

故 $\boldsymbol{A}+4\boldsymbol{E}$ 可逆，且 $(\boldsymbol{A}+4\boldsymbol{E})^{-1}=-\dfrac{\boldsymbol{A}-2\boldsymbol{E}}{5}$，选 B.

2. 具体矩阵的逆矩阵

（1）伴随矩阵法

由于计算行列式和代数余子式工作量比较大，故此法只适合低价矩阵的求解.

可以总结如下公式：

① 对于二阶行列式 $\boldsymbol{A}=\begin{pmatrix} a & b \\ c & d \end{pmatrix}$，则 $\boldsymbol{A}^{-1}=\frac{1}{ad-bc}\begin{pmatrix} d & -b \\ -c & a \end{pmatrix}$.（$ad-bc\neq 0$）

② 对于对角阵，$\boldsymbol{B}=\begin{pmatrix} a_1 & & & \\ & a_2 & & \\ & & \ddots & \\ & & & a_n \end{pmatrix}$，$a_1a_2\cdots a_n\neq 0$.

$$\boldsymbol{B}^{-1}=\begin{pmatrix} \frac{1}{a_1} & & & \\ & \frac{1}{a_2} & & \\ & & \ddots & \\ & & & \frac{1}{a_n} \end{pmatrix}$$

③ 对于分块对角阵：$\begin{pmatrix} \boldsymbol{A} & \\ & \boldsymbol{B} \end{pmatrix}^{-1}=\begin{pmatrix} \boldsymbol{A}^{-1} & \\ & \boldsymbol{B}^{-1} \end{pmatrix}$.

例 5　设 $\boldsymbol{A}=\begin{pmatrix} 5 & 2 & 0 & 0 \\ 2 & 1 & 0 & 0 \\ 0 & 0 & 1 & -2 \\ 0 & 0 & 1 & 1 \end{pmatrix}$.

（1）$\boldsymbol{A}^{-1}=$（　　）.

（A）$\begin{pmatrix} 1 & -2 & 0 & 0 \\ -2 & 5 & 0 & 0 \\ 0 & 0 & \frac{1}{3} & \frac{2}{3} \\ 0 & 0 & -\frac{1}{3} & \frac{1}{3} \end{pmatrix}$　　（B）$\begin{pmatrix} 1 & -2 & 0 & 0 \\ -2 & 5 & 0 & 0 \\ 0 & 0 & \frac{1}{3} & \frac{2}{3} \\ 0 & 0 & \frac{1}{3} & -\frac{1}{3} \end{pmatrix}$

（C）$\begin{pmatrix} 1 & -2 & 0 & 0 \\ 2 & 5 & 0 & 0 \\ 0 & 0 & \frac{1}{3} & -\frac{2}{3} \\ 0 & 0 & -\frac{1}{3} & \frac{1}{3} \end{pmatrix}$　　（D）$\begin{pmatrix} 1 & 2 & 0 & 0 \\ -2 & 5 & 0 & 0 \\ 0 & 0 & -\frac{1}{3} & \frac{2}{3} \\ 0 & 0 & -\frac{1}{3} & \frac{1}{3} \end{pmatrix}$

（E）$\begin{pmatrix} 1 & -2 & 0 & 0 \\ -2 & -5 & 0 & 0 \\ 0 & 0 & \frac{1}{3} & -\frac{2}{3} \\ 0 & 0 & -\frac{1}{3} & \frac{1}{3} \end{pmatrix}$

（2）$|A^4|=($　　$)$.

（A）54　　（B）64　　（C）72　　（D）81　　（E）93

【解析】（1）分块法求解，设 $B=\begin{pmatrix}5&2\\2&1\end{pmatrix}$，$C=\begin{pmatrix}1&-2\\1&1\end{pmatrix}$，根据二阶矩阵公式，

则 $B^{-1}=\begin{pmatrix}1&-2\\-2&5\end{pmatrix}$，$C^{-1}=\begin{pmatrix}\frac{1}{3}&\frac{2}{3}\\-\frac{1}{3}&\frac{1}{3}\end{pmatrix}$，由分块对角阵的逆阵公式可得：

$$A^{-1}=\begin{pmatrix}B&\\&C\end{pmatrix}^{-1}=\begin{pmatrix}B^{-1}&\\&C^{-1}\end{pmatrix}=\begin{pmatrix}1&-2&0&0\\-2&5&0&0\\0&0&\frac{1}{3}&\frac{2}{3}\\0&0&-\frac{1}{3}&\frac{1}{3}\end{pmatrix}，选 A.$$

（2）根据分块的行列式计算公式：$|A^4|=|A|^4=(|B||C|)^4=(1\times3)^4=81$，选 D.

例 6　$A=\begin{pmatrix}0&2&-1\\1&1&2\\-1&-1&-1\end{pmatrix}$的逆矩阵中，第 2 行第 3 列的元素为(　　).

（A）2　　（B）-1　　（C）1　　（D）$-\frac{1}{2}$　　（E）$\frac{1}{2}$

【解析】采用伴随矩阵法计算逆矩阵.

$$|A|=\begin{vmatrix}0&2&-1\\1&1&2\\-1&-1&-1\end{vmatrix}\xlongequal{r_2+r_3}\begin{vmatrix}0&2&-1\\0&0&1\\-1&-1&-1\end{vmatrix}=-2\neq0，再计算代数余子式：$$

$A_{11}=1$，$A_{12}=-1$，$A_{13}=0$，$A_{21}=3$，$A_{22}=-1$，$A_{23}=-2$，$A_{31}=5$，$A_{32}=-1$，$A_{33}=-2$，

$$A^{-1}=\frac{A^*}{|A|}=-\frac{1}{2}\begin{pmatrix}1&3&5\\-1&-1&-1\\0&-2&-2\end{pmatrix}.\ 选 E.$$

【评注】本题也可以直接通过 A_{32} 和 $|A|$ 求出逆矩阵中的第 2 行第 3 列元素.

（2）初等变换法

利用矩阵的初等行（列）变换，可以求出可逆矩阵的逆矩阵.

行变换：$(A\,\vdots\,E)\xrightarrow{初等行变换}(E\,\vdots\,A^{-1})$

列变换：$\begin{pmatrix}A\\\cdots\\E\end{pmatrix}\xrightarrow{初等列变换}\begin{pmatrix}E\\\cdots\\A^{-1}\end{pmatrix}$

例 7　矩阵 $A=\begin{pmatrix}3&2&1\\3&1&5\\3&2&3\end{pmatrix}$，则逆矩阵 A^{-1} 的主对角线元素之和为(　　).

(A) $\frac{2}{3}$ (B) $-\frac{2}{3}$ (C) 1 (D) $-\frac{1}{2}$ (E) $\frac{1}{2}$

【解析】对$(\boldsymbol{A}\mid\boldsymbol{E})$作初等行变换：

$$\left(\begin{array}{ccc|ccc}3&2&1&1&0&0\\3&1&5&0&1&0\\3&2&3&0&0&1\end{array}\right)\xrightarrow[r_3-r_1]{r_2-r_1}\left(\begin{array}{ccc|ccc}3&2&1&1&0&0\\0&-1&4&-1&1&0\\0&0&2&-1&0&1\end{array}\right)\xrightarrow[-r_2]{\frac{1}{2}r_3}$$

$$\left(\begin{array}{ccc|ccc}3&2&1&1&0&0\\0&1&-4&1&-1&0\\0&0&1&-\frac{1}{2}&0&\frac{1}{2}\end{array}\right)\xrightarrow[r_2+4r_3]{r_1-r_3}\left(\begin{array}{ccc|ccc}3&2&0&\frac{3}{2}&0&-\frac{1}{2}\\0&1&0&-1&-1&2\\0&0&1&-\frac{1}{2}&0&\frac{1}{2}\end{array}\right)\xrightarrow{r_1-2r_2}$$

$$\left(\begin{array}{ccc|ccc}3&0&0&\frac{7}{2}&2&-\frac{9}{2}\\0&1&0&-1&-1&2\\0&0&1&-\frac{1}{2}&0&\frac{1}{2}\end{array}\right)\xrightarrow{\frac{1}{3}r_1}\left(\begin{array}{ccc|ccc}1&0&0&\frac{7}{6}&\frac{2}{3}&-\frac{3}{2}\\0&1&0&-1&-1&2\\0&0&1&-\frac{1}{2}&0&\frac{1}{2}\end{array}\right)$$

所以$\boldsymbol{A}^{-1}=\begin{pmatrix}\frac{7}{6}&\frac{2}{3}&-\frac{3}{2}\\-1&-1&2\\-\frac{1}{2}&0&\frac{1}{2}\end{pmatrix}$，故主对角线元素之和为$\frac{7}{6}-1+\frac{1}{2}=\frac{2}{3}$，选 A.

五、矩阵方程的求法

1. 利用可逆矩阵求解

例 8 设矩阵$\boldsymbol{A}$，$\boldsymbol{B}$满足$\boldsymbol{AB}=2\boldsymbol{B}+\boldsymbol{A}$，且$\boldsymbol{A}=\begin{pmatrix}3&0&1\\1&1&0\\0&1&4\end{pmatrix}$，则矩阵$\boldsymbol{B}$的主对角线元素之和为（　　）.

(A) 3 (B) −3 (C) 1 (D) 5 (E) −5

【解析】抽象矩阵 + 具体矩阵的解矩阵方程问题.

因为$\boldsymbol{AB}=2\boldsymbol{B}+\boldsymbol{A}$，即$(\boldsymbol{A}-2\boldsymbol{E})\boldsymbol{B}=\boldsymbol{A}$，接下来用初等变换求$\boldsymbol{A}-2\boldsymbol{E}$的逆矩阵：

$$\left(\begin{array}{ccc|ccc}1&0&1&1&0&0\\1&-1&0&0&1&0\\0&1&2&0&0&1\end{array}\right)\overset{r_2-r_1}{=\!=}\left(\begin{array}{ccc|ccc}1&0&1&1&0&0\\0&-1&-1&-1&1&0\\0&1&2&0&0&1\end{array}\right)\overset{r_3+r_2}{=\!=}\left(\begin{array}{ccc|ccc}1&0&1&1&0&0\\0&-1&-1&-1&1&0\\0&0&1&-1&1&1\end{array}\right)$$

$$\underset{r_2+r_3}{\overset{r_1-r_3}{=\!=}}\left(\begin{array}{ccc|ccc}1&0&0&2&-1&-1\\0&1&0&2&-2&-1\\0&0&1&-1&1&1\end{array}\right)，得到(\boldsymbol{A}-2\boldsymbol{E})^{-1}=\begin{pmatrix}2&-1&-1\\2&-2&-1\\-1&1&1\end{pmatrix}.$$

所以得到$\boldsymbol{B}=(\boldsymbol{A}-2\boldsymbol{E})^{-1}\boldsymbol{A}=\begin{pmatrix}2&-1&-1\\2&-2&-1\\-1&1&1\end{pmatrix}\begin{pmatrix}3&0&1\\1&1&0\\0&1&4\end{pmatrix}=\begin{pmatrix}5&-2&-2\\4&-3&-2\\-2&2&3\end{pmatrix}$，选 D.

例 9 已知矩阵 $A=\begin{pmatrix}1&1&-1\\-1&1&1\\1&-1&1\end{pmatrix}$，设 A^* 是矩阵 A 的伴随矩阵，矩阵 X 满足 $A^*X=A^{-1}+2X$，则矩阵 X 的第 2 行元素之和为(　　).

(A) 2　　(B) -2　　(C) 1　　(D) $-\frac{1}{2}$　　(E) $\frac{1}{2}$

【解析】$|A|=\begin{vmatrix}1&1&-1\\-1&1&1\\1&-1&1\end{vmatrix}\xlongequal[r_3+r_2]{r_2+r_1}\begin{vmatrix}1&1&-1\\0&2&0\\0&0&2\end{vmatrix}=4$，根据 $AA^*=|A|E=4E$，

将 $A^*X=A^{-1}+2X$ 两边左乘 A 可得：$AA^*X=AA^{-1}+2AX$，即 $4X=E+2AX$，$(4E-2A)X=E$，于是 $X=[2(2E-A)]^{-1}=\frac{1}{2}(2E-A)^{-1}$.

$$2E-A=\begin{pmatrix}1&-1&1\\1&1&-1\\-1&1&1\end{pmatrix},\quad |2E-A|=\begin{vmatrix}1&-1&1\\1&1&-1\\-1&1&1\end{vmatrix}=\begin{vmatrix}1&-1&1\\0&2&-2\\0&0&2\end{vmatrix}=4,$$

根据伴随矩阵计算逆矩阵 $(2E-A)^{-1}=\frac{1}{4}\begin{pmatrix}2&2&0\\0&2&2\\2&0&2\end{pmatrix}$，故 $X=\frac{1}{4}\begin{pmatrix}1&1&0\\0&1&1\\1&0&1\end{pmatrix}$，选 E.

2. 初等变换求解

矩阵不能规定除法，则乘法的逆运算是解下面两种基本形式的矩阵方程：(Ⅰ) $AX=B$；(Ⅱ) $XA=B$. 其中 A 必须是行列式不为 0 的 n 阶矩阵，在此条件下，这两个方程的解都是存在并且唯一的. 上述方程组系数矩阵都是 A，可同时求解，即得

(Ⅰ) 的解法：将 A 和 B 并列作矩阵 $(A\mid B)$，对它作初等行变换，使得 A 变为单位矩阵，此时 B 变为解 X.

$$(A\mid B)\to(E\mid X)$$

(Ⅱ) 的解法：对两边转置化为 (Ⅰ) 的形式：$A^{\mathrm T}X^{\mathrm T}=B^{\mathrm T}$. 再用解 (Ⅰ) 的方法求出 $X^{\mathrm T}$，转置得 X.

$$(A^{\mathrm T}\mid B^{\mathrm T})\to(E\mid X^{\mathrm T})$$

矩阵方程是历年考题中常见的题型，但是考试真题往往并不直接写成(Ⅰ)或(Ⅱ)的形式，要用恒等变形简化为以上基本形式再求解.

例 10 利用初等变换解矩阵方程 $\begin{pmatrix}1&2&1\\2&3&2\\2&2&1\end{pmatrix}X=\begin{pmatrix}1&1\\2&0\\2&3\end{pmatrix}$.

【解析】对增广矩阵作初等行变换：

$$(A\mid B)=\left(\begin{array}{ccc:cc}1&2&1&1&1\\2&3&2&2&0\\2&2&1&2&3\end{array}\right)\xrightarrow[r_3-r_2]{r_2-2r_1}\left(\begin{array}{ccc:cc}1&2&1&1&1\\0&-1&0&0&-2\\0&-1&-1&0&3\end{array}\right)$$

$$\xrightarrow[r_3-r_2]{r_1+2r_2}\left(\begin{array}{ccc:cc}1&0&1&1&-3\\0&1&0&0&2\\0&0&-1&0&5\end{array}\right)\xrightarrow{r_1+r_3}\left(\begin{array}{ccc:cc}1&0&0&1&2\\0&1&0&0&2\\0&0&1&0&-5\end{array}\right)$$

故 $X=\begin{pmatrix}1&2\\0&2\\0&-5\end{pmatrix}$.

【评注】矩阵方程 $AX=B$ 有解 $\Leftrightarrow B$ 的列向量组可由 A 的列向量组线性表示 $\Leftrightarrow r(A)=r(A\mid B)$，且 B 的列向量组可由 A 的列向量组线性表示的系数矩阵就是 $\begin{pmatrix}1&2\\0&2\\0&-5\end{pmatrix}$.

六、求矩阵的高次方

根据矩阵的运算性质计算高次方，尤其根据乘法的结合律和逆矩阵的定义求解.

例 11 设 $P^{-1}AP=\Lambda$. 其中 $P=\begin{pmatrix}-1&-4\\1&1\end{pmatrix}$，$\Lambda=\begin{pmatrix}-1&0\\0&2\end{pmatrix}$，求 A^5.

【解析】因 P 可逆，且 $P^{-1}=\frac{1}{3}\begin{pmatrix}1&4\\-1&-1\end{pmatrix}$，故由 $A=P\Lambda P^{-1}$，得 $A^5=(P\Lambda P^{-1})^5=P(\Lambda^5)P^{-1}$

$$=\begin{pmatrix}-1&-4\\1&1\end{pmatrix}\begin{pmatrix}-1&0\\0&2\end{pmatrix}^5\begin{pmatrix}\frac{1}{3}&\frac{4}{3}\\-\frac{1}{3}&-\frac{1}{3}\end{pmatrix}=\begin{pmatrix}-1&-4\\1&1\end{pmatrix}\begin{pmatrix}-1&0\\0&2^5\end{pmatrix}\begin{pmatrix}\frac{1}{3}&\frac{4}{3}\\-\frac{1}{3}&-\frac{1}{3}\end{pmatrix}$$

$$=\frac{1}{3}\begin{pmatrix}1+2^7&4+2^7\\-1-2^5&-4-2^5\end{pmatrix}=\frac{1}{3}\begin{pmatrix}129&132\\-33&-36\end{pmatrix}.$$

第四节　矩阵的秩

一、矩阵的秩相关概念

1. k 阶子式

在矩阵 $A=(a_{ij})_{m\times n}$ 中，任取 k 行、k 列，位于这 k 行、k 列交叉处的 k^2 个元素，按其原来顺序排成一个 k 阶行列式，称为 k 阶子式.

例 1 已知矩阵 $A=\begin{pmatrix}0&1&0\\1&0&0\end{pmatrix}$，矩阵 A 有(　　)个二阶非零子式.

(A) 0　　(B) 1　　(C) 2　　(D) 3　　(E) 4

【解析】根据定义可知，共有 3 个二阶子式，分别是：

$\begin{vmatrix}0&1\\1&0\end{vmatrix}=-1$，$\begin{vmatrix}0&0\\1&0\end{vmatrix}=0$，$\begin{vmatrix}1&0\\0&0\end{vmatrix}=0$，故选 B.

2. 矩阵的秩

矩阵 A 的不为零的子式的最高阶阶数称为矩阵的秩；或者可以说：存在一个 k 阶子

式不为零，但任意的 $k+1$，$k+2$，…，$k+(n-k)$ 阶子式均为零，则 k 为矩阵的秩. 矩阵 $\boldsymbol{A}$ 的秩记为 $r(\boldsymbol{A})=k$.

例 2 矩阵 $\boldsymbol{A}=\begin{pmatrix}1&4&7\\2&5&8\\3&6&9\end{pmatrix}$，则 $r(\boldsymbol{A})=($　　$)$.

(A) 0　　(B) 1　　(C) 2　　(D) 3　　(E) 4

【解析】它有一个非零的二阶子式 $\begin{vmatrix}1&4\\2&5\end{vmatrix}=-3\neq0$.

它的三阶子式只有一个：$\begin{vmatrix}1&4&7\\2&5&8\\3&6&9\end{vmatrix}=0$.

可知矩阵 $\boldsymbol{A}$ 的最高阶非零子式的阶数为 2，故有 $r(\boldsymbol{A})=2$. 选 C.

二、重要结论

1）矩阵的行秩（行向量的秩）、矩阵的列秩（列向量的秩）、矩阵的秩三秩相等；

2）对矩阵初等行（列）变换，不改变矩阵的秩；

3）$r(\boldsymbol{A}_{m\times n})\leqslant\min\{m,n\}$；

4）$r(\boldsymbol{A})=0\Leftrightarrow\boldsymbol{A}=\boldsymbol{O}$；

5）$r(\boldsymbol{A})\geqslant r\Leftrightarrow\boldsymbol{A}$ 存在 r 阶子式不为零；

6）$r(\boldsymbol{A})\leqslant r\Leftrightarrow\boldsymbol{A}$ 中所有 $r+1$ 阶子式全为零；

7）$r(\boldsymbol{A}_{n\times n})=n\Leftrightarrow|\boldsymbol{A}|\neq0$（或者 $r(\boldsymbol{A}_{n\times n})<n\Leftrightarrow|\boldsymbol{A}|=0$），若 $r(\boldsymbol{A}_{n\times n})=n$，则称 $\boldsymbol{A}$ 为满秩矩阵.

三、秩的性质

1）$r(\boldsymbol{A}^{\mathrm{T}})=r(\boldsymbol{A})$，$r(k\boldsymbol{A})=r(\boldsymbol{A})(k\neq0)$；

2）$r(\boldsymbol{A}+\boldsymbol{B})\leqslant r(\boldsymbol{A})+r(\boldsymbol{B})$；

3）$r(\boldsymbol{A})+r(\boldsymbol{B})\leqslant n+r(\boldsymbol{AB})$，其中 n 为矩阵 $\boldsymbol{A}$ 的列数；

特殊：$r(\boldsymbol{AB})=0$，即 $\boldsymbol{AB}=\boldsymbol{O}$ 时，有 $r(\boldsymbol{A})+r(\boldsymbol{B})\leqslant n$.

4）若 $\boldsymbol{A}$ 为可逆矩阵，则 $r(\boldsymbol{AB})=r(\boldsymbol{B})$，$r(\boldsymbol{BA})=r(\boldsymbol{B})$，即一个矩阵乘一个可逆矩阵，其结果的秩不改变；

5）$r(\boldsymbol{A}^{*}_{n\times n})=\begin{cases}n & r(\boldsymbol{A})=n\\1 & r(\boldsymbol{A})=n-1\\0 & r(\boldsymbol{A})<n-1\end{cases}$.

四、矩阵的秩的计算

1. 方法一：利用子式计算

利用定义，计算出不为 0 的最高阶子式.

2. 方法二：利用初等变换

把矩阵 $\boldsymbol{A}$ 利用初等行（列）变换成阶梯形矩阵 $\boldsymbol{B}$，然后数出矩阵 $\boldsymbol{B}$ 不为 0 的行数即为矩

阵 $\boldsymbol{A}$ 的秩.

阶梯形矩阵具有的特征：①全零行位于矩阵的下方；②各非零行的第一个非零元素 c_{ij} 的列指标 j 随着行指标 i 的递增而严格增大.

例 3 矩阵 $\boldsymbol{A}=\begin{pmatrix}1&-1&2&1&0\\2&-2&4&2&0\\3&0&6&-1&1\\0&3&0&0&1\end{pmatrix}$ 的秩为(　　).

(A) 0　　(B) 1　　(C) 2　　(D) 3　　(E) 4

【解析】因为子式求秩不是很简便，故采用初等变换法：

$$\boldsymbol{A}=\begin{pmatrix}1&-1&2&1&0\\2&-2&4&2&0\\3&0&6&-1&1\\0&3&0&0&1\end{pmatrix}\xrightarrow[r_3-3r_1]{r_2-2r_1}\begin{pmatrix}1&-1&2&1&0\\0&0&0&0&0\\0&3&0&-4&1\\0&3&0&0&1\end{pmatrix}$$

$$\xrightarrow{r_4-r_3}\begin{pmatrix}1&-1&2&1&0\\0&0&0&0&0\\0&3&0&-4&1\\0&0&0&4&0\end{pmatrix}\rightarrow\begin{pmatrix}1&-1&2&1&0\\0&3&0&-4&1\\0&0&0&4&0\\0&0&0&0&0\end{pmatrix}$$ (行阶梯形)，故 $r(\boldsymbol{A})=3$，选 D.

例 4 关于矩阵 $\boldsymbol{B}=\begin{pmatrix}1&1&1&1\\0&1&-1&b\\2&3&a&4\\3&5&1&7\end{pmatrix}$ 的秩，下列说法正确的有(　　)个.

(1) 当 $a=1$，$b=2$ 时，秩为 2　　(2) 当 $a\neq1$，$b\neq2$ 时，秩为 4

(3) 当 $a=1$，$b\neq2$ 时，秩为 3　　(4) 当 $a\neq1$，$b=2$ 时，秩为 3

(A) 0　　(B) 1　　(C) 2　　(D) 3　　(E) 4

【解析】$$\boldsymbol{B}=\begin{pmatrix}1&1&1&1\\0&1&-1&b\\2&3&a&4\\3&5&1&7\end{pmatrix}\xrightarrow[r_4-r_1-r_3]{r_3-2r_1}\begin{pmatrix}1&1&1&1\\0&1&-1&b\\0&1&a-2&2\\0&1&-a&2\end{pmatrix}\xrightarrow[r_4-r_2]{r_3-r_2}\begin{pmatrix}1&1&1&1\\0&1&-1&b\\0&0&a-1&2-b\\0&0&1-a&2-b\end{pmatrix}$$

$$\xrightarrow{r_4+r_3}\begin{pmatrix}1&1&1&1\\0&1&-1&b\\0&0&a-1&2-b\\0&0&0&2(2-b)\end{pmatrix}，故\ r(\boldsymbol{B})=\begin{cases}2&a=1,\ b=2\\3&a=1,\ b\neq2\ 或\ a\neq1,\ b=2.\\4&a\neq1,\ b\neq2\end{cases}$$

所以 4 个叙述均正确，选 E.

例 5 已知矩阵 $\boldsymbol{A}=\begin{pmatrix}a&1&1&1\\1&a&1&1\\1&1&a&1\\1&1&1&a\end{pmatrix}$ 的秩为 3，则 a 的值为(　　).

(A) 0　　(B) 1　　(C) -3　　(D) 3　　(E) 2

【解析】先用行列式初步求出参数，再具体讨论秩.

$|A|=(a+3)(a-1)^3$，当 $a\neq -3$ 或 1 时，$r(A)=4$；当 $a=1$ 时，$r(A)=1$；

当 $a=-3$ 时，注意 $|A|=0$，$A_{11}=\begin{vmatrix} a & 1 & 1 \\ 1 & a & 1 \\ 1 & 1 & a \end{vmatrix}=(a+2)(a-1)^2\neq 0$，故 $r(A)=3$，选 C.

例 6 设 A 为 4×3 矩阵，且 $r(A)=2$，而 $B=\begin{pmatrix} 1 & 0 & 2 \\ 0 & 2 & 0 \\ -1 & 0 & 3 \end{pmatrix}$，则 $r(AB)=$（　　）.

（A）0　　（B）1　　（C）2　　（D）3　　（E）4

【解析】因为 $|B|=\begin{vmatrix} 1 & 0 & 2 \\ 0 & 2 & 0 \\ -1 & 0 & 3 \end{vmatrix}=10\neq 0$，所以 B 可逆，所以 $r(AB)=r(A)=2$. 选 C.

第五节　归纳总结

矩阵的运算包括转置、加法、减法、数乘和乘法. 矩阵的加减法和数乘称为矩阵的线性运算. 只有同型矩阵才能进行矩阵的加减运算，矩阵的乘法要求前面矩阵的列数和后面矩阵的行数相等，矩阵的乘法具有结合律但没有交换律，矩阵乘法对加法有左右分配律，只有方阵才有矩阵幂的运算，同阶方阵乘积的行列式等于各方阵因子行列式的乘积.

一、矩阵乘法

1. 常见可交换情形

常见可交换情形	公式
逆 A^{-1}	$A\cdot A^{-1}=A^{-1}\cdot A=E$
单位矩阵 E	$A\cdot E=E\cdot A=A$
数量矩阵 kE	$A\cdot(k\cdot E)=(kE)\cdot A=kA$
零矩阵 O	$A\cdot O=O\cdot A=O$
幂	$A^m\cdot A^n=A^n\cdot A^m=A^{m+n}$
伴随矩阵 A^*	$AA^*=A^*A=|A|E$（重要）

2. 公式

一般情形	可交换情形
$(A\pm B)^2=A^2\pm AB\pm BA+B^2$	$(A\pm B)^2=A^2\pm 2AB+B^2$
$(A+B)(A-B)=A^2-AB+BA-B^2$	$(A+B)(A-B)=A^2-B^2$
$(AB)^2=AB\cdot AB$	$(AB)^2=A^2B^2$
$(AB)^k=AB\cdot AB\cdot\cdots\cdot AB\cdot AB$	$(AB)^k=A^kB^k$

二、推导关系

1）$AB=O \overset{\times}{\Longleftrightarrow} A=O$ 或 $B=O$，当且仅当 A 或 B 可逆时正向才成立；对于 $AB=O$，应该认识到 B 的每一列都是齐次方程组 $AX=0$ 的解，若 $B\neq O$，则齐次方程组有非零解.

2）$AB=AC \overset{\times}{\Longleftrightarrow} B=C$，当且仅当 A 可逆时正向才成立.

3）$A^2=A \overset{\times}{\Longleftrightarrow} A=E$ 或 $A=O$，当 A 可逆时，才有 $A=E$；当 $A-E$ 可逆时，才有 $A=O$.

4）$A^2=O \overset{\times}{\Longleftrightarrow} A=O$，仅当 A 为对称矩阵，即 $A=A^{\mathrm{T}}$ 时，左边才能推出右边.

5）注意数乘矩阵和数乘行列式的区别：$|kA|=k^n|A|\neq k|A|$.

三、对比矩阵的逆、转置和伴随的公式

逆	转置	伴随
$(A^{-1})^{-1}=A$	$(A^{\mathrm{T}})^{\mathrm{T}}=A$	$(A^*)^*=\|A\|^{n-2}A$
$(kA)^{-1}=k^{-1}A^{-1}(k\neq 0)$	$(kA)^{\mathrm{T}}=kA^{\mathrm{T}}(k\in\mathbf{R})$	$(kA)^*=k^{n-1}A^*(k\in\mathbf{R})$
$(AB)^{-1}=B^{-1}A^{-1}$	$(AB)^{\mathrm{T}}=B^{\mathrm{T}}A^{\mathrm{T}}$	$(AB)^*=B^*A^*$
$\|A^{-1}\|=\|A\|^{-1}$	$\|A^T\|=\|A\|$	$\|A^*\|=\|A\|^{n-1}(n\geqslant 2)$
一般$(A\pm B)^{-1}\neq A^{-1}\pm B^{-1}$	$(A\pm B)^{\mathrm{T}}=A^{\mathrm{T}}\pm B^{\mathrm{T}}$	一般$(A\pm B)^*\neq A^*\pm B^*$
互换性：$(A^{-1})^{\mathrm{T}}=(A^{\mathrm{T}})^{-1}$, $(A^{-1})^*=(A^*)^{-1}$, $(A^*)^{\mathrm{T}}=(A^{\mathrm{T}})^*$, $(A^k)^*=(A^*)^k$；即这四种符号（-1，T，$*$，k）可以进行互换，以简化运算		

四、单个矩阵秩的结论

1）矩阵的行秩（行向量的秩）、矩阵的列秩（列向量的秩）、矩阵的秩三秩相等；

2）对矩阵初等行（列）变换，不改变矩阵的秩，因此初等变换是求秩最常用的方法；

3）$r(A_{m\times n})\leqslant\min\{m,\ n\}$；

4）$r(A)=0\Leftrightarrow A=O$；$r(A)\geqslant 1\Leftrightarrow A\neq O$；

5）$r(A)\geqslant r\Leftrightarrow A$ 存在 r 阶子式不为零；

6）$r(A)\leqslant r\Leftrightarrow A$ 中所有 $r+1$ 阶子式全为零；

7）$r(A_{n\times n})=n\Leftrightarrow|A|\neq 0$（或者 $r(A_{n\times n})<n\Leftrightarrow|A|=0$），若 $r(A_{n\times n})=n$，则称 A 为满秩矩阵；

8）$r(A^{\mathrm{T}})=r(A)$，$r(kA)=r(A)(k\neq 0)$；

9）伴随矩阵：$r(A^*_{n\times n})=\begin{cases}n & r(A)=n\\1 & r(A)=n-1\\0 & r(A)<n-1\end{cases}$.

五、两个矩阵秩的结论

1）$r(A\pm B)\leqslant r(A)+r(B)$；

2）$r(A)+r(B)\leqslant n+r(AB)$，其中 n 为矩阵 A 的列数；

特殊：$r(\boldsymbol{AB})=0$，即 $\boldsymbol{AB}=\boldsymbol{O}$ 时，有 $r(\boldsymbol{A})+r(\boldsymbol{B})\leqslant n$.

3）若 $\boldsymbol{A}$ 为可逆矩阵，则 $r(\boldsymbol{AB})=r(\boldsymbol{B})$，$r(\boldsymbol{BA})=r(\boldsymbol{B})$，即一个矩阵乘一个可逆矩阵，其结果的秩不改变.

第六节 单元练习

扫码看视频

1. 设 $\boldsymbol{A}=\begin{pmatrix}1&0&-1\\2&1&4\\-3&2&5\end{pmatrix}$，$\boldsymbol{B}=\begin{pmatrix}1&-2&3\\-1&3&0\\0&5&2\end{pmatrix}$.

（1）$2\boldsymbol{AB}-3\boldsymbol{A}^2$ 的主对角线元素之和为（ ）.

（A）-105 （B）-106 （C）105 （D）106 （E）-108

（2）$\boldsymbol{AB}^{\mathrm{T}}$ 的第 2 行元素之和为（ ）.

（A）-25 （B）-26 （C）25 （D）26 （E）-28

2. 设 $\boldsymbol{A}$ 为三阶方阵，$|\boldsymbol{A}|=-\dfrac{1}{3}$，则 $|(4\boldsymbol{A})^{-1}+3\boldsymbol{A}^*|=$（ ）.

（A）$-\dfrac{27}{64}$ （B）$\dfrac{81}{64}$ （C）$\dfrac{27}{32}$ （D）$\dfrac{81}{32}$ （E）$-\dfrac{81}{64}$

3. 设 $\boldsymbol{A}=\begin{pmatrix}\lambda&0&1\\0&\lambda&0\\0&0&\lambda\end{pmatrix}$，则 $\boldsymbol{A}^3=$（ ）.

（A）$\begin{pmatrix}\lambda^2&0&2\lambda\\0&\lambda^2&0\\0&0&\lambda^2\end{pmatrix}$ （B）$\lambda^2\begin{pmatrix}\lambda&0&3\\0&\lambda&0\\0&0&\lambda\end{pmatrix}$ （C）$\lambda^2\begin{pmatrix}1&0&3\\0&1&0\\0&0&1\end{pmatrix}$

（D）$\lambda^3\begin{pmatrix}1&0&3\\0&1&0\\0&0&1\end{pmatrix}$ （E）$\lambda^3\begin{pmatrix}\lambda&0&3\\0&\lambda&0\\0&0&\lambda\end{pmatrix}$

4. 计算 $\begin{pmatrix}2&1&4&0\\1&-1&3&4\end{pmatrix}\begin{pmatrix}1&3&1\\0&-1&2\\1&-3&1\\4&0&-2\end{pmatrix}$ 的第二列元素之和为（ ）.

（A）-8 （B）14 （C）12 （D）-12 （E）-14

5. 设 $\boldsymbol{A}$，$\boldsymbol{B}$ 为 n 阶矩阵，且 $\boldsymbol{A}$ 为对称矩阵，则 $\boldsymbol{B}^{\mathrm{T}}\boldsymbol{AB}$ 是（ ）.

（A）单位矩阵 （B）对角矩阵 （C）对称矩阵

（D）反对称矩阵 （E）数量矩阵

6. 已知 $\boldsymbol{A}=\frac{1}{2}\begin{pmatrix}1 & 3 & 0\\ 2 & 5 & 0\\ 1 & -1 & 2\end{pmatrix}$，则 $(\boldsymbol{A}^{-1})^{*}$ 的副对角线元素之和为(　　).

(A) -8　(B) 14　(C) 12　(D) -12　(E) -14

7. 已知 $\boldsymbol{A}=\begin{pmatrix}0 & 0 & 0 & 2\\ 0 & 0 & 3 & 0\\ 0 & 4 & 0 & 0\\ 5 & 0 & 0 & 0\end{pmatrix}$，则 $\boldsymbol{A}^{-1}$ 的副对角线元素之积为(　　).

(A) -60　(B) $\frac{1}{120}$　(C) 120　(D) $-\frac{1}{120}$　(E) -120

8. 已知 $\boldsymbol{A}=\begin{pmatrix}1 & 2 & 0 & 0 & 0 & 0\\ 3 & 4 & 0 & 0 & 0 & 0\\ 0 & 0 & 5 & 0 & 0 & 0\\ 0 & 0 & 0 & 0 & 0 & 6\\ 0 & 0 & 0 & 0 & 7 & 0\\ 0 & 0 & 0 & 8 & 0 & 0\end{pmatrix}$，则 $\boldsymbol{A}^{-1}$ 的主对角线元素之和为(　　).

(A) $-\frac{151}{70}$　(B) $\frac{13}{35}$　(C) $\frac{81}{70}$　(D) $-\frac{13}{35}$　(E) $-\frac{33}{35}$

9. 设 $\boldsymbol{A}$ 是三阶矩阵，$\boldsymbol{A}^{*}$ 是 $\boldsymbol{A}$ 的伴随矩阵，且 $|\boldsymbol{A}|=4$，则 $\left|(\boldsymbol{A}^{*})-\left(\frac{1}{2}\boldsymbol{A}\right)^{-1}\right|=$(　　).

(A) -8　(B) 4　(C) 2　(D) -2　(E) -4

10. 设 $\boldsymbol{A}=\begin{pmatrix}-1 & 2 & 2\\ 2 & -1 & -2\\ 2 & -2 & -1\end{pmatrix}$，$\boldsymbol{E}$ 是三阶单位矩阵.

(1) 若矩阵 $\boldsymbol{A}-\lambda\boldsymbol{E}$ 不可逆，λ 的值有可能为(　　).

(A) -5　(B) 4　(C) 2　(D) -2　(E) -4

(2) 若矩阵 $\boldsymbol{A}^{-1}-\lambda\boldsymbol{E}$ 不可逆，λ 的值有可能为(　　).

(A) -8　(B) 4　(C) 1　(D) -2　(E) -1

11. 已知 $\boldsymbol{AP}=\boldsymbol{PB}$，其中 $\boldsymbol{B}=\begin{pmatrix}1 & 0 & 0\\ 0 & 0 & 0\\ 0 & 0 & -1\end{pmatrix}$，$\boldsymbol{P}=\begin{pmatrix}1 & 0 & 0\\ 2 & -1 & 0\\ 2 & 1 & 1\end{pmatrix}$，则 $\boldsymbol{A}^5$ 的第三行元素之和为(　　).

(A) -8　(B) 4　(C) 2　(D) -2　(E) 6

12. 已知矩阵 $\boldsymbol{A}=\begin{pmatrix}2 & 0 & 0\\ 0 & 0 & 1\\ 0 & 1 & x\end{pmatrix}$ 与 $\boldsymbol{B}=\begin{pmatrix}2 & 0 & 0\\ 0 & y & 0\\ 0 & 0 & -1\end{pmatrix}$，若对于任意的实数 λ，$|\boldsymbol{A}-\lambda\boldsymbol{E}|=|\boldsymbol{B}-\lambda\boldsymbol{E}|$ 恒成立，则 $x+y$ 的值为(　　).

(A) -1　(B) 1　(C) 2　(D) -2　(E) -4

13. 设三阶方阵 A 的伴随矩阵为 A^*，且 $|A|=\frac{1}{2}$，则 $|(3A)^{-1}-2A^*|=$(　　).

(A) $\frac{16}{27}$　(B) $-\frac{8}{27}$　(C) $\frac{8}{27}$　(D) $-\frac{16}{27}$　(E) $-\frac{11}{27}$

14. 设 $A=\begin{pmatrix} a_{11} & a_{12} & a_{13} \\ a_{21} & a_{22} & a_{23} \\ a_{31} & a_{32} & a_{33} \end{pmatrix}$，$B=\begin{pmatrix} a_{21} & a_{22} & a_{23} \\ a_{11} & a_{12} & a_{13} \\ a_{31}+a_{11} & a_{32}+a_{12} & a_{33}+a_{13} \end{pmatrix}$，$P_1=\begin{pmatrix} 0 & 1 & 0 \\ 1 & 0 & 0 \\ 0 & 0 & 1 \end{pmatrix}$，

$P_2=\begin{pmatrix} 1 & 0 & 0 \\ 0 & 1 & 0 \\ 1 & 0 & 1 \end{pmatrix}$，则必有(　　).

(A) $AP_1P_2=B$　(B) $AP_2P_1=B$　(C) $P_1P_2A=B$

(D) $P_2P_1A=B$　(E) $P_1AP_2=B$

15. 设 n 阶矩阵 A 可逆，A^* 是 A 的伴随矩阵，则(　　).

(A) $(A^*)^*=|A|^{n-1}A$　(B) $(A^*)^*=|A|^{n+1}A$

(C) $(A^*)^*=|A|^{n-2}A$　(D) $(A^*)^*=|A|^{n+2}A$

(E) $(A^*)^*=|A|^{n}A$

16. 设 A 是任一 $n(n\geqslant 3)$ 阶方阵，A^* 是其伴随矩阵，又 k 为常数，且 $k\neq 0$，± 1，则必有 $(kA)^*=$(　　).

(A) kA^*　(B) $k^{n-1}A^*$　(C) k^nA^*　(D) $k^{-1}A^*$　(E) $k^{n+1}A^*$

17. 设 A，B 为 n 阶矩阵，A^*，B^* 分别为 A，B 对应的伴随矩阵，分块矩阵 $C=\begin{pmatrix} A & O \\ O & B \end{pmatrix}$，则 C 的伴随矩阵 $C^*=$(　　).

(A) $\begin{pmatrix} |A|A^* & O \\ O & |B|B^* \end{pmatrix}$　(B) $\begin{pmatrix} |B|B^* & O \\ O & |A|A^* \end{pmatrix}$

(C) $\begin{pmatrix} |A|B^* & O \\ O & |B|A^* \end{pmatrix}$　(D) $\begin{pmatrix} |B|A^* & O \\ O & |A|B^* \end{pmatrix}$

(E) $\begin{pmatrix} -|B|A^* & O \\ O & -|A|B^* \end{pmatrix}$

18. 已知 A 是 n 阶矩阵，满足 $A^3=2E$，$B=A^2+2A+E$，则 $B^{-1}=$(　　).

(A) $\frac{1}{9}(A^2+A+E)^2$　(B) $\frac{1}{9}(A^2-A-E)^2$　(C) $\frac{1}{9}(A^2+A-E)^2$

(D) $\frac{1}{9}(A^2-A+E)^2$　(E) $\frac{1}{4}(A^2+A+E)^2$

19. 若 $A=\begin{pmatrix} 1 & 0 & 0 & 0 \\ 2 & 3 & 0 & 0 \\ 4 & 6 & 5 & 0 \\ 6 & 8 & 10 & 7 \end{pmatrix}$，$E$ 是 4 阶单位矩阵，且 $B=(E+A)^{-1}(E-A)$，则 $(B+E)^{-1}$ 的主对角线元素之和为(　　).

(A) -8　(B) 14　(C) 10　(D) -10　(E) -14

20. 已知 $\boldsymbol{A}$，$\boldsymbol{B}$ 均为 n 阶矩阵，且 $\boldsymbol{A}$ 与 $\boldsymbol{E}-\boldsymbol{AB}$ 都是可逆矩阵，则 $|\boldsymbol{E}-\boldsymbol{BA}|$ 等于(　　).

(A) $|\boldsymbol{E}+\boldsymbol{AB}|$　　(B) $|\boldsymbol{E}-\boldsymbol{B}|$　　(C) $|\boldsymbol{E}-\boldsymbol{A}|$

(D) $|\boldsymbol{E}-\boldsymbol{AB}|$　　(E) $-|\boldsymbol{E}-\boldsymbol{AB}|$

21. 已知 $\boldsymbol{A}$ 是 n 阶矩阵，满足 $\boldsymbol{A}^4=\boldsymbol{O}$，则 $(\boldsymbol{A}+2\boldsymbol{E})^{-1}=$(　　).

(A) $-\dfrac{(\boldsymbol{A}^2-4\boldsymbol{E})(\boldsymbol{A}-2\boldsymbol{E})}{16}$　　(B) $-\dfrac{(\boldsymbol{A}^2+4\boldsymbol{E})(\boldsymbol{A}+2\boldsymbol{E})}{16}$

(C) $-\dfrac{(\boldsymbol{A}^2+4\boldsymbol{E})(\boldsymbol{A}-2\boldsymbol{E})}{16}$　　(D) $\dfrac{(\boldsymbol{A}^2+4\boldsymbol{E})(\boldsymbol{A}-2\boldsymbol{E})}{16}$

(E) $\dfrac{(\boldsymbol{A}^2-4\boldsymbol{E})(\boldsymbol{A}-2\boldsymbol{E})}{16}$

22. 已知矩阵 $\boldsymbol{A}$ 的伴随矩阵 $\boldsymbol{A}^*=\begin{pmatrix}1&0&0&0\\0&1&0&0\\1&0&1&0\\0&-3&0&8\end{pmatrix}$，且 $\boldsymbol{ABA}^{-1}=\boldsymbol{BA}^{-1}+3\boldsymbol{E}$，则矩阵 $\boldsymbol{B}$ 主对角线元素之和为(　　).

(A) -8　　(B) 17　　(C) 15　　(D) -17　　(E) -14

23. 已知对于 n 阶方阵 $\boldsymbol{A}$，存在正整数 k，使得 $\boldsymbol{A}^k=\boldsymbol{O}$，则矩阵 $\boldsymbol{E}-\boldsymbol{A}$ 的逆矩阵为(　　).（$\boldsymbol{E}$ 为 n 阶单位矩阵）.

(A) $\boldsymbol{E}+\boldsymbol{A}+\cdots+\boldsymbol{A}^{k-1}$　　(B) $\boldsymbol{E}-\boldsymbol{A}-\cdots-\boldsymbol{A}^{k-1}$

(C) $\boldsymbol{E}+\boldsymbol{A}+\cdots+\boldsymbol{A}^{k}$　　(D) $\boldsymbol{A}+\cdots+\boldsymbol{A}^{k-1}$

(E) $\boldsymbol{E}+\boldsymbol{A}+\cdots+\boldsymbol{A}^{k+1}$

24. 设矩阵 $\boldsymbol{A}$ 和 $\boldsymbol{B}$ 满足关系式 $\boldsymbol{AB}=\boldsymbol{A}+2\boldsymbol{B}$，其中 $\boldsymbol{A}=\begin{pmatrix}4&2&3\\1&1&0\\-1&2&3\end{pmatrix}$，则 $\boldsymbol{B}$ 的第三列元素之和为(　　).

(A) -2　　(B) 4　　(C) 3　　(D) -4　　(E) -3

25. 已知 $\boldsymbol{A}=\begin{pmatrix}1&1&1\\1&3&5\\1&9&25\end{pmatrix}$，则 $\boldsymbol{A}^{-1}$的第三列元素之和为(　　).

(A) -8　　(B) 0　　(C) 12　　(D) -12　　(E) -4

26. 已知 $\boldsymbol{A}=\begin{pmatrix}1&1&1\\2&3&4\\4&9&16\end{pmatrix}$，$\boldsymbol{B}=\begin{pmatrix}2&-1&1\\7&4&-1\\4&13&-7\end{pmatrix}$，满足 $\boldsymbol{AX}=\boldsymbol{B}$，则矩阵 $\boldsymbol{X}$ 的第三列元素之和为(　　).

(A) -8　　(B) 4　　(C) 1　　(D) -2　　(E) -1

答案及解析

1. (1) **A**　(2) **D**

(1) $2\boldsymbol{AB}-3\boldsymbol{A}^2=\boldsymbol{A}(2\boldsymbol{B}-3\boldsymbol{A})=\begin{pmatrix}1&0&-1\\2&1&4\\-3&2&5\end{pmatrix}\left[\begin{pmatrix}2&-4&6\\-2&6&0\\0&10&4\end{pmatrix}-\begin{pmatrix}3&0&-3\\6&3&12\\-9&6&15\end{pmatrix}\right]$

$=\begin{pmatrix}1&0&-1\\2&1&4\\-3&2&5\end{pmatrix}\begin{pmatrix}-1&-4&9\\-8&3&-12\\9&4&-11\end{pmatrix}=\begin{pmatrix}-10&-8&20\\26&11&-38\\32&38&-106\end{pmatrix}$. 主对角线元素之和为 -105.

(2) $\boldsymbol{AB}^{\mathrm{T}}=\begin{pmatrix}1&0&-1\\2&1&4\\-3&2&5\end{pmatrix}\begin{pmatrix}1&-1&0\\-2&3&5\\3&0&2\end{pmatrix}=\begin{pmatrix}-2&-1&-2\\12&1&13\\8&9&20\end{pmatrix}$. 第 2 行元素之和为 26.

2. **B**　由逆矩阵、伴随矩阵的性质与关系可得

$$\left|(4\boldsymbol{A})^{-1}+3\boldsymbol{A}^*\right|=\left|\frac{1}{4}\boldsymbol{A}^{-1}+3|\boldsymbol{A}|\boldsymbol{A}^{-1}\right|=\left|\left(\frac{1}{4}-1\right)\boldsymbol{A}^{-1}\right|=\left|-\frac{3}{4}\boldsymbol{A}^{-1}\right|$$

$$=\left(-\frac{3}{4}\right)^3\cdot\frac{1}{|\boldsymbol{A}|}=\frac{81}{64}.$$

3. **B**　$\boldsymbol{A}^2=\begin{pmatrix}\lambda&0&1\\0&\lambda&0\\0&0&\lambda\end{pmatrix}\begin{pmatrix}\lambda&0&1\\0&\lambda&0\\0&0&\lambda\end{pmatrix}=\begin{pmatrix}\lambda^2&0&2\lambda\\0&\lambda^2&0\\0&0&\lambda^2\end{pmatrix}$,

$\boldsymbol{A}^3=\begin{pmatrix}\lambda^2&0&2\lambda\\0&\lambda^2&0\\0&0&\lambda^2\end{pmatrix}\begin{pmatrix}\lambda&0&1\\0&\lambda&0\\0&0&\lambda\end{pmatrix}=\begin{pmatrix}\lambda^3&0&3\lambda^2\\0&\lambda^3&0\\0&0&\lambda^3\end{pmatrix}$.

4. **D**　$\begin{pmatrix}2&1&4&0\\1&-1&3&4\end{pmatrix}\begin{pmatrix}1&3&1\\0&-1&2\\1&-3&1\\4&0&-2\end{pmatrix}=\begin{pmatrix}6&-7&8\\20&-5&-6\end{pmatrix}$，故选 D.

5. **C**　$\boldsymbol{A}$ 为对称矩阵$\Leftrightarrow\boldsymbol{A}^{\mathrm{T}}=\boldsymbol{A}$.

因此$(\boldsymbol{B}^{\mathrm{T}}\boldsymbol{AB})^{\mathrm{T}}=\boldsymbol{B}^{\mathrm{T}}(\boldsymbol{B}^{\mathrm{T}}\boldsymbol{A})^{\mathrm{T}}=\boldsymbol{B}^{\mathrm{T}}\boldsymbol{A}^{\mathrm{T}}\boldsymbol{B}=\boldsymbol{B}^{\mathrm{T}}\boldsymbol{AB}$，从而 $\boldsymbol{B}^{\mathrm{T}}\boldsymbol{AB}$ 也是对称矩阵.

6. **D**　第一步，转化.

$$\boldsymbol{AA}^*=|\boldsymbol{A}|\boldsymbol{E}\Rightarrow\boldsymbol{A}^*=|\boldsymbol{A}|\boldsymbol{A}^{-1}\Rightarrow(\boldsymbol{A}^*)^{-1}=(|\boldsymbol{A}|\boldsymbol{A}^{-1})^{-1}=\frac{1}{|\boldsymbol{A}|}\boldsymbol{A}.$$

第二步，运算.

$$\boldsymbol{A}=\frac{1}{2}\begin{pmatrix}1&3&0\\2&5&0\\1&-1&2\end{pmatrix}\Rightarrow|\boldsymbol{A}|=\left(\frac{1}{2}\right)^3\times\begin{vmatrix}1&3\\2&5\end{vmatrix}\times2=-\frac{1}{4}\text{（分块矩阵）}$$

$$\Rightarrow(\boldsymbol{A}^{-1})^{*}=\frac{1}{|\boldsymbol{A}|}\boldsymbol{A}=\begin{pmatrix}-2&-6&0\\-4&-10&0\\-2&2&-4\end{pmatrix}$$，副对角线元素之和为 -12.

7. **B**　初等变换法：

$$\left(\begin{array}{cccc|cccc}0&0&0&2&1&0&0&0\\0&0&3&0&0&1&0&0\\0&4&0&0&0&0&1&0\\5&0&0&0&0&0&0&1\end{array}\right)\rightarrow\left(\begin{array}{cccc|cccc}5&0&0&0&0&0&0&1\\0&4&0&0&0&0&1&0\\0&0&3&0&0&1&0&0\\0&0&0&2&1&0&0&0\end{array}\right)\rightarrow\left(\begin{array}{cccc|cccc}1&0&0&0&0&0&0&\frac{1}{5}\\0&1&0&0&0&0&\frac{1}{4}&0\\0&0&1&0&0&\frac{1}{3}&0&0\\0&0&0&1&\frac{1}{2}&0&0&0\end{array}\right)$$

所以 $\begin{pmatrix}0&0&0&2\\0&0&3&0\\0&4&0&0\\5&0&0&0\end{pmatrix}^{-1}=\begin{pmatrix}0&0&0&\frac{1}{5}\\0&0&\frac{1}{4}&0\\0&\frac{1}{3}&0&0\\\frac{1}{2}&0&0&0\end{pmatrix}$，副对角线元素之积为 $\frac{1}{120}$.

【评注】本题可以得到公式：反对角阵的逆矩阵为副对角线各元素取倒数，顺序交换.

8. **A**　第一步，分块.

$$\boldsymbol{A}=\left(\begin{array}{cc|c|ccc}1&2&0&0&0&0\\3&4&0&0&0&0\\\hline 0&0&5&0&0&0\\\hline 0&0&0&0&0&6\\0&0&0&0&7&0\\0&0&0&8&0&0\end{array}\right)=\begin{pmatrix}\boldsymbol{C}&&\\&5&\\&&\boldsymbol{B}\end{pmatrix}\Rightarrow\boldsymbol{A}^{-1}=\begin{pmatrix}\boldsymbol{C}^{-1}&&\\&5^{-1}&\\&&\boldsymbol{B}^{-1}\end{pmatrix}$$

第二步，根据公式运算.

$$\boldsymbol{C}^{-1}=\begin{pmatrix}1&2\\3&4\end{pmatrix}^{-1}=\frac{1}{-2}\begin{pmatrix}4&-2\\-3&1\end{pmatrix}=\begin{pmatrix}-2&1\\\frac{3}{2}&-\frac{1}{2}\end{pmatrix},$$

$\boldsymbol{B}^{-1}=\begin{pmatrix}0&0&6\\0&7&0\\8&0&0\end{pmatrix}^{-1}=\begin{pmatrix}0&0&\frac{1}{8}\\0&\frac{1}{7}&0\\\frac{1}{6}&0&0\end{pmatrix}$. $\boldsymbol{A}^{-1}=\begin{pmatrix}-2&1&0&0&0&0\\\frac{3}{2}&-\frac{1}{2}&0&0&0&0\\0&0&\frac{1}{5}&0&0&0\\0&0&0&0&0&\frac{1}{8}\\0&0&0&0&\frac{1}{7}&0\\0&0&0&\frac{1}{6}&0&0\end{pmatrix}$，主对角线

元素之和为$-\frac{151}{70}$.

9. **C** 第一步，转化.

$AA^*=|A|E\Rightarrow A^*=|A|A^{-1}$，$(kA)^{-1}=k^{-1}A^{-1}$

$\Rightarrow\left|A^*-\left(\frac{1}{2}A\right)^{-1}\right|=\left||A|A^{-1}-2A^{-1}\right|=\left|(|A|-2)A^{-1}\right|$

第二步，运算.

原式$=\left|(|A|-2)A^{-1}\right|=\left|(4-2)A^{-1}\right|=2^3\left|A^{-1}\right|=8\times\frac{1}{4}=2.$

10. (1) **A** (2) **C**

(1) $A-\lambda E$不可逆$\Rightarrow|A-\lambda E|=-(1-\lambda)^2(5+\lambda)=0\Rightarrow\lambda=1$ 或 -5.

(2) $A^{-1}-\lambda E$ 不可逆 $\Rightarrow\left|A^{-1}-\lambda E\right|=0\Rightarrow|A|\left|A^{-1}-\lambda E\right|=|E-\lambda A|=0\Rightarrow$ $\left|A-\frac{1}{\lambda}E\right|=0$.

利用(1)的结果，$\frac{1}{\lambda}=1$ 或 $-5\Rightarrow\lambda=1$ 或 $-\frac{1}{5}$.

11. **B** 第一步，求逆矩阵P^{-1}.

$$\left(\begin{array}{ccc:ccc}1&0&0&1&0&0\\2&-1&0&0&1&0\\2&1&1&0&0&1\end{array}\right)\to\left(\begin{array}{ccc:ccc}1&0&0&1&0&0\\0&1&0&2&-1&0\\0&0&1&4&1&1\end{array}\right)\Rightarrow P^{-1}=\begin{pmatrix}1&0&0\\2&-1&0\\-4&1&1\end{pmatrix}.$$

第二步，求矩阵A. $AP=PB\Rightarrow A=PBP^{-1}=\begin{pmatrix}1&0&0\\2&0&0\\6&-1&-1\end{pmatrix}$.

第三步，求矩阵A^5. $A^5=PB^5P^{-1}=PBP^{-1}=APP^{-1}=A$. 故第三行元素之和为4.

12. **B** $|A-\lambda E|=|B-\lambda E|\Rightarrow(2-\lambda)(\lambda^2-x\lambda-1)=(2-\lambda)[\lambda^2+(1-y)\lambda-y]$，

比较系数可得$\begin{cases}-x=1-y\\-1=-y\end{cases}\Rightarrow\begin{cases}x=0\\y=1\end{cases}$，$x+y=1$.

【评注】本题也可以采用特值法求解.

13. **D** 方法一：$(3A)^{-1}-2A^*=\frac{1}{3}A^{-1}-2|A|A^{-1}=-\frac{2}{3}A^{-1}$，

所以$\left|(3A)^{-1}-2A^*\right|=\left|-\frac{2}{3}A^{-1}\right|=\left(-\frac{2}{3}\right)^3\left|A^{-1}\right|=-\frac{8}{27}\cdot\frac{1}{|A|}=-\frac{16}{27}$.

方法二：$(3A)^{-1}-2A^*=\frac{1}{3}A^{-1}-2A^*=\frac{1}{3}\cdot\frac{A^*}{|A|}-2A^*=-\frac{4}{3}A^*$，

则$\left|(3A)^{-1}-2A^*\right|=\left|-\frac{4}{3}A^*\right|=\left(-\frac{4}{3}\right)^3|A^*|=-\frac{64}{27}\cdot|A|^{3-1}=-\frac{16}{27}$.

【评注】掌握矩阵的如下公式：

$(kA)^{-1}=\frac{1}{k}A^{-1}$，$k\neq0$；$A^{-1}=\frac{A^*}{|A|}$；$A^*=|A|A^{-1}$；$\left|A^{-1}\right|=\frac{1}{|A|}$；$|A^*|=|A|^{n-1}$

14. **C** 将A的第一行加到第三行，再将A的第一行与第二行交换得到B.

综上所述，答案是 C.

15. C　$A^* = |A|A^{-1} \Rightarrow (A^*)^* = |A^*|(A^*)^{-1} = ||A|A^{-1}|(|A|A^{-1})^{-1}$

$$= |A|^n \cdot \frac{1}{|A|} \cdot \frac{1}{|A|} \cdot A = |A|^{n-2}A.$$

16. B　方法一：由伴随矩阵的定义得到$(kA)^* = k^{n-1}A^*$

方法二：$(kA)(kA)^* = |kA|E = k^n|A|E = k^nAA^* = (kA)(k^{n-1}A^*)$，

可知$(kA)^* = k^{n-1}A^*$.

17. D　$C^{-1} = \begin{pmatrix} A^{-1} & O \\ O & B^{-1} \end{pmatrix}$，$|C| = |A||B|$

$$\Rightarrow C^* = |C|C^{-1} = \begin{pmatrix} |A||B|A^{-1} & O \\ O & |A||B|B^{-1} \end{pmatrix} = \begin{pmatrix} |B|A^* & O \\ O & |A|B^* \end{pmatrix}$$

18. D　$B = A^2 + 2A + E = (A+E)^2 \Rightarrow B^{-1} = [(A+E)^2]^{-1}$.

$A^3 = 2E \Rightarrow A^3 + E \Rightarrow (A+E)(A^2 - A - E) = 3E$

$$\Rightarrow (A+E)^{-1} = \frac{1}{3}(A^2 - A + E) \Rightarrow [(A+E)^{-1}]^2 = \frac{1}{9}(A^2 - A + E)^2$$

$$B^{-1} = [(A+E)^2]^{-1} = [(A+E)^{-1}]^2 = \frac{1}{9}(A^2 - A + E)^2.$$

19. C　$B = (E+A)^{-1}(E-A) \Rightarrow (E+A)B = E - A \Rightarrow AB + A + B + E = 2E$.

$$\Rightarrow (A+E)(B+E) = 2E \Rightarrow (B+E)^{-1} = \frac{1}{2}(A+E).$$

$$\frac{1}{2}(A+E) = \begin{pmatrix} 1 & 0 & 0 & 0 \\ 1 & 2 & 0 & 0 \\ 2 & 3 & 3 & 0 \\ 3 & 4 & 5 & 4 \end{pmatrix} \Rightarrow (B+E)^{-1} = \begin{pmatrix} 1 & 0 & 0 & 0 \\ 1 & 2 & 0 & 0 \\ 2 & 3 & 3 & 0 \\ 3 & 4 & 5 & 4 \end{pmatrix}$$

20. D　A 是可逆矩阵$\Rightarrow$

$$|E - BA| = |A^{-1}A - BA| = |A^{-1} - B| \cdot |A| = |A| \cdot |A^{-1} - B| = |E - AB|.$$

21. C　$A^4 = O \Rightarrow A^4 - (nE)^4 = -(nE)^4 \Rightarrow (A^2 + n^2E)(A + nE)(A - nE) = -n^4E$.

$A + nE$ 可逆，且$(A+nE)^{-1} = -\dfrac{1}{n^4}(A^2 + n^2E)(A - nE)$.

令 $n = 2$，故选 C.

22. B　先化简：$A^* = \begin{pmatrix} 1 & 0 & 0 & 0 \\ 0 & 1 & 0 & 0 \\ 1 & 0 & 1 & 0 \\ 0 & -3 & 0 & 8 \end{pmatrix} \Rightarrow |A^*| = 8 = |A|^3 \Rightarrow |A| = 2$

$ABA^{-1} = BA^{-1} + 3E \Rightarrow AB = B + 3A \Rightarrow A^*AB = A^*B + 3A^*A$

$\Rightarrow 2B = A^*B + 6E \Rightarrow (2E - A^*)B = 6E \Rightarrow B = 6(2E - A^*)^{-1}$

初等行变换求逆矩阵：

$$2E-A^{*}=\begin{pmatrix}1&0&0&0\\0&1&0&0\\-1&0&1&0\\0&3&0&-6\end{pmatrix}\Rightarrow(2E-A^{*})^{-1}=\begin{pmatrix}1&0&0&0\\0&1&0&0\\1&0&1&0\\0&\frac{1}{2}&0&-\frac{1}{6}\end{pmatrix}$$

故 $B=6(2E-A^{*})^{-1}=\begin{pmatrix}6&0&0&0\\0&6&0&0\\6&0&6&0\\0&3&0&-1\end{pmatrix}$，主对角线元素之和为 17.

23. A $E=E-A^{k}=E^{k}-A^{k}=(E-A)(E+A+\cdots+A^{k-1})$

所以 $E-A$ 可逆，且 $(E-A)^{-1}=E+A+\cdots+A^{k-1}$.

【评注】可以参考公式 $1-x^{k}=(1-x)(1+x+x^{2}+\cdots+x^{k-1})$.

24. E $AB=A+2B\Rightarrow B=(A-2E)^{-1}A=\begin{pmatrix}1&-4&-3\\1&-5&-3\\-1&6&4\end{pmatrix}\begin{pmatrix}4&2&3\\1&1&0\\-1&2&3\end{pmatrix}$

$$=\begin{pmatrix}3&-8&-6\\2&-9&-6\\-2&12&9\end{pmatrix}$$

第三列元素之和为 -3.

25. B 第一步，判断.

$A=\begin{pmatrix}1&1&1\\1&3&5\\1&9&25\end{pmatrix}\Rightarrow|A|=\begin{vmatrix}1&1&1\\1&3&5\\1&9&25\end{vmatrix}=(3-1)(5-1)(5-3)=16\Rightarrow A$ 可逆.

第二步，初等变换法求逆矩阵.

$$\left(\begin{array}{ccc:ccc}1&1&1&1&0&0\\1&3&5&0&1&0\\1&9&25&0&0&1\end{array}\right)\xrightarrow{\text{初等行变换}}\left(\begin{array}{ccc:ccc}1&0&0&\frac{15}{8}&-1&\frac{1}{8}\\0&1&0&-\frac{5}{4}&\frac{3}{2}&-\frac{1}{4}\\0&0&1&\frac{3}{8}&-\frac{1}{2}&\frac{1}{8}\end{array}\right)$$

$\Rightarrow A^{-1}=\frac{1}{8}\begin{pmatrix}15&-8&1\\-10&12&-2\\3&-4&1\end{pmatrix}$，第三列元素之和为 0.

26. C 先确定 A 是否可逆，$|A|=\begin{vmatrix}1&1&1\\2&3&4\\4&9&16\end{vmatrix}=2\Rightarrow A$ 可逆.

方法一：用初等变换法解矩阵方程.

$$\left(\begin{array}{ccc:ccc}1&1&1&2&-1&1\\2&3&4&7&4&-1\\4&9&16&4&13&-7\end{array}\right)\xrightarrow{\text{初等行变换}}\left(\begin{array}{ccc:ccc}1&0&0&-\frac{21}{2}&-\frac{27}{2}&6\\0&1&0&22&19&-7\\0&0&1&-\frac{19}{2}&-\frac{13}{2}&2\end{array}\right)$$

$$\Rightarrow\text{矩阵 }\boldsymbol{X}=\begin{pmatrix}-\frac{21}{2}&-\frac{27}{2}&6\\22&19&-7\\-\frac{9}{2}&-\frac{13}{2}&2\end{pmatrix}$$，故第三列元素之和为 1.

方法二：本题 $\boldsymbol{X}=\boldsymbol{A}^{-1}\boldsymbol{B}$，也可以先求 $\boldsymbol{A}^{-1}$，再计算矩阵的乘积.

$$\left(\begin{array}{ccc:ccc}1&1&1&1&0&0\\2&3&4&0&1&0\\4&9&16&0&0&1\end{array}\right)\to\cdots\to\left(\begin{array}{ccc:ccc}1&0&0&6&-\frac{7}{2}&\frac{1}{2}\\0&1&0&-8&6&-1\\0&0&1&3&-\frac{5}{2}&\frac{1}{2}\end{array}\right)\Rightarrow\boldsymbol{A}^{-1}=\begin{pmatrix}6&-\frac{7}{2}&\frac{1}{2}\\-8&6&-1\\3&-\frac{5}{2}&\frac{1}{2}\end{pmatrix}$$

$$\Rightarrow\boldsymbol{X}=\boldsymbol{A}^{-1}\boldsymbol{B}=\begin{pmatrix}6&-\frac{7}{2}&\frac{1}{2}\\-8&6&-1\\3&-\frac{5}{2}&\frac{1}{2}\end{pmatrix}\begin{pmatrix}2&-1&1\\7&4&-1\\4&13&-7\end{pmatrix}=\begin{pmatrix}-\frac{21}{2}&-\frac{27}{2}&6\\22&19&-7\\-\frac{19}{2}&-\frac{13}{2}&2\end{pmatrix}.$$

第七章 向量组

【大纲解读】

理解 n 维向量的概念、向量的线性组合与线性表示；理解向量组线性相关与线性无关的概念；了解并会运用向量组线性相关与线性无关的有关性质及判别法，会求向量组的极大线性无关组和向量组的秩；了解向量组的秩与矩阵的秩之间的关系.

【命题剖析】

本章一般考 2 个题目，是考试的核心，属于必考点. 线性相关、线性无关与行列式、矩阵、方程组等联系密切，要注意内部的逻辑关系. 一定要掌握线性相关、线性无关的概念、性质和判别法，并能灵活运用. 熟记一些常见结论，并能将线性相关、线性无关的概念与矩阵的秩、线性方程组的解的结构定理进行转换、连接，开阔思路，提高综合能力.

【知识体系】

- 第七章
  - 基本概念
    - 行向量、列向量
    - 向量的运算（加、减、乘）
    - 特殊向量（单位向量）
  - 线性关系
    - 线性相关、线性无关的概念
    - 线性相关、线性无关的充要条件
    - 部分组与整体组的关系
      - 部分相关则整体相关
      - 整体无关则部分无关
    - 极大线性无关组
      - 概念
      - 计算方法
    - 秩的判别法
      - 线性相关：秩 < 个数
      - 线性无关：秩=个数
  - 线性表示
    - 线性表示的概念
    - 线性表示的充要条件
    - 常用判别法：增加向量，秩是否变化
    - $\boldsymbol{A}$可由$\boldsymbol{B}$表示，则$r(\boldsymbol{A})\leqslant r(\boldsymbol{B})$
    - 两个向量组等价：可相互线性表示

【备考建议】

本章是线性代数复习的重点，也是难点. 本章内容抽象，需要在理解的基础上来记忆结论，相关的定理和结论要能在考试中灵活应用，尤其涉及很重要的推导关系，要能举例说明分析正误. 尤为重要的是，秩是联系各概念的枢纽，要从理论和做题应用的双重角度去掌握，这样才能应对灵活多变的考题.

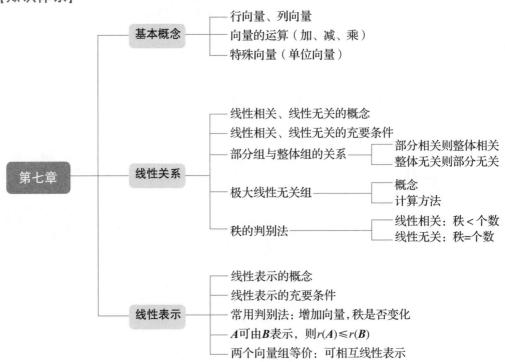

第一节 向量的基本概念

一、向量的概念

1. 定义

n 个有顺序的数 $a_1,a_2,\cdots,a_n$ 组成的数组 $(a_1,a_2,\cdots,a_n)$ 叫作 n 维行向量，第 i 个数 a_i 称为第 i 个分量.

说明 1）同样可以定义 n 维列向量.

2）n 维向量可以看成是特殊的矩阵，行向量看成 $1\times n$ 的矩阵，列向量看成 $n\times 1$ 的矩阵.

2. 两个向量相等

①维数相等；②对应的分量也相等.

二、向量的线性运算

向量的线性运算，类似于矩阵的加法、数乘运算.

1）$\boldsymbol{\alpha}+\boldsymbol{\beta}=\boldsymbol{\beta}+\boldsymbol{\alpha}$.

2）$(\boldsymbol{\alpha}+\boldsymbol{\beta})+\boldsymbol{\gamma}=\boldsymbol{\alpha}+(\boldsymbol{\beta}+\boldsymbol{\gamma})$.

3）$k(\boldsymbol{\alpha}+\boldsymbol{\beta})=k\boldsymbol{\alpha}+k\boldsymbol{\beta}$.

三、向量的线性组合

$k_1\boldsymbol{\alpha}_1+k_2\boldsymbol{\alpha}_2+\cdots+k_s\boldsymbol{\alpha}_s$ 为向量组 $\boldsymbol{\alpha}_1$，$\boldsymbol{\alpha}_2$，$\cdots$，$\boldsymbol{\alpha}_s$ 的一个线性组合，k_1，k_2，$\cdots$，k_s 称为组合系数.

如：$\boldsymbol{\alpha}_1-3\boldsymbol{\alpha}_2+\boldsymbol{\alpha}_3$，$0\boldsymbol{\alpha}_1$，$0\boldsymbol{\alpha}_2$，$0\boldsymbol{\alpha}_3$ 均为 $\boldsymbol{\alpha}_1$，$\boldsymbol{\alpha}_2$，$\boldsymbol{\alpha}_3$ 的线性组合.

评注 k_1，k_2，$\cdots$，k_s 可全取零.

四、线性表出

对 n 维向量 $\boldsymbol{\alpha}_1$，$\boldsymbol{\alpha}_2$，$\cdots$，$\boldsymbol{\alpha}_s$ 和 $\boldsymbol{\beta}$，若存在常数 k_1，k_2，$\cdots$，k_s，使得 $\boldsymbol{\beta}=k_1\boldsymbol{\alpha}_1+k_2\boldsymbol{\alpha}_2+\cdots+k_s\boldsymbol{\alpha}_s$，则称 $\boldsymbol{\beta}$ 可由向量组 $\boldsymbol{\alpha}_1$，$\boldsymbol{\alpha}_2$，$\cdots$，$\boldsymbol{\alpha}_s$ 线性表出.

如：$\boldsymbol{\beta}=\boldsymbol{\alpha}_1-3\boldsymbol{\alpha}_2+\boldsymbol{\alpha}_3$，$\boldsymbol{\beta}=0\boldsymbol{\alpha}_1+0\boldsymbol{\alpha}_2+0\boldsymbol{\alpha}_3$ 均可称 $\boldsymbol{\beta}$ 可由 $\boldsymbol{\alpha}_1$，$\boldsymbol{\alpha}_2$，$\boldsymbol{\alpha}_3$ 线性表示.

评注 k_1，k_2，$\cdots$，k_s 可全取零.

第二节　向量的线性关系

一、向量组的线性相关性定义

1. 线性相关

设有 n 维向量组 $\boldsymbol{\alpha}_1$，$\boldsymbol{\alpha}_2$，…，$\boldsymbol{\alpha}_s$，如果存在不全为零的数 k_1，k_2，…，k_s，使得 $k_1\boldsymbol{\alpha}_1+k_2\boldsymbol{\alpha}_2+\cdots+k_s\boldsymbol{\alpha}_s=\mathbf{0}$，则称向量组 $\boldsymbol{\alpha}_1$，$\boldsymbol{\alpha}_2$，…，$\boldsymbol{\alpha}_s$ 线性相关.

注意 只要存在即可，不一定唯一.

2. 线性无关

设有 n 维向量组 $\boldsymbol{\alpha}_1$，$\boldsymbol{\alpha}_2$，…，$\boldsymbol{\alpha}_s$，当且仅当全为零的数 k_1，k_2，…，k_s，即 $k_1=k_2=\cdots=k_s=0$ 时，$k_1\boldsymbol{\alpha}_1+k_2\boldsymbol{\alpha}_2+\cdots+k_s\boldsymbol{\alpha}_s=\mathbf{0}$ 才成立，则称向量组 $\boldsymbol{\alpha}_1$，$\boldsymbol{\alpha}_2$，…，$\boldsymbol{\alpha}_s$ 线性无关.

理解 也可以理解为：对任意不全为零的数 k_1，k_2，…，k_s，则 $k_1\boldsymbol{\alpha}_1+k_2\boldsymbol{\alpha}_2+\cdots+k_s\boldsymbol{\alpha}_s\neq\mathbf{0}$.

3. 特殊情况

含有一个向量 $\boldsymbol{\alpha}$ 的向量组线性相关 $\Leftrightarrow\boldsymbol{\alpha}=\mathbf{0}$；

两个非零向量 $\boldsymbol{\alpha}_1$，$\boldsymbol{\alpha}_2$ 构成的向量组线性相关 $\Leftrightarrow\boldsymbol{\alpha}_1=k\boldsymbol{\alpha}_2$.

二、线性相关的充要条件

n 维向量组 $\boldsymbol{\alpha}_1$，$\boldsymbol{\alpha}_2$，…，$\boldsymbol{\alpha}_s(s\geqslant 2)$ 线性相关等价于：

1）$\boldsymbol{\alpha}_1$，$\boldsymbol{\alpha}_2$，…，$\boldsymbol{\alpha}_s$ 中至少有一个向量可以由其余向量线性表出.

2）齐次线性方程组 $x_1\boldsymbol{\alpha}_1+x_2\boldsymbol{\alpha}_2+\cdots+x_s\boldsymbol{\alpha}_s=\mathbf{0}$ 有非零解.

3）秩 $r(\boldsymbol{\alpha}_1,\ \boldsymbol{\alpha}_2,\ \cdots,\ \boldsymbol{\alpha}_s)<$ 个数 s.

例 1 已知向量组 $\boldsymbol{\alpha}_1=(1,1,2,1)^{\mathrm{T}},\boldsymbol{\alpha}_2=(1,0,0,2)^{\mathrm{T}},\boldsymbol{\alpha}_3=(-1,-4,-8,k)^{\mathrm{T}}$ 线性相关，则参数 k 的值为（　　）.

（A）0　（B）1　（C）2　（D）-2　（E）-1

【解析】利用求秩的方法求解

$$(\boldsymbol{\alpha}_1,\ \boldsymbol{\alpha}_2,\ \boldsymbol{\alpha}_3)=\begin{pmatrix}1&1&-1\\1&0&-4\\2&0&-8\\1&2&k\end{pmatrix}\to\begin{pmatrix}1&1&-1\\0&-1&-3\\0&-2&-6\\0&1&k+1\end{pmatrix}\to\begin{pmatrix}1&1&-1\\0&-1&-3\\0&0&0\\0&0&k-2\end{pmatrix}$$

题目已知向量组 $\boldsymbol{\alpha}_1$，$\boldsymbol{\alpha}_2$，$\boldsymbol{\alpha}_3$ 线性相关，故 $r(\boldsymbol{\alpha}_1,\ \boldsymbol{\alpha}_2,\ \boldsymbol{\alpha}_3)<3$，

故 $k-2=0$，即 $k=2$，此时 $r(\boldsymbol{\alpha}_1,\ \boldsymbol{\alpha}_2,\ \boldsymbol{\alpha}_3)=2<3$ 成立，选 C.

【评注】若 $\boldsymbol{\alpha}_1$，$\boldsymbol{\alpha}_2$，…，$\boldsymbol{\alpha}_s$ 均为 n 维列向量组，当 $s<n$ 时，先求向量组的秩 r，$r=s$ 时线性无关，$r<s$ 时线性相关.

三、线性无关的充要条件

n 维向量组 $\boldsymbol{\alpha}_1$，$\boldsymbol{\alpha}_2$，…，$\boldsymbol{\alpha}_s(s\geqslant 2)$线性无关等价于：

1）$\boldsymbol{\alpha}_1$，$\boldsymbol{\alpha}_2$，…，$\boldsymbol{\alpha}_s$ 中任何一个向量都无法由其余向量线性表出.

2）齐次线性方程组 $x_1\boldsymbol{\alpha}_1+x_2\boldsymbol{\alpha}_2+\cdots+x_s\boldsymbol{\alpha}_s=\mathbf{0}$ 只有零解.

3）秩 $r(\boldsymbol{\alpha}_1,\boldsymbol{\alpha}_2,\cdots,\boldsymbol{\alpha}_s)=$ 个数 s.

四、重要结论

1. 零向量

含有零向量的向量组 $\underset{\times}{\rightleftharpoons}$ 线性相关

不含有零向量的向量组 $\overset{\times}{\rightleftharpoons}$ 线性无关

2. 两个相同向量

含有两个相同向量的向量组 $\underset{\times}{\rightleftharpoons}$ 线性相关

不含有两个相同向量的向量组 $\overset{\times}{\rightleftharpoons}$ 线性无关

3. 部分组与整体组

部分组线性相关 $\underset{\times}{\rightleftharpoons}$ 整体组线性相关

部分组线性无关 $\overset{\times}{\rightleftharpoons}$ 整体组线性无关

4. 增加或减少向量个数

向量组线性相关 $\underset{\times}{\rightleftharpoons}$ 增加向量后，仍线性相关

向量组线性无关 $\overset{\times}{\rightleftharpoons}$ 增加向量后，仍线性无关

理解 增加向量组中向量的个数，不改变向量组的线性相关性；减少向量组中向量的个数，不改变向量组的线性无关性.

5. 向量个数与维数

向量组中向量个数大于维数 $\underset{\times}{\rightleftharpoons}$ 线性相关

向量组中向量个数不大于维数 $\overset{\times}{\rightleftharpoons}$ 线性无关

6. 用行列式判断（向量个数 = 维数）

n 个 n 维向量 $\boldsymbol{\alpha}_1$，$\boldsymbol{\alpha}_2$，…，$\boldsymbol{\alpha}_n$ 线性相关 $\Leftrightarrow|\boldsymbol{A}|=0$，其中 $\boldsymbol{A}=(\boldsymbol{\alpha}_1,\boldsymbol{\alpha}_2,\cdots,\boldsymbol{\alpha}_n)$.

n 个 n 维向量 $\boldsymbol{\alpha}_1$，$\boldsymbol{\alpha}_2$，…，$\boldsymbol{\alpha}_n$ 线性无关 $\Leftrightarrow|\boldsymbol{A}|\neq 0\Leftrightarrow$ 矩阵 $\boldsymbol{A}$ 是满秩的.

例 2 设 $\boldsymbol{\alpha}_1=(1,1,1)^{\mathrm{T}},\boldsymbol{\alpha}_2=(0,2,5)^{\mathrm{T}},\boldsymbol{\alpha}_3=(2,4,7)^{\mathrm{T}}$，则下列叙述正确的有(　　)个.

（1）向量组 $\boldsymbol{\alpha}_1$，$\boldsymbol{\alpha}_2$ 线性无关；　（2）向量组 $\boldsymbol{\alpha}_1$，$\boldsymbol{\alpha}_3$ 线性无关；

（3）向量组 $\boldsymbol{\alpha}_2$，$\boldsymbol{\alpha}_3$ 线性无关；　（4）向量组 $\boldsymbol{\alpha}_1$，$\boldsymbol{\alpha}_2$，$\boldsymbol{\alpha}_3$ 的线性无关.

（A）0　（B）1　（C）2　（D）3　（E）4

【解析】$\boldsymbol{\alpha}_1$，$\boldsymbol{\alpha}_2$ 是否线性相关，直接看其元素是否对应成比例即可，显然 $\boldsymbol{\alpha}_1$，$\boldsymbol{\alpha}_2$ 的元素对应

不成比例，故向量组 $\boldsymbol{\alpha}_1$，$\boldsymbol{\alpha}_2$ 线性无关，(1) 正确，同理(2)(3)叙述均正确.

讨论 $\boldsymbol{\alpha}_1$，$\boldsymbol{\alpha}_2$，$\boldsymbol{\alpha}_3$ 的线性相关性，利用行列式分析

$|\boldsymbol{\alpha}_1, \boldsymbol{\alpha}_2, \boldsymbol{\alpha}_3| = \begin{vmatrix} 1 & 0 & 2 \\ 1 & 2 & 4 \\ 1 & 5 & 7 \end{vmatrix} = 0$，故 $\boldsymbol{\alpha}_1$，$\boldsymbol{\alpha}_2$，$\boldsymbol{\alpha}_3$ 线性相关. 故(4)叙述错误，选 D.

【评注】若 $\boldsymbol{\alpha}_1$，$\boldsymbol{\alpha}_2$，…，$\boldsymbol{\alpha}_s$ 均为 n 维列向量，$s=n$ 时，通过判断 $|\boldsymbol{\alpha}_1, \boldsymbol{\alpha}_2, \cdots, \boldsymbol{\alpha}_s|$ 是否为零可以判断向量组是否线性相关.

例 3 设 $\boldsymbol{\alpha}_1$，$\boldsymbol{\alpha}_2$，$\boldsymbol{\alpha}_3$ 线性无关，则 $\boldsymbol{\alpha}_1-\boldsymbol{\alpha}_3$，$2\boldsymbol{\alpha}_1-\boldsymbol{\alpha}_2$，$2\boldsymbol{\alpha}_3-\boldsymbol{\alpha}_2$ (　　).

(A) 有可能线性相关　　(B) 必然线性相关

(C) 有可能线性无关　　(D) 必然线性无关

(E) 无法确定

【解析】利用线性相关的定义求解，重组法.

假设存在一组数 k_1，k_2，k_3，使 $k_1(\boldsymbol{\alpha}_1-\boldsymbol{\alpha}_3)+k_2(2\boldsymbol{\alpha}_1-\boldsymbol{\alpha}_2)+k_3(2\boldsymbol{\alpha}_3-\boldsymbol{\alpha}_2)=\mathbf{0}$，

$(k_1+2k_2)\boldsymbol{\alpha}_1+(-k_2-k_3)\boldsymbol{\alpha}_2+(-k_1+2k_3)\boldsymbol{\alpha}_3=\mathbf{0}$.

又题目已知 $\boldsymbol{\alpha}_1$，$\boldsymbol{\alpha}_2$，$\boldsymbol{\alpha}_3$ 线性无关，故可得方程组

$$\begin{cases} k_1+2k_2=0 \\ -k_2-k_3=0 \\ -k_1+2k_3=0 \end{cases}$$

方程组的系数行列式为 $\begin{vmatrix} 1 & 2 & 0 \\ 0 & -1 & -1 \\ -1 & 0 & 2 \end{vmatrix}=0$，故方程存在非零解，即 k_1，k_2，k_3 不全为零，故 $\boldsymbol{\alpha}_1-\boldsymbol{\alpha}_3$，$2\boldsymbol{\alpha}_1-\boldsymbol{\alpha}_2$，$2\boldsymbol{\alpha}_3-\boldsymbol{\alpha}_2$ 线性相关，故选 B.

例 4 设 $\boldsymbol{\alpha}_1$，$\boldsymbol{\alpha}_2$，$\boldsymbol{\alpha}_3$ 线性无关，则 m，k 满足 (　　) 时，向量组 $k\boldsymbol{\alpha}_2-\boldsymbol{\alpha}_1$，$m\boldsymbol{\alpha}_3-\boldsymbol{\alpha}_2$，$\boldsymbol{\alpha}_1-\boldsymbol{\alpha}_3$ 线性相关.

(A) $mk=1$　　(B) $mk=2$　　(C) $m+k=1$

(D) $m-k=1$　　(E) $mk=-1$

【解析】假设存在一组数 k_1，k_2，k_3，使 $k_1(k\boldsymbol{\alpha}_2-\boldsymbol{\alpha}_1)+k_2(m\boldsymbol{\alpha}_3-\boldsymbol{\alpha}_2)+k_3(\boldsymbol{\alpha}_1-\boldsymbol{\alpha}_3)=\mathbf{0}$，

即 $(-k_1+k_3)\boldsymbol{\alpha}_1+(kk_1-k_2)\boldsymbol{\alpha}_2+(mk_2-k_3)\boldsymbol{\alpha}_3=\mathbf{0}$.

又题目已知 $\boldsymbol{\alpha}_1$，$\boldsymbol{\alpha}_2$，$\boldsymbol{\alpha}_3$ 线性无关，故可得方程组

$$\begin{cases} -k_1+k_3=0 \\ kk_1-k_2=0 \\ mk_2-k_3=0 \end{cases}$$

方程组的系数行列式为 $\begin{vmatrix} -1 & 0 & 1 \\ k & -1 & 0 \\ 0 & m & -1 \end{vmatrix}=mk-1$，又已知向量组 $k\boldsymbol{\alpha}_2-\boldsymbol{\alpha}_1$，$m\boldsymbol{\alpha}_3-\boldsymbol{\alpha}_2$，$\boldsymbol{\alpha}_1-\boldsymbol{\alpha}_3$ 线性相关，故方程组的系数行列式应为 0，则 $mk-1=0$，即 $mk=1$.

故 m，k 满足 $mk=1$ 时，向量组 $k\boldsymbol{\alpha}_2-\boldsymbol{\alpha}_1$，$m\boldsymbol{\alpha}_3-\boldsymbol{\alpha}_2$，$\boldsymbol{\alpha}_1-\boldsymbol{\alpha}_3$ 线性相关，选 A.

例 5 设 $\boldsymbol{A}$ 为三阶矩阵，$\boldsymbol{\alpha}_1$，$\boldsymbol{\alpha}_2$，$\boldsymbol{\alpha}_3$ 为三维线性无关列向量组，且有 $\boldsymbol{A}\boldsymbol{\alpha}_1=\boldsymbol{\alpha}_1+2\boldsymbol{\alpha}_2-3\boldsymbol{\alpha}_3$，$\boldsymbol{A}\boldsymbol{\alpha}_2=3\boldsymbol{\alpha}_1+\boldsymbol{\alpha}_3$，$\boldsymbol{A}\boldsymbol{\alpha}_3=9\boldsymbol{\alpha}_1+6\boldsymbol{\alpha}_2-7\boldsymbol{\alpha}_3$，则 $r(\boldsymbol{A})=($　　$)$.

(A) 0　　(B) 1　　(C) 2　　(D) 3　　(E) 4

【解析】根据题意可得

$$\boldsymbol{A}(\boldsymbol{\alpha}_1,\ \boldsymbol{\alpha}_2,\ \boldsymbol{\alpha}_3)=(\boldsymbol{\alpha}_1+2\boldsymbol{\alpha}_2-3\boldsymbol{\alpha}_3,\ 3\boldsymbol{\alpha}_1+\boldsymbol{\alpha}_3,\ 9\boldsymbol{\alpha}_1+6\boldsymbol{\alpha}_2-7\boldsymbol{\alpha}_3)$$

$$=(\boldsymbol{\alpha}_1,\ \boldsymbol{\alpha}_2,\ \boldsymbol{\alpha}_3)\begin{pmatrix}1&3&9\\2&0&6\\-3&1&-7\end{pmatrix}$$

又题目已知，$\boldsymbol{\alpha}_1$，$\boldsymbol{\alpha}_2$，$\boldsymbol{\alpha}_3$ 为三维线性无关列向量组，则 $r(\boldsymbol{\alpha}_1,\ \boldsymbol{\alpha}_2,\ \boldsymbol{\alpha}_3)=3$，故 $\boldsymbol{\alpha}_1$，$\boldsymbol{\alpha}_2$，$\boldsymbol{\alpha}_3$ 组成的矩阵可逆，故有

$$r(\boldsymbol{A})=r\begin{pmatrix}1&3&9\\2&0&6\\-3&1&-7\end{pmatrix}=2,$$ 选 C.

例 6 若向量 $\boldsymbol{\alpha}$，$\boldsymbol{\beta}$，$\boldsymbol{\gamma}$ 线性无关，而向量 $\boldsymbol{\alpha}+2\boldsymbol{\beta}$，$2\boldsymbol{\beta}+k\boldsymbol{\gamma}$，$3\boldsymbol{\gamma}+\boldsymbol{\alpha}$ 线性相关，则 $k=($　　$)$.

(A) 3　　(B) 2　　(C) -2　　(D) -3　　(E) 1

【解析】因为向量 $\boldsymbol{\alpha}+2\boldsymbol{\beta}$，$2\boldsymbol{\beta}+k\boldsymbol{\gamma}$，$3\boldsymbol{\gamma}+\boldsymbol{\alpha}$ 线性相关，所以存在不全为零的 k_1，k_2，k_3 使得

$$k_1(\boldsymbol{\alpha}+2\boldsymbol{\beta})+k_2(2\boldsymbol{\beta}+k\boldsymbol{\gamma})+k_3(3\boldsymbol{\gamma}+\boldsymbol{\alpha})=\boldsymbol{0},$$

即 $(k_1+k_3)\boldsymbol{\alpha}+(2k_1+2k_2)\boldsymbol{\beta}+(kk_2+3k_3)\boldsymbol{\gamma}=\boldsymbol{0}$，又向量 α，β，γ 线性无关，故

$$\begin{cases}k_1+k_3=0\\2k_1+2k_2=0\\kk_2+3k_3=0\end{cases}$$ 有非零解，从而 $$\begin{vmatrix}1&0&1\\2&2&0\\0&k&3\end{vmatrix}=0,$$ 即 $k=-3$. 选 D.

【评注】紧扣线性相关与线性无关的定义，将向量组的问题转化为齐次线性方程组解的问题.

例 7 已知向量组 $\boldsymbol{\alpha}$，$\boldsymbol{\beta}$，$\boldsymbol{\gamma}$ 线性无关，则 $k\neq1$ 是向量组 $\boldsymbol{\alpha}+k\boldsymbol{\beta}$，$\boldsymbol{\beta}+k\boldsymbol{\gamma}$，$\boldsymbol{\alpha}-\boldsymbol{\gamma}$ 线性无关的(　　).

(A) 充分必要条件　　(B) 充分条件，但非必要条件

(C) 必要条件，但非充分条件　　(D) 既非充分条件也非必要条件

(E) 以上均不正确

【解析】向量组 $\boldsymbol{\alpha}+k\boldsymbol{\beta}$，$\boldsymbol{\beta}+k\boldsymbol{\gamma}$，$\boldsymbol{\alpha}-\boldsymbol{\gamma}$ 线性无关的充要条件是系数行列式 $\begin{vmatrix}1&k&0\\0&1&k\\1&0&-1\end{vmatrix}\neq0$，即

$$\begin{vmatrix}1&k&0\\0&1&k\\1&0&-1\end{vmatrix}=k^2-1\neq0\Rightarrow k\neq\pm1,$$ 故 $k\neq1$ 是向量组 $\boldsymbol{\alpha}+k\boldsymbol{\beta}$，$\boldsymbol{\beta}+k\boldsymbol{\gamma}$，$\boldsymbol{\alpha}-\boldsymbol{\gamma}$ 线性无关的必要不充分条件. 故选 C.

【点睛】由线性无关的定义入手，转化为齐次线性方程组解的问题.

第三节　向量组的秩与极大线性无关组

一、向量组的秩的定义

在向量组 $\boldsymbol{\alpha}_1,\boldsymbol{\alpha}_2,\cdots,\boldsymbol{\alpha}_m$ 中，若存在 r 个向量 $\boldsymbol{\alpha}_1,\boldsymbol{\alpha}_2,\cdots,\boldsymbol{\alpha}_r$ 线性无关，并且任意 $r+1$ 个向量均线性相关，则称 $\boldsymbol{\alpha}_1,\boldsymbol{\alpha}_2,\cdots,\boldsymbol{\alpha}_r$ 为向量组 $\boldsymbol{\alpha}_1,\boldsymbol{\alpha}_2,\cdots,\boldsymbol{\alpha}_m$ 的一个极大线性无关组，并且称向量组 $\boldsymbol{\alpha}_1,\boldsymbol{\alpha}_2,\cdots,\boldsymbol{\alpha}_m$ 的秩为 r，记为 $r(\boldsymbol{\alpha}_1,\boldsymbol{\alpha}_2,\cdots,\boldsymbol{\alpha}_m)=r$.

二、极大线性无关组的概念理解

1）向量组中含有向量个数最多的线性无关的部分组称为向量组的极大线性无关组.

2）如果向量组中的 r 个向量线性无关，且向量组中任何一个向量都可以由这 r 个向量线性表示，则这 r 个向量称为该向量组的一个极大线性无关组.

3）任何一个向量组和它的极大线性无关组是相互等价的.

4）向量组的任何两个极大线性无关组是相互等价的.

5）向量组的任何两个极大线性无关组所包含向量的个数是相等的.

6）相互等价的向量组具有相同的秩，但秩相同的向量组不一定等价.

7）只由一个零向量构成的向量组不存在极大线性无关组，一个线性无关的向量组的极大线性无关组就是它本身.

三、向量组的秩和极大线性无关组的求法

把向量组按分块构造成矩阵 $\boldsymbol{A}$，即 $\boldsymbol{A}=(\boldsymbol{\alpha}_1,\boldsymbol{\alpha}_2,\cdots,\boldsymbol{\alpha}_m)$，对 $\boldsymbol{A}$ 进行初等行变换化成阶梯形矩阵. 阶梯形矩阵中主元的个数即为向量组的秩，与主元所在列的列标相对应的向量即为向量组的一个极大线性无关组.

例 1　若向量组 $\boldsymbol{\alpha}_1=(1,0,1,1)^{\mathrm{T}}$，$\boldsymbol{\alpha}_2=(0,-1,t,2)^{\mathrm{T}}$，$\boldsymbol{\alpha}_3=(0,2,-2,-4)^{\mathrm{T}}$，$\boldsymbol{\alpha}_4=(2,1,3t-2,0)^{\mathrm{T}}$ 的秩为 2，则 $t=$(　　).

(A) 1　　(B) 0　　(C) -1　　(D) -2　　(E) 3

【解析】作初等行变换

$$\begin{pmatrix}1&0&0&2\\0&-1&2&1\\1&t&-2&3t-2\\1&2&-4&0\end{pmatrix}\to\begin{pmatrix}1&0&0&2\\0&-1&2&1\\1&t&-2&3t-4\\0&0&0&0\end{pmatrix}，则有\frac{-1}{t}=\frac{2}{-2}=\frac{1}{3t-4}\Rightarrow t=1. 选 A.$$

【点睛】求向量组的秩的步骤：①将向量组的各向量作为矩阵 $\boldsymbol{A}$ 的各列；②对 $\boldsymbol{A}$ 作初等行变换化为阶梯形；③该阶梯形矩阵非零行的行数即为向量组的秩.

例 2　设向量 $\boldsymbol{\alpha}_1=\begin{pmatrix}0\\2\\1\\1\end{pmatrix}$，$\boldsymbol{\alpha}_2=\begin{pmatrix}-1\\-1\\-1\\-1\end{pmatrix}$，$\boldsymbol{\alpha}_3=\begin{pmatrix}1\\-1\\0\\0\end{pmatrix}$，$\boldsymbol{\alpha}_4=\begin{pmatrix}0\\0\\1\\-1\end{pmatrix}$，则向量组 $(\boldsymbol{\alpha}_1,\boldsymbol{\alpha}_2,\boldsymbol{\alpha}_3,\boldsymbol{\alpha}_4)$ 的一个极大线性无关组是(　　).

(A) $\boldsymbol{\alpha}_3$，$\boldsymbol{\alpha}_4$　　(B) $\boldsymbol{\alpha}_1$，$\boldsymbol{\alpha}_2$，$\boldsymbol{\alpha}_3$，$\boldsymbol{\alpha}_4$　　(C) $\boldsymbol{\alpha}_1$，$\boldsymbol{\alpha}_2$，$\boldsymbol{\alpha}_3$

(D) $\boldsymbol{\alpha}_1$，$\boldsymbol{\alpha}_2$，$\boldsymbol{\alpha}_4$　　(E) $\boldsymbol{\alpha}_1$，$\boldsymbol{\alpha}_3$

【解析】$(\boldsymbol{\alpha}_1,\boldsymbol{\alpha}_2,\boldsymbol{\alpha}_3,\boldsymbol{\alpha}_4)=\begin{pmatrix}0&-1&1&0\\2&-1&-1&0\\1&-1&0&1\\1&-1&0&-1\end{pmatrix}\to\begin{pmatrix}0&-1&1&0\\2&0&-2&0\\1&0&-1&1\\0&0&0&-2\end{pmatrix}\to\begin{pmatrix}0&-1&1&0\\1&0&-1&0\\0&0&0&1\\0&0&0&0\end{pmatrix}$

因此 $\boldsymbol{\alpha}_1$，$\boldsymbol{\alpha}_2$，$\boldsymbol{\alpha}_4$ 为极大线性无关组，答案选 D.

【点睛】注意：一个向量组的极大线性无关组可以不唯一，但向量组的秩是唯一的.

例 3 已知向量组 $\boldsymbol{\alpha}_1=(1,3,2)^{\mathrm{T}}$，$\boldsymbol{\alpha}_2=(2,1,3)^{\mathrm{T}}$，$\boldsymbol{\alpha}_3=(3,2,1)^{\mathrm{T}}$，$\boldsymbol{\alpha}_4=(1,2,3)^{\mathrm{T}}$，$\boldsymbol{\alpha}_5=(2,3,1)^{\mathrm{T}}$.

(1)该向量组的秩为（　　）.

(A) 0　　(B) 1　　(C) 2　　(D) 3　　(E) 4

(2)写出 3 个极大线性无关组.

(3)选取一个极大线性无关组，试用该极大线性无关组表示其他向量.

【解析】连续进行初等变换，如下：

$$\begin{pmatrix}\boldsymbol{\alpha}_1&\boldsymbol{\alpha}_2&\boldsymbol{\alpha}_3&\boldsymbol{\alpha}_4&\boldsymbol{\alpha}_5\\1&2&3&1&2\\3&1&2&2&3\\2&3&1&3&1\end{pmatrix}\to\begin{pmatrix}\boldsymbol{\alpha}_1&\boldsymbol{\alpha}_2&\boldsymbol{\alpha}_3&\boldsymbol{\alpha}_4&\boldsymbol{\alpha}_5\\1&2&3&1&2\\0&-5&-7&-1&-3\\0&-1&-5&1&-3\end{pmatrix}\to\begin{pmatrix}\boldsymbol{\alpha}_1&\boldsymbol{\alpha}_2&\boldsymbol{\alpha}_3&\boldsymbol{\alpha}_4&\boldsymbol{\alpha}_5\\1&2&3&1&2\\0&1&5&-1&3\\0&5&7&1&3\end{pmatrix}\to$$

$$\begin{pmatrix}\boldsymbol{\alpha}_1&\boldsymbol{\alpha}_2&\boldsymbol{\alpha}_3&\boldsymbol{\alpha}_4&\boldsymbol{\alpha}_5\\1&2&3&1&2\\0&1&5&-1&3\\0&0&18&-6&12\end{pmatrix}$$

(1) 阶梯形非零行数为 $3\Rightarrow r=3$，选 D.

(2) 3 个极大线性无关组为 $\begin{cases}\boldsymbol{\alpha}_1\quad\boldsymbol{\alpha}_2\quad\boldsymbol{\alpha}_3\\\boldsymbol{\alpha}_1\quad\boldsymbol{\alpha}_2\quad\boldsymbol{\alpha}_4.\\\boldsymbol{\alpha}_1\quad\boldsymbol{\alpha}_2\quad\boldsymbol{\alpha}_5\end{cases}$

(3) 用极大线性无关组表示其他向量，那么还需作进一步初等行变换（以 $\boldsymbol{\alpha}_1$，$\boldsymbol{\alpha}_2$，$\boldsymbol{\alpha}_4$ 为例）：

$$\begin{pmatrix}\boldsymbol{\alpha}_1&\boldsymbol{\alpha}_2&\boldsymbol{\alpha}_4&\boldsymbol{\alpha}_3&\boldsymbol{\alpha}_5\\1&2&1&3&2\\0&1&-1&5&3\\0&0&-6&18&12\end{pmatrix}\to\begin{pmatrix}\boldsymbol{\alpha}_1&\boldsymbol{\alpha}_2&\boldsymbol{\alpha}_4&\boldsymbol{\alpha}_3&\boldsymbol{\alpha}_5\\1&2&1&3&2\\0&1&-1&5&3\\0&0&1&-3&-2\end{pmatrix}\to\begin{pmatrix}\boldsymbol{\alpha}_1&\boldsymbol{\alpha}_2&\boldsymbol{\alpha}_4&\boldsymbol{\alpha}_3&\boldsymbol{\alpha}_5\\1&0&0&2&2\\0&1&0&2&1\\0&0&1&-3&-2\end{pmatrix}$$

可见，$\begin{cases}\boldsymbol{\alpha}_3=2\boldsymbol{\alpha}_1+2\boldsymbol{\alpha}_2-3\boldsymbol{\alpha}_4\\\boldsymbol{\alpha}_5=2\boldsymbol{\alpha}_1+\boldsymbol{\alpha}_2-2\boldsymbol{\alpha}_4\end{cases}$

【评注】此方法也可以计算矩阵的秩.

例 4 已知向量组(Ⅰ)$\boldsymbol{\alpha}_1$，$\boldsymbol{\alpha}_2$，$\boldsymbol{\alpha}_3$；(Ⅱ)$\boldsymbol{\alpha}_1$，$\boldsymbol{\alpha}_2$，$\boldsymbol{\alpha}_3$，$\boldsymbol{\alpha}_4$；(Ⅲ)$\boldsymbol{\alpha}_1$，$\boldsymbol{\alpha}_2$，$\boldsymbol{\alpha}_3$，$\boldsymbol{\alpha}_5$. 如果各向量组的秩分别为 r(Ⅰ)$=r$(Ⅱ)$=3$，r(Ⅲ)$=4$，则向量组 $\boldsymbol{\alpha}_1$，$\boldsymbol{\alpha}_2$，$\boldsymbol{\alpha}_3$，$\boldsymbol{\alpha}_5-\boldsymbol{\alpha}_4$ 的秩为（　　）.

(A) 0　　(B) 1　　(C) 2　　(D) 3　　(E) 4

【解析】题目已知，$r(\text{Ⅰ})=r(\text{Ⅱ})=3$，故可知 $\boldsymbol{\alpha}_1$，$\boldsymbol{\alpha}_2$，$\boldsymbol{\alpha}_3$ 线性无关，而 $\boldsymbol{\alpha}_1$，$\boldsymbol{\alpha}_2$，$\boldsymbol{\alpha}_3$，$\boldsymbol{\alpha}_4$ 线性相关，故 $\boldsymbol{\alpha}_4$ 必然可以由 $\boldsymbol{\alpha}_1$，$\boldsymbol{\alpha}_2$，$\boldsymbol{\alpha}_3$ 线性表示（否则与 $\boldsymbol{\alpha}_1$，$\boldsymbol{\alpha}_2$，$\boldsymbol{\alpha}_3$ 线性无关矛盾）. 假设

$$\boldsymbol{\alpha}_4=k_1\boldsymbol{\alpha}_1+k_2\boldsymbol{\alpha}_2+k_3\boldsymbol{\alpha}_3$$

假设存在一组数l_1，l_2，l_3，l_4，使得

$$l_1\boldsymbol{\alpha}_1+l_2\boldsymbol{\alpha}_2+l_3\boldsymbol{\alpha}_3+l_4(\boldsymbol{\alpha}_5-\boldsymbol{\alpha}_4)=\boldsymbol{0}$$

将 $\boldsymbol{\alpha}_4=k_1\boldsymbol{\alpha}_1+k_2\boldsymbol{\alpha}_2+k_3\boldsymbol{\alpha}_3$ 代入上式整理得

$$(l_1-l_4k_1)\boldsymbol{\alpha}_1+(l_2-l_4k_2)\boldsymbol{\alpha}_2+(l_3-l_4k_3)\boldsymbol{\alpha}_3+l_4\boldsymbol{\alpha}_5=\boldsymbol{0}$$

又题目已知 $r(\text{Ⅲ})=4$，故可知 $\boldsymbol{\alpha}_1$，$\boldsymbol{\alpha}_2$，$\boldsymbol{\alpha}_3$，$\boldsymbol{\alpha}_5$ 线性无关，则有

$$\begin{cases}l_1-l_4k_1=0\\ l_2-l_4k_2=0\\ l_3-l_4k_3=0\\ l_4=0\end{cases}$$

可解得$l_1=l_2=l_3=l_4=0$，故可知 $\boldsymbol{\alpha}_1$，$\boldsymbol{\alpha}_2$，$\boldsymbol{\alpha}_3$，$\boldsymbol{\alpha}_5-\boldsymbol{\alpha}_4$ 线性无关，即 $\boldsymbol{\alpha}_1$，$\boldsymbol{\alpha}_2$，$\boldsymbol{\alpha}_3$，$\boldsymbol{\alpha}_5-\boldsymbol{\alpha}_4$ 的秩为 4，选 E.

例 5　已知向量组 $\boldsymbol{\beta}_1=\begin{pmatrix}0\\1\\-1\end{pmatrix}$，$\boldsymbol{\beta}_2=\begin{pmatrix}a\\2\\1\end{pmatrix}$，$\boldsymbol{\beta}_3=\begin{pmatrix}b\\1\\0\end{pmatrix}$与向量组 $\boldsymbol{\alpha}_1=\begin{pmatrix}1\\2\\-3\end{pmatrix}$，$\boldsymbol{\alpha}_2=\begin{pmatrix}3\\0\\1\end{pmatrix}$，$\boldsymbol{\alpha}_3=\begin{pmatrix}9\\6\\-7\end{pmatrix}$具有相同的秩，且 $\boldsymbol{\beta}_3$ 可由 $\boldsymbol{\alpha}_1$，$\boldsymbol{\alpha}_2$，$\boldsymbol{\alpha}_3$ 线性表示，则 $a+b$ 的值为（　　）

(A) 0　　(B) 10　　(C) 20　　(D) 26　　(E) 34

【解析】题目已知 $\boldsymbol{\beta}_3$ 可由 $\boldsymbol{\alpha}_1$，$\boldsymbol{\alpha}_2$，$\boldsymbol{\alpha}_3$ 线性表示，也即线性方程组 $x_1\boldsymbol{\alpha}_1+x_2\boldsymbol{\alpha}_2+x_3\boldsymbol{\alpha}_3=\boldsymbol{\beta}_3$ 有解，即$\begin{pmatrix}1&3&9\\2&0&6\\-3&1&-1\end{pmatrix}\begin{pmatrix}x_1\\x_2\\x_3\end{pmatrix}=\begin{pmatrix}b\\1\\0\end{pmatrix}$有解.

对增广矩阵进行初等行变换可得

$$\left(\begin{array}{ccc:c}1&3&9&b\\2&0&6&1\\-3&1&-7&0\end{array}\right)\rightarrow\left(\begin{array}{ccc:c}1&3&9&b\\0&-6&-12&1-2b\\0&10&20&3b\end{array}\right)\rightarrow\left(\begin{array}{ccc:c}1&3&9&b\\0&1&2&\dfrac{2b-1}{6}\\0&0&0&3b+\dfrac{10(1-2b)}{6}\end{array}\right)$$

由于方程组有解，则有 $r(\boldsymbol{\alpha}_1,\ \boldsymbol{\alpha}_2,\ \boldsymbol{\alpha}_3)=r(\boldsymbol{\alpha}_1,\ \boldsymbol{\alpha}_2,\ \boldsymbol{\alpha}_3,\ \boldsymbol{\beta}_3)=2$，故可得 $3b+\dfrac{10(1-2b)}{6}=0$，解得 $b=5$.

又 $r(\boldsymbol{\alpha}_1,\ \boldsymbol{\alpha}_2,\ \boldsymbol{\alpha}_3)=2$，根据题目已知可知 $r(\boldsymbol{\beta}_1,\ \boldsymbol{\beta}_2,\ \boldsymbol{\beta}_3)=r(\boldsymbol{\alpha}_1,\ \boldsymbol{\alpha}_2,\ \boldsymbol{\alpha}_3)=2$，则

$$|\boldsymbol{\beta}_1,\ \boldsymbol{\beta}_2,\ \boldsymbol{\beta}_3|=\begin{vmatrix}0&a&5\\1&2&1\\-1&1&0\end{vmatrix}=\begin{vmatrix}0&a&5\\0&3&1\\-1&1&0\end{vmatrix}=-1\times(a-15)=0,$$

解得 $a=15$. 综上，$a=15$，$b=5$，$a+b=20$，故选 C.

第四节　向量的线性表示与等价

一、基本定义

1. 线性表示

若$\boldsymbol{\beta}$是向量组$\boldsymbol{\alpha}_1, \boldsymbol{\alpha}_2, \cdots, \boldsymbol{\alpha}_m$的线性组合，则称$\boldsymbol{\beta}$可以由$\boldsymbol{\alpha}_1, \boldsymbol{\alpha}_2, \cdots, \boldsymbol{\alpha}_m$线性表示.

2. 两个向量组等价

两个n维向量组（Ⅰ）$\boldsymbol{\alpha}_1, \boldsymbol{\alpha}_2, \cdots, \boldsymbol{\alpha}_m$；（Ⅱ）$\boldsymbol{\beta}_1, \boldsymbol{\beta}_2, \cdots, \boldsymbol{\beta}_t$，如果（Ⅰ）中的每一个向量都可以由（Ⅱ）中的向量线性表示，则称向量组（Ⅰ）可以由向量组（Ⅱ）线性表示，如果向量组（Ⅰ）、（Ⅱ）可以互相线性表示，则称这两个向量组等价.

二、线性表示的重要结论

1）$\boldsymbol{\beta}$不可由$\boldsymbol{\alpha}_1, \boldsymbol{\alpha}_2, \cdots, \boldsymbol{\alpha}_s$线性表示

$\Leftrightarrow$方程组$x_1\boldsymbol{\alpha}_1+x_2\boldsymbol{\alpha}_2+\cdots+x_s\boldsymbol{\alpha}_s=\boldsymbol{\beta}$无解

$\Leftrightarrow r(\boldsymbol{\alpha}_1, \boldsymbol{\alpha}_2, \cdots, \boldsymbol{\alpha}_s) \neq r(\boldsymbol{\alpha}_1, \boldsymbol{\alpha}_2, \cdots, \boldsymbol{\alpha}_s, \boldsymbol{\beta})$

2）$\boldsymbol{\beta}$可以由$\boldsymbol{\alpha}_1, \boldsymbol{\alpha}_2, \cdots, \boldsymbol{\alpha}_s$线性表示

$\Leftrightarrow$方程组$x_1\boldsymbol{\alpha}_1+x_2\boldsymbol{\alpha}_2+\cdots+x_s\boldsymbol{\alpha}_s=\boldsymbol{\beta}$有解

$\Leftrightarrow r(\boldsymbol{\alpha}_1, \boldsymbol{\alpha}_2, \cdots, \boldsymbol{\alpha}_s) = r(\boldsymbol{\alpha}_1, \boldsymbol{\alpha}_2, \cdots, \boldsymbol{\alpha}_s, \boldsymbol{\beta})$

①$\boldsymbol{\beta}$可以由$\boldsymbol{\alpha}_1, \boldsymbol{\alpha}_2, \cdots, \boldsymbol{\alpha}_s$唯一线性表示

$\Leftrightarrow$方程组$x_1\boldsymbol{\alpha}_1+x_2\boldsymbol{\alpha}_2+\cdots+x_s\boldsymbol{\alpha}_s=\boldsymbol{\beta}$有唯一解

$\Leftrightarrow r(\boldsymbol{\alpha}_1, \boldsymbol{\alpha}_2, \cdots, \boldsymbol{\alpha}_s) = r(\boldsymbol{\alpha}_1, \boldsymbol{\alpha}_2, \cdots, \boldsymbol{\alpha}_s, \boldsymbol{\beta}) = s$.

【特殊】设向量组$\boldsymbol{\alpha}_1, \boldsymbol{\alpha}_2, \cdots, \boldsymbol{\alpha}_s$线性无关，而向量组$\boldsymbol{\alpha}_1, \boldsymbol{\alpha}_2, \cdots, \boldsymbol{\alpha}_s, \boldsymbol{\beta}$线性相关，则$\boldsymbol{\beta}$必能由向量组$\boldsymbol{\alpha}_1, \boldsymbol{\alpha}_2, \cdots, \boldsymbol{\alpha}_s$线性表出，且表出系数唯一.

②$\boldsymbol{\beta}$可以由$\boldsymbol{\alpha}_1, \boldsymbol{\alpha}_2, \cdots, \boldsymbol{\alpha}_s$线性表示，且表示方法不唯一

$\Leftrightarrow$方程组$x_1\boldsymbol{\alpha}_1+x_2\boldsymbol{\alpha}_2+\cdots+x_s\boldsymbol{\alpha}_s=\boldsymbol{\beta}$有无数个解

$\Leftrightarrow r(\boldsymbol{\alpha}_1, \boldsymbol{\alpha}_2, \cdots, \boldsymbol{\alpha}_s) = r(\boldsymbol{\alpha}_1, \boldsymbol{\alpha}_2, \cdots, \boldsymbol{\alpha}_s, \boldsymbol{\beta}) < s$.

例1　设向量$\boldsymbol{\alpha}_1=(1, 2, 0)^{\mathrm{T}}$，$\boldsymbol{\alpha}_2=(2, 3, 1)^{\mathrm{T}}$，$\boldsymbol{\alpha}_3=(0, 1, -1)^{\mathrm{T}}$，$\boldsymbol{\beta}=(3, 5, k)^{\mathrm{T}}$，若$\boldsymbol{\beta}$可由$\boldsymbol{\alpha}_1, \boldsymbol{\alpha}_2, \boldsymbol{\alpha}_3$线性表示，则$k=$(　　).

(A) -2　　(B) -1　　(C) 1　　(D) 2　　(E) 3

【解析】$(\boldsymbol{\alpha}_1, \boldsymbol{\alpha}_2, \boldsymbol{\alpha}_3, \boldsymbol{\beta})=\begin{pmatrix}1&2&0&3\\2&3&1&5\\0&1&-1&k\end{pmatrix}\to\begin{pmatrix}1&2&0&3\\0&-1&1&-1\\0&1&-1&k\end{pmatrix}\to\begin{pmatrix}1&2&0&3\\0&-1&1&-1\\0&0&0&k-1\end{pmatrix}$

所以$k=1$. 选C.

【点睛】对于非齐次线性方程组$\boldsymbol{Ax}=\boldsymbol{b}$；下列命题等价：(Ⅰ) $\boldsymbol{Ax}=\boldsymbol{b}$有解（或相容）；(Ⅱ) $\boldsymbol{b}$可由$\boldsymbol{A}$的列向量组线性表示；(Ⅲ) 增广矩阵$(\boldsymbol{A}, \boldsymbol{b})$的秩等于系数矩阵$\boldsymbol{A}$的秩.

例2　设向量$\boldsymbol{\alpha}_1=(1, 0, 1)^{\mathrm{T}}$，$\boldsymbol{\alpha}_2=(1, a, -1)^{\mathrm{T}}$，$\boldsymbol{\alpha}_3=(a, 1, 1)^{\mathrm{T}}$，如果$\boldsymbol{\beta}=(2, a^2, -2)^{\mathrm{T}}$

不能用 $\boldsymbol{\alpha}_1$，$\boldsymbol{\alpha}_2$，$\boldsymbol{\alpha}_3$ 线性表示，那么 $a=$(　　).

(A) -2　　(B) -1　　(C) 1　　(D) 2　　(E) 3

【解析】$(\boldsymbol{\alpha}_1,\boldsymbol{\alpha}_2,\boldsymbol{\alpha}_3,\boldsymbol{\beta})=\begin{pmatrix}1&1&a&2\\0&a&1&a^2\\1&-1&1&-2\end{pmatrix}\to\begin{pmatrix}1&1&a&2\\0&a&1&a^2\\0&-2&1-a&-4\end{pmatrix}$

$$\to\begin{pmatrix}1&1&a&2\\0&-2&1-a&-4\\0&a&1&a^2\end{pmatrix}\to\begin{pmatrix}1&1&a&2\\0&-2&1-a&-4\\0&0&\frac{a}{2}(1-a)+1&a^2-2a\end{pmatrix}$$

由于 $\boldsymbol{\beta}$ 不能由 $\boldsymbol{\alpha}_1,\boldsymbol{\alpha}_2,\boldsymbol{\alpha}_3$ 线性表示，则 $\frac{a}{2}(1-a)+1=0$ 且 $a^2-2a\neq0$，解得 $a=-1$. 选 B.

【点睛】紧扣线性表示的定义，将此题转化为向量组秩的关系的问题.

例 3 若向量组 $\boldsymbol{\alpha}$，$\boldsymbol{\beta}$，$\boldsymbol{\gamma}$ 线性无关；$\boldsymbol{\alpha}$，$\boldsymbol{\beta}$，$\boldsymbol{\delta}$ 线性相关，则下列正确的有(　　)个.

(1) $\boldsymbol{\gamma}$ 必可由 $\boldsymbol{\alpha}$，$\boldsymbol{\beta}$，$\boldsymbol{\delta}$ 线性表示　　(2) $\boldsymbol{\beta}$ 必不可由 $\boldsymbol{\alpha}$，$\boldsymbol{\beta}$，$\boldsymbol{\delta}$ 线性表示

(3) $\boldsymbol{\delta}$ 必可由 $\boldsymbol{\alpha}$，$\boldsymbol{\beta}$，$\boldsymbol{\gamma}$ 线性表示　　(4) $\boldsymbol{\delta}$ 必不可由 $\boldsymbol{\alpha}$，$\boldsymbol{\beta}$，$\boldsymbol{\gamma}$ 线性表示

(A) 0　　(B) 1　　(C) 2　　(D) 3　　(E) 4

【解析】$\boldsymbol{\alpha}$，$\boldsymbol{\beta}$，$\boldsymbol{\gamma}$ 线性无关，有 $\boldsymbol{\alpha}$，$\boldsymbol{\beta}$ 线性无关；又 $\boldsymbol{\alpha}$，$\boldsymbol{\beta}$，$\boldsymbol{\delta}$ 线性相关，得 $\boldsymbol{\delta}$ 必可由 $\boldsymbol{\alpha}$，$\boldsymbol{\beta}$ 线性表示，也必可由 $\boldsymbol{\alpha}$，$\boldsymbol{\beta}$，$\boldsymbol{\gamma}$ 线性表示，故只有(3)叙述正确，选 B.

例 4 设向量组 $\boldsymbol{\alpha}_1$，$\boldsymbol{\alpha}_2$，$\boldsymbol{\alpha}_3$ 线性无关，向量 $\boldsymbol{\beta}_1$ 可由 $\boldsymbol{\alpha}_1$，$\boldsymbol{\alpha}_2$，$\boldsymbol{\alpha}_3$ 线性表示，而向量 $\boldsymbol{\beta}_2$ 不能由 $\boldsymbol{\alpha}_1$，$\boldsymbol{\alpha}_2$，$\boldsymbol{\alpha}_3$ 线性表示，则对于任意常数 k，必有(　　).

(A) $\boldsymbol{\alpha}_1$，$\boldsymbol{\alpha}_2$，$\boldsymbol{\alpha}_3$，$k\boldsymbol{\beta}_1+\boldsymbol{\beta}_2$ 线性无关　　(B) $\boldsymbol{\alpha}_1$，$\boldsymbol{\alpha}_2$，$\boldsymbol{\alpha}_3$，$k\boldsymbol{\beta}_1+\boldsymbol{\beta}_2$ 线性相关

(C) $\boldsymbol{\alpha}_1$，$\boldsymbol{\alpha}_2$，$\boldsymbol{\alpha}_3$，$\boldsymbol{\beta}_1+k\boldsymbol{\beta}_2$ 线性无关　　(D) $\boldsymbol{\alpha}_1$，$\boldsymbol{\alpha}_2$，$\boldsymbol{\alpha}_3$，$\boldsymbol{\beta}_1+k\boldsymbol{\beta}_2$ 线性相关

(E) 以上均不正确

【解析】令 $k=0$，则 $\boldsymbol{\alpha}_1$，$\boldsymbol{\alpha}_2$，$\boldsymbol{\alpha}_3$，$\boldsymbol{\beta}_2$ 线性无关，B 错；$\boldsymbol{\alpha}_1$，$\boldsymbol{\alpha}_2$，$\boldsymbol{\alpha}_3$，$\boldsymbol{\beta}_1$ 线性相关，C 错. 令 $k=1$，若 $\boldsymbol{\alpha}_1$，$\boldsymbol{\alpha}_2$，$\boldsymbol{\alpha}_3$，$\boldsymbol{\beta}_1+k\boldsymbol{\beta}_2$ 线性相关，则 $\boldsymbol{\beta}_2$ 能由 $\boldsymbol{\alpha}_1$，$\boldsymbol{\alpha}_2$，$\boldsymbol{\alpha}_3$ 线性表示，D 错. 故选 A.

例 5 设有三维列向量 $\boldsymbol{\alpha}_1=\begin{pmatrix}1+\lambda\\1\\1\end{pmatrix}$，$\boldsymbol{\alpha}_2=\begin{pmatrix}1\\1+\lambda\\1\end{pmatrix}$，$\boldsymbol{\alpha}_3=\begin{pmatrix}1\\1\\1+\lambda\end{pmatrix}$，$\boldsymbol{\beta}=\begin{pmatrix}0\\\lambda\\\lambda^2\end{pmatrix}$，则下列叙述正确的有(　　)个.

(1) 当 $\lambda\neq0$ 且 $\lambda\neq-3$ 时，$\boldsymbol{\beta}$ 可由 $\boldsymbol{\alpha}_1$，$\boldsymbol{\alpha}_2$，$\boldsymbol{\alpha}_3$ 线性表示，且表达式唯一.

(2) 当 $\lambda=-3$ 时，$\boldsymbol{\beta}$ 可由 $\boldsymbol{\alpha}_1$，$\boldsymbol{\alpha}_2$，$\boldsymbol{\alpha}_3$ 线性表示，且表达式不唯一.

(3) 当 $\lambda=0$ 时，$\boldsymbol{\beta}$ 不能 $\boldsymbol{\alpha}_1$，$\boldsymbol{\alpha}_2$，$\boldsymbol{\alpha}_3$ 线性表示.

(4) 当 $\lambda\neq-3$ 时，$\boldsymbol{\beta}$ 可由 $\boldsymbol{\alpha}_1$，$\boldsymbol{\alpha}_2$，$\boldsymbol{\alpha}_3$ 线性表示.

(A) 0　　(B) 1　　(C) 2　　(D) 3　　(E) 4

【解析】方法一：初等变换法

第一步，初等行变换.

$$(\boldsymbol{\alpha}_1,\ \boldsymbol{\alpha}_2,\ \boldsymbol{\alpha}_3 \vdots \boldsymbol{\beta})=\left(\begin{array}{ccc:c}1+\lambda & 1 & 1 & 0\\ 1 & 1+\lambda & 1 & \lambda\\ 1 & 1 & 1+\lambda & \lambda^2\end{array}\right)\to\left(\begin{array}{ccc:c}1 & 1 & 1+\lambda & \lambda^2\\ 0 & \lambda & -\lambda & \lambda(1-\lambda)\\ 0 & 0 & -\lambda(3+\lambda) & \lambda(1-2\lambda-\lambda^2)\end{array}\right)$$

第二步，分类讨论.

(1) 当 $r(\boldsymbol{\alpha}_1,\ \boldsymbol{\alpha}_2,\ \boldsymbol{\alpha}_3)=r(\boldsymbol{\alpha}_1,\ \boldsymbol{\alpha}_2,\ \boldsymbol{\alpha}_3,\ \boldsymbol{\beta})=3\Leftrightarrow\begin{cases}\lambda\neq 0\\ -\lambda(3+\lambda)\neq 0\end{cases}\Rightarrow\begin{cases}\lambda\neq 0\\ \lambda\neq -3\end{cases}$ 时，$\boldsymbol{\beta}$ 可由 $\boldsymbol{\alpha}_1,\ \boldsymbol{\alpha}_2,\ \boldsymbol{\alpha}_3$ 唯一线性表示.

(2) 当 $\lambda=0$ 时，$r(\boldsymbol{\alpha}_1,\ \boldsymbol{\alpha}_2,\ \boldsymbol{\alpha}_3)=r(\boldsymbol{\alpha}_1,\ \boldsymbol{\alpha}_2,\ \boldsymbol{\alpha}_3,\ \boldsymbol{\beta})=1<3$，$\boldsymbol{\beta}$ 可由 $\boldsymbol{\alpha}_1,\ \boldsymbol{\alpha}_2,\ \boldsymbol{\alpha}_3$ 线性表示，且表达式不唯一.

(3) 当 $\lambda=-3$ 时，$r(\boldsymbol{\alpha}_1,\ \boldsymbol{\alpha}_2,\ \boldsymbol{\alpha}_3)=2\neq r(\boldsymbol{\alpha}_1,\ \boldsymbol{\alpha}_2,\ \boldsymbol{\alpha}_3,\ \boldsymbol{\beta})=3$，$\boldsymbol{\beta}$ 不能由 $\boldsymbol{\alpha}_1,\ \boldsymbol{\alpha}_2,\ \boldsymbol{\alpha}_3$ 线性表示.

方法二：行列式法

第一步，化简行列式. $|\boldsymbol{\alpha}_1,\ \boldsymbol{\alpha}_2,\ \boldsymbol{\alpha}_3|=\begin{vmatrix}1+\lambda & 1 & 1\\ 1 & 1+\lambda & 1\\ 1 & 1 & 1+\lambda\end{vmatrix}=\lambda^2(3+\lambda)$.

第二步，分类讨论.

(1) 当 $|\boldsymbol{\alpha}_1,\ \boldsymbol{\alpha}_2,\ \boldsymbol{\alpha}_3|\neq 0\Rightarrow\begin{cases}\lambda\neq 0\\ \lambda\neq -3\end{cases}$ 时，$r(\boldsymbol{\alpha}_1,\ \boldsymbol{\alpha}_2,\ \boldsymbol{\alpha}_3)=3$，$\boldsymbol{\beta}$ 可由 $\boldsymbol{\alpha}_1,\ \boldsymbol{\alpha}_2,\ \boldsymbol{\alpha}_3$ 唯一线性表示.

(2) 当 $\lambda=0$ 时，$(\boldsymbol{\alpha}_1,\ \boldsymbol{\alpha}_2,\ \boldsymbol{\alpha}_3 \vdots \boldsymbol{\beta})=\left(\begin{array}{ccc:c}1 & 1 & 1 & 0\\ 1 & 1 & 1 & 0\\ 1 & 1 & 1 & 0\end{array}\right)\to\left(\begin{array}{ccc:c}1 & 1 & 1 & 0\\ 0 & 0 & 0 & 0\\ 0 & 0 & 0 & 0\end{array}\right)$,

$r(\boldsymbol{\alpha}_1,\ \boldsymbol{\alpha}_2,\ \boldsymbol{\alpha}_3)=r(\boldsymbol{\alpha}_1,\ \boldsymbol{\alpha}_2,\ \boldsymbol{\alpha}_3,\ \boldsymbol{\beta})=1<3$，$\boldsymbol{\beta}$ 可由 $\boldsymbol{\alpha}_1,\ \boldsymbol{\alpha}_2,\ \boldsymbol{\alpha}_3$ 线性表示，且表达式不唯一.

(3) 当 $\lambda=-3$ 时，$r(\boldsymbol{\alpha}_1,\ \boldsymbol{\alpha}_2,\ \boldsymbol{\alpha}_3)=2\neq r(\boldsymbol{\alpha}_1,\ \boldsymbol{\alpha}_2,\ \boldsymbol{\alpha}_3,\ \boldsymbol{\beta})=3$，$\boldsymbol{\beta}$ 不能由 $\boldsymbol{\alpha}_1,\ \boldsymbol{\alpha}_2,\ \boldsymbol{\alpha}_3$ 线性表示.

故(1)(4)叙述正确，选 C.

【评注】1) 向量 $\boldsymbol{\beta}$ 可由 $\boldsymbol{\alpha}_1,\ \boldsymbol{\alpha}_2,\ \cdots,\ \boldsymbol{\alpha}_m$ 线性表示 $\Leftrightarrow x_1\boldsymbol{\alpha}_1+x_2\boldsymbol{\alpha}_2+\cdots+x_m\boldsymbol{\alpha}_m=\boldsymbol{\beta}$ 有解 $\Leftrightarrow(\boldsymbol{\alpha}_1,\ \boldsymbol{\alpha}_2,\ \cdots,\ \boldsymbol{\alpha}_m)\boldsymbol{x}=\boldsymbol{\beta}$ 有解 $\Leftrightarrow \boldsymbol{Ax}=\boldsymbol{\beta}$ 有解，其中 $\boldsymbol{A}=(\boldsymbol{\alpha}_1,\ \boldsymbol{\alpha}_2,\ \cdots,\ \boldsymbol{\alpha}_m)\boldsymbol{x}\Leftrightarrow r(\boldsymbol{\alpha}_1,\ \boldsymbol{\alpha}_2,\ \cdots,\ \boldsymbol{\alpha}_m)=r(\boldsymbol{\alpha}_1,\ \boldsymbol{\alpha}_2,\ \cdots,\ \boldsymbol{\alpha}_m \vdots \boldsymbol{\beta})$.

2) 本题实质上等价为

λ 取何值时，线性方程组 $\begin{cases}(1+\lambda)x_1+x_2+x_3=0\\ x+(1+\lambda)x_2+x_3=\lambda\\ x_1+x_2+(1+\lambda)x_3=\lambda^2\end{cases}$ 有唯一解、无解、有无穷多解.

三、向量组之间的线性表示

1）两个 n 维向量组（Ⅰ）$\boldsymbol{\alpha}_1,\ \boldsymbol{\alpha}_2,\ \cdots,\ \boldsymbol{\alpha}_m$；（Ⅱ）$\boldsymbol{\beta}_1,\ \boldsymbol{\beta}_2,\ \cdots,\ \boldsymbol{\beta}_t$，若 $\boldsymbol{\beta}_1,\ \boldsymbol{\beta}_2,\ \cdots,\ \boldsymbol{\beta}_t$ 中每个向量均可由 $\boldsymbol{\alpha}_1,\ \boldsymbol{\alpha}_2,\ \cdots,\ \boldsymbol{\alpha}_m$ 线性表示，则 $r(\text{Ⅰ})=r(\text{Ⅰ},\ \text{Ⅱ})$.

2）两个 n 维向量组（Ⅰ）$\boldsymbol{\alpha}_1$，$\boldsymbol{\alpha}_2$，…，$\boldsymbol{\alpha}_m$；（Ⅱ）$\boldsymbol{\beta}_1$，$\boldsymbol{\beta}_2$，…，$\boldsymbol{\beta}_t$ 等价的充分必要条件是 $r(\text{Ⅰ})=r(\text{Ⅱ})=r(\text{Ⅰ},\text{Ⅱ})$.

例 6 设向量组 $\boldsymbol{\alpha}_1=(1,0,1)^{\mathrm{T}}$，$\boldsymbol{\alpha}_2=(0,1,1)^{\mathrm{T}}$，$\boldsymbol{\alpha}_3=(1,3,5)^{\mathrm{T}}$ 不能由向量组 $\boldsymbol{\beta}_1=(1,1,1)^{\mathrm{T}}$，$\boldsymbol{\beta}_2=(1,2,3)^{\mathrm{T}}$，$\boldsymbol{\beta}_3=(3,4,a)^{\mathrm{T}}$ 线性表示.

（1）a 的值为（　　）.

（A）1　　（B）3　　（C）5　　（D）7　　（E）9

（2）将 $\boldsymbol{\beta}_1$，$\boldsymbol{\beta}_2$，$\boldsymbol{\beta}_3$ 用 $\boldsymbol{\alpha}_1$，$\boldsymbol{\alpha}_2$，$\boldsymbol{\alpha}_3$ 线性表示，下列正确的为（　　）.

①$\boldsymbol{\beta}_1=2\boldsymbol{\alpha}_1+4\boldsymbol{\alpha}_2-\boldsymbol{\alpha}_3$　②$\boldsymbol{\beta}_2=\boldsymbol{\alpha}_1+2\boldsymbol{\alpha}_2$　③$\boldsymbol{\beta}_3=5\boldsymbol{\alpha}_1+10\boldsymbol{\alpha}_2-2\boldsymbol{\alpha}_3$

（A）只有①②正确　　（B）只有①③正确

（C）只有②③正确　　（D）①②③均不正确

（E）①②③都正确

【解析】（1）由线性相关性的性质可知，4 个 3 维向量组成的向量组 $\boldsymbol{\beta}_1,\boldsymbol{\beta}_2,\boldsymbol{\beta}_3,\boldsymbol{\alpha}_i(i=1,2,3)$ 一定线性相关，所以可得 $\boldsymbol{\beta}_1$，$\boldsymbol{\beta}_2$，$\boldsymbol{\beta}_3$ 一定线性相关，否则 $\boldsymbol{\alpha}_i(i=1,2,3)$ 可以由 $\boldsymbol{\beta}_1$，$\boldsymbol{\beta}_2$，$\boldsymbol{\beta}_3$ 线性表示与题设矛盾，故 $r(\boldsymbol{\beta}_1,\boldsymbol{\beta}_2,\boldsymbol{\beta}_3)<3$.

又
$$(\boldsymbol{\beta}_1,\boldsymbol{\beta}_2,\boldsymbol{\beta}_3)=\begin{pmatrix}1&1&3\\1&2&4\\1&3&a\end{pmatrix}\to\begin{pmatrix}1&1&3\\0&1&1\\0&2&a-3\end{pmatrix}\to\begin{pmatrix}1&1&3\\0&1&1\\0&0&a-5\end{pmatrix}$$

故 $a-5=0$，$a=5$，选 C.

（2）将 $\boldsymbol{\beta}_1$，$\boldsymbol{\beta}_2$，$\boldsymbol{\beta}_3$ 用 $\boldsymbol{\alpha}_1$，$\boldsymbol{\alpha}_2$，$\boldsymbol{\alpha}_3$ 线性表示，即解 3 个非齐次线性方程组 $x_1\boldsymbol{\alpha}_1+x_2\boldsymbol{\alpha}_2+x_3\boldsymbol{\alpha}_3=\boldsymbol{\beta}_i(i=1,2,3)$，对增广矩阵作初等行变换可得

$$(\boldsymbol{\alpha}_1,\boldsymbol{\alpha}_2,\boldsymbol{\alpha}_3\,\vdots\,\boldsymbol{\beta}_1,\boldsymbol{\beta}_2,\boldsymbol{\beta}_3)=\left(\begin{array}{ccc:ccc}1&0&1&1&1&3\\0&1&3&1&2&4\\1&1&5&1&3&5\end{array}\right)\to\left(\begin{array}{ccc:ccc}1&0&1&1&1&3\\0&1&3&1&2&4\\0&1&4&0&2&2\end{array}\right)\to$$
$$\left(\begin{array}{ccc:ccc}1&0&1&1&1&3\\0&1&3&1&2&4\\0&0&1&-1&0&-2\end{array}\right)\to\left(\begin{array}{ccc:ccc}1&0&0&2&1&5\\0&1&0&4&2&10\\0&0&1&-1&0&-2\end{array}\right)$$

故可得 $\boldsymbol{\beta}_1=2\boldsymbol{\alpha}_1+4\boldsymbol{\alpha}_2-\boldsymbol{\alpha}_3$，$\boldsymbol{\beta}_2=\boldsymbol{\alpha}_1+2\boldsymbol{\alpha}_2$，$\boldsymbol{\beta}_3=5\boldsymbol{\alpha}_1+10\boldsymbol{\alpha}_2-2\boldsymbol{\alpha}_3$，故选 E.

例 7 向量组 $\boldsymbol{\alpha}_1=(1,1,a)^{\mathrm{T}}$，$\boldsymbol{\alpha}_2=(1,a,1)^{\mathrm{T}}$，$\boldsymbol{\alpha}_3=(a,1,1)^{\mathrm{T}}$ 可由向量组 $\boldsymbol{\beta}_1=(1,1,a)^{\mathrm{T}}$，$\boldsymbol{\beta}_2=(-2,a,4)^{\mathrm{T}}$，$\boldsymbol{\beta}_3=(-2,a,a)^{\mathrm{T}}$ 线性表示，但向量组 $\boldsymbol{\beta}_1$，$\boldsymbol{\beta}_2$，$\boldsymbol{\beta}_3$ 不能由向量组 $\boldsymbol{\alpha}_1$，$\boldsymbol{\alpha}_2$，$\boldsymbol{\alpha}_3$ 线性表示，则 $a=$（　　）.

（A）1　　（B）-2　　（C）1 或 -2　　（D）3　　（E）1 或 3

【解析】由线性相关性的性质可知，4 个 3 维向量组成的向量组 $\boldsymbol{\alpha}_1$，$\boldsymbol{\alpha}_2$，$\boldsymbol{\alpha}_3$，$\boldsymbol{\beta}_i$（$i=1,2,3$）必线性相关，故可知 $\boldsymbol{\alpha}_1$，$\boldsymbol{\alpha}_2$，$\boldsymbol{\alpha}_3$ 线性相关，否则 $\boldsymbol{\beta}_i$（$i=1,2,3$）可由 $\boldsymbol{\alpha}_1$，$\boldsymbol{\alpha}_2$，$\boldsymbol{\alpha}_3$ 线性表示，与已知矛盾.

故有

$$|\boldsymbol{\alpha}_1, \boldsymbol{\alpha}_2, \boldsymbol{\alpha}_3| = \begin{vmatrix} 1 & 1 & a \\ 1 & a & 1 \\ a & 1 & 1 \end{vmatrix} = -(a-1)^2(a+2)=0，可得 a=1 或 a=-2.$$

当 $a=1$ 时，$\boldsymbol{\alpha}_1=\boldsymbol{\alpha}_2=\boldsymbol{\alpha}_3=\boldsymbol{\beta}_1=(1, 1, 1)^{\mathrm{T}}$，故 $\boldsymbol{\alpha}_1$，$\boldsymbol{\alpha}_2$，$\boldsymbol{\alpha}_3$ 可由 $\boldsymbol{\beta}_1$，$\boldsymbol{\beta}_2$，$\boldsymbol{\beta}_3$ 线性表示，但 $\boldsymbol{\beta}_2=(-2, 1, 4)^{\mathrm{T}}$ 不能由 $\boldsymbol{\alpha}_1$，$\boldsymbol{\alpha}_2$，$\boldsymbol{\alpha}_3$ 线性表示，故 $a=1$ 符合题意.

当 $a=-2$ 时，

$$(\boldsymbol{\beta}_1, \boldsymbol{\beta}_2, \boldsymbol{\beta}_3 \vdots \boldsymbol{\alpha}_1, \boldsymbol{\alpha}_2, \boldsymbol{\alpha}_3) = \left(\begin{array}{ccc:ccc} 1 & -2 & -2 & 1 & 1 & -2 \\ 1 & -2 & -2 & 1 & -2 & 1 \\ -2 & 4 & -2 & -2 & 1 & 1 \end{array}\right) \rightarrow$$

$$\left(\begin{array}{ccc:ccc} 1 & -2 & -2 & 1 & 1 & -2 \\ 0 & 0 & -6 & 0 & 3 & -3 \\ 0 & 0 & 0 & 0 & -3 & 3 \end{array}\right)$$

由于 $r(\boldsymbol{\beta}_1, \boldsymbol{\beta}_2, \boldsymbol{\beta}_3)=2$，而 $r(\boldsymbol{\beta}_1, \boldsymbol{\beta}_2, \boldsymbol{\beta}_3, \boldsymbol{\alpha}_2)=3$，故方程 $(\boldsymbol{\beta}_1, \boldsymbol{\beta}_2, \boldsymbol{\beta}_3)\boldsymbol{x}=\boldsymbol{\alpha}_2$ 无解，即 $\boldsymbol{\alpha}_2$ 不可由 $\boldsymbol{\beta}_1$，$\boldsymbol{\beta}_2$，$\boldsymbol{\beta}_3$ 线性表示，与已知矛盾，不成立. 综上，$a=1$，选 A.

例 8 设有向量组（Ⅰ）$\boldsymbol{\alpha}_1=(1, 0, 2)^{\mathrm{T}}$，$\boldsymbol{\alpha}_2=(1, 1, 3)^{\mathrm{T}}$，$\boldsymbol{\alpha}_3=(1, -1, a+2)^{\mathrm{T}}$ 和向量组（Ⅱ）$\boldsymbol{\beta}_1=(1, 2, a+3)^{\mathrm{T}}$，$\boldsymbol{\beta}_2=(2, 1, a+6)^{\mathrm{T}}$，$\boldsymbol{\beta}_3=(2, 1, a+4)^{\mathrm{T}}$. 若向量组（Ⅰ）和（Ⅱ）等价，则 a 不能取（　　）.

（A）0　　（B）1　　（C）2　　（D）-1　　（E）-2

【解析】由等价的定义可知，若向量组（Ⅰ）和（Ⅱ）等价，则向量组（Ⅰ）和（Ⅱ）可以相互表出.

设 $x_1\boldsymbol{\alpha}_1+x_2\boldsymbol{\alpha}_2+x_3\boldsymbol{\alpha}_3=\boldsymbol{\beta}_i(i=1, 2, 3)$，对其组成的增广矩阵进行初等变换可得

$$(\boldsymbol{\alpha}_1, \boldsymbol{\alpha}_2, \boldsymbol{\alpha}_3 \vdots \boldsymbol{\beta}_1, \boldsymbol{\beta}_2, \boldsymbol{\beta}_3) = \left(\begin{array}{ccc:ccc} 1 & 1 & 1 & 1 & 2 & 2 \\ 0 & 1 & -1 & 2 & 1 & 1 \\ 2 & 3 & a+2 & a+3 & a+6 & a+4 \end{array}\right)$$

$$\rightarrow \left(\begin{array}{ccc:ccc} 1 & 1 & 1 & 1 & 2 & 2 \\ 0 & 1 & -1 & 2 & 1 & 1 \\ 0 & 1 & a & a+1 & a+2 & a \end{array}\right) \rightarrow \left(\begin{array}{ccc:ccc} 1 & 1 & 1 & 1 & 2 & 2 \\ 0 & 1 & -1 & 2 & 1 & 1 \\ 0 & 0 & a+1 & a-1 & a+1 & a-1 \end{array}\right)$$

当 $a+1\neq 0$，即 $a\neq -1$ 时，$|\boldsymbol{\alpha}_1, \boldsymbol{\alpha}_2, \boldsymbol{\alpha}_3|=a+1\neq 0$，线性方程组 $x_1\boldsymbol{\alpha}_1+x_2\boldsymbol{\alpha}_2+x_3\boldsymbol{\alpha}_3=\boldsymbol{\beta}_i(i=1, 2, 3)$ 均有唯一解，故 $\boldsymbol{\beta}_1$，$\boldsymbol{\beta}_2$，$\boldsymbol{\beta}_3$ 可由 $\boldsymbol{\alpha}_1$，$\boldsymbol{\alpha}_2$，$\boldsymbol{\alpha}_3$ 线性表出.

$$又 |\boldsymbol{\beta}_1, \boldsymbol{\beta}_2, \boldsymbol{\beta}_3| = \begin{vmatrix} 1 & 2 & 2 \\ 2 & 1 & 1 \\ a+3 & a+6 & a+4 \end{vmatrix} = \begin{vmatrix} 1 & 2 & 0 \\ 2 & 1 & 0 \\ a+3 & a+6 & -2 \end{vmatrix} = -2\times\begin{vmatrix} 1 & 2 \\ 2 & 1 \end{vmatrix} = 6\neq 0$$

线性方程组 $x_1\boldsymbol{\beta}_1+x_2\boldsymbol{\beta}_2+x_3\boldsymbol{\beta}_3=\boldsymbol{\alpha}_i(i=1, 2, 3)$ 也均有唯一解，故 $\boldsymbol{\alpha}_1$，$\boldsymbol{\alpha}_2$，$\boldsymbol{\alpha}_3$ 也可由 $\boldsymbol{\beta}_1$，$\boldsymbol{\beta}_2$，$\boldsymbol{\beta}_3$ 线性表出.

综上，$a\neq -1$ 时，向量组（Ⅰ）和（Ⅱ）等价，故选 D.

第五节 总结归纳

1. 关于线性相关的总结

定义	如果存在不全为零的数 k_1，k_2，…，k_s，使得 $k_1\boldsymbol{\alpha}_1+k_2\boldsymbol{\alpha}_2+\cdots+k_s\boldsymbol{\alpha}_s=\mathbf{0}$，则称向量组 $\boldsymbol{\alpha}_1$，$\boldsymbol{\alpha}_2$，…，$\boldsymbol{\alpha}_s$ 线性相关
充要条件	n 维向量组 $\boldsymbol{\alpha}_1$，$\boldsymbol{\alpha}_2$，…，$\boldsymbol{\alpha}_s(s\geqslant 2)$ 线性相关$\Leftrightarrow$ 1）$\boldsymbol{\alpha}_1$，$\boldsymbol{\alpha}_2$，…，$\boldsymbol{\alpha}_s$ 中至少有一个向量可以由其余向量线性表出； 2）齐次线性方程组 $x_1\boldsymbol{\alpha}_1+x_2\boldsymbol{\alpha}_2+\cdots+x_s\boldsymbol{\alpha}_s=\mathbf{0}$ 有非零解； 3）秩 $r(\boldsymbol{\alpha}_1,\boldsymbol{\alpha}_2,\cdots,\boldsymbol{\alpha}_s)<$ 个数 s.
重要结论	含有一个向量 $\boldsymbol{\alpha}$ 的向量组线性相关$\Leftrightarrow\boldsymbol{\alpha}=\mathbf{0}$； 两个向量 $\boldsymbol{\alpha}_1$，$\boldsymbol{\alpha}_2$ 构成的向量组线性相关$\Leftrightarrow\boldsymbol{\alpha}_1=k\boldsymbol{\alpha}_2$ 含有零向量的向量组 $\underset{\times}{\rightleftharpoons}$ 线性相关 含有两个相同向量的向量组 $\underset{\times}{\rightleftharpoons}$ 线性相关 部分组线性相关 $\underset{\times}{\rightleftharpoons}$ 整体组线性相关 向量组线性相关 $\underset{\times}{\rightleftharpoons}$ 增加向量后，仍线性相关 向量组中向量个数大于维数 $\underset{\times}{\rightleftharpoons}$ 线性相关 n 个 n 维向量 $\boldsymbol{\alpha}_1$，$\boldsymbol{\alpha}_2$，…，$\boldsymbol{\alpha}_n$ 线性相关$\Leftrightarrow\lvert\boldsymbol{A}\rvert=0$，其中 $\boldsymbol{A}=(\boldsymbol{\alpha}_1,\boldsymbol{\alpha}_2,\cdots,\boldsymbol{\alpha}_n)$

2. 关于线性无关的总结

定义	当且仅当全为零的数 k_1，k_2，…，k_s，即 $k_1=k_2=\cdots=k_s=0$ 时，$k_1\boldsymbol{\alpha}_1+k_2\boldsymbol{\alpha}_2+\cdots+k_s\boldsymbol{\alpha}_s=\mathbf{0}$ 才成立，则称向量组 $\boldsymbol{\alpha}_1$，$\boldsymbol{\alpha}_2$，…，$\boldsymbol{\alpha}_s$ 线性无关
充要条件	n 维向量组 $\boldsymbol{\alpha}_1$，$\boldsymbol{\alpha}_2$，…，$\boldsymbol{\alpha}_s(s\geqslant 2)$ 线性无关$\Leftrightarrow$ 1）$\boldsymbol{\alpha}_1$，$\boldsymbol{\alpha}_2$，…，$\boldsymbol{\alpha}_s$ 中任何一个向量都无法由其余向量线性表出； 2）齐次线性方程组 $x_1\boldsymbol{\alpha}_1+x_2\boldsymbol{\alpha}_2+\cdots+x_s\boldsymbol{\alpha}_s=\mathbf{0}$ 只有零解； 3）秩 $r(\boldsymbol{\alpha}_1,\boldsymbol{\alpha}_2,\cdots,\boldsymbol{\alpha}_s)=$ 个数 s.
重要结论	含有一个向量 $\boldsymbol{\alpha}$ 的向量组线性无关$\Leftrightarrow\boldsymbol{\alpha}\neq\mathbf{0}$ 两个向量 $\boldsymbol{\alpha}_1$，$\boldsymbol{\alpha}_2$ 构成的向量组线性无关$\Leftrightarrow\boldsymbol{\alpha}_1\neq k\boldsymbol{\alpha}_2$ 不含有零向量的向量组 $\overset{\times}{\rightleftharpoons}$ 线性无关 不含有两个相同向量的向量组 $\overset{\times}{\rightleftharpoons}$ 线性无关 部分组线性无关 $\overset{\times}{\rightleftharpoons}$ 整体组线性无关 向量组线性无关 $\overset{\times}{\rightleftharpoons}$ 增加向量后，仍线性无关 向量组中向量个数不大于维数 $\overset{\times}{\rightleftharpoons}$ 线性无关 n 个 n 维向量 $\boldsymbol{\alpha}_1$，$\boldsymbol{\alpha}_2$，…，$\boldsymbol{\alpha}_n$ 线性无关$\Leftrightarrow\lvert\boldsymbol{A}\rvert\neq 0\Leftrightarrow$矩阵 $\boldsymbol{A}$ 是满秩的.

3. 关于极大线性无关组的总结

定义	在向量组 $\boldsymbol{\alpha}_1$，$\boldsymbol{\alpha}_2$，…，$\boldsymbol{\alpha}_m$ 中，若存在 r 个向量 $\boldsymbol{\alpha}_1$，$\boldsymbol{\alpha}_2$，…，$\boldsymbol{\alpha}_r$ 线性无关，并且任意 $r+1$ 个向量均线性相关，则称 $\boldsymbol{\alpha}_1$，$\boldsymbol{\alpha}_2$，…，$\boldsymbol{\alpha}_r$ 为向量组 $\boldsymbol{\alpha}_1$，$\boldsymbol{\alpha}_2$，…，$\boldsymbol{\alpha}_m$ 的一个极大线性无关组
充要条件	1）向量组中含有向量个数最多的线性无关的部分组称为向量组的极大线性无关组 2）如果向量组中的 r 个向量线性无关，且向量组中任何一个向量都可以由这 r 个向量线性表示，则这 r 个向量称为该向量组的一个极大线性无关组.
重要结论	1）任何一个向量组和它的极大线性无关组是相互等价的 2）向量组的任何两个极大线性无关组是相互等价的 3）向量组的任何两个极大线性无关组所包含向量的个数是相等的 4）相互等价的向量组具有相同的秩，但秩相同的向量组不一定等价 5）只由一个零向量构成的向量组不存在极大线性无关组，一个线性无关的向量组的极大线性无关组就是它本身
计算方法	把向量组按分块构造成矩阵 $\boldsymbol{A}$，即 $\boldsymbol{A}=(\boldsymbol{\alpha}_1, \boldsymbol{\alpha}_2, \cdots, \boldsymbol{\alpha}_m)$，对 $\boldsymbol{A}$ 进行初等行变换化成阶梯形矩阵. 阶梯形矩阵中主元的个数即为向量组的秩，与主元所在列的列标相对应的向量即为向量组的一个极大线性无关组

4. 关于线性表示的总结

定义	若 $\boldsymbol{\beta}$ 是向量组 $\boldsymbol{\alpha}_1$，$\boldsymbol{\alpha}_2$，…，$\boldsymbol{\alpha}_m$ 的线性组合，则称 $\boldsymbol{\beta}$ 可以由 $\boldsymbol{\alpha}_1$，$\boldsymbol{\alpha}_2$，…，$\boldsymbol{\alpha}_m$ 线性表示
充要条件	1）$\boldsymbol{\beta}$ 不可由 $\boldsymbol{\alpha}_1$，$\boldsymbol{\alpha}_2$，…，$\boldsymbol{\alpha}_s$ 线性表示 $\Leftrightarrow$ 方程组 $x_1\boldsymbol{\alpha}_1+x_2\boldsymbol{\alpha}_2+\cdots+x_s\boldsymbol{\alpha}_s=\boldsymbol{\beta}$ 无解 $\Leftrightarrow r(\boldsymbol{\alpha}_1, \boldsymbol{\alpha}_2, \cdots, \boldsymbol{\alpha}_s)\neq r(\boldsymbol{\alpha}_1, \boldsymbol{\alpha}_2, \cdots, \boldsymbol{\alpha}_s, \boldsymbol{\beta})$ 2）$\boldsymbol{\beta}$ 可以由 $\boldsymbol{\alpha}_1$，$\boldsymbol{\alpha}_2$，…，$\boldsymbol{\alpha}_s$ 线性表示 $\Leftrightarrow$ 方程组 $x_1\boldsymbol{\alpha}_1+x_2\boldsymbol{\alpha}_2+\cdots+x_s\boldsymbol{\alpha}_s=\boldsymbol{\beta}$ 有解 $\Leftrightarrow r(\boldsymbol{\alpha}_1, \boldsymbol{\alpha}_2, \cdots, \boldsymbol{\alpha}_s)=r(\boldsymbol{\alpha}_1, \boldsymbol{\alpha}_2, \cdots, \boldsymbol{\alpha}_s, \boldsymbol{\beta})$ ① $\boldsymbol{\beta}$ 可以由 $\boldsymbol{\alpha}_1$，$\boldsymbol{\alpha}_2$，…，$\boldsymbol{\alpha}_s$ 唯一线性表示 $\Leftrightarrow$ 方程组 $x_1\boldsymbol{\alpha}_1+x_2\boldsymbol{\alpha}_2+\cdots+x_s\boldsymbol{\alpha}_s=\boldsymbol{\beta}$ 有唯一解 $\Leftrightarrow r(\boldsymbol{\alpha}_1, \boldsymbol{\alpha}_2, \cdots, \boldsymbol{\alpha}_s)=r(\boldsymbol{\alpha}_1, \boldsymbol{\alpha}_2, \cdots, \boldsymbol{\alpha}_s, \boldsymbol{\beta})=s$ 【特殊】设向量组 $\boldsymbol{\alpha}_1$，$\boldsymbol{\alpha}_2$，…，$\boldsymbol{\alpha}_s$ 线性无关，而向量组 $\boldsymbol{\alpha}_1$，$\boldsymbol{\alpha}_2$，…，$\boldsymbol{\alpha}_s$，$\boldsymbol{\beta}$ 线性相关，则 $\boldsymbol{\beta}$ 必能由向量组 $\boldsymbol{\alpha}_1$，$\boldsymbol{\alpha}_2$，…，$\boldsymbol{\alpha}_s$ 线性表出，且表出系数唯一. ② $\boldsymbol{\beta}$ 可以由 $\boldsymbol{\alpha}_1$，$\boldsymbol{\alpha}_2$，…，$\boldsymbol{\alpha}_s$ 线性表示，且表示方法不唯一 $\Leftrightarrow$ 方程组 $x_1\boldsymbol{\alpha}_1+x_2\boldsymbol{\alpha}_2+\cdots+x_s\boldsymbol{\alpha}_s=\boldsymbol{\beta}$ 有无数个解 $\Leftrightarrow r(\boldsymbol{\alpha}_1, \boldsymbol{\alpha}_2, \cdots, \boldsymbol{\alpha}_s)=r(\boldsymbol{\alpha}_1, \boldsymbol{\alpha}_2, \cdots, \boldsymbol{\alpha}_s, \boldsymbol{\beta})<s$

5. 关于向量组等价的总结

定义	两个 n 维向量组（Ⅰ）$\boldsymbol{\alpha}_1$，$\boldsymbol{\alpha}_2$，…，$\boldsymbol{\alpha}_m$；（Ⅱ）$\boldsymbol{\beta}_1$，$\boldsymbol{\beta}_2$，…，$\boldsymbol{\beta}_t$，如果（Ⅰ）中的每一个向量都可以由（Ⅱ）中的向量线性表示，则称向量组（Ⅰ）可以由向量组（Ⅱ）线性表示，如果向量组（Ⅰ）、（Ⅱ）可以互相线性表示，则称这两个向量组等价
充要条件	1）两个 n 维向量组（Ⅰ）$\boldsymbol{\alpha}_1$，$\boldsymbol{\alpha}_2$，…，$\boldsymbol{\alpha}_m$；（Ⅱ）$\boldsymbol{\beta}_1$，$\boldsymbol{\beta}_2$，…，$\boldsymbol{\beta}_t$，若 $\boldsymbol{\beta}_1$，$\boldsymbol{\beta}_2$，…，$\boldsymbol{\beta}_t$ 中每个向量均可由 $\boldsymbol{\alpha}_1$，$\boldsymbol{\alpha}_2$，…，$\boldsymbol{\alpha}_m$ 线性表示，则 r(Ⅰ)$=r$(Ⅰ，Ⅱ) 2）两个 n 维向量组（Ⅰ）$\boldsymbol{\alpha}_1$，$\boldsymbol{\alpha}_2$，…，$\boldsymbol{\alpha}_m$；（Ⅱ）$\boldsymbol{\beta}_1$，$\boldsymbol{\beta}_2$，…，$\boldsymbol{\beta}_t$ 等价的充分必要条件是 r(Ⅰ)$=r$(Ⅱ)$=r$(Ⅰ，Ⅱ)

第六节 单元练习

扫码看视频

1. 已知 $\boldsymbol{\alpha}_1=(1,\ 1,\ 0)^{\mathrm{T}}$，$\boldsymbol{\alpha}_2=(0,\ 1,\ 1)^{\mathrm{T}}$，$\boldsymbol{\alpha}_3=(3,\ 4,\ 0)^{\mathrm{T}}$，则 $3\boldsymbol{\alpha}_1+2\boldsymbol{\alpha}_2-\boldsymbol{\alpha}_3$ 所有元素之和为（ ）.

(A) 1　(B) 2　(C) 3　(D) 5　(E) 7

2. 已知 $\boldsymbol{\beta}_1=\boldsymbol{\alpha}_1+\boldsymbol{\alpha}_2$，$\boldsymbol{\beta}_2=\boldsymbol{\alpha}_2+\boldsymbol{\alpha}_3$，$\boldsymbol{\beta}_3=\boldsymbol{\alpha}_3+\boldsymbol{\alpha}_4$，$\boldsymbol{\beta}_4=\boldsymbol{\alpha}_4+\boldsymbol{\alpha}_1$，则关于向量组 $\boldsymbol{\beta}_1$，$\boldsymbol{\beta}_2$，$\boldsymbol{\beta}_3$，$\boldsymbol{\beta}_4$，下列说法正确的有（ ）个.

(1) 线性相关　(2) 线性无关

(3) 线性关系与 $\boldsymbol{\alpha}_1$，$\boldsymbol{\alpha}_2$，$\boldsymbol{\alpha}_3$，$\boldsymbol{\alpha}_4$ 有关　(4) 线性关系与 $\boldsymbol{\alpha}_1$，$\boldsymbol{\alpha}_2$，$\boldsymbol{\alpha}_3$，$\boldsymbol{\alpha}_4$ 无关

(A) 0　(B) 1　(C) 2　(D) 3　(E) 4

3. 已知 $\boldsymbol{\beta}_1=\boldsymbol{\alpha}_1+\boldsymbol{\alpha}_2+\boldsymbol{\alpha}_3$，$\boldsymbol{\beta}_2=\boldsymbol{\alpha}_2+\boldsymbol{\alpha}_3+\boldsymbol{\alpha}_4$，$\boldsymbol{\beta}_3=\boldsymbol{\alpha}_3+\boldsymbol{\alpha}_4+\boldsymbol{\alpha}_1$，$\boldsymbol{\beta}_4=\boldsymbol{\alpha}_4+\boldsymbol{\alpha}_1+\boldsymbol{\alpha}_2$，若向量都是四维的，则下列叙述正确的有（ ）个.

(1) 若 $\boldsymbol{\beta}_1$，$\boldsymbol{\beta}_2$，$\boldsymbol{\beta}_3$，$\boldsymbol{\beta}_4$ 线性相关，则 $\boldsymbol{\alpha}_1$，$\boldsymbol{\alpha}_2$，$\boldsymbol{\alpha}_3$，$\boldsymbol{\alpha}_4$ 线性相关.

(2) 若 $\boldsymbol{\beta}_1$，$\boldsymbol{\beta}_2$，$\boldsymbol{\beta}_3$，$\boldsymbol{\beta}_4$ 线性无关，则 $\boldsymbol{\alpha}_1$，$\boldsymbol{\alpha}_2$，$\boldsymbol{\alpha}_3$，$\boldsymbol{\alpha}_4$ 线性无关.

(3) 若 $\boldsymbol{\alpha}_1$，$\boldsymbol{\alpha}_2$，$\boldsymbol{\alpha}_3$，$\boldsymbol{\alpha}_4$ 线性相关，则 $\boldsymbol{\beta}_1$，$\boldsymbol{\beta}_2$，$\boldsymbol{\beta}_3$，$\boldsymbol{\beta}_4$ 线性相关.

(4) 若 $\boldsymbol{\alpha}_1$，$\boldsymbol{\alpha}_2$，$\boldsymbol{\alpha}_3$，$\boldsymbol{\alpha}_4$ 线性无关，则 $\boldsymbol{\beta}_1$，$\boldsymbol{\beta}_2$，$\boldsymbol{\beta}_3$，$\boldsymbol{\beta}_4$ 线性无关.

(A) 0　(B) 1　(C) 2　(D) 3　(E) 4

4. 设向量组 A：$\boldsymbol{\alpha}_1$，$\boldsymbol{\alpha}_2$，…，$\boldsymbol{\alpha}_s$ 的秩为 r_1，向量组 B：$\boldsymbol{\beta}_1$，$\boldsymbol{\beta}_2$，…，$\boldsymbol{\beta}_t$ 的秩为 r_2，向量组 C：$\boldsymbol{\alpha}_1$，$\boldsymbol{\alpha}_2$，…，$\boldsymbol{\alpha}_s$，$\boldsymbol{\beta}_1$，$\boldsymbol{\beta}_2$，…，$\boldsymbol{\beta}_t$ 的秩为 r_3，则下列叙述正确的有（ ）个.

(1) $r_1\leqslant r_3$　(2) $r_2\leqslant r_3$　(3) $\max\{r_1,\ r_2\}\leqslant r_3$　(4) $r_3\geqslant r_1+r_2$

(A) 0　(B) 1　(C) 2　(D) 3　(E) 4

5. 设 $\boldsymbol{A}$，$\boldsymbol{B}$ 都是四阶方阵，且 $\boldsymbol{AB}=\boldsymbol{O}$，则 $r(\boldsymbol{A})+r(\boldsymbol{B})$ 不可能为（ ）.

(A) 1　(B) 2　(C) 3　(D) 4　(E) 5

6. 已知矩阵 $\boldsymbol{A}=\begin{pmatrix}25&31&17&43\\75&94&53&132\\75&94&54&134\\25&32&20&48\end{pmatrix}=(\boldsymbol{\alpha}_1,\ \boldsymbol{\alpha}_2,\ \boldsymbol{\alpha}_3,\ \boldsymbol{\alpha}_4)$，则矩阵 $\boldsymbol{A}$ 列向量组的一个极大线性无关组为（ ）.

(A) $\boldsymbol{\alpha}_1$，$\boldsymbol{\alpha}_3$　(B) $\boldsymbol{\alpha}_2$，$\boldsymbol{\alpha}_3$，$\boldsymbol{\alpha}_4$　(C) $\boldsymbol{\alpha}_1$，$\boldsymbol{\alpha}_3$，$\boldsymbol{\alpha}_4$

(D) $\boldsymbol{\alpha}_1$，$\boldsymbol{\alpha}_2$，$\boldsymbol{\alpha}_4$　(E) $\boldsymbol{\alpha}_1$，$\boldsymbol{\alpha}_4$

7. 已知 $\boldsymbol{\beta}_1=\begin{pmatrix}0\\1\\-1\end{pmatrix}$，$\boldsymbol{\beta}_2=\begin{pmatrix}a\\2\\1\end{pmatrix}$，$\boldsymbol{\beta}_3=\begin{pmatrix}b\\1\\0\end{pmatrix}$，$\boldsymbol{\alpha}_1=\begin{pmatrix}1\\2\\-3\end{pmatrix}$，$\boldsymbol{\alpha}_2=\begin{pmatrix}3\\0\\1\end{pmatrix}$，$\boldsymbol{\alpha}_3=\begin{pmatrix}9\\6\\-7\end{pmatrix}$，向量组 $\boldsymbol{\alpha}_1$，$\boldsymbol{\alpha}_2$，$\boldsymbol{\alpha}_3$ 和 $\boldsymbol{\beta}_1$，$\boldsymbol{\beta}_2$，$\boldsymbol{\beta}_3$ 具有相同的秩，且 $\boldsymbol{\beta}_3$ 可由 $\boldsymbol{\alpha}_1$，$\boldsymbol{\alpha}_2$，$\boldsymbol{\alpha}_3$ 线性表示，则 $a+b$ 的值为（ ）.

(A) 10　(B) 15　(C) 20　(D) 24　(E) 25

8. 设 $\boldsymbol{A}$ 是 n 阶方阵，且 $\boldsymbol{A}$ 的行列式 $|\boldsymbol{A}|=0$，则下列叙述正确的有(　　)个.

(1) $\boldsymbol{A}$ 中行向量线性相关

(2) $\boldsymbol{A}$ 中列向量线性相关

(3) $\boldsymbol{A}$ 中必有一列向量是其余列向量的线性组合

(4) $\boldsymbol{A}$ 中任一列向量均是其余列向量的线性组合

(A) 0　(B) 1　(C) 2　(D) 3　(E) 4

9. 已知向量组 $\boldsymbol{\alpha}_1$，$\boldsymbol{\alpha}_2$，$\boldsymbol{\alpha}_3$，$\boldsymbol{\alpha}_4$ 线性无关，则下列叙述正确的有（　　）个.

(1) $\boldsymbol{\alpha}_1+\boldsymbol{\alpha}_2$，$\boldsymbol{\alpha}_2+\boldsymbol{\alpha}_3$，$\boldsymbol{\alpha}_3+\boldsymbol{\alpha}_4$，$\boldsymbol{\alpha}_4+\boldsymbol{\alpha}_1$ 线性无关

(2) $\boldsymbol{\alpha}_1-\boldsymbol{\alpha}_2$，$\boldsymbol{\alpha}_2-\boldsymbol{\alpha}_3$，$\boldsymbol{\alpha}_3-\boldsymbol{\alpha}_4$，$\boldsymbol{\alpha}_4-\boldsymbol{\alpha}_1$ 线性无关

(3) $\boldsymbol{\alpha}_1+\boldsymbol{\alpha}_2$，$\boldsymbol{\alpha}_2+\boldsymbol{\alpha}_3$，$\boldsymbol{\alpha}_3+\boldsymbol{\alpha}_4$，$\boldsymbol{\alpha}_4-\boldsymbol{\alpha}_1$ 线性无关

(4) $\boldsymbol{\alpha}_1+\boldsymbol{\alpha}_2$，$\boldsymbol{\alpha}_2+\boldsymbol{\alpha}_3$，$\boldsymbol{\alpha}_3-\boldsymbol{\alpha}_4$，$\boldsymbol{\alpha}_4-\boldsymbol{\alpha}_1$ 线性无关

(A) 0　(B) 1　(C) 2　(D) 3　(E) 4

10. 设有向量组 $\boldsymbol{\alpha}_1=(1,\ -1,\ 2,\ 4)$，$\boldsymbol{\alpha}_2=(0,\ 3,\ 1,\ 2)$，$\boldsymbol{\alpha}_3=(3,\ 0,\ 7,\ 14)$，$\boldsymbol{\alpha}_4=(1,\ -2,\ 2,\ 0)$，$\boldsymbol{\alpha}_5=(2,\ 1,\ 5,\ 10)$，则该向量组的极大线性无关组是(　　).

(A) $\boldsymbol{\alpha}_1$，$\boldsymbol{\alpha}_3$　(B) $\boldsymbol{\alpha}_2$，$\boldsymbol{\alpha}_3$，$\boldsymbol{\alpha}_4$　(C) $\boldsymbol{\alpha}_1$，$\boldsymbol{\alpha}_3$，$\boldsymbol{\alpha}_4$

(D) $\boldsymbol{\alpha}_1$，$\boldsymbol{\alpha}_2$，$\boldsymbol{\alpha}_5$　(E) $\boldsymbol{\alpha}_1$，$\boldsymbol{\alpha}_3$，$\boldsymbol{\alpha}_5$

11. 设向量组Ⅰ：$\boldsymbol{\alpha}_1$，$\boldsymbol{\alpha}_2$，…，$\boldsymbol{\alpha}_r$，可由向量组Ⅱ：$\boldsymbol{\beta}_1$，$\boldsymbol{\beta}_2$，…，$\boldsymbol{\beta}_s$ 线性表示，则下列叙述正确的有（　　）个.

(1) 当 $r<s$ 时，向量组Ⅱ必线性相关　(2) 当 $r>s$ 时，向量组Ⅱ必线性相关

(3) 当 $r<s$ 时，向量Ⅰ必线性相关　(4) 当 $r>s$ 时，向量组Ⅰ必线性相关

(A) 0　(B) 1　(C) 2　(D) 3　(E) 4

12. 设向量组 $\boldsymbol{\alpha}_1$，$\boldsymbol{\alpha}_2$，…，$\boldsymbol{\alpha}_s(s\geqslant 2)$线性无关，且 $\boldsymbol{\beta}_1=\boldsymbol{\alpha}_1+\boldsymbol{\alpha}_2$，$\boldsymbol{\beta}_2=\boldsymbol{\alpha}_2+\boldsymbol{\alpha}_3$，…，$\boldsymbol{\beta}_{s-1}=\boldsymbol{\alpha}_{s-1}+\boldsymbol{\alpha}_s$，$\boldsymbol{\beta}_s=\boldsymbol{\alpha}_s+\boldsymbol{\alpha}_1$，则下列叙述正确的有（　　）个.

(1) 当 s 为奇数时，向量组 $\boldsymbol{\beta}_1$，$\boldsymbol{\beta}_2$，…，$\boldsymbol{\beta}_s$ 线性相关.

(2) 当 s 为偶数时，向量组 $\boldsymbol{\beta}_1$，$\boldsymbol{\beta}_2$，…，$\boldsymbol{\beta}_s$ 线性无关.

(3) 向量组 $\boldsymbol{\beta}_1$，$\boldsymbol{\beta}_2$，…，$\boldsymbol{\beta}_s$ 线性相关.

(4) 向量组 $\boldsymbol{\beta}_1$，$\boldsymbol{\beta}_2$，…，$\boldsymbol{\beta}_s$ 线性无关.

(A) 0　(B) 1　(C) 2　(D) 3　(E) 4

13. 已知 $\boldsymbol{\alpha}_1=(1,\ 0,\ 2,\ 3)$，$\boldsymbol{\alpha}_2=(1,\ 1,\ 3,\ 5)$，$\boldsymbol{\alpha}_3=(1,\ -1,\ a+2,\ 1)$，$\boldsymbol{\alpha}_4=(1,\ 2,\ 4,\ a+8)$及 $\boldsymbol{\beta}=(1,\ 1,\ b+3,\ 5)$. 若 $\boldsymbol{\beta}$ 不能表示成 $\boldsymbol{\alpha}_1$，$\boldsymbol{\alpha}_2$，$\boldsymbol{\alpha}_3$，$\boldsymbol{\alpha}_4$ 的线性组合，则 a，b 有可能取（　　）.

(A) $a=-1$，$b=0$　(B) $a=1$，$b=0$　(C) $a=1$，$b\neq 0$

(D) $a=-1$，$b\neq 0$　(E) $a=1$，$b=1$

14. 若向量组 $\boldsymbol{\alpha}_1$，$\boldsymbol{\alpha}_2$，$\boldsymbol{\alpha}_3$，$\boldsymbol{\alpha}_4$ 线性相关，向量组 $\boldsymbol{\alpha}_2$，$\boldsymbol{\alpha}_3$，$\boldsymbol{\alpha}_4$ 线性无关，则下列叙述正确的有（　　）个.

(1) $\boldsymbol{\alpha}_1$ 可由 $\boldsymbol{\alpha}_2$，$\boldsymbol{\alpha}_3$ 线性表示　(2) $\boldsymbol{\alpha}_1$ 可由 $\boldsymbol{\alpha}_2$，$\boldsymbol{\alpha}_3$，$\boldsymbol{\alpha}_4$ 线性表示

(3) $\boldsymbol{\alpha}_4$ 一定可由 $\boldsymbol{\alpha}_1$，$\boldsymbol{\alpha}_2$，$\boldsymbol{\alpha}_3$ 线性表示　(4) $\boldsymbol{\alpha}_4$ 一定不可由 $\boldsymbol{\alpha}_1$，$\boldsymbol{\alpha}_2$，$\boldsymbol{\alpha}_3$ 线性表示

（A）0　　（B）1　　（C）2　　（D）3　　（E）4

15. 设 $\boldsymbol{A}$ 是 $n\times m$ 矩阵，$\boldsymbol{B}$ 是 $m\times n$ 矩阵，其中 $n<m$，$\boldsymbol{E}$ 是 n 阶单位矩阵. 若 $\boldsymbol{AB}=\boldsymbol{E}$，则下列叙述正确的有（　　）个.

（1）$\boldsymbol{A}$ 的行向量组线性无关.　　（2）$\boldsymbol{A}$ 的列向量组线性无关.

（3）$\boldsymbol{B}$ 的行向量组线性无关.　　（4）$\boldsymbol{B}$ 的列向量组线性无关.

（A）0　　（B）1　　（C）2　　（D）3　　（E）4

16. 已知向量组（Ⅰ）$\boldsymbol{\alpha}_1$，$\boldsymbol{\alpha}_2$，$\boldsymbol{\alpha}_3$；（Ⅱ）$\boldsymbol{\alpha}_1$，$\boldsymbol{\alpha}_2$，$\boldsymbol{\alpha}_3$，$\boldsymbol{\alpha}_4$；（Ⅲ）$\boldsymbol{\alpha}_1$，$\boldsymbol{\alpha}_2$，$\boldsymbol{\alpha}_3$，$\boldsymbol{\alpha}_5$；如果各向量组的秩分别为 r（Ⅰ）$=r$（Ⅱ）$=3$，r（Ⅲ）$=4$. 则向量组 $\boldsymbol{\alpha}_1$，$\boldsymbol{\alpha}_2$，$\boldsymbol{\alpha}_3$，$\boldsymbol{\alpha}_5-\boldsymbol{\alpha}_4$ 的秩为（　　）.

（A）2 或 3　　（B）2 或 4　　（C）2　　（D）3　　（E）4

17. 已知 $\boldsymbol{\alpha}_1=(1,4,0,2)^{\mathrm{T}}$，$\boldsymbol{\alpha}_2=(2,7,1,3)^{\mathrm{T}}$，$\boldsymbol{\alpha}_3=(0,1,-1,a)^{\mathrm{T}}$，$\boldsymbol{\beta}=(3,10,b,4)^{\mathrm{T}}$，则下列叙述正确的有（　　）个.

（1）当 $b\neq 2$ 时，$\boldsymbol{\beta}$ 不能由 $\boldsymbol{\alpha}_1$，$\boldsymbol{\alpha}_2$，$\boldsymbol{\alpha}_3$ 线性表示

（2）当 $a=1$，$b=2$ 时，$\boldsymbol{\beta}$ 可由 $\boldsymbol{\alpha}_1$，$\boldsymbol{\alpha}_2$，$\boldsymbol{\alpha}_3$ 线性表示，且表示方法唯一

（3）当 $a=1$，$b=2$ 时，$\boldsymbol{\beta}$ 可由 $\boldsymbol{\alpha}_1$，$\boldsymbol{\alpha}_2$，$\boldsymbol{\alpha}_3$ 线性表示，且表示方法不唯一

（4）当 $a\neq 1$，$b=2$ 时，$\boldsymbol{\beta}$ 可由 $\boldsymbol{\alpha}_1$，$\boldsymbol{\alpha}_2$，$\boldsymbol{\alpha}_3$ 线性表示，且表示方法唯一

（A）0　　（B）1　　（C）2　　（D）3　　（E）4

答案及解析

1. **C**　$3\boldsymbol{\alpha}_1+2\boldsymbol{\alpha}_2-\boldsymbol{\alpha}_3=3(1,\ 1,\ 0)^{\mathrm{T}}+2(0,\ 1,\ 1)^{\mathrm{T}}-(3,\ 4,\ 0)^{\mathrm{T}}$

$=(3\times1+2\times0-3,\ 3\times1+2\times1-4,\ 3\times0+2\times1-0)^{\mathrm{T}}=(0,\ 1,\ 2)^{\mathrm{T}}$

2. **C**　观察可知 $\boldsymbol{\beta}_1+\boldsymbol{\beta}_3=\boldsymbol{\beta}_2+\boldsymbol{\beta}_4=\boldsymbol{\alpha}_1+\boldsymbol{\alpha}_2+\boldsymbol{\alpha}_3+\boldsymbol{\alpha}_4\Rightarrow\boldsymbol{\beta}_1-\boldsymbol{\beta}_2+\boldsymbol{\beta}_3-\boldsymbol{\beta}_4=\mathbf{0}$，存在一组不全为零的实数 k_1，k_2，k_3，k_4，使得 $k_1\boldsymbol{\beta}_1+k_2\boldsymbol{\beta}_2+k_3\boldsymbol{\beta}_3+k_4\boldsymbol{\beta}_4=\mathbf{0}$.

根据定义可知，$\boldsymbol{\beta}_1$，$\boldsymbol{\beta}_2$，$\boldsymbol{\beta}_3$，$\boldsymbol{\beta}_4$ 线性相关. 故(1)(4)叙述正确.

3. **E**　转化为矩阵关系：$(\boldsymbol{\beta}_1,\ \boldsymbol{\beta}_2,\ \boldsymbol{\beta}_3,\ \boldsymbol{\beta}_4)=(\boldsymbol{\alpha}_1,\ \boldsymbol{\alpha}_2,\ \boldsymbol{\alpha}_3,\ \boldsymbol{\alpha}_4)\begin{pmatrix}1&0&1&1\\1&1&0&1\\1&1&1&0\\0&1&1&1\end{pmatrix}$.

由 $\begin{vmatrix}1&0&1&1\\1&1&0&1\\1&1&1&0\\0&1&1&1\end{vmatrix}\neq0\Rightarrow r(\boldsymbol{\beta}_1,\ \boldsymbol{\beta}_2,\ \boldsymbol{\beta}_3,\ \boldsymbol{\beta}_4)=r(\boldsymbol{\alpha}_1,\ \boldsymbol{\alpha}_2,\ \boldsymbol{\alpha}_3,\ \boldsymbol{\alpha}_4)$，故 $\boldsymbol{\alpha}_1$，$\boldsymbol{\alpha}_2$，$\boldsymbol{\alpha}_3$，$\boldsymbol{\alpha}_4$ 的线性关系与 $\boldsymbol{\beta}_1$，$\boldsymbol{\beta}_2$，$\boldsymbol{\beta}_3$，$\boldsymbol{\beta}_4$ 的线性关系相同. 故叙述均正确，选 E.

【评注】解题关键是将题目的向量组的信息转化为 $(\boldsymbol{\beta}_1,\ \boldsymbol{\beta}_2,\ \cdots,\ \boldsymbol{\beta}_n)=(\boldsymbol{\alpha}_1,\ \boldsymbol{\alpha}_2,\ \cdots,\ \boldsymbol{\alpha}_n)\boldsymbol{A}$. $\boldsymbol{\beta}_1$，$\boldsymbol{\beta}_2$，$\cdots$，$\boldsymbol{\beta}_n$ 也可以由 $\boldsymbol{\alpha}_1$，$\boldsymbol{\alpha}_2$，$\cdots$，$\boldsymbol{\alpha}_n$ 线性表示，根据向量组秩的性质可得，$r(\boldsymbol{\beta}_1,\ \boldsymbol{\beta}_2,\ \cdots,\ \boldsymbol{\beta}_n)\leqslant r(\boldsymbol{\alpha}_1,\ \boldsymbol{\alpha}_2,\ \cdots,\ \boldsymbol{\alpha}_n)$. 若 $|\boldsymbol{A}|\neq0$，那么 $\boldsymbol{\alpha}_1$，$\boldsymbol{\alpha}_2$，$\cdots$，$\boldsymbol{\alpha}_n$ 和

$\boldsymbol{\beta}_1$，$\boldsymbol{\beta}_2$，…，$\boldsymbol{\beta}_n$ 是等价向量组，从而 $r(\boldsymbol{\alpha}_1, \boldsymbol{\alpha}_2, \cdots, \boldsymbol{\alpha}_n)=r(\boldsymbol{\beta}_1, \boldsymbol{\beta}_2, \cdots, \boldsymbol{\beta}_n)$.

4. **D** 第一步，将秩的问题转化为线性无关组的问题.
向量组 A 可以用向量组 C 线性表示$\Rightarrow r_1\leqslant r_3$；
向量组 B 可以用向量组 C 线性表示$\Rightarrow r_2\leqslant r_3$；
因此，$\max\{r_1, r_2\}\leqslant r_3$.
第二步，将秩的问题转化为线性无关组、矩阵秩的问题.
设 A，B，C 的最大线性无关组分别为 A'，B'，C'，含有的向量个数（秩）分别为 r_1，r_2，r_3，则 A，B，C 分别与 A'，B'，C'等价.
设 A'与 B'中的向量共同构成向量组 D，则 A，B 均可由 D 线性表示.
即 C 可由 D 线性表示，从而 C'可由 D 线性表示，所以 $r(C')\leqslant r(D)$，
因为 D 为 r_1+r_2 阶矩阵，所以 $r(D)\leqslant r_1+r_2$，从而 $r_3\leqslant r_1+r_2$.
所以(1)(2)(3)叙述均正确，选 D.

5. **E** $\boldsymbol{AB}=\boldsymbol{A}(\boldsymbol{\beta}_1, \boldsymbol{\beta}_2, \cdots, \boldsymbol{\beta}_n)=\boldsymbol{O}\Rightarrow\boldsymbol{\beta}_1$，$\boldsymbol{\beta}_2$，…，$\boldsymbol{\beta}_n$ 是齐次方程组 $\boldsymbol{Ax}=\boldsymbol{0}$ 的解，所以解向量可以用基础解系线性表示$\Rightarrow r(\boldsymbol{\beta}_1, \boldsymbol{\beta}_2, \cdots, \boldsymbol{\beta}_n)\leqslant n-r(\boldsymbol{A})$，从而 $r(\boldsymbol{A})+r(\boldsymbol{B})\leqslant n$.
本题中，$n=4$. 故选 E.

6. **D** $\begin{pmatrix}25&31&17&43\\75&94&53&132\\75&94&54&134\\25&32&20&48\end{pmatrix}\xrightarrow[\substack{r_3-3r_1\\r_4-r_1}]{r_2-3r_1}\begin{pmatrix}25&31&17&43\\0&1&2&3\\0&1&3&5\\0&1&3&5\end{pmatrix}\xrightarrow[r_3-r_2]{r_4-r_3}\begin{pmatrix}25&31&17&43\\0&1&2&3\\0&0&1&2\\0&0&0&0\end{pmatrix}$，所以第 1、2、3 列或 1、2、4 列构成一个极大线性无关组.

7. **C** 第一步，将线性表示的问题转化为方程、秩的问题. 如下：
$\boldsymbol{\beta}_3$ 可由 $\boldsymbol{\alpha}_1$，$\boldsymbol{\alpha}_2$，$\boldsymbol{\alpha}_3$ 线性表示$\Leftrightarrow(\boldsymbol{\alpha}_1, \boldsymbol{\alpha}_2, \boldsymbol{\alpha}_3)\boldsymbol{x}=\boldsymbol{\beta}_3$ 有解，

$$\begin{pmatrix}1&3&9&b\\2&0&6&1\\-3&1&-7&0\end{pmatrix}\to\begin{pmatrix}1&3&9&b\\0&6&12&2b-1\\0&10&20&3b\end{pmatrix}\to\begin{pmatrix}1&3&9&b\\0&1&2&\dfrac{2b-1}{6}\\0&1&2&\dfrac{3b}{10}\end{pmatrix}\to\begin{pmatrix}1&3&9&b\\0&1&2&\dfrac{2b-1}{6}\\0&0&0&\dfrac{5-b}{30}\end{pmatrix}$$

$\Rightarrow 5-b=0\Rightarrow b=5$，且 $r(\boldsymbol{\alpha}_1, \boldsymbol{\alpha}_2, \boldsymbol{\alpha}_3)=2$.
第二步，将秩的问题转化为行列式的问题. 如下：

$$r(\boldsymbol{\beta}_1, \boldsymbol{\beta}_2, \boldsymbol{\beta}_3)=2\Rightarrow|\boldsymbol{\beta}_1, \boldsymbol{\beta}_2, \boldsymbol{\beta}_3|=0\Rightarrow\begin{vmatrix}0&a&5\\1&2&1\\-1&1&0\end{vmatrix}=0\Rightarrow a=15.$$

综上所述，$a=15$，$b=5$，$a+b=20$.

8. **D** $|\boldsymbol{A}|=0\Leftrightarrow r(\boldsymbol{A})<n\Rightarrow\boldsymbol{A}$ 的列（或行）秩 $<n\Rightarrow\boldsymbol{A}$ 的列（或行）向量组线性相关.
综上所述，(1)(2)(3)叙述正确，答案为 D.

9. **B** 方法一：观察法与定义法.
对于(1)：$(\boldsymbol{\alpha}_1+\boldsymbol{\alpha}_2)+(\boldsymbol{\alpha}_3+\boldsymbol{\alpha}_4)=(\boldsymbol{\alpha}_2+\boldsymbol{\alpha}_3)+(\boldsymbol{\alpha}_4+\boldsymbol{\alpha}_1)$，
则 $\boldsymbol{\alpha}_1+\boldsymbol{\alpha}_2$，$\boldsymbol{\alpha}_2+\boldsymbol{\alpha}_3$，$\boldsymbol{\alpha}_3+\boldsymbol{\alpha}_4$，$\boldsymbol{\alpha}_4+\boldsymbol{\alpha}_1$ 线性相关.
对于(2)：$(\boldsymbol{\alpha}_1-\boldsymbol{\alpha}_2)+(\boldsymbol{\alpha}_2-\boldsymbol{\alpha}_3)=-(\boldsymbol{\alpha}_3-\boldsymbol{\alpha}_4)-(\boldsymbol{\alpha}_4-\boldsymbol{\alpha}_1)$，

则 $\boldsymbol{\alpha}_1-\boldsymbol{\alpha}_2$，$\boldsymbol{\alpha}_2-\boldsymbol{\alpha}_3$，$\boldsymbol{\alpha}_3-\boldsymbol{\alpha}_4$，$\boldsymbol{\alpha}_4-\boldsymbol{\alpha}_1$ 线性相关.

对于(4)：$(\boldsymbol{\alpha}_1+\boldsymbol{\alpha}_2)-(\boldsymbol{\alpha}_2+\boldsymbol{\alpha}_3)=-(\boldsymbol{\alpha}_3-\boldsymbol{\alpha}_4)-(\boldsymbol{\alpha}_4-\boldsymbol{\alpha}_1)$

则 $\boldsymbol{\alpha}_1+\boldsymbol{\alpha}_2$，$\boldsymbol{\alpha}_2+\boldsymbol{\alpha}_3$，$\boldsymbol{\alpha}_3-\boldsymbol{\alpha}_4$，$\boldsymbol{\alpha}_4-\boldsymbol{\alpha}_1$ 线性相关.

方法二：秩（以(1)为例，原理：列满秩矩阵左乘另一个矩阵，不改变该矩阵的秩）

(1) $(\boldsymbol{\alpha}_1+\boldsymbol{\alpha}_2,\ \boldsymbol{\alpha}_2+\boldsymbol{\alpha}_3,\ \boldsymbol{\alpha}_3+\boldsymbol{\alpha}_4,\ \boldsymbol{\alpha}_4+\boldsymbol{\alpha}_1)=(\boldsymbol{\alpha}_1,\ \boldsymbol{\alpha}_2,\ \boldsymbol{\alpha}_3,\ \boldsymbol{\alpha}_4)\begin{pmatrix}1&0&0&1\\1&1&0&0\\0&1&1&0\\0&0&1&1\end{pmatrix}$，

$$\begin{pmatrix}1&0&0&1\\1&1&0&0\\0&1&1&0\\0&0&1&1\end{pmatrix}\to\begin{pmatrix}1&0&0&1\\0&1&0&-1\\0&0&1&1\\0&0&0&0\end{pmatrix}，故\ r(\boldsymbol{\alpha}_1+\boldsymbol{\alpha}_2,\ \boldsymbol{\alpha}_2+\boldsymbol{\alpha}_3,\ \boldsymbol{\alpha}_3+\boldsymbol{\alpha}_4,\ \boldsymbol{\alpha}_4+\boldsymbol{\alpha}_1)=3<4，$$

则 $\boldsymbol{\alpha}_1+\boldsymbol{\alpha}_2$，$\boldsymbol{\alpha}_2+\boldsymbol{\alpha}_3$，$\boldsymbol{\alpha}_3+\boldsymbol{\alpha}_4$，$\boldsymbol{\alpha}_4+\boldsymbol{\alpha}_1$ 线性相关，其他类推. 故只有(3)叙述正确.

10. **C** 构成矩阵 $\boldsymbol{A}$ 的列向量，进行初等行变换分析：

$$\boldsymbol{A}=(\boldsymbol{\alpha}_1^{\mathrm{T}},\ \boldsymbol{\alpha}_2^{\mathrm{T}},\ \boldsymbol{\alpha}_3^{\mathrm{T}},\ \boldsymbol{\alpha}_4^{\mathrm{T}},\ \boldsymbol{\alpha}_5^{\mathrm{T}})=\begin{pmatrix}1&0&3&1&2\\-1&3&0&-2&1\\2&1&7&2&5\\4&2&14&0&10\end{pmatrix}\to\begin{pmatrix}1&0&3&1&2\\0&1&1&0&1\\0&0&0&-1&0\\0&0&0&0&0\end{pmatrix},$$

则向量组的极大线性无关组是 $\boldsymbol{\alpha}_1$，$\boldsymbol{\alpha}_2$，$\boldsymbol{\alpha}_4$ 或 $\boldsymbol{\alpha}_1$，$\boldsymbol{\alpha}_3$，$\boldsymbol{\alpha}_4$ 或 $\boldsymbol{\alpha}_1$，$\boldsymbol{\alpha}_4$，$\boldsymbol{\alpha}_5$.

11. **B** 由向量组Ⅰ：$\boldsymbol{\alpha}_1$，$\boldsymbol{\alpha}_2$，…，$\boldsymbol{\alpha}_r$ 可由向量组Ⅱ：$\boldsymbol{\beta}_1$，$\boldsymbol{\beta}_2$，…，$\boldsymbol{\beta}_s$ 线性表示，得到 $r(\boldsymbol{\alpha}_1,\ \boldsymbol{\alpha}_2,\ \cdots,\ \boldsymbol{\alpha}_r)\leqslant r(\boldsymbol{\beta}_1,\ \boldsymbol{\beta}_2,\ \cdots,\ \boldsymbol{\beta}_s)\leqslant s$. 当 $s<r$ 时，则 $r(\boldsymbol{\alpha}_1,\ \boldsymbol{\alpha}_2,\ \cdots,\ \boldsymbol{\alpha}_r)<r$，故 $\boldsymbol{\alpha}_1$，$\boldsymbol{\alpha}_2$，…，$\boldsymbol{\alpha}_r$ 线性相关. 故只有(4)是正确的.

【评注】本题可以总结为：向量个数多的向量组可由向量个数少的向量组线性表示，则个数多的向量组线性相关.

12. **A** 方法一：定义法

设 $x_1\boldsymbol{\beta}_1+x_2\boldsymbol{\beta}_2+\cdots+x_s\boldsymbol{\beta}_s=\boldsymbol{0}$，即 $(x_1+x_s)\boldsymbol{\alpha}_1+(x_1+x_2)\boldsymbol{\alpha}_2+\cdots+(x_{s-1}+x_s)\boldsymbol{\alpha}_s=\boldsymbol{0}$

$$\boldsymbol{\alpha}_1,\ \boldsymbol{\alpha}_2,\ \cdots,\ \boldsymbol{\alpha}_s\ 线性无关\Rightarrow\begin{cases}x_1+x_s=0\\x_1+x_2=0\\\quad\vdots\\x_{s-1}+x_s=0\end{cases}$$

$$其系数行列式\ |\boldsymbol{A}|=\begin{vmatrix}1&0&0&\cdots&0&1\\1&1&0&\cdots&0&0\\0&1&1&\cdots&0&0\\\vdots&\vdots&\vdots&&\vdots&\vdots\\0&0&0&\cdots&1&1\end{vmatrix}=1+(-1)^{s-1}$$

(1) 当 s 为奇数，$|\boldsymbol{A}|=2\neq0$，方程组只有零解，则向量组 $\boldsymbol{\beta}_1$，$\boldsymbol{\beta}_2$，…，$\boldsymbol{\beta}_s$ 线性无关；

(2) 当 s 为偶数，$|\boldsymbol{A}|=0$，方程组有非零解，则向量组 $\boldsymbol{\beta}_1$，$\boldsymbol{\beta}_2$，…，$\boldsymbol{\beta}_s$ 线性相关.

方法二：列满秩乘法

$$(\boldsymbol{\beta}_1,\boldsymbol{\beta}_2,\cdots,\boldsymbol{\beta}_s)=(\boldsymbol{\alpha}_1,\boldsymbol{\alpha}_2,\cdots,\boldsymbol{\alpha}_s)\begin{pmatrix}1&0&0&\cdots&0&1\\1&1&0&\cdots&0&0\\0&1&1&\cdots&0&0\\\vdots&\vdots&\vdots&&\vdots&\vdots\\0&0&0&\cdots&1&1\end{pmatrix}=(\boldsymbol{\alpha}_1,\boldsymbol{\alpha}_2,\cdots,\boldsymbol{\alpha}_s)\boldsymbol{K}_{s\times s},$$

$\boldsymbol{\alpha}_1,\boldsymbol{\alpha}_2,\cdots,\boldsymbol{\alpha}_s$ 线性无关$\Rightarrow r(\boldsymbol{\beta}_1,\boldsymbol{\beta}_2,\cdots,\boldsymbol{\beta}_s)\leqslant\min\{r(\boldsymbol{\alpha}_1,\boldsymbol{\alpha}_2,\cdots,\boldsymbol{\alpha}_s),r(\boldsymbol{K})\}=r(\boldsymbol{K})$

(1) $r(\boldsymbol{K})=s\Leftrightarrow|\boldsymbol{K}|=1+(-1)^{s-1}\neq0\Rightarrow s$ 为奇数时，则向量组 $\boldsymbol{\beta}_1,\boldsymbol{\beta}_2,\cdots,\boldsymbol{\beta}_s$ 线性无关；

(2) $r(\boldsymbol{K})<s\Leftrightarrow|\boldsymbol{K}|=1+(-1)^{s-1}=0\Rightarrow s$ 为偶数时，则向量组 $\boldsymbol{\beta}_1,\boldsymbol{\beta}_2,\cdots,\boldsymbol{\beta}_s$ 线性相关.

故四个叙述均错误，选 A.

【评注】若 $\boldsymbol{B}$ 可逆，则 $r(\boldsymbol{AB})=r(\boldsymbol{A})$. 一般地 $r(\boldsymbol{AB})\leqslant\min\{r(\boldsymbol{A}),r(\boldsymbol{B})\}$，即乘积的秩不大于每一个因子的秩，这是列满秩乘法的解题关键.

13. **D** 第一步，等价变换.

$\boldsymbol{\beta}$ 可由 $\boldsymbol{\alpha}_1,\boldsymbol{\alpha}_2,\boldsymbol{\alpha}_3,\boldsymbol{\alpha}_4$ 线性表示$\Leftrightarrow$线性方程组 $x_1\boldsymbol{\alpha}_1+x_2\boldsymbol{\alpha}_2+x_3\boldsymbol{\alpha}_3+x_4\boldsymbol{\alpha}_4=\boldsymbol{\beta}$ 有解.

第二步，初等行变换.

$$(\boldsymbol{\alpha}_1^{\mathrm T},\boldsymbol{\alpha}_2^{\mathrm T},\boldsymbol{\alpha}_3^{\mathrm T},\boldsymbol{\alpha}_4^{\mathrm T}\vdots\boldsymbol{\beta}^{\mathrm T})=\left(\begin{array}{cccc:c}1&1&1&1&1\\0&1&-1&2&1\\2&3&a+2&4&b+3\\3&5&1&a+8&5\end{array}\right)\to\left(\begin{array}{cccc:c}1&1&1&1&1\\0&1&-1&2&1\\0&0&a+1&0&b\\0&0&0&a+1&0\end{array}\right)$$

第三步，判断.

当 $a=-1$，$b\neq0$ 时，线性方程组无解，$\boldsymbol{\beta}$ 不能由 $\boldsymbol{\alpha}_1,\boldsymbol{\alpha}_2,\boldsymbol{\alpha}_3,\boldsymbol{\alpha}_4$ 线性表示，选 D.

14. **B** 根据向量组 $\boldsymbol{\alpha}_1,\boldsymbol{\alpha}_2,\boldsymbol{\alpha}_3,\boldsymbol{\alpha}_4$ 线性相关，向量组 $\boldsymbol{\alpha}_2,\boldsymbol{\alpha}_3,\boldsymbol{\alpha}_4$ 线性无关，故 $\boldsymbol{\alpha}_1$ 能由 $\boldsymbol{\alpha}_2,\boldsymbol{\alpha}_3,\boldsymbol{\alpha}_4$ 线性表示，且表示方法唯一，但 $\boldsymbol{\alpha}_1$ 不一定能由 $\boldsymbol{\alpha}_2,\boldsymbol{\alpha}_3$ 线性表示（反例比如取 $\boldsymbol{\alpha}_1=\boldsymbol{\alpha}_4$），故(1)错误，(2)正确.

取 $\boldsymbol{\alpha}_4=\boldsymbol{\alpha}_1$ 时，$\boldsymbol{\alpha}_4$ 可由 $\boldsymbol{\alpha}_1,\boldsymbol{\alpha}_2,\boldsymbol{\alpha}_3$ 线性表示，说明(4)错误；

取 $\boldsymbol{\alpha}_3=\boldsymbol{\alpha}_1$ 时，$\boldsymbol{\alpha}_4$ 不可由 $\boldsymbol{\alpha}_1,\boldsymbol{\alpha}_2,\boldsymbol{\alpha}_3$ 线性表示，说明(3)错误；故选 B.

15. **C** 方法一：定义法与方程法.

分析方程组 $\boldsymbol{Bx}=\boldsymbol{0}$ 解的情况：

$\boldsymbol{Bx}=\boldsymbol{0}\Rightarrow\boldsymbol{ABx}=\boldsymbol{0}\Rightarrow(\boldsymbol{AB})\boldsymbol{x}=\boldsymbol{0}\Rightarrow\boldsymbol{Ex}=\boldsymbol{0}\Rightarrow\boldsymbol{x}=\boldsymbol{0}$，说明方程组只有零解，故 $\boldsymbol{B}$ 的列向量组线性无关.

同理：$\boldsymbol{A}^{\mathrm T}\boldsymbol{x}=\boldsymbol{0}\Rightarrow\boldsymbol{B}^{\mathrm T}\boldsymbol{A}^{\mathrm T}\boldsymbol{x}=\boldsymbol{0}\Rightarrow(\boldsymbol{AB})^{\mathrm T}\boldsymbol{x}=\boldsymbol{0}\Rightarrow\boldsymbol{Ex}=\boldsymbol{0}\Rightarrow\boldsymbol{x}=\boldsymbol{0}$，说明方程组只有零解，故 $\boldsymbol{A}^{\mathrm T}$ 的列向量组线性无关，则 $\boldsymbol{A}$ 的行向量组线性无关.

方法二：用矩阵的秩证明.

$$\begin{cases}r(\boldsymbol{AB})\leqslant\min(r(\boldsymbol{A}),r(\boldsymbol{B}))\\r(\boldsymbol{B})\leqslant\min(m,n)\end{cases}\Rightarrow\begin{cases}n=r(\boldsymbol{E})\leqslant r(\boldsymbol{B})\\r(\boldsymbol{B})\leqslant n\end{cases}\Rightarrow r(\boldsymbol{B})=n=\text{列数},$$

所以 $\boldsymbol{B}$ 是列满秩，则 $\boldsymbol{B}$ 的列向量组线性无关.

同理，$\begin{cases}r(\boldsymbol{AB})\leqslant\min(r(\boldsymbol{A}),\ r(\boldsymbol{B}))\\ r(\boldsymbol{A})\leqslant\min(m,\ n)\end{cases}\Rightarrow\begin{cases}n=r(\boldsymbol{E})\leqslant r(\boldsymbol{A})\\ r(\boldsymbol{A})\leqslant n\end{cases}\Rightarrow r(\boldsymbol{A})=n=$行数，

所以 $\boldsymbol{A}$ 是行满秩，则 $\boldsymbol{A}$ 的行向量组线性无关. 综上，(1)(4)是正确的.

【评注】本题可以将单位矩阵 $\boldsymbol{E}$ 换成其他可逆矩阵，结论仍成立.

16. **E** 由 $r(\text{Ⅰ})=r(\text{Ⅱ})=3$，得 $\boldsymbol{\alpha}_1$，$\boldsymbol{\alpha}_2$，$\boldsymbol{\alpha}_3$ 线性无关，而 $\boldsymbol{\alpha}_1$，$\boldsymbol{\alpha}_2$，$\boldsymbol{\alpha}_3$，$\boldsymbol{\alpha}_4$ 线性相关，则 $\boldsymbol{\alpha}_4$ 可由 $\boldsymbol{\alpha}_1$，$\boldsymbol{\alpha}_2$，$\boldsymbol{\alpha}_3$ 线性表示，且表示方法唯一.

即存在 k_1，k_2，k_3，使得 $\boldsymbol{\alpha}_4=k_1\boldsymbol{\alpha}_1+k_2\boldsymbol{\alpha}_2+k_3\boldsymbol{\alpha}_3$.

则 $(\boldsymbol{\alpha}_1,\ \boldsymbol{\alpha}_2,\ \boldsymbol{\alpha}_3,\ \boldsymbol{\alpha}_5-\boldsymbol{\alpha}_4)\to(\boldsymbol{\alpha}_1,\ \boldsymbol{\alpha}_2,\ \boldsymbol{\alpha}_3,\ \boldsymbol{\alpha}_5)$，

所以 $r(\boldsymbol{\alpha}_1,\ \boldsymbol{\alpha}_2,\ \boldsymbol{\alpha}_3,\ \boldsymbol{\alpha}_5-\boldsymbol{\alpha}_4)=r(\boldsymbol{\alpha}_1,\ \boldsymbol{\alpha}_2,\ \boldsymbol{\alpha}_3,\ \boldsymbol{\alpha}_5)=4$.

17. **D** 第一步，初等行变换.

$$(\boldsymbol{\alpha}_1,\ \boldsymbol{\alpha}_2,\ \boldsymbol{\alpha}_3 \vdots \boldsymbol{\beta})=\left(\begin{array}{ccc:c}1&2&0&3\\4&7&1&10\\0&1&-1&b\\2&3&a&4\end{array}\right)\to\left(\begin{array}{ccc:c}1&2&0&3\\0&-1&1&-2\\0&0&a-1&0\\0&0&0&b-2\end{array}\right)$$

第二步，判断秩.

当 $b\neq2$ 时，$r(\boldsymbol{\alpha}_1,\ \boldsymbol{\alpha}_2,\ \boldsymbol{\alpha}_3)\neq r(\boldsymbol{\alpha}_1,\ \boldsymbol{\alpha}_2,\ \boldsymbol{\alpha}_3 | \boldsymbol{\beta})\Rightarrow\boldsymbol{\beta}$ 不能由 $\boldsymbol{\alpha}_1$，$\boldsymbol{\alpha}_2$，$\boldsymbol{\alpha}_3$ 线性表示；

当 $b=2$ 时，$(\boldsymbol{\alpha}_1,\ \boldsymbol{\alpha}_2,\ \boldsymbol{\alpha}_3 \vdots \boldsymbol{\beta})\to\left(\begin{array}{ccc:c}1&2&0&3\\0&-1&1&-2\\0&0&a-1&0\\0&0&0&0\end{array}\right)$

当 $a=1$ 时，$(\boldsymbol{\alpha}_1,\ \boldsymbol{\alpha}_2,\ \boldsymbol{\alpha}_3 \vdots \boldsymbol{\beta})\to\left(\begin{array}{ccc:c}1&0&2&-1\\0&1&-1&2\\0&0&0&0\\0&0&0&0\end{array}\right)$

则 $r(\boldsymbol{\alpha}_1,\ \boldsymbol{\alpha}_2,\ \boldsymbol{\alpha}_3)=r(\boldsymbol{\alpha}_1,\ \boldsymbol{\alpha}_2,\ \boldsymbol{\alpha}_3 \vdots \boldsymbol{\beta})$，$\boldsymbol{\beta}$ 可由 $\boldsymbol{\alpha}_1$，$\boldsymbol{\alpha}_2$，$\boldsymbol{\alpha}_3$ 线性表示，且表示方法不唯一.

当 $a\neq1$ 时，表示方法唯一. 故(1)(3)(4)正确.

第八章 方程组

【大纲解读】

理解齐次线性方程组基础解系、通解的概念，掌握齐次线性方程组基础解系和通解的求法；理解非齐次线性方程组解的结构及通解的概念，掌握非齐次线性方程组通解的求法.

【备考要点】

本章一般考 1 ~ 2 个题目，线性方程组的理论及其解法是线性代数的重要内容之一．线性方程组有三种等价形式：一般形式、矩阵形式、向量形式，在讨论相关问题时可以相互转换.

【知识体系】

- 第八章
  - 基本概念
    - 齐次线性方程组
    - 非齐次线性方程组
    - 基础解系、通解（所有解）、特解
    - 方程组的公共解
  - 齐次方程组
    - 解的情况
      - 只有零解（唯一解）
      - 有非零解（无穷多解）
    - 解的性质：解向量的任意组合还是解
    - 基础解系
      - 三条件：解，无关，个数
      - 计算方法：自由变量法
    - 通解：基础解系的任意线性组合
    - 三步求解法：初等变换，求基础解系，写通解
  - 非齐次方程组
    - 解的情况
      - 无解
      - 有解
        - 唯一解
        - 无穷多解
    - 解的性质
    - 通解的构成
      - 导出组的基础解系
      - 特解
    - 四步求解法：初等变换，求基础解系，求特解，写通解
  - 应用
    - 齐次线性方程组：判断向量组线性关系
    - 非齐次线性方程组：判断向量组线性表示
    - 其他应用：分析秩，判断可逆

【备考建议】

本章题型相对固定，有利于考生复习．理解齐次线性方程组有非零解和非齐次线性方程组有解的充分必要条件；理解齐次线性方程组的基础解系、通解的概念；掌握非齐次线性方程组的解集的结构；掌握用初等行变换求齐次和非齐次线性方程组的通解的方法.

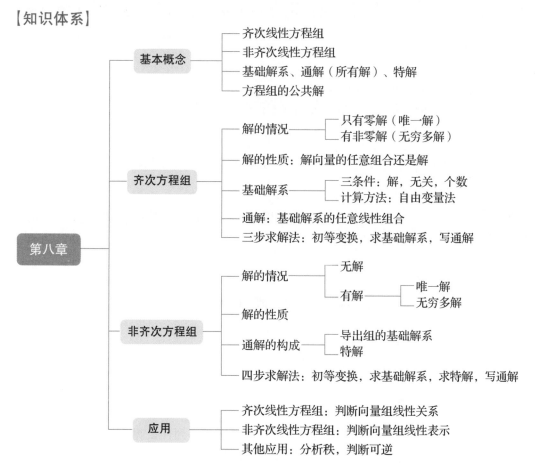

第一节　方程组的基本概念

一、线性方程组的概念

设 n 个未知数的一个线性方程组为$\begin{cases} a_{11}x_1+a_{12}x_2+\cdots+a_{1n}x_n=b_1 \\ a_{21}x_1+a_{22}x_2+\cdots+a_{2n}x_n=b_2 \\ \qquad\vdots \\ a_{m1}x_1+a_{m2}x_2+\cdots+a_{mn}x_n=b_m \end{cases}$，

并且记 $\boldsymbol{A}=\begin{pmatrix} a_{11} & a_{12} & \cdots & a_{1n} \\ a_{21} & a_{22} & \cdots & a_{2n} \\ \vdots & \vdots & & \vdots \\ a_{m1} & a_{m2} & \cdots & a_{mn} \end{pmatrix}=(\boldsymbol{\alpha}_1,\ \boldsymbol{\alpha}_2,\ \cdots,\ \boldsymbol{\alpha}_n)$，$\boldsymbol{x}=\begin{pmatrix} x_1 \\ x_2 \\ \vdots \\ x_n \end{pmatrix}$，$\boldsymbol{b}=\begin{pmatrix} b_1 \\ b_2 \\ \vdots \\ b_m \end{pmatrix}$，则此线性方程组可以表示为：

1）向量形式：$\boldsymbol{\alpha}_1x_1+\boldsymbol{\alpha}_2x_2+\cdots+\boldsymbol{\alpha}_nx_n=\boldsymbol{b}$.

2）矩阵形式：$\boldsymbol{Ax}=\boldsymbol{b}$，并且称 $\boldsymbol{A}$ 为线性方程组的系数矩阵.

记 $\overline{\boldsymbol{A}}=(\boldsymbol{A}\quad\boldsymbol{b})=\begin{pmatrix} a_{11} & a_{12} & \cdots & a_{1n} & b_1 \\ a_{21} & a_{22} & \cdots & a_{2n} & b_2 \\ \vdots & \vdots & & \vdots & \vdots \\ a_{m1} & a_{m2} & \cdots & a_{mn} & b_m \end{pmatrix}$，称 $\overline{\boldsymbol{A}}$ 为线性方程组的增广矩阵.

若 $x_1=a_1$，$x_2=a_2$，$\cdots$，$x_n=a_n$ 是线性方程组 $\boldsymbol{Ax}=\boldsymbol{b}$ 的解，则 $\boldsymbol{x}=(a_1,\ a_2,\ \cdots,\ a_n)^{\mathrm{T}}$ 称为线性方程组的一个解向量，也称为一个解.

二、齐次线性方程组

若 $\boldsymbol{b}=\boldsymbol{0}$，此方程组称为齐次线性方程组，即 $\boldsymbol{Ax}=\boldsymbol{0}$.

三、非齐次线性方程组

若 $\boldsymbol{b}\neq\boldsymbol{0}$，此方程组称为非齐次线性方程组.

四、线性方程组的化简

之前学习了三种初等变换，那么我们通过初等变换要得到什么呢？对线性方程组作初等变换的目的是为了将其化为与之同解的线性方程组，形式如下：

$$\begin{cases} a_{11}x_1+a_{12}x_2+\cdots+a_{1n}x_n=b_1 \\ a_{21}x_1+a_{22}x_2+\cdots+a_{2n}x_n=b_2 \\ \qquad\vdots \\ a_{m1}x_1+a_{m2}x_2+\cdots+a_{mn}x_n=b_m \end{cases}\xrightarrow{\text{初等变换}}\begin{cases} a'_{11}x_1+a'_{12}x_2+a'_{13}x_3+\cdots+a'_{1n}x_n=b'_1 \\ a'_{22}x_2+a'_{23}x_3+\cdots+a'_{2n}x_n=b'_2 \\ a'_{33}x_3+\cdots+a'_{3n}x_n=b'_3 \\ \qquad\vdots \\ a'_{kk}x_k+\cdots+a'_{kn}x_n=b'_k \end{cases}$$

在该方程组中，每一个方程都至少比上一个方程少一个未知量，这种方程称为阶梯形方程. 在阶梯形方程中，每一行的第一个未知量称为主元，其余的未知量称为自由变量. 阶梯形方程的解是比较容易求得的. 将线性方程组通过初等变换化为同解的阶梯形方程组的过程称为高斯消元法.

例 1 方程组$\begin{cases}x_1+2x_2+4x_3=7\\x_1+3x_2+9x_3=13\\x_1+4x_2+16x_3=21\end{cases}$，则 $x_1-x_2-x_3$ 的值为（　　）.

（A）0　　（B）1　　（C）-1　　（D）-2　　（E）2

【解析】高斯消元法：

$$\begin{cases}x_1+2x_2+4x_3=7\\x_1+3x_2+9x_3=13\\x_1+4x_2+16x_3=21\end{cases}\xrightarrow{\text{初等变换}}\begin{cases}x_1+2x_2+4x_3=7\\x_2+5x_3=6\\x_2+6x_3=7\end{cases}\rightarrow\begin{cases}x_1+2x_2+4x_3=7\\x_2+5x_3=6\\x_3=1\end{cases}$$

增广矩阵法：

$$\begin{pmatrix}1&2&4&7\\1&3&9&13\\1&4&16&21\end{pmatrix}\xrightarrow{\text{初等变换}}\begin{pmatrix}1&2&4&7\\0&1&5&6\\0&1&6&7\end{pmatrix}\rightarrow\begin{pmatrix}1&2&4&7\\0&1&5&6\\0&0&1&1\end{pmatrix}$$

解得：$\begin{cases}x_1=1\\x_2=1\\x_3=1\end{cases}$，故选 C.

【评注】通过这个例子可知，增广矩阵主元的个数 $=r(\boldsymbol{A})=$ 未知数的个数 n，那么方程就有唯一解（自由变量的个数 $=n-r(\boldsymbol{A})=0$）.

【结论】主元个数与自由变量的个数之和等于未知数的个数.

【理解】实际上，利用高斯消元法求解线性方程组就等价于利用初等行变换将线性方程组的矩阵化为阶梯形矩阵.

第二节　齐次线性方程组

一、消元法解齐次线性方程组

求解齐次线性方程组 $\boldsymbol{Ax}=\boldsymbol{0}$，首先对系数矩阵 $\boldsymbol{A}$ 进行初等行变换（即方程的同解变形），化为阶梯形矩阵：

$$\boldsymbol{A}=\begin{pmatrix}a_{11}&a_{12}&\cdots&a_{1n}\\a_{21}&a_{22}&\cdots&a_{2n}\\\vdots&\vdots&&\vdots\\a_{m1}&a_{m2}&\cdots&a_{mn}\end{pmatrix}\xrightarrow{\text{初等行变换}}\begin{pmatrix}c_{11}&c_{12}&\cdots&c_{1r}&\cdots&c_{1n}\\&c_{22}&\cdots&c_{2r}&\cdots&c_{2n}\\&&\ddots&\vdots&&\vdots\\&&&c_{rr}&\cdots&c_{rn}\\&&&0&\cdots&0\\&&&\vdots&\ddots&\vdots\\&&&0&\cdots&0\end{pmatrix}$$

然后根据矩阵的秩来判断方程组解的情况：

若 $r(\boldsymbol{A})=n$，则线性方程组 $\boldsymbol{Ax}=\boldsymbol{0}$ 只有零解.

若 $r(\boldsymbol{A})<n$，则线性方程组 $\boldsymbol{Ax}=\boldsymbol{0}$ 有非零解，此时由阶梯形同解线性方程组求基础解系.

二、齐次线性方程组解的性质

齐次线性方程组 $\boldsymbol{Ax}=\boldsymbol{0}$ 的解向量具有以下性质：

1）若 $\boldsymbol{\xi}_1$ 是齐次线性方程组 $\boldsymbol{Ax}=\boldsymbol{0}$ 的解，k 为任意常数，则 $k\boldsymbol{\xi}_1$ 也是 $\boldsymbol{Ax}=\boldsymbol{0}$ 的解.

2）若 $\boldsymbol{\xi}_1$，$\boldsymbol{\xi}_2$ 均为齐次线性方程组 $\boldsymbol{Ax}=\boldsymbol{0}$ 的解，k_1，k_2 为任意常数，则 $k_1\boldsymbol{\xi}_1+k_2\boldsymbol{\xi}_2$ 也是 $\boldsymbol{Ax}=\boldsymbol{0}$ 的解，即齐次线性方程组两个解的线性组合仍是解（可以推导多个）.

【分析】由 $\boldsymbol{A\xi}_1=\boldsymbol{0}$，$\boldsymbol{A\xi}_2=\boldsymbol{0}$，则 $\boldsymbol{A}(k_1\boldsymbol{\xi}_1+k_2\boldsymbol{\xi}_2)=k_1\boldsymbol{A\xi}_1+k_2\boldsymbol{A\xi}_2=\boldsymbol{0}$.

三、基础解系及通解（重点）

1. 基础解系

设 n 元齐次线性方程组 $\boldsymbol{Ax}=\boldsymbol{0}$ 有非零解（即 $r(\boldsymbol{A}_{m\times n})=r<n$）. 若 $\boldsymbol{\xi}_1$，$\boldsymbol{\xi}_2$，…，$\boldsymbol{\xi}_t$ 是 $\boldsymbol{Ax}=\boldsymbol{0}$ 的一组线性无关的解，并且 $\boldsymbol{Ax}=\boldsymbol{0}$ 的任意一个解均可由它们线性表出，则称 $\boldsymbol{\xi}_1$，$\boldsymbol{\xi}_2$，…，$\boldsymbol{\xi}_t$ 是齐次线性方程组 $\boldsymbol{Ax}=\boldsymbol{0}$ 的一个基础解系.

2. 基础解系包含解向量的个数

设 $\boldsymbol{A}$ 是 $m\times n$ 矩阵，$r(\boldsymbol{A})=r<n$，则齐次线性方程组的基础解系含有 $n-r$ 个解向量.

3. 基础解系的条件

当一组向量满足以下三个条件时，可以确定为基础解系.

1）$\boldsymbol{\xi}_1$，$\boldsymbol{\xi}_2$，…，$\boldsymbol{\xi}_t$ 是 $\boldsymbol{Ax}=\boldsymbol{0}$ 的一组解；

2）解向量 $\boldsymbol{\xi}_1$，$\boldsymbol{\xi}_2$，…，$\boldsymbol{\xi}_t$ 线性无关；

3）向量个数 $t=n-r$.

例 1 设 $\boldsymbol{\alpha}_1$，$\boldsymbol{\alpha}_2$，$\boldsymbol{\alpha}_3$ 是齐次线性方程组 $\boldsymbol{Ax}=\boldsymbol{0}$ 的一个基础解系. 则下列也可以作为基础解系的为（　　）.

(A) $\boldsymbol{\alpha}_1+\boldsymbol{\alpha}_2$，$\boldsymbol{\alpha}_2+\boldsymbol{\alpha}_3$

(B) $\boldsymbol{\alpha}_2+\boldsymbol{\alpha}_3$，$\boldsymbol{\alpha}_3+\boldsymbol{\alpha}_1$

(C) $\boldsymbol{\alpha}_1+\boldsymbol{\alpha}_2$，$\boldsymbol{\alpha}_2+\boldsymbol{\alpha}_3$，$\boldsymbol{\alpha}_3+\boldsymbol{\alpha}_1$

(D) $\boldsymbol{\alpha}_1-\boldsymbol{\alpha}_2$，$\boldsymbol{\alpha}_2-\boldsymbol{\alpha}_3$，$\boldsymbol{\alpha}_3-\boldsymbol{\alpha}_1$

(E) $\boldsymbol{\alpha}_1+\boldsymbol{\alpha}_2$，$\boldsymbol{\alpha}_2+2\boldsymbol{\alpha}_3$，$2\boldsymbol{\alpha}_3-\boldsymbol{\alpha}_1$

【解析】显然 $\boldsymbol{Ax}=\boldsymbol{0}$ 的基础解系含有三个线性无关的解向量，故 A 和 B 错误. 对于 C 选项，由齐次方程组解的性质，知 $\boldsymbol{\alpha}_1+\boldsymbol{\alpha}_2$，$\boldsymbol{\alpha}_2+\boldsymbol{\alpha}_3$，$\boldsymbol{\alpha}_3+\boldsymbol{\alpha}_1$ 为 $\boldsymbol{Ax}=\boldsymbol{0}$ 的解. 接下来只要证明 $\boldsymbol{\alpha}_1+\boldsymbol{\alpha}_2$，$\boldsymbol{\alpha}_2+\boldsymbol{\alpha}_3$，$\boldsymbol{\alpha}_3+\boldsymbol{\alpha}_1$ 线性无关.

第一步，转换为矩阵.

$$(\boldsymbol{\alpha}_1+\boldsymbol{\alpha}_2,\ \boldsymbol{\alpha}_2+\boldsymbol{\alpha}_3,\ \boldsymbol{\alpha}_3+\boldsymbol{\alpha}_1)=(\boldsymbol{\alpha}_1,\ \boldsymbol{\alpha}_2,\ \boldsymbol{\alpha}_3)\begin{pmatrix}1&0&1\\1&1&0\\0&1&1\end{pmatrix}=(\boldsymbol{\alpha}_1,\ \boldsymbol{\alpha}_2,\ \boldsymbol{\alpha}_3)\boldsymbol{C}$$

第二步，转换为秩.

$r(\boldsymbol{C})=3\Rightarrow r(\boldsymbol{\alpha}_1+\boldsymbol{\alpha}_2,\ \boldsymbol{\alpha}_2+\boldsymbol{\alpha}_3,\ \boldsymbol{\alpha}_3+\boldsymbol{\alpha}_1)=r(\boldsymbol{\alpha}_1,\ \boldsymbol{\alpha}_2,\ \boldsymbol{\alpha}_3)=3$，

即 $\boldsymbol{\alpha}_1+\boldsymbol{\alpha}_2$，$\boldsymbol{\alpha}_2+\boldsymbol{\alpha}_3$，$\boldsymbol{\alpha}_3+\boldsymbol{\alpha}_1$ 线性无关. 故 C 正确，D 和 E 是线性相关的，所以错误.

4. 通解

设 $\boldsymbol{\xi}_1$，$\boldsymbol{\xi}_2$，…，$\boldsymbol{\xi}_{n-r}$为齐次线性方程组 $\boldsymbol{Ax}=\boldsymbol{0}$ 的一个基础解系，则 $\boldsymbol{Ax}=\boldsymbol{0}$ 的任意一个解 $\boldsymbol{x}$ 可以由这个基础解系线性表出，即 $\boldsymbol{x}=k_1\boldsymbol{\xi}_1+k_2\boldsymbol{\xi}_2+\cdots+k_{n-r}\boldsymbol{\xi}_{n-r}$，此为齐次线性方程组$\boldsymbol{Ax}=\boldsymbol{0}$ 的通解或全部解.

5. 齐次线性方程组求解过程

可以作为解题模板

方程组 $\boldsymbol{Ax}=\boldsymbol{0}$ …… 例如：解方程组$\begin{cases}x_1+2x_2+4x_3+8x_4=0\\x_1+3x_2+9x_3+27x_4=0\\x_1+4x_2+16x_3+64x_4=0\end{cases}$

↓

行变换为阶梯形矩阵 …… 其系数矩阵化简如下：

$$\begin{pmatrix}1&2&4&8\\1&3&9&27\\1&4&16&64\end{pmatrix}\xrightarrow{\text{初等行变换}}\begin{pmatrix}1&2&4&8\\0&1&5&19\\0&1&7&37\end{pmatrix}\to$$

$$\begin{pmatrix}1&2&4&8\\0&1&5&19\\0&0&1&9\end{pmatrix}\to\begin{pmatrix}1&0&0&24\\0&1&0&-26\\0&0&1&9\end{pmatrix}$$

↓

写出同解方程组 …… 其同解方程组为$\begin{cases}x_1+24x_4=0\\x_2-26x_4=0\\x_3+9x_4=0\end{cases}$

↓

变形得到基础解系 …… 变形得$\begin{cases}x_1=-24x_4\\x_2=26x_4\\x_3=-9x_4\end{cases}$，取自由未知量 $x_4=1$，即得基础解系为：$\boldsymbol{\xi}_1=\begin{pmatrix}-24\\26\\-9\\1\end{pmatrix}$

↓

写通解 …… 通解为 $\boldsymbol{x}=k\boldsymbol{\xi}_1=k\begin{pmatrix}-24\\26\\-9\\1\end{pmatrix}$

评 注 通过例子可以看到，基础解系中向量的个数与自由变量的个数有密切的关系. 事实上，通过阶梯形矩阵可以得到结论：基础解系中向量的个数等于自由未知量的个数. 若自由未知量只有一个，则可以取1，比如本题中 x_4 取 1；若自由未知量有两个，可以取（0，1）和（1，0）；若自由未知量有三个，则可以取（1，0，0）、（0，1，0）、(0，0，1)，其他的依此类推.

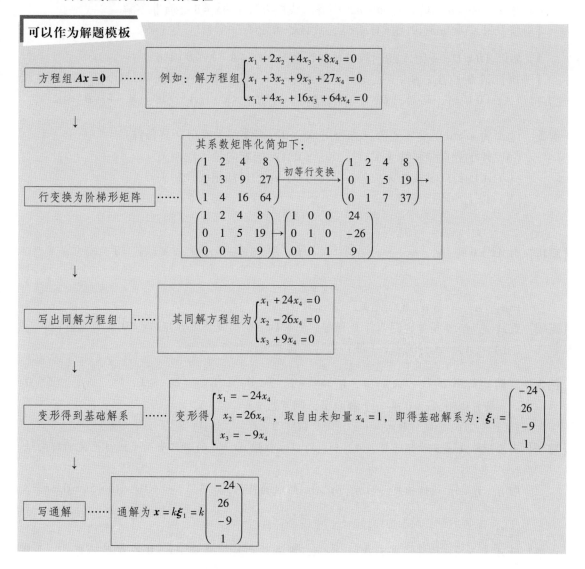

四、重要结论

1）n 元齐次线性方程组 $\boldsymbol{Ax}=\boldsymbol{0}$ 有非零解$\Leftrightarrow \boldsymbol{A}$ 的列向量组 $\boldsymbol{\alpha}_1$，$\boldsymbol{\alpha}_2$，…，$\boldsymbol{\alpha}_n$ 线性相关$\Leftrightarrow r(\boldsymbol{A})=r<n$.

2）设 $\boldsymbol{A}$ 是 n 阶矩阵，则 $\boldsymbol{Ax}=\boldsymbol{0}$ 有非零解$\Leftrightarrow$系数矩阵的行列式 $|\boldsymbol{A}|=0$.

3）设 $\boldsymbol{A}$ 是 n 阶矩阵，则 $\boldsymbol{Ax}=\boldsymbol{0}$ 只有零解$\Leftrightarrow$系数矩阵的行列式 $|\boldsymbol{A}|\neq 0$.

4）设 $\boldsymbol{A}$ 是 $m\times n$ 矩阵，且 $m<n$，则齐次线性方程组 $\boldsymbol{Ax}=\boldsymbol{0}$ 必有非零解.

【分析】$r(\boldsymbol{A})\leqslant \min(m,n)=m<n$，故 $\boldsymbol{Ax}=\boldsymbol{0}$ 必有非零解.

5）如果 $\boldsymbol{AB}=\boldsymbol{O}$，$n$ 为 $\boldsymbol{A}$ 的列数（$\boldsymbol{B}$ 的行数），则 $r(\boldsymbol{A})+r(\boldsymbol{B})\leqslant n$.

【分析】记 $\boldsymbol{B}=(\boldsymbol{\beta}_1,\boldsymbol{\beta}_2,\cdots,\boldsymbol{\beta}_s)$，则 $\boldsymbol{A\beta}_i=\boldsymbol{0}$（$i=1,2,\cdots,s$），即每个 $\boldsymbol{\beta}_i$ 都是齐次线性方程组 $\boldsymbol{Ax}=\boldsymbol{0}$ 的解，从而 $r(\boldsymbol{B})=r(\boldsymbol{\beta}_1,\boldsymbol{\beta}_2,\cdots,\boldsymbol{\beta}_s)\leqslant n-r(\boldsymbol{A})$，即 $r(\boldsymbol{A})+r(\boldsymbol{B})\leqslant n$.

例 2 设 $\boldsymbol{A}$ 为 $m\times n$ 的非零矩阵，方程组 $\boldsymbol{Ax}=\boldsymbol{0}$ 只有零解的充分必要条件是（　　）.

（A）$\boldsymbol{A}$ 的列向量线性无关　　（B）$\boldsymbol{A}$ 的列向量线性相关

（C）$\boldsymbol{A}$ 的行向量线性无关　　（D）$\boldsymbol{A}$ 的行向量线性相关

（E）以上均不正确

【解析】由 $\boldsymbol{Ax}=\boldsymbol{0}$ 得 $(\boldsymbol{\alpha}_1,\boldsymbol{\alpha}_2,\cdots,\boldsymbol{\alpha}_n)\begin{pmatrix}x_1\\x_2\\\vdots\\x_n\end{pmatrix}=\boldsymbol{0}$，即 $x_1\boldsymbol{\alpha}_1+x_2\boldsymbol{\alpha}_2+\cdots+x_n\boldsymbol{\alpha}_n=\boldsymbol{0}$ 只有零解 $\Leftrightarrow\boldsymbol{\alpha}_1,\boldsymbol{\alpha}_2,\cdots,\boldsymbol{\alpha}_n$ 线性无关. 选 A.

【点睛】设 $\boldsymbol{A}$ 是 $m\times n$ 矩阵，则以下命题等价：（Ⅰ）齐次线性方程组 $\boldsymbol{Ax}=\boldsymbol{0}$ 只有零解；（Ⅱ）$r(\boldsymbol{A})=\boldsymbol{A}$ 的列数；（Ⅲ）$\boldsymbol{A}$ 的列向量组线性无关.

例 3 三阶矩阵 $\boldsymbol{A}$ 的秩 $r(\boldsymbol{A})=1$，$\boldsymbol{\eta}_1=(-1,3,0)^{\mathrm{T}}$，$\boldsymbol{\eta}_2=(2,-1,1)^{\mathrm{T}}$，$\boldsymbol{\eta}_3=(5,0,k)^{\mathrm{T}}$ 是方程组 $\boldsymbol{Ax}=\boldsymbol{0}$ 的三个解向量，则常数 $k=$（　　）.

（A）-2　　（B）-1　　（C）2　　（D）3　　（E）5

【解析】因为矩阵 $\boldsymbol{A}$ 是三阶矩阵且 $r(\boldsymbol{A})=1$，所以方程组 $\boldsymbol{Ax}=\boldsymbol{0}$ 的解只有两个线性无关的解向量，即 $\boldsymbol{\eta}_1,\boldsymbol{\eta}_2,\boldsymbol{\eta}_3$ 线性相关，则 $\boldsymbol{\eta}_1,\boldsymbol{\eta}_2,\boldsymbol{\eta}_3$ 组成的行列式 $\begin{vmatrix}-1&2&5\\3&-1&0\\0&1&k\end{vmatrix}=15-5k=0\Rightarrow k=3$，选 D.

【点睛】设 $\boldsymbol{A}$ 是 $m\times n$ 矩阵，若 $r(\boldsymbol{A})=r<n$，则齐次线性方程组 $\boldsymbol{Ax}=\boldsymbol{0}$ 存在基础解系，且基础解系含 $n-r$ 个解向量.

例 4 若线性方程组 $\begin{pmatrix}1&1&a\\1&-1&2\\-1&a&1\end{pmatrix}\begin{pmatrix}x\\y\\z\end{pmatrix}=\begin{pmatrix}0\\0\\0\end{pmatrix}$ 有无穷多解，则 $a=$（　　）.

（A）1 或 4　　（B）1 或 -4　　（C）-1 或 4

（D）-1 或 -4　　（E）1 或 -1

【解析】齐次线性方程组 $\boldsymbol{Ax}=\boldsymbol{0}$ 有无穷多解，则 $|\boldsymbol{A}|=0$，

即 $\begin{vmatrix} 1 & 1 & a \\ 1 & -1 & 2 \\ -1 & a & 1 \end{vmatrix}=(a+1)(a-4)=0$，从而 $a=-1$ 或 4. 选 C.

【点睛】将齐次线性方程组解的情况转化为行列式的计算问题.

例 5 已知三阶矩阵 $\boldsymbol{A}$ 的第一行是 (a, b, c)，a, b, c 不全为零，矩阵 $\boldsymbol{B}=\begin{pmatrix} 1 & 2 & 3 \\ 2 & 4 & 6 \\ 3 & 6 & 7 \end{pmatrix}$，且 $\boldsymbol{AB}=\boldsymbol{O}$，则线性方程组 $\boldsymbol{Ax}=\boldsymbol{0}$ 的通解为（　　）.

(A) $k_1(1, 2, 3)^{\mathrm{T}}$　　(B) $k_1(3, 6, 7)^{\mathrm{T}}$

(C) $k_1(1, 2, 3)^{\mathrm{T}}+k_2(2, 4, 6)^{\mathrm{T}}$　　(D) $k_1(1, 2, 3)^{\mathrm{T}}+k_2(3, 6, 7)^{\mathrm{T}}$

(E) $k_1(a, 2, 3)^{\mathrm{T}}+k_2(b, 6, 7)^{\mathrm{T}}$

【解析】由 $\boldsymbol{AB}=\boldsymbol{O}$ 可知，$r(\boldsymbol{A})+r(\boldsymbol{B})\leqslant 3$，显然 $r(\boldsymbol{B})=2$，得到 $r(\boldsymbol{A})\leqslant 1$.
又 $\boldsymbol{A}$ 的第一行不全为零，故 $r(\boldsymbol{A})\geqslant 1$，从而得到 $r(\boldsymbol{A})=1$.
根据 $n-r(\boldsymbol{A})=2$，故 $\boldsymbol{Ax}=\boldsymbol{0}$ 的基础解系含 2 个向量，
且 $\boldsymbol{B}$ 的列向量均是方程 $\boldsymbol{Ax}=\boldsymbol{0}$ 的解，取 $\boldsymbol{B}$ 中两个线性无关的列向量为基础解系，
则通解为 $k_1(1, 2, 3)^{\mathrm{T}}+k_2(3, 6, 7)^{\mathrm{T}}$，选 D.

第三节　非齐次线性方程组

一、消元法解非齐次线性方程组

用消元法求解非齐次线性方程组 $\boldsymbol{Ax}=\boldsymbol{b}$，先用初等行变换把线性方程组的增广矩阵 $\overline{\boldsymbol{A}}=(\boldsymbol{A}\quad\boldsymbol{b})$ 化为阶梯形矩阵：

$$\overline{\boldsymbol{A}}=(\boldsymbol{A}\quad\boldsymbol{b})=\begin{pmatrix} a_{11} & a_{12} & \cdots & a_{1n} & b_1 \\ a_{21} & a_{22} & \cdots & a_{2n} & b_2 \\ \vdots & \vdots & & \vdots & \vdots \\ a_{m1} & a_{m2} & \cdots & a_{mn} & b_m \end{pmatrix}\xrightarrow{\text{初等行变换}}\begin{pmatrix} c_{11} & c_{12} & \cdots & c_{1r} & \cdots & c_{1n} & d_1 \\ & c_{22} & \cdots & c_{2r} & \cdots & c_{2n} & d_2 \\ & & \ddots & \vdots & & \vdots & \vdots \\ & & & c_{rr} & \cdots & c_{rn} & d_r \\ & & & & & & d_{r+1} \\ & & & & & & 0 \\ & & & & & & \vdots \end{pmatrix}$$

1）若 $d_{r+1}\neq 0$，则 $r(\boldsymbol{A})=r\neq r(\overline{\boldsymbol{A}})=r+1$，故线性方程组无解.

2）若 $d_{r+1}=0$，则 $r(\boldsymbol{A})=r(\overline{\boldsymbol{A}})=r$，故线性方程组有解.

①$r=n$ 时，方程组有唯一解；

②$r<n$ 时，线性方程组有无穷多个解.

二、非齐次线性方程组解的性质和结构

1. 非齐次线性方程组 $\boldsymbol{Ax}=\boldsymbol{b}$ 的解的性质

1）设 $\boldsymbol{\eta}_1$ 及 $\boldsymbol{\eta}_2$ 都是 $\boldsymbol{Ax}=\boldsymbol{b}$ 的解，则 $\boldsymbol{x}=\boldsymbol{\eta}_1-\boldsymbol{\eta}_2$ 是对应的齐次线性方程组 $\boldsymbol{Ax}=\boldsymbol{0}$ 的解.

2）设 $\boldsymbol{\eta}$ 是 $\boldsymbol{Ax}=\boldsymbol{b}$ 的解，$\boldsymbol{\xi}$ 是对应的齐次线性方程组 $\boldsymbol{Ax}=\boldsymbol{0}$ 的解，则 $\boldsymbol{x}=\boldsymbol{\eta}+\boldsymbol{\xi}$ 是 $\boldsymbol{Ax}=\boldsymbol{b}$ 的解.

例 1 设 $\boldsymbol{\eta}_1$，$\boldsymbol{\eta}_2$，…，$\boldsymbol{\eta}_s$ 是非齐次线性方程组 $\boldsymbol{Ax}=\boldsymbol{b}$ 的 s 个解，则下列叙述正确的有（　　）个.

（1）当 $k_1+k_2+\cdots+k_s=1$ 时，$\boldsymbol{\eta}=k_1\boldsymbol{\eta}_1+k_2\boldsymbol{\eta}_2+\cdots+k_s\boldsymbol{\eta}_s$ 也是 $\boldsymbol{Ax}=\boldsymbol{b}$ 的解.

（2）当 $k_1+k_2+\cdots+k_s=0$ 时，$\boldsymbol{\eta}=k_1\boldsymbol{\eta}_1+k_2\boldsymbol{\eta}_2+\cdots+k_s\boldsymbol{\eta}_s$ 也是 $\boldsymbol{Ax}=\boldsymbol{b}$ 的解.

（3）当 $k_1+k_2+\cdots+k_s=1$ 时，$\boldsymbol{\eta}=k_1\boldsymbol{\eta}_1+k_2\boldsymbol{\eta}_2+\cdots+k_s\boldsymbol{\eta}_s$ 是 $\boldsymbol{Ax}=\boldsymbol{0}$ 的解.

（4）当 $k_1+k_2+\cdots+k_s=0$ 时，$\boldsymbol{\eta}=k_1\boldsymbol{\eta}_1+k_2\boldsymbol{\eta}_2+\cdots+k_s\boldsymbol{\eta}_s$ 是 $\boldsymbol{Ax}=\boldsymbol{0}$ 的解.

（A）0　　（B）1　　（C）2　　（D）3　　（E）4

【解析】由于 $\boldsymbol{\eta}_1$，$\boldsymbol{\eta}_2$，…，$\boldsymbol{\eta}_s$ 是非齐次线性方程组 $\boldsymbol{Ax}=\boldsymbol{b}$ 的 s 个解，故 $\boldsymbol{A\eta}_i=\boldsymbol{b}(i=1, 2, \cdots, s)$.

当 $k_1+k_2+\cdots+k_s=1$ 时，而 $\boldsymbol{A}(k_1\boldsymbol{\eta}_1+k_2\boldsymbol{\eta}_2+\cdots+k_s\boldsymbol{\eta}_s)=k_1\boldsymbol{A\eta}_1+k_2\boldsymbol{A\eta}_2+\cdots+k_s\boldsymbol{A\eta}_s=\boldsymbol{b}(k_1+k_2+\cdots+k_s)=\boldsymbol{b}$，即 $\boldsymbol{A\eta}=\boldsymbol{b}(\boldsymbol{\eta}=k_1\boldsymbol{\eta}_1+k_2\boldsymbol{\eta}_2+\cdots+k_s\boldsymbol{\eta}_s)$，从而 $\boldsymbol{\eta}$ 也是方程组 $\boldsymbol{Ax}=\boldsymbol{b}$ 的解.

当 $k_1+k_2+\cdots+k_s=0$ 时，而 $\boldsymbol{A}(k_1\boldsymbol{\eta}_1+k_2\boldsymbol{\eta}_2+\cdots+k_s\boldsymbol{\eta}_s)=k_1\boldsymbol{A\eta}_1+k_2\boldsymbol{A\eta}_2+\cdots+k_s\boldsymbol{A\eta}_s=\boldsymbol{b}(k_1+k_2+\cdots+k_s)=\boldsymbol{0}$，即 $\boldsymbol{A\eta}=\boldsymbol{0}(\boldsymbol{\eta}=k_1\boldsymbol{\eta}_1+k_2\boldsymbol{\eta}_2+\cdots+k_s\boldsymbol{\eta}_s)$，从而 $\boldsymbol{\eta}$ 是方程组 $\boldsymbol{Ax}=\boldsymbol{0}$ 的解.

综上，(1)(4)叙述正确，选 C.

2. 非齐次线性方程组的通解

设 n 元非齐次线性方程组 $\boldsymbol{Ax}=\boldsymbol{b}$ 的系数矩阵与增广矩阵的秩相等，即 $r(\boldsymbol{A})=r(\overline{\boldsymbol{A}})=r$，且 $r<n$，$\boldsymbol{\xi}_1$，$\boldsymbol{\xi}_2$，…，$\boldsymbol{\xi}_{n-r}$是对应的齐次线性方程组 $\boldsymbol{Ax}=\boldsymbol{0}$ 的基础解系，$\boldsymbol{\eta}$ 是 $\boldsymbol{Ax}=\boldsymbol{b}$ 的任意一个解，则非齐次线性方程组 $\boldsymbol{Ax}=\boldsymbol{b}$ 的通解为 $\boldsymbol{x}=\boldsymbol{\eta}+k_1\boldsymbol{\xi}_1+k_2\boldsymbol{\xi}_2+\cdots+k_{n-r}\boldsymbol{\xi}_{n-r}$（$k_1$，$k_2$，…，$k_{n-r}$为任意常数）.

例 2 设 $\boldsymbol{A}$ 为 4×3 阶矩阵，$\boldsymbol{\eta}_1$，$\boldsymbol{\eta}_2$，$\boldsymbol{\eta}_3$ 是非齐次线性方程组 $\boldsymbol{Ax}=\boldsymbol{\beta}$ 的三个线性无关的解，k_1，k_2 为任意实数，则 $\boldsymbol{Ax}=\boldsymbol{\beta}$ 的通解为（　　）.

（A）$\dfrac{\boldsymbol{\eta}_2+\boldsymbol{\eta}_3}{2}+k_1(\boldsymbol{\eta}_2-\boldsymbol{\eta}_1)$

（B）$\dfrac{\boldsymbol{\eta}_2-\boldsymbol{\eta}_3}{2}+k_1(\boldsymbol{\eta}_2-\boldsymbol{\eta}_1)$

（C）$\dfrac{\boldsymbol{\eta}_2+\boldsymbol{\eta}_3}{2}+k_1(\boldsymbol{\eta}_2-\boldsymbol{\eta}_1)+k_2(\boldsymbol{\eta}_3-\boldsymbol{\eta}_1)$

（D）$\dfrac{\boldsymbol{\eta}_2-\boldsymbol{\eta}_3}{2}+k_1(\boldsymbol{\eta}_2-\boldsymbol{\eta}_1)+k_2(\boldsymbol{\eta}_3-\boldsymbol{\eta}_1)$

（E）$\dfrac{\boldsymbol{\eta}_2+\boldsymbol{\eta}_3}{2}+k_1\boldsymbol{\eta}_1+k_2\boldsymbol{\eta}_2$

【解析】由于 $\boldsymbol{\eta}_1$，$\boldsymbol{\eta}_2$，$\boldsymbol{\eta}_3$ 是非齐次线性方程组 $\boldsymbol{Ax}=\boldsymbol{\beta}$ 的三个线性无关的解，根据解的结构 $\boldsymbol{\eta}_2-\boldsymbol{\eta}_1$与 $\boldsymbol{\eta}_3-\boldsymbol{\eta}_1$ 是 $\boldsymbol{Ax}=\boldsymbol{0}$ 的线性无关的两个解，故 $\boldsymbol{Ax}=\boldsymbol{0}$基础解系所含向量个数为 $n-r(\boldsymbol{A})=3-r(\boldsymbol{A})\geqslant2$，即 $r(\boldsymbol{A})\leqslant1$，又 $\boldsymbol{A}\neq\boldsymbol{O}$，故 $r(\boldsymbol{A})\geqslant1$，则 $r(\boldsymbol{A})=1$，基础解系所含向量个数为 2. 又根据解的结构可知$\dfrac{\boldsymbol{\eta}_2+\boldsymbol{\eta}_3}{2}$为 $\boldsymbol{Ax}=\boldsymbol{\beta}$ 的解，则 $\boldsymbol{Ax}=\boldsymbol{\beta}$ 的通解为$\dfrac{\boldsymbol{\eta}_2+\boldsymbol{\eta}_3}{2}+k_1(\boldsymbol{\eta}_2-\boldsymbol{\eta}_1)+k_2(\boldsymbol{\eta}_3-\boldsymbol{\eta}_1)$，故选 C.

3. 非齐次线性方程组的求解过程

可以作为解题模板

方程组 $\boldsymbol{Ax}=\boldsymbol{b}$ …… 例如：解方程组 $\begin{cases} x_1+2x_2+4x_3+8x_4=15 \\ x_1+3x_2+9x_3+27x_4=40 \\ x_1+4x_2+16x_3+64x_4=85 \end{cases}$

↓

行变换为阶梯形矩阵 …… 其系数矩阵化简如下：

$$\begin{pmatrix} 1 & 2 & 4 & 8 & 15 \\ 1 & 3 & 9 & 27 & 40 \\ 1 & 4 & 16 & 64 & 85 \end{pmatrix} \xrightarrow{\text{初等行变换}} \begin{pmatrix} 1 & 2 & 4 & 8 & 15 \\ 0 & 1 & 5 & 19 & 25 \\ 0 & 1 & 7 & 37 & 45 \end{pmatrix} \to$$

$$\begin{pmatrix} 1 & 2 & 4 & 8 & 15 \\ 0 & 1 & 5 & 19 & 25 \\ 0 & 0 & 1 & 9 & 10 \end{pmatrix} \to \begin{pmatrix} 1 & 0 & 0 & 24 & 25 \\ 0 & 1 & 0 & -26 & -25 \\ 0 & 0 & 1 & 9 & 10 \end{pmatrix}$$

↓

写出导出组 $\boldsymbol{Ax}=\boldsymbol{0}$ …… 导出组为 $\begin{cases} x_1+24x_4=0 \\ x_2-26x_4=0 \\ x_3+9x_4=0 \end{cases}$

↓

求导出组 $\boldsymbol{Ax}=\boldsymbol{0}$ 基础解系 …… 变形得 $\begin{cases} x_1=-24x_4 \\ x_2=26x_4 \\ x_3=-9x_4 \end{cases}$，取自由未知量 $x_4=1$，即得基础解系为：$\boldsymbol{\xi}_1=\begin{pmatrix} -24 \\ 26 \\ -9 \\ 1 \end{pmatrix}$

↓

写出同解方程组 …… 其同解方程组为 $\begin{cases} x_1+24x_4=25 \\ x_2-26x_4=-25 \\ x_3+9x_4=10 \end{cases}$

↓

求特解 …… 取自由未知量 $x_4=0$，得到特解 $\boldsymbol{\eta}=\begin{pmatrix} 25 \\ -25 \\ 10 \\ 0 \end{pmatrix}$

↓

写通解 …… 通解为 $\boldsymbol{\eta}+k\boldsymbol{\xi}_1=\begin{pmatrix} 25 \\ -25 \\ 10 \\ 0 \end{pmatrix}+k\begin{pmatrix} -24 \\ 26 \\ -9 \\ 1 \end{pmatrix}$

三、重要结论

1）n 元非齐次线性方程组 $\boldsymbol{Ax}=\boldsymbol{b}$ 有解 $\Leftrightarrow \boldsymbol{b}$ 可被系数矩阵的列向量 $\boldsymbol{\alpha}_1$，$\boldsymbol{\alpha}_2$，…，$\boldsymbol{\alpha}_n$ 线性表出 $\Leftrightarrow r(\boldsymbol{A})=r(\overline{\boldsymbol{A}})$

2）若 $\boldsymbol{A}$ 是 n 阶矩阵，则 $\boldsymbol{Ax}=\boldsymbol{b}$ 有唯一解 $\Leftrightarrow |\boldsymbol{A}|\neq 0$.

3）若 $\boldsymbol{A}$ 是 n 阶矩阵，则 $\boldsymbol{Ax}=\boldsymbol{b}$ 无解或无穷多解 $\Leftrightarrow |\boldsymbol{A}|=0$.

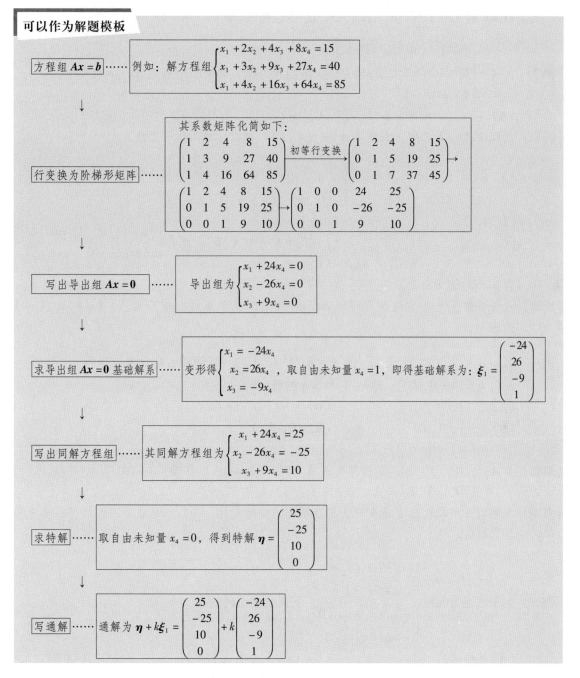

4）非齐次线性方程组 $\boldsymbol{Ax}=\boldsymbol{b}$ 有解时（即 $r(\boldsymbol{A})=r(\overline{\boldsymbol{A}})$ 时）：

① $\boldsymbol{Ax}=\boldsymbol{b}$ 有唯一解 $\Leftrightarrow \boldsymbol{\alpha}_1, \boldsymbol{\alpha}_2, \cdots, \boldsymbol{\alpha}_n$ 线性无关 $\Leftrightarrow r=n$.

② $\boldsymbol{Ax}=\boldsymbol{b}$ 有无穷多解 $\Leftrightarrow \boldsymbol{\alpha}_1, \boldsymbol{\alpha}_2, \cdots, \boldsymbol{\alpha}_n$ 线性相关 $\Leftrightarrow r<n$.

例 3 设 $\boldsymbol{A}=\begin{pmatrix}1&1&a\\0&1&-1\\1&a^2&-1\end{pmatrix}$, $\boldsymbol{b}=\begin{pmatrix}-1\\-1\\a\end{pmatrix}$, 则当 a 为（　　）时，方程组 $\boldsymbol{Ax}=\boldsymbol{b}$ 无解.

（A）1　　（B）2　　（C）-1　　（D）-2　　（E）3

【解析】方程组 $\boldsymbol{Ax}=\boldsymbol{b}$ 无解，表明 $r(\boldsymbol{A})\neq r(\boldsymbol{A}\mid\boldsymbol{b})$，对增广矩阵作行变换，

$$(\boldsymbol{A}\mid\boldsymbol{b})=\begin{pmatrix}1&1&a&-1\\0&1&-1&-1\\1&a^2&-1&a\end{pmatrix}\to\begin{pmatrix}1&1&a&-1\\0&1&-1&-1\\0&a^2-1&-a-1&a+1\end{pmatrix}\to$$

$$\begin{pmatrix}1&1&a&-1\\0&1&-1&-1\\0&0&(a+1)(a-2)&a(a+1)\end{pmatrix}, r(\boldsymbol{A})\neq r(\boldsymbol{A}\mid\boldsymbol{b}), \text{则有}\begin{cases}(a+1)(a-2)=0\\a(a+1)\neq 0\end{cases},$$

得 $a=2$. 选 B.

【点睛】此题考查了非齐次线性方程组 $\boldsymbol{Ax}=\boldsymbol{b}$ 无解的充要条件：增广矩阵 $(\boldsymbol{A}\mid\boldsymbol{b})$ 的秩 $\neq \boldsymbol{A}$ 的秩.

例 4 已知 $\boldsymbol{A}=(a_{ij})$ 为三阶矩阵，$\boldsymbol{A}^{\mathrm{T}}\boldsymbol{A}=\boldsymbol{E}$（$\boldsymbol{A}^{\mathrm{T}}$ 是 $\boldsymbol{A}$ 的转置矩阵，$\boldsymbol{E}$ 是单位矩阵），若 $a_{11}=-1$, $\boldsymbol{b}=(1,0,0)^{\mathrm{T}}$，则矩阵 $\boldsymbol{Ax}=\boldsymbol{b}$ 的解 $\boldsymbol{x}=$（　　）.

（A）$(-1,1,0)^{\mathrm{T}}$　　（B）$(-1,0,1)^{\mathrm{T}}$　　（C）$(-1,-1,0)^{\mathrm{T}}$

（D）$(-1,0,0)^{\mathrm{T}}$　　（E）$(0,0,1)^{\mathrm{T}}$

【解析】令 $\boldsymbol{A}=\begin{pmatrix}-1&0&0\\0&1&0\\0&0&1\end{pmatrix}$，显然满足 $\boldsymbol{A}^{\mathrm{T}}\boldsymbol{A}=\boldsymbol{E}$，则 $\boldsymbol{x}=(-1\ \ 0\ \ 0)^{\mathrm{T}}$. 选 D.

【点睛】此题的巧妙之处在于将 $\boldsymbol{A}$ 取为符合题意的特殊矩阵，再代入到非齐次线性方程组中进行求解.

例 5 关于线性方程组 $\begin{cases}4x_1+tx_2+x_3=1\\4x_2+5x_3=1\\-x_1+x_2+x_3=0\\-5x_1+x_2=-1\end{cases}$，下列叙述正确的为（　　）.

（A）$t\neq0$ 时，无解　　（B）$t\neq0$ 时，有无穷多解　　（C）$t=0$ 时，无解

（D）$t=0$ 时，有无穷多解　　（E）$t\neq1$ 时，唯一解

【解析】由 $\overline{\boldsymbol{A}}=\begin{pmatrix}4&t&1&1\\0&4&5&1\\-1&1&1&0\\-5&1&0&-1\end{pmatrix}\to\begin{pmatrix}0&t+4&5&1\\0&4&5&1\\-1&1&1&0\\0&-4&-5&-1\end{pmatrix}\to\begin{pmatrix}0&t+4&5&1\\0&4&5&1\\-1&1&1&0\\0&0&0&0\end{pmatrix}$,

所以当 $t=0$ 时，$r(\boldsymbol{A})=r(\overline{\boldsymbol{A}})=2<3$，故方程组有无穷多解. 选 D.

【点睛】将非齐次线性方程组的增广矩阵 $\overline{A}$ 化为阶梯形，若 $r(A)=r(\overline{A})<$ 未知数的个数，则有无穷多解；若 $r(A)=r(\overline{A})=$ 未知数的个数，则有唯一解；若 $r(A)<r(\overline{A})$，则无解.

例 6 若方程组 $\begin{cases} x_1+x_2+ax_3=0 \\ -x_1+ax_2+x_3=a^2 \\ x_2+x_3=-4 \end{cases}$ 有解，则其中 $a=($　　$)$.

(A) -2　　(B) -1　　(C) 1　　(D) 2　　(E) 3

【解析】$\overline{A}=\begin{pmatrix} 1 & 1 & a & 0 \\ -1 & a & 1 & a^2 \\ 0 & 1 & 1 & -4 \end{pmatrix} \to \begin{pmatrix} 1 & 1 & a & 0 \\ 0 & a+1 & a+1 & a^2 \\ 0 & 1 & 1 & -4 \end{pmatrix} \to \begin{pmatrix} 1 & 1 & a & 0 \\ 0 & 1 & 1 & -4 \\ 0 & 0 & 0 & a^2+4(a+1) \end{pmatrix}$,

故 $a^2+4(a+1)=0$ 时，$r(A)=r(\overline{A})$，故方程组有解，此时 $a=-2$. 选 A.

【点睛】非齐次线性方程组 $Ax=b$ 有解的充要条件是 $r(A)=r(\overline{A})$.

第四节　总结归纳

1. 关于齐次线性方程组的总结

解的情况	零解 $x=0$ 总是 $Ax=0$ 的解 $Ax=0$ 只有零解 $\Leftrightarrow r(A)=n=A$ 的列数 $Ax=0$ 有非零解 $\Leftrightarrow r(A)<n$
解的性质	设 x_1，x_2 是 $Ax=0$ 的两个解，则 $k_1x_1+k_2x_2$ 也是 $Ax=0$ 的解，其中 k_1，k_2 为两个任意常数
基础解系的本质	解向量的极大线性无关组
基础解系三条件	1）ξ_1，ξ_2，…，ξ_t 是 $Ax=0$ 的一组解 2）解向量 ξ_1，ξ_2，…，ξ_t 线性无关 3）解向量个数 $t=n-r$
通解	基础解系的线性组合：$x=k_1\xi_1+k_2\xi_2+\cdots+k_{n-r}\xi_{n-r}$， 其中 ξ_1，ξ_2，…，ξ_{n-r} 为齐次线性方程组 $Ax=0$ 的一个基础解系
重要结论	1）设 A 是 n 阶矩阵，则 $Ax=0$ 只有零解 $\Leftrightarrow$ 系数矩阵的行列式 $\lvert A\rvert\neq0$ 2）设 A 是 n 阶矩阵，则 $Ax=0$ 有非零解 $\Leftrightarrow$ 系数矩阵的行列式 $\lvert A\rvert=0$ 3）设 A 是 $m\times n$ 矩阵，且 $m<n$，则方程组 $Ax=0$ 必有非零解 4）如果 $AB=O$，n 为 A 的列数（B 的行数），则 $r(A)+r(B)\leqslant n$

2. 关于非齐次线性方程组的总结

解的情况	$Ax=b$ 无解 $\Leftrightarrow r(A)\neq r(\overline{A})$ $Ax=b$ 有唯一解 $\Leftrightarrow r(A)=r(\overline{A})=n$ $Ax=b$ 有无穷多解 $\Leftrightarrow r(A)=r(\overline{A})<n$

（续）

解的性质	1）设 $\boldsymbol{\eta}_1$ 及 $\boldsymbol{\eta}_2$ 都是 $\boldsymbol{Ax}=\boldsymbol{b}$ 的解，则 $\boldsymbol{x}=\boldsymbol{\eta}_1-\boldsymbol{\eta}_2$ 是对应的齐次线性方程组 $\boldsymbol{Ax}=\boldsymbol{0}$ 的解 2）设 $\boldsymbol{\eta}$ 是 $\boldsymbol{Ax}=\boldsymbol{b}$ 的解，$\boldsymbol{\xi}$ 是对应的齐次线性方程组 $\boldsymbol{Ax}=\boldsymbol{0}$ 的解，则 $\boldsymbol{x}=\boldsymbol{\eta}+\boldsymbol{\xi}$ 是 $\boldsymbol{Ax}=\boldsymbol{b}$ 的解 3）设 $\boldsymbol{\eta}_1$，$\boldsymbol{\eta}_2$，…，$\boldsymbol{\eta}_s$ 是非齐次线性方程组 $\boldsymbol{Ax}=\boldsymbol{b}$ 的解，当 $k_1+k_2+\cdots+k_s=1$ 时，$\boldsymbol{\eta}=k_1\boldsymbol{\eta}_1+k_2\boldsymbol{\eta}_2+\cdots+k_s\boldsymbol{\eta}_s$ 也是 $\boldsymbol{Ax}=\boldsymbol{b}$ 的解．当 $k_1+k_2+\cdots+k_s=0$ 时，$\boldsymbol{\eta}=k_1\boldsymbol{\eta}_1+k_2\boldsymbol{\eta}_2+\cdots+k_s\boldsymbol{\eta}_s$ 是 $\boldsymbol{Ax}=\boldsymbol{0}$ 的解
通解	$\boldsymbol{x}=\boldsymbol{\eta}+k_1\boldsymbol{\xi}_1+k_2\boldsymbol{\xi}_2+\cdots+k_{n-r}\boldsymbol{\xi}_{n-r}$，$\boldsymbol{\xi}_1$，$\boldsymbol{\xi}_2$，…，$\boldsymbol{\xi}_{n-r}$是对应的齐次线性方程组 $\boldsymbol{Ax}=\boldsymbol{0}$ 的基础解系，$\boldsymbol{\eta}$ 是 $\boldsymbol{Ax}=\boldsymbol{b}$ 的任意一个解
重要结论	1）若 $\boldsymbol{A}$ 是 n 阶矩阵，则 $\boldsymbol{Ax}=\boldsymbol{b}$ 有唯一解$\Leftrightarrow\|\boldsymbol{A}\|\neq0$ 2）若 $\boldsymbol{A}$ 是 n 阶矩阵，则 $\boldsymbol{Ax}=\boldsymbol{b}$ 无解或无穷多解$\Leftrightarrow\|\boldsymbol{A}\|=0$ 3）非齐次线性方程组 $\boldsymbol{Ax}=\boldsymbol{b}$ 有解时（即 $r(\boldsymbol{A})=r(\overline{\boldsymbol{A}})$时） ①$\boldsymbol{Ax}=\boldsymbol{b}$ 有唯一解$\Leftrightarrow\boldsymbol{\alpha}_1$，$\boldsymbol{\alpha}_2$，…，$\boldsymbol{\alpha}_n$ 线性无关$\Leftrightarrow r=n$ ②$\boldsymbol{Ax}=\boldsymbol{b}$ 有无穷多解$\Leftrightarrow\boldsymbol{\alpha}_1$，$\boldsymbol{\alpha}_2$，…，$\boldsymbol{\alpha}_n$ 线性相关$\Leftrightarrow r<n$

3. 两个方程组的关系

$\boldsymbol{A}$ 为 n 阶方阵时	$\boldsymbol{Ax}=\boldsymbol{b}$ 有唯一解$\Leftrightarrow\boldsymbol{Ax}=\boldsymbol{0}$ 只有零解$\Leftrightarrow\|\boldsymbol{A}\|\neq0\Leftrightarrow r(\boldsymbol{A})=n$ $\boldsymbol{Ax}=\boldsymbol{b}$ 无解或有无穷多解$\Leftrightarrow\boldsymbol{Ax}=\boldsymbol{0}$ 有非零解$\Leftrightarrow\|\boldsymbol{A}\|=0\Leftrightarrow r(\boldsymbol{A})<n$
$\boldsymbol{A}$ 不是方阵时	$\boldsymbol{Ax}=\boldsymbol{b}$ 有唯一解 $\underset{\times}{\rightleftharpoons}$ $\boldsymbol{Ax}=\boldsymbol{0}$ 只有零解 $\boldsymbol{Ax}=\boldsymbol{b}$ 有无穷多解 $\underset{\times}{\rightleftharpoons}$ $\boldsymbol{Ax}=\boldsymbol{0}$ 有非零解 【注】$\boldsymbol{Ax}=\boldsymbol{b}$ 有可能无解

4. 方程组与向量组的关系

设 $\boldsymbol{A}=(\boldsymbol{\alpha}_1,\ \boldsymbol{\alpha}_2,\ \cdots,\ \boldsymbol{\alpha}_n)$为 $m\times n$ 矩阵.

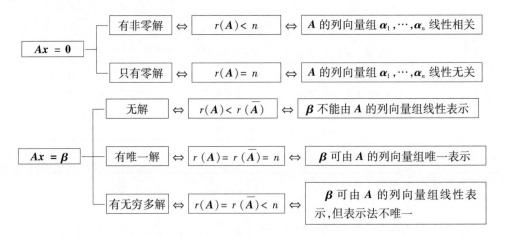

$\boldsymbol{Ax}=\boldsymbol{0}$：
- 有非零解 $\Leftrightarrow$ $r(\boldsymbol{A})<n$ $\Leftrightarrow$ $\boldsymbol{A}$ 的列向量组 $\boldsymbol{\alpha}_1,\cdots,\boldsymbol{\alpha}_n$ 线性相关
- 只有零解 $\Leftrightarrow$ $r(\boldsymbol{A})=n$ $\Leftrightarrow$ $\boldsymbol{A}$ 的列向量组 $\boldsymbol{\alpha}_1,\cdots,\boldsymbol{\alpha}_n$ 线性无关

$\boldsymbol{Ax}=\boldsymbol{\beta}$：
- 无解 $\Leftrightarrow$ $r(\boldsymbol{A})<r(\overline{\boldsymbol{A}})$ $\Leftrightarrow$ $\boldsymbol{\beta}$ 不能由 $\boldsymbol{A}$ 的列向量组线性表示
- 有唯一解 $\Leftrightarrow$ $r(\boldsymbol{A})=r(\overline{\boldsymbol{A}})=n$ $\Leftrightarrow$ $\boldsymbol{\beta}$ 可由 $\boldsymbol{A}$ 的列向量组唯一表示
- 有无穷多解 $\Leftrightarrow$ $r(\boldsymbol{A})=r(\overline{\boldsymbol{A}})<n$ $\Leftrightarrow$ $\boldsymbol{\beta}$ 可由 $\boldsymbol{A}$ 的列向量组线性表示,但表示法不唯一

扫码看视频

第五节　单元练习

1. 当 λ, μ 取（　　）值时，齐次线性方程组 $\begin{cases} \lambda x_1 + x_2 + x_3 = 0 \\ x_1 + \mu x_2 + x_3 = 0 \\ x_1 + 2\mu x_2 + x_3 = 0 \end{cases}$ 有非零解.

（A）$\mu = 0$ 且 $\lambda = 1$　　（B）$\mu = 0$ 或 $\lambda = 1$　　（C）$\mu = 1$ 或 $\lambda = 0$

（D）$\mu = 1$ 且 $\lambda = 0$　　（E）$\mu = \lambda = 1$

2. 下列方程组的通解可以写成 $k\begin{pmatrix} \frac{4}{3} \\ -3 \\ \frac{4}{3} \\ 1 \end{pmatrix}$ 的是（　　）.

（A）$\begin{cases} x_1 + x_2 + 2x_3 - x_4 = 0 \\ 2x_1 + x_2 + x_3 - x_4 = 0 \\ 2x_1 + 2x_2 + x_3 + 2x_4 = 0 \end{cases}$　　（B）$\begin{cases} x_1 + x_2 + 2x_3 - x_4 = 0 \\ 2x_1 + x_2 + x_3 - x_4 = 0 \\ 2x_1 + 2x_2 + x_3 + x_4 = 0 \end{cases}$

（C）$\begin{cases} x_1 + x_2 + 2x_3 + x_4 = 0 \\ 2x_1 + x_2 + x_3 - x_4 = 0 \\ 2x_1 + 2x_2 + x_3 + 2x_4 = 0 \end{cases}$　　（D）$\begin{cases} x_1 - x_2 + 2x_3 - x_4 = 0 \\ 2x_1 + x_2 + x_3 - x_4 = 0 \\ 2x_1 + 2x_2 + x_3 + 2x_4 = 0 \end{cases}$

（E）$\begin{cases} x_1 + x_2 + 2x_3 - x_4 = 0 \\ 2x_1 - x_2 + x_3 - x_4 = 0 \\ 2x_1 + 2x_2 + x_3 + 2x_4 = 0 \end{cases}$

3. 非齐次线性方程组 $\begin{cases} 2x + y - z + w = 1 \\ 4x + 2y - 2z + w = 2 \\ 2x + y - z - w = 1 \end{cases}$ 的通解可以表示为（　　）.

（A）$\begin{pmatrix} -\frac{1}{2} \\ 1 \\ 0 \\ 0 \end{pmatrix} + k_1\begin{pmatrix} \frac{1}{2} \\ 0 \\ 1 \\ 0 \end{pmatrix} + k_2\begin{pmatrix} \frac{1}{2} \\ 0 \\ 0 \\ 0 \end{pmatrix}$　　（B）$\begin{pmatrix} \frac{1}{2} \\ 0 \\ 0 \\ 0 \end{pmatrix} + k_1\begin{pmatrix} -\frac{1}{2} \\ 1 \\ 0 \\ 0 \end{pmatrix} + k_2\begin{pmatrix} \frac{1}{2} \\ 0 \\ 1 \\ 0 \end{pmatrix}$

（C）$\begin{pmatrix} \frac{1}{2} \\ 0 \\ 1 \\ 0 \end{pmatrix} + k_1\begin{pmatrix} -\frac{1}{2} \\ 1 \\ 0 \\ 0 \end{pmatrix} + k_2\begin{pmatrix} \frac{1}{2} \\ 0 \\ 0 \\ 0 \end{pmatrix}$　　（D）$k_1\begin{pmatrix} -\frac{1}{2} \\ 1 \\ 0 \\ 0 \end{pmatrix} + \begin{pmatrix} \frac{1}{2} \\ 0 \\ 0 \\ 0 \end{pmatrix}$

(E) $k_1\begin{pmatrix}\frac{1}{2}\\0\\1\\0\end{pmatrix}+\begin{pmatrix}\frac{1}{2}\\0\\0\\0\end{pmatrix}$

4. 关于非齐次线性方程组$\begin{cases}\lambda x_1+x_2+x_3=1\\x_1+\lambda x_2+x_3=\lambda\\x_1+x_2+\lambda x_3=\lambda^2\end{cases}$，下列说法正确的有（　　）个.

(1) $\lambda\neq-2$ 时，有唯一解　　(2) $\lambda\neq1$ 时，有唯一解

(3) $\lambda=-2$ 时，无解　　(4) $\lambda=1$ 时，有无穷多解

(A) 0　　(B) 1　　(C) 2　　(D) 3　　(E) 4

5. 已知非齐次线性方程组$\begin{cases}x_1+ax_2=5\\2x_1+x_2+x_3+bx_4=1\\5x_1+3x_2+2x_3+2x_4=3\end{cases}$，有一个特解为$\boldsymbol{\eta}=\begin{pmatrix}-8\\13\\0\\2\end{pmatrix}$，则它对应的齐次线性方程组的基础解系可以为（　　）.

(A) $\begin{pmatrix}-1\\0\\1\\0\end{pmatrix}$　　(B) $\begin{pmatrix}-1\\1\\-1\\0\end{pmatrix}$　　(C) $\begin{pmatrix}1\\1\\1\\0\end{pmatrix}$　　(D) $\begin{pmatrix}1\\0\\1\\0\end{pmatrix}$　　(E) $\begin{pmatrix}-1\\1\\1\\0\end{pmatrix}$

6. 设 $\boldsymbol{\eta}^*$ 是非齐次线性方程组 $\boldsymbol{Ax}=\boldsymbol{b}$ 的一个解，$\boldsymbol{\xi}_1, \boldsymbol{\xi}_2, \cdots, \boldsymbol{\xi}_{n-r}$ 是对应的齐次线性方程组的一个基础解系，则下列叙述正确的是（　　）.

(A) $\boldsymbol{\xi}_1, \boldsymbol{\xi}_2, \cdots, \boldsymbol{\xi}_{n-r}$ 线性相关　　(B) $\boldsymbol{\eta}^*$ 可以用 $\boldsymbol{\xi}_1, \boldsymbol{\xi}_2, \cdots, \boldsymbol{\xi}_{n-r}$ 线性表示

(C) $\boldsymbol{\eta}^*, \boldsymbol{\xi}_1, \boldsymbol{\xi}_2, \cdots, \boldsymbol{\xi}_{n-r}$ 线性相关　　(D) $\boldsymbol{\eta}^*, \boldsymbol{\xi}_1, \boldsymbol{\xi}_2, \cdots, \boldsymbol{\xi}_{n-r}$ 线性无关

(E) $\boldsymbol{\eta}^*+\boldsymbol{\xi}_1+\boldsymbol{\xi}_2+\cdots+\boldsymbol{\xi}_{n-r}$ 有可能为 $\mathbf{0}$

7. 齐次线性方程组 $\boldsymbol{Ax}=\mathbf{0}$ 和 $\boldsymbol{Bx}=\mathbf{0}$，其中 $\boldsymbol{A}, \boldsymbol{B}$ 均为 $m\times n$ 矩阵，下列叙述正确的有（　　）个.

(1) 若 $\boldsymbol{Ax}=\mathbf{0}$ 的解均是 $\boldsymbol{Bx}=\mathbf{0}$ 的解，则 $r(\boldsymbol{A})\geqslant r(\boldsymbol{B})$.

(2) 若 $r(\boldsymbol{A})\geqslant r(\boldsymbol{B})$，则 $\boldsymbol{Ax}=\mathbf{0}$ 的解均是 $\boldsymbol{Bx}=\mathbf{0}$ 的解.

(3) 若 $\boldsymbol{Ax}=\mathbf{0}$ 与 $\boldsymbol{Bx}=\mathbf{0}$ 同解，则 $r(\boldsymbol{A})=r(\boldsymbol{B})$.

(4) 若 $r(\boldsymbol{A})=r(\boldsymbol{B})$，则 $\boldsymbol{Ax}=\mathbf{0}$ 与 $\boldsymbol{Bx}=\mathbf{0}$ 同解.

(A) 0　　(B) 1　　(C) 2　　(D) 3　　(E) 4

8. 设 $\boldsymbol{A}$ 为 n 阶实矩阵，$\boldsymbol{A}^{\mathrm{T}}$ 是 $\boldsymbol{A}$ 的转置矩阵，则对于线性方程组（Ⅰ）$\boldsymbol{Ax}=\mathbf{0}$ 和（Ⅱ）$\boldsymbol{A}^{\mathrm{T}}\boldsymbol{Ax}=\mathbf{0}$，必有（　　）.

(A)（Ⅱ）的解是（Ⅰ）的解，（Ⅰ）的解也是（Ⅱ）的解

(B)（Ⅱ）的解是（Ⅰ）的解，但（Ⅰ）的解不是（Ⅱ）的解

(C)（Ⅰ）的解不是（Ⅱ）的解，（Ⅱ）的解也不是（Ⅰ）的解

(D)（Ⅰ）的解是（Ⅱ）的解，但（Ⅱ）的解不是（Ⅰ）的解

（E）无法确定两者解的关系

9. 设四元齐次线性方程组（Ⅰ）为$\begin{cases}x_1+x_2=0\\x_2-x_4=0\end{cases}$，又已知某齐次线性方程组（Ⅱ）的通解为$k_1(0,1,1,0)^T+k_2(-1,2,2,1)^T$；若线性方程组（Ⅰ）和（Ⅱ）有非零公共解，则有（　　）.

（A）$k_1+k_2=0$　　（B）$k_1-k_2=0$　　（C）$k_1+k_2=1$

（D）$k_1-k_2=1$　　（E）$k_1\pm k_2=0$

10. 已知齐次线性方程组（Ⅰ）的通解为$l_1(0,\ 0,\ 1,\ 0)^T+l_2(-1,\ 1,\ 0,\ 1)^T$，又已知某齐次线性方程组（Ⅱ）的通解为$k_1(0,\ 1,\ 1,\ 0)^T+k_2(-1,\ 2,\ 2,\ 1)^T$. 则线性方程组（Ⅰ）和（Ⅱ）的非零公共解为（　　）.

（A）$k(-1,\ -1,\ 1,\ 1)^T$　　（B）$k(-1,\ 1,\ 1,\ -1)^T$　　（C）$k(1,\ 1,\ -1,\ 1)^T$

（D）$k(-1,\ 1,\ 1,\ 1)^T$　　（E）$k(1,\ -1,\ -1,\ 1)^T$

11. 已知下列非齐次线性方程组

（Ⅰ）$\begin{cases}x_1+x_2-2x_4=-6\\4x_1-x_2-x_3-x_4=1\\3x_1-x_2-x_3=3\end{cases}$　　（Ⅱ）$\begin{cases}x_1+mx_2-x_3-x_4=-5\\nx_2-x_3-2x_4=-11\\x_3-2x_4=-5\end{cases}$

当方程组（Ⅰ）与（Ⅱ）同解时，则$m+n$的值为（　　）.

（A）3　　（B）5　　（C）6　　（D）-3　　（E）-2

12. 已知三阶矩阵$\boldsymbol{B}\neq\boldsymbol{O}$，且$\boldsymbol{B}$的每一个列向量都是以下方程组的解：

$\begin{cases}x_1+2x_2-2x_3=0,\\2x_1-x_2+\lambda x_3=0,\\3x_1+x_2-x_3=0\end{cases}$则$\lambda+|\boldsymbol{B}|$的值为（　　）.

（A）1　　（B）2　　（C）3　　（D）4　　（E）6

答案及解析

1. **B**　采用行列式分析：$D=\begin{vmatrix}\lambda&1&1\\1&\mu&1\\1&2\mu&1\end{vmatrix}=\mu-\mu\lambda$，当行列式为0时，齐次线性方程组有非零解，故$D=0$，即$\mu-\mu\lambda=0$，得$\mu=0$或$\lambda=1$.

2. **A**　A选项，对系数矩阵实施行变换：

$$\begin{pmatrix}1&1&2&-1\\2&1&1&-1\\2&2&1&2\end{pmatrix}\to\begin{pmatrix}1&0&0&-\frac{4}{3}\\0&1&0&3\\0&0&1&-\frac{4}{3}\end{pmatrix}，得\begin{cases}x_1=\frac{4}{3}x_4\\x_2=-3x_4\\x_3=\frac{4}{3}x_4\\x_4=x_4\end{cases}，故解为\begin{pmatrix}x_1\\x_2\\x_3\\x_4\end{pmatrix}=k\begin{pmatrix}\frac{4}{3}\\-3\\\frac{4}{3}\\1\end{pmatrix}.$$

其他选项以此类推.

3. **B** 对系数的增广矩阵实施行变换：

$$\begin{pmatrix}2&1&-1&1&1\\4&2&-2&1&2\\2&1&-1&-1&1\end{pmatrix}\to\begin{pmatrix}2&1&-1&1&1\\0&0&0&1&0\\0&0&0&0&0\end{pmatrix}，得\begin{cases}x=-\frac{1}{2}y+\frac{1}{2}z+\frac{1}{2}\\ y=y\\ z=z\\ w=0\end{cases}，故$$

$$\begin{pmatrix}x\\y\\z\\w\end{pmatrix}=k_1\begin{pmatrix}-\frac{1}{2}\\1\\0\\0\end{pmatrix}+k_2\begin{pmatrix}\frac{1}{2}\\0\\1\\0\end{pmatrix}+\begin{pmatrix}\frac{1}{2}\\0\\0\\0\end{pmatrix}，k_1，k_2 是任意常数.$$

【评注】本题也可以直接将基础解系和特解代入方程验证.

4. **C** 先用行列式讨论是否有唯一解，

$$\begin{vmatrix}\lambda&1&1\\1&\lambda&1\\1&1&\lambda\end{vmatrix}=(\lambda-1)^2(\lambda+2)\neq0\Rightarrow\lambda\neq-2 且 \lambda\neq1 时，方程组有唯一解.$$

再作初等变换分析：

$$(\boldsymbol{A}\mid\boldsymbol{b})=\begin{pmatrix}\lambda&1&1&1\\1&\lambda&1&\lambda\\1&1&\lambda&\lambda^2\end{pmatrix}\to\begin{pmatrix}1&1&\lambda&\lambda^2\\0&\lambda-1&1-\lambda&\lambda(1-\lambda)\\0&0&(1-\lambda)(2+\lambda)&(1-\lambda)(\lambda+1)^2\end{pmatrix}$$

由 $(1-\lambda)(2+\lambda)=0$，$(1-\lambda)(1+\lambda)^2\neq0$，得 $\lambda=-2$ 时，$r(\boldsymbol{A})<r(\boldsymbol{A}\mid\boldsymbol{b})$ 方程组无解.

当 $\lambda=1$ 时，$r(\boldsymbol{A})=r(\boldsymbol{A}\mid\boldsymbol{b})<3$，方程组有无穷多个解.

综上，只有(3)(4)叙述正确.

5. **E** 先将特解代入方程中，求出参数 $a=1$，$b=2$，再进行初等变换：

$$(\boldsymbol{A}\mid\boldsymbol{b})=\begin{pmatrix}1&1&0&0&5\\2&1&1&2&1\\5&3&2&2&3\end{pmatrix}\xrightarrow{\text{初等行变换}}\begin{pmatrix}1&0&1&0&-8\\0&1&-1&0&13\\0&0&0&1&2\end{pmatrix}$$

可以得到对应的齐次线性方程组的基础解系为 $\boldsymbol{\xi}_1=\begin{pmatrix}-1\\1\\1\\0\end{pmatrix}$.

6. **D** 由于基础解系包含的解向量线性无关，故 A 错误.

假设 $\boldsymbol{\eta}^*$，$\boldsymbol{\xi}_1$，$\boldsymbol{\xi}_2$，…，$\boldsymbol{\xi}_{n-1}$线性相关，则存在不全为 0 的数 c_0，c_1，…，c_{n-r}使

$c_0\boldsymbol{\eta}^*+c_1\boldsymbol{\xi}_1+c_2\boldsymbol{\xi}_2+\cdots+c_{n-r}\boldsymbol{\xi}_{n-r}=\mathbf{0}$ ①

若 $c_0=0$，则 $\boldsymbol{\xi}_1$，$\boldsymbol{\xi}_2$，…，$\boldsymbol{\xi}_{n-r}$线性相关，与基础解系线性无关矛盾.

故 $c_0 \neq 0$. 其次，由于 $\boldsymbol{\eta}^*$ 为特解，$\boldsymbol{\xi}_1$，$\boldsymbol{\xi}_2$，…，$\boldsymbol{\xi}_{n-r}$为基础解系，

故 $\boldsymbol{A}(c_0\boldsymbol{\eta}^* + c_1\boldsymbol{\xi}_1 + c_2\boldsymbol{\xi}_2 + \cdots + c_{n-r}\boldsymbol{\xi}_{n-r}) = c_0\boldsymbol{A}\boldsymbol{\eta}^* = c_0\boldsymbol{b}$,

而由①式可得 $\boldsymbol{A}(c_0\boldsymbol{\eta}^* + c_1\boldsymbol{\xi}_1 + c_2\boldsymbol{\xi}_2 + \cdots + c_{n-r}\boldsymbol{\xi}_{n-r}) = \boldsymbol{0}$,

故 $\boldsymbol{b} = \boldsymbol{0}$，而题中，该方程组为非齐次线性方程组，得 $\boldsymbol{b} \neq \boldsymbol{0}$，产生矛盾.

综上，假设不成立，故 $\boldsymbol{\eta}^*$，$\boldsymbol{\xi}_1$，$\boldsymbol{\xi}_2$，…，$\boldsymbol{\xi}_{n-r}$线性无关.

【评注】本题可以总结为结论，非齐次方程的特解与导出组的基础解系线性无关.

7. **C** 若 $\boldsymbol{Ax} = \boldsymbol{0}$ 的解均是 $\boldsymbol{Bx} = \boldsymbol{0}$ 的解，则 $\boldsymbol{Ax} = \boldsymbol{0}$ 的基础解系必是 $\boldsymbol{Bx} = \boldsymbol{0}$ 的基础解系的一部分，故 $\boldsymbol{Ax} = \boldsymbol{0}$ 的基础解系所含解向量个数必小于 $\boldsymbol{Bx} = \boldsymbol{0}$ 的基础解系所含解向量个数，即 $n - r(\boldsymbol{A}) \leqslant n - r(\boldsymbol{B}) \Rightarrow r(\boldsymbol{A}) \geqslant r(\boldsymbol{B})$.

   故 (1)正确，从而(3)正确.

8. **A** （1）$\boldsymbol{Ax} = \boldsymbol{0} \Rightarrow (\boldsymbol{A}^{\mathrm{T}}\boldsymbol{A})\boldsymbol{x} = \boldsymbol{A}^{\mathrm{T}}(\boldsymbol{Ax}) = \boldsymbol{0}$，即 $\boldsymbol{Ax} = \boldsymbol{0}$ 的解是 $\boldsymbol{A}^{\mathrm{T}}\boldsymbol{Ax} = \boldsymbol{0}$ 的解；

   （2）$(\boldsymbol{A}^{\mathrm{T}}\boldsymbol{A})\boldsymbol{x} \Rightarrow \boldsymbol{x}^{\mathrm{T}}\boldsymbol{A}^{\mathrm{T}}\boldsymbol{Ax} = \boldsymbol{0} \Rightarrow (\boldsymbol{Ax})^{\mathrm{T}}\boldsymbol{Ax} = \boldsymbol{0} \Rightarrow \boldsymbol{Ax} = \boldsymbol{0}$,

   即 $\boldsymbol{A}^{\mathrm{T}}\boldsymbol{Ax} = \boldsymbol{0}$ 的解是 $\boldsymbol{Ax} = \boldsymbol{0}$的解. 综上，$\boldsymbol{Ax} = \boldsymbol{0}$ 与 $\boldsymbol{A}^{\mathrm{T}}\boldsymbol{Ax} = \boldsymbol{0}$ 同解.

9. **A** 将方程组(Ⅱ)的通解代入方程组(Ⅰ)，得$\begin{cases} k_1 + k_2 = 0 \\ k_1 + k_2 = 0 \end{cases} \Rightarrow k_1 = -k_2$,

   当 $k_1 = -k_2 \neq 0$ 时，方程组(Ⅰ)和方程组(Ⅱ)有非零公共解，且非零公共解为 $\boldsymbol{x} = -k_2(0, 1, 1, 0)^{\mathrm{T}} + k_2(-1, 2, 2, 1)^{\mathrm{T}} = k_2(-1, 1, 1, 1)^{\mathrm{T}} = k(-1, 1, 1, 1)^{\mathrm{T}}$，其中 k 是不为零的任意常数.

10. **D** 让两者的公共解相等来分析，令 $k_1(0, 1, 1, 0)^{\mathrm{T}} + k_2(-1, 2, 2, 1)^{\mathrm{T}} = l_1(0, 0, 1, 0)^{\mathrm{T}} + l_2(-1, 1, 0, 1)^{\mathrm{T}}$，解得 $k_1 = -k_2$.

    当 $k_1 = -k_2 \neq 0$ 时，方程组(Ⅰ)和(Ⅱ)的非零公共解为 $\boldsymbol{x} = -k_2(0, 1, 1, 0)^{\mathrm{T}} + k_2(-1, 2, 2, 1)^{\mathrm{T}} = k_2(-1, 1, 1, 1)^{\mathrm{T}} = k(-1, 1, 1, 1)^{\mathrm{T}}$，其中 k 是不为零的任意常数.

11. **C** 方法一：

    先求出第一个方程组的通解

$$\boldsymbol{B}_1 = (\boldsymbol{A}_1 \mid \boldsymbol{b}_1) = \left(\begin{array}{cccc:c} 1 & 1 & 0 & -2 & -6 \\ 4 & -1 & -1 & -1 & 1 \\ 3 & -1 & -1 & 0 & 3 \end{array}\right) \longrightarrow \left(\begin{array}{cccc:c} 1 & 0 & 0 & -1 & -2 \\ 0 & 1 & 0 & -1 & -4 \\ 0 & 0 & 1 & -2 & -5 \end{array}\right)$$

则方程组(Ⅰ)的通解为 $\boldsymbol{x} = k(1, 1, 2, 1) + (-2, -4, -5, 0)$，$k$ 为任意常数.

将方程组(Ⅰ)的特解代入方程组(Ⅱ)，解得 $m = 2$，$n = 4$. $m + n = 6$.

检验：此时方程组（Ⅱ）的增广矩阵.

$$\boldsymbol{B}_2 = (\boldsymbol{A}_2 \mid \boldsymbol{b}_2) = \left(\begin{array}{cccc:c} 1 & 2 & -1 & -1 & -5 \\ 0 & 4 & -1 & -2 & -11 \\ 0 & 0 & 1 & -2 & -5 \end{array}\right) \longrightarrow \left(\begin{array}{cccc:c} 1 & 0 & 0 & -1 & -2 \\ 0 & 1 & 0 & -1 & -4 \\ 0 & 0 & 1 & -2 & -5 \end{array}\right)$$

则方程组(Ⅱ)的通解 $\boldsymbol{x} = k(1, 1, 2, 1) + (-2, -4, -5, 0)$，$k$ 为任意常数.

检验可知：方程组(Ⅱ)的通解与方程组(Ⅰ)的通解相同.

【评注】方程组(Ⅰ)的通解代入方程组(Ⅱ)，解得 $m = 2$，$n = 4$，只表示方程组(Ⅰ)

的解是方程组(Ⅱ)的解. 还需验证方程组(Ⅱ)的解是否是方程组(Ⅰ)的解.

方法二：将两个方程组合成一个方程组，进行初等变换分析.

$$\left(\begin{array}{ccc:ccc}1 & 4 & 3 & 1 & 0 & 0\\ 1 & -1 & -1 & m & n & 0\\ 0 & -1 & -1 & -1 & -1 & 1\\ -2 & -1 & 0 & -1 & -2 & -2\\ -6 & 1 & 3 & -5 & -11 & -5\end{array}\right)\to\begin{pmatrix}1 & 4 & 3 & 1 & 0 & 0\\ 0 & 1 & 1 & 1 & 1 & -1\\ 0 & 0 & 1 & 6 & 9 & -5\\ 0 & 0 & 0 & m-2 & n-4 & 0\\ 0 & 0 & 0 & 0 & 0 & 0\end{pmatrix}$$

得 $m=2$，$n=4$.

12. **A** 由题意知，齐次线性方程组有非零解，则方程组的系数行列式

$$|\boldsymbol{A}|=\begin{vmatrix}1 & 2 & -2\\ 2 & -1 & \lambda\\ 3 & 1 & -1\end{vmatrix}=5(\lambda-1)=0\Rightarrow\lambda=1.$$

方法一：反证法. 由题意，得 $\boldsymbol{AB}=\boldsymbol{O}$，若 $|\boldsymbol{B}|\neq0\Rightarrow\boldsymbol{A}=\boldsymbol{O}$，矛盾，所以 $|\boldsymbol{B}|=0$.

方法二：秩. 由 $\boldsymbol{AB}=\boldsymbol{O}\Rightarrow r(\boldsymbol{B})+r(\boldsymbol{A})\leqslant3$；又 $\boldsymbol{A}\neq\boldsymbol{O}\Rightarrow r(\boldsymbol{A})\geqslant1$，则 $r(\boldsymbol{B})<3$ $\Rightarrow|\boldsymbol{B}|=0$.

故 $\lambda+|\boldsymbol{B}|=1+0=1$，选 A.

【评注】若 $\boldsymbol{A}_{m\times s}\boldsymbol{B}_{s\times n}=\boldsymbol{O}$，则有下面两个常用的结论：

①$r(\boldsymbol{A})+r(\boldsymbol{B})\leqslant s$；(2)若 $\boldsymbol{B}\neq\boldsymbol{O}$，则齐次线性方程组 $\boldsymbol{A}_{m\times s}\boldsymbol{x}=\boldsymbol{0}$ 有非零解.

2023 经济类联考

数学精点

第三部分 概 率 论

第九章 随机事件及概率

【大纲解读】

本章虽然在考纲中未明确列出，但它是学习其他章节的基础，故仍需学习和了解随机事件与样本空间、事件的关系与运算、完备事件组、概率的概念及性质、古典概率、条件概率、概率的基本公式、事件的独立性、独立重复试验.

【命题剖析】

本章一般考 1 个题目，重点掌握概率的加法公式、减法公式、乘法公式，理解事件独立性的概念，掌握用事件独立性进行概率计算；理解独立重复试验的概念，掌握计算有关事件概率的方法.

【知识体系】

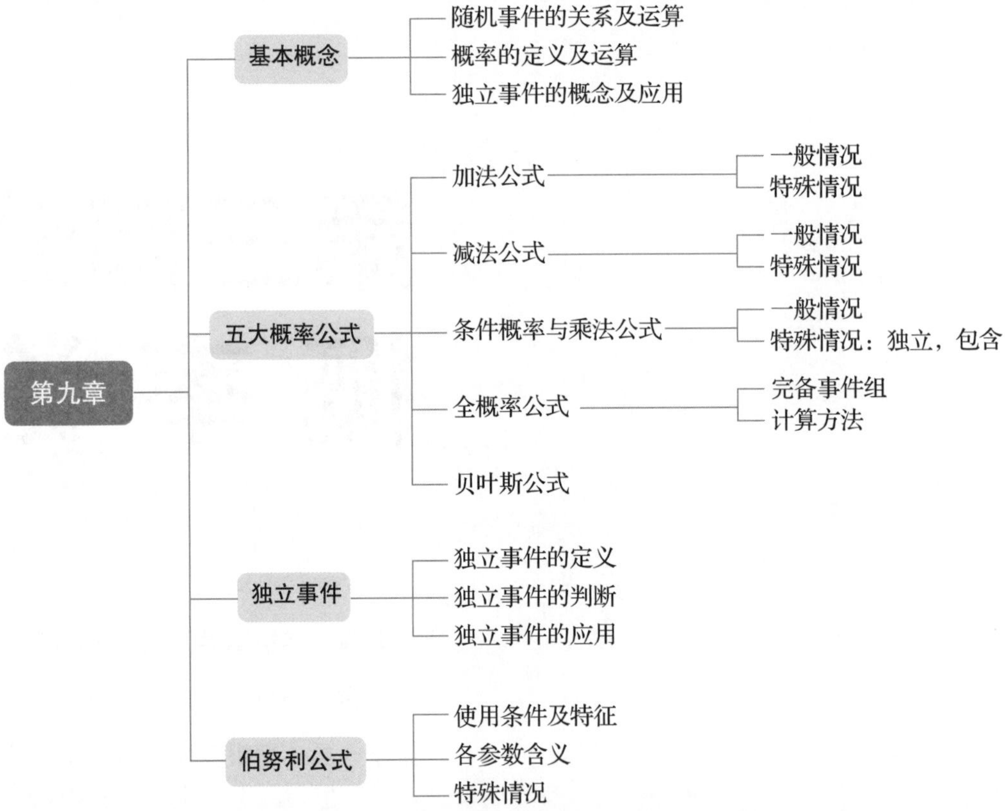

【备考建议】

本章是概率的基础，主要了解随机试验、样本空间、随机事件的基本概念，掌握随机事件的关系及运算；了解概率的概念，掌握概率的性质和计算及概率的五大公式；掌握事件独立的概念、独立重复试验及伯努利概型的计算.

第一节 基本概念

一、随机试验、样本空间与随机事件

1. 随机试验

如果试验满足以下性质：

1）在相同的条件下可以重复进行；

2）每次试验可能的结果不止一个，并且事先能明确试验所有可能的结果；

3）进行一次试验之前不能确定哪一个结果出现.

则称该试验为随机试验，简称试验，常记为 E.

2. 样本空间

随机试验 E 的所有可能结果组成的集合称为样本空间，记为 Ω. 样本空间的元素，即随机试验每个可能的结果称为样本点或基本事件，记为 ω.

3. 随机事件

试验的可能结果称为随机事件，即随机试验 E 的样本空间 Ω 的子集称为 E 的随机事件，简称事件，常记为 A、B、C 等；若一次试验的结果 $\omega \in A$，则称事件 A 发生，若一次试验的结果$\omega \notin A$，则称事件 A 没有发生.

二、事件的关系与运算

1. 事件的关系

1）包含（子事件）：$A \subset B$，即 A 包含于 B 或 B 包含 A.

含义：A 发生 B 一定发生.

等价于$\overline{B}$包含于 $\overline{A}$，$A+B=B$，$AB=A$，$A\overline{B}=\varnothing$.

2）相等：$A=B$，即 A 包含于 B 且 B 包含于 A.

含义：A 发生 B 一定发生，同时 B 发生 A 也一定发生.

3）互斥（互不相容）：$AB=\varnothing$.

含义：A、B 不可能同时发生.

4）对立：$AB=\varnothing$且 $A \cup B=\Omega$（全集），此时记$\overline{B}=A$.

含义：A 发生 B 一定不发生，A 不发生 B 一定发生.

评注 1）对立必互斥，互斥不一定对立.

2）$A\overline{A}=\varnothing$，$A \cup \overline{A}=\Omega$.

2. 事件的运算

1）和运算（和事件）：$A \cup B$(或 $A+B$)

代表：A、B 至少有一个发生.

可列有限：$A_1 \cup A_2 \cup A_3 \cup \cdots \cup A_n=\bigcup\limits_{i=1}^{n} A_i$. 可列无限：无限项事件求和.

2）积运算（积事件）：$A\cap B$（或 AB）

代表：A、B 同时发生.

可列有限：$A_1\cap A_2\cap A_3\cap\cdots\cap A_n=\bigcap_{i=1}^{n}A_i=A_1A_2A_3\cdots A_n$.

3）差运算（差事件）：$A-B$

代表：A 发生 B 不发生.

评注 $A-B=A-AB=A\overline{B}$.

3. 事件的运算律

1）交换律：$A+B=B+A$，$AB=BA$

2）结合律：$(A+B)+C=A+(B+C)$，$(AB)C=A(BC)$

3）分配律：$(AB)+C=(A+C)(B+C)$，$(A+B)C=AC+BC$

4）对偶律：$\begin{cases}\overline{A+B}=\overline{A}\,\overline{B}\\ \overline{AB}=\overline{A}+\overline{B}\end{cases}$

评注 对偶律实现了和与积、交与并的转化.

例 1 设 $\Omega=\{1,2,3,4,5,6\}$，$A=\{1,2,3\}$，$B=\{2,3,4\}$，$C=\{4,5,6\}$，则下列叙述正确的有（　　）个.

(1) $\overline{A}B=\{4\}$；(2) $\overline{A}\cup B=\{2,3,4,5,6\}$；(3) $\overline{B-A}=\{1,2,3,5,6\}$；

(4) $\overline{A\,\overline{\overline{BC}}}=\{4,5,6\}$；(5) $\overline{A(B\cup C)}=\{1,4,5,6\}$.

(A) 1　　(B) 2　　(C) 3　　(D) 4　　(E) 5

【解析】(1) $\overline{A}B=B-A=\{4\}$；

(2) $\overline{A}\cup B=\{4,5,6\}\cup\{2,3,4\}=\{2,3,4,5,6\}$；

(3) $\overline{B-A}=\overline{\{4\}}=\{1,2,3,5,6\}$；

(4) $\overline{A\,\overline{\overline{BC}}}=\overline{A\,\overline{\overline{\{4\}}}}=\overline{A\cap\{1,2,3,5,6\}}=\overline{\{1,2,3\}}=\{4,5,6\}$；

(5) $\overline{A(B\cup C)}=\overline{A\cap\{2,3,4,5,6\}}=\overline{\{2,3\}}=\{1,4,5,6\}$

故以上叙述都正确，选 E.

【评注】本题也可以画图分析.

例 2 指出下列命题中成立的有（　　）个.

(1) $A\cup B=A\overline{B}\cup B$　　(2) 若 $B\subset A$，则 $B=AB$

(3) $\overline{A\cup B}C=\overline{AB}C$　　(4) 若 $AB=\varnothing$ 且 $C\subset A$，则 $BC=\varnothing$

(A) 4　　(B) 3　　(C) 2　　(D) 1　　(E) 0

【解析】(1) 成立，因为 $A\overline{B}\cup B=(A\cup B)(\overline{B}\cup B)=A\cup B$.

(2) 成立，因为 $B\subset A$，所以 $B\subset AB$，又 $AB\subset B$，故 $B=AB$，

(3) 不成立，因左边包含事件 C，右边不包含事件 C，所以不成立.

(4) 成立. 因若 $BC\neq\varnothing$，则因 $C\subset A$，必有 $BC\subset AB$，所以 $AB\neq\varnothing$ 与已知矛盾，所以成立.

故选 B.

【评注】本题也可以画图分析.

三、概率

1. 定义

设 E 是随机试验，Ω 是样本空间，称实值函数 P 为概率. 如果 P 满足下列条件：

1）非负性：对于每一个事件 A，有 $P(A)\geqslant 0$；

2）规范性：对于必然事件 Ω，有 $P(\Omega)=1$；

3）可列可加性：设事件 A_1，A_2，…是两两互斥的事件，有 $P(A_1+A_2+\cdots)=P(A_1)+P(A_2)+\cdots$.

则称 $P(A)$为事件 A 的概率.

2. 性质

1）$P(\varnothing)=0$，$P(\Omega)=1$.

2）$0\leqslant P(A)\leqslant 1$.

3）若 A，B 互斥，则 $P(A+B)=P(A)+P(B)$.

4）若 $A\subset B$，则 $P(A)\leqslant P(B)$.

四、古典概型、几何概型

1. 古典概型

当试验结果为有限 n 个样本点，且每个样本点的发生具有相等的可能性，如果事件 A 由 n_A 个样本点组成，则事件 A 的概率

$$P(A)=\frac{A\text{ 所包含的样本点数}}{\text{样本点总数}}=\frac{n_A}{n}.$$

称有限等可能试验中事件 A 的概率 $P(A)$为古典概率.

评注 组合计算公式：$\mathrm{C}_m^n=\dfrac{m!}{n!(m-n)!}$，排列计算公式：$\mathrm{A}_m^n=\dfrac{m!}{(m-n)!}$.

例 3 已知在 10 件产品中有 2 件是次品，在其中取两次，每次任取一件，作不放回抽样.

（1）两件都是正品的概率为（　　）.

（A）$\frac{22}{45}$　（B）$\frac{23}{45}$　（C）$\frac{26}{45}$　（D）$\frac{28}{45}$　（E）$\frac{29}{45}$

（2）一件是正品、一件是次品的概率为（　　）.

（A）$\frac{8}{45}$　（B）$\frac{16}{45}$　（C）$\frac{19}{45}$　（D）$\frac{32}{45}$　（E）$\frac{34}{45}$

【解析】（1）两件都是正品的概率：$P(A)=\dfrac{\mathrm{C}_8^1\mathrm{C}_7^1}{\mathrm{C}_{10}^1\mathrm{C}_9^1}=\dfrac{28}{45}$，选 D.

（2）一件是正品、一件是次品的概率：$P(C)=\dfrac{\mathrm{C}_2^1\mathrm{C}_8^1+\mathrm{C}_8^1\mathrm{C}_2^1}{\mathrm{C}_{10}^1\mathrm{C}_9^1}=\dfrac{16}{45}$，选 B.

例 4 袋中有编号为 1 到 10 的 10 个球，今从袋中任取 3 个球.

（1）3 个球的最小号码为 5 的概率为（　　）.

（A）$\frac{1}{8}$　（B）$\frac{1}{10}$　（C）$\frac{1}{12}$　（D）$\frac{1}{15}$　（E）$\frac{1}{20}$

(2) 3 个球的最大号码为 5 的概率为( ).

(A) $\frac{1}{24}$ (B) $\frac{1}{20}$ (C) $\frac{1}{18}$ (D) $\frac{1}{16}$ (E) $\frac{1}{12}$

【解析】编号从 1 号到 10 号的球，任取 3 个，则样本空间 Ω 共有 C_{10}^3 个样本点.

(1) 最小号码是 5 这一事件包含 C_5^2 个样本点，因为除了最小号码是 5 外，其余 2 个号码是从 $\{6, 7, 8, 9, 10\}$ 中抽取，故为 C_5^2，因此 $p_1=\frac{C_5^2}{C_{10}^3}=\frac{1}{12}$，选 C.

(2) 最大号码是 5 这一事件包含 C_4^2 个样本点，因为除了最大号码是 5 外，其余 2 个号码是从 $\{1, 2, 3, 4\}$ 中抽取，故为 C_4^2，因此 $p_2=\frac{C_4^2}{C_{10}^3}=\frac{1}{20}$，选 B.

2. 几何概型

当试验的样本空间是某区域，以 $L(\Omega)$ 表示其几何度量（长度、面积、体积等），$L(\Omega)$ 为有限且试验结果出现在 Ω 中任何区域的可能性只能与该区域几何度量成正比，事件 A 的样本点所表示的区域为 Ω_A，则事件 A 的概率

$$P(A)=\frac{\Omega_A \text{ 的几何度量}}{\Omega \text{ 的几何度量}}=\frac{L(\Omega_A)}{L(\Omega)}.$$

称这种样本点个数无限但几何度量上的等可能试验中事件 A 的概率 $P(A)$ 为几何概率.

例 5 两人约定上午 9:00 ~ 10:00 在公园会面，则一人要等另一人半小时以上的概率为( ).

(A) $\frac{1}{4}$ (B) $\frac{1}{5}$ (C) $\frac{1}{6}$ (D) $\frac{1}{8}$ (E) $\frac{1}{12}$

【解析】设两人到达时刻分别为 x，y，则 $0 \leqslant x \leqslant 60$，$0 \leqslant y \leqslant 60$. 事件“一人要等另一人半小时以上”等价于 $|x-y|>30$. 如图 9.1 阴影部分所示.

$P=\frac{30^2}{60^2}=\frac{1}{4}$，选 A.

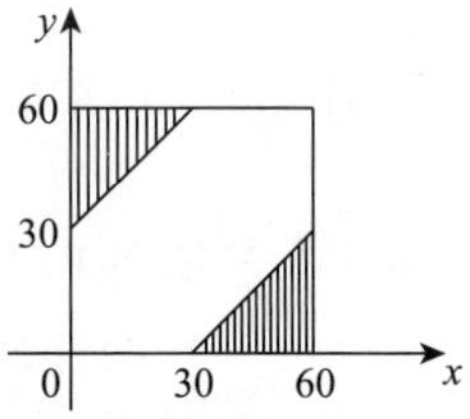

图 9.1

例 6 在区间(0, 1)中随机取两个数，则两个数之和小于 $\frac{6}{5}$ 的概率为( ).

(A) $\frac{11}{24}$ (B) $\frac{13}{20}$ (C) $\frac{17}{25}$ (D) $\frac{13}{25}$ (E) $\frac{5}{12}$

【解析】设事件 A 为两个数之和小于 $\frac{6}{5}$，设两个数分别为 x，y，几何概率如图 9.2.

$$A \text{ 发生} \Leftrightarrow \begin{cases} 0<x<1 \\ 0<y<1 \\ x+y<\frac{6}{5} \end{cases}$$

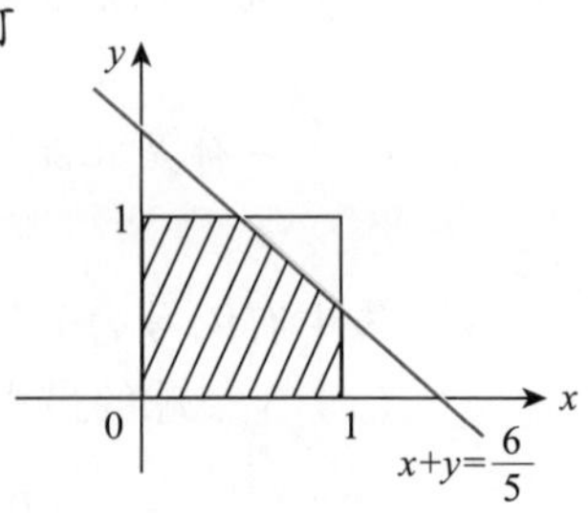

图 9.2

$$P(A)=\frac{S_{阴}}{S_{正}}=\frac{1-\left(1-\frac{1}{5}\right)^{2}\cdot\frac{1}{2}}{1}=\frac{17}{25}$$，选 C.

第二节　五大基本公式

一、加法公式

1）$P(A+B)=P(A)+P(B)-P(AB)$.

当 $P(AB)=0$ 时，$P(A+B)=P(A)+P(B)$.

2）$P(A\cup B\cup C)=P(A)+P(B)+P(C)-P(AB)-P(AC)-P(BC)+P(ABC)$.

例 1　设 A, B, C 是三个事件，且 $P(A)=P(B)=P(C)=\frac{1}{4}$，$P(AB)=P(BC)=0$，$P(AC)=\frac{1}{8}$，则 A, B, C 至少有一个发生的概率为（　　）.

（A）$\frac{3}{8}$　（B）$\frac{5}{8}$　（C）$\frac{7}{8}$　（D）$\frac{3}{4}$　（E）$\frac{1}{2}$

【解析】$P(A\cup B\cup C)=P(A)+P(B)+P(C)-P(AB)-P(AC)-P(BC)+P(ABC)$

因为 $0\leqslant P(ABC)\leqslant P(AB)=0$，所以 $P(ABC)=0$，于是

$P(A\cup B\cup C)=\frac{3}{4}-\frac{1}{8}=\frac{5}{8}$. 选 B.

例 2　已知 $P(A)=P(B)=P(C)=\frac{1}{4}$，$P(AC)=P(BC)=\frac{1}{16}$，$P(AB)=0$，则事件 A，B，C 全不发生的概率为（　　）.

（A）$\frac{3}{8}$　（B）$\frac{5}{8}$　（C）$\frac{7}{8}$　（D）$\frac{3}{4}$　（E）$\frac{1}{2}$

【解析】$P(\overline{A}\,\overline{B}\,\overline{C})=P(\overline{A+B+C})=1-P(A+B+C)$

$=1-[P(A)+P(B)+P(C)-P(AB)-P(AC)-P(BC)+P(ABC)]$

$=1-\left[\frac{1}{4}+\frac{1}{4}+\frac{1}{4}-0-\frac{1}{16}-\frac{1}{16}+0\right]=\frac{3}{8}$. 选 A.

二、减法公式

$P(A-B)=P(A)-P(AB)$.

当 $B\subset A$ 时，$P(A-B)=P(A)-P(B)$；当 $A=\Omega$ 时，$P(\overline{B})=1-P(B)$.

例 3　设 A，B 为随机事件，且 $P(A)=0.4$，$P(B)=0.3$，$P(A\cup B)=0.6$，则 $P(A\overline{B})=$（　　）.

（A）0.3　（B）0.4　（C）0.6　（D）0.8　（E）0.9

【解析】$P(AB)=P(A)+P(B)-P(A\cup B)=0.4+0.3-0.6=0.1$，所以 $P(A\overline{B})=P(A)-P(AB)=0.4-0.1=0.3$. 选 A.

例4 已知事件A，B满足$P(AB)=P(\overline{A}\,\overline{B})$，记$P(A)=0.4$，则$P(B)=($　　$)$.

(A) 0.3　　(B) 0.4　　(C) 0.6　　(D) 0.8　　(E) 0.9

【解析】$P(AB)=P(\overline{A}\,\overline{B})=P(\overline{A\cup B})=1-P(A\cup B)=1-P(A)-P(B)+P(AB)$，由此得$1-P(A)-P(B)=0$，所以$P(B)=1-P(A)=0.6$. 选C.

例5 已知$P(A)=0.7$，$P(A-B)=0.3$，则$P(\overline{AB})=($　　$)$.

(A) 0.3　　(B) 0.4　　(C) 0.6　　(D) 0.8　　(E) 0.9

【解析】因为$0.3=P(A-B)=P(A)-P(AB)=0.7-P(AB)$，所以$P(AB)=0.7-0.3=0.4$，$P(\overline{AB})=1-P(AB)=0.6$，选C.

例6 设事件A，B仅发生一个的概率为0.3，且$P(A)+P(B)=0.5$，则A，B至少有一个不发生的概率为(　　).

(A) 0.3　　(B) 0.4　　(C) 0.6　　(D) 0.8　　(E) 0.9

【解析】由事件A，B仅发生一个的概率为0.3，得到$P(A\overline{B}+\overline{A}B)=0.3$，

即$0.3=P(A\overline{B})+P(\overline{A}B)=P(A)-P(AB)+P(B)-P(AB)=0.5-2P(AB)$，

所以$P(AB)=0.1$.

A，B至少有一个不发生的概率为$P(\overline{A}\cup\overline{B})=P(\overline{AB})=1-P(AB)=0.9$. 选E.

例7 设A，B是两个事件，已知$P(A)=\frac{1}{4}$，$P(B)=\frac{1}{2}$，$P(AB)=\frac{1}{8}$，则下列叙述正确的有(　　)个.

(1) $P(A\cup B)=\frac{3}{8}$　　(2) $P(\overline{A}B)=\frac{1}{4}$

(3) $P(\overline{AB})=\frac{7}{8}$　　(4) $P[(A\cup B)(\overline{AB})]=\frac{1}{2}$

(A) 0　　(B) 1　　(C) 2　　(D) 3　　(E) 4

【解析】由$P(A)=\frac{1}{4}$，$P(B)=\frac{1}{2}$，$P(AB)=\frac{1}{8}$，

得到：$P(A\cup B)=P(A)+P(B)-P(AB)=\frac{1}{4}+\frac{1}{2}-\frac{1}{8}=\frac{5}{8}$，

$P(\overline{A}B)=P(B)-P(AB)=\frac{1}{2}-\frac{1}{8}=\frac{3}{8}$，

$P(\overline{AB})=1-P(AB)=1-\frac{1}{8}=\frac{7}{8}$，

$P[(A\cup B)(\overline{AB})]=P[(A\cup B)-(AB)]=P(A\cup B)-P(AB)=\frac{5}{8}-\frac{1}{8}=\frac{1}{2}$.

(因为$AB\subset(A\cup B)$)

故只有(3)(4)是正确的，选C.

例8 设A，B为两个事件且$P(A)=0.6$，$P(B)=0.7$.

(1) $P(AB)$的最大值为(　　).

(A) 0　　(B) 0.4　　(C) 0.6　　(D) 0.8　　(E) 0.9

(2) $P(AB)$的最小值为(　　).

(A) 0　　(B) 0.3　　(C) 0.6　　(D) 0.8　　(E) 0.9

【解析】(1) 观察上式，已知 $P(A)$，$P(B)$ 均固定，当 $P(A\cup B)$ 最小时，$P(AB)$ 最大.
当 $A\cup B=B$，即 $A\subset B$ 时，$P(A\cup B)$ 最小，此时，$P(AB)$ 取到最大值，最大值为 $P(AB)=P(A)=0.6$. 选 C.

(2) 当 $P(A\cup B)$ 最大时，$P(AB)$ 最小. 当 $A\cup B=\Omega$ 时，$P(A\cup B)$ 取得最大值为 1，此时，$P(AB)$ 取得最小值，最小值为 $P(AB)=P(A)+P(B)-P(A\cup B)=0.6+0.7-1=0.3$. 选 B.

三、条件概率和乘法公式

1. 条件概率

设 A，B 是两个事件，且 $P(A)>0$，则称 $\frac{P(AB)}{P(A)}$ 为事件 A 发生条件下，事件 B 发生的条件概率，记为 $P(B|A)=\frac{P(AB)}{P(A)}$.

评注　条件概率是概率的一种，所有概率的性质都适用于条件概率.

例如 $P(\Omega|A)=1\Rightarrow P(\overline{B}|A)=1-P(B|A)$.

例 9　某地某天下雪的概率为 0.3，下雨的概率为 0.5，既下雪又下雨的概率为 0.1.

(1) 在下雨条件下下雪的概率为(　　).

(A) 0.2　　(B) 0.4　　(C) 0.6　　(D) 0.7　　(E) 0.9

(2) 这天下雨或下雪的概率为(　　).

(A) 0.2　　(B) 0.4　　(C) 0.6　　(D) 0.7　　(E) 0.9

【解析】设 $A=\{下雨\}$，$B=\{下雪\}$.

(1) $P(B|A)=\frac{P(AB)}{P(A)}=\frac{0.1}{0.5}=0.2$，选 A.

(2) $P(A\cup B)=P(A)+P(B)-P(AB)=0.3+0.5-0.1=0.7$，选 D.

例 10　设 A，B 为随机事件，且 $P(A)=0.5$，$P(B)=0.6$，$P(B|A)=0.8$，则 $P(A\cup B)=$(　　).

(A) 0.3　　(B) 0.4　　(C) 0.6　　(D) 0.7　　(E) 0.9

【解析】$P(AB)=P(B|A)P(A)=0.8\times0.5=0.4$，所以 $P(A\cup B)=P(A)+P(B)-P(AB)=0.5+0.6-0.4=0.7$，选 D.

例 11　设 $P(\overline{A})=0.3$，$P(B)=0.4$，$P(A\overline{B})=0.5$，则 $P(B|A\cup\overline{B})=$(　　).

(A) 0.2　　(B) 0.25　　(C) 0.4　　(D) 0.5　　(E) 0.6

【解析】$P(B|A\cup\overline{B})=\frac{P(AB)}{P(A\cup\overline{B})}=\frac{P(A)-P(A\overline{B})}{P(A)+P(\overline{B})-P(A\overline{B})}=\frac{0.7-0.5}{0.7+0.6-0.5}=\frac{1}{4}$，选 B.

2. 乘法公式

根据条件概率得到：$P(AB)=P(A)P(B|A)$.

对事件 A_1，A_2，…，A_n，若 $P(A_1A_2\cdots A_{n-1})>0$，则有

$P(A_1A_2\cdots A_n)=P(A_1)P(A_2|A_1)P(A_3|A_1A_2)\cdots P(A_n|A_1A_2\cdots A_{n-1})$.

例 12 已知 $P(A)=\frac{1}{4}$，$P(B|A)=\frac{1}{3}$，$P(A|B)=\frac{1}{2}$，则 $P(A\cup B)=$（　　）.

（A）$\frac{1}{12}$　　（B）$\frac{1}{10}$　　（C）$\frac{1}{8}$　　（D）$\frac{1}{6}$　　（E）$\frac{1}{3}$

【解析】$P(A)=\frac{1}{4}>0$，由乘法公式有：$P(AB)=P(A)\cdot P(B|A)=\frac{1}{12}$.

又由 $P(AB)=P(A|B)P(B)$ 有：$P(B)=\frac{P(AB)}{P(A|B)}=\frac{\frac{1}{12}}{\frac{1}{2}}=\frac{1}{6}$.

$P(A\cup B)=P(A)+P(B)-P(AB)=\frac{1}{4}+\frac{1}{6}-\frac{1}{12}=\frac{1}{3}$，选 E.

四、全概率公式

设事件 B_1，B_2，…，B_n 满足：

1）B_1，B_2，…，B_n 两两互不相容，$P(B_i)>0$，$i=1$，2，…，n；

2）$A\subset\bigcup_{i=1}^{n}B_i$.

则有 $P(A)=P(B_1)P(A|B_1)+P(B_2)P(A|B_2)+\cdots+P(B_n)P(A|B_n)$.

五、贝叶斯公式

设事件 B_1，B_2，…，B_n 及 A 满足：

1）B_1，B_2，…，B_n 两两互不相容，$P(B_i)>0$，$i=1$，2，…，n；

2）$A\subset\bigcup_{i=1}^{n}B_i$，$P(A)>0$，

则 $P(B_i|A)=\frac{P(B_i)P(A|B_i)}{\sum_{j=1}^{n}P(B_j)P(A|B_j)}$，$i=1,2,\cdots,n$. 此公式即为贝叶斯公式.

$P(B_i)(i=1，2，\cdots，n)$，通常称为先验概率. $P(B_i|A)(i=1，2\cdots，n)$，通常称为后验概率. 如果我们把 A 当作观察的“结果”，而 B_1，B_2，…，B_n 理解为“原因”，则贝叶斯公式反映了“因果”的概率规律，并作出了“由果溯因”的推断.

例 13 按以往概率论考试结果分析，努力学习的学生有 90% 的可能考试及格，不努力学习的学生有 90% 的可能考试不及格. 据调查，学生中有 80% 的人是努力学习的.

（1）考试及格的学生是不努力学习的人的概率为（　　）.

（A）$\frac{1}{37}$　　（B）$\frac{2}{37}$　　（C）$\frac{4}{37}$　　（D）$\frac{5}{37}$　　（E）$\frac{7}{37}$

（2）考试不及格的学生是努力学习的人的概率为（　　）.

(A) $\frac{1}{13}$　(B) $\frac{2}{13}$　(C) $\frac{4}{13}$　(D) $\frac{5}{13}$　(E) $\frac{7}{13}$

【解析】设 $A=\{$被调查学生是努力学习的$\}$，则 $\overline{A}=\{$被调查学生是不努力学习的$\}$. 由题意知 $P(A)=0.8$，$P(\overline{A})=0.2$，又设 $B=\{$被调查学生考试及格$\}$. 由题意知 $P(B\mid A)=0.9$，$P(\overline{B}\mid\overline{A})=0.9$，故由贝叶斯公式知

(1) $P(\overline{A}\mid B)=\frac{P(\overline{A}B)}{P(B)}=\frac{P(\overline{A})P(B\mid\overline{A})}{P(A)P(B\mid A)+P(\overline{A})P(B\mid\overline{A})}=\frac{0.2\times0.1}{0.8\times0.9+0.2\times0.1}=\frac{1}{37}$，选 A.

(2) $P(A\mid\overline{B})=\frac{P(A\overline{B})}{P(\overline{B})}=\frac{P(A)P(\overline{B}\mid A)}{P(A)P(\overline{B}\mid A)+P(\overline{A})P(\overline{B}\mid\overline{A})}=\frac{0.8\times0.1}{0.8\times0.1+0.2\times0.9}=\frac{4}{13}$，选 C.

第三节　事件的独立性及伯努利概型

一、两个事件的独立性

1. 定义

设事件 A，B 满足 $P(AB)=P(A)P(B)$，则称事件 A，B 是相互独立的.

2. 条件概率

若事件 A，B 相互独立，且 $P(A)>0$，则有 $P(B\mid A)=\frac{P(AB)}{P(A)}=\frac{P(A)P(B)}{P(A)}=P(B)$

3. 结论

若事件 A，B 相互独立，则可得到 $\overline{A}$ 与 B、A 与 $\overline{B}$、$\overline{A}$ 与 $\overline{B}$ 也都相互独立.

或者理解为：四对事件 A 与 B，$\overline{A}$ 与 B，A 与 $\overline{B}$，$\overline{A}$ 与 $\overline{B}$ 之中有一对相互独立，则另外三对也相互独立.

4. 独立与互斥的关系

若 $P(A)>0$，$P(B)>0$，则有

1) 当 A 与 B 独立时，A 与 B 相容（不互斥）；

2) 当 A 与 B 不相容（互斥）时，A 与 B 不独立.

分析如下：

1) 因为 A 与 B 独立，所以 $P(AB)=P(A)P(B)>0$，A 与 B 相容.

2) 因为 $P(AB)=0$，而 $P(A)P(B)>0$，故 $P(AB)\neq P(A)P(B)$，A 与 B 不独立.

评注 可以总结为口诀“独立不互斥，互斥不独立”.

注意 互斥事件与相互独立事件研究的都是两个事件的关系，但互斥的两个事件是一次实验中的两个事件，相互独立的两个事件是在两次试验中得到的，注意区别.

5. 特殊情况

必然事件 Ω 和不可能事件 $\varnothing$ 与任何事件都相互独立. 同时，$\varnothing$ 与任何事件都互斥.

例 1 若事件 A，B 相互独立，$P(A)=0.5$，$P(A\cup B)=0.8$.

(1) $P(A\overline{B})=($　　$)$.

(A) 0.2　(B) 0.4　(C) 0.6　(D) 0.7　(E) 0.9

(2) $P(\overline{A}\cup\overline{B})=($　　$)$.

(A) 0.2　(B) 0.4　(C) 0.6　(D) 0.7　(E) 0.9

【解析】$P(A\cup B)=P(A)+P(B)-P(A)P(B)\Rightarrow P(B)=0.6$.

(1) $P(A\overline{B})=P(A)P(\overline{B})=0.2$. 选 A.

(2) $P(\overline{A}\cup\overline{B})=1-P(AB)=1-P(A)P(B)=0.7$. 选 D.

例 2 设两个相互独立的事件 A 和 B 都不发生的概率为 $\frac{1}{9}$，A 发生 B 不发生的概率与 B 发生 A 不发生的概率相等，则 $P(A)=($　　$)$.

(A) $\frac{1}{3}$　(B) $\frac{2}{3}$　(C) $\frac{1}{4}$　(D) $\frac{3}{4}$　(E) $\frac{2}{5}$

【解析】$P(\overline{A}\,\overline{B})=P(\overline{A\cup B})=1-P(A\cup B)=\frac{1}{9}$　①

$P(A\overline{B})=P(\overline{A}B)$　②，故 $P(A)-P(AB)=P(B)-P(AB)$.

得到：$P(A)=P(B)$ ③，由 A，B 的独立性及①、③式有

$$\frac{1}{9}=1-P(A)-P(B)+P(A)P(B)=1-2P(A)+[P(A)]^2=[1-P(A)]^2$$

故 $P(A)=\frac{2}{3}$ 或 $P(A)=\frac{4}{3}$（舍去），即 $P(A)=\frac{2}{3}$. 选 B.

例 3 设事件 A 与 B 相互独立，两个事件只有 A 发生的概率与只有 B 发生的概率都是 $\frac{1}{4}$，则 $P(B)=($　　$)$.

(A) 0.3　(B) 0.4　(C) 0.5　(D) 0.6　(E) 0.8

【解析】因为 $P(\overline{A}B)=P(A\overline{B})=\frac{1}{4}$，又 A 与 B 相互独立，

所以 $P(\overline{A}B)=P(\overline{A})P(B)=[1-P(A)]P(B)=\frac{1}{4}$，

$P(A\overline{B})=P(A)P(\overline{B})=P(A)[1-P(B)]=\frac{1}{4}$，

所以 $P(A)=P(B)$，$P(A)-P^2(A)=\frac{1}{4}$，即 $P(A)=P(B)=\frac{1}{2}$. 选 C.

二、多个事件的独立性

1. 定义

设 A，B，C 是三个事件，如果满足三个事件两两独立的条件，$P(AB)=P(A)P(B)$；$P(BC)=P(B)P(C)$；$P(CA)=P(C)P(A)$，并且同时满足 $P(ABC)=P(A)P(B)P(C)$，那么 A，B，C 相互独立. 对于 n 个事件类似.

2. 结论

如果已知事件A，B，C相互独立，则其中两个事件的运算与另一个事件也独立.

例如，事件A，B，C相互独立，则$A\cup B$与C也独立.

因为A、B、C相互独立，

$$\begin{aligned}P[(A\cup B)\cap C]&=P(AC\cup BC)=P(AC)+P(BC)-P(ABC)\\&=P(A)P(C)+P(B)P(C)-P(A)P(B)P(C)\\&=[P(A)+P(B)-P(AB)]\ P(C)=P(A\cup B)P(C)\end{aligned}$$

故$A\cup B$与C独立.

3. 两两独立与相互独立的区别

A_1，A_2，…，A_n相互独立$\Rightarrow A_1$，A_2，…，A_n两两独立.

注意 若n个事件A_1，A_2，…，A_n相互独立，则有$P(A_1\cdot A_2\cdot\cdots\cdot A_n)=P(A_1)\cdot P(A_2)\cdot\cdots\cdot P(A_n)$成立. 反之不一定成立.

例 4 设A，B，C是两两独立的事件，且$ABC=\varnothing$. 若$P(A)=P(B)=P(C)<\frac{1}{2}$，且$P(A\cup B\cup C)=\frac{9}{16}$，则$P(A)=(\quad)$.

(A) $\frac{1}{8}$　(B) $\frac{1}{6}$　(C) $\frac{1}{5}$　(D) $\frac{1}{4}$　(E) $\frac{1}{3}$

【解析】$P(A\cup B\cup C)=\frac{9}{16}=P(A)+P(B)+P(C)-P(AB)-P(AC)-P(BC)+P(ABC)$

$=3P(A)-3[P(A)]^2=\frac{9}{16}$，得到$16[P(A)]^2-16P(A)+3=0$.

$P(A)=\frac{3}{4}$或$P(A)=\frac{1}{4}$，由$P(A)<\frac{1}{2}$，故$P(A)=\frac{1}{4}$，选D.

三、伯努利概型

1. 伯努利试验的定义

作了n次试验，且满足：

1）每次试验只有两种可能结果，A发生或A不发生；

2）n次试验是重复进行的，即A发生的概率每次均一样；

3）每次试验是独立的，即每次试验A发生与否是互不影响的.

这种试验称为伯努利概型或称为n重伯努利试验.

2. 伯努利公式

用p表示每次试验A发生的概率，则$\overline{A}$发生的概率为$1-p=q$，用$P_n(k)$表示n重伯努利试验中A出现$k(0\leqslant k\leqslant n)$次的概率，$P_n(k)=C_n^kp^kq^{n-k}$，$k=0$，1，2，…，$n$.

3. 特殊情况

$k=n$时，即在n次独立重复试验中事件A全部发生，概率为$P_n(n)=C_n^np^n(1-p)^0=p^n$.

$k=0$时，即在n次独立重复试验中事件A没有发生，概率为$P_n(n)=C_n^0p^0(1-p)^n=(1-p)^n$.

$P_n(k)=C_n^kp^k(1-p)^{n-k}$即是二项式$[p+(1-p)]^n$的展开式中第$k+1$项的值，$P_n(k)=C_n^kp^k(1-p)^{n-k}$也称为二项分布公式．概率$P_n(k)=C_n^kp^k(1-p)^{n-k}$的分布称为二项分布．

注意 n次独立重复试验的特征：

1）试验的次数不止一次，而是多次，次数$n\geqslant 1$；

2）每次试验的条件是一样的，是重复性的试验序列；

3）每次试验的结果只有A与$\overline{A}$两种（即事件A要么发生，要么不发生），每次试验相互独立，试验的结果互不影响，即各次试验中事件A发生的概率保持不变．

推广 若n次独立重复试验中某事件发生一次的概率为p，则至少发生一次的概率为$1-(1-p)^n$．

例 5 一射手对同一目标独立地进行4次射击，若至少命中一次的概率为$\frac{80}{81}$，则该射手4次射击至少命中2次的概率为（　　）．

(A) $\frac{23}{27}$　(B) $\frac{1}{3}$　(C) $\frac{7}{9}$　(D) $\frac{8}{9}$　(E) $\frac{20}{27}$

【解析】设该射手每次的命中率为p，由题意：$\frac{80}{81}=1-(1-p)^4$，$(1-p)^4=\frac{1}{81}$，$1-p=\frac{1}{3}$，所以$p=\frac{2}{3}$．

则该射手4次射击至少命中2次的概率为

$$P=C_4^2\left(\frac{2}{3}\right)^2\left(\frac{1}{3}\right)^2+C_4^3\left(\frac{2}{3}\right)^3\left(\frac{1}{3}\right)^1+C_4^4\left(\frac{2}{3}\right)^4\left(\frac{1}{3}\right)^0=\frac{8}{9}.$$

或者从反面计算$P=1-C_4^1\left(\frac{2}{3}\right)^1\left(\frac{1}{3}\right)^3-C_4^0\left(\frac{2}{3}\right)^0\left(\frac{1}{3}\right)^4=1-\frac{1}{9}=\frac{8}{9}$，选D．

例 6 掷一枚均匀硬币直到出现3次正面才停止．

(1) 则正好在第6次停止的概率为（　　）．

(A) $\frac{13}{32}$　(B) $\frac{11}{32}$　(C) $\frac{9}{32}$　(D) $\frac{7}{32}$　(E) $\frac{5}{32}$

(2) 则正好在第6次停止的情况下，第5次也出现正面的概率为（　　）．

(A) $\frac{1}{2}$　(B) $\frac{1}{5}$　(C) $\frac{2}{5}$　(D) $\frac{3}{5}$　(E) $\frac{5}{6}$

【解析】(1)“正好在第6次停止”说明：第6次是正面，前5次中，出现2次正面，3次反面，故概率$P_1=C_5^2\left(\frac{1}{2}\right)^2\left(\frac{1}{2}\right)^3\frac{1}{2}=\frac{5}{32}$，选E．

(2) 设$A=$“正好在第6次停止”，$B=$“第5次出现正面”，根据条件概率

$$P(B|A)=\frac{P(AB)}{P(A)}=\frac{C_4^1\left(\frac{1}{2}\right)\left(\frac{1}{2}\right)^3\frac{1}{4}}{\frac{5}{32}}=\frac{2}{5}，选C.$$

第四节 归纳总结

1. 基本概念和定义

排列组合公式	$A_m^n=\dfrac{m!}{(m-n)!}$，$C_m^n=\dfrac{m!}{n!(m-n)!}$
随机试验和随机事件	如果一个试验在相同条件下可以重复进行，而每次试验可能的结果不止一个，但在进行一次试验之前却不能断言它出现哪个结果，则称这种试验为随机试验. 试验可能的结果称为随机事件.
基本事件、样本空间和事件	在一个试验下，不管事件有多少个，总可以从其中找出这样一组事件，它具有如下性质： ①每进行一次试验，必须发生且只能发生这一组中的一个事件； ②任何事件，都是由这一组中的部分事件组成的. 这样一组事件中的每一个事件称为基本事件，用 ω 来表示. 基本事件的全体，称为试验的样本空间，用 Ω 表示. 一个事件就是由 Ω 中的部分点（基本事件 ω）组成的集合. 通常用大写字母 A，B，C，…表示事件，它们是 Ω 的子集. Ω 为必然事件，$\varnothing$ 为不可能事件. 不可能事件($\varnothing$)的概率为零，而概率为零的事件不一定是不可能事件；同理，必然事件(Ω)的概率为 1，而概率为 1 的事件也不一定是必然事件.
事件的关系与运算	①关系： 如果事件 A 的组成部分也是事件 B 的组成部分(事件 A 发生必有事件 B 发生)：$A\subset B$. 如果同时有 $A\subset B$，$B\supset A$，则称事件 A 与事件 B 等价，或称 A 等于 B：$A=B$. A、B 中至少有一个发生的事件：$A\cup B$，或者 $A+B$. 属于 A 而不属于 B 的部分所构成的事件，称为 A 与 B 的差，记为 $A-B$，也可表示为 $A-AB$ 或者 $A\overline{B}$，它表示 A 发生而 B 不发生的事件. A、B 同时发生：$A\cap B$，或者 AB. $A\cap B=\varnothing$，则表示 A 与 B 不可能同时发生，称事件 A 与事件 B 互不相容或者互斥. 基本事件是互不相容的. $\Omega-A$ 称为事件 A 的逆事件，或称 A 的对立事件，记为 $\overline{A}$. 它表示 A 不发生的事件. 互斥未必对立. ②运算： 结合律：$A(BC)=(AB)C$，$A\cup(B\cup C)=(A\cup B)\cup C$ 分配律：$(AB)\cup C=(A\cup C)\cap(B\cup C)$，$(A\cup B)\cap C=(AC)\cup(BC)$ 对偶律：$\overline{A\cup B}=\overline{A}\cap\overline{B}$，$\overline{A\cap B}=\overline{A}\cup\overline{B}$
古典概型	$P(A)=\dfrac{A\text{所包含的基本事件数}}{\text{基本事件总数}}$
几何概型	对任一事件 A，$P(A)=\dfrac{L(A)}{L(\Omega)}$. 其中 L 为几何度量（长度、面积、体积）

2. 常用公式

加法公式	$P(A+B)=P(A)+P(B)-P(AB)$，当 $P(AB)=0$ 时，$P(A+B)=P(A)+P(B)$
减法公式	$P(A-B)=P(A)-P(AB)$，当 $B\subset A$ 时，$P(A-B)=P(A)-P(B)$，当 $A=\Omega$ 时，$P(\overline{B})=1-P(B)$
条件概率	**定义** 设 A、B 是两个事件，且 $P(A)>0$，则称$\dfrac{P(AB)}{P(A)}$为事件 A 发生条件下，事件 B 发生的条件概率，记为 $P(B\mid A)=\dfrac{P(AB)}{P(A)}$. 条件概率是概率的一种，所有概率的性质都适用于条件概率. 例如 $P(\Omega\mid A)=1\Rightarrow P(\overline{B}\mid A)=1-P(B\mid A)$
乘法公式	乘法公式：$P(AB)=P(A)P(B\mid A)$ 更一般地，对事件 $A_1, A_2, \cdots, A_n$，若 $P(A_1A_2\cdots A_{n-1})>0$，则有 $P(A_1A_2\cdots A_n)=P(A_1)P(A_2\mid A_1)P(A_3\mid A_1A_2)\cdots P(A_n\mid A_1A_2\cdots A_{n-1})$
全概率公式	设事件 $B_1, B_2, \cdots, B_n$ 满足： 1）$B_1, B_2, \cdots, B_n$ 两两互不相容，$P(B_i)>0$，$i=1, 2, \cdots, n$； 2）$A\subset \bigcup\limits_{i=1}^{n} B_i$. 则有 $P(A)=P(B_1)P(A\mid B_1)+P(B_2)P(A\mid B_2)+\cdots+P(B_n)P(A\mid B_n)$.
贝叶斯公式	设事件 $B_1, B_2, \cdots, B_n$ 及 A 满足： 1）$B_1, B_2, \cdots, B_n$ 两两互不相容，$P(B_i)>0$，$i=1, 2, \cdots, n$； 2）$A\subset \bigcup\limits_{i=1}^{n} B_i$，$P(A)>0$，则 $P(B_i\mid A)=\dfrac{P(B_i)P(A\mid B_i)}{\sum\limits_{j=1}^{n} P(B_j)P(A\mid B_j)}$，$i=1,2,\cdots,n$. 此公式即为贝叶斯公式. $P(B_i)(i=1, 2, \cdots, n)$通常称为先验概率. $P(B_i\mid A)(i=1, 2, \cdots, n)$通常称为后验概率. 贝叶斯公式反映了“因果”的概率规律，并作出了“由果溯因”的推断.

3. 独立事件和伯努利概型

独立的定义	**①两个事件的独立性** 设事件 A、B 满足 $P(AB)=P(A)P(B)$，则称事件 A、B 是相互独立的. **②多个事件的独立性** 设 ABC 是三个事件，如果三个事件满足两两独立的条件，$P(AB)=P(A)P(B)$；$P(BC)=P(B)P(C)$；$P(CA)=P(C)P(A)$，并且同时满足 $P(ABC)=P(A)P(B)P(C)$，那么 A、B、C 相互独立. 对于 n 个事件类似.
独立的结论	若事件 A、B 相互独立，则可得到 $\overline{A}$ 与 B、A 与 $\overline{B}$、$\overline{A}$ 与 $\overline{B}$ 也都相互独立. 必然事件 Ω 和不可能事件$\varnothing$与任何事件都相互独立. $\varnothing$与任何事件都互斥.

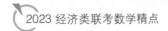

（续）

独立的判断方法	两个事件 A，B 相互独立的直观含义是一个事件发生的概率不影响另一个事件发生的概率，因此有些事实问题可凭直观进行判断，但理论证明要用下面的判别条件之一来判断： 1）$P(AB)=P(A)P(B)$ 2）$P(B\mid A)=P(B)\quad (P(A)>0)$ 3）$P(B\mid A)=P(B\mid \overline{A})\quad (0<P(A)<1)$ 4）$P(B\mid A)+P(\overline{B}\mid \overline{A})=1\quad (0<P(A)<1)$ 上述4个条件中的任何一个都是 A，B 相互独立的充要条件，但通常用第一个进行判别
伯努利概型	作了 n 次试验，且满足： 1）每次试验只有两种可能结果，A 发生或 A 不发生； 2）n 次试验是重复进行的，即 A 发生的概率每次均一样； 3）每次试验是独立的，即每次试验 A 发生与否与其他次试验 A 发生与否是互不影响的. 这种试验称为伯努利概型，或称为 n 重伯努利试验. 用 p 表示每次试验 A 发生的概率，则 $\overline{A}$ 发生的概率为 $1-p=q$，用 $P_n(k)$ 表示 n 重伯努利试验中 A 出现 $k(0\leqslant k\leqslant n)$ 次的概率， $P_n(k)=C_n^k p^k q^{n-k}$，$k=0，1，2，\cdots，n$.

第五节　单元练习

扫码看视频

1. 设 A，B，C 是三个随机事件，用符号表示下列事件，正确的有（　　）个.
   （1）A 和 B 发生而 C 不发生$\Leftrightarrow AB\overline{C}$
   （2）至少有两个事件发生$\Leftrightarrow AB+BC+CA$
   （3）恰有一个事件发生$\Leftrightarrow A\overline{B}\,\overline{C}+\overline{A}B\overline{C}+\overline{A}\,\overline{B}C$
   （4）至多有一个事件发生$\Leftrightarrow \overline{AB+BC+CA}$
   （5）A，B，C 不全发生$\Leftrightarrow \overline{ABC}$
   （A）1　（B）2　（C）3　（D）4　（E）5

2. 设 A，B 为两个随机事件，则 $(A+B)(A+\overline{B})(\overline{A}+B)$ 可化为（　　）.
   （A）A　（B）AB　（C）B　（D）$A\overline{B}$　（E）$B\overline{A}$

3. 若事件 A，B，C 为随机事件，下列叙述正确的有（　　）个.
   （1）若 $A+C=B+C$，则 $A=B$.　（2）若 $AC=BC$，则 $A=B$.
   （3）若 $A-C=B-C$，则 $A=B$.　（4）若 $C-A=C-B$，则 $A=B$.
   （A）0　（B）1　（C）2　（D）3　（E）4

4. 若 $P(A)=0.4$，$P(B)=0.25$，$P(A-B)=0.25$，则 B 发生但 A 不发生的概率为（　　）.
   （A）0.05　（B）0.1　（C）0.15　（D）0.2　（E）0.35

5. 若 $P(A-B)=0.2$，$P(B)=0.6$，则 A，B 都不发生的概率为(　　).
(A) 0.2　(B) 0.4　(C) 0.6　(D) 0.8　(E) 0.9

6. 若 $P(A\cup B)=0.7$，$P(B)=0.3$，则 A 发生但 B 不发生的概率为(　　).
(A) 0.1　(B) 0.2　(C) 0.3　(D) 0.4　(E) 0.5

7. 若 $P(A)=P(B)=P(C)=0.25$，$P(AB)=P(BC)=0$，$P(AC)=0.125$，则 C 发生，A，B 都不发生的概率为(　　).
(A) 0.025　(B) 0.1　(C) 0.125　(D) 0.2　(E) 0.25

8. 若 $P(A)=\frac{1}{4}$，$P(B\mid A)=\frac{1}{3}$，$P(A\mid B)=\frac{1}{2}$，则 A，B 至少发生一个的概率为(　　).
(A) $\frac{1}{3}$　(B) $\frac{1}{4}$　(C) $\frac{1}{5}$　(D) $\frac{1}{6}$　(E) $\frac{3}{8}$

9. 若 $P(AB)=0.2$，$P(\overline{B}\mid A)=0.5$，$P(B\mid\overline{A})=0.6$，则 $P(A)+P(B)$ 的值为(　　).
(A) 0.72　(B) 0.78　(C) 0.84　(D) 0.86　(E) 0.96

10. 设 $P(A)=P(B)=P(C)=\frac{1}{4}$，$P(AB)=0$，$P(AC)=P(BC)=\frac{1}{6}$，则事件 A，B，C 都不发生的概率为(　　).
(A) $\frac{1}{3}$　(B) $\frac{7}{12}$　(C) $\frac{5}{12}$　(D) $\frac{1}{6}$　(E) $\frac{1}{2}$

11. 设 $P(A)=\frac{1}{3}$，$P(B)=\frac{1}{2}$，下列叙述正确的有(　　)个.
(1) 当 $AB=\varnothing$ 时，$P(B\overline{A})=\frac{1}{2}$　(2) 当 $A\subset B$ 时，$P(B\overline{A})=\frac{1}{6}$
(3) 当 $P(AB)=\frac{1}{8}$ 时，$P(B\overline{A})=\frac{3}{4}$　(4) 当 A，B 独立时，$P(B\overline{A})=\frac{1}{3}$
(A) 0　(B) 1　(C) 2　(D) 3　(E) 4

12. 在已有两个球的箱子中再放一白球，然后任意取出一球，若发现这球为白球，则箱子中原有一白球的概率为(　　).（箱中原有什么颜色的球是等可能的，颜色只有黑、白两种）
(A) $\frac{1}{12}$　(B) $\frac{1}{10}$　(C) $\frac{1}{8}$　(D) $\frac{1}{6}$　(E) $\frac{1}{3}$

13. 设事件 A 与 B 互不相容，$P(A)=0.4$，$P(B)=0.3$，则 $P(\overline{A}\,\overline{B})+P(\overline{A}\cup B)=$(　　).
(A) 0.3　(B) 0.4　(C) 0.6　(D) 0.8　(E) 0.9

14. 设 $0<P(A)<1$，下列不是事件 A 与 B 独立的充要条件的为(　　).
(A) $P(B\mid A)=P(B\mid\overline{A})$　(B) $P(\overline{A}\,\overline{B})=P(\overline{A})P(\overline{B})$
(C) $P(\overline{B})=P(\overline{B}\mid\overline{A})$　(D) $P(\overline{A}+\overline{B})=P(\overline{A})+P(\overline{B})$
(E) $P(A-B)=P(A)P(\overline{B})$

15. 每个路口有红、绿、黄三色指示灯，假设各色灯的开闭是等可能的. 一个人骑车经过三个路口，事件 $A=$ “全红”；$B=$ “无绿”；$C=$ “三次颜色相同”；$D=$ “颜色全不相同”；$E=$ “颜色不全相同”. 则下列概率正确的有(　　)个.

(1) $P(A)=\frac{1}{27}$　　(2) $P(B)=\frac{8}{27}$　　(3) $P(C)=\frac{2}{9}$

(4) $P(D)=\frac{1}{9}$　　(5) $P(E)=\frac{5}{9}$

(A) 1　(B) 2　(C) 3　(D) 4　(E) 5

16. 进行一系列独立试验，每次试验成功的概率均为0.6，则下列正确的有(　　)个.

(1) 在4次中取得2次成功的概率为1.6×0.6^3

(2) 直到第3次才成功的概率为0.216

(3) 直到第4次才取得2次成功的概率为0.8×0.6^3

(4) 第3次成功之前恰失败2次的概率为1.6×0.6^4

(A) 0　(B) 1　(C) 2　(D) 3　(E) 4

17. 已知在五重伯努利试验中成功的次数X满足$P\{X=1\}=P\{X=2\}$，则概率$P\{X=4\}=$(　　).

(A) $\frac{10}{243}$　(B) $\frac{13}{243}$　(C) $\frac{16}{243}$　(D) $\frac{17}{243}$　(E) $\frac{20}{243}$

答案与解析

1. **E**　(1) A和B发生而C不发生$\Leftrightarrow AB\overline{C}$

(2) 至少有两个事件发生$\Leftrightarrow AB+BC+CA$

(3) 恰有一个事件发生$\Leftrightarrow A\overline{B}\,\overline{C}+\overline{A}B\overline{C}+\overline{A}\,\overline{B}C$

(4) 至多有一个事件发生$\Leftrightarrow \overline{AB+BC+CA}$

(5) A，B，C不全发生$\Leftrightarrow \overline{ABC}$，故以上都正确.

2. **B**　$(A+B)(A+\overline{B})=A+A\overline{B}+BA+B\overline{B}$，因为$A\overline{B}+BA=A\Omega=A$，$B\overline{B}=\varnothing$，所以$(A+B)(A+\overline{B})=A$.

则$(A+B)(A+\overline{B})(\overline{A}+B)=A(\overline{A}+B)=\varnothing+AB=AB$.

3. **A**　均不正确，可以取反例分析，例如：$A=\{3,4,5\}$，$B=\{3\}$，$C=\{4,5\}$，那么，$A+C=B+C$，但$A\neq B$，其他类似分析即可.

【评注】本题也可以画图分析，注意事件的运算两边没有消去律.

4. **B**　$P(A-B)=P(A)-P(AB)\Rightarrow P(AB)=0.15$，

则B发生但A不发生的概率：$P(B\overline{A})=P(B)-P(AB)=0.1$.

5. **A**　A，B都不发生的概率：$P(\overline{A}\,\overline{B})=1-P(B)-P(A-B)=0.2$.

6. **D**　$P(A\cup B)=P(A)+P(B)-P(AB)$，$A$发生但$B$不发生的概率：$P(A-B)=0.4$.

7. **C**　$P(AB)=0\Rightarrow P(ABC)=0$，

C发生，A，B都不发生的概率：

$P(C\overline{A}\,\overline{B})=P(C)-P(AC\cup BC)=P(C)-P(AC)-P(BC)+P(ABC)=0.125$.

8. **A**　$P(B|A)=\frac{P(AB)}{P(A)}\Rightarrow P(AB)=\frac{1}{12}$，$P(A|B)=\frac{P(AB)}{P(B)}\Rightarrow P(B)=\frac{1}{6}$，

A，B 至少发生一个的概率：$P(A\cup B)=P(A)+P(B)-P(AB)=\frac{1}{3}$.

9. **E** $P(\overline{B}\mid A)=\frac{P(A)-P(AB)}{P(A)}\Rightarrow P(A)=0.4$,

$P(B\mid\overline{A})=\frac{P(B)-P(AB)}{1-P(A)}\Rightarrow P(B)=0.56$. 故 $P(A)+P(B)=0.96$

10. **B** 事件 A，B，C 都不发生：$\overline{A}\,\overline{B}\,\overline{C}=\overline{A\cup B\cup C}$,

$$\begin{aligned}P(\overline{A}\,\overline{B}\,\overline{C})&=P(\overline{A\cup B\cup C})=1-P(A\cup B\cup C)\\&=1-[P(A)+P(B)+P(C)-P(AB)-P(BC)-P(AC)+P(ABC)]\\&=1-\left(\frac{1}{4}+\frac{1}{4}+\frac{1}{4}-\frac{1}{6}-\frac{1}{6}\right)=\frac{7}{12}\end{aligned}$$

11. **D** （1）$P(B\overline{A})=P(B-AB)=P(B)-P(AB)=\frac{1}{2}$;

（2）$P(B\overline{A})=P(B-A)=P(B)-P(A)=\frac{1}{6}$;

（3）$P(B\overline{A})=P(B-AB)=P(B)-P(AB)=\frac{1}{2}-\frac{1}{8}=\frac{3}{8}$;

（4）当 A，B 独立时，$\overline{A}$ 与 B 也独立，

故 $P(B\overline{A})=P(B)P(\overline{A})=P(B)[1-P(A)]=\frac{1}{3}$. 故(1)(2)(4)正确.

12. **E** 设 $A_i=\{$箱中原有 i 个白球$\}(i=0,1,2)$，由题设条件知 $P(A_i)=\frac{1}{3}$，$i=0,1,2$. 又设 $B=\{$抽出一球为白球$\}$. 由贝叶斯公式知

$$P(A_1\mid B)=\frac{P(A_1B)}{P(B)}=\frac{P(B\mid A_1)P(A_1)}{\sum\limits_{i=0}^{2}P(B\mid A_i)P(A_i)}=\frac{\frac{2}{3}\times\frac{1}{3}}{\frac{1}{3}\times\frac{1}{3}+\frac{2}{3}\times\frac{1}{3}+1\times\frac{1}{3}}=\frac{1}{3}$$，选 E.

13. **E** $P(\overline{A}\,\overline{B})=1-P(A\cup B)=1-P(A)-P(B)=0.3$,

因为 A，B 互不相容，所以 $\overline{A}\supset B$，于是 $P(\overline{A}\cup B)=P(\overline{A})=0.6$.

14. **D** 对于 A 选项，证明必要性：由 A 与 B 独立，得 $\overline{A}$ 与 B 也独立.

因此 $P(B\mid A)=P(B)$，$P(B\mid\overline{A})=P(B)$，故有 $P(B\mid A)=P(B\mid\overline{A})$ 成立.

再证明充分性：由 $0<P(A)<1$，得 $0<P(\overline{A})<1$，

又因为 $P(B\mid A)=\frac{P(AB)}{P(A)}$，$P(B\mid\overline{A})=\frac{P(\overline{A}B)}{P(\overline{A})}$,

而由题设 $P(B\mid A)=P(B\mid\overline{A})$，可知 $\frac{P(AB)}{P(A)}=\frac{P(\overline{A}B)}{P(\overline{A})}$,

即 $[1-P(A)]P(AB)=P(A)[P(B)-P(AB)]$,

因此 $P(AB)=P(A)P(B)$，故 A 与 B 独立.

四对事件 A 与 B，$\overline{A}$ 与 B，A 与 $\overline{B}$，$\overline{A}$ 与 $\overline{B}$ 之中有一对相互独立，则另外三对也相互独立.

故 B 和 E 选项满足充要条件，C 选项与 A 选项类似分析即可，故只有 D 不是事件 A

与 B 独立的充要条件.

15. **B** 每次是红色的概率为$\frac{1}{3}$，故 $P(A)=\frac{1}{3}\times\frac{1}{3}\times\frac{1}{3}=\frac{1}{27}$，

每次不是绿色的概率为$\frac{2}{3}$，故 $P(B)=\frac{2}{3}\times\frac{2}{3}\times\frac{2}{3}=\frac{8}{27}$，

三次都是红色或绿色或黄色，故 $P(C)=\frac{1}{27}+\frac{1}{27}+\frac{1}{27}=\frac{1}{9}$，

三次颜色全不相同，红绿黄注意排序，故 $P(D)=\frac{3!}{3\times3\times3}=\frac{2}{9}$，

颜色不全相同，从反面思考 $P(E)=1-P(C)=1-\frac{1}{9}=\frac{8}{9}$，

综上，(1)(2)是正确的.

16. **D** (1)“在 4 次中取得 2 次成功”这就是伯努利概型，故 $P_1=C_4^2\times0.6^2\times0.4^2=1.6\times0.6^3$.

(2)“直到第 3 次才成功”等价于“前 2 次都没成功，第 3 次成功”，故 $P_2=(1-0.6)^2\times0.6=0.096$.

(3)“直到第 4 次才取得 2 次成功”等价于“共试验 4 次，最后一次成功，前 3 次恰好成功 1 次，其余失败”，故 $P_3=C_3^1\times0.6\times0.4^2\times0.6=0.8\times0.6^3$.

(4)“第 3 次成功之前恰好失败 2 次”等价于“共试验 5 次，最后一次成功. 前 4 次恰好失败了 2 次，其余成功”，故 $P_4=C_4^2\times0.4^2\times0.6^2\times0.6=1.6\times0.6^4$.

综上，(1)(3)(4)正确，选 D.

17. **A** 设在每次试验中成功的概率为 p，则 $C_5^1p(1-p)^4=C_5^2p^2(1-p)^3$，故 $p=\frac{1}{3}$，

所以 $P(X=4)=C_5^4\times\left(\frac{1}{3}\right)^4\times\frac{2}{3}=\frac{10}{243}$.

第十章 随机变量及其分布

【大纲解读】

随机变量分布函数的概念及其性质，离散型随机变量的概率分布，连续型随机变量的概率密度，常见随机变量的分布，随机变量函数的分布.

【命题剖析】

本章一般考 2 ~ 3 个题目，重点理解分布函数 $F(x)$ 的概念及性质，理解离散型随机变量及其概率分布的概念，理解连续型随机变量及其概率密度的概念，掌握常见分布，会求随机变量函数的分布.

【知识体系】

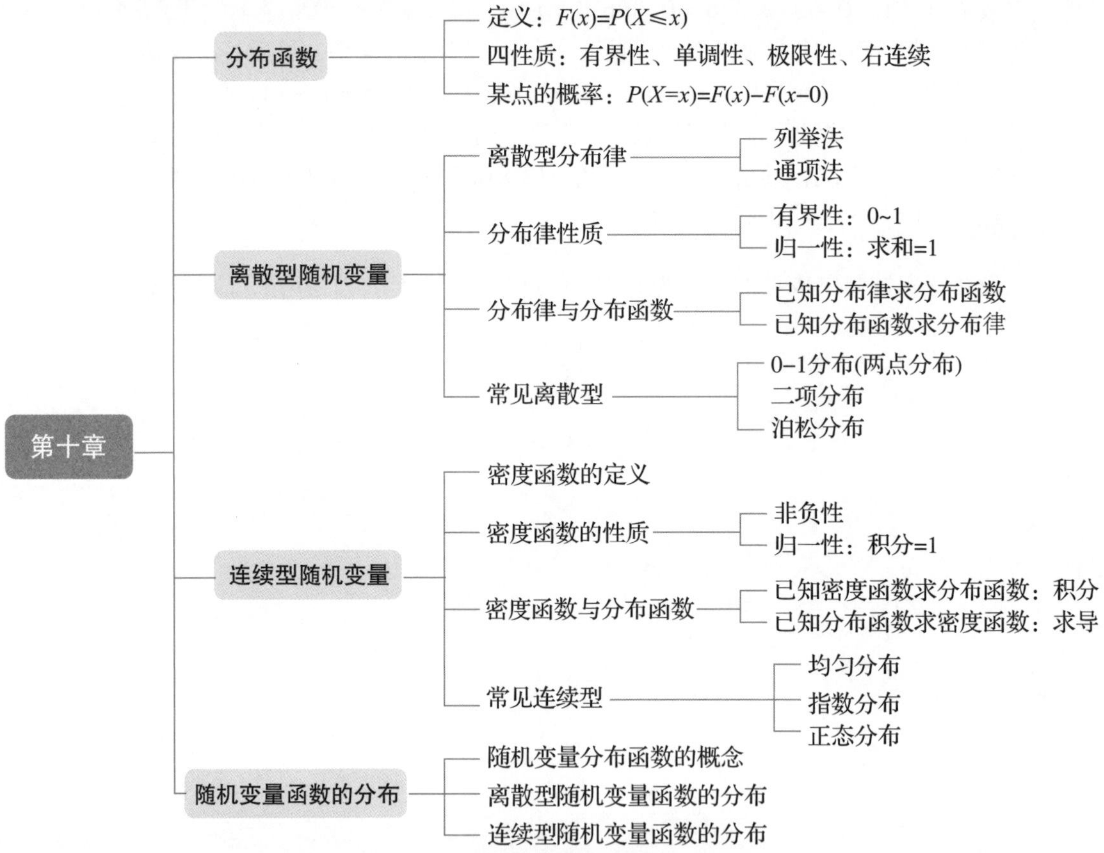

【备考建议】

分布函数是学习的重点，主要掌握随机变量分布函数的性质、离散型随机变量分布律与连续性随机变量概率密度函数的性质以及常见的离散型随机变量与连续型随机变量分布及其性质.

第一节 分布函数

随机试验的结果是事件，就“事件”这一概念而言，它是定性的. 要定量地研究随机现象，事件的数量化是一个基本前提. 很自然的想法是，既然试验的所有可能的结果是知道的，我们就可以对每一个结果赋予一个相应的值，在结果（本事件）数值之间建立起一定的对应关系，从而对一个随机试验进行定量的描述.

例如，将一枚硬币掷一次，观察出现正面 H、反面 T 的情况. 这一试验有两个结果：“出现 H”或“出现 T”. 为了便于研究，我们将每一个结果用一个实数来代表. 比如，用数“1”代表“出现 H”，用数“0”代表“出现 T”. 这样，当我们讨论试验结果时，就可以简单地说成结果是 1 或 0. 建立这种数量化的关系，实际上就相当于引入一个变量 X，对于试验的两个结果，将 X 的值分别规定为 1 或 0. 如果与样本空间 $\Omega=\{\omega\}=\{H, T\}$ 联系起来，那么，对于样本空间的不同元素，变量 X 可以取不同的值. 因此，X 是定义在样本空间上的函数，具体可表示为：

$$X=X(\omega)=\begin{cases}1 & \text{当 } \omega=H \\ 0 & \text{当 } \omega=T\end{cases}$$

由于试验结果的出现是随机的，因而 $X(\omega)$ 的取值也是随机的，为此我们称 $X(\omega)$ 为随机变量. 一旦定义了随机变量 X 后，就可以用它来描述事件. 由此可见，在随机试验中引入随机变量，对随机事件的研究就可以转化为对随机变量的研究 .

一、随机变量的分布函数

1. 定义

设 X 为随机变量，x 是任意实数，则函数 $F(x)=P(X\leqslant x)$ 称为随机变量 X 的分布函数.

例 1 设 X, Y 是相互独立的两个随机变量，它们的分布函数为 $F_X(x)$，$F_Y(y)$，则 $Z=\max(X, Y)$ 的分布函数是(　　).

(A) $F_Z(z)=\max\{F_X(z), F_Y(z)\}$　　(B) $F_Z(z)=\max\{|F_X(z)|, |F_Y(z)|\}$

(C) $F_Z(z)=F_X(z)F_Y(z)$　　(D) $F_Z(z)=F_X(z)+F_Y(z)$

(E) $F_Z(z)=[1-F_X(z)][1-F_Y(z)]$

【解析】$F_Z(z)=P(Z\leqslant z)=P\{\max(X, Y)\leqslant z\}=P\{X\leqslant z \text{ 且 } Y\leqslant z\}$

因为 X, Y 独立，$P(X\leqslant z)P(Y\leqslant z)=F_X(z)F_Y(z)$. 故选 C.

例 2 设 X, Y 是相互独立的两个随机变量，其分布函数分别为 $F_X(x)$，$F_Y(y)$，则 $Z=\min(X, Y)$ 的分布函数是(　　).

(A) $F_Z(z)=F_X(z)$　　(B) $F_Z(z)=F_Y(z)$

(C) $F_Z(z)=\min\{F_X(z), F_Y(z)\}$　　(D) $F_Z(z)=1-[1-F_X(z)][1-F_Y(z)]$

(E) $F_Z(z)=[1-F_X(z)][1-F_Y(z)]$

【解析】$F_Z(z)=P(Z\leqslant z)=1-P(Z>z)=1-P\{\min(X, Y)>z\}=1-P\{X>z \text{ 且 } Y>z\}$

因为 X，Y 独立，$1-[1-P(X\leqslant z)][1-P(Y\leqslant z)]=1-[1-F_X(z)][1-F_Y(z)]$.

故选 D.

2. 理解

分布函数 $F(x)$ 是一个普通的函数，它表示随机变量 X 落在任意区间 $(-\infty, x]$ 上的概率，本质上是一个累积函数，对于离散点，采用叠加，对于连续点，使用一元积分.

3. 判别性质

1）有界性：$0\leqslant F(x)\leqslant 1$，$-\infty<x<+\infty$.

2）单调性：$F(x)$ 是单调不减的函数（因为区间越大，概率越大）.

3）极限性：$F(-\infty)=\lim\limits_{x\to-\infty}F(x)=0$，$F(+\infty)=\lim\limits_{x\to+\infty}F(x)=1$.

4）连续性：$F(x+0)=F(x)$，即 $F(x)$ 是右连续的.

评注 以上四个性质可用于判断函数是否为分布函数，只有以上四个性质都满足才是随机变量的分布函数.

例 3 下列函数中，有（　　）个是随机变量 X 的分布函数.

（1）$F(x)=\begin{cases}0 & x<-2\\ \dfrac{1}{2} & -2\leqslant x<0\\ 2 & x\geqslant 0\end{cases}$　　（2）$F(x)=\begin{cases}0 & x<0\\ \sin x & 0\leqslant x<\pi\\ 1 & x\geqslant\pi\end{cases}$

（3）$F(x)=\begin{cases}0 & x<0\\ \sin x & 0\leqslant x<\dfrac{\pi}{2}\\ 1 & x\geqslant\dfrac{\pi}{2}\end{cases}$　　（4）$F(x)=\begin{cases}0 & x<0\\ x+\dfrac{1}{3} & 0\leqslant x\leqslant\dfrac{1}{2}\\ 1 & x>\dfrac{1}{2}\end{cases}$

（A）0　（B）1　（C）2　（D）3　（E）4

【解析】（1）不满足 $F(+\infty)=1$；（2）不满足单增；（4）不满足 $F\left(\dfrac{1}{2}+0\right)=F\left(\dfrac{1}{2}\right)$；（3）是正确的，选 B.

例 4 设随机变量 X 的分布函数为 $F(x)=\begin{cases}\dfrac{1}{1+x^2} & x<a\\ b & x\geqslant c\end{cases}$，则 $a+b+c=$（　　）.

（A）0　（B）1　（C）-1　（D）2　（E）0 或 1

【解析】由 $\lim\limits_{x\to+\infty}F(x)=1$ 知 $b=1$.

由右连续性 $\lim\limits_{x\to x_0^+}F(x)=F(x_0)=1$ 知 $x_0=0$，故 $a=0$.

从而 c 亦为 0. 即 $F(x)=\begin{cases}\dfrac{1}{1+x^2} & x<0\\ 1 & x\geqslant 0\end{cases}$，故选 B.

4. 公式（求概率）

（1）某点的概率

$$P\{X=a\}=P\{X\leqslant a\}-P\{X<a\}=F(a)-F(a-0)=F(a)-\lim_{x\to a^-}F(x).$$

评 注　这是计算离散型分布函数的重要公式.

例 5　设随机变量 X 的分布函数 $F(x)=\begin{cases}0 & x<0\\ \dfrac{1}{2} & 0\leqslant x<1\\ 1-e^{-x} & x\geqslant 1\end{cases}$，则 $P\{X=1\}=(\quad)$.

(A) 0　(B) $\frac{1}{2}$　(C) $\frac{1}{2}-e^{-1}$　(D) $1-e^{-1}$　(E) e^{-1}

【解析】$P\{X=1\}=P\{X\leqslant 1\}-P\{X<1\}=F(1)-F(1-0)=1-e^{-1}-\frac{1}{2}=\frac{1}{2}-e^{-1}$.

故选 C.

(2) 某区间的概率

1) $P\{X\leqslant a\}=F(a)$

2) $P\{X>a\}=1-F(a)$

3) $P\{X<a\}=F(a-0)=\lim\limits_{x\to a^-}F(x)$

4) $P\{X\geqslant a\}=1-P\{X<a\}=1-F(a-0)=1-\lim\limits_{x\to a^-}F(x)$

5) $P\{a<X\leqslant b\}=P\{X\leqslant b\}-P\{X\leqslant a\}=F(b)-F(a)$

6) $P\{a<X<b\}=P\{X<b\}-P\{X\leqslant a\}=F(b-0)-F(a)$

7) $P\{a\leqslant X\leqslant b\}=P\{X\leqslant b\}-P\{X<a\}=F(b)-F(a-0)$

8) $P\{a\leqslant X<b\}=P\{X<b\}-P\{X<a\}=F(b-0)-F(a-0)$

评 注　分布函数完整地描述了随机变量 X 随机取值的概率规律性.

例 6　若 X 具有下述分布函数，$F(x)=A+B\arctan x$，$-\infty<x<+\infty$，则 $P\{-1<X\leqslant 1\}=$ (　　).

(A) 0　(B) $\frac{1}{3}$　(C) $\frac{1}{2}$　(D) $1-\pi^{-1}$　(E) π^{-1}

【解析】先求 A 和 B 的值，由规范性有 $F(-\infty)=0$，$F(+\infty)=1$，则

$$\begin{cases}F(-\infty)=\lim\limits_{x\to-\infty}(A+B\arctan x)=A-\dfrac{\pi}{2}B=0\\ F(+\infty)=\lim\limits_{x\to+\infty}(A+B\arctan x)=A+\dfrac{\pi}{2}B=1\end{cases}\Rightarrow\begin{cases}A=\dfrac{1}{2}\\ B=\dfrac{1}{\pi}\end{cases}$$

则 $F(x)=\frac{1}{2}+\frac{1}{\pi}\arctan x$，故概率 $P\{-1<X\leqslant 1\}=P\{X\leqslant 1\}-P\{X\leqslant -1\}=F(1)-F(-1)=\frac{1}{2}+\frac{1}{\pi}\arctan 1-\left[\frac{1}{2}+\frac{1}{\pi}\arctan(-1)\right]=\frac{1}{2}+\frac{1}{4}-\left(\frac{1}{2}-\frac{1}{4}\right)=\frac{1}{2}$. 选 C.

例 7　设连续型随机变量 X 的分布函数为 $F(x)=\begin{cases}0 & x<0\\ Ax^2 & 0\leqslant x<1\\ 1 & x\geqslant 1\end{cases}$，则 X 落在区间(0.3，0.7)

内的概率为(　　).

(A) 0.2　　(B) 0.3　　(C) 0.4　　(D) 0.5　　(E) 0.6

【解析】先求参数 A，由 $F(x)$ 的连续性，有 $1=F(1)=\lim\limits_{x\to1^-}F(x)=\lim\limits_{x\to1^-}Ax^2=A$，

由此得 $A=1$，故 $P(0.3<X<0.7)=F(0.7)-F(0.3)=0.7^2-0.3^2=0.4$，选 C.

5. 易错点

分布函数可以描述任何类型的随机变量，不仅可以描述连续型，还可以描述离散型及其他非连续型，但不同的随机变量可以有相同的分布函数. 对连续型随机变量任一点的概率等于零，而对非连续型随机变量任一点的概率不一定等于零. 我们要重点掌握离散型和连续型两类随机变量的分布规律.

注意 存在既非离散型又非连续型的分布函数，如 $F(x)=\begin{cases}0 & x<0\\ \dfrac{1}{2}x & 0\leqslant x<1.\\ 1 & x\geqslant1\end{cases}$

例 8 已知 $F(x)=\begin{cases}0 & x<0\\ x+\dfrac{1}{2} & 0\leqslant x<\dfrac{1}{2}\\ 1 & x\geqslant\dfrac{1}{2}\end{cases}$，则 $F(x)$(　　).

(A) 不是分布函数　　(B) 是连续型随机变量的分布函数

(C) 是离散型随机变量的分布函数

(D) 是非连续亦非离散型随机变量的分布函数

(E) 以上均不正确

【解析】因为 $F(x)$ 在 $(-\infty,+\infty)$ 上单调不减右连续，且 $\lim\limits_{x\to-\infty}F(x)=0$，$\lim\limits_{x\to+\infty}F(x)=1$，

所以 $F(x)$ 是一个分布函数.

但是 $F(x)$ 在 $x=0$ 处不连续，也不是阶梯状曲线，故 $F(x)$ 是非连续亦非离散型随机变量的分布函数. 选 D.

第二节　离散型随机变量

随机变量按其取值情况分为两种类型：如果随机变量所有可能的取值为有限个或可列多个，则称它为离散型随机变量；否则称它为非离散型随机变量. 在非离散型随机变量中最常见的是连续型随机变量.

一、离散型随机变量的分布律

1. 定义

设离散型随机变量 X 的可能取值为 $x_k(k=1,2,\cdots)$，且取各个值的概率即事件 $X=x_k$ 的

概率为 $P(X=x_k)=p_k$，$k=1, 2, \cdots$，则称上式为离散型随机变量 X 的概率分布或分布律. 有时也用分布列的形式给出：

X	x_1	x_2	$\cdots$	x_k	$\cdots$
$P(X=x_k)$	p_1	p_2	$\cdots$	p_k	$\cdots$

例 1 一袋中有 5 只乒乓球，编号为 1，2，3，4，5，在其中同时取 3 只，以 X 表示取出的 3 只球中的最大号码，则随机变量 X 的分布律为（ ）.

（A）

X	3	4	5
P	0.2	0.3	0.5

（B）

X	3	4	5
P	0.1	0.2	0.7

（C）

X	3	4	5
P	0.1	0.4	0.5

（D）

X	3	4	5
P	0.1	0.3	0.6

（E）

X	3	4	5
P	0.15	0.35	0.5

【解析】随机变量 $X=3, 4, 5$，分别计算概率：

$$P(X=3)=\frac{1}{C_5^3}=0.1;\ P(X=4)=\frac{3}{C_5^3}=0.3;\ P(X=5)=\frac{C_4^2}{C_5^3}=0.6.$$

故所求分布律为

X	3	4	5
P	0.1	0.3	0.6

选 D.

2. 性质

显然分布律应满足下列条件：

1）$0\leqslant p_k\leqslant 1$，$k=1, 2, 3, \cdots$；

2）$\sum\limits_{k=1}^{\infty} p_k = 1$.

例 2 已知随机变量 X 只能取 $-1, 0, 1, 2$ 四个数值，其相应的概率依次为 $\frac{1}{2c}$，$\frac{3}{4c}$，$\frac{5}{8c}$，$\frac{2}{16c}$，则 $c=$（ ）.

（A）1　（B）1.5　（C）2　（D）2.5　（E）3

【解析】$1=\frac{1}{2c}+\frac{3}{4c}+\frac{5}{8c}+\frac{2}{16c}=\frac{32}{16c}$，$c=2$，选 C.

3. 分布律与概率

已知分布律，会求指定取值范围的概率.

例 3 设离散型随机变量 X 的分布律为 $P\{X=k\}=A\left(\frac{2}{3}\right)^k$，$k=1,2,\cdots$，则概率 $P\{1\leqslant X\leqslant 3\}$ =(　　).

(A) $\frac{8}{27}$　(B) $\frac{11}{27}$　(C) $\frac{13}{27}$　(D) $\frac{17}{27}$　(E) $\frac{19}{27}$

【解析】先计算 A 的数值：$A\sum_{k=1}^{\infty}\left(\frac{2}{3}\right)^k=A\left[\frac{2}{3}+\left(\frac{2}{3}\right)^2+\cdots\right]=A\cdot\frac{\frac{2}{3}}{1-\frac{2}{3}}=1\Rightarrow A=\frac{1}{2}$，

故 $P\{1\leqslant X\leqslant 3\}=P\{X=1\}+P\{X=2\}+P\{X=3\}=\frac{19}{27}$，故选 E.

例 4 已知随机变量 X 只能取 -1，0，1，2 四个值，且取这四个值的相应概率依次为 $\frac{1}{2c}$，$\frac{3}{4c}$，$\frac{5}{8c}$，$\frac{7}{16c}$. 计算条件概率 $P\{X<1\mid X\neq 0\}$ =(　　).

(A) $\frac{8}{25}$　(B) $\frac{11}{25}$　(C) $\frac{13}{25}$　(D) $\frac{17}{25}$　(E) $\frac{19}{25}$

【解析】先求 c，由分布律的性质知，$\frac{1}{2c}+\frac{3}{4c}+\frac{5}{8c}+\frac{7}{16c}=1$，所以 $c=\frac{37}{16}$.

故概率为 $P\{X<1\mid X\neq 0\}=\frac{P\{X=-1\}}{P\{X\neq 0\}}=\frac{\frac{1}{2c}}{\frac{1}{2c}+\frac{5}{8c}+\frac{7}{16c}}=\frac{8}{25}$. 选 A.

二、分布律与分布函数的关系

1. 已知分布律，求分布函数

离散分布函数 $F(x)=P\{X\leqslant x\}$ 一般为阶梯函数. 已知离散分布函数 $F(x)$，根据分布函数的性质，可以计算出离散分布律 $P\{X=x_k\}$；反过来，已知离散分布律 $P\{X=x_k\}$，根据分割法，可以计算出离散分布函数 $F(x)$.

例 5 设随机变量 X 的分布律为

X	0	2	3
p	0.2	0.5	0.3

，则随机变量 X 的分布函数为(　　).

(A) $F(x)=\begin{cases}0 & x<0\\0.2 & 0\leqslant x<2\\0.6 & 2\leqslant x<3\\1 & x\geqslant 3\end{cases}$　(B) $F(x)=\begin{cases}0 & x<0\\0.4 & 0\leqslant x<2\\0.7 & 2\leqslant x<3\\1 & x\geqslant 3\end{cases}$

(C) $F(x)=\begin{cases}0 & x<0\\0.2 & 0\leqslant x<2\\0.5 & 2\leqslant x<3\\1 & x\geqslant 3\end{cases}$　(D) $F(x)=\begin{cases}0 & x<0\\0.2 & 0\leqslant x<2\\0.7 & 2\leqslant x<3\\1 & x\geqslant 3\end{cases}$

(E) $F(x)=\begin{cases}0 & x<0\\0.2 & 0\leqslant x\leqslant 2\\0.7 & 2<x<3\\1 & x\geqslant 3\end{cases}$

【解析】根据分布函数的定义，分段点为随机变量 X 的取值，X 可取0，2，4，故分成四段.

$$F(x)=P(X\leqslant x)=\begin{cases}0 & x<0\\P(X=0) & 0\leqslant x<2\\P(X=0)+P(X=2) & 2\leqslant x<3\\1 & x\geqslant 3\end{cases}，即 F(x)=\begin{cases}0 & x<0\\0.2 & 0\leqslant x<2\\0.7 & 2\leqslant x<3\\1 & x\geqslant 3\end{cases}$$

故选 D.

2. 已知分布函数，求分布律.

对于离散型随机变量，$F(x)$的图形是阶梯图形，x_1，x_2，…是第一类间断点，随机变量 X 在 x_k 处的概率就是 $F(x)$ 在 x_k 处的跃度.

例 6 设 X 的分布函数为 $F(x)=P\{X\leqslant x\}=\begin{cases}0 & x<-1\\0.4 & -1\leqslant x<1\\0.8 & 1\leqslant x<3\\1 & x\geqslant 3\end{cases}$，则 X 的分布律为(　　).

(A)

X	-1	1	2
P	0.4	0.4	0.2

(B)

X	-1	2	3
P	0.4	0.2	0.4

(C)

X	-1	1	3
P	0.4	0.4	0.2

(D)

X	-1	1	3
P	0.2	0.4	0.4

(E)

X	1	2	3
P	0.4	0.3	0.3

【解析】由于 $F(x)$要求右连续，故等号必须加在 > 号上. 又由于每一区间的 $F(x)$为常数，故 X 具有离散型特征. $F(x)$在 $x=-1, 1, 3$ 处有第一类跳跃间断点，即 X 在这些点的概率不为零，即正概率点存在. 根据逐段分割，计算如下：

$P\{X=-1\}=F(-1)-F(-1-0)=0.4-0=0.4$，

$P\{X=1\}=F(1)-F(1-0)=0.8-0.4=0.4$，

$P\{X=3\}=F(3)-F(3-0)=1-0.8=0.2$.

X 的概率分布（即离散分布律）为

X	-1	1	3
p	0.4	0.4	0.2

故选 C.

三、常见分布

1. 0 -1 分布

$P(X=1)=p$, $P(X=0)=1-p$

X	0	1
P	$1-p$	p

应用于只出现两种结果的随机事件，例如掷硬币，结果只能出现正面或反面.

2. 二项分布

在 n 重伯努利试验中，设事件 A 发生的概率为 p. 事件 A 发生的次数是随机变量，设为 X，则 X 可能取值为 0，1，2，…，n.

$P(X=k)=P_n(k)=C_n^k p^k q^{n-k}$，其中 $q=1-p$，$0<p<1$，$k=0$，1，2，…，n. 则称随机变量 X 服从参数为（n，p）的二项分布. 记为 $X\sim B(n,\ p)$.

当 $n=1$ 时，$P(X=k)=p^k q^{1-k}$，$k=0$，1，这就是 $(0-1)$ 分布，所以 $(0-1)$ 分布是二项分布的特例.

例 7 设随机变量 $X\sim B(2,\ p)$，$Y\sim B(3,\ p)$，若 $P(X\geqslant 1)=\dfrac{5}{9}$，则 $P(Y\geqslant 1)=($　　$)$.

(A) $\dfrac{8}{27}$　(B) $\dfrac{11}{27}$　(C) $\dfrac{13}{27}$　(D) $\dfrac{17}{27}$　(E) $\dfrac{19}{27}$

【解析】先求参数 p，$P(X=0)=1-P(X\geqslant 1)=1-\dfrac{5}{9}=\dfrac{4}{9}$，得到 $(1-p)^2=\dfrac{4}{9}$，$p=\dfrac{1}{3}$，

故 $P(Y\geqslant 1)=1-P(Y=0)=1-\left(\dfrac{2}{3}\right)^3=\dfrac{19}{27}$，选 E.

3. 泊松分布

设随机变量 X 的分布律为 $P(X=k)=\dfrac{\lambda^k}{k!}e^{-\lambda}$，$\lambda>0$，$k=0$，1，2，…. 则称随机变量 X 服从参数为 λ 的泊松分布，记为 $X\sim P(\lambda)$.

评注 泊松分布是一种重要的分布. 实践证明，在工业，农业，医学及公共事业中，许多随机变量都服从泊松分布. 比如，铸件表面的气孔数、电镀件表面的缺陷数、布匹上的疵点数、一段时间里纺纱机上的纱线的断头数等都服从泊松分布. 此外，放射性物质在一段时间内放射的粒子数、电话交换台在一定时间内接到电话的呼叫数、公共汽车站上一段时间内到来的乘客数也服从泊松分布.

【泊松定理】当 n 很大，p 很小时，有 $P(\lambda)=\lim\limits_{n\to\infty}B(n,\ p)$，其中 $\lambda=np$.

例 8 某人进行射击，命中率为 0.001，独立射击 5000 次，则命中次数不少于两次的概率约为(　　).

(A) $1-6e^{-5}$　(B) $1-5e^{-5}$　(C) $1-4e^{-5}$

(D) $1-2e^{-5}$　(E) $6e^{-5}$

【解析】随机变量服从二项分布，但由于次数很大，而且每次命中率很小，故可用泊松分布计

算. $P(X=k)=\frac{\lambda^k}{k!}e^{-\lambda}$，$\lambda=0.001\times5000=5$，

故 $P(X\geqslant2)=1-P(X=0)-P(X=1)=1-\frac{5^0}{0!}e^{-5}-\frac{5^1}{1!}e^{-5}=1-6e^{-5}$，故选 A.

例 9 设 $X\sim P(\lambda)$，且 $P(X=1)=P(X=2)$，则 $P(0<X^2<3)=($　　$)$.

(A) e^{-2}　(B) $2e^{-2}$　(C) $3e^{-2}$　(D) $4e^{-2}$　(E) $6e^{-2}$

【解析】$P(X=1)=P(X=2)\Rightarrow=\frac{\lambda^1}{1!}e^{-\lambda}=\frac{\lambda^2}{2!}e^{-\lambda}\Rightarrow\lambda=\frac{\lambda^2}{2}\Rightarrow\lambda=2(\lambda>0)$，

故 $P(0<X^2<3)=P(X=1)=2e^{-2}$. 选 B.

例 10 设随机变量 X 的分布律为 $P\{X=k\}=a\frac{\lambda^k}{k!}$，其中 $k=0$，1，2，…，$\lambda>0$ 为常数，则概率 $P(X^2<4)=($　　$)$.

(A) $(\lambda-1)e^{-\lambda}$　(B) $\lambda e^{-\lambda}$　(C) $(\lambda+1)e^{-\lambda}$

(D) $(\lambda+2)e^{-\lambda}$　(E) $(2\lambda+1)e^{-2\lambda}$

【解析】先求 a，由分布律的性质结合泊松分布得到：$1=\sum\limits_{k=0}^{\infty}P(X=k)=a\sum\limits_{k=0}^{\infty}\frac{\lambda^k}{k!}=a\cdot e^{\lambda}$，得到 $a=e^{-\lambda}$，则概率 $P(X^2<4)=P(-2<X<2)=P(X=0)+P(X=1)=e^{-\lambda}+\lambda e^{-\lambda}=(\lambda+1)e^{-\lambda}$，故选 C.

第三节　连续型随机变量

离散型随机变量的取值是有限个或可列多个，而连续型随机变量取值于整个实数轴或某个区间. 两者虽然都是随机变量，但在处理方法及某些性质方面，它们之间存在较大的差异.

一、连续型随机变量的密度函数

1. 定义

设 $F(x)$是随机变量 X 的分布函数，若存在非负函数 $f(x)$，对任意实数 x，有 $F(x)=\int_{-\infty}^{x}f(t)\,dt$，则称 X 为连续型随机变量.

$f(x)$称为 X 的概率密度函数或密度函数，简称概率密度. $f(x)$的图形是一条曲线，称为密度（分布）曲线.

由上式可知，连续型随机变量的分布函数 $F(x)$是连续函数.

2. 性质

1) $f(x)\geqslant0$.

2) $\int_{-\infty}^{+\infty}f(x)\,dx=1$.

上述性质的几何解释：

① $f(x)\geqslant0$，表明密度曲线 $y=f(x)$在 x 轴上方；

② $\int_{-\infty}^{+\infty} f(x)\,\mathrm{d}x = 1$ 表明密度曲线 $y=f(x)$ 与 x 轴所夹图形的面积为 1；

③ $P\{a<x<b\} = \int_a^b f(x)\,\mathrm{d}x$ 表明 X 落在区间$(a,\ b)$内的概率等于以区间$(a,\ b)$为底，以密度曲线 $y=f(x)$ 为顶的曲边梯形面积.

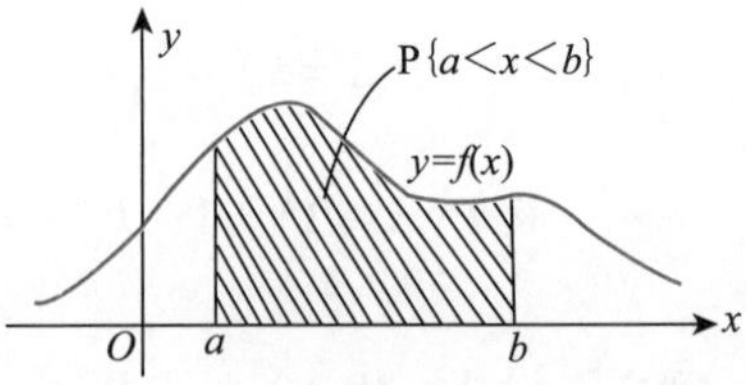

图 10.1

评 注 以上两个性质可用于判别所给函数是否为密度函数. 如果一个函数 $f(x)$ 满足这两个性质，则它一定是某个随机变量的密度函数.

例 1 设随机变量 X 的概率密度为 $f(x)=\begin{cases} Ax^2\mathrm{e}^{-2x} & x>0 \\ 0 & x\leqslant 0 \end{cases}$，则 $A=($　　$)$.

(A) 2　　(B) 4　　(C) 6　　(D) 8　　(E) 12

【解析】$\int_{-\infty}^{+\infty} f(x)\,\mathrm{d}x = \int_0^{+\infty} Ax^2\mathrm{e}^{-2x}\mathrm{d}x = A\cdot\left(-\frac{1}{2}\right)\left[x^2\mathrm{e}^{-2x}\Big|_0^{+\infty} - \int_0^{+\infty} 2x\mathrm{e}^{-2x}\mathrm{d}x\right]$

$= A\cdot\left(-\frac{1}{2}\right)\int_0^{+\infty} x\mathrm{d}\mathrm{e}^{-2x} = \frac{A}{2}\int_0^{+\infty}\mathrm{e}^{-2x}\mathrm{d}x = -\frac{A}{4}\mathrm{e}^{-2x}\Big|_0^{+\infty} = \frac{A}{4} = 1$，所以 $A=4$. 选 B.

例 2 设在区间$[a,\ b]$上，随机变量 X 的密度函数为 $f(x)=\sin x$，而在$[a,\ b]$外，$f(x)=0$，则区间 $[a,\ b]$等于（　　）.

(A) $\left[0,\ \frac{\pi}{2}\right]$　　(B) $[0,\ \pi]$　　(C) $\left[\frac{-\pi}{2},\ 0\right]$

(D) $\left[0,\ \frac{3}{2}\pi\right]$　　(E) $\left[0,\ \frac{3}{4}\pi\right]$

【解析】在 $\left[0,\ \frac{\pi}{2}\right]$ 上 $\sin x\geqslant 0$，且 $\int_0^{\frac{\pi}{2}}\sin x\mathrm{d}x = 1$. 故 $f(x)$ 是密度函数.

在 $[0,\pi]$ 上 $\int_0^{\pi}\sin x\mathrm{d}x = 2\neq 1$. 故 $f(x)$ 不是密度函数.

在$\left[-\frac{\pi}{2},\ 0\right]$上 $\sin x\leqslant 0$，故 $f(x)$ 不是密度函数.

在$\left[0,\ \frac{3}{2}\pi\right]$上，当 $\pi<x\leqslant\frac{3}{2}\pi$ 时，$\sin x<0$，$f(x)$ 也不是密度函数. 故选 A.

在 $\left[0,\frac{3}{4}\pi\right]$上，$\int_0^{\frac{3}{4}\pi}\sin x\neq 1$，故 $f(x)$ 不是密度函数.

【评注】本题也可以画出密度函数的图像，根据面积分析概率.

3. 应用（计算概率）

1) $P(x_1\leqslant X\leqslant x_2) = P(x_1<X\leqslant x_2) = P(x_1\leqslant X<x_2) = P(x_1<X<x_2) = F(x_2)-F(x_1)$ $=\int_{x_1}^{x_2} f(x)\,\mathrm{d}x$.

2) $P(X\leqslant x_2) = F(x_2) = \int_{-\infty}^{x_2} f(x)\,\mathrm{d}x$

3) $P(X>x_1)=1-F(x_1)=1-\int_{-\infty}^{x_1}f(x)\mathrm{d}x$

例 3 随机变量 X 的密度函数为 $\varphi(x)=\begin{cases}\dfrac{c}{\sqrt{1-x^2}} & |x|<1\\ 0 & 其他\end{cases}$，则 X 落在 $\left(-\dfrac{1}{2},\ \dfrac{1}{2}\right)$ 内的概率为(　　).

(A) $\dfrac{1}{6}$　(B) $\dfrac{1}{4}$　(C) $\dfrac{1}{3}$　(D) $\dfrac{1}{2}$　(E) $\dfrac{\sqrt{2}}{4}$

【解析】先求出参数 c 的值，

$$1=\int_{-\infty}^{+\infty}\varphi(x)\mathrm{d}x=\int_{-1}^{1}\frac{c}{\sqrt{1-x^2}}\mathrm{d}x=2c\arcsin x\Big|_0^1=2c\cdot\frac{\pi}{2}=c\pi,\ c=\frac{1}{\pi}.$$

故 $P\left[X\in\left(-\dfrac{1}{2},\dfrac{1}{2}\right)\right]=\displaystyle\int_{-\frac{1}{2}}^{\frac{1}{2}}\frac{1}{\pi}\cdot\frac{\mathrm{d}x}{\sqrt{1-x^2}}=\frac{2}{\pi}\arcsin x\Big|_0^{\frac{1}{2}}=\frac{2}{\pi}\cdot\frac{\pi}{6}=\frac{1}{3}$，选 C.

例 4 设电子元件的寿命 X 具有密度函数 $\varphi(x)=\begin{cases}\dfrac{100}{x^2} & x>100\\ 0 & x\leqslant 100\end{cases}$，则在 150 小时内，三只元件中没有一只损坏的概率是 P_1；三只电子元件全损坏的概率是 P_2；只有一个电子元件损坏的概率是 P_3；至少有一个电子元件损坏的概率是 P_4. 则下列叙述正确的有(　　)个.

(1) $P_1=\dfrac{8}{27}$　(2) $P_2=\dfrac{1}{27}$　(3) $P_3=\dfrac{4}{9}$　(4) $P_4=\dfrac{19}{27}$

(A) 0　(B) 1　(C) 2　(D) 3　(E) 4

【解析】X 的密度 $\varphi(x)=\begin{cases}\dfrac{100}{x^2} & x>100\\ 0 & x\leqslant 100\end{cases}$. 所以 $P(X<150)=\displaystyle\int_{100}^{150}\frac{100}{x^2}\mathrm{d}x=\frac{1}{3}$.

令 $p=P(X\geqslant 150)=1-\dfrac{1}{3}=\dfrac{2}{3}$.

P(150 小时内三只元件没有一只损坏) $=p^3=\dfrac{8}{27}$

P(150 小时内三只元件全部损坏) $=(1-p)^3=\dfrac{1}{27}$

P(150 小时内三只元件只有一只损坏) $=C_3^1\left(\dfrac{1}{3}\right)\left(\dfrac{2}{3}\right)^3=\dfrac{4}{9}$

P(150 小时内三只元件至少有一只损坏) $=1-\left(\dfrac{2}{3}\right)^3=\dfrac{19}{27}$

故以上叙述都正确，选 E.

例 5 设随机变量 X 的密度函数为 $f(x)=\begin{cases}\dfrac{1}{3} & 0\leqslant x\leqslant 1\\ \dfrac{2}{9} & 3\leqslant x\leqslant 6\\ 0 & 其他\end{cases}$，若 k 使得 $P\{X\geqslant k\}=\dfrac{2}{3}$，则 k 的

取值范围包含(　　)个整数.

(A) 0　　(B) 1　　(C) 2　　(D) 3　　(E) 无数个

【解析】由 $P(X\geqslant k)=\frac{2}{3}$ 知 $P(X<k)=\frac{1}{3}$，分段讨论：

若 $k<0$，$P(X<k)=0$，不满足题意；

若 $0\leqslant k\leqslant 1$，$P(X<k)=\int_0^k \frac{1}{3}\mathrm{d}x=\frac{k}{3}$，当 $k=1$ 时，$P(X<k)=\frac{1}{3}$，满足题意；

若 $1<k\leqslant 3$ 时，$P(X<k)=\int_0^1 \frac{1}{3}\mathrm{d}x+\int_1^k 0\mathrm{d}x=\frac{1}{3}$，满足题意；

若 $3<k\leqslant 6$，则 $P(X<k)=\int_0^1 \frac{1}{3}\mathrm{d}x+\int_3^k \frac{2}{9}\mathrm{d}x=\frac{2}{9}k-\frac{1}{3}\neq\frac{1}{3}$，不满足题意；

若 $k>6$，则 $P(X<k)=1$，不满足题意；

故只有当 $1\leqslant k\leqslant 3$ 时满足 $P(X\geqslant k)=\frac{2}{3}$. 故选 D.

例 6 设随机变量 X 的概率密度 $f_X(x)=\begin{cases}\mathrm{e}^{-x} & x\geqslant 0\\ 0 & x<0\end{cases}$，随机变量 $Y=\mathrm{e}^X$，则概率 $P(1\leqslant Y\leqslant 2)=$ (　　).

(A) $\frac{1}{2\mathrm{e}}$　　(B) $\frac{1}{\mathrm{e}}$　　(C) $\frac{3}{4}$　　(D) $\frac{1}{4}$　　(E) $\frac{1}{2}$

【解析】$P(1\leqslant Y\leqslant 2)=P(1\leqslant \mathrm{e}^X\leqslant 2)=P(0\leqslant X\leqslant \ln 2)=\int_0^{\ln 2}\mathrm{e}^{-x}\mathrm{d}x=\frac{1}{2}$. 选 E

4. 离散型与连续型随机变量的关系

$$P(X=x)\approx P(x<X\leqslant x+\mathrm{d}x)\approx f(x)\mathrm{d}x$$

可见，积分元 $f(x)\mathrm{d}x$ 在连续型随机变量理论中与 $P(X=x_k)=p_k$ 在离散型随机变量理论中所起的作用和地位相同，这与微分的几何意义完全一致.

对于连续型随机变量 X，虽然有 $P(X=x)=0$，但事件 $(X=x)$ 并非是不可能事件 $\varnothing$.

$$P(X=x)\leqslant P(x<X\leqslant x+h)=\int_x^{x+h}f(x)\mathrm{d}x$$

令 $h\to 0$，则右端为零，而概率 $P(X=x)\geqslant 0$，故得 $P(X=x)=0$.

不可能事件（$\varnothing$）的概率为零，而概率为零的事件不一定是不可能事件；同理，必然事件（Ω）的概率为 1，而概率为 1 的事件也不一定是必然事件.

5. 重要结论

1）只有存在概率密度（不恒为零）的随机变量才称为连续型随机变量，但不能错误地认为分布函数连续的随机变量为连续型随机变量.

2）若 $F_1(x), F_2(x), \cdots, F_n(x)$ 均是分布函数，则当 $a_i\geqslant 0$，$\sum_{i=1}^n a_i=1$ 时，$\sum_{i=1}^n a_iF_i(x)$ 和 $\prod_{i=1}^n F_i(x)$ 仍然为分布函数.

3）若 $f_1(x), f_2(x), \cdots, f_n(x)$ 均是密度函数，则当 $a_i\geqslant 0$，$\sum_{i=1}^n a_i=1$ 时，$\sum_{i=1}^n a_if_i(x)$ 仍然

为密度函数，但 $\prod_{i=1}^{n} f_i(x)$ 不一定是密度函数.

4）如果 X 为连续型随机变量，则 $Y=aX+b$ 也是连续型随机变量，且 $f_Y(y)=\frac{1}{|a|}\cdot f_X\left(\frac{y-b}{a}\right)$，若如果 X 为离散型随机变量，则 $Y=aX+b$ 却不一定为离散型随机变量，如 X 服从泊松分布，$Y=aX+b$ 就不再是泊松分布.

5）一般的分布函数右连续，而连续型分布函数左右都连续；但密度函数不一定连续，而且一般规定：区间端点（注意不是分界点）处密度函数值取零.

例 7 设 X_1 和 X_2 是任意两个独立的连续型随机变量，它们的概率密度分别为 $f_1(x)$，$f_2(x)$，分布函数分别为 $F_1(x)$，$F_2(x)$，则下列正确的有（　　）个.

(1) $f_1(x)+f_2(x)$ 必为某一 X 的概率密度　(2) $f_1(x)\cdot f_2(x)$ 必为某一 X 的概率密度

(3) $F_1(x)+F_2(x)$ 必为某一 X 的分布函数　(4) $F_1(x)\cdot F_2(x)$ 必为某一 X 的分布函数

(A) 0　(B) 1　(C) 2　(D) 3　(E) 4

【解析】$\int_{-\infty}^{+\infty}[f_1(x)+f_2(x)]\mathrm{d}x=\int_{-\infty}^{+\infty}f_1(x)\mathrm{d}x+\int_{-\infty}^{+\infty}f_2(x)\mathrm{d}x=1+1=2\neq 1$，故(1)错误；

$F_1(+\infty)+F_2(+\infty)=1+1=2\neq 1$，故(3)错误；

取 $f_1(x)=\begin{cases}1 & -2<x<-1\\ 0 & 其他\end{cases}$；$f_2(x)=\begin{cases}1 & 0<x<1\\ 0 & 其他\end{cases}$，$x\in(-\infty,+\infty)$，$f_1(x)f_2(x)\equiv 0\neq 1$，故(2)错误；

取 $X=\max\{X_1,X_2\}\Rightarrow F(x)=P\{X\leqslant x\}=P\{\max\{X_1,X_2\}\leqslant x\}$

$=P\{X_1\leqslant x,X_2\leqslant x\}=P\{X_1\leqslant x\}P\{X_2\leqslant x\}=F_1(x)F_2(x)$，故(4)正确.

只有(4)正确，选 B.

例 8 设连续型随机变量 X 的分布函数为 $F(x)$，密度函数为 $f(x)$，而且 X 与 $-X$ 有相同的分布函数，则下列正确的有（　　）个.

(1) $F(x)=F(-x)$　(2) $F(x)=-F(-x)$

(3) $f(x)=f(-x)$　(4) $f(x)=-f(-x)$

(A) 0　(B) 1　(C) 2　(D) 3　(E) 4

【解析】利用分布函数的性质 $F(+\infty)=1$，$F(-\infty)=0$ 即可排除(1)(2)，其次由 $\int_{-\infty}^{+\infty}f(x)\mathrm{d}x=1$ 即可排除(4)，故只有(3)是正确的，故选 B.

【评注】本题也可由分布函数的定义得到，由 $-X$ 与 X 有相同的分布函数得 $-X$ 的分布函数 $P(-X\leqslant x)=P(X\geqslant -x)=1-P(X<-x)=1-P(X\leqslant -x)=1-F(-x)=F(x)$，即 $1-F(-x)=F(x)$，求导得 $f(x)=f(-x)$.

二、密度函数与分布函数的关系

1. 已知密度函数，求分布函数

根据积分求解分布函数.

例 9 设随机变量 X 的密度函数为 $f(x)$，且 $f(-x)=f(x)$，$F(x)$ 是 X 的分布函数，则对任

意实数 a，下列正确的有(　　)个.

(1) $F(-a)=1-\int_0^a f(x)\mathrm{d}x$　　(2) $F(-a)=\frac{1}{2}-\int_0^a f(x)\mathrm{d}x$

(3) $F(-a)=F(a)$　　(4) $F(-a)=2F(a)-1$

(A) 0　(B) 1　(C) 2　(D) 3　(E) 4

【解析】由 $f(-x)=f(x)$ 得 $\int_{-\infty}^0 f(x)\mathrm{d}x=\frac{1}{2}$，于是

$$F(-a)=\int_{-\infty}^{-a} f(x)\mathrm{d}x=\int_a^{+\infty} f(-t)\mathrm{d}t=\int_a^{+\infty} f(t)\mathrm{d}t=1-\int_{-\infty}^a f(t)\mathrm{d}t=\frac{1}{2}-\int_0^a f(t)\mathrm{d}t.$$

故(2)正确，选 B.

【评注】也可根据密度曲线的图形直接得到.

例 10　随机变量 X 的密度函数为 $\varphi(x)=\begin{cases}\frac{2}{\pi}\sqrt{1-x^2} & |x|<1\\ 0 & \text{其他}\end{cases}$，则分布函数 $F(x)=$(　　).

(A) $F(x)=\begin{cases}0 & x<-1\\ \frac{x}{\pi}\sqrt{1-x^2}+\frac{1}{\pi}\arcsin x & -1\leqslant x<1\\ 1 & x\geqslant 1\end{cases}$

(B) $F(x)=\begin{cases}0 & x<-1\\ \frac{x}{\pi}\sqrt{1-x^2}+\frac{1}{\pi}\arcsin x+1 & -1\leqslant x<1\\ 1 & x\geqslant 1\end{cases}$

(C) $F(x)=\begin{cases}0 & x<-1\\ \frac{x}{\pi}\sqrt{1-x^2}+\frac{1}{\pi}\arcsin x+\frac{1}{2} & -1\leqslant x<2\\ 1 & x\geqslant 2\end{cases}$

(D) $F(x)=\begin{cases}0 & x<-1\\ \frac{x}{\pi}\sqrt{1-x^2}+\frac{1}{\pi}\arcsin x+\frac{1}{2} & -1\leqslant x<1\\ 1 & x\geqslant 1\end{cases}$

(E) $F(x)=\begin{cases}0 & x<-1\\ \frac{x}{\pi}\sqrt{1-x^2}+\frac{1}{2\pi}\arcsin x+\frac{1}{2} & -1\leqslant x<1\\ 1 & x\geqslant 1\end{cases}$

【解析】当 $x\leqslant -1$ 时，$F(x)=\int_{-\infty}^x \varphi(t)\mathrm{d}t=\int_{-\infty}^x 0\mathrm{d}t=0$；

当 $-1<x<1$ 时，$F(x)=\int_{-\infty}^x \varphi(t)\mathrm{d}t=\int_{-1}^x \frac{2}{\pi}\sqrt{1-t^2}\mathrm{d}t=\frac{x}{\pi}\sqrt{1-x^2}+\frac{1}{\pi}\arcsin x+\frac{1}{2}$；

当 $x\geqslant 1$ 时，$F(x)=\int_{-\infty}^x \varphi(t)\mathrm{d}t=\int_{-1}^1 \frac{2}{\pi}\sqrt{1-t^2}\mathrm{d}t=1.$

所以 $F(x)=\begin{cases}0 & x\leqslant -1\\ \dfrac{x}{\pi}\sqrt{1-x^2}+\dfrac{1}{\pi}\arcsin x+\dfrac{1}{2} & -1<x<1\\ 1 & x\geqslant 1\end{cases}$，故选 D.

【评注】本题也可以验证每个选项.

例 11 随机变量 X 的分布密度为 $\varphi(x)=\begin{cases}x & 0\leqslant x<1\\ 2-x & 1\leqslant x\leqslant 2\\ 0 & 其他\end{cases}$，则关于分布函数 $F(x)$，下列叙述正确的有(　　)个.

(1) 当 $x<0$ 时，$F(x)=0$

(2) 当 $0\leqslant x<1$ 时，$F(x)=\dfrac{x^2}{2}+\dfrac{1}{2}$

(3) 当 $1\leqslant x<2$ 时，$F(x)=-\dfrac{x^2}{2}+2x-1$

(4) 当 $x\geqslant 2$ 时，$F(x)=1$

(A) 0　(B) 1　(C) 2　(D) 3　(E) 4

【解析】当 $x<0$ 时，$F(x)=\int_{-\infty}^{x}\varphi(t)\mathrm{d}t=\int_{-\infty}^{x}0\mathrm{d}t=0$；

当 $0\leqslant x<1$ 时，$F(x)=\int_{-\infty}^{x}\varphi(t)\mathrm{d}t=\int_{0}^{x}t\mathrm{d}t=\dfrac{x^2}{2}$；

当 $1\leqslant x<2$ 时，$F(x)=\int_{-\infty}^{x}\varphi(t)\mathrm{d}t=\int_{0}^{1}t\mathrm{d}t+\int_{1}^{x}(2-t)\mathrm{d}t=-\dfrac{x^2}{2}+2x-1$；

当 $x\geqslant 2$ 时，$F(x)=\int_{-\infty}^{x}\varphi(t)\mathrm{d}t=\int_{0}^{1}t\mathrm{d}t+\int_{1}^{2}(2-t)\mathrm{d}t=1$；

所以 $F(x)=\begin{cases}0 & x<0\\ \dfrac{x^2}{2} & 0\leqslant x<1\\ -\dfrac{x^2}{2}+2x-1 & 1\leqslant x<2\\ 1 & x\geqslant 2\end{cases}$

故(1)(3)(4)正确，选 D.

2. 已知分布函数，求密度函数

根据 $f(x)=F'(x)$，利用导数求解密度函数.

例 12 设连续型随机变量 X 的分布函数为 $F(x)=A+B\arctan x$. 则随机变量 X 的概率密度 $f(x)=$ (　　).

(A) $f(x)=\dfrac{2}{\pi(1+x^2)}$

(B) $f(x)=\dfrac{1}{2\pi(1+x^2)}$

(C) $f(x)=\dfrac{1}{\pi(1+x^2)}$

(D) $f(x)=\dfrac{\pi}{4(1+x^2)}$

(E) $f(x)=\dfrac{\pi}{2(1+x^2)}$

【解析】先求 A 和 B，由 $\begin{cases}F(+\infty)=1\\F(-\infty)=0\end{cases}\Rightarrow\begin{cases}A+\dfrac{\pi}{2}B=1\\A-\dfrac{\pi}{2}B=0\end{cases}\Rightarrow A=\dfrac{1}{2}$，$B=\dfrac{1}{\pi}$；

故 $f(x)=F'(x)=\left(\dfrac{1}{2}+\dfrac{1}{\pi}\arctan x\right)'=\dfrac{1}{\pi(1+x^2)}$. 故选 C.

例 13 设随机变量 X 的分布函数为 $F(x)=\begin{cases}A+Be^{-\lambda x} & x\geqslant 0\\0 & x<0\end{cases}$，$\lambda>0$，$f(x)$ 为密度函数. 则 $P\{X>5\}+f(5)$ 的值为（　　）.

(A) $(\lambda+1)e^{-5\lambda}$　(B) $(\lambda-1)e^{-5\lambda}$　(C) $(\lambda+5)e^{-5\lambda}$

(D) $(2\lambda+1)e^{-5\lambda}$　(E) $\left(\dfrac{1}{2}\lambda+5\right)e^{-5\lambda}$

【解析】先求出参数 A 和 B 的值，由 $\begin{cases}\lim\limits_{x\to+\infty}F(x)=1\\\lim\limits_{x\to0+}F(x)=\lim\limits_{x\to0-}F(x)\end{cases}$ 得 $\begin{cases}A=1\\B=-1\end{cases}$

再求导得到密度函数：$f(x)=F'(x)=\begin{cases}\lambda e^{-\lambda x} & x\geqslant 0\\0 & x<0\end{cases}$.

故 $P\{X>5\}+f(5)=1-F(5)+f(5)=e^{-5\lambda}+\lambda e^{-5\lambda}=(\lambda+1)e^{-5\lambda}$，故选 A.

【评注】对于做题经验丰富的考生，可以直接看出是指数分布的特征.

三、常见连续型随机变量

1. 均匀分布

(1) 密度函数

设随机变量 X 的值只落在 $[a,b]$ 内，其密度函数 $f(x)$ 在 $[a,b]$ 上为常数，即

$$f(x)=\begin{cases}\dfrac{1}{b-a} & a\leqslant x\leqslant b\\0 & \text{其他}\end{cases}$$

则称随机变量 x 在 $[a,b]$ 上服从均匀分布，记为 $X\sim U(a,b)$.

(2) 分布函数

均匀分布的分布函数为 $F(x)=\begin{cases}0 & x<a\\\dfrac{x-a}{b-a} & a\leqslant x<b\\1 & x\geqslant b\end{cases}$.

(3) 计算概率

当 $a\leqslant x_1<x_2\leqslant b$ 时，X 落在区间 (x_1,x_2) 内的概率为 $P(x_1<X<x_2)=\dfrac{x_2-x_1}{b-a}$.

评注 可以用长度比计算概率.

(4) 背景应用

在区间 $[a,b]$ 上服从均匀分布的随机变量 X，具有下述意义的等可能性，即它落在区间

$[a, b]$中任意等长度的子区间内的可能性相等，或者说它落在子区间内的概率只依赖于区间的长度而与子区间的位置无关.

例 14 某公共汽车从上午7:00起每隔15分钟有一趟班车经过某车站，即7:00，7:15，7:30，…时刻有班车到达此车站，如果某乘客是在7:00至7:30等可能地到达此车站候车，则他等候不超过5分钟便能乘上汽车的概率为(　　).

(A) $\frac{13}{30}$　(B) $\frac{11}{30}$　(C) $\frac{1}{3}$　(D) $\frac{1}{4}$　(E) $\frac{1}{2}$

【解析】设乘客于7点过X分钟到达车站，则$X \sim U[0, 30]$，即其概率密度为

$$f(x)=\begin{cases}\frac{1}{30} & 0 \leqslant x \leqslant 30\\ 0 & \text{其他}\end{cases}$$

于是该乘客等候不超过5分钟便能乘上汽车的概率为

$$\begin{aligned}P\{10 \leqslant X \leqslant 15 \text{ 或 } 25 \leqslant X \leqslant 30\} &= P\{10 \leqslant X \leqslant 15\}+P\{25 \leqslant X \leqslant 30\}\\ &=\int_{10}^{15} \frac{1}{30} \mathrm{d} x+\int_{25}^{30} \frac{1}{30} \mathrm{d} x=\frac{5}{30}+\frac{5}{30}=\frac{1}{3}\end{aligned}$$

故选C.

例 15 设k在$(0, 5)$上服从均匀分布，则$4x^2+4kx+k+2=0$有实根的概率为(　　).

(A) $\frac{1}{2}$　(B) $\frac{2}{3}$　(C) $\frac{4}{5}$　(D) $\frac{3}{5}$　(E) $\frac{2}{5}$

【解析】k的分布密度为$f(k)=\begin{cases}\frac{1}{5} & 0<k<5\\ 0 & \text{其他}\end{cases}$

$$P\{4x^2+4kx+k+2=0 \text{ 有实根}\}=P\{16k^2-16k-32 \geqslant 0\}=P\{k \leqslant -1 \text{ 或 } k \geqslant 2\}=\int_2^5 \frac{1}{5} \mathrm{d} k$$

$=\frac{3}{5}$，选D.

例 16 设随机变量X在$[2, 5]$上服从均匀分布，现对X进行三次独立观测，则至少有两次观测值大于3的概率为(　　).

(A) $\frac{8}{27}$　(B) $\frac{11}{27}$　(C) $\frac{13}{27}$　(D) $\frac{17}{27}$　(E) $\frac{20}{27}$

【解析】随机变量X在$[2, 5]$上服从均匀分布，$P\{X>3\}=\frac{2}{3}$；

设随机变量Y表示三次独立观测中观测值大于3的次数，则$Y \sim B\left(3, \frac{2}{3}\right)$

至少有两次观测值大于3的概率：$P\{Y \geqslant 2\}=C_3^2\left(\frac{2}{3}\right)^2 \frac{1}{3}+\left(\frac{2}{3}\right)^3=\frac{20}{27}$. 选E.

【评注】本题将连续型和离散型结合考查，先求出每次试验的概率，再结合二项分布求概率.

2. 指数分布

(1) 密度函数

设连续型随机变量 X 具有密度函数 $f(x)=\begin{cases}\lambda e^{-\lambda x} & x>0\\ 0 & x\leqslant 0\end{cases}$，其中 $\lambda>0$，则称 X 服从参数为 λ 的指数分布，记为 $X\sim E(\lambda)$.

(2) 分布函数

指数分布的分布函数为 $F(x)=\begin{cases}1-e^{-\lambda x} & x\geqslant 0\\ 0 & x<0\end{cases}$.

(3) 计算概率

$P(X\leqslant x_0)=1-e^{-\lambda x_0}$，$P(X\geqslant x_0)=e^{-\lambda x_0}$.

评 注 记住几个积分：$\int_0^{+\infty} xe^{-x}dx=1,\int_0^{+\infty}x^2e^{-x}dx=2,\int_0^{+\infty}x^ne^{-x}dx=n!$

(4) 背景应用

在实践中，如果随机变量 X 表示某一随机事件发生所需等待的时间，则一般 $X\sim E(\lambda)$. 例如，某电子元件直到损坏所需的时间（即寿命）；随机服务系统中的服务时间，如电话的通话时间；在某邮局等候服务的等候时间等均可认为是服从指数分布.

评 注 指数分布最大的特征就是"无记忆"性.

例 17 设某类日光灯管的使用寿命 X（小时）服从参数为 $\frac{1}{2000}$ 的指数分布.

(1) 任取一只这种灯管，则能正常使用 1000 小时以上的概率为（　　）.

(A) $1-e^{-\frac{1}{2}}$　(B) $e^{-\frac{1}{2}}$　(C) e^{-2}　(D) $1-e^{-2}$　(E) $1-e^{-1}$

(2) 有一只这种灯管已经正常使用了 1000 小时以上，则还能使用 1000 小时以上的概率为（　　）.

(A) $1-e^{-\frac{1}{2}}$　(B) $e^{-\frac{1}{2}}$　(C) e^{-2}　(D) $1-e^{-2}$　(E) $1-e^{-1}$

【解析】(1) $P\{X>1000\}=\int_{1000}^{+\infty}\frac{1}{2000}e^{-\frac{1}{2000}x}dx=e^{-\frac{1}{2}}$，选 B.

(2) $P\{X>2000\mid X\geqslant 1000\}=\frac{P\{X>2000\}}{P\{X\geqslant 1000\}}=\frac{e^{-1}}{e^{-\frac{1}{2}}}=e^{-\frac{1}{2}}$，选 B.

（这是指数分布的重要性质："无记忆性".）

例 18 设顾客在某银行的窗口等待服务的时间 X（以分钟计）服从指数分布 $E\left(\frac{1}{5}\right)$. 某顾客在窗口等待服务，若超过 10 分钟他就离开. 他一个月要到银行 5 次，以 Y 表示一个月内他未等到服务而离开窗口的次数，则 $P\{Y\geqslant 1\}=$（　　）.

(A) $(1-e^{-2})^5$　(B) $1-(1-e^{-1})^5$　(C) $(1-e^{-1})^5$

(D) $1-(1-e^{-2})^5$　(E) $1-(1-e^{-5})^2$

【解析】依题意知 $X\sim E\left(\frac{1}{5}\right)$，即其密度函数为 $f(x)=\begin{cases}\frac{1}{5}e^{-\frac{x}{5}} & x>0\\ 0 & x\leqslant 0\end{cases}$

该顾客未等到服务而离开的概率为 $P(X>10)=\int_{10}^{+\infty}\frac{1}{5}e^{-\frac{x}{5}}dx=e^{-2}$，

$Y \sim B(5, e^{-2})$，即其分布律为 $P(Y=k)=C_5^k(e^{-2})^k(1-e^{-2})^{5-k}$，$k=0, 1, 2, 3, 4, 5$，故 $P(Y\geqslant 1)=1-P(Y=0)=1-(1-e^{-2})^5$．故选 D.

【评注】本题将连续型和离散型结合考查，先求出每次试验的概率，再结合二项分布求概率.

例 19 设随机变量 X 服从指数分布，则 $Y=\min\{X, 2\}$ 的分布函数（　　）.

（A）是连续函数　（B）恰好有两个间断点　（C）是阶梯函数
（D）恰好有一个间断点　（E）至少有两个间断点

【解析】分布函数：$F_Y(y)=P(Y\leqslant y)=P[\min(X, 2)\leqslant y]=1-P[\min(X, 2)>y]$

当 $y\geqslant 2$ 时：$F_Y(y)=1-P[\min(X, 2)>y]=1-0=1$.

当 $0\leqslant y<2$ 时：$F_Y(y)=1-P[\min(X, 2)>y]=1-P(X>y, 2>y)$

$=1-P(X>y)=P(X\leqslant y)=1-e^{-\lambda y}$.

当 $y<0$ 时：$F_Y(y)=1-P[\min(X, 2)>y]=1-(X>y, 2>y)$

$=1-P(X>y)=P(X\leqslant y)=0$

于是 $F_Y(y)=\begin{cases}1 & y\geqslant 2\\ 1-e^{-\lambda y} & 0\leqslant y<2\\ 0 & y<0\end{cases}$，只有 $y=2$ 一个间断点，选 D.

3. 正态分布

（1）密度函数

设随机变量 X 的密度函数为 $f(x)=\dfrac{1}{\sqrt{2\pi}\sigma}e^{-\frac{(x-\mu)^2}{2\sigma^2}}$，$-\infty<x<+\infty$，其中 μ，$\sigma(\sigma>0)$ 为常数，则称 X 服从参数为 (μ, σ) 的正态分布，记为 $X\sim N(\mu, \sigma^2)$.

可以证明，正态分布的密度函数曲线具有下列特征：

①关于 $x=\mu$ 左右对称；

②当 $x=\mu$ 时，取得最大值 $f(\mu)=\dfrac{1}{\sqrt{2\pi}\sigma}$；

③在 $x=\mu\pm\sigma$ 处有拐点，且在 $(\mu-\sigma, \mu+\sigma)$ 为凸弧；在 $(-\infty, \mu-\sigma)$ 与 $(\mu+\sigma, +\infty)$ 为凹弧.

④以 x 轴为渐近线.

因此，$f(x)$ 是一条“中间高，两边低，左右对称”的曲线.

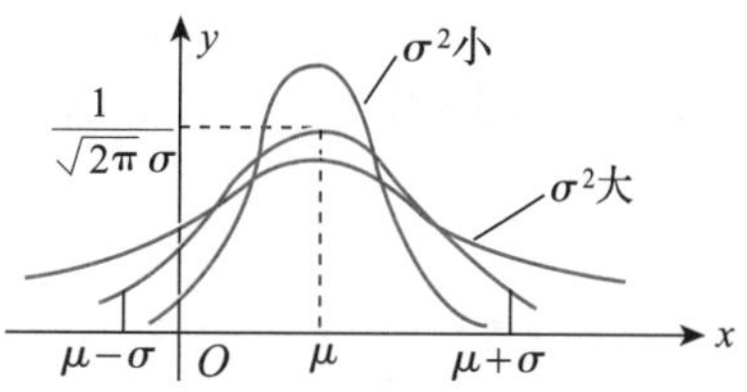

图 10.2

特别当 σ 固定、改变 μ 时，$f(x)$ 的图形形状不变，只是集体沿 x 轴平行移动，所以 μ 又称为位置参数.

当 μ 固定、改变 σ 时，$f(x)$ 的图形形状要发生变化，随 σ 变大（小），$f(x)$ 图形的形状变得平坦（尖窄），所以又称 σ 为形状参数.

（2）分布函数

正态分布的分布函数为 $F(x)=\dfrac{1}{\sqrt{2\pi}\sigma}\int_{-\infty}^{x}e^{-\frac{(t-\mu)^2}{2\sigma^2}}dt$，$-\infty<x<\infty$.

（3）背景应用

如果随机变量 X 表示许许多多均匀微小随机因素的总效应，则它通常将近似地服从正态分布，如：测量产生的误差；弹着点的位置；噪声电压；产品的尺寸等均可认为近似地服从正态分布.

正态分布是所有分布中最重要的一种分布，这有实践与理论两方面的原因. 实践方面的原因在于其常见性，如产品的长度、宽度、高度、质量指标；人体的身高、体重；测量的误差等，都近似地服从正态分布. 事实上如果影响某一随机变量的因素很多，而每一个因素都不起决定性作用，且这些影响是可以叠加的，那么这一随机变量就近似的服从正态分布，这就是概率论中有名的中心极限定理. 从理论方面来说，正态分布可以导出一些其他的分布，而某些分布在一定条件下又可以用正态分布来近似. 因此正态分布不仅在实践中有广泛的应用，而且在理论研究也具有重要的地位.

例 20 设 $X \sim N(3, 2^2)$，$P\{X>c\}=P\{X \leqslant c\}$ 时，$c=$（　　）.

（A）1　（B）2　（C）3　（D）4　（E）5

【解析】根据正态分布的对称性，当 $c=3$ 时，$P\{X>c\}=P\{X \leqslant c\}=\frac{1}{2}$. 选 C.

例 21 设随机变量 X 服从正态分布 $N(2, 9)$，若 $P(X>c+1)=P(X<c-1)$，则 $c=$（　　）.

（A）1　（B）2　（C）3　（D）4　（E）5

【解析】根据正态分布密度函数的对称性可知，$c+1$ 与 $c-1$ 关于 $x=2$ 对称，

故 $\frac{c+1+c-1}{2}=2 \Rightarrow c=2$，选 B.

例 22 设随机变量 $X \sim N(1, 2^2)$，其分布函数和概率密度函数分别为 $F(x)$ 和 $f(x)$，则对任意实数 x，下列结论中成立的是（　　）.

（A）$F(x)=1-F(-x)$　（B）$f(x)=f(-x)$

（C）$F(1-x)=1-F(1+x)$　（D）$F\left(\frac{1-x}{2}\right)=1-F\left(\frac{1+x}{2}\right)$

（E）$F(1-x)=1-F(1-x)$

【解析】由 $X \sim N(1, 2^2)$ 得 $f(x)$ 以 $x=1$ 为对称轴，得 $P(X>1+x)=P(X \leqslant 1-x)$，即 $F(1-x)=1-P(X \leqslant 1+x)=1-F(1+x)$，故选 C.

例 23 设随机变量 X, Y 均服从 $N(0, \sigma^2)$，若概率 $P\{X \leqslant 0, Y>0\}=\frac{1}{3}$，则 $P\{X>0, Y<0\}=$（　　）.

（A）$\frac{8}{9}$　（B）$\frac{2}{9}$　（C）$\frac{4}{9}$　（D）$\frac{2}{3}$　（E）$\frac{1}{3}$

【解析】令 $A=\{X \leqslant 0\}$，$B=\{Y>0\}$，注意 $P\{X=0\}=P\{Y=0\}=0$，则

$P(A)=P(B)=\frac{1}{2}$，$P(AB)=P\{X \leqslant 0, Y>0\}=\frac{1}{3}$

$\Rightarrow P\{X>0, Y<0\}=P\{\{X>0\} \cap \{Y<0\}\}=P(\bar{A}\bar{B})=P(\overline{A+B})=1-P(A+B)=1-[P(A)+P(B)-P(AB)]=1-\left(\frac{1}{2}+\frac{1}{2}-\frac{1}{3}\right)=\frac{1}{3}$，选 E.

(4) 标准正态分布

特别当 $\mu=0$，$\sigma=1$ 时，称 X 服从标准正态分布，记为 $X\sim N(0,\ 1)$.

其密度函数记为 $\varphi(x)=\frac{1}{\sqrt{2\pi}}e^{-\frac{x^2}{2}}$，$-\infty<x<+\infty$. 分布函数为 $\Phi(x)=\frac{1}{\sqrt{2\pi}}\int_{-\infty}^{x}e^{-\frac{t^2}{2}}dt$. $\Phi(x)$ 是不可求积函数，其函数值已编制成表可供查用.

$\varphi(x)$ 和 $\Phi(x)$ 的性质如下：

1) $\varphi(x)$ 是偶函数，$\varphi(x)=\varphi(-x)$；

2) 当 $x=0$ 时，$\varphi(x)=\frac{1}{\sqrt{2\pi}}$ 为最大值；

3) $\Phi(-x)=1-\Phi(x)$ 且 $\Phi(0)=\frac{1}{2}$.

(5) 正态分布的标准化（计算概率）

如果 $X\sim N(\mu,\ \sigma^2)$，则 $\frac{X-\mu}{\sigma}\sim N(0,\ 1)$.

概率 $P(x_1<X\leqslant x_2)=\Phi\left(\frac{x_2-\mu}{\sigma}\right)-\Phi\left(\frac{x_1-\mu}{\sigma}\right)$.

评注 可以通过变换将 $F(x)$ 的计算转化为 $\Phi(x)$ 的计算，而 $\Phi(x)$ 的值是可以通过查表得到的.

例 24 若随机变量 $X\sim N(2,\ \sigma^2)$，且 $P\{2<X<4\}=0.3$，则 $P\{X<0\}=(\quad)$.

(A) 0.1 (B) 0.2 (C) 0.3 (D) 0.4 (E) 0.6

【解析】$0.3=P(2<X<4)=P\left(\frac{2-2}{\sigma}<\frac{X-2}{\sigma}<\frac{4-2}{\sigma}\right)=\Phi\left(\frac{2}{\sigma}\right)-\Phi(0)=\Phi\left(\frac{2}{\sigma}\right)-0.5$

故 $\Phi\left(\frac{2}{\sigma}\right)=0.8$，因此 $P(X<0)=P\left(\frac{X-2}{\sigma}<\frac{0-2}{\sigma}\right)=\Phi\left(-\frac{2}{\sigma}\right)=1-\Phi\left(\frac{2}{\sigma}\right)=0.2$.

【另解】本题也可以利用密度函数的对称性求解，$P\{0<X<2\}=P\{2<X<4\}=0.3$，则 $P\{X<0\}=P\{X<2\}-P\{0<X<2\}=0.5-0.3=0.2$. 故选 B.

例 25 设随机变量 $X\sim N(0,\ \sigma^2)$，当 σ 取(　　)时，X 落入区间 $(1,\ 3)$ 的概率最大.

(A) $\frac{1}{\sqrt{\ln3}}$ (B) $\frac{2}{\sqrt{\ln3}}$ (C) $\frac{4}{\sqrt{\ln3}}$ (D) $\frac{1}{\ln3}$ (E) $\frac{2}{\ln3}$

【解析】因为 $X\sim N(0,\ \sigma^2)$，$P(1<X<3)=P\left(\frac{1}{\sigma}<\frac{X}{\sigma}<\frac{3}{\sigma}\right)=\Phi\left(\frac{3}{\sigma}\right)-\Phi\left(\frac{1}{\sigma}\right)$

令 $g(\sigma)=\Phi\left(\frac{3}{\sigma}\right)-\Phi\left(\frac{1}{\sigma}\right)$，利用微积分中求极值的方法，有

$$g'(\sigma)=\left(-\frac{3}{\sigma^2}\right)\Phi'\left(\frac{3}{\sigma}\right)+\frac{1}{\sigma^2}\Phi'\left(\frac{1}{\sigma}\right)=-\frac{3}{\sigma^2}\cdot\frac{1}{\sqrt{2\pi}}e^{\frac{-9}{2\sigma^2}}+\frac{1}{\sigma^2}\cdot\frac{1}{\sqrt{2\pi}}e^{\frac{-1}{2\sigma^2}}$$

$$=\frac{1}{\sqrt{2\pi}\sigma^2}e^{\frac{-1}{2\sigma^2}}\left(1-3e^{\frac{-8}{2\sigma^2}}\right)$$，令 $g'(\sigma)=0$，得 $\sigma_0^2=\frac{4}{\ln3}$，则 $\sigma_0=\frac{2}{\sqrt{\ln3}}$.

又 $g''(\sigma_0)<0$，故 $\sigma_0=\frac{2}{\sqrt{\ln 3}}$ 为极大值点且唯一.

故当 $\sigma=\frac{2}{\sqrt{\ln 3}}$ 时 X 落入区间(1，3)的概率最大. 选 B.

第四节 随机变量函数的分布

随机变量 Y 是随机变量 X 的函数 $Y=g(X)$，若已知 X 的分布函数 $F_X(x)$ 或密度函数 $f_X(x)$，则可知求出 $Y=g(X)$ 的分布函数 $F_Y(y)$ 或密度函数 $f_Y(y)$.

一、离散型随机变量

若离散型随机变量 X 的分布律为

X	x_1	x_2	$\cdots$	x_n	$\cdots$
$P(X=x_i)$	p_1	p_2	$\cdots$	p_n	$\cdots$

显然，$Y=g(X)$ 的取值只可能是 $g(x_1)$，$g(x_2)$，$\cdots$，$g(x_n)$，$\cdots$，若 $g(x_i)$ 互不相等，则 Y 的分布列如下：

Y	$g(x_1)$	$g(x_2)$	$\cdots$	$g(x_n)$	$\cdots$
$P(Y=y_i)$	p_1	p_2	$\cdots$	p_n	$\cdots$

评注 若某些 $g(x_i)$ 相等，则应将对应的 p_i 相加作为 $g(x_i)$ 的概率.

例 1 设随机变量 X 的分布律为

X	-2	-1	0	1	3
P	$\frac{1}{5}$	$\frac{1}{6}$	$\frac{1}{5}$	$\frac{1}{15}$	$\frac{11}{30}$

求 $Y=X^2$ 的分布律.

【解析】 Y 可取的值为 0，1，4，9，分别计算概率：

$P(Y=0)=P(X=0)=\frac{1}{5}$；$P(Y=1)=P(X=-1)+P(X=1)=\frac{1}{6}+\frac{1}{15}=\frac{7}{30}$；

$P(Y=4)=P(X=-2)=\frac{1}{5}$；$P(Y=9)=P(X=3)=\frac{11}{30}$.

故 Y 的分布律为

Y	0	1	4	9
P	$\frac{1}{5}$	$\frac{7}{30}$	$\frac{1}{5}$	$\frac{11}{30}$

例 2 已知随机变量 X 的分布律为

X	$\frac{\pi}{4}$	$\frac{\pi}{2}$	$\frac{3\pi}{4}$
P	0.2	0.7	0.1

求 $Y=\sin X$ 的分布律.

【解析】Y 的所有可能取值为 $\frac{\sqrt{2}}{2}$，1（将 X 的所有取值代入 $Y=\sin X$ 得到）

$$P\left(Y=\frac{\sqrt{2}}{2}\right)=P\left(X=\frac{\pi}{4}\right)+P\left(X=\frac{3\pi}{4}\right)=0.3;\ P(Y=1)=P\left(X=\frac{\pi}{2}\right)=0.7.$$

Y	$\frac{\sqrt{2}}{2}$	1
P	0.3	0.7

例 3 设 $P\{X=k\}=\left(\frac{1}{2}\right)^k$，$k=1, 2, \cdots$，令

$$Y=\begin{cases}1 & \text{当 } X \text{ 取偶数时} \\ -1 & \text{当 } X \text{ 取奇数时}\end{cases}.$$

求随机变量 X 的函数 Y 的分布律.

【解析】$P(Y=1)=P(X=2)+P(X=4)+\cdots+P(X=2k)+\cdots$

$$=\left(\frac{1}{2}\right)^2+\left(\frac{1}{2}\right)^4+\cdots+\left(\frac{1}{2}\right)^{2k}+\cdots=\frac{\frac{1}{4}}{1-\frac{1}{4}}=\frac{1}{3}.$$

$$P(Y=-1)=1-P(Y=1)=\frac{2}{3}.$$

Y	-1	1
P	$\frac{2}{3}$	$\frac{1}{3}$

二、连续型随机变量

1. 公式法

如果 X 具有连续概率密度 $f_X(x)$，$x\in(-\infty, +\infty)$，$g(x)$ 严格单调且处处可导，即 $g'(x)$ 不变号，则 $Y=g(X)$（$\Leftrightarrow X=g^{-1}(Y)$）的概率密度为：

$$f_Y(y)=\begin{cases}f_X[g^{-1}(y)]\,|[g^{-1}(y)]'| & y\in(a, b) \\ 0 & \text{其他}\end{cases}$$

评 注 上述解法由于条件苛刻（严格单调且可导），应用受到限制，而且一般的概率密度并非单调函数.

例 4 $X\sim f(x)=\frac{1}{x(1+x^2)}$，$Y=2X+3$，则 $f_Y(y)=($　　$)$.

(A) $\dfrac{1}{(y+3)\left[1+\left(\dfrac{y+3}{2}\right)^2\right]}$　　(B) $\dfrac{1}{(y+3)\left[1+\left(\dfrac{y-3}{2}\right)^2\right]}$

(C) $\dfrac{1}{(y-3)\left[1+\left(\dfrac{y+3}{2}\right)^2\right]}$　　(D) $\dfrac{1}{(y-3)\left[1+\left(\dfrac{y-3}{2}\right)^2\right]}$

(E) $\dfrac{1}{(y-3)\left[1+\dfrac{1}{2}(y-3)^2\right]}$

【解析】由于 $Y=2X+3$ 严格单调，且处处可导，可以采用公式法：

先求出反函数 $X=\dfrac{1}{2}(Y-3)$，则

$$f_Y(y)=f_X[g^{-1}(y)]\,|[g^{-1}(y)]'|=\left(\frac{y-3}{2}\right)'f_X\left(\frac{y-3}{2}\right)$$

$$=\frac{1}{2}\cdot\frac{1}{\dfrac{y-3}{2}\cdot\left[1+\left(\dfrac{y-3}{2}\right)^2\right]}=\frac{1}{(y-3)\left[1+\left(\dfrac{y-3}{2}\right)^2\right]}$$

本题的一般解法：

$$F_Y(y)=P(Y\leqslant y)=P(2X+3\leqslant y)=P\left(X\leqslant\frac{y-3}{2}\right)=F_X\left(\frac{y-3}{2}\right)=\int_{-\infty}^{\frac{y-3}{2}}f_X(x)\,\mathrm{d}x$$

$$f_Y(y)=F_Y'(y)=\left(\frac{y-3}{2}\right)'f_X\left(\frac{y-3}{2}\right)=\frac{1}{2}\cdot\frac{1}{\dfrac{y-3}{2}\cdot\left[1+\left(\dfrac{y-3}{2}\right)^2\right]}$$

$$=\frac{1}{(y-3)\left[1+\left(\dfrac{y-3}{2}\right)^2\right]}$$

故选 D.

例 5 设随机变量 $X\sim U\left(-\dfrac{\pi}{2},\dfrac{\pi}{2}\right)$，则 $Y=\sin X$ 的密度函数值 $f_Y\left(\dfrac{\sqrt{3}}{2}\right)=(\quad)$.

(A) $\dfrac{1}{\pi}$　(B) $\dfrac{2}{\pi}$　(C) $\dfrac{3}{\pi}$　(D) $\dfrac{4}{\pi}$　(E) $\dfrac{\sqrt{2}}{\pi}$

【解析】$f(x)=\begin{cases}\dfrac{1}{\pi} & x\in\left(-\dfrac{\pi}{2},\dfrac{\pi}{2}\right)\\ 0 & \text{其他}\end{cases}$，而 $y=\sin x$ 在 $\left(-\dfrac{\pi}{2},\dfrac{\pi}{2}\right)$ 存在反函数 $x=\arcsin y$

且 $x_y'=\dfrac{1}{\sqrt{1-y^2}}$，使用公式法

$$f_Y(y)=\begin{cases}f_X[g^{-1}(y)]\,|[g^{-1}(y)]'| & y\in(a,b)\\ 0 & \text{其他}\end{cases}$$

$$=\begin{cases}f_X(\arcsin y)\,|(\arcsin y)'| & y\in(-1,1)\\ 0 & \text{其他}\end{cases}$$

$$=\begin{cases}\dfrac{1}{\pi\sqrt{1-y^2}} & y\in(-1,1)\\ 0 & 其他\end{cases}$$

故 $f_Y\left(\dfrac{\sqrt{3}}{2}\right)=\dfrac{2}{\pi}$，选 B.

例 6 $X\sim E(\lambda)$，则 $Y=e^X$ 的概率密度函数值 $f_Y(2)=($　　$)$.

(A) $\lambda\cdot 2^{-(\lambda+1)}$　　(B) $2^{-(\lambda+1)}$　　(C) $\dfrac{1}{\lambda}\cdot 2^{-(\lambda+1)}$

(D) $\lambda\cdot 2^{\lambda+1}$　　(E) $\dfrac{1}{\lambda}\cdot 2^{\lambda+1}$

【解析】因为指数分布要求 $x>0$，故 $Y=e^X$ 不仅处处可导，且存在反函数，可直接利用公式：

$$f_Y(y)=\begin{cases}f_X[g^{-1}(y)]\,|[g^{-1}(y)]'| & y>1\\ 0 & y\leqslant 1\end{cases}$$

$$=\begin{cases}\lambda e^{-\lambda\ln y}\,|(\ln y)'| & y>1\\ 0 & y\leqslant 1\end{cases}$$

$$=\begin{cases}\lambda y^{-(\lambda+1)} & y>1\\ 0 & y\leqslant 1\end{cases}$$

故 $f_Y(2)=\lambda\cdot 2^{-(\lambda+1)}$，故选 A.

【评注】可见，在容易判断满足条件的情形下，使用公式效率很高.

2. 一般解法

求连续型随机变量 X 的函数 $Y=g(X)$ 的分布，先求出 Y 的分布函数，再通过求导得 Y 的密度函数. 在求 Y 的分布函数中，关键的一步是在"$Y<y$"即"$g(X)<y$"中，解出 X，而得到一个与"$g(X)<y$"等价的 X 不等式，并以后者代替"$g(X)<y$".

求 $Y=g(X)$ 的解法步骤：

1）首先确定 Y 的值域 $[a,b]$，也可以是开区间或半开半闭区间.

2）$y<a\Rightarrow F(y)=0$；$y\geqslant b\Rightarrow F(y)=1$.

3）$a\leqslant y<b$，根据分布函数的定义求

$$F(y)=P\{Y\leqslant y\}=P\{g(X)\leqslant y\}=\int_{g(X)\leqslant y}f(x)\,dx\Rightarrow f(y)=[F(y)]'.$$

评注 先利用 X 的概率密度 $f_X(x)$ 写出 Y 的分布函数 $F_Y(y)$，再利用变上下限积分的求导公式求出 $f_Y(y)$.

例 7 X 服从 $N(0,1)$，求 $Y=e^X$，$Y=2X^2+1$，$Y=|X|$ 的概率密度.

【解析】(1) $X\sim N(0,1)\Rightarrow f(x)=\dfrac{1}{\sqrt{2\pi}}e^{-\frac{x^2}{2}}$，$-\infty<x<+\infty$.

一般解法：由 $Y=e^X>0$ 恒成立，故当 $y\leqslant 0\Rightarrow F_Y(y)=P(Y\leqslant y)=0$.

当 $y>0$ 时，$F_Y(y)=P(Y\leqslant y)=P(e^X\leqslant y)=P(X\leqslant \ln y)=\int_{-\infty}^{\ln y}\dfrac{1}{\sqrt{2\pi}}e^{-\frac{x^2}{2}}dx$,

故 Y 的概率密度 $f_Y(y)=F'_Y(y)=\begin{cases}\dfrac{1}{y\sqrt{2\pi}}e^{-\frac{(\ln y)^2}{2}} & y>0\\ 0 & y\leqslant 0\end{cases}$

公式解法：

$$f_Y(y)=\begin{cases}f_X[g^{-1}(y)]\,|[g^{-1}(y)]'| & y>0\\ 0 & y\leqslant 0\end{cases}$$

$$=\begin{cases}f_X(\ln y)\,|(\ln y)'| & y>0\\ 0 & y\leqslant 0\end{cases}$$

$$=\begin{cases}\dfrac{1}{y\sqrt{2\pi}}e^{-\frac{(\ln y)^2}{2}} & y>0\\ 0 & y\leqslant 0\end{cases}$$

(2) 由 $Y=2X^2+1$ 知 $X=\pm\sqrt{\dfrac{Y-1}{2}}$，当 $y\leqslant 1$ 时，$F_Y(y)=P(Y\leqslant y)=0$；

当 $y>1$ 时，因为不存在反函数，故使用一般解法

$$F_Y(y)=P(Y\leqslant y)=P(2X^2+1\leqslant y)=P\left(|X|\leqslant\sqrt{\frac{y-1}{2}}\right)$$

$$=P\left(-\sqrt{\frac{y-1}{2}}\leqslant X\leqslant\sqrt{\frac{y-1}{2}}\right)=\frac{1}{\sqrt{2\pi}}\int_{-\sqrt{\frac{y-1}{2}}}^{\sqrt{\frac{y-1}{2}}}e^{-\frac{x^2}{2}}dx$$

$$f_Y(y)=F'_Y(y)=\begin{cases}\dfrac{1}{\sqrt{2\pi}}\left(e^{-\frac{\left(\sqrt{\frac{y-1}{2}}\right)^2}{2}}\times\dfrac{1}{4\sqrt{\frac{y-1}{2}}}-e^{-\frac{\left(-\sqrt{\frac{y-1}{2}}\right)^2}{2}}\times\dfrac{-1}{4\sqrt{\frac{y-1}{2}}}\right) & y>1\\ 0 & y\leqslant 1\end{cases}$$

$$=\begin{cases}\dfrac{1}{2\sqrt{\pi(y-1)}}e^{-\frac{y-1}{4}} & y>1\\ 0 & y\leqslant 1\end{cases}$$

(3) 由 $Y=|X|$ 知，当 $y\leqslant 0$ 时，$F_Y(y)=P(Y\leqslant y)=0$，

当 $y>0$ 时

$$F_Y(y)=P(Y\leqslant y)=P(|X|\leqslant y)=P(-y\leqslant X\leqslant y)=\int_{-y}^{y}\frac{1}{\sqrt{2\pi}}e^{-\frac{x^2}{2}}dx$$

$$f_Y(y)=F'_Y(y)=\begin{cases}\dfrac{1}{\sqrt{2\pi}}\left[e^{-\frac{y^2}{2}}-e^{-\frac{(-y)^2}{2}}\cdot(-1)\right] & y>0\\ 0 & y\leqslant 0\end{cases}=\begin{cases}\sqrt{\dfrac{2}{\pi}}e^{-\frac{y^2}{2}} & y>0\\ 0 & y\leqslant 0\end{cases}.$$

例 8 对圆片直径进行测量，其值在[5，6]上服从均匀分布，求圆片面积的概率分布.

【解析】直径 D 的分布密度为 $\varphi(d)=\begin{cases}1 & 5\leqslant d\leqslant 6\\ 0 & \text{其他}\end{cases}$.

假设 $X=\dfrac{\pi D^2}{4}$，X 的分布函数为 $F(x)$，则 $F(x)=P(X\leqslant x)=P\left(\dfrac{\pi D^2}{4}\leqslant x\right)$

当 $x\leqslant 0$ 时，$F(x)=0$.

当 $x>0$ 时，$F(x)=P(X\leqslant x)=P\left(\frac{\pi D^2}{4}\leqslant x\right)=P\left\{-\sqrt{\frac{4x}{\pi}}\leqslant D\leqslant\sqrt{\frac{4x}{\pi}}\right\}$

当 $\sqrt{\frac{4x}{\pi}}<5$，即 $x<\frac{25\pi}{4}$ 时，$F(x)=0$.

当 $5\leqslant\sqrt{\frac{4x}{\pi}}\leqslant 6$，即 $\frac{25}{4}\pi\leqslant x\leqslant 9\pi$ 时，

$$F(x)=P(X\leqslant x)=P\left(\frac{\pi D^2}{4}\leqslant x\right)=P\left\{-\sqrt{\frac{4x}{\pi}}\leqslant D\leqslant\sqrt{\frac{4x}{\pi}}\right\}=\int_5^{\sqrt{\frac{4x}{\pi}}}1\mathrm{d}t=\sqrt{\frac{4x}{\pi}}-5.$$

当 $x>9\pi$ 时，$F(x)=\int_{-\infty}^{x}\varphi(t)\mathrm{d}t=\int_5^6\mathrm{d}t=1$.

所以 $$F(x)=\begin{cases}0 & x<\frac{25\pi}{4}\\ \sqrt{\frac{4x}{\pi}}-5 & \frac{25\pi}{4}\leqslant x\leqslant 9\pi\\ 1 & x>9\pi\end{cases}$$

密度函数 $$\varphi(x)=F'(x)=\begin{cases}\frac{1}{\sqrt{\pi x}} & \frac{25\pi}{4}\leqslant x\leqslant 9\pi\\ 0 & 其他\end{cases}$$

例 9 设随机变量 $X\sim U(0,1)$，试求：

(1) $Y=\mathrm{e}^X$ 的分布函数及密度函数.

(2) $Z=-2\ln X$ 的分布函数及密度函数.

【解析】(1) $P(0<X<1)=1$，故 $P(1<Y=\mathrm{e}^X<\mathrm{e})=1$.

当 $y\leqslant 1$ 时，$F_Y(y)=P(Y\leqslant y)=0$.

当 $1<y<\mathrm{e}$ 时，$F_Y(y)=P(\mathrm{e}^X\leqslant y)=P(X\leqslant\ln y)=\int_0^{\ln y}\mathrm{d}x=\ln y$.

当 $y\geqslant\mathrm{e}$ 时，$F_Y(y)=P(\mathrm{e}^X\leqslant y)=1$.

即分布函数 $$F_Y(y)=\begin{cases}0 & y\leqslant 1\\ \ln y & 1<y<\mathrm{e}\\ 1 & y\geqslant\mathrm{e}\end{cases}$$

故 Y 的密度函数为 $$f_Y(y)=\begin{cases}\frac{1}{y} & 1<y<\mathrm{e}\\ 0 & 其他\end{cases}$$

(2) 由 $P(0<X<1)=1$ 知，$P(Z>0)=1$.

当 $z\leqslant 0$ 时，$F_Z(z)=P(Z\leqslant z)=0$

当 $z>0$ 时，$F_Z(z)=P(Z\leqslant z)=P(-2\ln X\leqslant z)$

$$=P\left(\ln X\leqslant-\frac{z}{2}\right)=P(X\geqslant\mathrm{e}^{-\frac{z}{2}})=\int_{\mathrm{e}^{-\frac{z}{2}}}^{1}\mathrm{d}x=1-\mathrm{e}^{-\frac{z}{2}}$$

即分布函数 $$F_Z(z)=\begin{cases}0 & z\leqslant 0\\ 1-\mathrm{e}^{-\frac{z}{2}} & z>0\end{cases}$$

故 Z 的密度函数为 $f_Z(z)=\begin{cases}\dfrac{1}{2}e^{\frac{-z}{2}} & z>0\\ 0 & z\leqslant 0\end{cases}$

例 10 设随机变量 X 的密度函数为 $f(x)=\begin{cases}\dfrac{2x}{\pi^2} & 0<x<\pi\\ 0 & 其他\end{cases}$，试求 $Y=\sin X$ 的密度函数.

【解析】$P(0<Y<1)=1$，当 $y\leqslant 0$ 时，$F_Y(y)=P(Y\leqslant y)=0$.

当 $0<y<1$ 时，$F_Y(y)=P(Y\leqslant y)=P(\sin X\leqslant y)=P(0<X\leqslant \arcsin y)+P(\pi-\arcsin y\leqslant X<\pi)=\int_0^{\arcsin y}\frac{2x}{\pi^2}dx+\int_{\pi-\arcsin y}^{\pi}\frac{2x}{\pi^2}dx=\frac{1}{\pi^2}(\arcsin y)^2+1-\frac{1}{\pi^2}(\pi-\arcsin y)^2=\frac{2}{\pi}\arcsin y$

当 $y\geqslant 1$ 时，$F_Y(y)=1$.

故 Y 的密度函数为 $f_Y(y)=\begin{cases}\dfrac{2}{\pi}\cdot\dfrac{1}{\sqrt{1-y^2}} & 0<y<1\\ 0 & 其他\end{cases}$

第五节 归纳总结

1. 分布函数

定义	设 X 为随机变量，x 是任意实数，则函数 $F(x)=P(X\leqslant x)$ 称为随机变量 X 的分布函数
本质	分布函数 $F(x)$ 表示随机变量落入区间 $(-\infty, x]$ 内的概率. 本质上是一个累积函数
判别性质	1）$0\leqslant F(x)\leqslant 1$，$-\infty<x<+\infty$ 2）$F(x)$ 是单调不减的函数，即 $x_1<x_2$ 时，有 $F(x_1)\leqslant F(x_2)$ 3）$F(-\infty)=\lim\limits_{x\to-\infty}F(x)=0$，$F(+\infty)=\lim\limits_{x\to+\infty}F(x)=1$ 4）$F(x+0)=F(x)$，即 $F(x)$ 是右连续的
求概率	某点的概率：$P(X=x)=F(x)-F(x-0)$ 某区间的概率：$P(a<X\leqslant b)=F(b)-F(a)$
求分布函数	对于离散型随机变量：$F(x)=\sum\limits_{x_k\leqslant x}p_k$（求和） 对于连续型随机变量：$F(x)=\int_{-\infty}^{x}f(t)dt$（积分）

（续）

<table>
<tr><td>重要结论</td><td>分布函数是概率论中的一个重要概念，具有核心的地位，它使任何事件的概率能用函数来表示，从而能方便地利用微积分来研究概率问题，为了完全掌握分布函数，需要注意以下几点：
1）任何随机变量都存在分布函数，但离散型随机变量的分布函数一般为阶梯形函数（当随机变量所取的有限个或可列个值能按由小到大的顺序排列时）；连续型随机变量的分布函数一定是连续函数，而密度函数不一定连续.
2）只有有概率密度的随机变量才称作连续型的，虽然其分布函数是连续函数，但不能错误地认为分布函数连续的随机变量就是连续型的.
3）存在既非离散型也非连续型的随机变量.
4）分布函数不能唯一确定随机变量，即不同的随机变量可以有相同的分布函数.
5）若 $F_1(x)$，$F_2(x)$，…，$F_n(x)$ 均是分布函数，则 $\sum_{i=1}^{n} a_iF_i(x) = a_1F_1(x) + a_2F_2(x) + \cdots + a_nF_n(x)\left(a_i \geqslant 0,\ \sum_{i=1}^{n} a_i = 1\right)$ 仍为分布函数，$\prod_{i=1}^{n} F_i(x) = F_1(x)F_2(x)\cdots F_n(x)$ 仍为分布函数
6）若 $f_1(x)$，$f_2(x)$，…，$f_n(x)$ 均是密度函数，则 $\sum_{i=1}^{n} a_i f_i(x)\left(\sum_{i=1}^{n} a_i = 1, a_i \geqslant 0, i = 1,2,\cdots,n\right)$ 仍为密度函数，但 $\prod_{i=1}^{n} f_i(x)$ 不一定是密度函数.
7）判断一个已知的函数是否为分布函数一般不利用定义进行判定，而是利用分布函数的四条性质来进行判断，因为这四条性质是一个函数为分布函数的充要条件</td></tr>
</table>

2. 离散型与连续型随机变量

<table>
<tr><td>离散型随机变量的分布律</td><td>设离散型随机变量 X 的可能取值为 $X_k(k=1,2,\cdots)$，且取各个值的概率即事件 $(X=x_k)$ 的概率为 $P(X=x_k)=p_k$，$k=1,2,\cdots$，则称上式为离散型随机变量 X 的概率分布或分布律. 有时也用分布列的形式给出：
<table><tr><td>X</td><td>x_1</td><td>x_2</td><td>$\cdots$</td><td>x_k</td><td>$\cdots$</td></tr><tr><td>$P(X=x_k)$</td><td>p_1</td><td>p_2</td><td>$\cdots$</td><td>p_k</td><td>$\cdots$</td></tr></table>分布律应满足下列条件：
① $0 \leqslant p_k \leqslant 1$，$k=1,2,3,\cdots$；② $\sum_{k=1}^{n} p_k = 1$</td></tr>
<tr><td>连续型随机变量的概率密度</td><td>设 $F(x)$ 是随机变量 X 的分布函数，若存在非负函数 $f(x)$，对任意实数 x，有 $F(x) = \int_{-\infty}^{x} f(t)\mathrm{d}t$，则称 X 为连续型随机变量. $f(x)$ 称为 X 的概率密度函数或密度函数，简称概率密度. 密度函数具有下面两个性质：
① $f(x) \geqslant 0$；② $\int_{-\infty}^{+\infty} f(x)\mathrm{d}x = 1$</td></tr>
<tr><td>离散型与连续型随机变量的关系</td><td>$P(X=x) \approx P(x < X \leqslant x+\mathrm{d}x) \approx f(x)\mathrm{d}x$，积分元 $f(x)\mathrm{d}x$ 在连续型随机变量理论中所起的作用与 $P(X=x_k)=p_k$ 在离散型随机变量理论中所起的作用类似</td></tr>
</table>

3. 常见离散型随机变量的分布

0－1分布	定义	$P(X=1)=p$，$P(X=0)=1-p$
二项分布	定义	$P(X=k)=P_n(k)=C_n^k p^k q^{n-k}$，其中 $q=1-p$，$0<p<1$，$k=0$，1，2，…，n. 则称随机变量 X 服从参数为 $(n,\ p)$ 的二项分布. 记为 $X\sim B(n,\ p)$. 当 $n=1$ 时，$P(X=k)=p^k q^{1-k}$，$k=0$，1，这就是(0－1)分布，所以(0－1)分布是二项分布的特例
	应用背景	在 n 重伯努利试验中，设事件 A 发生的概率为 p，事件 A 发生的次数是随机变量，设为 X，则 $X\sim B(n,\ p)$
泊松分布	定义	设随机变量 X 的分布律为 $P(X=k)=\dfrac{\lambda^k}{k!}e^{-\lambda}$，$\lambda>0$，$k=0$，1，2…，则称随机变量 X 服从参数为 λ 的泊松分布，记为 $X\sim P(\lambda)$. 泊松分布为二项分布的极限分布($np=\lambda$，$n\to\infty$)
	应用背景	铸件表面的气孔数、电镀件表面的缺陷数、布匹上的疵点数、一段时间里纺纱机上的纱线的断头数等都服从泊松分布. 此外，放射性物质在一段时间内放射的粒子数、电话交换台在一定时间内接到电话的呼叫数、公共汽车站上一段时间内来到的乘客数也服从泊松分布

4. 常见连续型随机变量的分布

均匀分布	密度函数	设随机变量 X 的值只落在 $[a,\ b]$ 内，其密度函数 $f(x)$ 在 $[a,\ b]$ 上为常数 $\dfrac{1}{b-a}$，即 $f(x)=\begin{cases}\dfrac{1}{b-a} & a\leqslant x\leqslant b\\ 0 & 其他\end{cases}$ 则称随机变量 X 在 $[a,\ b]$ 上服从均匀分布，记为 $X\sim U(a,\ b)$
	分布函数	分布函数为 $F(x)=\begin{cases}0 & x<a\\ \dfrac{x-a}{b-a} & a\leqslant x\leqslant b\\ 1 & x>b\end{cases}$
	概率计算	当 $a\leqslant x_1<x_2\leqslant b$ 时，X 落在区间 $(x_1,\ x_2)$ 内的概率为 $P(x_1<X<x_2)=\dfrac{x_2-x_1}{b-a}$
	背景应用	在区间 $[a,\ b]$ 上服从均匀分布的随机变量 X，具有下述意义的等可能性，即它落在区间 $[a,\ b]$ 中任意等长度的子区间内的可能性相等，或者说它落在子区间内的概率只依赖于子区间的长度而与子区间的位置无关

（续）

指数分布	密度函数	密度函数$f(x)=\begin{cases}\lambda e^{-\lambda x} & x>0\\ 0 & x\leqslant 0\end{cases}$ 其中$\lambda>0$，则称X服从参数为λ的指数分布，记为$X\sim E(\lambda)$
	分布函数	X的分布函数为$F(x)=\begin{cases}1-e^{-\lambda x} & x\geqslant 0\\ 0 & x<0\end{cases}$
	概率计算	$P(X\leqslant x_0)=1-e^{-\lambda x_0}$；$P(X\geqslant x_0)=e^{-\lambda x_0}$ 记住积分公式：$\int_0^{+\infty}x^n e^{-x}\mathrm{d}x=n!$
	背景应用	在实践中，如果随机变量X表示某一随机事件发生所需等待的时间，则一般$X\sim E(\lambda)$. 例如，某电子元件直到损坏所需的时间（即寿命）；随机服务系统中的服务时间，如电话的通话时间；在某邮局等候服务的等候时间等均可认为服从指数分布. 指数分布最大的特征就是“无记忆”性.
正态分布	密度函数	$f(x)=\frac{1}{\sqrt{2\pi}\sigma}e^{-\frac{(x-\mu)^2}{2\sigma^2}}$，$-\infty<x<+\infty$. 其中$\mu$，$\sigma$（$\sigma>0$）为常数，则称随机变量$X$服从参数为$\mu$，$\sigma$的正态分布或高斯（Gauss）分布，记为$X\sim N(\mu,\sigma^2)$. $f(x)$具有如下性质： 1）$f(x)$的图形关于$x=\mu$对称 2）当$x=\mu$时，$f(\mu)=\frac{1}{\sqrt{2\pi}\sigma}$为最大值
	分布函数	若$X\sim N(\mu,\sigma^2)$，则X的分布函数为$F(x)=\frac{1}{\sqrt{2\pi}\sigma}\int_{-\infty}^{x}e^{-\frac{(t-\mu)^2}{2\sigma^2}}\mathrm{d}t$
	背景应用	如果随机变量X表示许许多多均匀微小随机因素的总效应，则它通常将近似地服从正态分布，如：测量产生的误差；弹着点的位置；噪声电压；产品的尺寸等均可认为近似地服从正态分布
标准正态分布	密度函数	参数$\mu=0$，$\sigma=1$时的正态分布称为标准正态分布，记为$X\sim N(0,1)$，其密度函数记为$\varphi(x)=\frac{1}{\sqrt{2\pi}}e^{-\frac{x^2}{2}}$，$-\infty<x<+\infty$
	分布函数	分布函数为$\Phi(x)=\frac{1}{\sqrt{2\pi}}\int_{-\infty}^{x}e^{-\frac{t^2}{2}}\mathrm{d}t$ $\Phi(x)$是不可求积函数，其函数值已编制成表可供查用
	标准化	如果$X\sim N(\mu,\sigma^2)$，则$\frac{X-\mu}{\sigma}\sim N(0,1)$ $P(x_1<X\leqslant x_2)=\Phi\left(\frac{x_2-\mu}{\sigma}\right)-\Phi\left(\frac{x_1-\mu}{\sigma}\right)$
	重要结论	1）设$X\sim N(0,1)$，则$\Phi(0)=P(X\leqslant 0)=\frac{1}{2}$，$\Phi(-a)=1-\Phi(a)$， $P(\lvert X\rvert\leqslant a)=2\Phi(a)-1$，$P(\lvert X\rvert>a)=2[1-\Phi(a)]$ 2）设$X\sim N(\mu,\sigma^2)$，则$\frac{X-\mu}{\sigma}\sim N(0,1)$，且$P(X\leqslant b)=\Phi\left(\frac{b-\mu}{\sigma}\right)$， $P(a<X\leqslant b)=\Phi\left(\frac{b-\mu}{\sigma}\right)-\Phi\left(\frac{a-\mu}{\sigma}\right)$

5. 随机变量函数的分布

<table>
<tr><td rowspan="2">函数分布</td><td>离散型</td><td>已知 X 的分布列为
<table>
<tr><td>X</td><td>x_1</td><td>x_2</td><td>$\cdots$</td><td>x_n</td><td>$\cdots$</td></tr>
<tr><td>$P(X=x_i)$</td><td>p_1</td><td>p_2</td><td>$\cdots$</td><td>p_n</td><td>$\cdots$</td></tr>
</table>，
$Y=g(X)$ 的分布列（$y_i=g(x_i)$ 互不相等）如下：
<table>
<tr><td>Y</td><td>$g(x_1)$</td><td>$g(x_2)$</td><td>$\cdots$</td><td>$g(x_n)$</td><td>$\cdots$</td></tr>
<tr><td>$P\ (Y=y_i)$</td><td>p_1</td><td>p_2</td><td>$\cdots$</td><td>p_n</td><td>$\cdots$</td></tr>
</table>，
若有某些 $g(x_i)$ 相等，则应将对应的 p_i 相加作为 $g(x_i)$ 的概率</td></tr>
<tr><td>连续型</td><td>1）一般方法：先利用 X 的概率密度 $f_X(x)$ 写出 Y 的分布函数 $F_Y(y)=P(g(X)\leqslant y)$，再利用变上下限积分的求导公式求出 $f_Y(y)$.
2）公式法：当 $Y=g(X)$ 严格单调且可导时，可以用公式法求解</td></tr>
</table>

6. 密度函数为偶函数的重要结论

设随机变量 X 具有对称的概率密度 $f(x)$，即 $f(x)$ 为偶函数，$f(-x)=f(x)$.

对任意 $a>0$，有

1）$F(-a)=1-F(a)=\dfrac{1}{2}-\int_0^a f(x)\mathrm{d}x$;

2）$P\{|X|>a\}=2[1-F(a)]$;

3）$P\{|X|<a\}=2F(a)-1$.

分析：1）$F(-a)=\int_{-\infty}^{-a} f(x)\mathrm{d}x$，令 $x=-x$，

$$F(-a)=\int_{-\infty}^{-a} f(x)\mathrm{d}x=\int_{+\infty}^{a} f(-x)\mathrm{d}(-x)=\int_{a}^{+\infty} f(x)\mathrm{d}x$$

$$=\int_{-\infty}^{+\infty} f(x)\mathrm{d}x-\int_{-\infty}^{a} f(x)\mathrm{d}x=1-F(a)$$

又因为 $\dfrac{1}{2}-\int_0^a f(x)\mathrm{d}x=\dfrac{1}{2}-\dfrac{1}{2}\int_{-a}^{a} f(x)\mathrm{d}x=\dfrac{1}{2}-\dfrac{1}{2}[F(a)-F(-a)]$

$=\dfrac{1}{2}-\dfrac{1}{2}\{F(a)-[1-F(a)]\}=\dfrac{1}{2}-\dfrac{1}{2}[2F(a)-1]=\dfrac{1}{2}-F(a)+\dfrac{1}{2}=1-F(a)$.

2）目标：$P\{|X|>a\}=2[1-F(a)]$.

$P\{|X|>a\}=1-P\{|X\leqslant a|\}=1-P\{-a\leqslant X\leqslant a\}=1-[F(a)-F(-a)]$

$=1-\{F(a)-[1-F(a)]\}=1-F(a)+1-F(a)=2-2F(a)=2[1-F(a)]$.

3）目标：$P\{|X|<a\}=2F(a)-1$.

$P\{|X|<a\}=P\{-a<X<a\}=F(a)-F(-a)=F(a)-[1-F(a)]=2F(a)-1$.

第六节 单元练习

扫码看视频

1. 有 6 节电池，其中有 2 只没电（坏电池），4 只有电（好电池），每次随机抽取一个电池测试，不放回，直至分清楚有电没电为止，所要测试的次数 ξ 为随机变量，则 $P(\xi=3)=($　　$)$.

(A) $\frac{1}{15}$　(B) $\frac{2}{15}$　(C) $\frac{4}{15}$　(D) $\frac{2}{5}$　(E) $\frac{8}{15}$

2. 某一随机变量 ξ 的概率分布如表所示，且 $m+2n=1.2$，则 $m-\frac{n}{2}$ 的值为(　　).

ξ	0	1	2	3
P	0.1	m	n	0.1

(A) 0.6　(B) 0.5　(C) 0.4　(D) 0.3　(E) 0.2

3. X 为随机变量，概率分布为 $P(X=k)=\frac{c}{2^k}$ ($k=1$, 2, …, c 为常数).

(1) $P(X$ 为偶数$)=($　　$)$.

(A) $\frac{1}{6}$　(B) $\frac{1}{5}$　(C) $\frac{1}{4}$　(D) $\frac{1}{3}$　(E) $\frac{1}{2}$

(2) $P(X\geqslant 5)=($　　$)$.

(A) $\frac{1}{24}$　(B) $\frac{1}{16}$　(C) $\frac{3}{16}$　(D) $\frac{1}{8}$　(E) $\frac{3}{8}$

4. 设离散型随机变量 X 可能的取值为 0, 1, 2，它取这些值的概率分别为 a^2, $-a$, a^2，则 X 的分布函数为(　　).

(A) $F(x)=\begin{cases}0 & x\leqslant 0\\ \frac{1}{4} & 0<x<1\\ \frac{3}{4} & 1\leqslant x<2\\ 1 & x\geqslant 2\end{cases}$　(B) $F(x)=\begin{cases}0 & x<0\\ \frac{1}{4} & 0\leqslant x\leqslant 1\\ \frac{3}{4} & 1<x<2\\ 1 & x\geqslant 2\end{cases}$

(C) $F(x)=\begin{cases}0 & x<0\\ \frac{1}{2} & 0\leqslant x<1\\ \frac{3}{4} & 1\leqslant x<2\\ 1 & x\geqslant 2\end{cases}$　(D) $F(x)=\begin{cases}0 & x<0\\ \frac{1}{4} & 0\leqslant x<1\\ \frac{1}{2} & 1\leqslant x<2\\ 1 & x\geqslant 2\end{cases}$

(E) $F(x)=\begin{cases}0 & x<0\\ \frac{1}{4} & 0\leqslant x<1\\ \frac{3}{4} & 1\leqslant x<2\\ 1 & x\geqslant 2\end{cases}$

5. 设 $F_1(x)$ 与 $F_2(x)$ 分别为随机变量 X_1 与 X_2 的分布函数，为使 $F(x)=aF_1(x)-bF_2(x)$ 是某一随机变量的分布函数，在下列给出的各组数值中应取(　　).

(A) $a=\frac{3}{5}, b=-\frac{2}{5}$　(B) $a=\frac{2}{3}, b=\frac{2}{3}$　(C) $a=\frac{1}{2}, b=\frac{3}{2}$

(D) $a=-\frac{1}{2}, b=\frac{3}{2}$　(E) $a=\frac{1}{4}, b=\frac{3}{4}$

6. 设连续型随机变量的概率密度 $f(x)$ 如图 10.3 所示.

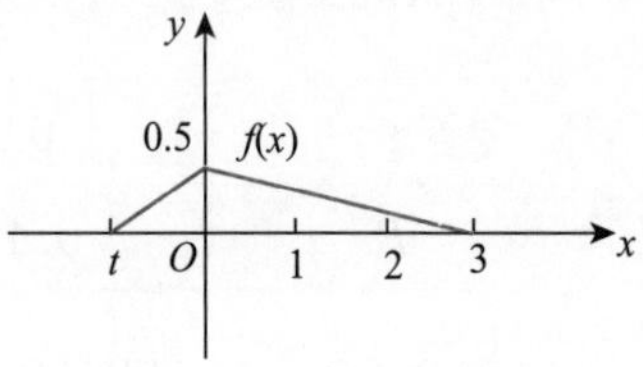

图 10.3

(1) t 的值为(　　).

(A) -2　(B) -1.5　(C) -1

(D) -0.5　(E) -0.25

(2) $P(-2<X\leqslant 1)=$(　　).

(A) $\frac{11}{12}$　(B) $\frac{7}{12}$　(C) $\frac{3}{4}$

(D) $\frac{5}{12}$　(E) $\frac{5}{6}$

7. 随机变量的密度为 $f(x)=A\mathrm{e}^{-x^2+x}$，$-\infty<x<+\infty$，则 $A=$（　　）.

(A) $\frac{1}{\sqrt{\pi}}\mathrm{e}^{-\frac{1}{2}}$　(B) $\frac{1}{\sqrt{\pi}}\mathrm{e}^{-1}$　(C) $\frac{1}{\sqrt{2\pi}}\mathrm{e}^{-\frac{1}{4}}$　(D) $\frac{1}{\sqrt{\pi}}\mathrm{e}^{-\frac{1}{4}}$　(E) $\frac{1}{2\sqrt{\pi}}\mathrm{e}^{-\frac{1}{4}}$

8. 设 $f_1(x)$ 为标准正态分布的概率密度，$f_2(x)$ 为 $[-1, 3]$ 上均匀分布的概率密度，若 $f(x)=\begin{cases}af_1(x) & x<0\\ bf_2(x) & x>0\end{cases}$ $(a>0, b>0)$，则 a，b 满足(　　).

(A) $2a+3b=4$　(B) $3a+2b=4$　(C) $a+2b=2$

(D) $a+b=1$　(E) $2a+b=2$

9. 设连续型随机变量 X 的分布函数为 $F(x)=\begin{cases}A+B\mathrm{e}^{-2x} & x>0\\ 0 & x\leqslant 0\end{cases}$，则 $P(-1<X<1)$ $=$(　　).

(A) $1-\mathrm{e}^{-3}$　(B) $1-\mathrm{e}^{-4}$　(C) $1-\mathrm{e}^{-2}$　(D) e^{-2}　(E) e^{-4}

10. 设随机变量 X 的密度函数为 $f(x)=\begin{cases}Ax & 1<x<2\\ B & 2\leqslant x<3\\ 0 & 其他\end{cases}$，且 $P(1<x<2)=P(2<x<3)$.

(1) $A+B$ 的值(　　).

(A) $\frac{11}{12}$　(B) $\frac{7}{12}$　(C) $\frac{3}{4}$　(D) $\frac{5}{6}$　(E) $\frac{2}{3}$

（2）当 $2\leqslant x<3$ 时，X 的分布函数 $F(x)$ 为（　　）．

（A）$x-1$　（B）$\frac{1}{2}x-1$　（C）$\frac{x-1}{2}$　（D）$\frac{x+1}{2}$　（E）$x+\frac{1}{2}$

11．设随机变量 X 服从 $[1,\ 5]$ 上的均匀分布，且 $x_1<1<x_2<5$，则 $P(x_1<X<x_2)=$（　　）．

（A）$\frac{1}{4}(x_2-x_1)$　（B）$\frac{1}{4}(1-x_1)$　（C）$\frac{1}{4}(x_1+1)$

（D）$\frac{1}{4}(x_2+1)$　（E）$\frac{1}{4}(x_2-1)$

12．设随机变量 X 在 $(0,\ 1)$ 上服从均匀分布，则 $Y=\mathrm{e}^X$ 的密度函数为（　　）．

（A）$f_Y(y)=\begin{cases}\frac{2}{y} & 1<y<\frac{1}{2}\mathrm{e}\\ 0 & \text{其他}\end{cases}$　（B）$f_Y(y)=\begin{cases}\frac{1}{2y} & 1<y<2\mathrm{e}\\ 0 & \text{其他}\end{cases}$

（C）$f_Y(y)=\begin{cases}\frac{1}{y} & \frac{1}{2}<y<\mathrm{e}\\ 0 & \text{其他}\end{cases}$　（D）$f_Y(y)=\begin{cases}\frac{1}{y} & 1<y<\mathrm{e}\\ 0 & \text{其他}\end{cases}$

（E）$f_Y(y)=\begin{cases}\frac{1}{y} & \frac{1}{\mathrm{e}}<y<1\\ 0 & \text{其他}\end{cases}$

13．X 的密度函数为 $f(x)=\frac{1}{2}\mathrm{e}^{-|x|}(-\infty<x<+\infty)$，$Y=\frac{1}{2}X$，则 Y 密度函数为（　　）．

（A）$f_Y(y)=\mathrm{e}^{-2y}$　（B）$f_Y(y)=\mathrm{e}^{2y}$　（C）$f_Y(y)=\mathrm{e}^{-2|y|}$

（D）$f_Y(y)=\mathrm{e}^{2|y|}$　（E）$f_Y(y)=\mathrm{e}^{-|y|}$

14．设随机变量 X 服从参数为 2 的指数分布，则 $Y=1-\mathrm{e}^{-2X}$ 服从的分布为（　　）．

（A）$Y\sim U(0,\ 1)$　（B）$Y\sim U(-1,\ 0)$　（C）$Y\sim U(1,\ 2)$

（D）$Y\sim E(1)$　（E）$Y\sim E\left(\frac{1}{\mathrm{e}}\right)$

15．若随机变量 X 的分布律为 $P(X=m)=k\cdot\frac{\lambda^m}{m!}(m=1,\ 2,\ 3,\ \cdots)$，则系数 $k=$（　　）．

（A）$\frac{1}{\mathrm{e}^\lambda+1}$　（B）$\frac{1}{\mathrm{e}^\lambda-1}$　（C）$\mathrm{e}^{-\lambda}$　（D）$\frac{\mathrm{e}^\lambda}{\mathrm{e}^\lambda-1}$　（E）$\frac{\mathrm{e}^\lambda}{\mathrm{e}^\lambda+1}$

16．若随机变量 $X\sim B(8,\ 0.6)$，则使得概率 $P(X=k)$ 最大时相应的 k 值为（　　）．

（A）2　（B）3　（C）4　（D）5　（E）6

17．设随机变量 X 服从参数为 5.5 的泊松分布，则使得概率 $P(X=k)$ 最大时相应的 k 值为（　　）．

（A）4　（B）5　（C）6　（D）7　（E）8

答案与解析

1．**B**　确定随机变量 ξ 所有可能值：$\xi=2,\ 3,\ 4,\ 5$．$\xi=3$ 表示前两只中一好一坏，第三只为坏 $\Rightarrow P(\xi=3)=\frac{C_2^1C_4^1A_2^2}{A_6^3}=\frac{2}{15}$．

【评注】$A_n^m=n(n-1)\cdots(n-m+1)$，$A_n^n=n!$．

2. **E** 由离散型随机变量分布列的性质可得 $m+n+0.2=1$，又 $m+2n=1.2$，

解得$\begin{cases} m=0.4 \\ n=0.4 \end{cases} \Rightarrow m-\dfrac{n}{2}=0.2$.

3. (1) **D** (2) **B**

先求出参数 c 的值：

$$令 P(X=k)=p_k=\frac{c}{2^k}, k=1,2,\cdots \Rightarrow \sum_{k=1}^{\infty} p_k=\sum_{k=1}^{\infty}\frac{c}{2^k}=\frac{\frac{1}{2}c}{1-\frac{1}{2}}=1 \Rightarrow c=1.$$

$$(1)\ P(X为偶数)=\sum_{k=1}^{\infty} p_{2k}=\sum_{k=1}^{\infty}\frac{1}{2^{2k}}=\frac{\frac{1}{4}}{1-\frac{1}{4}}=\frac{1}{3}.\ 选\ D.$$

$$(2)\ P(X\geqslant 5)=\sum_{k=5}^{\infty} p_k=\sum_{k=5}^{\infty}\frac{1}{2^k}=\frac{\frac{1}{2^5}}{1-\frac{1}{2}}=\frac{1}{16}.\ 选\ B.$$

【评注】本题中应用了收敛无穷等比数列求和公式：$S=\dfrac{a_1}{1-q}(|q|<1)$.

4. **E** 利用离散型随机变量 X 可能的取值的概率之和为 1 确定 a 的值，再利用定义计算其分布函数.

由分布律的基本性质可知，$2a^2-a=1$，解得 $a=-\dfrac{1}{2}$或 $a=1$（舍去）.

故取 $X=0$，1，2 的概率为$\dfrac{1}{4}$，$\dfrac{1}{2}$，$\dfrac{1}{4}$，

$$故由分布函数的定义可知，X 的分布函数 F(x)=P(X\leqslant x)=\begin{cases} 0 & x<0 \\ \frac{1}{4} & 0\leqslant x<1 \\ \frac{3}{4} & 1\leqslant x<2 \\ 1 & x\geqslant 2 \end{cases}$$

5. **A** 逐一检验分布函数的四条性质

由于 $\lim\limits_{x\to+\infty} F(x)=1$，也即 $\lim\limits_{x\to+\infty}[aF_1(x)-bF_2(x)]=a-b=1$.

同时由于 $F_1(x)$ 和 $F_2(x)$ 都是分布函数，可知它仍在定义域内单调不减，为了保证 $F(x)=aF_1(x)-bF_2(x)$ 单调不减，必须有 $a>0$ 和 $b<0$.

综合这样的条件可知仅有 A 选项正确.

6. (1) **C** (2) **A**

(1) 由$\dfrac{1}{2}(-t)\times 0.5+\dfrac{1}{2}\times 0.5\times 3=1$，得 $t=-1$，选 C.

(2) $P(-2<X\leqslant 2)=\int_{-1}^{0}\left(\dfrac{1}{2}x+\dfrac{1}{2}\right)dx+\int_{0}^{2}\left(-\dfrac{1}{6}x+\dfrac{1}{2}\right)dx=\dfrac{11}{12}$，选 A.

7. **D** 分析：利用$\int_{-\infty}^{+\infty} f(x)\mathrm{d}x = 1$来计算$A$.

$\int_{-\infty}^{+\infty} f(x)\mathrm{d}x = \int_{-\infty}^{+\infty} A\mathrm{e}^{-x^2+x}\mathrm{d}x = A\mathrm{e}^{\frac{1}{4}}\int_{-\infty}^{+\infty}\mathrm{e}^{-\left(x-\frac{1}{2}\right)^2}\mathrm{d}x = A\mathrm{e}^{\frac{1}{4}}\sqrt{\pi}$.

其中最后一步是由于$\frac{1}{\sqrt{\pi}}\mathrm{e}^{-\left(x-\frac{1}{2}\right)^2}$是正态分布$N\left(\frac{1}{2}, \frac{1}{2}\right)$的概率密度，

因此有$\int_{-\infty}^{+\infty}\frac{1}{\sqrt{\pi}}\mathrm{e}^{-\left(x-\frac{1}{2}\right)^2}\mathrm{d}x = 1$. 则由$\int_{-\infty}^{+\infty} f(x)\mathrm{d}x = 1$，可得$A = \frac{1}{\sqrt{\pi}}\mathrm{e}^{-\frac{1}{4}}$.

8. **A** 由概率密度函数的性质，

$$1 = \int_{-\infty}^{+\infty} f(x)\mathrm{d}x = \int_{-\infty}^{0} af_1(x)\mathrm{d}x + \int_{0}^{+\infty} bf_2(x)\mathrm{d}x = \frac{a}{2} + \frac{3b}{4},$$

因此，$2a+3b=4$.

9. **C** 先求参数A和B，由$F(+\infty) = \lim\limits_{x\to+\infty}(A+B\mathrm{e}^{-2x}) = 1$，得$A=1$.

又由于$\lim\limits_{x\to0^+}(A+B\mathrm{e}^{-2x}) = F(0) = 0$，得$B=-A=-1$.

故$P(-1<X<1) = F(1)-F(-1) = 1-\mathrm{e}^{-2}$.

10. (1) **D** (2) **C**

(1) 由于X的概率密度仅在区间$(1, 3)$上不为零，可知$P(1<x<3)=1$.

又由于$P(1<x<2)=P(2<x<3)$，可知$P(1<x<2)=P(2<x<3)=0.5$，

则$\int_1^2 f(x)\mathrm{d}x = \int_2^3 f(x)\mathrm{d}x = 0.5$，也即$\frac{3}{2}A = B = 0.5$，解得$A = \frac{1}{3}$，$B = \frac{1}{2}$.

(2) 由(1)的结论可知，$f(x) = \begin{cases} \frac{x}{3} & 1<x<2 \\ \frac{1}{2} & 2\leqslant x\leqslant 3 \\ 0 & \text{其他} \end{cases}$

当$x<1$时，$F(x)=0$，当$1\leqslant x<2$时，$F(x) = \int_1^x \frac{t}{3}\mathrm{d}t = \frac{x^2-1}{6}$，

当$2\leqslant x<3$时，$F(x) = \int_1^2\frac{t}{3}\mathrm{d}t + \int_2^x\frac{1}{2}\mathrm{d}t = \frac{x-1}{2}$，当$x\geqslant 3$时，$F(x) = 1$.

11. **E** X的概率密度为$f(x) = \begin{cases}\frac{1}{4} & 1\leqslant x\leqslant 5\\ 0 & \text{其他}\end{cases} \Rightarrow P(x_1<X<x_2) = \int_1^{x_2}\frac{1}{4}\mathrm{d}x = \frac{1}{4}(x_2-1)$.

【评注】对于均匀分布，也可以根据区间长度之比计算概率.

12. **D** X的密度函数为$f(x) = \begin{cases}1 & 0<x<1\\ 0 & \text{其他}\end{cases}$

设$Y=\mathrm{e}^X$，则有$F_Y(y) = P(Y\leqslant y) = P(X\leqslant \ln y) = \int_{-\infty}^{\ln y} f_X(x)\mathrm{d}x$.

所以$f_Y(y) = \frac{1}{y}f_X(\ln y)$.

当$y\leqslant 1$及$y\geqslant \mathrm{e}$时，由$f_X(x)=0$知$f_Y(y)=0$；

当$1<y<\mathrm{e}$，时，由$f_X(x)=1$知$f_Y(y)=\frac{1}{y}$；

故所求密度函数为$f_Y(y)=\begin{cases}\dfrac{1}{y} & 1<y<e\\ 0 & 其他\end{cases}$.

【评注】本题也可以采用公式法求解.

13. **C** $F_Y(y)=P(Y\leqslant y)=P\left(\dfrac{1}{2}X\leqslant y\right)=P(X\leqslant 2y)=\int_{-\infty}^{2y}f_X(x)\mathrm{d}t$

$f_Y(y)=F_Y'(y)=\dfrac{\mathrm{d}}{\mathrm{d}y}\int_{-\infty}^{2y}f(x)\mathrm{d}t=f_X(2y)\cdot(2y)'=e^{-2|y|},y\in\mathbf{R}.$

14. **A** X 服从参数为 2 的指数分布，则概率密度为$f_X(x)=\begin{cases}2e^{-2x} & x>0\\ 0 & x\leqslant 0\end{cases}$.

$Y=1-e^{-2x}$，$y'=2e^{-2x}>0$，函数 y 单调可导，其反函数为 $x=-\dfrac{1}{2}\ln(1-y)$，

由公式$f_Y(y)=f_X\left[-\dfrac{1}{2}\ln(1-y)\right]\cdot\left|\left(-\dfrac{1}{2}\ln(1-y)'\right)\right|=\begin{cases}1 & 0<y<1\\ 0 & 其他\end{cases}$，

所以 $Y=1-e^{-2X}$ 在区间(0，1)服从均匀分布.

15. **B** 本题与泊松分布比较接近，故拼凑成泊松分布形式：

$$\sum_{m=0}^{+\infty}\left(k\cdot\frac{\lambda^m}{m!}\right)-k\cdot\frac{\lambda^0}{0!}=k(e^{\lambda}-1)=1\Rightarrow k=\frac{1}{e^{\lambda}-1}.$$

【评注】本题陷阱在于 $m=1,2,3,\cdots$（对比：泊松分布是 $m=0,1,\cdots$）.

16. **D** 第一步，写概率式. $X\sim B(8,0.6)\Rightarrow P(X=k)=C_8^k0.6^k0.4^{8-k}$.

第二步，离散型随机变量不能用求导的方法求最值，可以模仿极大值的定义.

$$P(X=k)\text{为极大值}\Rightarrow\begin{cases}P(X=k+1)\leqslant P(X=k)\\ P(X=k-1)\leqslant P(X=k)\end{cases}$$

$$\Rightarrow\begin{cases}C_8^{k+1}0.6^{k+1}0.4^{8-k-1}\leqslant C_8^k0.6^k0.4^{8-k}\\ C_8^{k-1}0.6^{k-1}0.4^{8-k+1}\leqslant C_8^k0.6^k0.4^{8-k}\end{cases}\Rightarrow\begin{cases}4.4\leqslant k\\ k\leqslant 5.4\end{cases}\Rightarrow k=5.$$

【评注】公式 $C_n^m=\dfrac{n!}{m!(n-m)!}$.

17. **B** 第一步，写概率式.

$X\sim P(5.5)\Rightarrow P(X=k)=\dfrac{\lambda^k e^{-\lambda}}{k!}(k=0,1,2,\cdots;\lambda=5.5)$

第二步，离散型随机变量不能用求导的方法求最值，可以模仿极大值的定义.

$$P(X=k)\text{为极大值}\Rightarrow\begin{cases}P(X=k+1)\leqslant P(X=k)\\ P(X=k-1)\leqslant P(X=k)\end{cases}$$

$$\Rightarrow\begin{cases}\dfrac{\lambda^{k+1}e^{-\lambda}}{(k+1)!}\leqslant\dfrac{\lambda^k e^{-\lambda}}{k!}\\ \dfrac{\lambda^{k-1}e^{-\lambda}}{(k-1)!}\leqslant\dfrac{\lambda^k e^{-\lambda}}{k!}\end{cases}\Rightarrow\begin{cases}k\geqslant\lambda-1\\ k\leqslant\lambda\end{cases}\Rightarrow\lambda-1\leqslant k\leqslant\lambda\Rightarrow 4.5\leqslant k\leqslant 5.5.$$

故 $k=5$ 时，概率最大.

第十一章 随机变量的数字特征

【大纲解读】

理解随机变量数字特征（数学期望、方差）的概念；会计算一维随机变量函数的数学期望，掌握常见分布的数字特征.

【命题剖析】

本章考 2 ~ 3 个题目. 本章是考试的重点，要牢记常见分布的数字特征和随机变量函数的数学期望的常用公式以及期望、方差的性质.

【知识体系】

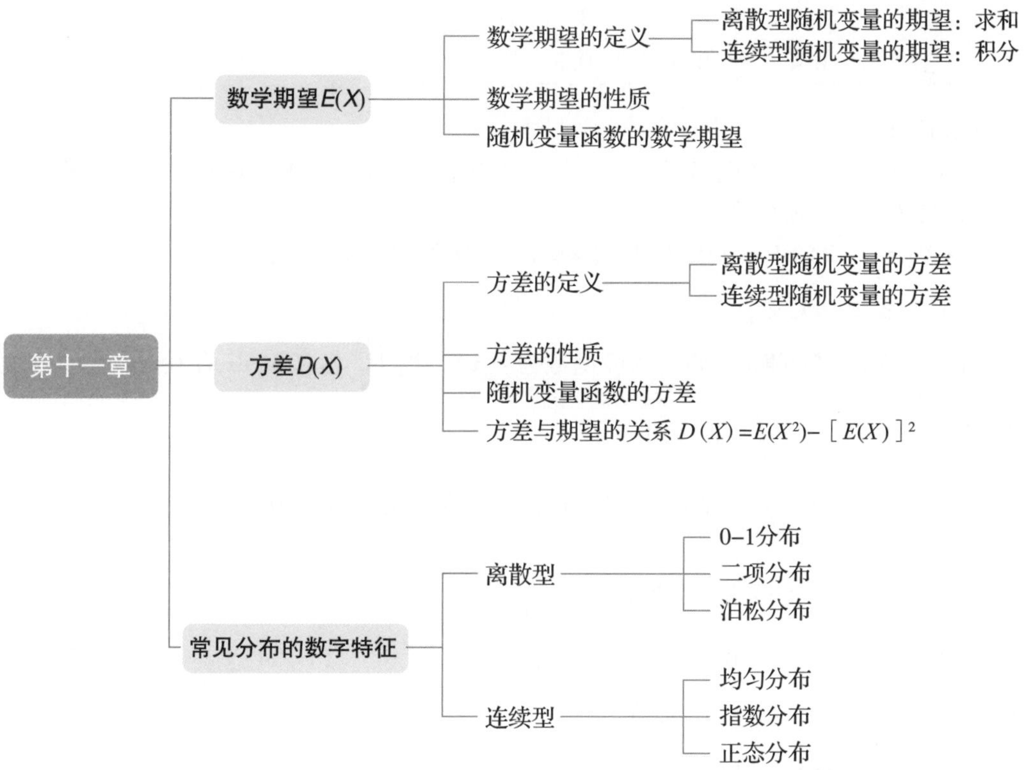

【备考建议】

本章在考试中所占分值比重很大，是每年的必考点，希望大家认真理解相关概念和定义，熟悉公式，掌握各种题型的计算方法和思路. 尤其掌握数学期望与方差的概念、性质与计算方法；会求随机变量函数的数学期望；重点学习二项分布、泊松分布、正态分布和指数分布的数学期望和方差.

第一节 期望和方差的定义

一、随机变量的数学期望

1. 数学期望的定义

(1) 离散型随机变量

若离散型随机变量 X 可能取值为 $a_i(i=1, 2, \cdots)$，其分布列为 $p_i(i=1, 2, \cdots)$，则当 $\sum_{i=1}^{\infty}|a_i|p_i<\infty$ 时，称 X 存在数学期望，并且数学期望为 $E(X)=\sum_{i=1}^{\infty}a_ip_i$.

例 1 设随机变量 X 的分布律为

X	-2	0	2
P	0.4	0.3	0.3

则 $E(X)=($　　$)$.

(A) 0.1　　(B) 0.2　　(C) 0.3　　(D) -0.1　　(E) -0.2

【解析】由定义和数学期望的性质知，

$E(X)=(-2)\times 0.4+0\times 0.3+2\times 0.3=-0.2$，选 E.

(2) 连续型随机变量

设 X 是一个连续型随机变量，密度函数为 $f(x)$，当 $\int_{-\infty}^{+\infty}|x|f(x)\mathrm{d}x$ 存在时，称 X 的数学期望存在，记作 $E(X)=\int_{-\infty}^{+\infty}xf(x)\mathrm{d}x$.

评注 当密度函数关于 y 轴对称时（偶函数），数学期望 $E(X)=0$.

例 2 设随机变量 X 的概率密度为 $f(x)=\begin{cases}\mathrm{e}^{-x} & x>0\\ 0 & x\leqslant 0\end{cases}$，$E(X)=($　　$)$.

(A) 1　　(B) 2　　(C) 3　　(D) 4　　(E) 6

【解析】$E(X)=\int_0^{+\infty}x\mathrm{e}^{-x}\mathrm{d}x=1$，选 A.

2. 随机变量函数的数学期望

(1) 离散型随机变量

若 X 是一个离散型随机变量，$Y=g(X)$，如果 $\sum_{i=1}^{\infty}|g(a_i)|p_i<\infty$，则有 $E(Y)=E[g(X)]=\sum_{i=1}^{\infty}g(a_i)p_i$.

例 3 设随机变量 X 的分布律为

X	-2	0	2
P	0.4	0.3	0.3

则 $E(X^2)=($　　$)$.

(A) 2　　(B) 2.1　　(C) 2.4　　(D) 2.8　　(E) 3.2

【解析】由定义和数学期望的性质知

$E(X^2)=(-2)^2\times0.4+0^2\times0.3+2^2\times0.3=2.8$，选 D.

(2) 连续型随机变量

若 X 是连续型随机变量，密度函数为 $f(x)$，$Y=g(X)$，且 $\int_{-\infty}^{+\infty}|g(x)|f(x)\mathrm{d}x<\infty$，则有 $E(Y)=E[g(X)]=\int_{-\infty}^{+\infty}f(x)g(x)\mathrm{d}x$.

例 4 设随机变量 X 的概率密度为 $f(x)=\begin{cases}x & a<x<b\\0 & 其他\end{cases}$，$0<a<b$，且 $E(X^2)=2$，则 $ab=($　　$)$.

(A) $\sqrt{2}$　　(B) $\sqrt{3}$　　(C) $\sqrt{5}$　　(D) $2\sqrt{3}$　　(E) $2\sqrt{2}$

【解析】$1=\int_{-\infty}^{+\infty}f(x)\mathrm{d}x=\int_a^b x\mathrm{d}x=\frac{x^2}{2}\Big|_a^b=\frac{1}{2}(b^2-a^2)\Rightarrow b^2-a^2=2$ ①

$$E(X^2)=\int_a^b x^2f(x)\mathrm{d}x=\int_a^b x^3\mathrm{d}x=\frac{x^4}{4}\Big|_a^b=\frac{1}{4}(b^4-a^4)=\frac{1}{4}(b^2-a^2)(b^2+a^2)$$

$$=\frac{1}{2}(a^2+b^2)=2\Rightarrow a^2+b^2=4 \qquad ②$$

①②联立解方程得 $a=1$，$b=\sqrt{3}$. $ab=\sqrt{3}$，选 B.

例 5 设随机变量 X 的概率密度为 $f(x)=\begin{cases}\mathrm{e}^{-x} & x>0\\0 & x\leqslant0\end{cases}$，则 $Y=\mathrm{e}^{-2X}$的数学期望为(　　).

(A) $\frac{1}{5}$　　(B) $\frac{1}{3}$　　(C) $\frac{1}{2}$　　(D) $\frac{2}{5}$　　(E) $\frac{8}{15}$

【解析】$E(Y)=E(\mathrm{e}^{-2X})=\int_0^{+\infty}\mathrm{e}^{-2x}\cdot\mathrm{e}^{-x}\mathrm{d}x=\frac{1}{3}$. 选 B.

例 6 已知随机变量 X 的概率密度为 $f(x)=\frac{1}{2}\mathrm{e}^{-|x|}$，$-\infty<x<+\infty$，则 $E\{\min(|x|,1)\}=($　　$)$.

(A) $1-\mathrm{e}^{-2}$　　(B) e^{-2}　　(C) $2\mathrm{e}^{-1}$　　(D) $1-\mathrm{e}^{-1}$　　(E) $2\mathrm{e}^{-2}$

【解析】$E\{\min(|x|,1)\}=\int_{-\infty}^{+\infty}\min(|x|,1)f(x)\mathrm{d}x=\int_{|x|<1}|x|f(x)\mathrm{d}x+\int_{|x|>1}f(x)\mathrm{d}x$

$$=\int_{-1}^{1}|x|\frac{1}{2}\mathrm{e}^{-|x|}\mathrm{d}x+\int_{-\infty}^{-1}\frac{1}{2}\mathrm{e}^{-|x|}\mathrm{d}x+\int_1^{+\infty}\frac{1}{2}\mathrm{e}^{-|x|}\mathrm{d}x=\int_0^1x\mathrm{e}^{-x}\mathrm{d}x+\int_{-\infty}^{-1}\frac{1}{2}\mathrm{e}^{x}\mathrm{d}x+\int_1^{+\infty}\frac{1}{2}\mathrm{e}^{-x}\mathrm{d}x=1-\mathrm{e}^{-1}$$，选 D.

3. 随机变量的数学期望的性质

1）若 C 是一个常数，则 $E(C)=C$.

2）若 $E(X)$ 存在，则 $E(CX)=CE(X)$，$E(X+C)=E(X)+C$.

3）若 $E(X)$，$E(Y)$ 存在，则有 $E(X\pm Y)=E(X)\pm E(Y)$，而且对任意的实数 k_1，k_2，$E(k_1X+k_2Y)$ 存在且 $E(k_1X+k_2Y)=k_1E(X)+k_2E(Y)$.

4）若 X，Y 是相互独立的且 $E(X)$，$E(Y)$ 存在，则 $E(XY)$ 存在且 $E(XY)=E(X)E(Y)$.

二、方差

1. 方差的定义

设 X 是随机变量，数学期望 $E(X)$ 存在，如果 $E[X-E(X)]^2$ 存在，则称 $E[X-E(X)]^2$ 为随机变量 X 的方差，并记作 $D(X)$.

1）若 X 是离散型随机变量，其概率分布为 $P\{X=x_i\}=p_i(i=1,2,\cdots)$，

则方差为 $D(X)=E[X-E(X)]^2=\sum\limits_{i=1}^{\infty}[x_i-E(X)]^2p_i$

2）若 X 是连续型随机变量，其概率密度为 $f(x)$，

则方差为 $D(X)=E[X-E(X)]^2=\int_{-\infty}^{+\infty}[x-E(X)]^2f(x)\mathrm{d}x$

评注 方差的平方根 $\sqrt{D(X)}$ 称为标准差或根方差，在实际问题中标准差用得很广泛.

2. 方差的计算公式

因为用定义计算方差很不方便，且运算复杂，故常用的计算方差公式为：

$$D(X)=E(X^2)-[E(X)]^2$$

3. 方差的性质

1）设 C 为常数，则 $D(C)=0$.

2）若 X 为随机变量，a，b 为任意常数，则 $D(aX+b)=a^2D(X)$.

3）若 X，Y 为随机变量，且 X，Y 相互独立，则 $D(X\pm Y)=D(X)+D(Y)$，而且 $D(aX+bY)=a^2D(X)+b^2D(Y)$.

例 7 已知 X，Y 相互独立，$E(X)=E(Y)=2$，$E(X^2)=E(Y^2)=5$，则 $E(3X-2Y)+D(3X-2Y)=$（　　）.

（A）9　　（B）11　　（C）13　　（D）15　　（E）17

【解析】由数学期望和方差的性质有

$E(3X-2Y)=3E(X)-2E(Y)=3\times2-2\times2=2$，

$D(3X-2Y)=9D(X)+4D(Y)=9\times\{E(X^2)-[E(X)]^2\}+4\times\{E(Y^2)-[E(Y)]^2\}$

$=9\times(5-4)+4\times(5-4)=13$.

$E(3X-2Y)+D(3X-2Y)=2+13=15$，故选 D.

例 8 已知 $E(X)=-1$，$D(X)=3$，则 $E[3(X-2)^2]=$（　　）.

（A）9　　（B）6　　（C）30　　（D）36　　（E）40

【解析】$E[3(X-2)^2]=3E(X^2-4X+4)=3[E(X^2)-4E(X)+4]$

$=3\{D(X)+[E(X)]^2-4E(X)+4\}=3\times(3+1+4+4)=36$. 选 D.

例 9 设随机变量 X 的概率密度函数为 $p(x)=\begin{cases}1+x & -1<x\leqslant 0\\ 1-x & 0<x\leqslant 1\\ 0 & 其他\end{cases}$. 则 $D(3X+2)=($　　$)$.

(A) $\frac{1}{2}$　(B) $\frac{2}{15}$　(C) $\frac{3}{2}$　(D) $\frac{2}{5}$　(E) 2

【解析】$E(X)=\int_{-\infty}^{+\infty}xp(x)\mathrm{d}x=\int_{-1}^{0}x(1+x)\mathrm{d}x+\int_{0}^{1}x(1-x)\mathrm{d}x=\left(\frac{1}{2}x^2+\frac{1}{3}x^3\right)\Big|_{-1}^{0}+\left(\frac{1}{2}x^2-\frac{1}{3}x^3\right)\Big|_{0}^{1}$ $=0$,

$$E(X^2)=\int_{-\infty}^{+\infty}x^2p(x)\mathrm{d}x=\int_{-1}^{0}x^2(1+x)\mathrm{d}x+\int_{0}^{1}x^2(1-x)\mathrm{d}x$$
$$=\left(\frac{1}{3}x^3+\frac{1}{4}x^4\right)\Big|_{-1}^{0}+\left(\frac{1}{3}x^3-\frac{1}{4}x^4\right)\Big|_{0}^{1}=\frac{1}{6},$$

所以 $D(X)=E(X^2)-[E(X)]^2=E(X^2)=\frac{1}{6}$，于是得 $D(3X+2)=9D(X)=\frac{3}{2}$. 选 C.

【评注】当密度函数关于 y 轴对称时（偶函数），数学期望 $E(X)=0$.

第二节　常见分布的期望和方差

一、常见离散型分布的期望和方差

名称与记号	分布列或密度	数学期望	方差
0-1 分布 $B(1,\ p)$	$P(X=1)=p$，$P(X=0)=q=1-p$	p	pq
二项分布 $B(n,\ p)$	$P(X=k)=C_n^kp^kq^{n-k}$，$k=0,1,2,\cdots,n$	np	npq
泊松分布 $P(\lambda)$	$P(X=k)=\frac{\lambda^k}{k!}e^{-\lambda}$，$k=0,1,2,\cdots$	λ	λ

例 1 设 X 表示 10 次独立重复射击命中目标的次数且每次命中率为 0.4，则 $E(X^2)=($　　$)$.

(A) 11.6　(B) 12.4　(C) 14.2　(D) 16.4　(E) 18.4

【解析】$X\sim B(10,\ 0.4)$，则 $E(X^2)=[E(X)]^2+D(X)=16+2.4=18.4$，选 E.

例 2 设 $X\sim B(n,\ p)$，且 $E(X)=2$，$D(X)=1$，则 $P(X>1)=($　　$)$.

(A) $\frac{5}{16}$　(B) $\frac{7}{16}$　(C) $\frac{9}{16}$　(D) $\frac{11}{16}$　(E) $\frac{13}{16}$

【解析】$X\sim B(n,\ p)$，$E(X)=np=2$，$D(X)=npq=1\Rightarrow q=\frac{1}{2}$，$p=\frac{1}{2}$，$n=4$，

所以 $P(X>1)=1-P(X=0)-P(X=1)=1-C_4^0\left(\frac{1}{2}\right)^0\left(\frac{1}{2}\right)^4-C_4^1\left(\frac{1}{2}\right)\left(\frac{1}{2}\right)^3=\frac{11}{16}$，

选 D.

例 3 设 $X\sim B(15,\ p)$，$E(X)=6$，则 $D(X)=($　　$)$.

(A) 2　(B) 3　(C) 3.6　(D) 4.2　(E) 5.6

【解析】因为 $X\sim B(n,\ p)$，所以 $E(X)=np$，得到 $15p=6$，解得 $p=0.4$.
所以 $D(X)=np(1-p)=3.6$，应选 C.

例 4 设一次试验成功的概率为 p，现进行 100 次独立重复试验，则成功次数的标准差的最大值为（　　）.

(A) 25　(B) 20　(C) 15　(D) 10　(E) 5

【解析】$D(X)=npq=100p(1-p)=-100p^2+100p=(-100)\times\left(p-\frac{1}{2}\right)^2+25$

当 $p=\frac{1}{2}$ 时，$\sqrt{D(X)}$ 有最大值为 5. 故选 E.

例 5 设随机变量 X 的概率密度函数为 $f(x)=\begin{cases}\frac{1}{2}\cos\frac{x}{2} & 0\leqslant x\leqslant\pi\\ 0 & \text{其他}\end{cases}$. 对 X 独立重复观察 4 次，Y 表示观察值大于 $\frac{\pi}{3}$ 的次数，则 Y^2 的数学期望为（　　）.

(A) 4　(B) 5　(C) 6　(D) 8　(E) 12

【解析】因为随机变量 X 的概率密度函数为 $f(x)=\begin{cases}\frac{1}{2}\cos\frac{x}{2} & 0\leqslant x\leqslant\pi\\ 0 & \text{其他}\end{cases}$.

$p=P\left(X>\frac{\pi}{3}\right)=\int_{\frac{\pi}{3}}^{\pi}\frac{1}{2}\cos\frac{x}{2}\mathrm{d}x=\sin\frac{x}{2}\Big|_{\frac{\pi}{3}}^{\pi}=\frac{1}{2}$，$Y\sim B\left(4,\ \frac{1}{2}\right)$.

因此 $E(Y)=2$，$D(Y)=1$. 于是便可得 $E(Y^2)=D(Y)+[E(Y)]^2=1+2^2=5$. 选 B.

例 6 设 X 服从泊松分布. 若 $P(X\geqslant1)=1-\mathrm{e}^{-2}$，则 $E[(X+2)(3X-1)]=$（　　）.

(A) 4　(B) 12　(C) 16　(D) 22　(E) 26

【解析】$P(X=k)=\frac{\lambda^k}{k!}\mathrm{e}^{-\lambda}$，$k=0,\ 1,\ 2,\ \cdots$，$\lambda>0$.

由 $P(X\geqslant1)=1-P(X=0)=1-\frac{\lambda^0}{0!}\mathrm{e}^{-\lambda}=1-\mathrm{e}^{-\lambda}=1-\mathrm{e}^{-2}$，解得 $\lambda=2$.

$D(X)=\lambda=E(X^2)-[E(X)]^2=E(X^2)-\lambda^2$，故 $E(X^2)=\lambda+\lambda^2=2+4=6$.

$E[(X+2)(3X-1)]=E(3X^2+5X-2)=3E(X^2)+5E(X)-2=18+10-2=26$. 选 E.

【评注】注意 $E[(X+2)(X-1)]\neq E(X+2)E(X-1)$，因为都含有 X，不独立.

二、常见连续型分布的期望和方差

名称与记号	分布列或密度	数学期望	方差
均匀分布 $U(a,\ b)$	$f(x)=\frac{1}{b-a}$，$a\leqslant x\leqslant b$	$\frac{a+b}{2}$	$\frac{(b-a)^2}{12}$
指数分布 $E(\lambda)$	$f(x)=\lambda\mathrm{e}^{-\lambda x}$，$x>0$	$\frac{1}{\lambda}$	$\frac{1}{\lambda^2}$
正态分布 $N(\mu,\ \sigma^2)$	$f(x)=\frac{1}{\sqrt{2\pi}\sigma}\mathrm{e}^{-\frac{(x-\mu)^2}{2\sigma^2}}$	μ	σ^2

例 7 设 $X\sim U(a,\ b)$，且 $E(X)=2$，$D(X)=\frac{1}{3}$，则$\frac{b}{a}$为(　　).

(A) 2　　(B) 3　　(C) 4　　(D) 5　　(E) 6

【解析】$X\sim U(a,\ b)$，$E(X)=2=\frac{a+b}{2}\Rightarrow a+b=4$，

$D(X)=\frac{1}{3}=\frac{(b-a)^2}{12}\Rightarrow(b-a)^2=4\Rightarrow b-a=2$，解得 $a=1$，$b=3$，选 B.

例 8 设随机变量 $X\sim U(-1,\ 2)$，随机变量 $Y=\begin{cases}1 & X>0\\ 0 & X=0\\ -1 & X<0\end{cases}$，则方差 $D(Y)=$(　　).

(A) $\frac{7}{9}$　　(B) $\frac{2}{15}$　　(C) $\frac{4}{15}$　　(D) $\frac{2}{5}$　　(E) $\frac{8}{9}$

【解析】因为 X 的概率密度为 $f_X(x)=\begin{cases}\frac{1}{3} & -1\leqslant x\leqslant 2\\ 0 & 其他\end{cases}$.

于是 Y 的分布率为

$$P\{Y=-1\}=P\{X<0\}=\int_{-\infty}^{0}f_X(x)\mathrm{d}x=\int_{-1}^{0}\frac{1}{3}\mathrm{d}x=\frac{1}{3},$$

$$P\{Y=0\}=P\{X=0\}=0,$$

$$P\{Y=1\}=P\{X>0\}=\int_{0}^{+\infty}f_X(x)\mathrm{d}x=\int_{0}^{2}\frac{1}{3}\mathrm{d}x=\frac{2}{3}.$$

因此 $E(Y)=-1\times\frac{1}{3}+0\times0+1\times\frac{2}{3}=\frac{1}{3}$，$E(Y^2)=(-1)^2\times\frac{1}{3}+0^2\times0+1^2\times\frac{2}{3}=1$.

故有 $D(Y)=E(Y^2)-[E(Y)]^2=1-\frac{1}{9}=\frac{8}{9}$. 选 E.

例 9 设 X 服从参数为 λ 的指数分布，且 $P(X\geqslant1)=\mathrm{e}^{-2}$，则 $E(X^2)=$(　　).

(A) $\frac{1}{2}$　　(B) $\frac{2}{3}$　　(C) $\frac{4}{15}$　　(D) $\frac{2}{5}$　　(E) $\frac{8}{15}$

【解析】$F(x)=\begin{cases}1-\mathrm{e}^{-\lambda x} & x>0\\ 0 & x\leqslant0\end{cases}$，$P(X\geqslant1)=1-P(X<1)=1-F(1)=\mathrm{e}^{-2}$，

$1-(1-\mathrm{e}^{-\lambda})=\mathrm{e}^{-2}\Rightarrow\lambda=2$.

$E(X)=\frac{1}{\lambda}=\frac{1}{2}$，$D(X)=\frac{1}{\lambda^2}=\frac{1}{4}$，故 $E(X^2)=D(X)+[E(X)]^2=\frac{1}{4}+\frac{1}{4}=\frac{1}{2}$，选 A.

例 10 设随机变量 X_1，X_2，X_3 相互独立，其中 X_1 服从区间$[0,6]$上的均匀分布，$X_2\sim N(0,\ 2^2)$，$X_3\sim E(3)$，记 $Y=X_1-2X_2+3X_3$，则 $E(Y)+D(Y)=$(　　).

(A) 16　　(B) 18　　(C) 22　　(D) 24　　(E) 28

【解析】由题设知 $E(X_1)=3$，$D(X_1)=\frac{(6-0)^2}{12}=3$，$E(X_2)=0$，$D(X_2)=4$，$E(X_3)=\frac{1}{\lambda}=\frac{1}{3}$，$D(X_3)=\frac{1}{\lambda^2}=\frac{1}{9}$.

由期望的性质可得

$E(Y)=E(X_1-2X_2+3X_3)=E(X_1)-2E(X_2)+3E(X_3)=3-2\times0+3\times\frac{1}{3}=4.$

又 X_1, X_2, X_3 相互独立，所以

$D(Y)=D(X_1-2X_2+3X_3)=D(X_1)+4D(X_2)+9D(X_3)=3+4\times4+9\times\frac{1}{9}=20.$

故选 D.

例 11 设 X 与 Y 相互独立，且都服从 $N(\mu,\ \sigma^2)$，则有(　　).

(A) $E(X-Y)=\mu$　　(B) $E(X-Y)=2\mu$　　(C) $D(X-Y)=0$

(D) $D(X-Y)=2\sigma^2$　　(E) $E(X-Y)=D(X-Y)$

【解析】$E(X-Y)=E(X)-E(Y)=0$. 由于 X 与 Y 相互独立，
所以 $D(X-Y)=D(X)+D(Y)=2\sigma^2$. 选 D.

例 12 设两个相互独立的随机变量 X 和 Y 分别服从正态分布 $N(0,1)$ 和 $N(1,1)$，则下列结论正确的是(　　).

(A) $P\{X+Y\leqslant0\}=\frac{1}{2}$　　(B) $P\{X+Y\leqslant1\}=\frac{1}{2}$　　(C) $P\{X-Y\leqslant0\}=\frac{1}{2}$

(D) $P\{X-Y\leqslant1\}=\frac{1}{2}$　　(E) $P\{X+Y\leqslant1\}=\frac{1}{3}$

【解析】因为 X 和 Y 分别服从正态分布 $N(0,1)$ 和 $N(1,1)$，且 X 和 Y 相互独立，所以
$X+Y\sim N(1,2)$，$X-Y\sim N(-1,2)$，根据对称轴两侧的概率为 $\frac{1}{2}$，
于是 $P\{X+Y\leqslant1\}=\frac{1}{2}$，选 B.

【评注】相互独立的正态分布线性组合后仍服从正态分布，$X\sim N(\mu_1,\ \sigma_1^2)$，$Y\sim N(\mu_1,\ \sigma_1^2)$，则 $X\pm Y\sim N(\mu_1\pm\mu_2,\ \sigma_1^2+\sigma_2^2)$.

例 13 设两个随机变量 X 和 Y 相互独立，且都服从均值为 0，方差为 $\frac{1}{2}$ 的正态分布，则 $|X-Y|$ 的方差为(　　).

(A) $1-\frac{2}{\pi}$　　(B) $1-\frac{1}{\pi}$　　(C) $1+\frac{2}{\pi}$　　(D) $1+\frac{1}{\pi}$　　(E) 2

【解析】记 $U=X-Y$. 由于 $X\sim N\left(0,\ \frac{1}{2}\right)$，$Y\sim N\left(0,\ \frac{1}{2}\right)$，所以
$E(U)=E(X)-E(Y)=0$，$D(U)=D(X)+D(Y)=1$. 由此 $U\sim N(0,\ 1)$. 进而

$$E(|X-Y|)=E(|U|)=\int_{-\infty}^{+\infty}|x|\cdot\frac{1}{\sqrt{2\pi}}e^{-\frac{x^2}{2}}dx=\frac{2}{\sqrt{2\pi}}\int_0^{+\infty}xe^{-\frac{x^2}{2}}dx$$

$$=-\sqrt{\frac{2}{\pi}}\cdot e^{-\frac{x^2}{2}}\Big|_0^{+\infty}=\sqrt{\frac{2}{\pi}}.$$

$E(|U|^2)=E(U^2)=D(U)+[E(U)]^2=1+0^2=1.$

故 $D(|X-Y|)=D(|U|)=E(|U|^2)-[E(|U|)]^2=1-\left(\sqrt{\frac{2}{\pi}}\right)^2=1-\frac{2}{\pi}$. 选 A.

第三节 归纳总结

1. 数字特征的定义

		离散型	连续型
一维随机变量的数字特征	期望（期望就是平均值）	设 X 是离散型随机变量，其分布律为 $P(X=x_k)=p_k$, $k=1,2,\cdots,n$, $E(X)=\sum_{k=1}^{n}x_kp_k$	设 X 是连续型随机变量，其概率密度为 $f(x)$，$E(X)=\int_{-\infty}^{+\infty}xf(x)\mathrm{d}x$
	函数的期望	$Y=g(X)$ $E(Y)=\sum_{k=1}^{n}g(x_k)p_k$	$Y=g(X)$ $E(Y)=\int_{-\infty}^{+\infty}g(x)f(x)\mathrm{d}x$
	方差 $D(X)=E[X-E(X)]^2$，标准差为 $\sqrt{D(X)}$	$D(X)=\sum_{k=1}^{\infty}[x_k-E(X)]^2p_k$	$D(X)=\int_{-\infty}^{+\infty}[x-E(X)]^2f(x)\mathrm{d}x$

2. 数字特征的性质

期望的性质	$E(C)=C$ $E(CX)=CE(X)$，$E(aX+b)=aE(X)+b$ $E(X+Y)=E(X)+E(Y)$, $E\left(\sum_{i=1}^{n}C_iX_i\right)=\sum_{i=1}^{n}C_iE(X_i)$ $E(XY)=E(X)E(Y)$，充分条件：X 和 Y 独立；充要条件：X 和 Y 不相关
方差的性质	$D(C)=0$，$D(aX)=a^2D(X)$，$D(aX+b)=a^2D(X)$ $D(X)=E(X^2)-[E(X)]^2$ $D(X\pm Y)=D(X)+D(Y)$，充分条件：X 和 Y 独立；充要条件：X 和 Y 不相关 $D(X\pm Y)=D(X)+D(Y)\pm 2E\{[X-E(X)][Y-E(Y)]\}$，无条件成立 而 $E(X+Y)=E(X)+E(Y)$，无条件成立

3. 常见分布的数字特征

名称与记号	分布列或密度	数学期望	方差
0－1 分布 $B(1, p)$	$P(X=1)=p$，$P(X=0)=q=1-p$	p	pq
二项分布 $B(n, p)$	$P(X=k)=C_n^k p^k q^{n-k}$，$k=0, 1, 2, \cdots, n$	np	npq
泊松分布 $P(\lambda)$	$P(X=k)=\frac{\lambda^k}{k!}e^{-\lambda}$，$k=0, 1, 2, \cdots$	λ	λ
均匀分布 $U(a, b)$	$f(x)=\frac{1}{b-a}$，$a \leqslant x \leqslant b$	$\frac{a+b}{2}$	$\frac{(b-a)^2}{12}$
指数分布 $E(\lambda)$	$f(x)=\lambda e^{-\lambda x}$，$x>0$	$\frac{1}{\lambda}$	$\frac{1}{\lambda^2}$
正态分布 $N(\mu, \sigma^2)$	$f(x)=\frac{1}{\sqrt{2\pi}\sigma}e^{-\frac{(x-\mu)^2}{2\sigma^2}}$	μ	σ^2

第四节　单元练习

扫码看视频

1. 设 X 的密度函数为 $f(x)=\begin{cases}2x & 0 \leqslant x \leqslant 1 \\ 0 & 其他\end{cases}$，则 $E(X)-D(X)=($　　$)$.

(A) $\frac{7}{18}$　(B) $\frac{11}{18}$　(C) $\frac{13}{18}$　(D) $\frac{1}{2}$　(E) $\frac{17}{18}$

2. X 的密度函数为 $f(x)=\frac{1}{2}e^{-|x|}$ $(-\infty<x<+\infty)$，则 $E(X)+D(X)=($　　$)$.

(A) 6　(B) 4　(C) e　(D) 2　(E) 1

3. 设连续型随机变量 X 的分布函数 $F(X)=\begin{cases}0 & x<-1 \\ a+b\arcsin x & -1 \leqslant x \leqslant 1 \\ 1 & x>1\end{cases}$，则 $D(X)=($　　$)$.

(A) $\frac{1}{2}$　(B) $\frac{2}{15}$　(C) $\frac{4}{15}$　(D) $\frac{2}{5}$　(E) $\frac{8}{15}$

4. 设随机变量 X 的分布律为

x_i	0	1	2	3	4	5
p_i	$\frac{1}{12}$	$\frac{1}{6}$	$\frac{1}{3}$	$\frac{1}{12}$	$\frac{2}{9}$	$\frac{1}{9}$

则 $Y=2(X-2)^2$ 的期望 $E(Y)=($　　$)$.

(A) $\frac{71}{18}$　(B) $\frac{73}{18}$　(C) $\frac{79}{18}$　(D) $\frac{83}{18}$　(E) $\frac{89}{18}$

5. 已知随机变量 X 的分布律为 $P(X=k)=\frac{1}{10}(k=1,2,\cdots,10)$，则 X 的期望为(　　).

(A) 4.5　(B) 5　(C) 5.5　(D) 6　(E) 6.5

6. 已知随机变量 X 的概率密度为 $f(x)=\begin{cases}\frac{1}{x} & 1\leqslant x\leqslant e\\ 0 & 其他\end{cases}$，随机变量 $Y=X^3$，则 Y 的期望为(　　).

(A) $\frac{1}{3}(e^3+1)$　(B) $\frac{1}{3}(e^3-1)$　(C) $\frac{1}{3}(e^3-2)$

(D) $\frac{1}{3}(e^3+2)$　(E) $\frac{1}{4}(e^3-1)$

7. 已知随机变量 X 服从二项分布 $B(n,p)$，且 $E(X)=1.6$，$D(X)=0.96$，若 $Y=\sin\frac{\pi X}{2}$，则 Y 的期望为(　　).

(A) 0.162　(B) 0.182　(C) 0.192　(D) 0.212　(E) 0.242

8. 设随机变量 X 服从参数为 1 的泊松分布，则 $P[X=E(X^2)]=$(　　).

(A) $\frac{1}{2e}$　(B) $\frac{2}{e}$　(C) $\frac{1}{e}$　(D) $\frac{1}{e^2}$　(E) $\frac{2}{e^2}$

9. 若随机变量 X 的分布律为 $P(X=m)=\frac{\lambda^m}{m!}e^{-\lambda}(m=0,1,\cdots)$，$Y=e^X$，则 $E(Y)=$(　　).

(A) $e^{\lambda(e+1)}$　(B) $e^{-\lambda(e-1)}$　(C) $e^{-\lambda(e+1)}$　(D) $e^{\lambda(e-1)}$　(E) $e^{\lambda e-1}$

10. 若随机变量 X 的分布律为 $P(X=m)=\frac{\lambda^m}{m!}e^{-\lambda}(m=0,1,\cdots)$，设 $Y=X^2+X+1$，则 $E(Y)$ =(　　).

(A) $\lambda^2+\lambda+1$　(B) $(\lambda+1)^2$　(C) $2\lambda^2+\lambda+1$

(D) $(\lambda-1)^2$　(E) $\lambda^2+4\lambda+1$

11. 若随机变量 X 的分布律为 $P(X=m)=\frac{\lambda^m}{m!}e^{-\lambda}(m=0,1,\cdots)$，$Y=(X-2)(X-3)$，则 $E(Y)=$(　　).

(A) $(\lambda-2)(\lambda-3)$　(B) $(\lambda-2)^2$　(C) $\lambda^2-3\lambda+6$

(D) $(\lambda-3)^2$　(E) $\lambda^2-4\lambda+6$

12. 设随机变量 $X\sim E(2)$，$Y\sim E(4)$，则 $E(2X-3Y^2)=$(　　).

(A) $\frac{3}{8}$　(B) $\frac{11}{16}$　(C) $\frac{5}{8}$　(D) $\frac{2}{5}$　(E) $\frac{5}{4}$

13. 若随机变量 $X\sim N(\mu,\sigma^2)$，且 $E(X)=3$，$D(X)=1$，则 $P(-1<X\leqslant 1)=$(　　).

(A) $2\Phi(2)-1$　(B) $\Phi(4)-\Phi(2)$　(C) $\Phi(2)-\Phi(4)$

(D) $\Phi(-4)-\Phi(-2)$　(E) $2\Phi(2)-\Phi(4)$

14. 设随机变量 X 服从正态分布 $N(\mu_1,\sigma_1^2)$，Y 服从正态分布 $N(\mu_2,\sigma_2^2)$，且 $P\{|X-\mu_1|<1\}>P\{|Y-\mu_2|<1\}$，则(　　).

(A) $\sigma_1<\sigma_2$　(B) $\sigma_1>\sigma_2$　(C) $\mu_1<\mu_2$　(D) $\mu_1>\mu_2$　(E) $\mu_1=\mu_2$

15. 设随机变量 X 服从均值为 10，标准差为 0.02 的正态分布. 已知 $\Phi(x)=\int_{-\infty}^{x}\frac{1}{\sqrt{2\pi}}e^{-\frac{u^2}{2}}du$，取 $\Phi(2.5)=0.99$，则 X 落在区间 $(9.95, 10.05)$ 内的概率为(　　).

(A) 0.94　(B) 0.95　(C) 0.96　(D) 0.97　(E) 0.98

16. 设 $f(x)=a(1-x)e^{-x^2+2x}$，若 $\varphi(x)=\int_{-\infty}^{x}f(t)dt$ 是随机变量 X 的概率密度函数，则 X 的方差为(　　).

(A) $\frac{1}{2}$　(B) $\frac{1}{4}$　(C) $\frac{\sqrt{2}}{2}$　(D) $\frac{\sqrt{2}}{4}$　(E) 2

17. 设正方体的边长是随机变量 X，其密度函数 $f(x)=\begin{cases}\sqrt{\frac{2}{\pi}}e^{-\frac{x^2}{2}} & x>0\\ 0 & \text{其他}\end{cases}$，则正方体体积 Y 的期望为(　　).

(A) $\sqrt{\frac{2}{\pi}}$　(B) $\sqrt{\frac{1}{\pi}}$　(C) $2\sqrt{\frac{2}{\pi}}$　(D) $\sqrt{\frac{1}{2\pi}}$　(E) $\sqrt{\frac{6}{\pi}}$

18. 设随机变量 $X\sim N(0, 1)$，且 $Y=X^2$，则 Y 的期望为(　　).

(A) 1　(B) 2　(C) 3　(D) 4　(E) 6

19. 设三个相互独立的随机变量 $X_i\sim N(0, 1)(i=1, 2, 3)$，且 $Y=X_1+2X_2-3X_3$，则 Y 的方差为(　　).

(A) 9　(B) 10　(C) 12　(D) 14　(E) 16

20. 设 X 服从泊松分布.

(1) 若 $P(X\geqslant 1)=1-e^{-2}$，则 $E(X^2)=($　　$)$.

(A) 2　(B) 4　(C) 6　(D) 8　(E) 12

(2) 若 $E(X^2)=12$，则 $P(X\geqslant 1)=($　　$)$.

(A) e^{-3}　(B) $1-e^{-3}$　(C) $1-e^{-4}$　(D) $1-2e^{-3}$　(E) $1-\frac{1}{2}e^{-3}$

21. 设随机变量 X 取正整数值，$P(X=n)=a^n(n\geqslant 1)$，且 $E(X)=1$，则 a 的值为(　　).

(A) $3-\sqrt{5}$　(B) $\frac{4-\sqrt{5}}{3}$　(C) $\frac{\sqrt{5}-1}{2}$　(D) $\frac{3-\sqrt{5}}{4}$　(E) $\frac{3-\sqrt{5}}{2}$

22. 若随机变量 $X\sim B(8, p)$.

(1) 方差 $D(X)$ 的最大值为(　　).

(A) 1　(B) 2　(C) 3　(D) 4　(E) 6

(2) $\frac{2D(X)-1}{E(X)}$ 的最大值为(　　).

(A) 1　(B) 2　(C) 2.5　(D) 3　(E) 3.5

23. 设随机变量 X 服从参数为 1 的泊松分布，且 $Y=(X-k)^2$. 当 Y 的期望最小时，k 的值为(　　).

(A) 1　　(B) 2　　(C) 3　　(D) 4　　(E) 6

24. 一辆汽车沿一街道行驶，要过三个均设有红绿信号灯的路口，每个信号灯为红或绿与其他信号灯为红或绿相互独立，且红、绿两种信号灯显示的时间相等. 以 X 表示汽车路过三个路口所遇到的红灯数，则 X 的方差为(　　).

(A) $\frac{3}{2}$　　(B) $\frac{5}{4}$　　(C) $\frac{1}{2}$　　(D) 1　　(E) $\frac{3}{4}$

25. 设某企业生产线上产品的合格率为 0.9，不合格产品中只有 $\frac{3}{4}$ 的产品可进行再加工，且再加工的合格率为 0.8，其余为废品. 已知每件合格品可获利 80 元，每件废品亏损 20 元，为保证该企业每天平均利润不低于 7600 元，则该企业每天至少应生产(　　)件产品.

(A) 95　　(B) 98　　(C) 100　　(D) 101　　(E) 105

答案与解析

1. **B**　$E(X)=\int_{-\infty}^{+\infty}xf(x)\,dx=\int_0^1 2x^2\,dx=\frac{2}{3}$,

$E(X^2)=\int_{-\infty}^{+\infty}x^2f(x)\,dx=\int_0^1 2x^3\,dx=\frac{1}{2}$,

$D(X)=E(X^2)-[E(X)]^2=\frac{1}{2}-\left(\frac{2}{3}\right)^2=\frac{1}{18}$, 故 $E(X)-D(X)=\frac{11}{18}$.

2. **D**　$E(X)=\int_{-\infty}^{+\infty}x\frac{1}{2}e^{-|x|}dx=0$（奇函数在对称区间上积分为0）

$E(X^2)=\int_{-\infty}^{+\infty}x^2\frac{1}{2}e^{-|x|}dx=\int_0^{+\infty}x^2e^{-x}dx=-\int_0^{+\infty}x^2de^{-x}$

$=-x^2e^{-x}\Big|_0^{+\infty}+2\int_0^{+\infty}xe^{-x}dx=-2\int_0^{+\infty}xde^{-x}=-2e^{-x}\Big|_0^{+\infty}=2.$

$D(X)=E(X^2)-[E(X)]^2=2-0=2$, 故 $E(x)+D(x)=2$.

【评注】本题也可以用公式 $\int_0^{+\infty}x^ne^{-x}dx=n!$，来计算 $\int_0^{+\infty}x^2e^{-x}dx=2$.

3. **A**　第一步，求参数. X 为连续型随机变量 $\Rightarrow F(x)$ 为连续函数.

$$\begin{cases}F(-1^-)=F(-1)\Rightarrow a-\frac{\pi}{2}b=0\\F(1^+)=F(1)\Rightarrow a+\frac{\pi}{2}b=1\end{cases}\Rightarrow\begin{cases}a=\frac{1}{2}\\b=\frac{1}{\pi}\end{cases}$$

第二步，求 X 的概率密度. $f(x)=F'(x)=\begin{cases}\frac{1}{\pi\sqrt{1-x^2}} & |x|\leqslant 1\\0 & 其他\end{cases}$

第三步，求 X 的期望与方差. $E(X)=\int_{-\infty}^{+\infty}xf(x)\mathrm{d}x=\int_{-1}^{1}\frac{x}{\pi\sqrt{1-x^2}}\mathrm{d}x=0$

$D(X)=E(X^2)-[E(X)]^2$，令 $x=\sin t$，则 $D(X)=\frac{2}{\pi}\int_0^{\frac{\pi}{2}}\sin^2 t\mathrm{d}t=\frac{1}{2}$.

4\. E　第一步，求 Y 的分布律.

y_i	0	2	8	18
p_i	$\frac{1}{3}$	$\frac{1}{4}$	$\frac{11}{36}$	$\frac{1}{9}$

第二步，求 Y 的期望.

$$E(X)=\sum_{i=1}^{n}p_ix_i=0\times\frac{1}{3}+2\times\frac{1}{4}+8\times\frac{11}{36}+18\times\frac{1}{9}=\frac{89}{18}.$$

【评注】本题也可以不通过 Y 的分布律，直接用定义求期望.

5\. C　$E(X)=\sum_{k=1}^{10}\left(k\times\frac{1}{10}\right)=\frac{1}{10}\sum_{k=1}^{10}k=5.5.$

6\. B　$E(Y)=E(X^3)=\int_{-\infty}^{+\infty}x^3f(x)\mathrm{d}x=\int_1^{\mathrm{e}}x^3\cdot\frac{1}{x}\mathrm{d}x=\frac{1}{3}x^3\Big|_1^{\mathrm{e}}=\frac{1}{3}(\mathrm{e}^3-1).$

7\. C　先求二项分布的参数：$\begin{cases}E(X)=np=1.6\\D(X)=npq=0.96\end{cases}\Rightarrow\begin{cases}p=0.4\\n=4\end{cases}$.

Y 的分布律为（技巧：Y 为零对应的概率不用列出与计算）

X	0	1	2	3	4
$Y=\sin\frac{\pi X}{2}$	0	1	0	-1	0
P	…	$\mathrm{C}_4^1p^1q^3$	…	$\mathrm{C}_4^3p^3q^1$	…

$E(Y)=1\times\mathrm{C}_4^1p^1q^3+(-1)\times\mathrm{C}_4^3p^3q^1=4\times0.6^3\times0.4-4\times0.6\times0.4^3=0.192.$

8\. A　随机变量 X 服从参数为 1 的泊松分布，因此 $E(X^2)=[E(X)]^2+D(X)=1^2+1=2\Rightarrow$ $P[X=E(X^2)]=P(X=2)=\frac{1^2}{2!}\mathrm{e}^{-1}=\frac{1}{2\mathrm{e}}$.

9\. D　$E(Y)=\sum_{m=0}^{\infty}\left(\mathrm{e}^m\times\frac{\lambda^m}{m!}\mathrm{e}^{-\lambda}\right)=\mathrm{e}^{-\lambda}\sum_{m=0}^{\infty}\frac{(\lambda\mathrm{e})^m}{m!}=\mathrm{e}^{-\lambda}\cdot\mathrm{e}^{\lambda\mathrm{e}}=\mathrm{e}^{\lambda(\mathrm{e}-1)}$

【评注】本题所用级数公式：$\mathrm{e}^x=\sum_{n=0}^{\infty}\frac{x^n}{n!}$

10\. B　由题得到，X 服从参数为 λ 的泊松分布，
$E(Y)=E(X^2+X+1)=E(X^2)+E(X)+1=[E(X)]^2+D(X)+E(X)+1=\lambda^2+2\lambda+1=(\lambda+1)^2$

11\. E　由题得到，X 服从参数为 λ 的泊松分布，
$Y=(X-2)(X-3)=X^2-5X+6$,

$E(Y)=E(X^2-5X+6)=E(X^2)-5E(X)+6=[E(X)]^2+D(X)-5E(X)+6=\lambda^2-4\lambda+6.$

【评注】本题易错解法：$E(Y)=E[(X-2)(X-3)]=E(X-2)\cdot E(X-3)=(\lambda-2)\cdot(\lambda-3)$，错因是 $X-2$ 与 $X-3$ 都含有 X，所以不独立，不能使用期望的性质化简.

12. **C** 由题得到 $E(X)=\frac{1}{2}$，$E(Y)=\frac{1}{4}$，$D(Y)=\frac{1}{16}$，

根据期望和方差的性质求值：

$E(2X-3Y^2)=2E(X)-3\{D(Y)+[E(Y)]^2\}=1-3\left(\frac{1}{16}+\frac{1}{16}\right)=\frac{5}{8}.$

13. **B** $P(-1<X\leqslant 1)=P\left(-4<\frac{X-3}{1}\leqslant -2\right)=\Phi(-2)-\Phi(-4)=\Phi(4)-\Phi(2).$

【评注】注意正态分布的标准化.

14. **A** 由 $P\{|X-\mu_1|<1\}>P\{|Y-\mu_2|<1\}$，得 $P\left\{\left|\frac{X-\mu_1}{\sigma_1}\right|<\frac{1}{\sigma_1}\right\}>P\left\{\left|\frac{Y-\mu_2}{\sigma_2}\right|<\frac{1}{\sigma_2}\right\}$，

都转化为标准正态分布，将概率看成面积比较.

X 在对称轴两侧区间上的面积大$\Rightarrow X$ 区间长度大，故 σ_1 小.

15. **E** 第一步，正态分布标准化. 随机变量 $X\sim N(10,\ 0.02)\Rightarrow\frac{X-10}{0.02}\sim N(0,\ 1)$.

第二步，求概率. $P(9.95<X<10.05)=P\left(-2.5\leqslant\frac{X-10}{0.02}\leqslant 2.5\right)=2\Phi(2.5)-1=2\times 0.99-1=0.98$

16. **A** 第一步，先求出 $\varphi(x)$ 表达式.

$$\varphi(x)=\int_{-\infty}^{x}f(t)\,\mathrm{d}t=\int_{-\infty}^{x}a(t-1)\mathrm{e}^{-t^2+2t}\mathrm{d}t$$
$$=-\frac{a}{2}\int_{-\infty}^{x}\mathrm{e}^{-t^2+2t}\mathrm{d}(-t^2+2t)=-\frac{a}{2}\mathrm{e}^{-t^2+2t}\Big|_{-\infty}^{x}=-\frac{a}{2}\mathrm{e}^{-x^2+2x}$$

第二步，$\varphi(x)=-\frac{a}{2}\mathrm{e}^{-x^2+2x}$ 在形式上已经吻合正态分布密度函数，所以只需要比对分析.

对比 $\varphi(x)=-\frac{a\mathrm{e}}{2}\mathrm{e}^{-(1-x)^2}$ 与正态分布密度函数 $\frac{1}{\sqrt{2\pi}\sigma}\mathrm{e}^{-\frac{(x-\mu)^2}{2\sigma^2}}$ 可知：

$$\begin{cases}\mu=1\\2\sigma^2=1\\\frac{1}{\sqrt{2\pi}\sigma}=-\frac{a\mathrm{e}}{2}\end{cases}\Rightarrow\begin{cases}E(X)=\mu=1\\D(X)=\sigma^2=\frac{1}{2}\\a=-\frac{2}{\mathrm{e}\sqrt{\pi}}\end{cases}$$

17. **C** 设正方体的边长是随机变量 X，其密度函数 $f(x)=\begin{cases}\sqrt{\frac{2}{\pi}}\mathrm{e}^{\frac{-x^2}{2}} & x>0\\0 & 其他\end{cases}$，

正方体体积 $Y=X^3$，即 $E(Y)=\int_0^{+\infty} x^3\cdot\sqrt{\frac{2}{\pi}}e^{-\frac{x^2}{2}}dx \xlongequal{t=\frac{x^2}{2}} 2\sqrt{\frac{2}{\pi}}\int_0^{+\infty} te^{-t}dt$

$$=2\sqrt{\frac{2}{\pi}}(-t-1)e^{-t}\Big|_0^{+\infty}=2\sqrt{\frac{2}{\pi}}.$$

18. **A** $E(Y)=E(X^2)=D(X)+[E(X)]^2=0+1=1.$

19. **D** 根据方差独立的性质可知：

$D(Y)=D(X_1+2X_2-3X_3)=D(X_1)+4D(X_2)+9D(X_3)=1+4+9=14.$

20. (1)**C** (2)**B**

(1) $P(X=k)=\frac{\lambda^k}{k!}e^{-\lambda}(k=0,1,2,\cdots)$，$\lambda>0$，

$P(X\geqslant1)=1-P(X=0)=1-\frac{\lambda^0}{0!}e^{-\lambda}=1-e^{-\lambda}=1-e^{-2}$，故 $\lambda=2$.

$D(X)=\lambda=E(X^2)-[E(X)]^2=E(X^2)-\lambda^2$，故 $E(X^2)=\lambda+\lambda^2=2+4=6.$

(2) 由 $E(X^2)=12=\lambda+\lambda^2$，得到 $\lambda^2+\lambda-12=0$，故 $(\lambda+4)(\lambda-3)=0$，$\lambda=3$，所以 $P(X\geqslant1)=1-e^{-\lambda}=1-e^{-3}$.

21. **E** $E(X)=\sum_{n=1}^{\infty}na^n=a\sum_{n=1}^{\infty}na^{n-1}=a\sum_{n=1}^{\infty}(x^n)'\Big|_{x=a}$

$$=a\left(\frac{x}{1-x}\right)'\Big|_{x=a}=a\cdot\frac{1}{(1-a)^2}=1.$$

$a=(1-a)^2$，$a^2-3a+1=0$，$a=\frac{3\pm\sqrt{5}}{2}$，由 $0<a<1$，因此 $a=\frac{3-\sqrt{5}}{2}$.

【评注】结合无穷级数求和公式 $\sum_{n=1}^{\infty}x^n=\frac{x}{1-x}$ 及导数进行分析.

22. (1)**B** (2)**A**

(1) $X\sim B(8,p)\Rightarrow D(X)=8p(1-p)\leqslant8\left(\frac{p+1-p}{2}\right)^2=2$，

故 $D(X)$ 的最大值为 2.

(2) $X\sim B(8,p)\Rightarrow E(X)=8p$，$D(X)=8p(1-p)\Rightarrow$

$\frac{2D(X)-1}{E(X)}=\frac{16p(1-p)-1}{8p}=2-2p-\frac{1}{8p}\leqslant2-2\sqrt{2p\cdot\frac{1}{8p}}=2-1=1$，

故最大值为 1.

【评注】本题用了均值定理 $ab\leqslant\left(\frac{a+b}{2}\right)^2$ 及 $a+b\geqslant2\sqrt{ab}$ 来分析最值.

23. **A** 第一步，写出泊松分布的期望与方差.

随机变量 $X\sim P(1)\Rightarrow E(X)=D(X)=1.$

第二步，求期望.

$E(Y)=E[(X-k)^2]=E(X^2-2kX+k^2)=E(X^2)-2kE(X)+k^2$

$=[E(X)]^2+D(X)-2k+k^2=k^2-2k+2=(k-1)^2+1\geqslant 1$,
故当 Y 的期望最小时，k 的值为 1.

24. **E** 第一步，模型识别. 本题实际上是二项分布，即 $X\sim B(3,\ p)$，其中 $p=\frac{1}{2}$.

其分布如下表：

X	0	1	2	3
P	$\frac{1}{8}$	$\frac{3}{8}$	$\frac{3}{8}$	$\frac{1}{8}$

第二步，求方差，$D(X)=np(1-p)=3\times\frac{1}{2}\times\frac{1}{2}=\frac{3}{4}$.

【评注】本题方差也可根据定义公式求得.

25. **C** 进行再加工后，产品的合格率 $P=0.9+0.1\times0.75\times0.8=0.96$,
记 X 为 n 件产品中的合格产品数，$X\sim B(n,\ 0.96)$，$E(X)=np=0.96n$,
$L(n)$ 为 n 件产品的利润，则 $L(n)=80X-20(n-X)$,
期望利润 $E[L(n)]=80E(X)-20n+20E(X)=100E(X)-20n=76n$,
要使 $76n\geqslant7600$，则 $n\geqslant100$，故企业每天至少要生产 100 件产品.

附　录

附录 A　2021 年经济类联考综合能力数学真题及解析

2021 年经济类联考综合能力数学真题

数学基础：第 1 ~ 35 小题，每小题 2 分，共 70 分。下列每题给出的五个选项中，只有一个选项是最符合试题要求的。

1. $\lim\limits_{x\to 0}\dfrac{e^{6x}-1}{\ln(1+3x)}=$（　　）.

A. 0　　B. $\dfrac{1}{2}$　　C. 2　　D. 3　　E. 6

2. 设函数 $f(x)$ 满足 $\lim\limits_{x\to x_0}f(x)=1$，则下列结论中不可能成立的是（　　）.

A. $f(x_0)=1$　　B. $f(x_0)=2$

C. 在 x_0 附近恒有 $f(x)>\dfrac{1}{2}$　　D. 在 x_0 附近恒有 $f(x)<\dfrac{3}{2}$

E. 在 x_0 附近恒有 $f(x)<\dfrac{2}{3}$

3. $\lim\limits_{x\to 0}(x^2+x+e^x)^{\frac{1}{x}}=$（　　）.

A. 0　　B. 1　　C. $\sqrt{e}$　　D. e　　E. e^2

4. 设函数 $f(x)=e^{x-1}+ax$, $g(x)=\ln x^b$, $h(x)=\sin\pi x$, 当 $x\to 1$ 时, $f(x)$ 是 $g(x)$ 的高阶无穷小, $g(x)$ 与 $h(x)$ 是等价无穷小，则（　　）.

A. $a=-1, b=\pi$　　B. $a=-1, b=-\pi$　　C. $a=\pi-1, b=\pi$

D. $a=\pi-1, b=-\pi$　　E. $a=1, b=\pi$

5. 设函数 $f(x)$ 可导且 $f(0)=0$．若 $\lim\limits_{x\to\infty}xf\left(\dfrac{1}{2x+3}\right)=1$, 则 $f'(0)=$（　　）.

A. 1　　B. 2　　C. 3　　D. 4　　E. 6

6. 已知直线 $y=kx$ 是曲线 $y=e^x$ 的切线，则对应切点的坐标为（　　）.

A. $(1,e)$　　B. $(e,1)$　　C. (e,e^e)　　D. (ke,e^{ke})　　E. (k,e^k)

7. 方程 $x^5-5x+1=0$ 的不同实根的个数为（　　）.

A. 1　　B. 2　　C. 3　　D. 4　　E. 5

8. 设函数 $y=y(x)$ 由方程 $x\cos y+y-2=0$ 确定，则 $y'=$（　　）.

A. $\dfrac{\sin y}{x\cos y-1}$　　B. $\dfrac{\cos y}{x\sin y-1}$　　C. $\dfrac{\sin y}{x\cos y+1}$　　D. $\dfrac{\cos y}{x\sin y+1}$　　E. $\dfrac{\sin y}{x\sin y-1}$

9. 已知函数 $f(x)=\begin{cases}1+x^2 & x\leqslant 0\\ 1-\cos x & x>0\end{cases}$，则以下结论中不正确的是（　　）.

A. $\lim\limits_{x\to 0^+}f(x)=0$　　B. $\lim\limits_{x\to 0^+}f'(x)=0$　　C. $\lim\limits_{x\to 0^-}f'(x)=0$

D. $f'_{+}(0)=0$　　　　E. $f'_{-}(0)=0$

10. 已知函数$f(x)$可导,且$f(1)=1$, $f'(1)=2$. 设$g(x)=f(f(1+3x))$, 则$g'(0)=$(　　).

A. 2　　B. 3　　C. 4　　D. 6　　E. 12

11. 设函数$f(x)$满足$f(x+\Delta x)-f(x)=2x\Delta x+o(\Delta x)(\Delta x\to 0)$,则$f(3)-f(1)=$(　　).

A. 4　　B. 6　　C. 8　　D. 9　　E. 12

12. 设函数$f(x)$满足$\int e^{-x}f(x)dx=xe^{-x}+C$,则$\int f(x)dx=$(　　).

A. $e^{-x}+xe^{-x}$　　B. $e^{-x}+xe^{-x}+C$　　C. $x-\frac{x^2}{2}$

D. $x-\frac{x^2}{2}+C$　　E. $x+\ln x+C$

13. $\int_{-1}^{1}(x^3\cos x+x^2e^{x^3})dx=$(　　).

A. 0　　B. $\frac{e-e^{-1}}{3}$　　C. $\frac{e^{-1}-e}{3}$　　D. $\frac{e-e^{-1}}{2}$　　E. $\frac{e^{-1}-e}{2}$

14. 设函数$F(x)$和$G(x)$都是$f(x)$的原函数,则以下结论中不正确的是(　　).

A. $\int f(x)dx=F(x)+C$　　B. $\int f(x)dx=G(x)+C$

C. $\int f(x)dx=\frac{F(x)+G(x)}{2}+C$　　D. $\int f(x)dx=\frac{F(x)+2G(x)}{3}+C$

E. $\int f(x)dx=F(x)+G(x)+C$

15. $\int_{-1}^{1}\frac{x+1}{x^2+2x+2}dx=$(　　).

A. ln2　　B. ln4　　C. ln5　　D. $\frac{1}{2}\ln 5$　　E. $\frac{1}{2}\ln\frac{5}{2}$

16. $\lim\limits_{x\to 0}\frac{\int_0^{x^2}(e^{t^2}-1)dt}{x^6}=$(　　).

A. 0　　B. ∞　　C. $\frac{1}{6}$　　D. $\frac{1}{3}$　　E. $\frac{1}{2}$

17. 设平面有界区域D由曲线$y=x\sqrt{|x|}$与x轴和直线$x=a$围成. 若D绕x轴旋转所成旋转体的体积等于4π,则$a=$(　　).

A. 2　　B. −2　　C. 2或−2　　D. 4　　E. 4或−4

18. 设$I=\int_0^1 x\ln 2dx$, $J=\int_0^1(e^x-1)dx$, $K=\int_0^1\ln(1+x)dx$,则(　　).

A. $I<J<K$　　B. $I<K<J$　　C. $K<I<J$

D. $K<J<I$　　E. $J<I<K$

19. 已知函数$f(x,y)=\ln(1+x^2+3y^2)$,则在点(1,1)处(　　).

A. $\frac{\partial f}{\partial x}=\frac{\partial f}{\partial y}$　　B. $\frac{\partial f}{\partial x}=3\frac{\partial f}{\partial y}$　　C. $3\frac{\partial f}{\partial x}=\frac{\partial f}{\partial y}$　　D. $\frac{\partial f}{\partial x}=\sqrt{3}\frac{\partial f}{\partial y}$　　E. $\sqrt{3}\frac{\partial f}{\partial x}=\frac{\partial f}{\partial y}$

20. 已知函数$f(x,y)=xye^{x^2}$, 则$x\frac{\partial f}{\partial x}-y\frac{\partial f}{\partial y}=$(　　).

A. 0　B. $f(x,y)$　C. $2xf(x,y)$　D. $2x^2f(x,y)$　E. $2yf(x,y)$

21. 设函数 $z=z(x,y)$ 由方程 $xyz+e^{x+2y+3z}=1$ 确定，则 $dz\big|_{(0,0)}=$（　　）.

A. $dx+dy$　B. $-dx-dy$　C. $\frac{1}{2}dx+dy$

D. $-\frac{1}{2}dx-dy$　E. $-\frac{1}{3}dx-\frac{2}{3}dy$

22. 已知函数 $f(x,y)=x^2+2xy+2y^2-6y$，则（　　）.

A. $(3,-3)$ 是 $f(x,y)$ 的极大值点　B. $(3,-3)$ 是 $f(x,y)$ 的极小值点

C. $(-3,3)$ 是 $f(x,y)$ 的极大值点　D. $(-3,3)$ 是 $f(x,y)$ 的极小值点

E. $f(x,y)$ 没有极值点

23. 设 3 阶矩阵 $\boldsymbol{A}$，$\boldsymbol{B}$ 均可逆，则 $(\boldsymbol{A}^{-1}\boldsymbol{B}^{-1}\boldsymbol{A})^{-1}=$（　　）.

A. $\boldsymbol{A}^{-1}\boldsymbol{B}\boldsymbol{A}^{-1}$　B. $\boldsymbol{A}^{-1}\boldsymbol{B}^{-1}\boldsymbol{A}^{-1}$　C. $\boldsymbol{A}\boldsymbol{B}^{-1}\boldsymbol{A}^{-1}$　D. $\boldsymbol{A}^{-1}\boldsymbol{B}\boldsymbol{A}$　E. $\boldsymbol{A}\boldsymbol{B}\boldsymbol{A}^{-1}$

24. 设行列式 $D=\begin{vmatrix} a_{11} & a_{12} & a_{13} \\ a_{21} & a_{22} & a_{23} \\ a_{31} & a_{32} & a_{33} \end{vmatrix}$，$M_{ij}$ 是 D 中元素 a_{ij} 的余子式，A_{ij} 是 D 中元素 a_{ij} 的代数余子式，则满足 $M_{ij}=A_{ij}$ 的数组 (M_{ij},A_{ij}) 至少有（　　）.

A. 1 组　B. 2 组　C. 3 组　D. 4 组　E. 5 组

25. $\begin{vmatrix} j & m & w \\ m & w & j \\ w & j & m \end{vmatrix}=$（　　）.

A. $jmw-j^3-m^3-w^3$　B. $j^3+m^3+w^3-jmw$　C. $3jmw-j^3-m^3-w^3$

D. $j^3+m^3+w^3-3jmw$　E. $jmw-3j^3-3m^3-3w^3$

26. 已知矩阵 $\boldsymbol{A}=\begin{pmatrix} 1 & -1 \\ 2 & 3 \end{pmatrix}$，$\boldsymbol{E}$ 为 2 阶单位矩阵，则 $\boldsymbol{A}^2-4\boldsymbol{A}+3\boldsymbol{E}=$（　　）.

A. $\begin{pmatrix} 0 & 2 \\ 2 & 0 \end{pmatrix}$　B. $\begin{pmatrix} 0 & -2 \\ -2 & 0 \end{pmatrix}$　C. $\begin{pmatrix} 2 & 0 \\ 0 & 2 \end{pmatrix}$　D. $\begin{pmatrix} -2 & 0 \\ 0 & -2 \end{pmatrix}$　E. $\begin{pmatrix} -2 & 0 \\ 0 & 2 \end{pmatrix}$

27. 设向量组 $\boldsymbol{\alpha}_1,\boldsymbol{\alpha}_2,\boldsymbol{\alpha}_3$ 线性无关，则以下向量组中线性相关的是（　　）.

A. $\boldsymbol{\alpha}_1+\boldsymbol{\alpha}_2,\boldsymbol{\alpha}_2+\boldsymbol{\alpha}_3,\boldsymbol{\alpha}_3+\boldsymbol{\alpha}_1$　B. $\boldsymbol{\alpha}_1-\boldsymbol{\alpha}_2,\boldsymbol{\alpha}_2-\boldsymbol{\alpha}_3,\boldsymbol{\alpha}_3-\boldsymbol{\alpha}_1$

C. $\boldsymbol{\alpha}_1+2\boldsymbol{\alpha}_2,\boldsymbol{\alpha}_2+2\boldsymbol{\alpha}_3,\boldsymbol{\alpha}_3+2\boldsymbol{\alpha}_1$　D. $\boldsymbol{\alpha}_1-2\boldsymbol{\alpha}_2,\boldsymbol{\alpha}_2-2\boldsymbol{\alpha}_3,\boldsymbol{\alpha}_3-2\boldsymbol{\alpha}_1$

E. $2\boldsymbol{\alpha}_1+\boldsymbol{\alpha}_2,2\boldsymbol{\alpha}_2+\boldsymbol{\alpha}_3,2\boldsymbol{\alpha}_3+\boldsymbol{\alpha}_1$

28. 设 $\boldsymbol{A}=\begin{pmatrix} a_{11} & a_{12} & a_{13} \\ a_{21} & a_{22} & a_{23} \end{pmatrix}$，$\boldsymbol{B}=\begin{pmatrix} b_{11} & b_{12} \\ b_{21} & b_{22} \\ b_{31} & b_{32} \end{pmatrix}$. 若 $\boldsymbol{AB}=\begin{pmatrix} 1 & 0 \\ 2 & 1 \end{pmatrix}$，则齐次线性方程组 $\boldsymbol{Ax}=\boldsymbol{0}$ 和 $\boldsymbol{By}=\boldsymbol{0}$ 的线性无关解向量的个数分别为（　　）.

A. 0 和 0　B. 1 和 0　C. 0 和 1　D. 2 和 0　E. 1 和 2

29. 若齐次线性方程组 $\begin{cases} 2x_1+x_2+3x_3=0 \\ ax_1+3x_2+4x_3=0 \end{cases}$ 和 $\begin{cases} x_1+2x_2+x_3=0 \\ x_1+bx_2+2x_3=0 \end{cases}$ 有公共的非零解，则（　　）.

A. $a=2,b=-1$　B. $a=-3,b=-1$　C. $a=3,b=1$

D. $a=3,b=-1$　E. $a=-1,b=3$

30. 设随机变量 X 的密度函数为 $f(x)=\begin{cases}Ax^2 & 0<x<1\\ 0 & 其他\end{cases}$（其中 A 为常数），则 $P\left\{X\leqslant\frac{1}{2}\right\}=$（　　）.

A. $\frac{1}{16}$　　B. $\frac{1}{8}$　　C. $\frac{3}{16}$　　D. $\frac{1}{4}$　　E. $\frac{1}{2}$

31. 设随机变量 X 和 Y 分别服从正态分布：$X\sim N(\mu,4)$，$Y\sim N(\mu,9)$. 记 $p=P\{X\leqslant\mu-2\}$，$q=P\{Y\geqslant\mu+3\}$，则（　　）.

A. 对任何实数 μ，均有 $p=q$

B. 对任何实数 μ，均有 $p>q$

C. 对任何实数 μ，均有 $p<q$

D. 仅对某些实数 μ，有 $p>q$

E. 仅对某些实数 μ，有 $p<q$

32. 设相互独立的随机变量 X，Y 具有相同的分布律，且 $P\{X=0\}=\frac{1}{2}$，$P\{X=1\}=\frac{1}{2}$，则 $P\{X+Y=1\}=$（　　）.

A. $\frac{1}{8}$　　B. $\frac{1}{4}$　　C. $\frac{1}{2}$　　D. $\frac{3}{4}$　　E. $\frac{4}{5}$

33. 设 A，B 是随机事件，且 $P(A)=0.5$，$P(B)=0.3$，$P(A\cup B)=0.6$. 若 $\bar{B}$ 表示 B 的对立事件，则 $P(A\bar{B})=$（　　）.

A. 0.2　　B. 0.3　　C. 0.4　　D. 0.5　　E. 0.6

34. 设随机变量 X 服从区间 $[-3,2]$ 上的均匀分布，随机变量 $Y=\begin{cases}1 & X\geqslant0\\ -1 & X<0\end{cases}$，则 $D(Y)=$（　　）.

A. $\frac{1}{5}$　　B. $\frac{1}{25}$　　C. $\frac{24}{25}$　　D. 1　　E. $\frac{26}{25}$

35. 设随机变量 X 的概率分布律为

X	-1	1	2	3
P	0.7	a	b	0.1

若 $E(x)=0$，则 $D(x)=$（　　）.

A. 1.4　　B. 1.8　　C. 2.4　　D. 2.6　　E. 3

2021 年经济类联考综合能力数学真题解析

1.【答案】 **C**

根据等价无穷小，依题得 $\lim\limits_{x\to0}\frac{e^{6x}-1}{\ln(1+3x)}=\lim\limits_{x\to0}\frac{6x}{3x}=2$.

2.【答案】 **E**

由 $\lim\limits_{x\to x_0}f(x)=1$，根据极限的定义得：存在 $\delta>0$，当 $x\in(x_0-\delta,x_0)\cup(x_0,x_0+\delta)$ 时，有 $|f(x)-1|<\varepsilon, 1-\varepsilon<f(x)<1+\varepsilon$，当 $\varepsilon=\frac{1}{2}$ 时，显然 A、C 有可能成立，当 $\varepsilon=\frac{1}{3}$ 时，即 $\frac{2}{3}=1-\frac{1}{3}<f(x)<1+\frac{1}{3}=\frac{4}{3}$. 故 E 不可能成立.

又由于极限 $\lim\limits_{x\to x_0}f(x)=1$ 与 $f(x_0)$ 的数值没有任何关系，故 B、D 有可能成立.

3.【答案】 **E**

根据幂指转化公式 $u^v=e^{v\ln u}$，得到：

$$\lim_{x\to 0}(x^2+x+e^x)^{\frac{1}{x}}=\lim_{x\to 0}e^{\ln(x^2+x+e^x)^{\frac{1}{x}}}=e^{\lim\limits_{x\to 0}\frac{\ln(x^2+x+e^x)}{x}}=e^{\lim\limits_{x\to 0}\frac{2x+1+e^x}{1}}=e^2.$$

4.【答案】 **B**

利用无穷小阶的定义和极限计算方法求解.

当 $x\to 1$ 时，由 $f(x)$ 是 $g(x)$ 的高阶无穷小，得到：

当 $x\to 1$ 时，$f(x)$ 为无穷小量，故 $\lim\limits_{x\to 1}f(x)=\lim\limits_{x\to 1}(e^{x-1}+ax)=1+a=0\Rightarrow a=-1$.

又由 $x\to 1$ 时，$g(x)$ 与 $h(x)$ 是等价无穷小，得到：

$$\lim_{x\to 1}\frac{g(x)}{h(x)}=\lim_{x\to 1}\frac{\ln x^b}{\sin\pi x}=\lim_{x\to 1}\frac{\frac{b}{x}}{\pi\cos\pi x}=\lim_{x\to 1}\frac{b}{\pi x\cos\pi x}=-\frac{b}{\pi}=1\Rightarrow b=-\pi.$$

5.【答案】 **B**

由 $\lim\limits_{x\to\infty}xf\left(\frac{1}{2x+3}\right)=\lim\limits_{x\to\infty}\dfrac{f\left(\frac{1}{2x+3}\right)-f(0)}{\frac{1}{2x+3}}\cdot\dfrac{x}{2x+3}=f'(0)\cdot\dfrac{1}{2}$，

且 $\lim\limits_{x\to\infty}xf\left(\frac{1}{2x+3}\right)=1$，故 $f'(0)\cdot\frac{1}{2}=1$，即 $f'(0)=2$.

6.【答案】 **A**

设切点坐标为 (x_0,e^{x_0})，则由在切点处函数值和导数值均相同

得 $\begin{cases}kx_0=e^{x_0}\\k=e^{x_0}\end{cases}$

解得 $x_0=1$，故切点坐标为 $(1,e)$.

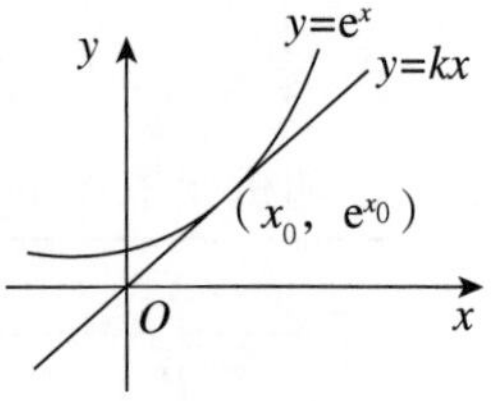

第 6 题图

7.【答案】 **C**

令 $f(x)=x^5-5x+1$，则 $f'(x)=5x^4-5=5(x^2+1)(x+1)(x-1)$，

令 $f'(x)=0$ 得 $x=\pm 1$，列表讨论如下：

x	$(-\infty,-1)$	-1	$(-1,1)$	1	$(1,+\infty)$
$f'(x)$	+	0	−	0	+
$f(x)$	↗	5	↘	−3	↗

又 $f(-\infty)=-\infty$，$f(+\infty)=+\infty$，且函数在区间内连续，根据零点存在原理得 $f(x)=x^5-5x+1$ 在 $(-\infty,-1)$，$(-1,1)$ 和 $(1,+\infty)$ 均存在零点，由函数单调性可知每个单调区间的零点唯一，故方程 $x^5-5x+1=0$ 的不同实根的个数为 3.

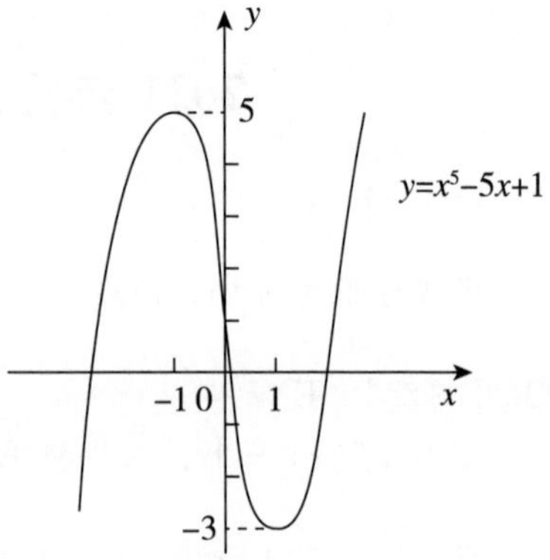

第 7 题图

8.【答案】 **B**

方法一：方程两边对 x 求导得：

$\cos y + x(-\sin y)y' + y' = 0$，

解得 $y' = \dfrac{\cos y}{x\sin y - 1}$.

方法二：令 $F(x,y) = x\cos y + y - 2 = 0$，则 $\dfrac{\mathrm{d}y}{\mathrm{d}x} = -\dfrac{F_x'(x,y)}{F_y'(x,y)} = \dfrac{\cos y}{x\sin y - 1}$.

9.【答案】 **D**

对于 A，$\lim\limits_{x\to0^+} f(x) = \lim\limits_{x\to0^+}(1-\cos x) = 0$，正确；

对于 B，$\lim\limits_{x\to0^+} f'(x) = \lim\limits_{x\to0^+}\sin x = 0$，正确；

对于 C，$\lim\limits_{x\to0^-} f'(x) = \lim\limits_{x\to0^-}2x = 0$，正确；

对于 D，由 $f_+'(0) = \lim\limits_{x\to0^+}\dfrac{f(x)-f(0)}{x-0} = \lim\limits_{x\to0^+}\dfrac{1-\cos x-1}{x-0} = \infty$，得 $f_+'(0)$ 不存在，故错误；

对于 E，$f_-'(0) = \lim\limits_{x\to0^-}\dfrac{f(x)-f(0)}{x-0} = \lim\limits_{x\to0^-}\dfrac{1+x^2-1}{x-0} = 0$，正确.

10.【答案】 **E**

根据复合函数求导公式：

$g'(0) = [f(f(1+3x))]'\big|_{x=0} = 3f'(f(1))\cdot f'(1) = 3\times2\times2 = 12.$

11.【答案】 **C**

方法一：将 $f(x+\Delta x) - f(x) = 2x\Delta x + o(\Delta x), \Delta x\to0$ 与以下可微定义对比：

若 $f(x+\Delta x) - f(x) = 2x\Delta x + o(\Delta x), \Delta x\to0$，其中 A 与 Δx 无关与 x 有关，则 $f(x)$ 在 x 处可微，且 $\mathrm{d}f(x) = A\Delta x = f'(x)\Delta x$，可得 $f(x)$ 在 x 处可微，且 $f'(x) = 2x$，故 $f(x) = \int 2x\mathrm{d}x = x^2 + C$，故 $f(3) - f(1) = 3^2 + C - (1^2 + C) = 8$.

方法二：因为 $f(x+\Delta x)f(x) = 2x\Delta x + o(\Delta x)$，所以根据微分的定义，$f'(x) = 2x$，

故 $f(x) = \int 2x\mathrm{d}x = x^2 + C, f(3) - f(1) = 9 - 1 = 8$，故选 C.

12.【答案】 **D**

$\int \mathrm{e}^{-x}f(x)\mathrm{d}x = x\mathrm{e}^{-x} + C$，两边求导得 $\mathrm{e}^{-x}f(x) = \mathrm{e}^{-x} - x\mathrm{e}^{-x} = (1-x)\mathrm{e}^{-x}$，

解得 $f(x) = 1 - x$，故 $\int f(x)\mathrm{d}x = \int(1-x)\mathrm{d}x = -\dfrac{x^2}{2} + x + C$.

13.【答案】 **B**

$\int_{-1}^{1}(x^3\cos x + x^2\mathrm{e}^{x^3})\mathrm{d}x = \int_{-1}^{1}x^3\cos x\mathrm{d}x + \int_{-1}^{1}x^2\mathrm{e}^{x^3}\mathrm{d}x$，

观察到积分区间为对称区间，其中 $x^3\cos x$ 为奇函数，则 $\int_{-1}^{1}x^3\cos x\mathrm{d}x = 0$，

$\int_{-1}^{1}(x^3\cos x + x^2\mathrm{e}^{x^3})\mathrm{d}x = \int_{-1}^{1}x^2\mathrm{e}^{x^3}\mathrm{d}x = \dfrac{1}{3}\int_{-1}^{1}\mathrm{e}^{x^3}\mathrm{d}x^3 = \dfrac{1}{3}\mathrm{e}^{x^3}\Big|_{-1}^{1} = \dfrac{\mathrm{e}-\mathrm{e}^{-1}}{3}$，故选 B.

14.【答案】 **E**

由题知 $F(x)$ 和 $G(x)$ 都是 $f(x)$ 的原函数,故排除 B、D.

由于任何两个原函数只相差一个常数,故可令 $F(x) = G(x) + C$,

此外 $\dfrac{F(x) + G(x)}{2} = G(x) + \dfrac{C}{2}$ 和 $\dfrac{F(x) + 2G(x)}{3} = G(x) + \dfrac{C}{3}$ 也是 $f(x)$ 的原函数,排除 A、C,故选 E.

15.【答案】 **D**

$$\int_{-1}^{1} \frac{x+1}{x^2+2x+2}\mathrm{d}x = \frac{1}{2}\int_{-1}^{1} \frac{\mathrm{d}(x^2+2x+2)}{x^2+2x+2} = \frac{1}{2}\ln(x^2+2x+2)\Big|_{-1}^{1} = \frac{1}{2}\ln 5,$$故选 D.

16.【答案】 **D**

$$\lim_{x\to 0}\frac{\int_0^{x^2}(\mathrm{e}^{t^2}-1)\mathrm{d}t}{x^6} \xlongequal{\text{洛必达}} \lim_{x\to 0}\frac{(\mathrm{e}^{x^4}-1)\cdot 2x}{6x^5} = \lim_{x\to 0}\frac{2x^5}{6x^5} = \frac{1}{3},$$故选 D.

17.【答案】 **C**

由题知 $y = x\sqrt{|x|} = \begin{cases} x\sqrt{x} & x \geqslant 0 \\ x\sqrt{-x} & x < 0 \end{cases}$,

所以 $a > 0$ 时,由 $V_x = \int_0^a \pi(x\sqrt{x})^2\mathrm{d}x = \pi\int_0^a x^3\mathrm{d}x = \frac{\pi}{4}a^4 = 4\pi$,

得 $a^4 = 16$,即 $a = 2$.

$a < 0$ 时,由 $V_x = \int_a^0 \pi(x\sqrt{-x})^2\mathrm{d}x = \pi\int_a^0 x^2(-x)\mathrm{d}x = \frac{\pi}{4}a^4 = 4\pi$,得 $a^4 = 16$,即 $a = -2$.

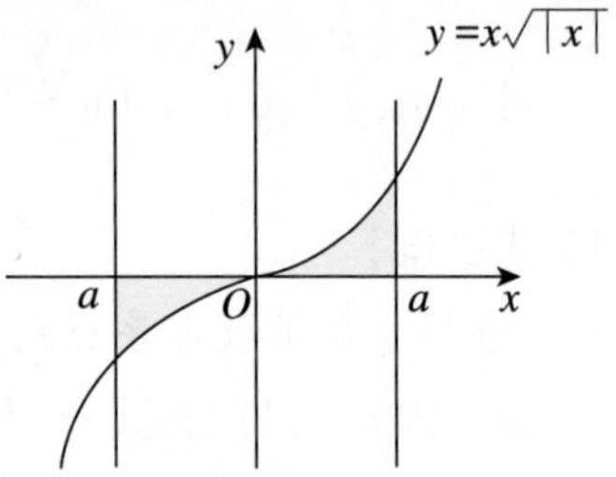

第 17 题图

所以 $a = 2$ 或 $a = -2$,故选 C.

注:显然函数 $y = x\sqrt{|x|}$ 为奇函数,图像关于原点对称,故所求的 a 有两个值,且互为相反数.

18.【答案】 **B**

只需比较三个被积函数的大小,由 $x > 0$ 时,$\ln(1+x) < x < \mathrm{e}^x - 1$,又 $0 < \ln 2 < 1$,则 $x\ln 2 < \mathrm{e}^x - 1$ 一定成立,所以 $I < J$.

$$I = \int_0^1 x\ln 2\mathrm{d}x = \ln 2\cdot\frac{x^2}{2}\Big|_0^1 = \frac{1}{2}\ln 2;$$

$$J = \int_0^1(\mathrm{e}^x - 1)\mathrm{d}x = (\mathrm{e}^x - x)\Big|_0^1 = \mathrm{e} - 2;$$

$$K = \int_0^1\ln(1+x)\mathrm{d}x = x\ln(1+x)\Big|_0^1 - \int_0^1\frac{x}{1+x}\mathrm{d}x = \ln 2 - \int_0^1\frac{(x+1)-1}{1+x}\mathrm{d}x$$
$$= \ln 2 - [x - \ln(1+x)]\Big|_0^1 = 2\ln 2 - 1,$$

$2\ln 2 - 1 - \frac{1}{2}\ln 2 = \frac{3}{2}\ln 2 - 1 = \ln 2^{\frac{3}{2}} - \ln\mathrm{e} > 0$, $2\ln 2 - 1 - (\mathrm{e} - 2) = 2\ln 2 - \mathrm{e} + 1 < 0$,

所以 $I < K < J$,故选 B.

注:也可以画图,根据面积大小比较定积分:

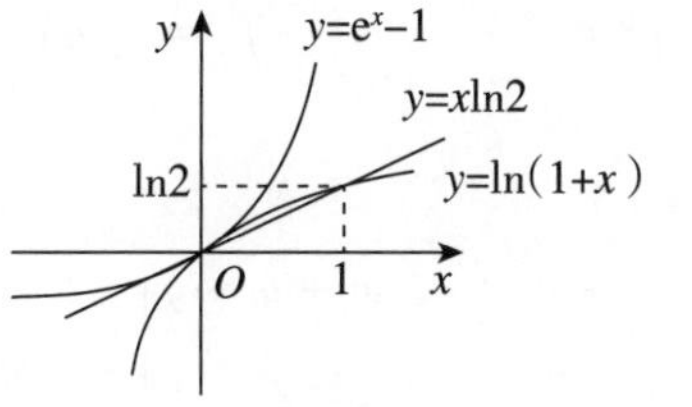

第 18 题图

19.【答案】 **C**

由于 $\frac{\partial f}{\partial x}=\frac{2x}{1+x^2+3y^2}$, $\frac{\partial f}{\partial y}=\frac{6y}{1+x^2+3y^2}$,所以 $\left.\frac{\partial f}{\partial x}\right|_{(1,1)}=\frac{2}{5}$, $\left.\frac{\partial f}{\partial y}\right|_{(1,1)}=\frac{6}{5}$,

于是 $3\frac{\partial f}{\partial x}=\frac{\partial f}{\partial y}$,故选 C.

20.【答案】 **D**

由于 $\frac{\partial f}{\partial x}=ye^{x^2}+2x^2ye^{x^2}$, $\frac{\partial f}{\partial y}=xe^{x^2}$,所以

$x\frac{\partial f}{\partial x}-y\frac{\partial f}{\partial y}=x(ye^{x^2}+2x^2ye^{x^2})-xye^{x^2}=2x^3ye^{x^2}=2x^2f(x,y)$,故选 D.

21.【答案】 **E**

将 $x=y=0$ 代入题设方程得,$z=0$.

令 $F(x,y,z)=xyz+e^{x+2y+3z}-1$,则

$F'_x=yz+e^{x+2y+3z}$, $F'_y=xz+2e^{x+2y+3z}$, $F'_z=xy+3e^{x+2y+3z}$,

则 $\left.\frac{\partial z}{\partial x}\right|_{(0,0)}=-\left.\frac{F'_x}{F'_z}\right|_{(0,0)}=-\frac{1}{3}$, $\left.\frac{\partial z}{\partial y}\right|_{(0,0)}=-\left.\frac{F'_y}{F'_z}\right|_{(0,0)}=-\frac{2}{3}$.

故 $dz|_{(0,0)}=-\frac{1}{3}dx-\frac{2}{3}dy$,故选 E.

22.【答案】 **D**

由 $\begin{cases}f'_x=2x+2y=0\\f'_y=2x+4y-6=0\end{cases}$,得驻点 $(-3,3)$, $f''_{xx}=2$, $f''_{xy}=2$, $f''_{yy}=4$,

在驻点 $(-3,3)$ 处,$A=2$, $B=2$, $C=4$,此时 $AC-B^2>0$,且 $A>0$,

故 $(-3,3)$ 是 $f(x,y)$ 的极小值点,故选 D.

23.【答案】 **D**

$(\boldsymbol{A}^{-1}\boldsymbol{B}^{-1}\boldsymbol{A})^{-1}=\boldsymbol{A}^{-1}(\boldsymbol{B}^{-1})^{-1}(\boldsymbol{A}^{-1})^{-1}=\boldsymbol{A}^{-1}\boldsymbol{B}\boldsymbol{A}$, 故选 D.

24.【答案】 **E**

已知 $A_{ij}=(-1)^{i+j}M_{ij}(i,j=1,2,3)$,则满足 $M_{ij}=A_{ij}$ 时,$i+j$ 为偶数,所以满足 $M_{ij}=A_{ij}$ 的数组 (M_{ij},A_{ij}) 至少有 5 组,故选 E.

25.【答案】 **C**

方法一:利用行列式定义(三阶行列式的对角线法则)

$$\begin{vmatrix} j & m & w \\ m & w & j \\ w & j & m \end{vmatrix} = jmw + jmw + jmw - w^3 - m^3 - j^3 = 3jmw - w^3 - m^3 - j^3$$,故选 C.

方法二：

$$\begin{vmatrix} j & m & w \\ m & w & j \\ w & j & m \end{vmatrix} = \begin{vmatrix} w+m+j & w+m+j & w+m+j \\ m & w & j \\ w & j & m \end{vmatrix} = (w+m+j)\begin{vmatrix} 1 & 1 & 1 \\ m & w & j \\ w & j & m \end{vmatrix}$$

$$= (w+m+j)\begin{vmatrix} 1 & 1 & 1 \\ 0 & w-m & j-m \\ 0 & j-w & m-w \end{vmatrix} = (w+m+j)[(w-m)(m-w)-(j-m)(j-w)]$$

$$= 3jmw - w^3 - m^3 - j^3.$$

26.【答案】 **D**

$\boldsymbol{A}^2 - 4\boldsymbol{A} + 3\boldsymbol{E} = (\boldsymbol{A}-\boldsymbol{E})(\boldsymbol{A}-3\boldsymbol{E}) = \begin{pmatrix} 0 & -1 \\ 2 & 2 \end{pmatrix}\begin{pmatrix} -2 & -1 \\ 2 & 0 \end{pmatrix} = \begin{pmatrix} -2 & 0 \\ 0 & -2 \end{pmatrix}$,故选 D.

27.【答案】 **B**

方法一：定义法. 讨论系数是否只能为0.

对于 D 选项：设 $k_1(\boldsymbol{\alpha}_1+\boldsymbol{\alpha}_2)+k_2(\boldsymbol{\alpha}_2+\boldsymbol{\alpha}_3)+k_3(\boldsymbol{\alpha}_3+\boldsymbol{\alpha}_1)=\boldsymbol{0}$，

$(k_1+k_3)\boldsymbol{\alpha}_1+(k_1+k_2)\boldsymbol{\alpha}_2+(k_2+k_3)\boldsymbol{\alpha}_3=\boldsymbol{0}$，

由向量组 $\boldsymbol{\alpha}_1,\boldsymbol{\alpha}_2,\boldsymbol{\alpha}_3$ 线性无关，则 $k_1+k_3=0$ 且 $k_1+k_2=0$ 且 $k_2+k_3=0$，

解得：$k_1=k_2=k_3=0$，说明 $\boldsymbol{\alpha}_1+\boldsymbol{\alpha}_2,\boldsymbol{\alpha}_2+\boldsymbol{\alpha}_3,\boldsymbol{\alpha}_3+\boldsymbol{\alpha}_1$ 线性无关.

其他选项类似分析，此处省略.

方法二：矩阵乘法分析.

对于 D 选项，$(\boldsymbol{\alpha}_1+\boldsymbol{\alpha}_2,\boldsymbol{\alpha}_2+\boldsymbol{\alpha}_3,\boldsymbol{\alpha}_3+\boldsymbol{\alpha}_1)=(\boldsymbol{\alpha}_1,\boldsymbol{\alpha}_2,\boldsymbol{\alpha}_3)\begin{pmatrix} 1 & 0 & 1 \\ 1 & 1 & 0 \\ 0 & 1 & 1 \end{pmatrix}$，

由于矩阵 $\begin{pmatrix} 1 & 0 & 1 \\ 1 & 1 & 0 \\ 0 & 1 & 1 \end{pmatrix}$ 可逆，故秩 $r(\boldsymbol{\alpha}_1+\boldsymbol{\alpha}_2,\boldsymbol{\alpha}_2+\boldsymbol{\alpha}_3,\boldsymbol{\alpha}_3+\boldsymbol{\alpha}_1)=r(\boldsymbol{\alpha}_1,\boldsymbol{\alpha}_2,\boldsymbol{\alpha}_3)=3$，

说明 $\boldsymbol{\alpha}_1+\boldsymbol{\alpha}_2,\boldsymbol{\alpha}_2+\boldsymbol{\alpha}_3,\boldsymbol{\alpha}_3+\boldsymbol{\alpha}_1$ 线性无关.

其他选项类似分析，此处省略.

方法三：初等列变换（初等变换不改变秩和线性关系）.

对于 D 选项，$(\boldsymbol{\alpha}_1+\boldsymbol{\alpha}_2,\boldsymbol{\alpha}_2+\boldsymbol{\alpha}_3,\boldsymbol{\alpha}_3+\boldsymbol{\alpha}_1)\xrightarrow{-l_1+l_3}(\boldsymbol{\alpha}_1+\boldsymbol{\alpha}_2,\boldsymbol{\alpha}_2+\boldsymbol{\alpha}_3,\boldsymbol{\alpha}_3-\boldsymbol{\alpha}_2)\xrightarrow{l_2+l_3}$

$(\boldsymbol{\alpha}_1+\boldsymbol{\alpha}_2,\boldsymbol{\alpha}_2+\boldsymbol{\alpha}_3,2\boldsymbol{\alpha}_3)\rightarrow(\boldsymbol{\alpha}_1+\boldsymbol{\alpha}_2,\boldsymbol{\alpha}_2+\boldsymbol{\alpha}_3,\boldsymbol{\alpha}_3)\xrightarrow{l_2-l_3}(\boldsymbol{\alpha}_1+\boldsymbol{\alpha}_2,\boldsymbol{\alpha}_2,\boldsymbol{\alpha}_3)\xrightarrow{l_1-l_2}(\boldsymbol{\alpha}_1,\boldsymbol{\alpha}_2,\boldsymbol{\alpha}_3)$，

故秩 $r(\boldsymbol{\alpha}_1+\boldsymbol{\alpha}_2,\boldsymbol{\alpha}_2+\boldsymbol{\alpha}_3,\boldsymbol{\alpha}_3+\boldsymbol{\alpha}_1)=r(\boldsymbol{\alpha}_1,\boldsymbol{\alpha}_2,\boldsymbol{\alpha}_3)=3$，

说明 $\boldsymbol{\alpha}_1+\boldsymbol{\alpha}_2,\boldsymbol{\alpha}_2+\boldsymbol{\alpha}_3,\boldsymbol{\alpha}_3+\boldsymbol{\alpha}_1$ 线性无关.

其他选项类似分析，此处省略.

注：有时也可以直接观察分析，比如 $(\boldsymbol{\alpha}_1-\boldsymbol{\alpha}_2)+(\boldsymbol{\alpha}_2-\boldsymbol{\alpha}_3)+(\boldsymbol{\alpha}_3-\boldsymbol{\alpha}_1)=\boldsymbol{0}$,故 $\boldsymbol{\alpha}_1-\boldsymbol{\alpha}_2,\boldsymbol{\alpha}_2-\boldsymbol{\alpha}_3,\boldsymbol{\alpha}_3-\boldsymbol{\alpha}_1$ 线性相关,故选 B.

28. 【答案】 **B**

由题意 $\boldsymbol{A}_{2\times3}\boldsymbol{B}_{3\times2} = \begin{pmatrix}1 & 0\\2 & 1\end{pmatrix}$,故 $r(\boldsymbol{A}_{2\times3}\boldsymbol{B}_{3\times2}) = r\begin{pmatrix}1 & 0\\2 & 1\end{pmatrix} = 2$.

$2 = r(\boldsymbol{A}_{2\times3}\boldsymbol{B}_{3\times2}) \leqslant r(\boldsymbol{A}_{2\times3}) \leqslant 2 \Rightarrow r(\boldsymbol{A}_{2\times3}) = 2$.

同理:$2 = r(\boldsymbol{A}_{2\times3}\boldsymbol{B}_{3\times2}) \leqslant r(\boldsymbol{B}_{3\times2}) \leqslant 2 \Rightarrow r(\boldsymbol{B}_{3\times2}) = 2$.

因此齐次线性方程组 $\boldsymbol{Ax} = \boldsymbol{0}$ 的线性无关解向量的个数为 $3 - r(\boldsymbol{A}_{2\times3}) = 3 - 2 = 1$,

齐次线性方程组 $\boldsymbol{By} = \boldsymbol{0}$ 的线性无关解向量的个数为0,故选B.

29. 【答案】 **D**

两方程组有公共的非零解,即$\begin{cases}2x_1 + x_2 + 3x_3 = 0\\ ax_1 + 3x_2 + 4x_3 = 0\\ x_1 + 2x_2 + x_3 = 0\\ x_1 + bx_2 + 2x_3 = 0\end{cases}$有非零解,

则系数矩阵的秩小于3.

$$\begin{pmatrix}2 & 1 & 3\\ a & 3 & 4\\ 1 & 2 & 1\\ 1 & b & 2\end{pmatrix} \to \begin{pmatrix}1 & 2 & 1\\ a & 3 & 4\\ 2 & 1 & 3\\ 1 & b & 2\end{pmatrix} \to \begin{pmatrix}1 & 2 & 1\\ 0 & 3-2a & 4-a\\ 0 & -3 & 1\\ 0 & b-2 & 1\end{pmatrix} \to \begin{pmatrix}1 & 2 & 1\\ 0 & 1 & -\frac{1}{3}\\ 0 & 3-2a & 4-a\\ 0 & b-2 & 1\end{pmatrix}$$

$$\to \begin{pmatrix}1 & 2 & 1\\ 0 & 1 & -\frac{1}{3}\\ 0 & 0 & \frac{4-a}{3-2a}+\frac{1}{3}\\ 0 & 0 & \frac{1}{b-2}+\frac{1}{3}\end{pmatrix},\text{故}\begin{cases}\frac{4-a}{3-2a}+\frac{1}{3} = 0\\ \frac{1}{b-2}+\frac{1}{3} = 0\end{cases},\text{得}\begin{cases}a = 3\\ b = -1\end{cases},\text{故选 D.}$$

30. 【答案】 **B**

由密度函数的归一性知:$\int_{-\infty}^{+\infty} f(x)\mathrm{d}x = 1$.

即$\int_{-\infty}^{+\infty} f(x)\mathrm{d}x = \int_0^1 Ax^2\mathrm{d}x = \frac{A}{3}x^3\Big|_0^1 = \frac{A}{3} = 1$, $A = 3$.

$P\left\{X \leqslant \frac{1}{2}\right\} = \int_0^{\frac{1}{2}} 3x^2\mathrm{d}x = x^3\Big|_0^{\frac{1}{2}} = \frac{1}{8}$,故选B.

31. 【答案】 **A**

由已知 $X \sim N(\mu,4)$,$Y \sim N(\mu,9)$,则$\frac{X-\mu}{2} \sim N(0,1)$,$\frac{Y-\mu}{3} \sim N(0,1)$.

$p = P(X \leqslant \mu - 2) = P\left(\frac{X-\mu}{2} \leqslant \frac{\mu-2-\mu}{2}\right) = P\left(\frac{X-\mu}{2} \leqslant -1\right) = \Phi(-1)$,

$q = P(Y \geqslant \mu + 3) = P\left(\frac{Y-\mu}{3} \geqslant \frac{\mu+3-\mu}{3}\right) = P\left(\frac{Y-\mu}{3} \geqslant 1\right) = 1 - \Phi(1) = \Phi(-1)$.

从而 $p = q$,故选A.

32.【答案】 C

$P(X+Y=1)=P(X=1,Y=0)+P(X=0,Y=1)$

$=P(X=1)\cdot P(Y=0)+P(X=0)\cdot P(Y=1)$

$=\frac{1}{2}\times\frac{1}{2}+\frac{1}{2}\times\frac{1}{2}=\frac{1}{2}$，故选 C.

33.【答案】 B

由 $P(A\cup B)=P(A)+P(B)-P(AB)$，即 $0.6=0.5+0.3-P(AB)$，

得 $P(AB)=0.2$，故 $P(A\overline{B})=P(A)-P(AB)=0.5-0.2=0.3$，故选 B.

34.【答案】 C

$P(Y=1)=P(X\geqslant 0)=\frac{2-0}{2-(-3)}=\frac{2}{5}$，则 Y 的概率分布为

Y	-1	1
P	$\frac{3}{5}$	$\frac{2}{5}$

于是 $E(Y)=(-1)\times\frac{3}{5}+1\times\frac{2}{5}=-\frac{1}{5}$，$E(Y^2)=(-1)^2\times\frac{3}{5}+1^2\times\frac{2}{5}=1$.

则 $D(Y)=E(Y^2)-[E(Y)]^2=1-\left(-\frac{1}{5}\right)^2=\frac{24}{25}$. 故选 C.

35.【答案】 C

由题可得：$0.7+a+b+0.1=1$，$-0.7+a+2b+0.3=0$，从而解得 $a=0$，$b=0.2$，

所以 $D(X)=E(X^2)-[E(X)]^2=E(X^2)=0.7+a+4b+0.9=2.4$，故选 C.

附录 B　2022 年经济类联考综合能力数学真题及解析

2022年经济类联考综合能力考试时间为2021年12月26日.

考生可在2021年12月28日后，扫描此二维码，获取2022年经济类联考数学真题及答案.